现代传感器技术

面向物联网应用

（第2版）

刘少强 张靖 编

電子工業出版社
Publishing House of Electronics Industry
北京•BEIJING

内 容 简 介

本书是依托中南大学国家级特色专业（物联网工程）的建设，结合国内物联网工程专业的本科教学与教材使用实际情况修编的。本书系统、全面地介绍面向物联网应用的现代传感器技术，主要内容涵盖传感器的性能与评价，电阻、电容和电感的传感原理与测量方法，传感器中常用的效应与器件，机械量传感器，热学量传感器，其他物理量传感器，化学传感器，集成传感器和微传感器，智能传感器技术与网络化及接口标准，低功耗的传感器电路设计和数据获取及处理方法，物联网典型应用中的传感器和典型节点方案等。

本书可作为普通高等学校物联网工程及其相关专业的教材，也可供从事物联网及其相关专业的人士阅读。

本书配有教学用课件，读者可登录华信教育资源网（www.hxedu.com.cn）免费注册后下载。

图书在版编目（CIP）数据

现代传感器技术：面向物联网应用 / 刘少强，张靖编. —2 版. —北京：电子工业出版社，2016.9
国家级特色专业（物联网工程）规划教材
ISBN 978-7-121-29875-2

Ⅰ. ①现… Ⅱ. ①刘… ②张… Ⅲ. ①传感器－高等学校－教材 Ⅳ. ①TP212

中国版本图书馆 CIP 数据核字（2016）第 216378 号

责任编辑：田宏峰
印　　刷：北京天宇星印刷厂
装　　订：北京天宇星印刷厂
出版发行：电子工业出版社
　　　　　北京市海淀区万寿路 173 信箱　邮编 100036
开　　本：787×980　1/16　印张：26.25　字数：588 千字
版　　次：2014 年 3 月第 1 版
　　　　　2016 年 9 月第 2 版
印　　次：2025 年 7 月第 14 次印刷
定　　价：79.00 元

凡所购买电子工业出版社图书有缺损问题，请向购买书店调换。若书店售缺，请与本社发行部联系，联系及邮购电话：（010）88254888，88258888。

质量投诉请发邮件至 zlts@phei.com.cn，盗版侵权举报请发邮件至 dbqq@phei.com.cn。

本书咨询联系方式：tianhf@phei.com.cn。

出版说明

物联网是通过射频识别（RFID）、红外感应器、全球定位系统、激光扫描器等信息传感设备，按约定的协议，把任何物品与互联网相连接，进行信息交换和通信，以实现智能化识别、定位、跟踪、监控和管理的一种网络概念。物联网是继计算机、互联网和移动通信之后的又一次信息产业的革命性发展。物联网产业具有产业链长、涉及多个产业群的特点，其应用范围几乎覆盖了各行各业。

2009 年 8 月，物联网被正式列为国家五大新兴战略性产业之一，写入“政府工作报告”，物联网在中国受到了全社会极大的关注。

2010 年年初，教育部下发了高校设置物联网专业申报通知，截至目前，我国已经有 100 多所高校开设了物联网工程专业，其中包括中南大学在内的 9 所高校的物联网工程专业于 2011 年被批准为国家级特色专业建设点。

从 2010 年起，部分学校的物联网工程专业已经开始招生，目前已经进入专业课程的学习阶段，因此物联网工程专业的专业课教材建设迫在眉睫。

由于物联网所涉及的领域非常广泛，很多专业课涉及其他专业，但是原有的专业课的教材无法满足物联网工程专业的教学需求，又由于不同院校的物联网专业的特色有较大的差异，因此很有必要出版一套适用于不同院校的物联网专业的教材。

为此，电子工业出版社依托国内高校物联网工程专业的建设情况，策划出版了“国家级特色专业（物联网工程）规划教材”，以满足国内高校物联网工程的专业课教学的需求。

本套教材紧密结合物联网专业的教学大纲，以满足教学需求为目的，以充分体现物联网工程的专业特点为原则来进行编写。今后，我们将继续和国内高校物联网专业的一线教师合作，以完善我国物联网工程专业的专业课程教材的建设。

电子工业出版社

教材编委会

前　言

PREFACE

传感器技术是信息技术的三大支柱之一。随着计算机、微电子、材料和通信等关键基础技术，以及应用技术的快速发展，尤其是近几年来自消费电子和生物工程、医疗保健等应用领域不断涌现的需求驱动，传感器技术进入了加速发展阶段，并且成为当今多种电子类产品技术革新的主动力，传感器的应用也从工业领域扩展到人们的日常生活中。因此，传感器技术也成为电子、电气信息类专业及机电、生医工程等相关专业的核心或主要课程。

传感器技术涉及众多学科和技术门类，其知识内容与应用分布很广，因而传感器课程涉及较多其他课程的知识内容，其工程性和应用性较强。开设传感器技术课程是出于相同的目的，但不同专业的知识基础与结构不同，对学习与应用传感器的要求及其层次各不相同。因此，按专业需要选择合适的课程内容和制定相应的学习目标与要求，可解决或缓解该课程内涵丰富与学时有限之间的矛盾，也有助于在有限学时内实现教学目标、提高教学质量。与此相应，传感器技术课程教学需要符合不同专业学习目标与层次要求的不同教材。

物联网是现代信息技术发展到一定阶段后出现的一种聚合性应用与技术的提升，它是各种感知技术的广泛应用，通过部署多种类型传感器，捕获不同内容和格式的实时信息。“物联天下，传感先行”，传感器是物联网感知世界的首要环节。相应地，传感器技术课程就成为物联网专业必需的核心课程。物联网不仅仅提供了传感器的连接，其本身还具有智能处理的能力，能将传感器和智能处理相结合，从传感器获得的海量信息中分析、加工和处理出有意义的数据，以适应不同用户的不同需求，发现新的应用领域和应用模式。在传感器的用量、成本、功耗和可靠性等方面，物联网有其不同于传统应用领域的要求，这使其所用传感器与其他领域的传感器既相同又有别，也给传感器技术提供了新的发展动力。

物联网是一种建立在互联网上的泛在网络，其重要基础和核心仍旧是互联网，需通过各种有线和无线网络与互联网融合，将物体的信息实时准确地传递出去。因此，物联网专业有许多的网络、通信和信息处理课程需要学习。该专业对传感器技术课程内容的学习深度要求应低于测控专业，但对内容广度的要求却不亚于测控专业而应高于自动化等专业。目前，有关传感器技术的教材较多，但大多面向测控、自动化、电子信息等专业，符合物联网专业学习目标要求、适应该专业知识结构特点的教材还很少见。因此，有必要编写主要针对物联网专业特点与教学目标要求的传感器技术教材。

基于上述原因，在电子工业出版社和中南大学信息科学与工程学院的支持下，我们以面向物联网工程专业本科教学为目标，根据传感器技术的特点尤其是物联网用传感器的特点与发展趋势，结合作者在测控、自动化、电气、物联网等信息类本科专业的传感器与检测技术课程教学的实践经验和相关科研成果，尤其是近两年的物联网专业传感器技术课程教学的实践经验与本书第 1 版的教学使用情况修编了本书的第 2 版。考虑到以正确选择与应用传感器为主要学习目标的物联网工程专业本科生所具有的知识基础，根据其学习传感器知识的深度与广度需求，本书对传感器技术基础内容的介绍采用了先按转换原理分类介绍传感器原理、后按参量分类介绍具体传感器的混合编排方式，以便于学习基本原理，同时有利于了解、掌握各种传感器的不同特点与应用方式。在全书的内容组织方面，遵循了从基本原理出发、侧重不同传感器的应用方法及比较、分模块结构布局和兼顾经典与现代内容的原则。其中将第 1 版中的第 3 章拆分成了两章，即本版的第 3 章（电阻、电容和电感的传感原理与测量方法）和第 4 章（传感器中常用的物理效应与器件），目的是为了突出作为基础内容的基本电参量的传感技术与测量方法对整个传感器技术学习与教学的重要性。

本书由四个部分构成。第一部分由第 1～4 章组成，为传感器技术的基础内容，除了对传感器与测量系统的概述外，主要介绍了传感器性能指标与评价，基本电参量——电阻、电容和电感的传感原理与测量方法及电路，传感器中常用的物理效应与器件。第二部分由第 5～8 章组成，按实用中的测量参量类别，分章介绍了常见物理量传感器和化学及生物量传感器的构成原理、特点及应用。其中对物理量传感器按机械量、热学量和以光学量与电学量为主的其他量进行分章介绍。第三部分由第 9～11 章组成，介绍了发展中的现代传感器技术，内容包括应用广泛的集成与微传感器、智能传感器技术与网络化接口标准、实现传感器低功耗的关键技术。第四部分即第 12 章，针对物联网应用的内容，主要介绍了典型应用中的传感器概况和典型传感器节点的解决方案示例。

本书适用于 32～48 学时的本科教学，对本书的具体使用，如下方式可供参考：有关传感器的技术基础与基本原理内容的教学，可以以第一部分为主、结合第二部分的内容选择性地介绍具体参量传感器及应用特点；对于进一步的学习和针对物联网应用的传感器教学，则以第三部分的内容为主，结合第四部分的相应实例内容进行讲解。

为方便读者学习本书介绍的内容，按章编写了思考题与习题。

本书除了供物联网工程专业学生学习外，也可供相关专业学生以及其他从事传感器应用的工程技术人员学习参考。

本书由中南大学刘少强和东南大学张靖编写，其中参考、引用了多位专家、学者的著作、论文，在此一并表示感谢。同时还要感谢樊晓平、施荣华、年晓红、凌玉华和黄东军等教授对编写本书所给予的支持或帮助，感谢陈文见、陈翔、尹超等硕士生的协助。最后要特别感谢本书的策划编辑田宏峰先生给予编者的理解和支持。

传感器的内容非常多，考虑到物联网工程以及其他相关专业的学生具备的基础知识结构不同、学习的要求不同，同时也为了控制篇幅，本书略去了一些实际常用的传感器内容和有关敏感材料的详细介绍，因而可能造成内容选择上的缺失或偏差。由于编者水平有限，书中错误和不足之处在所难免，敬请读者批评指正。

编　者

2016年8月

目录

第 1 章 绪 论

1.1 传感器的地位和作用

人类通过视觉、听觉、嗅觉、味觉、触觉这五种感觉器官来直接获取外界信息，并通过神经将载有外界信息的信号传递给大脑进行分析、综合和判断，从而感知外界事物与信息，并做出相应反应。人类感知外部世界的五官是一种特殊的传感器。在古代，人们观天象而事农耕，察火色而冶铜铁，依靠的就是自身的五官。随着科学技术的发展和人类社会的进步，人类在认识和改造自然的过程中意识到仅靠自身天然的感觉器官还远远不够，因此，不断地创造劳动工具，出现了一系列代替、增强和补充人类感官功能的方法和手段，产生了各种用途的人造感官，即被称为“电五官”的传感器。自 18 世纪产业革命以来，特别是 20 世纪开始的信息革命后，传感器已成为人类准确、可靠地获取自然和生产领域相关信息的主要工具。

人类社会已进入信息时代，无论是现代化大生产、科学研究，还是人们的日常生活、医疗保健、所处环境，无不包含着大量的有用信息。正像物质和能源是人类生存和发展所必需的资源一样，信息也是一种不可缺少的资源。在信息时代，人们的社会活动主要依靠对信息资源的开发、利用，而信息资源的开发和利用则有赖于信息技术。

信息技术是通过对外界信息的采集、传输和处理来反映控制所需的过程的技术。信息技术由测量技术、计算机技术、通信技术三部分组成，测量技术是关键和基础。虽然信息技术所涉及的领域非常宽广，但作为一个信息技术系统，其构成单元只有三个，即作为测量系统基础的传感器和通信系统、计算机系统。因此，作为获取外界信息窗口的传感器，在信息技术系统中的地位十分重要。

传感器的作用包括信息收集（如计量测试、状态监测）、信息交换（如读/写磁盘和光盘数据）和控制信息采集（如在各种自动控制系统中读取反馈信息）。其中，测量是传感器的基本作用，也是应用传感器的目的。传感器在很大程度上影响和决定了系统的功能。以自动化系统为例，首先要检测到信息，然后才能进行自动控制，因此传感器首当其冲。如果传感器不能获取信息，或者所获的信息不确切，那么要显示这些信息并对其进行处理就十分困难，甚至没有意义。如果没有感受信息的传感器，计算机就得不到任何信号，计算机的各种功能也就无法发挥。因此，传感器关系到一个测控系统的成败。

传感器的重要性还体现在它广泛地应用于各个领域，在国防、航空、航天、交通运输、能源、电力、机械、石油、化工、轻工、纺织等工业部门和环境保护、生物医学工程等领域都已采用大量的传感器，而且也广泛应用到办公设备、家用电器中，如电饭锅、洗衣机、吸尘器、现金出纳机、自动门等。在现代农业发展和工厂化农业的实现过程中也运用了大量的传感器。当前，传感器正大量应用于个人消费电子终端产品中，例如将传感器应用于原本以通信功能为主的移动电话中，既扩展了手机的功能，也为传感器应用开辟了新领域，促进了传感器技术的发展。所以有人把传感器视为“支撑现代文明的科学技术”。

从某种程度上说，机械延伸了人类的体力，计算机延伸了人类的智力，传感器则延伸了人类的感知力。传感器的发展推动着生产和科技的进步，生产和科技的进步反过来也推动和支持着传感器的发展和进步。

1.2 传感器的相关概念

1.2.1 测量和测量系统

测量是指以确定对象属性和量值为目的的全部操作。具体地讲，测量是将被测的参量与同种性质的标准量进行比较，确定被测量对标准量的倍数。测试或检测是与测量相同或近义的名词，是指具有实验性质的测量，可理解为测量与实验的综合。

测量是人们对客观事物取得定量认识的一种手段。为了定量地获取感知对象或者研究对象的信息需要进行测量，获得有用信息是测量的基本任务。因此，测量总是需要借助专门的设备、仪器等测量工具或测量系统，一般还需采用适当的测量方法并通过对信息的实际载运者——信号的分析处理，才能由测得的信号求得与对象有关的、可供显示或输出的信息量值。

测量系统对表征客观事物属性的物理或化学等参量的测量，与人体获取信息的方式很相似。但从目前的测量理论及技术发展程度来看，测量系统与人体的信息系统相比，在信息传输、信息处理等多个方面都有很大差距，有些甚至是本质上的差别。

测量系统的作用就是以客观和实验的方式对客体或事件的特性、品质加以定量或定性的描述，因此，测量系统必须具备以下两方面的特性。

- 客观性：即测量结果必须不依赖于观察者。
- 实验性：即测量结果必须以实验为依据，通过实验方式获取。

例如，比较两个客体对象的某一性质，必须对两个客体对象的同一性质进行相同参数的测量，才能通过对测量数据的计算、分析得到两者品质优劣的比较结果。图 1-2-1 给出了测量系统的基本功能框图。

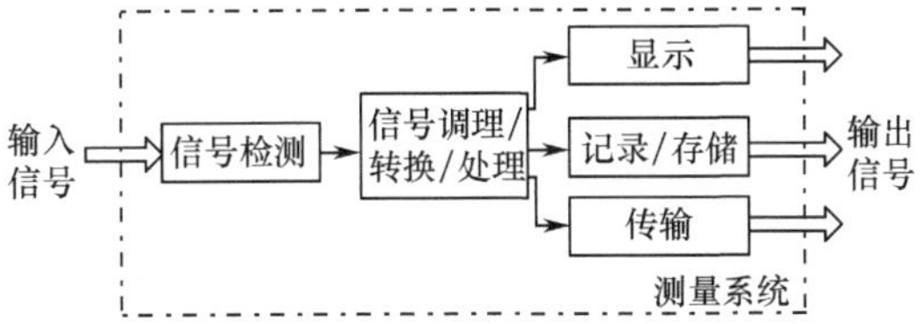

图 1-2-1　测量系统的基本功能框图

测量系统的输入信号一般称为被测量，即所要测量的物理或化学参量，如温度、湿度、压力、浓度等。传感器负责信号检测，其性能好坏直接影响系统性能。如果传感器不能灵敏地感受被测量，或者不能把感受的被测量精确地转换成电信号，其他仪表和装置的精确度再高也无意义。传感器提供准确可靠的信息是现代仪器系统实现高性能的前提，如果传感器的水平与系统中的计算机的水平不相适应，计算机也不能充分发挥其应有的作用。

信号调理是测量系统的重要组成部分，它将传感器的输出电信号转换为适合于传输、显示或记录的信号，以满足后续电路或装置对输入信号的要求。信号调理通常包括信号放大、电平调节、滤波、阻抗匹配、信号调制/解调等。

测量信号的数据处理也是测量系统的重要部分。随着电子电路集成度的不断提升，越来越多的处理算法，包括人工神经网络、遗传算法、人工免疫算法等非线性算法，都可能被集成在测量系统中。在较复杂的情况下，采用各种实用处理方法对测量数据做必要的整理加工和分析处理，才能得出符合客观实际的结论或者提高所得信息的有效性或准确性。

1.2.2　传感器的定义

1. 国家标准的传感器定义

根据国家标准 GB/T 7665—2005《传感器通用术语》，传感器（transducer/sensor）是“能感受被测量并按照一定的规律转换成可用输出信号的器件或装置，通常由敏感元件和转换元件组成”。敏感元件（sensing element）指传感器中能直接感受或响应被测量的部分；转换元件（transducing element）指传感器中能将敏感元件感受或响应的被测量转换成适于传输或测量的电信号部分；当传感器的输出为规定的标准信号时，则称为变送器（transmitter）。

上述定义包含以下含义：①传感器是测量装置，能完成检测任务；②其输入量是某种被测量，可能是物理量，也可能是化学量、生物量等；③其输出量是某种便于传输、转换、处理和显示的物理量，如气、光、电量等，目前主要是电量；④输出量与输入量有确定的对应关系，并且具有一定的精确度。

传感器是获得信息的装置，广义地讲，凡能感受外界信息并按一定规律转换成便于测量和控制的信息的装置都可称为传感器。传感器获取的信息可以是各种物理量、化学量和生物量，而转换后的信息也可以有各种形式。

2. 传感器的其他称谓

传感器不是一门独立存在的技术，它是根据检测对象的不同，在各个领域中相对独立地发展起来的。从工业自动化、航空航天、生物工程、医疗医药和信息产业等生产应用领域到各种基础科学研究领域，各种各样的传感器被广泛地研究、开发和使用。因此，传感器在不同行业和领域有不同的叫法和名字，表 1-2-1 给出了国内外对传感器的一些叫法。

表 1-2-1 传感器在国内外的一些叫法

国外	Transducer，Sensor，Transduction Element，Converter，Gauge，Transponder，Transmitter，Detector，Pick-up，Probe，X-meter
国内	传感器、换能器、变送器、敏感元件、探测器、检出器、××计（如加速度计）

1.2.3 传感器的分类

传感器产品多种多样，可按敏感原理、被测量、材料、工艺、应用等不同方式分类。同一种被测量，可用不同原理的传感器来测量；而基于同一种传感器原理或同一类技术，又可制作多种被测量的传感器。虽然人们利用传感器测量的自然界中的物理量名目繁多，但从本质上看，它们仅是一些基本物理量和由其派生出来的其他物理量，如能了解基本物理量与派生量之间的关系，将有助于划分传感器的类型（见表 1-2-2），从总体上认识掌握传感器的原理、性能以及选择与应用的方法。

表 1-2-2 一些基本物理量和常见派生物理量

	基本物理量	派生物理量	基本物理量		派生物理量
位移	线位移	长度、厚度、应变	加速度	线加速度	震动、冲击力、质量、应力
		磨损、不平度、震动		角加速度	角震动、角冲击、扭矩、转动惯量
	角位移	偏转角、姿态、角震动			
时间	频率	计数、统计分布	力、压力		重量、推力、应力、密度、力矩
速度	线速度	震动、流量、动量	温度		热容量、涡流流量角、气体速度
	角速度	转速、角震动、角动量	光		光通量与密度、光谱、应变、转矩

1. 按检测过程中对外界能源的需要与否分类

根据检测过程是否需要外界能源，传感器可分为无源传感器和有源传感器。有源传感器也称为能量转换型传感器或换能器，其特点在于敏感元件能将非电量直接转换成电量，如超声波换能器（压电转换）、热电偶（热电转换）、光电池（光电转换）等。

与有源传感器相反，无源传感器的敏感元件本身无能量转换能力，而是随输入信号改变本身的电特性，因此必须采用外加激励源对其进行激励，才能得到输出信号。大部分传感器，如湿敏电容、热敏电阻等都属于这类。由于被测量仅能在传感器中起能量控制作用，无源传感器也称为能量控制型传感器。

由于需要为敏感元件提供激励源，无源传感器通常比有源传感器有更多的引线，传感器的总体灵敏度也受到激励信号幅度的影响。此外，激励源的存在可能增加在易燃、易爆气体环境中引起爆炸的危险，在某些特殊场合需要引起足够的重视。

2. 按输出信号的类型分类

根据输出信号的类型，传感器可分为模拟式与数字式两类。模拟式传感器将被测的非电学量转换成模拟电信号，其输出信号中的信息一般以信号的幅度表达。输出为矩形波信号，其频率或占空比随被测参量变化而变化的传感器称为准数字传感器。由于这类信号可直接输入到微处理器内，利用微处理器的计数器即可获得相应的测量值，因此，准数字传感器与数字集成电路具有很好的兼容性。

数字式传感器将被测的非电学量转换成数字信号输出，不仅重复性好、可靠性高，而且不需要模/数转换器（ADC），比模拟信号更容易传输。由于敏感机理、研发历史等多方面的原因，目前真正的数字式传感器种类非常少。许多所谓的数字式传感器实际只是输出为频率或占空比的准数字传感器。

3. 按工作方式分类

传感器的工作方式可分为偏转型和零示型。在偏转型传感器中，被测量产生某种效应，在仪器的某个部分引起相应的可测量的效应。例如，在以扩散电阻为敏感元件的压力传感器中，被测量（压力）导致压力敏感膜片发生变形，引起扩散电阻的阻值发生变化。通过测量电阻的阻值，即可实现压力的测量。

零示型传感器一般是物理量传感器，通过采用某种与被测量所产生的物理效应相反的已知效应来防止测量系统偏离零点。这种传感器需要失衡检测器及用来恢复平衡的某些手段。应用零示型测量方法的最常见例子是机械天平。电子天平也是采用类似机械天平的原理，只不过是采用电磁反馈方式代替操作者手动添加砝码的方式，使系统保持平衡。另外，系统平衡状态的检测也采用了力传感器。

相比于偏转型测量，零示型测量通常可得到更精确的结果。由于相反的已知效应能针对某个高精度标准或某个基准进行校准，失衡检测器只在零附近进行测量，因此，这种传感器系统的灵敏度很高。然而，零示型测量方式的速度很慢，尽管可采用伺服机构来实现平衡的自动化，其响应时间还是比偏转型的测量系统要长。

4．按被测量或敏感原理分类

实际工程应用中，最常用的是按被测量或敏感原理分类的。

按被测量（被测对象）分类是众多传感器用户需要的分类方式，物理量传感器如温度、压力、流量、液位、位移等传感器，化学量传感器如化学成分、气味、基因、蛋白质等传感器以及水质、血糖传感器等。这种分类方法对用户与产品生产单位来说一目了然，我国现行国家标准也是按被测量分类的。由于实际中需要测量的对象几乎有无限多种，而这种分类法把原理互不相同的同一用途的传感器归为一类，很难找出各种传感器在转换原理上的共性与差异，不利于掌握传感器的原理与性能的分析方法。

按传感器的敏感原理分类有助于减少传感器的类别，并使传感器的研究与信号调理电路直接相关。根据转换原理，传感器可分为物理传感器、化学传感器和生物传感器。按工作机理可分为结构型（空间型）和物性型（材料型）两大类。结构型传感器依靠传感器结构参数的变化实现信号变换，从而检测出被测量。物性型传感器利用某些材料本身的物性变化来实现被测量的变换，主要以半导体、电介质、磁性体等敏感材料制成固态器件。结构型传感器经常按能量转换种类再分类，如机械式、磁电式、电热式等。物性型主要按其物性效应分类，如压阻式、压电式、压磁式、磁电式、热电式、光电式等。按原理分类有利于对传感器的工作原理与设计进行归纳性的分析研究，使设计与应用更具有理性与灵活性，其缺点是使得对传感器不够了解的用户感到不便。

除上述分类方法外，传感器还可按敏感材料分类，如陶瓷传感器、半导体传感器、高分子聚合物传感器等；按加工工艺分类，有厚膜传感器、薄膜传感器、MEMS 传感器等；按应用领域分类，有汽车传感器、机器人传感器、家电传感器、环境传感器等；按信号处理形式或功能分类，如集成传感器、智能传感器和网络化传感器等。

传感器分类方法的多样性表明传感器技术具有很强的跨学科性，几乎涉及现代科学的各个领域，但从另一个角度来看，则表明传感器技术本身的学科方向性较弱。

1.3 传感器的一般构成

1.3.1 传感器的基本组成

传感器一般由敏感元件和转换元件两部分组成，由于敏感元件或转换元件的输出信号一般都较微弱，需要相应的转换电路将其变换为易于传输、转换、处理和显示的物理量形式。另外，除一些能量转换型传感器外，大多数传感器还需外加辅助电源提供必要的能量，所以有时传感器的组成还包括辅助电源部分。传感器的基本组成如图 1-3-1 所示。

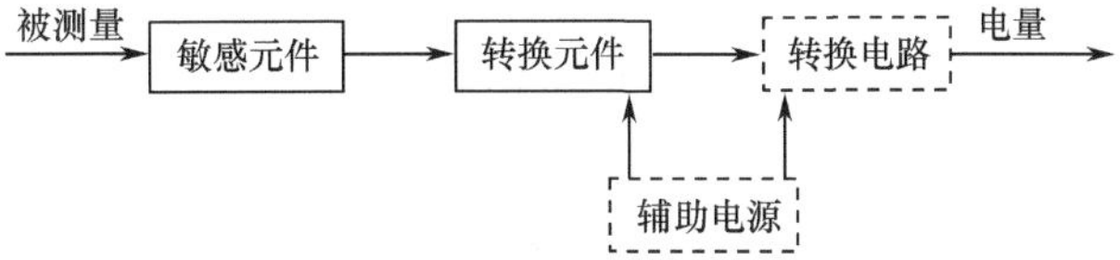

图 1-3-1 传感器的组成框图

（1）敏感元件：它的功能是直接感受被测量并输出与之有确定关系的另一类物理量。例如，温度传感器的敏感元件的输入是热量或温度，输出则应为温度以外的某类物理量。传感器的工作原理一般由敏感元件的工作原理决定。

（2）转换元件：有时敏感元件的输出量需要转换为电量（电压、电流、电阻、电容、电感等），才能便于进一步处理，因此需要转换元件将敏感元件的输出转换为电量。

（3）转换电路：如果转换元件输出的信号微弱，或者不是易于处理的电压或电流信号，而是其他电量，则需要相应转换电路将其转换为易于传输、转换、处理和显示的形式（一般为电压或电流）。有的传感器将转换电路、敏感元件和转换元件制作在一起，有的则分开了。

（4）辅助电源：有些传感器需外加电源才能工作，辅助电源就是提供传感器正常工作所需能量的电源部分，它有内部供电和外部供电两种形式。

图 1-3-2 给出了一个典型的电阻应变片式测力传感器，弹性体是其敏感元件，它感受被测力 F 并将其转换成应变量；电阻应变片是转换元件，它将弹性体输出的应变转换成电阻值变化；电桥是转换电路，它将电阻值变化转换成电压 U 输出；电源是辅助能源，为电桥供电。

实际上，有些传感器的敏感元件和转换元件无区别，是二者合一的。如图 1-3-3 所示的热电偶，两种金属 A 和 B，其中一端连接在一起并放在被测温度为 T 的环境中，另一端放在温度为 T_0 的参考环境中，回路中会产生反映 T 与 T_0 温差的电势，利用该电势可测温度。

对一个传感器而言，敏感元件和转换元件必不可少，而转换电路和辅助电源并非必需。敏感元件和转换元件在结构上常组装在一起，有时可能合为一体，而转换电路和辅助电源与它们有时组装在一起，有时则是分开独立的。

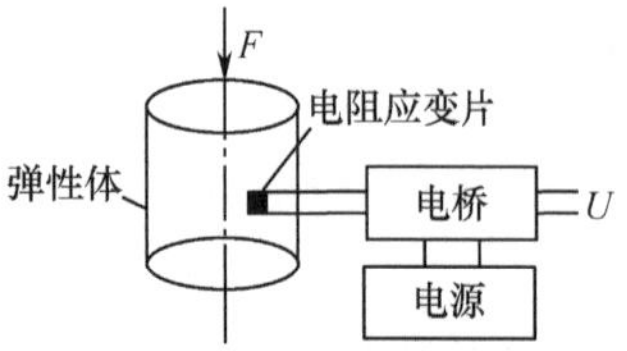

图 1-3-2　电阻应变片式测力传感器

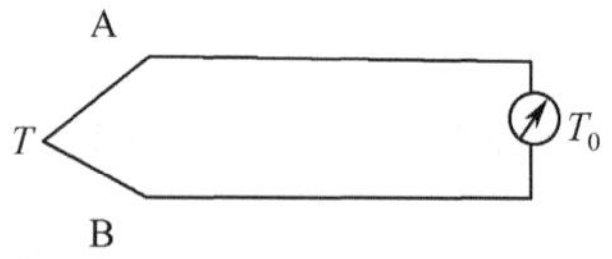

图 1-3-3　热电偶传感器

仅由一个敏感元件构成的传感器较少，通常通过不同功能的元件组合来构成传感器。在大多数情况下，传感器的输出为电量，但要把一些外界信息直接变换为电量有时很困难，需要经过两级或两级以上的变换。另外，被测量的种类很多，测量条件各种各样，有的被测量不能直接用现有传感器检测，或理论上能检测但实际检测较困难。为此，在多数情况下采取的方法是先把被测量变换为其他物理量，再用其他变换元件把这个物理量进行再变换。例如压力测量，虽然压电元件能把压力直接变换为电压信号，但由于绝缘电阻有限，测量稳态或接近稳态的缓慢变化压力时，必须用电荷放大器，而电荷放大器因工作稳定性和信噪比等问题而可能难以适用。因此，往往采用弹性膜片（敏感元件）先把压力变换为膜片位移，再将位移变换为其他电量（如电容），也就是通过压力到位移再到电量的两级变换来实现压力测量的。起中间变换作用的元件（如本例中的弹性膜片）称为一次变换元件。

容易变换成电量的量有位移、光、热（温度）等。由于位移测量用途很广，人们对位移传感器进行了各种研究，包括接触式和非接触式的。光电器件和热电偶也较为成熟，因此光和热常用作中间变量。表 1-3-1 列举了利用位移、光、热的传感器能测的物理量。

表 1-3-1　能用于中间变换的物理

中 间 变 量	被 测 量
位移	力、压力、热
光	位移、转速、浓度
热	温度、电功率、真空度

1.3.2　传感器的信号调理与接口

1．传感器的信号调理

传感器产生的电信号一般很弱，要经过放大后才能传输到数据采集（data acquisition，DAQ）模块做进一步处理。有些传感器的输出信号虽强，但许多 DAQ 部件或标准设备的输入范围固定（如±5 V，0～5 V 等），与传感器的输出范围往往不符，必须对输出信号进行再调整（实现输出信号的标准化）。此外，传感器信号中的噪声必须尽量滤除或减小到最小。调理传感器的输出信号是为了使其更好地满足后续信号传输和处理的要求。

信号调理单元在测量系统中的位置如图 1-3-4 所示。实际上，信号调理与转换电路或检测电路之间的界限并不十分明确，有时会合二为一。因此，有些文献中也将电阻抗-电压转换电路，如电阻、电感、电容等的检测电路归为信号调理电路。

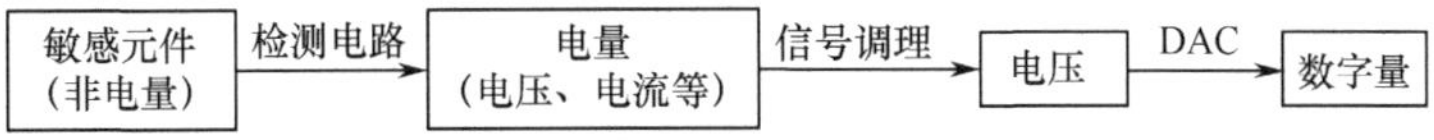

图 1-3-4 信号调理在测量系统中的位置

图 1-3-5 所示为一个典型的信号获取系统。信号调理大致可分为五种类型，即电平调整、线性化、信号形式变换、滤波、阻抗匹配。

（1）电平调整。这是最简单的信号调理，常见的是如图 1-3-5 中对电压信号的放大（或衰减），此外还包括传感器零位电压的调整等。

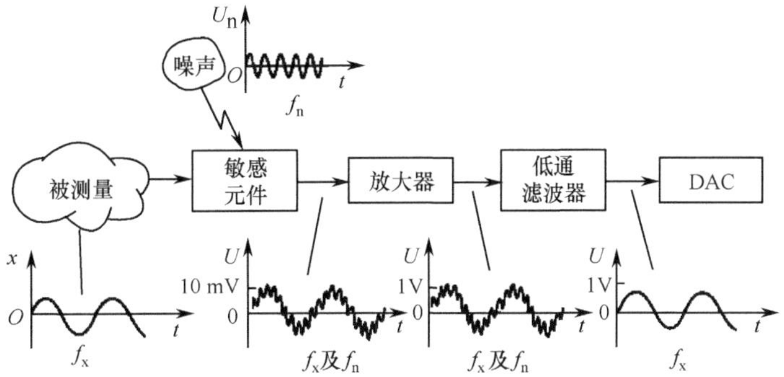

图 1-3-5 典型的信号获取系统

（2）线性化。它是针对传感器的非线性特性进行的。虽然传感器种类繁多，但面对具体测量问题时，实际可供选用的传感器可能很少，且大部分的输入-输出特性呈非线性。这种非线性特性对动态测量尤其不利，可能会导致动态信号波形畸变。实际中，不可能通过信号调理将非线性特性调整为理想线性特性，线性化的作用在于尽量扩大传感器响应的线性范围。

（3）信号形式变换。它是将传感器输出信号从一种形式变换为另一种形式，如电压-电流变换或电流-电压变换。此外，将敏感元件的电阻抗转换为电压或电流输出的电阻抗检测电路有时也被归为这一类。

（4）滤波及阻抗匹配。这是几乎所有测量系统在设计实现过程中必须予以重点考虑的问题。滤波器可以是由电阻、电容、电感等元件组成的简单无源电路，也可以是以运算放大器为中心的复杂的多级有源滤波电路。阻抗匹配则是在传感器的内部阻抗或电缆的阻抗可能会给测量系统带来重大误差时必须认真考虑的问题。

2．传感器接口与数域

实际的测量系统是通过传感器、信号调理和对数据的采集、处理、显示、存储与传输等环节的有机组合实现的。由于传感器种类繁多，涉及知识面宽广，要求测量系统的相关技术人员了解和掌握全部有关知识不现实。若能将系统模块化、输出接口标准化，相关人员就不必深入了解各功能模块的内部原理及结构，就可对整个系统进行设计、实现及维护。

图 1-3-6 所示为模块化的测量系统。随着集成电路技术的快速发展，在实际应用中具体的功能模块可能并不总是被分成截然不同的部分，但在最终利用传感器的输出信号之前，一般都需要对其进行某种信号处理。

接口（interface）是指实现两功能模块之间电气参数连接的部分，接口电路可以工作在同一电气参数范围，如将传感器输出的模拟信号调理成标准输出信号，也可将信号从一个数域变换到另一个数域，如模/数转换电路。

数域是用来表示或传输信息的某种参量的名称，数域的概念和数域之间的变换有助于说明与它们相关的传感器和电路。图 1-3-7 给出了测量系统中可能涉及的数域，其中大部分属于电气参数数域。

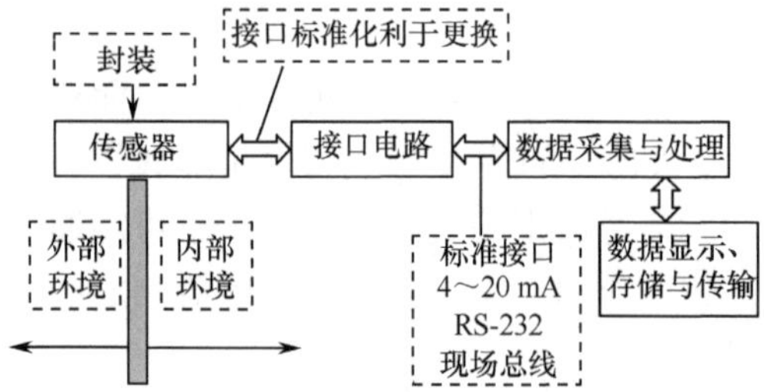

图 1-3-6　模块化的测量系统

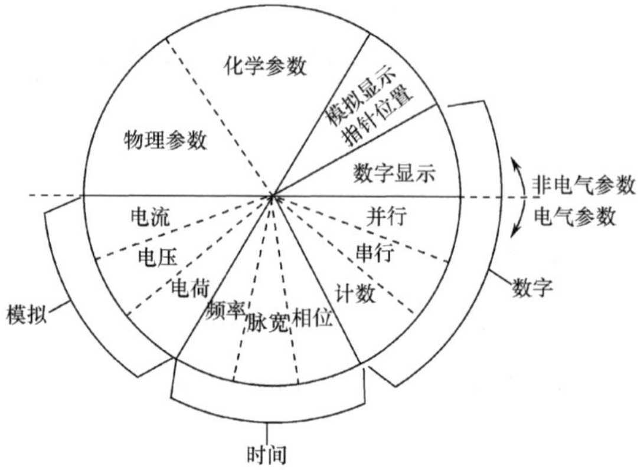

图 1-3-7　测量系统中可能涉及的数域

模拟数域的信息由信号幅度（电荷量、电压、电流或功率）携载。时间数域的信息不是由幅度而是由时间关系（周期或频率、脉宽或相位）携载的，数字数域中信号只有“0”和“1”两种状态，而信息则由脉冲数或由编码的串行字或并行字携载。

模拟数域的信号也称为模拟信号，这类信号最易受电气干扰影响。时间数域中的信号有时称为准数字信号。编码变量由于需要变换成数值变量，故不能以连续方式进行测量，而必须考虑周期或脉冲持续时间。数字数域中的信号称为数字信号，不仅数值显示容易，而且传输过程中抗干扰能力强。

依据测量方法的直接属性或间接属性，测量系统的结构可借助数域变化或变换来表示。例如，在电容式传感器中，可将敏感电容作为振荡器的一个选频元件，构成输出为频率信号的谐振式电容传感器，其输出信号属于时间数域，为准数字信号。这类传感器由于后续系统的测量、显示功能仅需要数字电路即可实现，因此被称为准数字传感器。

与模拟器件相比，以开关信号为特征的数字器件更容易利用微电子技术实现。因此，以频率或脉宽信号携载被测信息的准数字信号，在检测系统中使用更方便和常见。

1.4 传感器技术的特点与发展趋势

1.4.1 传感器技术的特点

传感器技术是有关传感器的机理研究与分析、设计与研制、性能评估与应用等的综合性技术，现代传感器具有以下技术特点。

（1）内容范围广而离散、知识密集程度高、边缘学科色彩浓。这些特点主要体现在传感器技术涉及多学科与技术，学科交错应用极多，知识密集度极高，与许多基础科学和专业工程学的关系极为密切，相互促进。相关学科、技术的快速发展使传感器产品的更新加快。

（2）技术复杂、工艺要求高。传感器的制造涉及许多高新技术，如集成技术、薄膜技术、超导技术、微细或纳米加工技术、粘合技术、高密封技术、特种加工技术，以及多功能化、智能化技术等，因此传感器的制造工艺难度很大，要求很高。

（3）功能优、性能好。功能优主要体现在传感器功能的扩展性好、适应性强，不仅具备人类“五官”的功能，还能检测人不能感觉的信息，能在高温、高压等恶劣环境下工作。性能好体现在传感器量程宽、精度高、稳定性和可靠性好、响应快等，另外还便于安装、调试与维修。

（4）品种繁多、应用领域广、要求千差万别。被测量包括许多物理量、化学量，需要多种多样的敏感元件和传感器。除基型品种外，还要根据应用场合和不同具体要求研制大量的派生产品和规格。因而不能用统一评价标准考核、评估，不能用单一模式研究与生产。

（5）新技术、新应用、新要求。有些新技术、新行业的发展要求更高性能或具有新功能的传感器，也有许多应用领域并不要求苛刻的性能指标或工作条件，且拥有大量需求，使得这些应用成为半导体传感器，特别是微型传感器的应用方向。

（6）发展缓慢而生命周期长。传感器技术的发展相对缓慢，而一旦成熟，就不会轻易退出竞争舞台，适用期很长，有的持续发展能力非常强。目前新型的微传感器发展步伐强劲，但许多传统传感器在一些专业应用场合仍然需求不断，在可预见的将来并不会被新型微传感器取代。例如，应变式传感技术已有70多年的历史，硅压阻式传感器也有40多年的历史，目前仍在传感器领域占有重要地位。另外，微电子技术的发展使传感器信号调理中的一些电路性能获得改进，并允许用更简单的电路进行设计。例如，一些普通传感器的信号调理专用集成电路（ASIC），它们也增强了传统传感器的生命力。

1.4.2　传感器技术的发展趋势

自然科学技术的发展和人类社会的不断进步，使人们对传感器的需求越来越大，也促进了传感器技术的发展。传感器技术的发展主要有两个方向：一个是传感器本身的研究开发；另一个是与计算机相连接的传感器系统的研究开发。

传感器技术本身的发展依赖于三方面的进展，即新的传感器原理的发现和研究、新的功能材料的研发和应用，以及新的加工技术的发展。

随着物理学和材料学对材料的各种物理性能的进一步研究，已经有可能自由地控制材料的组成并发展出新的材料。其中最成熟和应用研究最广的材料就是硅材料及其派生物，许多微型传感器都是基于硅材料制成的。近年来，陶瓷材料在传感器中也越来越受到青睐，特别是其耐热性弥补了硅材料的不足。此外，高分子材料和生物功能材料对新的传感器的研究和开发都起到了极大的推动作用。近年来纳米材料和纳米技术的发展，又为传感器技术的发展开辟了更新的天地，形成了新的热点。

微细加工技术的发展使得传感器制造技术有了突飞猛进的发展，如硅平面技术、定向蚀刻技术、机械切断技术，以及薄膜、厚膜技术，使得多参数、多功能传感器得以微型化和集成化，从而提高了传感器的空间和时间的分辨率，使传感器能从单点向一维、二维、三维阵列的方向发展；同时又可把传感器、放大器和执行器集成在一起，使得既具有敏感功能又具有控制执行功能的微系统成为可能。

向生物体学习是传感器研究设计的目标，许多生物活性物质已用于传感器，形成了生物传感器的发展方向，许多新的具有特定识别能力的生物活性物质用于传感器，出现了令人瞩目的新传感原理和器件，如生物芯片的出现有效推动了人类基因计划的发展。

传感器技术在新原理、新技术、新材料的支撑下将会得到更快发展，从其目前与微电子技术、计算机技术和通信技术等的结合发展趋势来看，传感器正处于微型化、多功能化、集成化的发展过程中，正朝着智能化和网络化方向发展。相关技术和应用市场的快速发展给传感器技术的发展带来了新的机遇和挑战。

1.5 物联网用传感器的特点和发展趋势

1.5.1 物联网用传感器的需求及技术特点

物联网把物理实体的相关信息通过一些特殊的采集方式，转变成可供现有网络传输共享的数据，最后利用计算机网络实现对其管理与控制。物联网公认的三个层次是感知层、网络层、应用层，其中感知层是物联网的数据和物理实体基础。只有感知层的技术达到了要求，整个物联网才能正常运行。在感知层中，传感器技术最为关键，传感器是物联网中获得环境动态变化信息的唯一途径，依靠传感器准确、可靠、实时地采集信息，进行转化处理与传输，为物联网应用系统提供可供分析处理和应用的实时数据。

物联网是与应用密切相关的，从应用需求来看，物联网主要面向的是公共管理、行业、个人（大众）市场三大应用领域。公共管理的市场包括城市应急（事故灾难、自然灾害）、社会安全、资源环境管理、智能城市管理、智能交通、公共卫生等；行业应用领域的重点细分市场主要是工业控制、智能建筑、现代农业、智能物流与食品溯源应用、智能电网等；个人（大众）市场近期的重点细分市场主要包括智能社区、家庭应用等。

不同的需求领域，对应用传感器的要求既有共性也有特殊性。当所需使用的传感器数量很多时，一般都要求其价格低廉，使用和维护成本低，性价比高；当使用环境恶劣时，要求传感器的可靠性高，抗干扰能力强；当电能、通信带宽等资源有限时，则突出节能要求，并且要求本地信息处理能力强，使得传送的数据量小。面向不同的具体应用领域或者面对不同的应用需求，即使对于相同原理的传感器，对其功能和性能（如线性度、响应速度、稳定性、灵敏度和精确度等指标）的要求也往往不同。例如，在工业自动化领域，一般会侧重于对传感器的响应速度和准确性的要求，以及要求可靠性高或者互换性好；在某些公共管理和个人市场则对节能和低成本有突出要求。对传感器功能或性能要求的不同，往往会导致对转换原理的选择限制或偏好，以及对供电方式、输出接口方式的不同要求。有时，需要侧重考虑的性能指标还可能具有相互抵触性。

整体而言，物联网对传感器最普遍性的要求除了性价比高、尺寸小、低功耗外，从提高性能和方便使用考虑，具有便于实现网络化测量的接口和采用智能化方式也是必需的。与一般无线传感器网络节点的传感器相比，在更多的应用场合中，物联网用传感器对测量准确性的侧重会突出一些。因为无线传感器网络往往可以借助多节点的共同观测来提高或保证监测的准确性和可靠性，而需要透彻感知目标的物联网对测量准确性的要求程度相对高，以及因控制成本对所用传感器数量的限制，决定了物联网的传感器在更多情况下必须满足较高的测量精度与可靠性要求。但在实际中可能还有较多的物联网用传感器，目前因成本限制而难以达到这样的性能要求。

虽然从结构上看，为了实现网络化，物联网用传感器必须有遵循或支持某个特定网络接口标准的通信接口，但传感器的基本感知原理和应用特点决定了物联网用传感器与其他领域应用的传感器并无本质性差异，都建立在同样的技术基础上，对具体功能与性能要求的差异也都是因为具体应用而不同。当应用方向或要求不同时，就需要从传感器的众多技术性能指标中选择相关指标，加以侧重考虑。

1.5.2 物联网用传感器的技术与应用发展趋势

物联网以量大、绿色、低碳为特色，这为新原理、新工艺的传感器提供了发展空间。物联网的发展重在基础技术推动和应用牵引，物联网用传感器的发展应主要关注传感器的关键技术与未来发展趋势，以及应用需求的态势。

1. 技术发展趋势

物联网对传感器的基本要求表现在低功耗、微型化、输出接口标准化、智能化方面。这不仅要求发展新的传感与检测技术，更多的是要与微电子、光电子、计算机、通信等技术及纳米技术融合发展。一方面，随着微电子技术继续遵循摩尔定律发展，纳米尺度的量子、分子器件将成为未来微电子的重要发展方向，由纳米技术推动的纳米传感器成为当前传感器技术的一个主要方向。纳米技术能开发微小型、低成本、高效能和多用途的传感器，如正在开发的能扫描身体早期疾病信号的最小化植入技术，这是纳米传感器针对未来人体健康监测的新技术发展方向。另一方面，随着微电子技术与光电子技术、敏感材料、生物技术等多学科交叉技术的融合，新兴的传感技术将会推动物联网用传感器的发展。

2. 应用发展趋势

随着物联网的发展，各行业应用需求会推动各种传感器技术的开发应用。具有网络通信能力的传感器节点可作为独立的通用产品应用于各种传感器网络系统，实现对各种对象信息的感知，也可作为智能物件的内部组成部分嵌入其中。例如，智能轮胎用传感器（也可是集成化的 RFID 标签），不管轮胎何时更换，都能很方便地接入系统，提供准确的压力、温度和磨损变形等数据。

思考题与习题

【1-1】简述传感器的重要性和基本作用。

【1-2】什么是测量？测量系统的作用是什么？必须具备哪些特性？

【1-3】什么是传感器（广义上）？简述国家标准对传感器的定义。该定义所表述的传感器的主要内涵有哪些？在实际中，传感器有哪些常用的其他叫法或俗称？

【1-4】变送器与传感器在功能结构上有何异同？

【1-5】传感器一般由哪些部分组成？简述各部分的功能，指出哪些是必需的。

【1-6】传感器的信号调理一般有哪几种类型？传感器输出接口标准化有何意义？

【1-7】传感器有哪些分类法？具体是如何分类的？了解分类有何意义或作用？

【1-8】与有源传感器比较，无源传感器存在哪些不利因素？

【1-9】简述传感器技术的特点与发展趋势。

【1-10】简述传感器对物联网的重要性。

【1-11】物联网用传感器一般有哪些共性要求或特点？应用于野外环境监测的无线传感器一般还应主要注重哪些要求？

第2章

传感器的性能与评价

2.1 传感器的特性概述

为了掌握和使用好传感器，必须充分了解传感器的总特性。传感器用于测量某一参量时往往要将其放置在测量环境中，例如，测某一容器内液体的温度时，往往把温度计放入该容器，除了要正确反映容器中的液体温度外，还不能改变容器内的温度场，即传感器不应改变或扰动被测量环境；同时传感器和后接仪器组成测量系统时也应正确地传送信号。传感器的总特性主要包括传感器的自身特性及其与被测对象和后接仪器组成的测量系统的输入和输出的匹配。传感器的自身特性主要是机械特性和工作特性，其中工作特性包括静态特性、动态特性、环境特性及可靠性等。

2.1.1 机械特性

考虑传感器的机械特性主要有以下几个目的：

- 便于运输和安装；
- 防止环境条件（如震动、冲击）等影响传感器的结构和性能；
- 使传感器能和工作系统恰当地连接起来。

为合理使用传感器，必须说明机械特性，如外形、大小、质量、安装等情况，以及与外部电源、机械、流体等连接的参数，某些情况下还包括传感器外壳材料特性和密封条件。

2.1.2 工作特性

传感器的工作特性可分为以下几类。

（1）静态特性。指室内条件下，无任何冲击、震动、加速度（除非它们本身就是被测量），且所测量变化又很缓慢时，对传感器性能的描述。室内条件一般规定为（25±10）℃，相对湿度小于 90%，气压为 88～108 kPa。

（2）动态特性。指随时间变化的被测量与传感器的响应之间的关系。

（3）环境特性。是指对传感器施加特定的外部条件（如温度、震动、冲击等）时或施加后传感器所表现出的性能，前者称为运行环境特性，后者称为非运行环境特性。

2.2 传感器的误差

理想中的传感器无论在什么情况下其性能都保持稳定，输入和输出都有一一对应关系，但实际上做不到，因此需要建立评价标准来衡量传感器的优劣，测量误差是用来衡量其性能的主要评价标准。

2.2.1 理想传感器与实用中的局限性

理想的传感器应该具有以下特点：

- 传感器的输出量仅对特定的输入量敏感；
- 传感器的输入量与输出量呈唯一的、稳定的对应关系，且最好是线性关系；
- 传感器的输出量可实时反映输入量的变化。

具体到不同的传感器，理想的目标往往还包括其他方面，如体积小、易批量生产、成本低、容易实现与检测电路的集成等。然而，由于传感器的制作工艺、结构特征、电子器件，以及实际应用环境等因素均可能制约或影响传感器性能，因此，传感器的理想特性实际上不可能达到，也不必都需要。在传感器的设计、制作与应用过程中，应尽可能控制各种不利因素，使传感器表现出的性能尽可能接近理想特性。

2.2.2 误差及其来源

传感器工作在具体应用环境中，通过与被测对象之间的信息交互实现被测量的检测。如图 2-2-1 所示，影响传感器性能的因素可分为两方面。一方面是传感器本身的误差因素，如非线性、滞后、重复性、漂移等，由传感器的敏感原理、结构设计、制作工艺等所决定。这方面的性能是在传感器出厂前进行评估的，并给出具体指标以供用户参考选用。性能指标的改进则要从传感器的原理、结构、制作工艺等方面考虑。尤其是传感器的具体制作工艺，往往是影响性能的重要因素，也是各传感器生产厂商秘而不宣的技术关键。

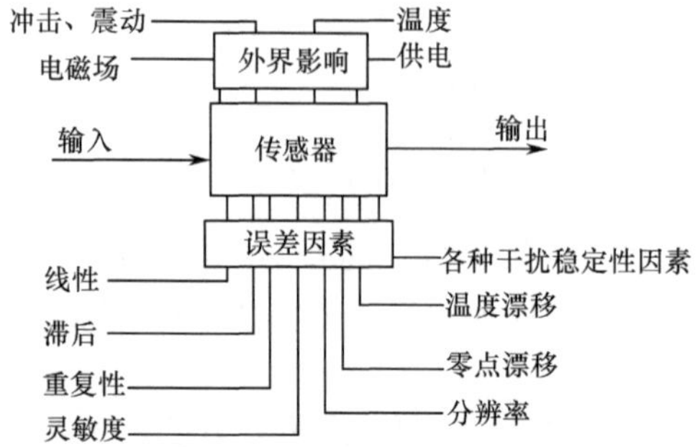

图 2-2-1　影响传感器性能的因素

影响传感器性能的另一方面是在应用过程中引入的，如外界环境的电磁场干扰、工作环境温度波动、安装位置的冲击震动、供电电源波动等因素。其中供电电源的影响在一些现场存在大功率设备的应用场合尤其明显。大功率设备的工作常常需要非恒定的大电流，因此会造成电网电压的大幅度波动，在传感器的设计和应用中需重点考虑。

传感器的误差可定义为通过传感器得到的测量值与被测量的真值之差。但是，传感器的本身误差和使用传感器时产生的测量误差并不完全等同，例如在测量中须考虑传感器的使用对被测对象的扰动情况，即被测对象的负载效应。可能造成传感器误差的来源很多，但基本上可分为五类，即介入误差、应用误差、特性参数误差、动态误差及环境误差。

（1）介入误差。该类误差源于传感器或敏感元件的介入造成所测系统的环境变化。实际上，几乎所有传感器均存在这种误差，只是影响程度不同。例如，当流体压力传感器尺寸相对所测系统太大时，传感器的安装会影响被测量环境的压力分布，由此带来介入误差。

对于生物化学量传感器，传感器介入引起的误差更需认真考虑。例如，某些电化学传感器在内部封装有电解质溶液，通过半透膜与外界接触，当用于检测溶液中的化学物质时，需特别注意电解质溶液中离子的渗透是否会污染被测溶液。采用表面接触电极测量人体生物电或电阻抗时，电极在皮肤表面的固定、电阻抗检测时所需的激励电压/电流会影响人体的舒适度，如果电极设置不当，人体对这种不舒适的本能反应可能导致较大的测量误差。

（2）应用误差。这类误差是实际中最为常见的误差，主要原因在于使用者对具体传感器原理缺乏了解或测量系统有设计缺陷。例如，用温度传感器测空气环境温度时，传感器的放置位置不合适或传感器与固体之间的热绝缘不好均可能造成误差。

（3）特性参数误差。顾名思义，特性参数误差源于传感器本身的特性参数，也是传感器生产者及使用者考虑最多的误差。由于这类误差是传感器本身固有的特性，因此使用者只能在选取传感器时充分予以考虑，尤其是在量程、阈值及分辨率等方面应用时。

（4）动态误差。大部分传感器的特性参数是在稳态环境下通过标定测试得到的，因此当所测参数发生变化时，传感器的反应存在滞后。人们在日常生活中体会最深的要数体温计。老式的水银温度计反应慢，目前市场上的电子体温计一般也要数分钟才能得到结果。在实际应用中，如需测量快速变化的参量，必须考虑传感器对快变输入信号的反应能力——动态特性。

（5）环境误差。图 2-2-1 中所示的各种环境参量均可能带来误差，最常见的环境影响因素是温度、冲击、震动、电磁场、化学腐蚀、电源电压波动等。在使用交流市电作为测量系统的电源时必须充分考虑电源电压波动的影响。

2.3 传感器的静态特性

传感器感受被测量并以一定精度把被测量转换为与之确定对应的电信号输出。传感器研究的核心问题是输出与输入之间的对应关系，这种确定的对应关系存在于时间和空间中。传感器静态特性和动态特性是传感器在正常工作条件下，从时间域分析得出的输出量对输入量的依存关系，即输出量可真实表达输入量的程度。静态特性表示传感器在被测量处于稳定状态时的输出与输入关系，主要指标包括灵敏度、线性度、迟滞和重复性等。

2.3.1 输出与输入的静态函数关系

传感器的输入有两种形态：一种是输入为常量或随时间缓慢变化的量，称为静态输入量；另一种输入随时间变化，称为动态输入量。不论输入是哪种形态，输出都跟随输入变化。这种跟随性，即输入与输出之间的关系特性，是传感器工作质量的表征，是由传感器内部结构参数决定的特性。传感器输出与输入的静态函数关系可表示为

$$y = a_0 + a_1 x + a_2 x^2 + \cdots + a_n x^n \tag{2-3-1}$$

式中，a_0 为零输入时的输出值；a_1 为线性输出系数，或称为理论灵敏系数；a_1，a_2，…，a_n 为非线性项系数。当 a_0=0 时，零输入时为零输出。

静态函数关系式有以下三种特殊情况，也是最常采用的函数关系。

（1）理想线性关系。a_0 和各非线性项系数 a_2，…，a_n 均为 0，此时

$$y=a_1x \tag{2-3-2}$$

为过原点的直线。定义线性灵敏系数 $k=a_1=y/x$，它是一个常数。这是用直线方程拟合相应的输入-输出关系曲线所得到的最简单的输入-输出函数关系，当然误差要在允许范围内。

（2）非线性项中仅有奇次项的奇函数关系。a_0 和各非线性偶次项系数 a_2，a_4，a_6…均为 0，此时有

$$y = a_1x + a_3x^3 + a_5x^5 \cdots \tag{2-3-3}$$

具有这种静态特性的传感器，在原点附近很大的测量范围内，输入-输出近似为理想线性关系，并且有 $y(x)=-y(-x)$ 的对称性。

（3）非线性项中仅有偶次项的偶函数关系。a_0 和各非线性奇次项系数 a_3，$a_5\cdots$均为 0，此时有

$$y = a_1x + a_2x^2 + a_4x^4 + a_6x^6 \cdots \tag{2-3-4}$$

具有这种静态特性的传感器的非线性部分具有 $y(x)=y(-x)$ 的对称性，在零点附近灵敏度很小，所以其线性范围窄。

实际中常采用一种差动测量技术，它把具有相同特性的两个传感器差动组合，可有效消除偶次非线性项，改善传感器特性。设两个传感器都具有相同输入-输出特性，即

$$y_1 = a_0 + a_1x + a_2x^2 + \cdots + a_nx^n$$

$$y_2 = a_0 + a_1x + a_2x^2 + \cdots + a_nx^n \tag{2-3-5}$$

如果被测量使第一个传感器有输入 x，则使第二个传感器的输入为$-x$，此时 $y_1=y+\Delta y$，对应的输入量为 x；而 $y_2=y-\Delta y$ 对应的输入量为$-x$。对 y_1 和 y_2 取差，即采用差动，则有

$$y_1-y_2 = a_1[x-(-x)] + a_3[x^3-(-x^3)] + \cdots = 2\Delta y \tag{2-3-6}$$

消除偶次非线性项，变成了仅有奇次项的情况，可改善传感器的特性。

线性特性是传感器最理想的特性，其益处是：可大大简化传感器的理论分析和设计计算；为标定和数据处理带来很大方便；避免了非线性补偿环节，方便安装、调试。

2.3.2 线性度

传感器静态特性曲线是在标准测试条件下，利用精度高一级以上的标准器给出一系列输入量 x_i，测得相应输出量 y_i，所得到的实际特性曲线（或校准曲线）。为了方便标定或数据处理，希望传感器输入-输出特性越接近线性越好，通常采用直线或多段折线替代实际曲线，这种采用拟合方式得到的直线称为拟合直线，由此也引入了误差。

传感器的校准曲线与拟合直线的偏差程度用线性度表征，也称为非线性误差，其定义为

$$r_{\mathrm{L}} = \pm\frac{\Delta_{\mathrm{L\,max}}}{y_{\mathrm{FS}}}\times 100\% \tag{2-3-7}$$

式中，Δ_{Lmax} 为最大偏差；y_{FS} 为满量程时的输出值。测量下限与测量上限的区间为量程，测量上限时的输入量为满量程输入值，对应的输出为满量程输出值，如图 2-3-1 所示，图中实线为实际输出曲线，虚线为拟合直线。

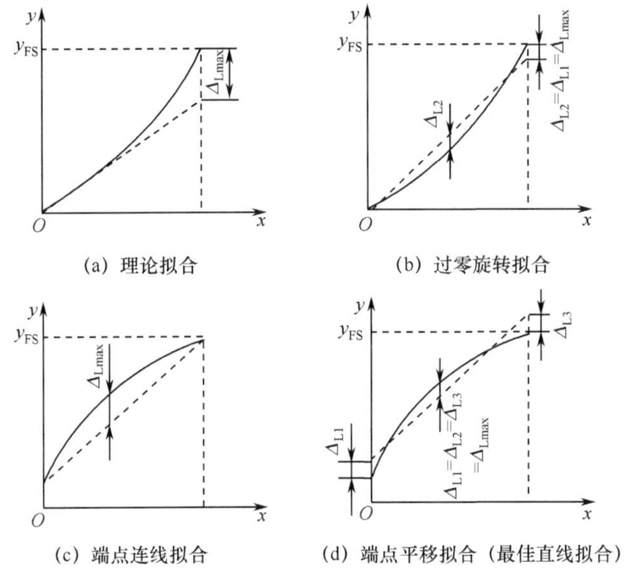

图 2-3-1　不同直线拟合情况下的线性度

可见，非线性误差大小与所选拟合直线有关，拟合直线的方式不同，非线性误差也不同。在谈到非线性误差时，一定要明确所用的是哪种拟合直线，如最小二乘拟合、最佳直线拟合等。一般选择拟合直线的原则是使非线性误差最小，另外还应考虑使用方便，计算简单。

2.3.3　灵敏度与测量范围

1. 灵敏度

灵敏度指传感器的输出增量与输入增量之比。对于线性传感器或非线性传感器的近似线性段，灵敏度是传感器特性直线段的斜率（如图 2-3-2 所示），即

$$s=\Delta y/\Delta x \tag{2-3-8}$$

对于非线性传感器，灵敏度可用其一阶导数表示，即

$$s=\mathrm{d}y/\mathrm{d}x \tag{2-3-9}$$

市场上的传感器产品一般会为用户提供线性特性输出，表示为对应固定输入量的输出量值。如某位移传感器的灵敏度为 100 mV/mm，表明该传感器对应 1 mm 位移量可有 100 mV 的

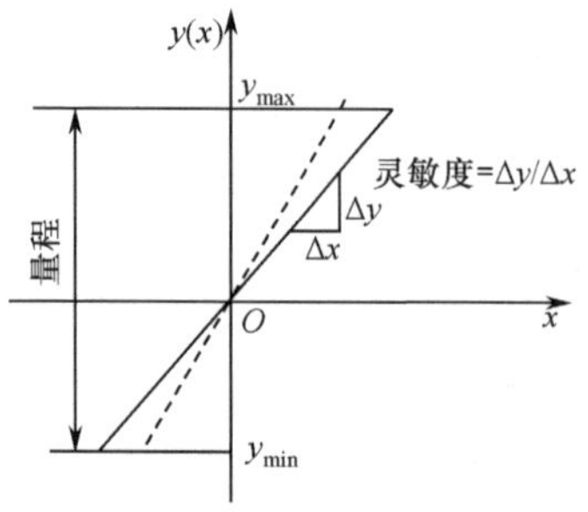

图 2-3-2　传感器的灵敏度与量程

输出变化。再如，某血压传感器的灵敏度为 10 V/（V • mmHg），说明该传感器对应 1 mmHg 的压力和 1 V 激励电压，有 10 V 输出量变化。

与其他参数一样，灵敏度也存在误差，称为灵敏度误差，即实际灵敏度偏离理论灵敏度的程度，如图 2-3-2 中的虚线所示。例如前述血压传感器的实际灵敏度可能是 10.8 而非 10。

2. 量程

量程指传感器能检测的输入量的最大值和最小值。例如，某压力传感器的量程可能为−400～+400 mmHg，或表示为±400 mmHg，说明该传感器的输入压力在−400～+400 mmHg 之间变化时可有相应的线性输出，超出这一范围时，不能保证传感器的输出量与具体压力之间的对应关系。实际传感器的正、负量程也可以不相等，如某医用血压传感器的量程为−50（真空）～+450 mmHg。量程也可采用最大值与最小值之差来表示，如前述血压传感器的量程也可表示为 450+50=500 mmHg。

在实际应用中，传感器的量程选择是一个最简单却需特别注意的问题。一般的传感器产品所给出的精度等性能指标都是针对满量程的相对值，如 0.1%FS（FS 即 Full Span，指满量程），因此实际应用时越接近满量程，其测量准确度越高。

2.3.4　迟滞特性与重复性

传感器迟滞特性表示其对正向（输入量增大）和反向（输入量减小）输入的响应曲线之间的不重合程度。正向和反向特性曲线会形成一个闭环，称为迟滞环，如图 2-3-3 所示。可见对同一大小的输入量，正、反行程对应的输出量大小并不相等，产生迟滞误差（或回程误差）。产生原因是敏感材料物理性能的各向异性，以及机械零部件存在缺陷（如间隙、紧固松动、零件之间的摩擦等）。迟滞的大小一般用实验方法确定。

迟滞误差定义为正、反行程最大输出差值ΔH_{max}与输出满量程值 y_{FS} 之比

$$r_H = \pm \frac{\Delta H_{max}}{y_{FS}} \times 100\% \tag{2-3-10}$$

重复性指传感器在同一工作条件下，输入按同一方向连续多次变动时所测得的多个特性曲线的不重合程度，如图 2-3-4 所示。重复性误差定义为输出量最大不重复误差 ΔR_{max} 与输出满量程值 y_{FS} 之比

$$r_R = \pm \frac{\Delta R_{max}}{y_{FS}} \times 100\% \tag{2-3-11}$$

ΔH_{max} 与 ΔR_{max} 的物理意义不同。前者是同一次测量双向最大差值，后者为同向多次测量中的最大差值。重复性误差反映了数据的离散程度，属随机误差范畴，按式（2-3-11）计算误差过于烦琐，可以利用校准数据的离散程度即根据标准偏差来计算重复性误差

$$r_R = \pm \frac{3\sigma}{y_{FS}} \times 100\% \tag{2-3-12}$$

式中，σ 为标准偏差，服从正态分布规律，根据贝塞尔公式有

$$\sigma = \sqrt{\frac{\sum_{i=1}^{n}(y_i - \bar{y})^2}{n-1}} \tag{2-3-13}$$

式中，y_i 为第 i 次测量输出值；$\bar{y}$ 为测量输出值的算术平均值；n 为测量次数。

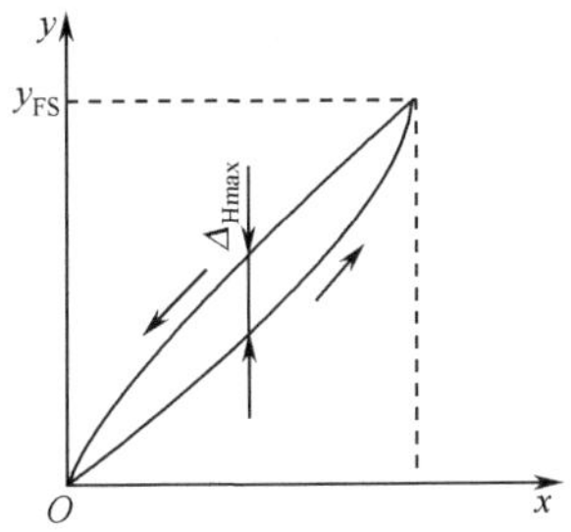

图 2-3-3　传感器的迟滞特性

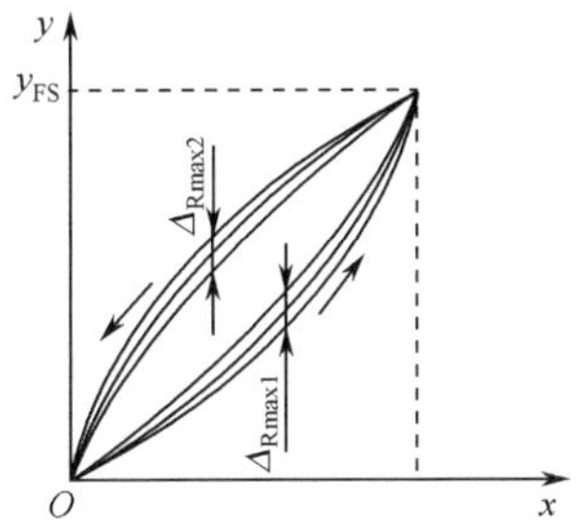

图 2-3-4　传感器的重复性

2.3.5　分辨力与阈值

分辨力指传感器能检测到的最小输入增量。只有当传感器的输入变化到一定程度时，输出才能被察觉，所以用分辨力（或分辨率）来评定传感器的这一能力。分辨力反映了各种因素对传感器的综合影响，如机械运动部件摩擦、惯性、运动死点，电路中元件参数不恰当，以及数字系统中位数有限等。分辨力在传感器设计、制造和选择上都很重要，是追求高性能的一个永恒目标。传感器的测量误差不会小于其能分辨的输入量值。

有些传感器，当输入量连续变化时，输出量只作阶梯变化，这时分辨力就是输出量的每个“阶梯”所代表的输入量大小。分辨力用绝对值表示，它与满量程输入之比为分辨率。

当输入量减小到某一值时，将观察不到输出量变化，此时的输入量称为传感器的阈值。阈值是传感器在零点附近的分辨力，即零位分辨力。阈值和分辨力一样，都是有量纲的量，

量纲由输入量的量纲决定。

2.3.6 稳定性

给传感器施加同样大小的输入时，理想情况是无论何时其输出量始终保持不变。但实际上随时间推移，大多数传感器的特性都会改变。对同一输入量，即使环境条件完全一样，传感器的输出较之以前也会有所不同，这是因为传感元件或构成传感器的部件的特性随时间发生了变化，产生一种称为经时变化的现象，即使是长期放置，不同的传感器也会产生不同的经时变化现象。特性变化与使用次数有关的传感器，受经时变化现象的影响更大。

使用传感器时，如果对元件施加不当的外力或不必要地加热，就会产生不可逆变化，这样的变化累积下去势必引起传感器特性的变化。

传感器在连续使用过程中，即使输入保持一定，有时也会出现输出朝一个方向偏移的现象，这种现象称为漂移，输入值是 0 也会发生漂移，称为零漂现象。

有时在接通电源时，传感器的工作不稳定，会产生较大的漂移，这时传感器内部的发热量尚未达到正常值，因而工作点下跌，但这种漂移是暂时性的，最终会自行消失，达到正常状态所需的时间称为升温时间。因此接通电源后，在升温期内应避免使用传感器。

稳定性所涉及的因素比较多，具体指标的计算方法也不尽相同。下面仅列出 3 个主要指标，具体定义请参考其他专业文献。

- 时间零漂：传感器的输出零点随时间发生漂移的情况。
- 零点温漂：传感器的输出零点随温度变化发生漂移的情况。
- 灵敏度温漂：传感器的灵敏度随温度变化发生漂移的情况。

其中，输出零点的漂移可通过选择高稳定性器件、优化电路参数等方法减小，而与温度有关的漂移则可采用温度补偿的方式加以限制。

不稳定性的随机性较大，故较难用计算机进行处理，尽管目前已研究出不少校正零漂和时漂的算法，但比校正非线性要困难得多。因此稳定性对传感器来说是一个非常重要的特性，达不到一定稳定程度，传感器不能使用。新开发的传感器如果稳定性很差，还不足以称为传感器，只能说是研究了一种新的物理或化学的转换方法。

2.3.7 综合误差

综合误差也称为精度，是指传感器示值与被测量真值之间的最大偏差。这一指标可用绝对误差表示，也可用绝对误差相对于满量程的百分比形式表示。一种常见的做法是综合考虑室温下传感器的线性度（非线性误差）r_L、迟滞误差 r_H 和重复性误差 r_R 这三项误差，若这些误差是随机的、独立的、正态分布的，传感器静态综合误差可由下式计算：

$$r = \sqrt{r_{\mathrm{L}}^2 + r_{\mathrm{H}}^2 + r_{\mathrm{R}}^2} \qquad (2\text{-}3\text{-}14)$$

2.4 传感器的动态特性

传感器的动态特性是指传感器对于随时间变化的输入量的响应特性，是传感器的输出值能真实再现变化着的输入量的能力的反映。传感器的输出量随时间变化的曲线与相应输入量随同一时间变化的曲线越相近，则传感器的动态特性越好。一般希望传感器输出随时间变化的规律与输入随时间变化的规律相同，即两者有相同的时间函数形式，而实际上，输出信号不会与输入信号具有完全相同的时间函数，这种差异就是动态误差。

在实际测量中，传感器的输入可能是变化较快的连续信号，也可能是冲击性或周期性输入，此时传感器中各种储能元件引起的暂态过程所表示的特性与静态特性有很大差异。输出与输入的关系将随时间变化，为此，需要研究传感器的动态特性和指标。

2.4.1 动态特性分析方法

一般情况下，传感器可看成一个动态复现系统，对这种系统的要求是在动态工作条件下（输入为随时间变化的函数），以最小的误差复现输入作用。

一般视传感器所测输入量为规律性信号，而规律性信号中的复杂周期信号可分解为不同谐波的正弦信号叠加。其他非周期信号都比阶跃信号缓和，只要传感器能满足对阶跃信号输入的响应，就可满足对其他非周期信号的响应。另外，有时也考虑线性信号的输入情况。所以动态特性研究中的“标准”输入是正弦周期信号、阶跃信号和线性信号。

传感器的动态特性要从时域和频域两方面分析。因此，在时域内研究对阶跃函数的响应特性，在频域内研究对正弦函数的频率响应特性。采用阶跃输入研究传感器时域动态响应特性时，用上升时间 t_r 响应时间 t_s 和过冲量（或超调量）等参数来综合描述。采用正弦输入研究传感器频域动态响应特性时，用幅频特性和相频特性来描述，其重要指标是响应频带宽度，简称带宽。带宽指增益变化不超过某一规定分贝值的频率范围。

根据线性时不变系统理论，传感器可用一个 n 阶常系数线性微分方程描述，即

$$a_n \frac{\mathrm{d}^n y}{\mathrm{d}t^n} + a_{n-1} \frac{\mathrm{d}^{n-1} y}{\mathrm{d}t^{n-1}} + \cdots + a_2 \frac{\mathrm{d}y}{\mathrm{d}t} + a_0 y = b_m \frac{\mathrm{d}^m x}{\mathrm{d}t^m} + b_{m-1} \frac{\mathrm{d}^{m-1} x}{\mathrm{d}t^{m-1}} + \cdots + b_2 \frac{\mathrm{d}x}{\mathrm{d}t} + b_0 x \qquad (2\text{-}4\text{-}1)$$

式中，$x=x(0)$为输入信号；$y=y(t)$为输出信号；a_i（i=0，1，2，…，n）和 b_j（j=0，1，2，…，

m）均为实数，是与传感器内部结构和材料性能有关的常数（要求 $m<n$）。方程阶数 n 由传感器结构和工作原理决定，n=0 称零阶传感器；n=1 称一阶传感器；n≥3 称为高阶传感器。

2.4.2 频率响应特性与动态品质的关系

线性系统在正弦输入作用下输出幅值与输入幅值的比值称为系统的幅频特性，以$|H(\mathrm{j}\omega)|$表示，而输入与输出之间随频率而变的相位特性称为相频特性，以$\varphi(\omega)$表示。图 2-4-1 所示为一典型的幅频和相频特性，统称频率特性。频率特性是传感器的一个十分有用的评估特性，用于评价传感器在波形复杂的周期输入作用下的复现误差。

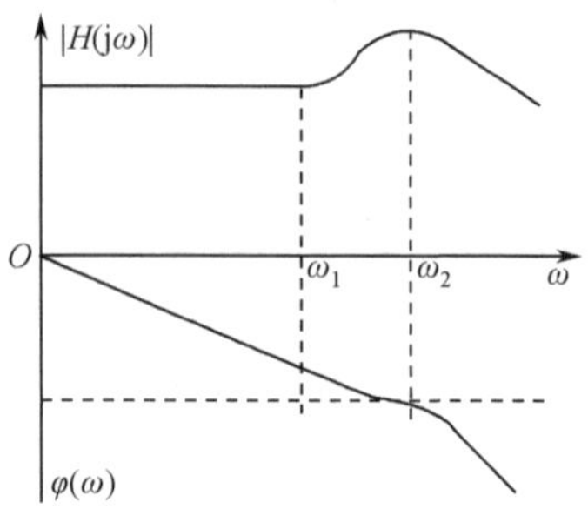

图 2-4-1 幅频和相频特性

理论分析可知，在图 2-4-1 中，幅频特性保持稳定的区间是 $0<\omega<\omega_1$。由于幅频特性平坦，对所有落在此频率范围的输入都有近似相同的灵敏度，因而由测量出的输出结果与静态灵敏度得出的被测动态输入值不会有较大的幅值误差。而线性变化的相频特性，可保证不出现的各种谐波所组成的任意复杂波形都能被精确地复现。由此可得出结论：频率特性的形状对评估动态误差有重要意义。

可以证明，固有频率拓宽，则在指定精度下的平坦区间也将拓宽，因此通过改变传感器的固有频率可改变动态范围。

最后，频率特性与时间响应之间有着确定的关系，通过频率特性可计算暂态响应。从典型环节的频率特性，可以了解结构参数对它的影响及暂态响应之间的关系。

1．一阶传感器

具有简单能量变换的传感器，如多数物性型传感器，其动态性能可用一阶微分方程来描述。直接利用微分方程或传递函数，可得到典型的一阶传感器的频率特性，即

$$H(\mathrm{j}\omega)=A/(1+\mathrm{j}\omega\tau)$$

相应的幅频和相频特性为

$$\left.\begin{aligned}|H(\mathrm{j}\omega)|&=\frac{A}{\sqrt{1+(\omega\tau)^2}}\\ \varphi(\omega)&=\arctan(-\omega\tau)\end{aligned}\right\}\qquad(2\text{-}4\text{-}2)$$

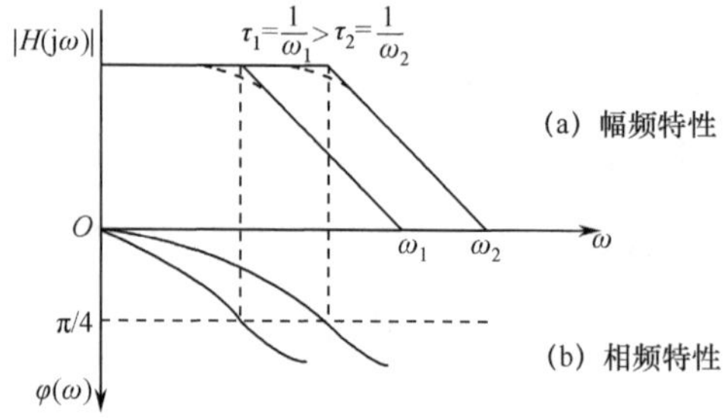

图 2-4-2 一阶频率特性

其图形以对数坐标描述，如图 2-4-2 所示。由图可见，一阶频率特性具有最简形式，其特征

参数可用 3 dB 频率ω_c表示，即

$$\omega_c = 1/\tau \qquad (2\text{-}4\text{-}3)$$

此处，τ称为传感器的时间常数。由图可见，时间常数τ 越小，则 3 dB 频率ω_c越高，具有较好的动态响应，或者说，较小的时间常数响应较快。

2．二阶传感器

在电气系统中具有 R、L、C 的电路呈现二阶频率响应。同样，对于具有阻尼、质量和弹簧的机械系统（如图 2-4-3 所示），如测力和测量振动的传感器，也有类似特性。

根据力平衡原理，可列出微分方程

$$m\frac{\mathrm{d}^2y}{\mathrm{d}t^2}+c\frac{\mathrm{d}y}{\mathrm{d}t}+ky=F(t) \qquad (2\text{-}4\text{-}4)$$

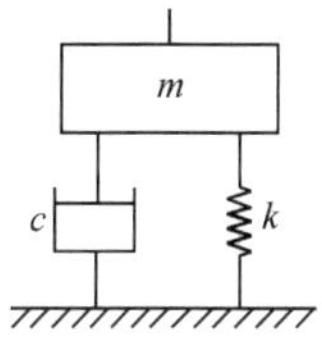

图 2-4-3　单自由度的二阶系统

由此可得频率特性

$$|H(\mathrm{j}\omega)|=\frac{1/k}{1-\chi^2+2\zeta\chi} \qquad (2\text{-}4\text{-}5)$$

式中，χ为频率比，$\chi=\omega/\omega_0$；ω_0为系统无阻尼时的固有频率，$\omega_0=\sqrt{km}$；ζ为阻尼比系数，$\zeta=c/(2\sqrt{km})$。

由式（2-4-5）可求得幅频特性和相频特性，分别如图 2-4-4 和式（2-4-6）所示。

$$\left.\begin{aligned}|H(\mathrm{j}\omega)|&=\frac{1/k}{\sqrt{(1-\chi^2)^2+(2\zeta\chi)^2}}\\ \varphi(\omega)&=-\arctan\frac{2\zeta\chi}{1-\chi^2}\end{aligned}\right\} \qquad (2\text{-}4\text{-}6)$$

可见，频率特性与无阻尼的固有频率ω_0（在$\chi=1$处）和阻尼比系数ζ有关，谐振峰值大小和谐振频率ω_n随ζ变化，对式（2-4-6）微分并使之等于零，可得

$$\left.\begin{aligned}\chi&=\sqrt{1-2\zeta^2}\\ \omega_n&=\omega_0\sqrt{1-2\zeta^2}\end{aligned}\right\} \qquad (2\text{-}4\text{-}7)$$

由式（2-4-7）或图 2-4-4 可知，在$\zeta<0.707$时，在某一ω_0下出现谐振。在$\zeta=0.707$处，$\omega_n=0$，不再出现谐振峰，此状态称为临界阻尼状态。由此得出结论：二阶系统的频率特性可用参数ω_0和ζ评估，在相同ζ下的ω_0越大（固有频率越高），则其动态特性越好；在确定的

固有频率下，ζ=0.707 时，幅频特性平坦区最宽，0.707 也称为最佳阻尼比。

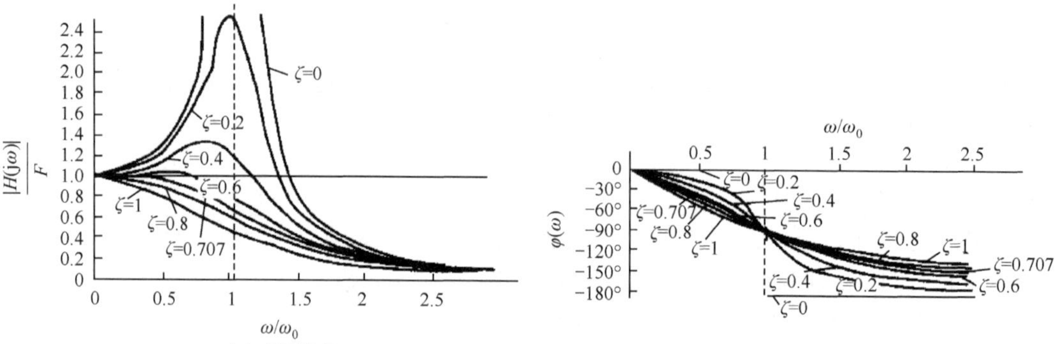

(a) 幅频特性　　(b) 相频特性

图 2-4-4　二阶系统频率特性

2.4.3　时域响应特性与动态品质的关系

在快变输入作用下，传感器的输入-输出关系随时间变化其原因是输入作用引起的系统的暂态分量的影响。因此，系统的动态输出可看成由两个分量构成：一个是像静态特性一样与输入保持确定关系；另一个是由输入作用引起的暂态分量，也称为动态误差。

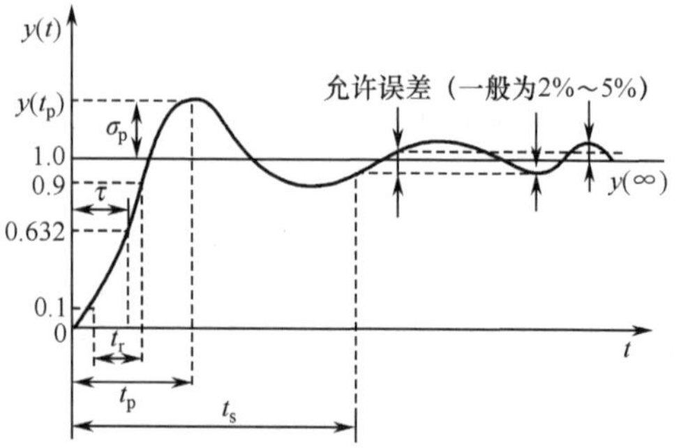

图 2-4-5　阶跃响应曲线

暂态分量反映了传感器中能量的存储（电场、磁场、位能、动能及热积累等）过程和消耗（摩擦等）过程之间的动态平衡关系。以阶跃函数作为输入，可观察到它们之间的关系。图 2-4-5 表示在零初始条件下的阶跃响应曲线，$y(\infty)$表示暂态结束后的稳态值，它与输入 $x(t)$的关系由静态特性确定。由图 2-4-5 可见，暂态分量的影响只是在前沿部分显现，故传感器的动态品质参数可用阶跃响应的前沿部分的某些特征来表示，常用如下几种。

（1）时间常数τ。传感器输出值由零上升到稳定值的 63.2%所需要的时间。

（2）上升时间 t_r。为排除时滞影响，上升时间常定为响应从最初稳态值的 5%或 10%上升，第一次达到稳态值的 90%或 95%所需的时间。

（3）响应时间 t_s。指输入量开始起作用到输出值进入稳定值所规定的范围内所需的时间，一般与规定误差一同给出。

（4）超调量 σ_p。指输出第一次达到稳定值又超出稳定值而出现的最大偏差，常用相对稳定值的百分比来表示，如$\sigma_p=y_m/y(\infty)$为 20%。

（5）峰值时间 t_p。传感器输出值由零上升超过稳定值，到达第一个峰值所需要的时间。

（6）稳定时间。指系统从阶跃输入开始到系统稳定在稳态值的给定百分比（规定误差范围）时所需的最短时间。对于稳态值的给定百分比为±5%的二阶传感器系统，ζ=0.707 时，稳定时间最短，为 $3/\omega_0$。稳定时间和上升时间都是反映响应速度的参数。

传感器的动态性能可用一个或几个参数描述。其描述方法与传感器的暂态过程的特点有关。以下是代表暂态过程特点的两种典型过程。

1. 单调变化的阶跃响应

由多个惯性环节组成的开环系统，其阶跃响应呈单调变化，可用上升时间、阶跃响应时间或稳定时间三者之一来描述其性能。对简单的、只有一个惯性环节的系统，只须给出时间常数，阶跃响应即可完全确定，如图 2-4-6 所示，有

$$y(t)=y(\infty)[1-\exp(-t/\tau)] \tag{2-4-8}$$

可见，τ 越小，响应时间和稳定时间越短，动态性能越好。和式（2-4-3）比较可知，τ变小意味着频带变宽，响应时间变短。

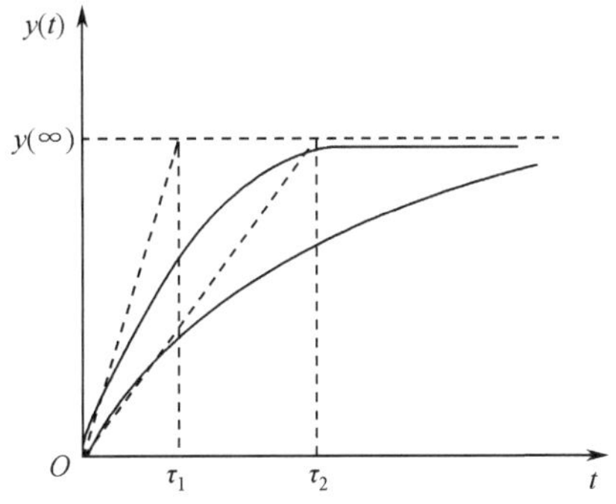

图 2-4-6　一阶系统的阶跃响应

2. 典型的二阶系统

二阶系统的传递函数可由式（2-4-4）求得，即

$$H(s)=\frac{k\omega_0^2}{s^2+2\zeta\omega_0 s+\omega_0^2} \tag{2-4-9}$$

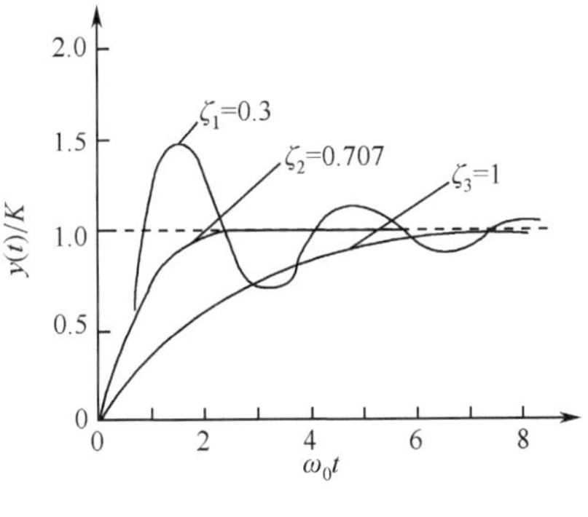

图 2-4-7　二阶系统的阶跃响应

图 2-4-7 所示为二阶系统的阶跃响应曲线，图中ζ=0.707 的曲线表示临界阻尼状态。比较三条曲线可看出，临界阻尼具有最小的稳定时间，ζ越小则上升时间越短。从响应时间角度看，临界阻尼并非最佳状态。分析表明：ζ越小则瞬时过冲量越大，因此实际中一般ζ选 为 0.5～0.7，以便能在允许的冲量下响应时间最小。比较图 2-4-4 和图 2-4-7 可看出，较小的ζ值具有较宽的频带（3 dB）带宽，故上升时间与带宽有关。

2.5 传感器的标定

传感器性能参数的具体数值都必须由实验确定。对传感器进行实验测试，并通过对实验数据的处理，得到传感器的数学模型和性能指标，是传感器标定的主要目的和内容。

1．传感器标定的基本概念

标定是利用已知的输入量输入传感器，测量传感器的相应输出量，进而得到传感器输出-输入特性的过程。传感器在使用或存储后的性能复测称为校准。标定与校准本质相同。

传感器的标定实际上是针对整个传感器系统的实验，如图 2-5-1 所示。

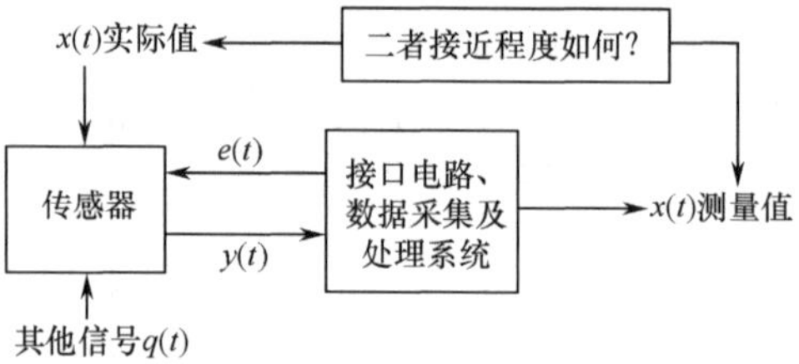

图 2-5-1　传感器的标定

其中 $x(t)$为传感器的输入信号，$e(t)$是可能需要的激励信号，$y(t)$为输出，$q(t)$为标定中可能引入的其他信号。$q(t)$的引入必然对传感器输出有影响，因此必须在标定系统的设计和实现过程中加以控制，以尽量避免或减少 $q(t)$的不利影响。传感器的标定一般包括如下步骤。

① 确定一个表达传感器输入-输出信号间关系的数学模型。

② 设计一个标定实验，对传感器施加输入，测量其输出，并特别注意控制 $q(t)$的影响。

③ 用回归分析法处理标定实验所得数据，确定步骤①中数学模型的参数及测量误差。

④ 分析模型，以确定其是否合适；如不合适，则需修正或考虑新的数学模型。

根据参考基准的不同，标定有两种形式：一是绝对式标定（absolute calibration），它以具体技术标准作为参考，将传感器输出与真实的固定输入作比较；另一种是相对标定或比较式标定（comparison calibration），它以某种已标定的传感器作为参考，将传感器输出与已标定的传感器的输出进行比较。具体的标定与传感器的原理、结构形式、相关行业标准、实用需求等方面有关，彼此之间差异较大。

标定时考虑的共性问题主要有：传感器系统各模块的标准特性参数、标定系统的可操作性、标定系统成本、标定工艺的人工成本、标定数据处理及传感器系统软/硬件调整方案。

传感器的标定又分为静态标定和动态标定。静态标定是评定传感器指标的基本方式，传感器的大部分技术参数都是通过静态标定取得的。动态标定一般用于对传感器的动态响应特性有要求的场合。

2．精度、精密度和不确定度

在传感器的标定中，精度、精密度、误差、不确定度是常用到的概念。

（1）精度。精度即精确度（accuracy），指测量被测量得到的某一量值与该被测量的真值的符合程度。讨论精度只在已知真值的情况下才有意义，然而对大多数测量，实际上永远得不到真值。

精度并不能给出关于传感器或测量系统质量的信息，它可能反映，也可能不能反映传感器或测量系统的质量。例如某传感器可能质量很高，但测量结果可能与真值并不一致。

（2）精密度。精密度（precision）指测量的重复程度，即对某一稳定的被测量，由同一测量者，在相同条件下，连续重复测量多次得到测量结果的分散程度。精密度不需知道被测量的真值。以时钟为例，如果几年中的每天正午，该时钟都指示为上午 10:15，则该时钟非常精密。一年有 3 000 多万秒，这意味着该时钟测量的精密度超过百万分之一！与精度不同，这里不需考虑时区问题，就可确定该时钟质量很好，因为只关心精密度，即测量数据的重复程度。

（3）不确定度。不确定度是指对应于某一测量值的一个区间，任何重复性的测量结果将出现在这一区间内。这个不确定度区间通过对实验结果进行不确定度估计得到。不确定度对于测量非常重要，将测量值与不确定度结合在一起，可得到完全确定的结论。

例如，测量一张纸的宽度，结果为（18.53±0.08）cm，其中±0.08 cm 就是不确定度。这意味着可以确信任何测试者采用合理测试手段所得测量结果不小于 18.45 cm，也不大于 18.61 cm。再如，某人用尺测桌子长度得到结果 L=1.20 m，但无法确认桌子长度的真实值，原因是不知所用尺的准确程度和测量过程中无法将桌子边缘与尺上的标记精确对准。因此，无法讨论该测量的误差，不能绝对地说长度是 1.20 m。但可以很有把握地说，桌子长度与测量结果之差不大于 10 cm。该测量结果用不确定度表达即 L=（1.20±0.10）m。

利用不确定度表达测量结果时，应尽量将不确定度的区间缩小。但缩小不确定度的区间带来的风险是有些测量值可能会落到区间外。因此，采用不确定度表测量结果时，还要加上置信概率，即测量值落在该区间的可能程度。例如，若大部分测量结果符合正态分布，则可采用标准差的倍数表示不确定度。我国的国家计量技术规范推荐了 3 种置信概率供选用，如表 2-5-1 所示。同时规定，置信概率取 68%或 99%时必须注明置信概率，取 95%时不必注明。这表明仅在某些特殊用途时才选非 95%的置信概率。

表 2-5-1　不确定度区间与置信概率

标准差的倍数	±1	±2	±2.58
置信概率（%）	68	95	99

3. 传感器的标定与数据处理

标定的基本目标是确定传感器的输出与输入的函数关系，因此，在传感器标定前，要根据传感器的性质（如量程、期望达到的精度、影响性能的因素等），确定标定的范围、参考的基准、所用仪器、标定方法等。另一个重要方面是对标定数据的处理方法，包括所采用的回归处理曲线、标定点的数量及分布位置、标定点的重复次数等。

设某压力传感器的标定测试数据为（x_i，y_i），其中 i=1，2，…，n。考虑每个标定点只有一个测量值的情况，即 x_i 互不相等，可认为输出电压 y 与输入压力 x 成线性关系，即

$$y=\beta x+\beta_0 \tag{2-5-1}$$

处理标定数据就是要确定式（2-5-1）中 β 与 β_0 的估计值 $\hat{\beta}$、$\hat{\beta}_0$，使得对一切（x_i，y_i）与 $\hat{y}_i=\hat{\beta}x_i+\hat{\beta}_0$ 的偏离最小。最小二乘法是常用的估计算法。

实际标定实验要进行多次，以考察传感器的重复性、迟滞等性能，因此，在同一标定点上有多个测量值。利用最小二乘法求拟合曲线时，将这些测量值同时考虑，可提高拟合计算的有效性。当各标定点测量次数相同时，常用各点测量值的均值计算拟合方程。

2.6　传感器的合理选用

传感器在原理与结构上千差万别，在品种与型号上名目繁多。为了选用符合测量需求的传感器，要遵循以下三条原则。

① 整体需要原则：传感器的技术指标是作为孤立产品或部件给出的，不是测量系统的整体目标，因此，应按测量系统整体设计要求，使所选传感器和测量方法适用于实际场合。

② 高可靠性原则：在多种可选传感器满足基本技术指标的情况下，把可靠性列为首要考虑；在满足性能指标的前提下，尽量采用元器件少的简单方案，使得系统可靠性高。

③ 高性价比原则：在符合性能要求的同时注重经济性，除了传感器造价低外，其使用和维护成本也要低。

合理选用包括合理选择和正确使用，传感器的选用无固定模式，可供参考的方法如下。

1. 合理选择传感器的方法

（1）依据测量对象和使用条件确定传感器类型。由于同一传感器可用来测量多种被测

量；而对于同一种被测量又有多种原理的传感器可选。因此，在进行具体测量前，先要确定采用何种原理或类型的传感器。这需要：

① 了解被测量的特点，即被测量的状态、性质，测量范围、幅值和频带，测量的速度、时间、精度要求，过载的幅度与出现频率等。

② 了解使用条件，这包含现场环境条件（温度、湿度、气压、能源、光照、尘污、震动、噪声、电磁场及辐射等）和基础条件（财力、物力、人力即技术水平等）两方面。

选择传感器需考虑的因素很多，实际中不可能也不必面面俱到。一般可从传感器的使用目的和要求出发，分清主次，突出重点，在此基础上明确选择传感器时的具体问题，如量程和过载量；被测对象或位置对传感器质量和体积的要求；接触式或非接触式测量；传感器的来源和价位；等等。经过上述分析和综合考虑，可确定所选传感器类型。

（2）线性范围与量程。线性范围即传感器输出与输入成正比的范围。线性范围越宽，量程越大，在量程内能保证给定的传感器测量精度。所以，确定传感器类型后，先看量程是否满足要求，并考虑使传感器尽量处于最佳工作段，估计输入量可能发生突变时的过载量。实际中可将非线性误差及其他误差满足测量要求的一定范围视为传感器的线性范围。

（3）灵敏度。通常希望在线性范围内传感器的灵敏度高，使得相同输入下的输出大，以利于后续处理。但灵敏度高，外界噪声易混入且幅度大，容易使测量系统进入非线性区，影响测量精度。因此，要求传感器本身噪声小，且不易从外界引入噪声干扰，即信噪比高。

对于灵敏度有方向性的传感器，若被测量是单向量，则应选其他方向上灵敏度小的传感器；若被测量是多维向量，则要求传感器的交叉灵敏度越小越好。此原则也适合其他能感受两种以上被测量的传感器。

（4）精度。精度往往是决定传感器价格的关键因素，精度越高，价格越高。在考虑传感器的精度时以能满足测量要求为原则，选择性价比较高的传感器。

若测量任务旨在定性分析，则所选传感器应侧重于高重复性，不必追求绝对精度高；如果测量是为了定量分析或控制，则所选传感器必须有精确的测量值。

（5）频率响应特性。频率响应特性决定传感器适用或可保持测量不失真的频率范围。频率响应范围宽，允许被测量的频率变化范围就宽。同时传感器的响应延迟越短越好。开关量传感器的响应时间应短到满足被测量变化的要求；线性传感器根据被测量的特点（稳态、瞬态、随机等）选择。一般，惯性大的机电耦合传感器的固有频率低，响应慢；通过电磁、光电耦合的传感器的频响范围宽，响应快。从成本、噪声等因素考虑，并非响应范围越宽和速度越快就越好。

（6）稳定性。影响传感器稳定性的主要因素除了制作材料、结构等外，主要是使用环境，因此，应选择环境适应能力强的传感器或者可通过适当措施减小环境影响的传感器。

当传感器工作已超过稳定性指标规定的期限后，必须重新校准，以确定可否继续使用。对那些不能轻易更换或重新校准的使用场合，所选传感器的稳定性要求应更严格。

2. 传感器的正确使用

在应用中确保传感器的性能并增强其适应性，在很大程度上取决于传感器的使用方法。传感器种类繁多，使用场合各异，不可能将各种传感器的使用方法一一列出。使用传感器，除了要遵循仪器产品的常规使用守则外，还要特别注意以下事项。

- 在使用前认真阅读传感器的使用说明书，熟悉其所要求的环境条件、事前准备、操作程序、安全事项、应急处理等内容。
- 正确选择测试点并正确安装，安装失误，轻则影响精度，重则影响寿命或损坏。
- 保证被测信号的有效、高效传输，传感器的传输电缆要符合规定，连接正确、可靠。
- 传感器测量系统必须有良好的接地，并有抵抗不同干扰源的对应措施。
- 非接触式传感器必须在使用前进行现场标定，否则可能造成较大的测量误差。

对定量测试系统使用的传感器，为保证精度的稳定和可靠，需按规定定期进行检验。

思考题与习题

【2-1】传感器的总特性主要包括哪些？传感器的工作特性包括哪些？

【2-2】理想传感器有何特点？哪些因素影响传感器性能？传感器误差来源有哪些？

【2-3】传感器的静态特性是什么？主要由哪些性能指标描述？

【2-4】线性特性对传感器有何益处？传感器的线性度如何确定？谈到传感器的非线性误差时，为何要明确所用的拟合直线方法？

【2-5】传感器的灵敏度如何定义？若某压力传感器的灵敏度为 1.5 mV/(V·MPa)，说明该传感器对应多大的压力和多少伏激励电压时有 1.5 mV 的输出量变化。

【2-6】如何根据传感器产品给出的精度等性能指标合理选择量程？

【2-7】如何理解传感器的稳定性非常重要？

【2-8】采用差动测量技术（差动组合）对改善传感器性能有何意义？

【2-9】传感器的静态综合误差主要由哪些误差项来评定？

【2-10】为何只研究传感器对正弦周期信号和阶跃信号的响应就可反映传感器的特性？

【2-11】一阶、二阶传感器各有哪些动态特性指标？

【2-12】如何评估传感器的频率响应特性？如何根据传感器的频率响应特性确定它的工作频率范围？如何根据被测信号的频率来确定对传感器的频率响应要求？

【2-13】传感器标定有何意义？如何进行静态标定？

【2-14】如何合理选择传感器？选择传感器的过程一般从哪个环节开始？

第 3 章

电阻、电容和电感的传感原理与测量方法

3.1 概述

1．传感器的构成与转换特点

传感器利用某种原理、效应把被测的物理、化学或生物等类的参量变换成易测量的电量，从而获取相应信息。从信息技术的角度来看，传感器是获取和转换信息的工具，这些信息可以是电、磁、光、声、热、力、位移、流量、湿度、浓度、成分等。

从变换意义上讲，传感器可分为两类：一类将被测量变换为电量，由敏感元件一次完成从被测量到电量的变换；另一类则借助电、光、热、声、位移、力等不同物理量之间的相互变换，最后转换成电量，即由敏感元件完成被测量到一个可以作为中间量的物理量后，再由转换元件变换为电量。例如，称重传感器把质量变换成应变后再转换成电量。

从构成方式看，传感器可分为基本型与组合型两大类。基本型传感器将光、磁、热、压力、气体浓度、湿度等基本物理量变换成电量；而组合型传感器是应用基本型传感器来检测其他的物理量。例如，磁传感器虽然是以地球磁场或磁铁等磁场强度作为测量对象，但对许多使用霍尔元件等磁敏元件的传感器而言，如转角传感器、位移传感器等，磁传感只是其测量手段，并非目的。一般组合型传感器都需二次或二次以上的转换，最终变换为电量后才能实现对一种物理量的测量。

之所以都要将被测量转换成电量是因为现有的测量技术及手段是基于电测量技术的。

2．基本电参量（电阻、电容、电感）及其测量在传感器技术中的重要性

电阻、电容、电感是便于直接用电测量技术测量的基本参量。根据这三个电参量的变化情况，很容易和后接电路耦合进行放大、显示和记录。电阻式、电容式和电感式传感器是非电量测量的三种经典传感器。许多其他原理的传感器经常是通过敏感或转换元件变换，把被测量转换成电阻或电容来实现传感和检测的，一些新型传感器也更多地应

用这些变换原理和方法。另一方面，利用制作电阻、电容器件的不同材料及结构所具有的敏感功能，以及以磁场作为媒介使线圈绕组的参数及阻抗变化的功能，也容易制作出直接敏感被测量的物性型传感器（如电涡流式金属温度传感器、表面硬度传感器等）。因此，电阻、电容和电感的传感原理与参量的测量方法及技术是学习与应用传感器技术的重要基础知识。

3.2 电阻传感器与电阻参数的测量

3.2.1 电阻传感器原理与电阻测量问题

电阻传感器的基本原理是将被测物理量或化学量的变化转换成电阻值的变化，再通过测量阻值变化得到被测量信号。基于电阻值变化的敏感元件类型很多，常用来测量力、压力、位移、扭矩、加速度、温度、湿度以及气体浓度等。在各种电阻式传感器中，作为敏感或转换元件的电阻对不同参量的敏感特性（引起电阻值变化的原理、方式）有差异或明显不同，但都存在确定的一一对应关系。例如，金属电阻应变片主要是因为应力造成电阻元件的尺寸变化而引起电阻值改变的，热电阻和热敏电阻因温度变化引起的热效应使阻值变化，湿敏电阻则是因为空气中的水分含量变化造成元件阻值变化的。无论是哪种敏感电阻，要获得正确的被测信息，必须实现对敏感电阻及其变化的准确测量。

按量值的大小范围不同，电阻大致分为低阻（毫欧级到约 10 Ω）、中阻（10 Ω～100 kΩ）、高阻（兆欧级），以及超高阻值（10^9 Ω 以上）。测量电阻应根据阻值大小选择相应方法，一般中高阻值的测量相对简单，对低阻值的测量需要考虑被测电阻引线电阻和接触电阻的影响，而超高阻值的测量常用基于电容充电原理测量方法。电阻无论大小都需要电压或电流激励，因此，对于高精度要求，即使采用恒压或恒流，也需考虑电源稳定性的影响。

由于敏感材料不同，电阻的阻值范围不同，相应的测量方法也不同；被测参量引起的阻值变化大小程度不同，测量精度要求不同，则所要考虑的影响测量精度的因素也不同。因此，对于电阻参数的测量和检测电路设计，既要考虑共性问题，也需考虑特定问题。对于常见物理量的敏感电阻元件，其阻值以中高阻段居多，而敏感化学量的电阻则往往在高阻和超高阻段。下面主要介绍针对不同阻值段的电阻测量的有关共性问题和一般测量方法。

3.2.2 测量电阻时需要考虑的问题和方法

1．测量电阻时应考虑的主要问题——自热、引线电阻、非线性

对于以电阻值变化为特征的敏感器件，检测电路需满足两项基本要求：第一，因电阻变化本身不能提供信号输出，必须为敏感电阻提供驱动电压或电流；第二，电流流过电阻

会产生热量，因此设计驱动电压或电流必须充分考虑电阻的自热因素。此外，对诸如气敏传感器以及电导率传感器，有时还需考虑尽可能避免电极极化带来的影响。

敏感电阻的自热会使自身温度变化而导致阻值改变，因此电阻式传感器的分辨率或测量精度受电阻的自热限制，对不同参量的电阻式传感器，尤其是敏感电阻值较小时，测量电阻变化时需考虑减小电阻的自热影响。

导体的电阻与温度之间的关系可表示为

$$R = R_0[1 + \alpha_1(T - T_0) + \alpha_2(T - T_0)^2 + \cdots + \alpha_n(T - T_0)^n] \tag{3-2-1}$$

式中，R_0是参考温度T_0处的电阻值。各系数可由固定温度点处的电阻测量值确定，如 0.01 ℃（水的三相点）、100 ℃（水的沸点）、660.323 ℃（铝的凝固点）等。在线性范围内，式（3-2-1）可简化为

$$R=R_0[1+\alpha(T-T_0)] \tag{3-2-2}$$

式中，α是根据在两个参考温度（0 ℃和 100 ℃）处测得的电阻值算出的电阻温度系数，也称为相对灵敏度，按式（3-2-3）计算。

$$\alpha = (R_{100} - R_0)/(100R_0) \tag{3-2-3}$$

对于给定环境中的导体，热耗散能力可用热耗散系数δ（mW/K）表示，δ取决于周围媒质的对流散热状况。以铂电阻为例，假定电阻为 100 Ω 的某铂电阻温度传感器放在空气中，此时，δ=6 mW/K，浸入静止不动的水中时δ=100 mW/K，若要求因自热引起的误差小于 0.1 ℃，则需控制流过该铂电阻中的最大电流。

设耗散功率为P_D，高于环境温度的温升为

$$\Delta T = P_D\delta^{-1} = I^2R\delta^{-1} \tag{3-2-4}$$

因此，已知导体在给定环境中的热耗散系数δ和允许自热温升的条件下，由式（3-2-4）可求得在给定环境和允许温升下敏感电阻的最大工作电流。当自热引起的允许误差小于 0.1 ℃时，铂电阻放在空气和水中的最大电流分别为 2.4 mA 和 100 mA。

此外，某些传感器要求特殊的信号调理，如热敏电阻、湿敏电阻的特性一般为非线性，需要线性化；应变计的电阻变化较小，在其测量电路中需充分考虑抗干扰问题；供远程传感器使用的检测电路则需充分考虑引线电阻的影响。

在传感器中，经常要测量某种材料的电阻率特性。一般方法是将材料制成一定规格的电阻元件进行测量，如图 3-2-1（a）所示，测得的电压为

$$U = I(R + R_{w1} + R_{w2}) \tag{3-2-5}$$

这显然需要排除引线对电阻测量的影响。采用图 3-2-1（b）所示的四引线电路所测得的电压不会受到引线电阻的影响，其前提是电流源的输出阻抗和电压表的输入阻抗都足够大。

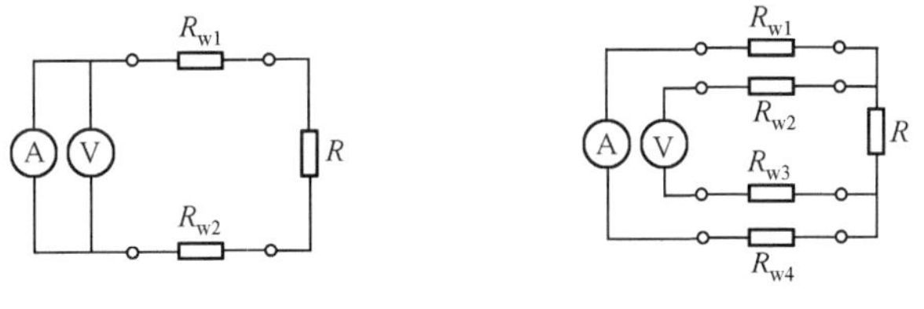

图 3-2-1　传感器引线电阻的影响

2．测量电阻的一般方法

（1）偏转法。最简单的偏转法是恒压供电测电阻电流，或者恒流供电测电阻电压。图 3-2-2 所示为恒流激励的电阻式传感器的测量电路。给定激励电压 U_r 时，流过参考电阻 R_r 的电流为

$$I_r = U_r / R_r \tag{3-2-6}$$

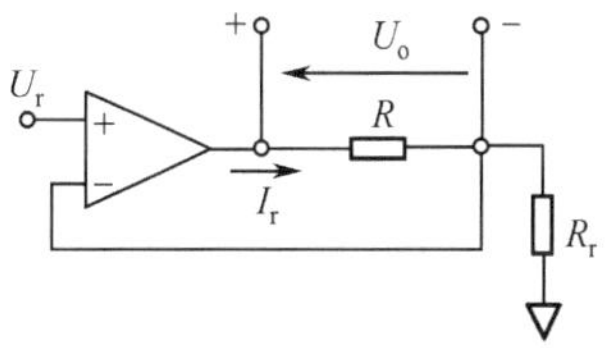

图 3-2-2　恒流激励的电阻式传感器检测电路

因此，传感电阻上的电压为

$$U_o = I_r R = \frac{U_r}{R_r} R_o (1+x) \tag{3-2-7}$$

显然，该电路的输出 U_o 与传感电阻 R（初值为 R_o）的变化率 x 呈线性关系，但存在零位电压 U_rR_o/R_r。如果 $x \ll 1$，则对应于 x 的输出电压将叠加在一个很大的零位电压之上。因此，该电路较适合阻值变化范围较大也即 x 较大的情况（如热敏电阻等）。如果通过后续调理电路从输出电压中减去零位电压值，如取 $R_r=R_o$，则从 U_o 中减去 I_rR_r 得到输出

$$U_s = U_o - I_rR_r = U_r(1+x) - U_r = U_r x \tag{3-2-8}$$

U_s 在 $x=0$ 时为零，此时运算放大器的输入失调电压非常重要。如果允许相对误差为 ε，则运放的输入失调电压必须满足

$$U_{io} \leqslant \varepsilon U_r \tag{3-2-9}$$

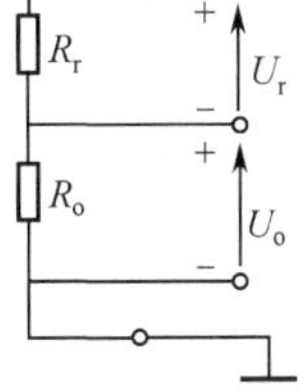

图 3-2-3　电阻测量的双读数法

图 3-2-3 所示为偏转法中的双读数法。它将一个已知固定电阻与待测电阻串联，先读取固定电阻的端电压，给出 $U_r=IR_r$；

再读待测电阻端电压，给出 $U_o=IR_o$；随后计算得到

$$R_o = R_r U_o / U_r \tag{3-2-10}$$

若 $R_r \approx R_o$，则两次读数的电压表误差相似，并且在取商值时误差将相互抵消。通常在测量范围内，选择 $R_r=R_{max}$。这种方法的突出优点在于测量时只需一个精密电阻元件。

（2）分压法。分压器方法常用于测量阻值变化范围很大的传感器，以及非线性传感器的电阻，如负温度系数热敏电阻。测量电路的基本原理如图 3-2-4 所示。在图 3-2-4（a）中，输出电压为

$$U_o = R_r \frac{U_r}{R + R_r} \tag{3-2-11}$$

因此，传感电阻值为

$$R = \frac{U_r - U_o}{U_o} R_r \tag{3-2-12}$$

若 R 与 R_r 交换位置，则

$$R = \frac{U_o}{U_r - U_o} R_r \tag{3-2-13}$$

由于分压电路中的电流与被测电阻有关，因此输出电压与电阻之间不是线性关系。这种非线性特性有时可用来对非线性传感器进行非线性校正，如校正热敏电阻的非线性。

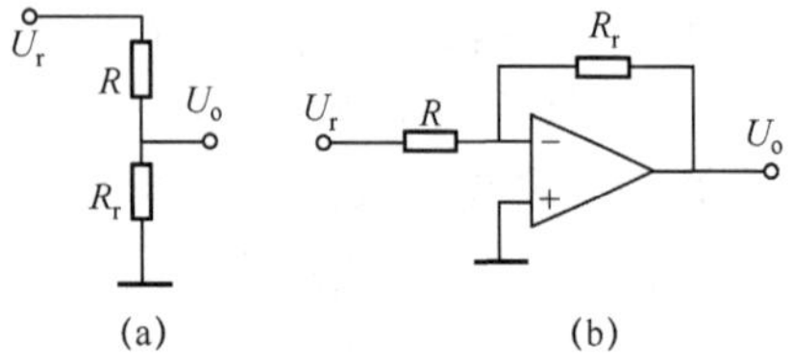

图 3-2-4　测量电阻的分压器法

在确定具体电路参数时，主要考虑电阻两端允许的电压及功耗。例如，某 CO 传感器在空气中有 1000 kΩ 电阻，对应体积分数为 60 μL/L 的 CO，电阻为 30～300 kΩ（典型值 150 kΩ），且体积分数为 60 μL/L 与 400 μL/L 时的电阻比值为 $R_{60}/R_{400}=2.5$（典型值）。假定在检测电阻的允许端电压及功耗分别为 5 V 和 1 mW，被测 CO 浓度范围为 0～400 μL/L，则采用图 3-2-4（a）的电路，为满足电压范围不超限，可选择 $U_r=5$ V。功耗设计必须满足

$$P = \left(\frac{U_r}{R_r + R}\right)^2 R < 1\text{mW} \tag{3-2-14}$$

式（3-2-14）对电阻 R 求一阶导数，并设此导数为零，可得 $R=R_r$；此时的二阶导数为负，即 $R=R_r$ 时将出现最大功耗。因此，对于固定电阻 R_r，必须满足

$$R_r > \frac{U_r^2}{4P_{max}} = \frac{(5U)^2}{4 \times 10^{-3}\,\text{W}} = 6.25\ \text{k}\Omega \tag{3-2-15}$$

通常，该类传感器的电阻范围从 1000 kΩ 到下列典型值：R_{400}=2.5R_{60}=375 kΩ，而最大值为 750 kΩ，因此可完全保证满足功耗所要求的极限条件。一般来说，用于大气环境中 CO 气体检测时，可选择 R_r 等于传感器的静态电阻。

图 3-2-4（a）所示电路采用恒压源激励时，输出电压与电阻之间并非线性关系。若用恒流源激励，则传感器的端电压降将是被测对象的线性函数。

图 3-2-4（b）所示为另一种形式的分压器电路，其优点是有源电路的驱动负载能力强，与下一级电路连接方便，传感器电阻上的电压降就是激励电压 U_r，不会随传感器的电阻变化而改变。同样，如 R 与 R_r 交换位置，则得到线性关系

$$U_o = \frac{U_r}{R_r}R = \frac{U_r}{R_r}R_o(1+x) \tag{3-2-16}$$

与图 3-2-2 所示的情况类似，这种检测电路在 x 很小时，测量效果受零位电压影响。

如果将分压器法用于检测电阻变化范围很小（$x \ll 1$）的电阻式传感器，静态测量时，与零输入（x=0）时得到的电压 $U_o(0)$相比，输出电压的变化范围 ΔU_o 也很小，这意味着测量 U=$U_o(0)$+ ΔU_o 时存在的任何误差都将导致远大于 ΔU_o 的误差。因此，分压器法一般不适于检测电阻变化范围很小（$x \ll 1$）的情况。

（3）电桥法。惠斯通电桥常用于测量小阻值变化。最简单的方法即平衡测量法（零示法），利用电动或手动反馈调节系统调节标准电阻器的值，直到图 3-2-5 所示的电桥达到平衡（即 U_o=0），此时有

$$R_3 = R_4 R_2 / R_1 \tag{3-2-17}$$

即被测电阻 R_3 的变化正好与为使电桥平衡而必须调节的 R_4 的相应变化成正比，因此，知道 R_4 的变化量，即可得到被测电阻 R_3 的变化量。

显然，达到式（3-2-17）所反映的平衡状态与电源电压或电流及其可能的变化无关，与平衡状态检测器的类型（电压或电流）或检测器的阻抗也无关。此外，由于仅需检测器指示出平衡状态，所以检测器也无需线性。

当远距离使用的传感器进行高精度测量时，必须考虑连接敏感电阻的引线电阻的影响。一些电阻温度系数很小的导体，如康铜和锰铜，其电阻率（ρ=44 μΩ·cm）高，而铜导线电阻率（ρ=1.7 μΩ·cm）虽低，但电阻温度系数大（0.004 K^{-1}），温度变化可能带来显著误差。

图 3-2-6 所示三引线法可克服引线电阻的影响。其中引线 1 和 3 必须相同且经受相同的

温度变化。引线 2 的特性无关紧要，因为平衡状态下或仪表有高输入阻抗时，电桥的中央臂无电流或者电流很小。图 3-2-1（b）所示四引线法可完全克服引线电阻影响，但成本增加。

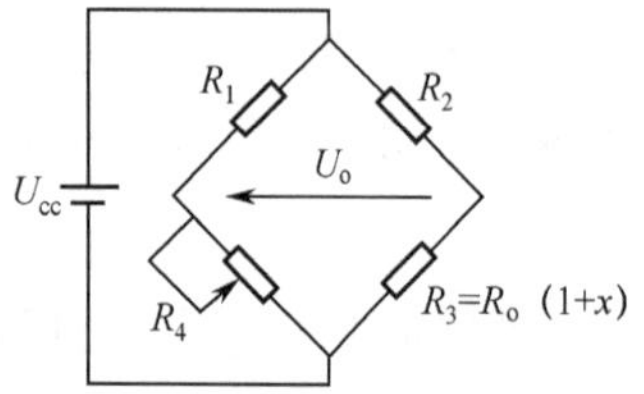

图 3-2-5　惠斯通电桥的平衡测量法

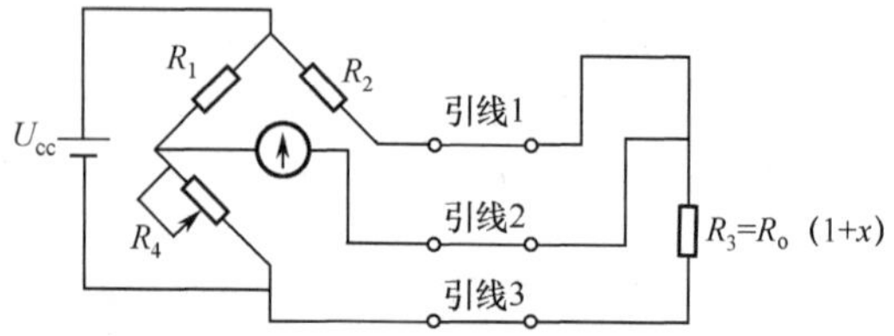

图 3-2-6　惠斯通电桥的三引线平衡测量法

零示法是否适合动态测量取决于能否得到响应足够快的自动平衡系统。图 3-2-7 给出了一个示例，该方法使用两个互补电流源的数/模转换器（DAC），一个电流对应于数字输入，另一个电流则对应于互补数字输入。通过比较阈值的电桥输出的任何失衡都会经可逆计数器改变转换器的输出，使其中一个转换器吸收掉将两个分压器的压降维持恒定所需的附加电流。同时，另一个转换器输出则减少所吸收的电流量，促使电压平衡。此平衡的实现与传感器所经历的极性变化无关，系统输出的是使电桥平衡而出现在 DAC 输入端的数字。

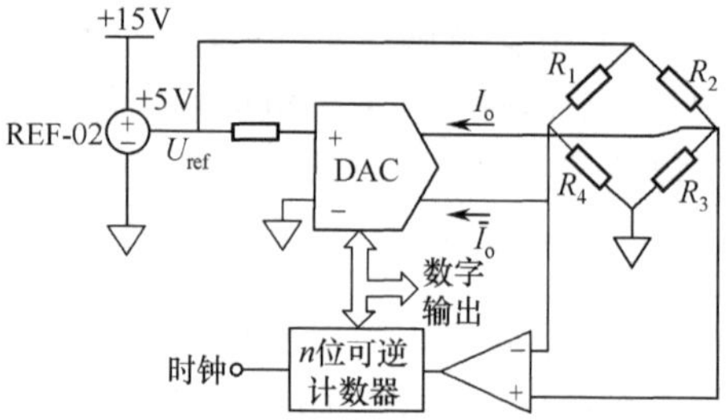

图 3-2-7　惠斯通电桥利用 DAC 实现自动平衡测量

零示法或平衡测量法的主要缺点是电桥平衡状态的反馈调节。虽然可利用数字系统实现自动调节，但响应时间很难满足动态测量要求。在测控系统中，惠斯通电桥常采用不平衡输出的方式工作。该方式测量的不是恢复电桥平衡所需的调节量，而是不平衡输出的大小，即图 3-2-5 中两个分压电路之间的电压差，其表达式为

$$U_o = U_{cc}\left(\frac{R_3}{R_2+R_3}-\frac{R_4}{R_1+R_4}\right) \tag{3-2-18}$$

定义：$k = R_1/R_4 = R_2/R_3$，则

$$U_o = U_{cc}\left[\frac{R_o(1+x)}{R_o k+R_o(1+x)}-\frac{R_4}{R_4 k+R_4}\right] = U_{cc}\frac{kx}{(1+k)(1+k+x)} \tag{3-2-19}$$

其电压灵敏度为

$$S=\frac{\mathrm{d}}{\mathrm{d}x}U_{\mathrm{o}}=U_{\mathrm{cc}}\frac{\mathrm{d}}{\mathrm{d}x}\left[\frac{kx}{(1+k)(1+k+x)}\right]=U_{\mathrm{cc}}\frac{k}{(1+k+x)^2} \tag{3-2-20}$$

易证明，检测电路的灵敏度与 x 有关。仅当 $x\ll k+1$ 时，输出电压才与 $R_3=R_{\mathrm{o}}(1+x)$ 的变化成正比，否则检测电路给出非线性输出。如图 3-2-8 所示，x=0 时有最高灵敏度

$$S_0=\frac{\mathrm{d}U_{\mathrm{o}}}{\mathrm{d}(xR_{\mathrm{o}})}\Big|_{x=0}=\frac{U_{\mathrm{cc}}k}{R_{\mathrm{o}}}\frac{1}{(1+k)^2} \tag{3-2-21}$$

不难证明，k=1 时，也即 $R_1=R_4$ 且 $R_2=R_3$ 时，S_0 取最大值。

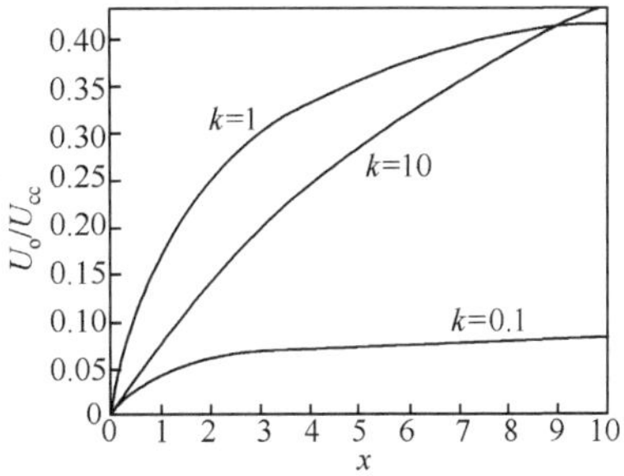

图 3-2-8　惠斯通电桥的输出特性

对于应变电阻或传感器中常用的扩散硅应变电阻，x 很少超过 0.02，因此，图 3-2-5 所示的电桥输出可近似视为线性。通常选择 k=1，以得到高灵敏度。

为提高灵敏度和补偿非线性，可采用如图 3-2-9 所示的差动电桥。

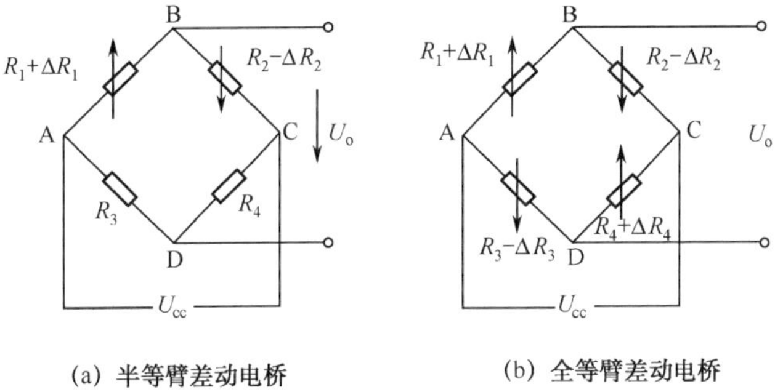

图 3-2-9　惠斯通电桥非线性特性的差动补

图 3-2-9（a）所示为半等臂差动电桥（$\Delta R_2=\Delta R_1$，平衡和零应变时 $R_1=R_2$），输出电压为

$$\begin{aligned}U_{\mathrm{o}}&=U_{\mathrm{cc}}\left(\frac{R_1+\Delta R_1}{R_1+\Delta R_1+R_2-\Delta R_2}-\frac{R_3}{R_3+R_4}\right)\\&=U_{\mathrm{cc}}\left(\frac{1+\Delta R_1/R_1}{1+k}-\frac{k}{1+k}\right)=U_{\mathrm{cc}}\frac{1}{1+k}\left(1-k+\frac{\Delta R_1}{R_1}\right)\end{aligned} \tag{3-2-22}$$

由于 k=1 时，输出为线性，且灵敏度提高 1 倍，则有

$$U_o = \frac{1}{2} U_{cc} \frac{\Delta R_1}{R_1} \tag{3-2-23}$$

图 3-2-9（b）所示为全等臂差动电桥，$R_1=R_2=R_3=R_4$，$\Delta R_2=\Delta R_1=\Delta R_3=\Delta R_4$，其输出电压

$$U_o = U_{cc}\left(\frac{R_1+\Delta R_1}{R_1+\Delta R_1+R_2-\Delta R_2} - \frac{R_3-\Delta R_3}{R_3-\Delta R_3+R_4+\Delta R_4}\right) = U_{cc}\frac{\Delta R_1}{R_1} \tag{3-2-24}$$

显然，全等臂差动电桥（全桥差动）的输出也为线性，且灵敏度比半桥差动的又高一倍。

对于电阻式温度、湿度及气体传感器，x 可能接近 1 或更大，设计 k=1 的电桥会导致严重非线性。例如，Pt100 热电阻在温度从 0 ℃变化到 100 ℃时，阻值从 100 Ω 变化到 140 Ω。对此，一是采用模拟或数字技术校正非线性输出，二是牺牲灵敏度以换取线性，如取 k=10 或更大（见图 3-2-8），同时提高供电电压以提高灵敏度。此方案受传感器自热限制，采用小占空比矩形波电压作为激励信号，可给出有效值小的高峰值输出电压，此方法在实际中常用。

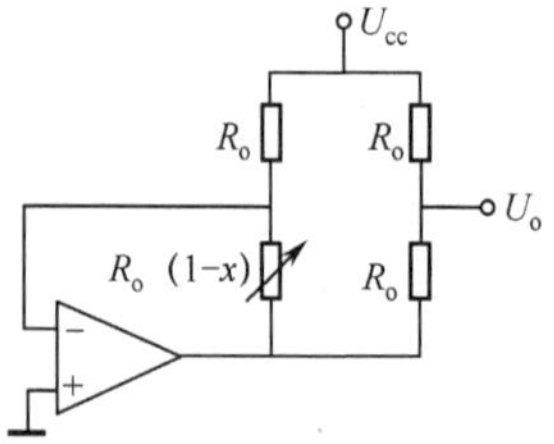

图 3-2-10　具有线性输出的惠斯通电桥

与分压器法类似，电桥输出呈非线性的原因在于流过传感电阻的电流与电阻值有关。图 3-2-10 所示电路利用一个运算放大器使电桥输出呈线性。带来的负面影响是运算放大器的失调电压、输入电流及漂移等会引入误差。对理想运算放大器，输出为

$$U_o = -U_{cc}x/2 \tag{3-2-25}$$

由式（3-2-25）可知，电桥的不平衡输出与供电电压成正比。不论交、直流，激励信号的幅值漂移都直接影响输出。要实现较高精度测量，一种方式是采用稳压电源，利用精密电压基准提供稳定大电流激励，如图 3-2-11 所示；另一种方式则利用电桥输出电压与参考电压之比对电源漂移不敏感的特性，如图 3-2-12 所示。

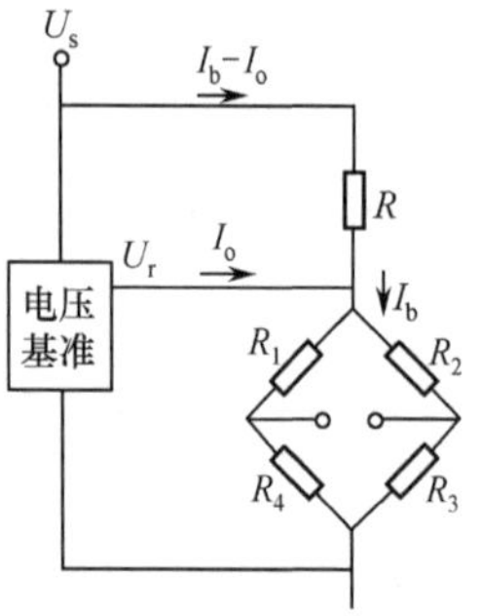

图 3-2-11　利用电压基准为电桥提供稳定激励

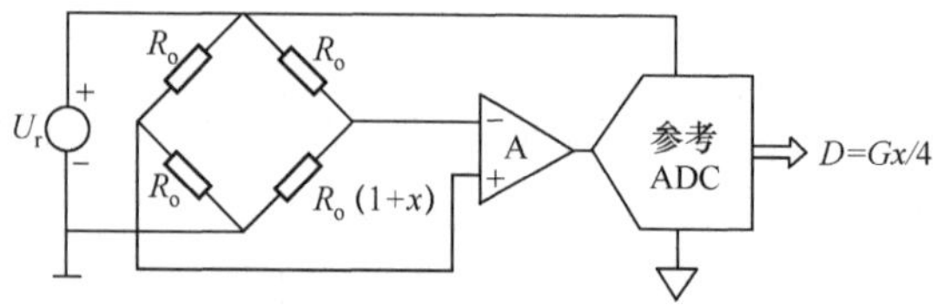

图 3-2-12　基于 ADC 的比值测量电路

一般，电阻式传感器的检测电路以模拟电路为主，虽然也有一些采用数字电路，如 RC

振荡器的形式，但一般难以达到较高精度。前述几种采用 ADC 或 DAC 提高检测电路性能的示例是利用数字电路的常见方法，随着集成电路技术的进步，利用数字/模拟集成电路芯片无疑将为提高电阻式传感器的检测精度及降低成本带来益处。

3.3 电容传感器原理与电容参数的测量

3.3.1 电容传感器原理

最简单的电容器由两块平行金属板组成，中间用电介质或绝缘材料隔开，其电容量为

$$C=\varepsilon_0\varepsilon\ A/d \tag{3-3-1}$$

式中，ε_0为自由空间（真空）中的介电常数，ε_0=8.85 pF/m；ε为电介质或绝缘材料的相对介电常数；A为平板重叠部分的面积（m^2）；d为间隔的距离（m）。

设传感器的初始电容为 C，如式（3-3-1）所示，显然，改变 d、A、ε中的任意一个参数，都可使 C 变化，从而形成可测量与其中某个参数有关的传感器。电容传感器的主要优点是分辨率高、动态响应好、结构简单；其主要缺点是量程小、输出阻抗高、抗干扰能力差。

如图 3-3-1 所示，被测位移 x（极板间隙变化）使两极板的间距变为 $d-x$，则电容变为

$$C_x=\varepsilon_0\varepsilon A\ /(d-x) \tag{3-3-2}$$

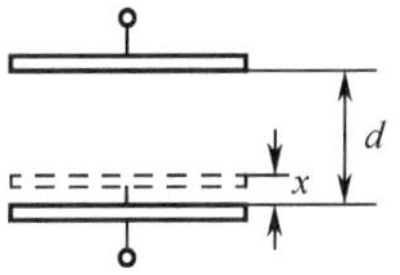

图 3-3-1　变极距型电容传感器

传感器电容量的相对变化为

$$\frac{\Delta C}{C}=\frac{C_x-C}{C}=\frac{x}{d}\left(1-\frac{x}{d}\right)^{-1}$$

当 $x/d\ll 1$ 时，由上式可得

$$\Delta C=C\frac{x}{d}\left[1+\left(\frac{x}{d}\right)+\left(\frac{x}{d}\right)^2+\left(\frac{x}{d}\right)^3+\cdots\right] \tag{3-3-3}$$

式（3-3-3）表明，以极距变化为输入的电容传感器的输入-输出特性具有严重的非线性。

按照灵敏度定义有

$$K=\frac{\Delta C}{x}=\frac{C}{d}\left[1+\frac{x}{d}+\left(\frac{x}{d}\right)^2+\cdots\right]=\frac{\varepsilon_0\varepsilon A}{d^2}\left[1+\frac{x}{d}+\left(\frac{x}{d}\right)^2+\cdots\right] \tag{3-3-4}$$

式（3-3-4）说明，变极距型电容传感器的灵敏度与极距的平方成反比，因此，以极距变化

为输入可得到高灵敏度。

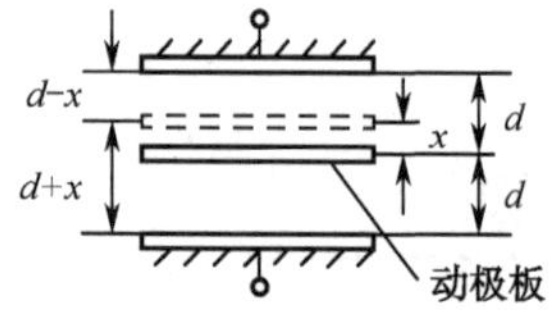

图 3-3-2　变极距型差动电容传感器

要改善电容传感器的非线性，一般可采用 2.3.1 节介绍的差动方式技术。变极距型电容传感器容易实现差动方式。如图 3-3-2 所示，设置两个固定极板，中间为一个可随被测量上下移动的动极板。若位移 x 使动极板与一个定极板的间隔距离为 $d-x$，相应的电容量为 C_{x1}，则动极板与另一个定极板的间距为 $d+x$，相应的电容为 C_{x2}。根据式（3-3-2）可知，C_{x1} 和 C_{x2} 分别与 $d-x$ 和 $d+x$ 成反比。设两个电容器的初始电容都是 C，则$\Delta C_1 = C_{x1}-C$，$\Delta C_2 = C_{x2}-C$。根据式（3-3-3）可得

$$\Delta C_1 = C\frac{x}{d}\left[1+\left(\frac{x}{d}\right)+\left(\frac{x}{d}\right)^2+\left(\frac{x}{d}\right)^3+\cdots\right]$$

$$\Delta C_2 = C\frac{x}{d}\left[1-\left(\frac{x}{d}\right)+\left(\frac{x}{d}\right)^2-\left(\frac{x}{d}\right)^3+\cdots\right]$$

上两式相减得到差动工作的传感电容的总电容变化ΔC 为

$$\Delta C = C_{x1}-C_{x2} = \Delta C_1-\Delta C_2 = 2C\frac{x}{d}\left[1+\left(\frac{x}{d}\right)+\left(\frac{x}{d}\right)^3+\cdots\right] \qquad (3\text{-}3\text{-}5)$$

其灵敏度为

$$K=\frac{\Delta C}{x}=2\frac{C}{d}\left[1+\left(\frac{x}{d}\right)+\left(\frac{x}{d}\right)^3+\cdots\right] \qquad (3\text{-}3\text{-}6)$$

将式（3-3-5）和式（3-3-6）分别与式（3-3-3）和式（3-3-4）对比可知，采用差动方式消除了输出与输入关系中的偶次项，从而降低了非线性，同时使传感器的灵敏度提高了 1 倍。

在面积变化的电容位移传感器中，若极板平行位移 x 导致极板重叠部分的面积$\Delta A=Wx$（其中 W 是极板宽度）减小，则有

$$C=\varepsilon_0\varepsilon\ (A-Wx)\ /d \qquad (3\text{-}3\text{-}7)$$

显然，以面积变化为输入，传感电容的变化与输入之间成线性关系。与变极距型的电容传感器类似，变面积型的电容传感器也可以差动方式来提高传感器的灵敏度。

在改变电介质的电容位移传感器中，若位移 x 改变了两极板间电介质ε_2（$\varepsilon_2>\varepsilon_1$）的数量，传感的总电容为两部分之和，其中一部分的面积与介电常数分别为 A_1 和ε_1，另一部分

的分别为 A_2 和 ε_2，即

$$C=\varepsilon_0\varepsilon_1 A_1/d+\varepsilon_0\varepsilon_2 A_2/d$$

设 W 是极板宽度，由于 $A_1=Wx$，$A_2=W(1-x)$，于是有

$$C=\varepsilon_0 W[\varepsilon_0 l-(\varepsilon_2-\varepsilon_1)x]/d \tag{3-3-8}$$

由式（3-3-8）可知，变电介质的电容位移传感器的传感电容与输入位移成线性关系。

3.3.2 电容传感器的构成

（1）直接作用式。直接作用式的电容传感器就是电容变换器，不需弹性元件而直接感受被测量。例如，引起电容两极板之间介质的介电常数变化的因素可以是介质含水量、介质厚度或高度，从而构成测量含水量、物位高度、介质厚度的传感器。

（2）间接作用式。间接作用式电容传感器由弹性元件与电容变换器组成。由敏感元件感受被测量，输出中间变量，如极板间距变化或有效面积变化，电容变换器再将中间变量转换为电容变化输出。根据弹性元件的不同，可构成压力、位移、加速度等传感器。

例如，差动电容式压力差传感器是典型的间接作用式，属结构型传感器。如图 3-3-3 所示，采用差动结构可改善电容式压差传感器的非线性，提高灵敏度。在两隔离膜外的压力 $p_1=p_2$ 时，动极板（弹性膜片）与左右固定电极间距相同，初始最大间距为 δ_0，电容 $C_1=C_2=C_0$；当 $p_1\neq p_2$ 时，即有压差作用时，通过隔膜与硅油将压力传递给弹性膜片，压差作用下，弹性膜片（动电极）产生挠曲变形，引起动、固电极间隙的改变（$\pm\Delta\delta$），因 $\Delta\delta$ 值很小，可认为

$$\Delta\delta=K_1\Delta p \tag{3-3-9}$$

式中，K_1 为比例常数；Δp 为压差，$\Delta p=p_1-p_2$。

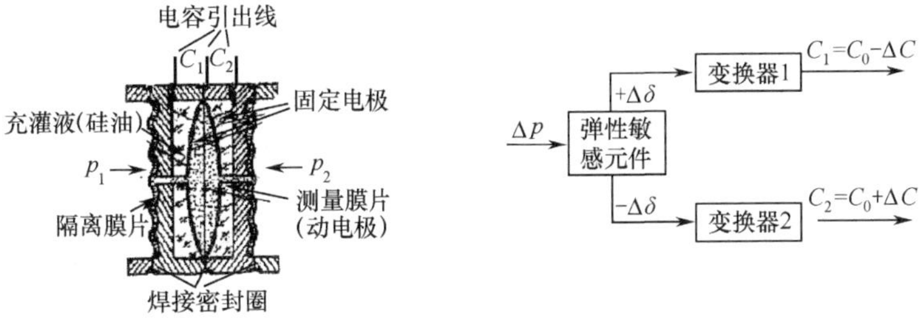

(a) 结构示意图　　　(b) 组成框图

图 3-3-3　电容式压差传感器

若低压 p_2 为大气压，则测得的 Δp 为表压，若 p_2 为保持常量的真空压力，$p_2=p_{真}$，则测得的 Δp 为绝对压力。

当弹性膜片与左右极板间的距离由原来的δ_0分别变为$\delta+\Delta\delta$和$\delta-\Delta\delta$时，两个电容C_1和C_2分别为

$$C_1=\frac{K_2}{\delta_0+\Delta\delta}=C_0-\Delta C \tag{3-3-10（a）}$$

$$C_2=\frac{K_2}{\delta_0-\Delta\delta}=C_0+\Delta C \tag{3-3-10（b）}$$

式中，K_2为由电容器极板的面积和介电常数决定的常数。

将式（3-3-10（a））和式（3-3-10（b））分别展开为形如式（3-3-3）的$\Delta\delta/\delta$的幂级数表达式，可求得出输入压差Δp与输出电容$\Delta C/C_0$的关系为

$$\frac{\Delta C}{C_0}=\frac{C_2-C_1}{C_2+C_1}=\frac{\Delta\delta}{\delta_0}=\frac{K_1}{\delta_0}\Delta p=K_3\Delta p \tag{3-3-11}$$

式中，$K_3=K_1/\delta_0$为比例常数。

由式（3-3-11）可知，被测量Δp与$\Delta C/C_0$成线性关系，由测量电路将$\Delta C/C_0$转换为电压或电流，测得电压或电流即可求得Δp。实现转换的方法很多，如差动电桥法等。

传感器电容也可通过接入交流不平衡电桥或振荡电路来测量，采用这些电路时要考虑电容器不是纯电容，还有关联的电介质损耗电阻，连接传感电容与测量电路的电缆的电容。

3.3.3 电容参数的测量

电容测量电路一般是将电容的变化转换为电压或频率、脉冲宽度等的变化，其电路形式可以很简单。例如，利用数字电路中的反相器，将传感电容作为RC振荡器的电容，将电容量转换为频率输出。这种电路成本低、易调试，与CMOS电路工艺兼容，常用于精度要求不高的场合。但是，简单的测量电路一般也容易受漏电阻或寄生电容影响，不适于电容量变化很小的传感器，其应用范围有限。一般，电容传感器的传感电容变化范围太小，对测量电路的分辨率通常要求达fF数量级，因此，检测电路必须有高灵敏度及低漂移特性。

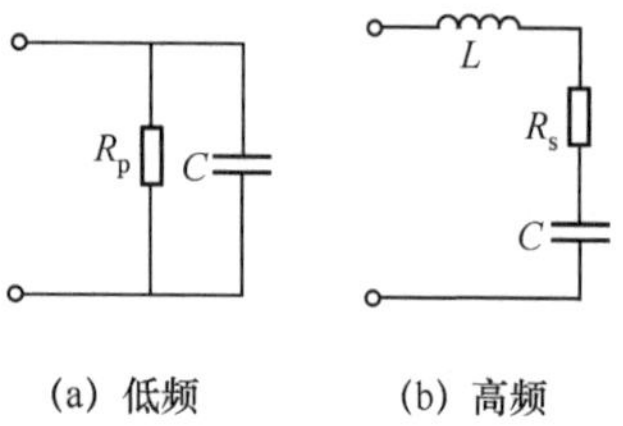

图3-3-4　电容传感器等效电路

1. 影响电容测量的主要因素

电容传感器的阻抗与激励频率有关。图3-3-4所示为传感电容的等效电路，低频时，电容呈电阻特性；R_p为电极间等效漏电阻（或称为等效并联电阻），C为传感电容。高频时，电容呈电容和电感特性；R_s为等效串联电阻，L为等效电感，C为传感电容。从电容检测的角度看，激励频率越

高，电容的容抗越低，对测量电路的输入阻抗要求越低，所以激励频率应足够高。但过高的激励频率对检测电路的设计要求高，电路功耗比低频的大，因此，激励频率应适中。一般，激励频率至少要高到足以避免与电源电压中的杂波发生耦合。对于动态测量，激励频率还需保证传感器系统有足够的带宽。对于大多数电容传感器，50 kHz 已足够高。从实用角度看，CMOS 开关电路在 100 kHz 以下有良好的性能。

实际中，电容传感器大多工作在较低频率，图 3-3-4 中的等效电路都可用，一般会忽略图 3-3-4（b）中的串联电感。由于在直流情况下存在泄漏电流，并联模型用得多，当激励频率低到使两极板间总的漏电阻与容抗相近的程度时，需考虑其分路作用对系统总灵敏度的影响，它将使灵敏度下降。

激励信号的波形对检测电路设计也很重要。传感器的激励信号波形常用方波或梯形波，对需要采用电阻反馈放大环节的测量电路，用三角波作为激励信号可简化电路。以正弦波作为激励，检测精度最高，尤其在高频时是首选，但设计难度及电路功耗也高。由于方波为多谐波，采用方波作为激励信号所导致的输出响应带宽会比激励信号的频率高 10 倍以上。其他波形所得到的输出响应带宽一般为激励频率的 1/2 或 1/3。以连续正弦波作为激励信号时，一般要用同步解调电路来检测。这种电路检测精度高，抗其他频率成分干扰的能力强。

由连接电缆或导线带来的寄生电容对电容测量的影响非常大，这些分布式的寄生电容与传感电容是并联关系，其容量可能与传感电容同数量级或更大，必须克服其影响。因寄生电容的大小与电缆线长成正比，将传感电容与转换电路集成可有效消除寄生电容影响。

电容测量电路主要有各种振荡器、电桥、充/放电电路。理想的电容测量电路需满足：低漂移、灵敏度稳定、对分布电容不敏感、工作频率范围与通用电路器件兼容性好、对外界电场干扰不敏感、泄漏效应导致的与敏感电容并联的泄漏电阻抗小、低复杂性、低成本。

从克服寄生电容对传感电容的影响和传感器微型化与集成化所具有的益处考虑，电容传感器的检测电路最好能以集成化的方式实现。

2．便于微型化和集成化的电容检测电路

（1）振荡器式检测电路。这是最常见、最简单的测量电路，其基本原理是使振荡器的振荡频率受传感电容 C_x 的制约，从而将测量 C_x 的问题转化成测量振荡频率。

振荡器式检测电路分为 RC 振荡器式和 LC 振荡器式两种。将被测电容作为 RC 或 LC 振荡器中的电容元件，接入振荡器电路中，电容的改变直接导致振荡器的振荡频率变化，因此，测量振荡器频率即可得到相应电容值。由于这种测量方式的输出为频率信号，后续处理电路可全部采用数字电路，从而大大简化检测系统的设计。

RC 振荡器是最常见的振荡器，几乎现有的各种 RC 振荡器电路均可用于电容的检测，其突出优点是电路原理简单且容易实现，缺点是频率稳定性不高，检测灵敏度较低。一般认为，要求测量分辨率高于 0.01 pF 的场合此方法不合适。

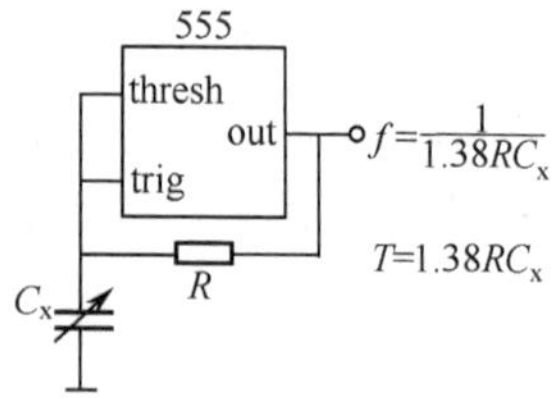

图 3-3-5　RC 张弛振荡器检测电路

图 3-3-5 所示的 RC 张弛振荡器可将电容转换为频率或脉宽输出。其缺点在于无法防止杂散电容的影响，若敏感电容与检测电路之间通过同轴电缆相连，则电缆电容将叠加在所测的电容中，影响测量稳定性及灵敏度；其优点在于其制作工艺与 CMOS 的兼容，有利于传感器的微型化、集成化。将张弛振荡器与数字电路结合，可有效提高检测电路的精度。

图 3-3-6 所示的检测电路将张弛振荡器和逻辑控制电路结合，利用 CMOS 工艺将整个电路集成于一块芯片。其基本思路为利用逻辑电路及计算机的运算功能解决寄生电容问题，即将一个完整的测量周期分为 3 个阶段，在振荡器接入被测电容 C_x、接入参考电容 C_r 和两者都不连接这三种情况下，分别测量振荡器的相应振荡周期 T_x、T_r 和 T_0，则有 $T_x=T_0+KC_x$，$T_r=T_0+KC_r$。设微机测量上述周期时得到的数字量分别为 N_x、N_r 和 N_0，经过运算求得比值 $M=\dfrac{N_x-N_0}{N_r-N_0}=\dfrac{C_x}{C_r}$，显然，$M$ 与 T_0 和 K 无关。引线的寄生电容虽与 T_0 有关，但对 M 无影响。分频环节（÷N/2）的作用是利用多周期测量法来减小量化误差，该电路的优点是对高、低频干扰信号抑制能力强，振荡频率稳定，不受寄生电容影响，体积小、成本低。

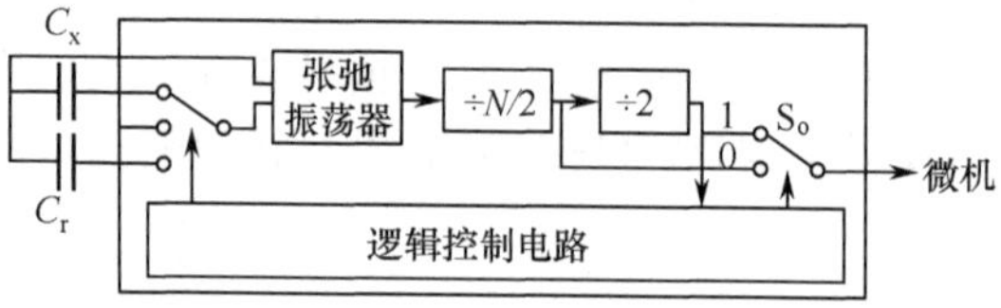

图 3-3-6　张弛振荡器与数字逻辑电路结合消除杂散电容影响

LC 振荡器的振荡频率范围很宽，其工作频率可在数百千赫到数百兆赫之间变化，因此与频率相对较低的 RC 振荡器相比有明显优势。图 3-3-7 所示为典型的 LC 振荡器式传感器的工作原理。振荡器输出频率可表示为

$$\Delta f=-\frac{f_0}{2(C_x+C_s)}\Delta C_x \tag{3-3-12}$$

式中，C_s 为与被测电容 C_x 并联的全部分布电容；f_0 为振荡器的基础振荡频率。

在各种形式的 LC 振荡器中，三点式振荡器最为常见，如克拉泼电路的频率稳定度一般可达到 10^{-5}～10^{-4} 数量级。导致这种检测电路产生漂移的主要因素在于电路本身的频率稳定

性及分布电容的影响。图 3-3-7 所示的差频式电容传感器采用参比振荡器提供参比频率与检测振荡器的输出频率混频，输出量为二者频率之差。由于参比振荡器中除被测电容外，其他部分均设计成尽可能与检测振荡器相同，且工作环境也近似，因此这种形式可有效提高输出稳定性，且差频输出的频率值较低，这一方面有利于后续信号检测电路的设计，另一方面也有利于采用较高工作频率以得到较高灵敏度。

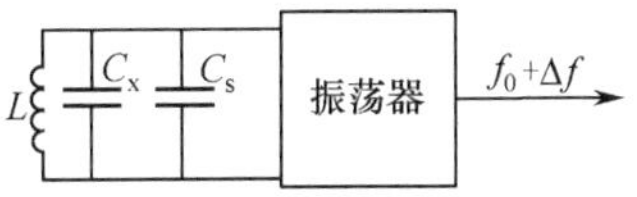

图 3-3-7　LC 振荡器

由于 LC 振荡器的振荡频率对与被测电容相并联的泄漏电阻不敏感，且振荡频率较高，因此非常适用于漏电阻较高的场合，如图 3-3-8 所示，这种电路的主要缺点是分布电容的影响会同样体现在输出频率中，见式（3-3-12）。此外，由于电路中有在集成电路工艺中很难实现的电感元件，因此这种检测电路不适于需将敏感元件与检测电路集成为一体化器件的情况。

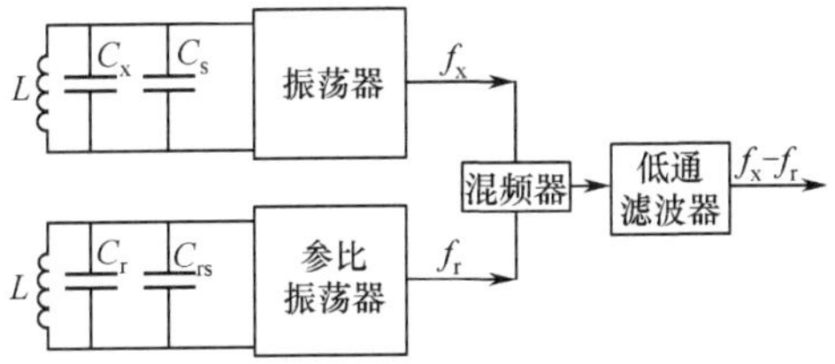

图 3-3-8　差频 LC 振荡器式电容传感器

（2）充/放电式测量电路。利用方波信号控制电路中模拟电子开关的状态，实现对被测电容的充/放电控制，同样可实现对电容的检测。

典型的充/放电式电容检测电路如图 3-3-9 所示，其中，C_x 为被测电容，C_{s1}、C_{s2} 为寄生电容，利用方波信号控制 CMOS 开关 S_1～S_4 的状态，从而控制被测电容的充/放电循环。每个方波信号周期进行一次充/放电，其中 S_1、S_4 同时开关，S_2、S_3 同时开关。检测原理如下。

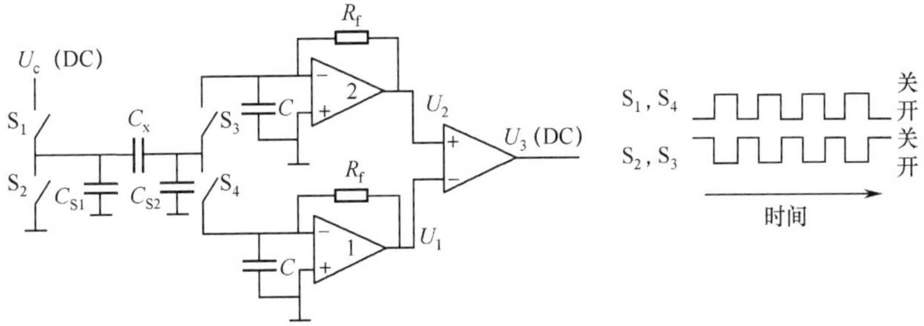

图 3-3-9　充/放电式电容检测电路

① 充电状态：开关 S_1、S_4 闭合，开关 S_2、S_3 开路，充电电流从电源 U_c 通过 S_1、被测

电容 C_x、S_4 到达带有负反馈电阻 R_f 的运算放大器 1。充电电荷为

$$Q_1= U_cC_x \tag{3-3-13}$$

考虑到充电频率，充电电流可表示为

$$I_1=fQ_1=fU_cC_x$$

由于反馈电阻的作用，运算放大器 1 的输出电压为

$$U_1=-fU_cC_xR_f+e_1 \tag{3-3-14}$$

式中，e_1 为零位电压；f 为充/放电频率；R_f 为图 3-3-9 中的反馈电阻。

② 放电状态：开关 S_2、S_3 闭合，开关 S_1、S_4 开路，被测电容 C_x 在充电过程中所积累的电荷开始经 S_2 放电，与充电过程同理，不难得到

$$U_2=fU_cC_xR_f+e_2 \tag{3-3-15}$$

如后续差动放大器增益为 K，则输出电压为

$$U_3=K(U_2-U_1)=2KfU_cC_xR_f +K(e_2-e_1) \tag{3-3-16}$$

由式（3-3-16）可见，输出电压 U_3 与被测电容 C_x 成正比。由于 e_2 与 e_1 在一定程度上可以抵消，因此输出零位电压不会很大。

充/放电式检测电路的最大优点在于对分布电容 C_{s1}、C_{s2} 不敏感。在充电状态 C_{s1} 直接与充电电源 U_c 相连，在放电状态则直接与地相接，两种状态下均不会对充/放电电流产生影响。而由于运算放大器的虚地特性，C_{s2} 同样不会对充/放电电流产生影响。

这种充放电式检测电路同样可采用 CMOS 工艺实现集成。目前该电路的测量精度可达到 0.3 fF，其不足主要是电路性能受 CMOS 电子开关本身特性的限制，一是电子开关所附带的寄生电容，由于与 C_x 串联，所以对测量结果的影响无法避免；二是电子开关切换噪声的存在，限制了测量电路性能的进一步提高。

由于式（3-3-16）中输出电压 U_3 与工作频率成正比，因此用较高的工作频率可得到高灵敏度，一般采用 2.5 MHz 工作频率。此外，由于充/放电循环，图 3-3-9 所示电路的输出电压中含交流成分，需要低通滤波处理。

图 3-3-10 所示为充/放电式检测电路的一种实现方式，电路包括一个放大器、一个比较器、电容 C_{off}、C_{int}，以及由基本张弛振荡器转化来的可控电流源 I_{ch}。激励电压 U_{ex} 为被测电容提供充电电压，张弛振荡器将电容 C_x 及 C_{off} 上的充电电荷转换为周期调制的输出信号。

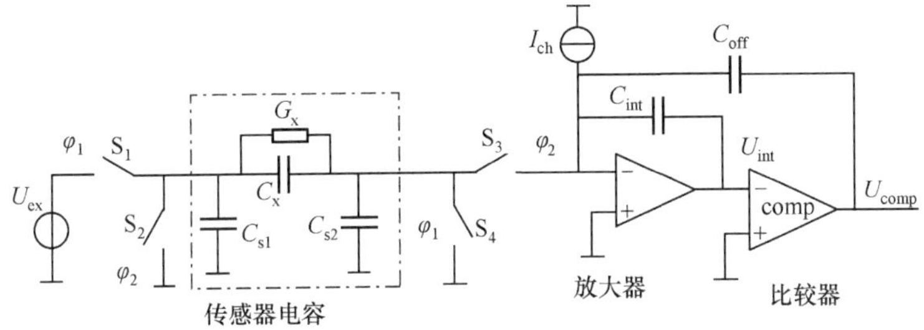

图 3-3-10 充/放电式检测电路

对电容 C_x 的测量需两个周期，即充电与放电周期。图 3-3-11 给出了这两个周期的情况。如图 3-3-11（a）所示，在充电周期，被测电容 C_x 通过模拟开关 S_1 及 S_4 充电到 U_{ex} 的值。由于电压源 U_{ex} 的低输出阻抗，以及模拟开关的低导通电阻，电容 C_x 上的并联电导 G_x 对充电电荷 $U_{ex}C_x$ 的影响可忽略不计。在这一周期中，振荡器将 C_{off} 上的充电电荷转换为时间间隔 T_1，如图 3-3-11（c）所示，T_1 的值为

$$T_1 = \hat{U}_{comp} C_{off} \hat{I}_{ch}^{-1} \quad (3\text{-}3\text{-}17)$$

式中，$\hat{U}_{comp}$ 为比较器输出电压信号的峰-峰值；$\hat{I}_{ch}$ 为充/放电电流的幅值。

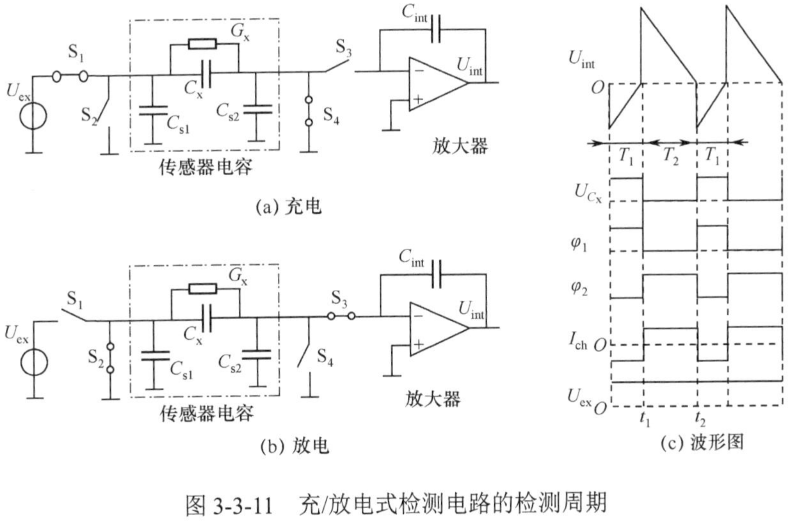

图 3-3-11 充/放电式检测电路的检测周期

在图 3-3-11（c）中的 t_1 时刻，电容 C_x 上的电荷 $U_{ex}C_x$ 通过模拟开关 S_3 全部转换到后面的积分电路上。

在放电周期，如图 3-3-11（b）所示，被测电容 C_x 的一端通过模拟开关 S_2 接地，另一端通过模拟开关 S_3 连接到虚地的积分电路上。理想情况下，由于在电容 C_x 及并联电导 G_x

上不存在电压降，因此并联电导 G_x 不会对振荡器中的电荷-时间转换产生影响。在这一周期中，振荡器将电容 C_x 及 C_{off} 上的电荷转换为时间间隔 T_2，即

$$T_2=\frac{\hat{U}_{comp}C_{off}}{\hat{I}_{ch}}+\frac{\hat{U}_{ex}C_x}{\hat{I}_{ch}} \tag{3-3-18}$$

式中，$\hat{U}_{ex}$ 为激励信号的幅值。

振荡器的输出信号为振荡器的周期 T，即

$$T=T_1+T_2=2\frac{\hat{U}_{comp}C_{off}}{\hat{I}_{ch}}+\frac{\hat{U}_{ex}C_x}{\hat{I}_{ch}} \tag{3-3-19}$$

与电阻传感器类似，从电容传感器获得电信号的常用方法是利用欧姆定律。阻抗变化可通过在被测阻抗上施加恒定交流电压时测量电流变化的方式进行检测，也可以通过恒定交变电流激励时测量阻抗两端电压降的变化进行检测。

敏感元件的品质因数 Q 往往会对测量产生重要影响。对于任何一个阻抗，品质因数定义为在给定频率上的电抗除以电阻。将欧姆定律直接应用于 Q 值不是很高的传感器时，需要考虑输出信号的两个分量：与激励信号同相的分量和与激励信号呈 90°相移（正交）的分量，这两个分量中携带被测对象的信息是不同的。此外，实际阻抗的变化量往往很小，杂散电容往往会成为干扰测量的主要因素，在电路设计中必须予以充分重视。

（3）桥式检测电路。与电阻传感器类似，分压器法同样可用来测电容器容抗的变化。这实际上是一种半桥式检测电路。

图 3-3-12（a）所示的电路采用恒流源激励，可应用到基于平行板电容器极板间距离变化的电容式位移传感器上。当极板间距离由 d 变化为 $d(1+x)$时，传感器电容量为

$$C_x=\varepsilon\frac{A}{d(1+x)}=\frac{C_0}{1+x} \tag{3-3-20}$$

假定运算放大器是理想放大器且忽略 R 的影响，则输出电压为

$$U_o=-U_e\frac{Z_x}{Z}=-U_e\frac{C}{C_0}(1+x) \tag{3-3-21}$$

尽管电容量与极板间的距离成非线性关系，但检测电路的输出电压与被测距离之间为线性关系。电路中的电阻 R 是为了对运算放大器加偏置，R 应远大于在激励频率上的传感器阻抗。该电路的不足之处在于，与 C_x 并联的任何杂散电容都会引起测量误差，因此，必须对与电容器极板相连的引线进行屏蔽，以减少杂散电容的影响。

图 3-3-12（b）所示电路采用电荷放大器，将恒压加在传感电容上，通过反馈电容 C 将传感电容 C_x 上的电流转换为电压。忽略 R 及杂散电容 C_{s3} 的影响，输出电压正比于 C_x，即

$$U_o = -U_e \frac{C_x}{C} \tag{3-3-22}$$

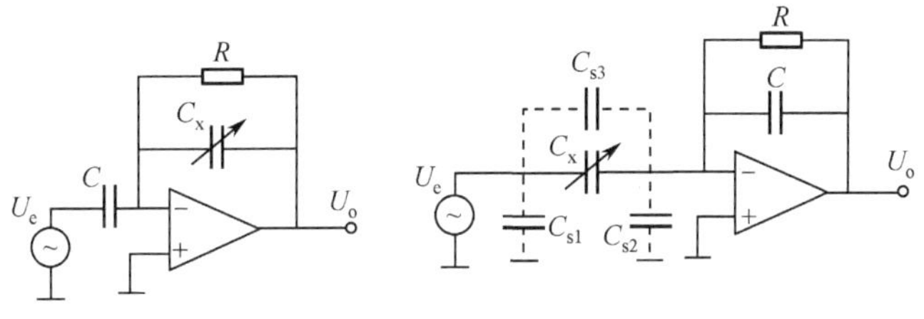

(a) 恒流源激励　　(b) 采用电荷放大器

图 3-3-12　基于运算放大器的电容传感器检测电路

采用电荷放大器的电路的优点在于杂散电容 C_{s1} 和 C_{s2} 的存在不会影响检测电路的输出。C_{s1} 与电压源并联，而运算放大器的“虚地”使得 C_{s2} 处于相同电位。需要注意的是，大的 C_{s2} 可能引起振荡。此外，对传感器引线进行屏蔽可降低 C_{s3}。

基于运算放大器的半桥式检测电路，是目前比较常见的电容检测电路之一，其突出优点是电路抑制寄生电容的能力较强，分辨率较高；缺点则是电路复杂，需要幅值稳定的激励信号源，以及采用高品质的运算放大器，造价昂贵，工作频率高时尤为突出。

一种基于运算放大器的全桥式检测电路如图 3-3-13 所示，图中有两个电容器，C_r 是固定电容器，放在一个桥臂上；C_x 是可变电容器（电容微传感器），放在相邻的另一个桥臂上。C_x 所在桥臂通过运算放大电路和 C_r 所在桥臂分别接到稳频稳幅的正弦激励信号源上。

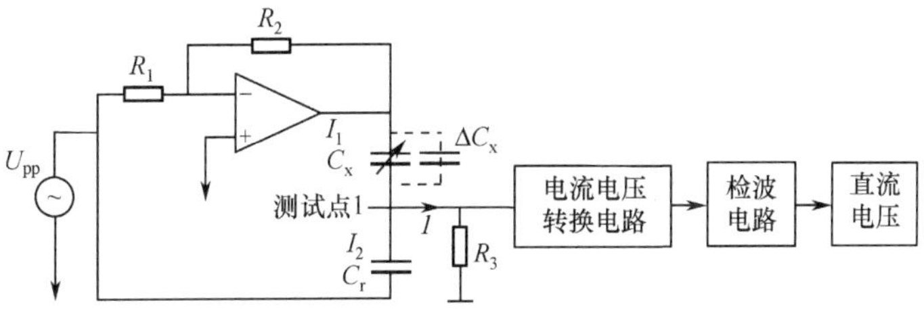

图 3-3-13　基于运算放大器的全桥式电容检测电路

输入电压经反向放大器得到输出电压

$$U_2 = -U_{pp} \frac{R_2}{R_1} \tag{3-3-23}$$

电路中，R_3的作用是使电路能够形成回路的同时减少干扰因素。因为R_3一端接地，所以测试点1为虚地点，电压值为0，则经过C_x的电流为

$$I_1=\frac{U_{pp}}{1/(\omega C_x)}=-U_{pp}j\omega C_x\frac{R_2}{R_1} \tag{3-3-24}$$

经过C_r的电流为

$$I_2=\frac{U_{pp}}{1/(j\omega C_r)}=-U_{pp}j\omega C_r \tag{3-3-25}$$

可得

$$I=I_1+I_2=U_{pp}j\omega(C_r-C_xR_2R_1^{-1}) \tag{3-3-26}$$

当$C_x=C_rR_1R_2^{-1}$时，输出电流I为零；当C_x发生变化时，输出电流I和C_x的变化量成正比。经过电流电压转换，可得到输出电压的值

$$U_o=-IK=-U_{pp}j\omega(C_r-C_xR_2R_1^{-1})K \tag{3-3-27}$$

式中，K为常数。

这种有源电桥的输出与被测电容成正比，因此可实现电容的线性检测。其优点在于利用接入的运算放大器，可通过调整比值R_2/R_1对电桥的平衡状态进行调整，因此，在被测电容较小时，可避免使用电容值过小的电容元件作为平衡电容。

检测电路的一种变形形式是所谓同步解调检测电路。由于对响应信号的幅值及相位检测采用了同步解调技术，所以采用这种检测电路可以得到更高精度的传感器。

图3-3-14所示为一种同步解调检测电路原理图。峰-峰值为5 V的方波激励信号U，反馈给电容（C_1、C_2之一或两者都为被测电容）的同时，也反馈给一个CMOS开关。高输入阻抗的单位增益交流放大器的输出连接CMOS开关及一个反相器。若放大器所引入的相位变化很小，则CMOS开关的输出就是精确的解调信号。解调信号可能会受到CMOS开关过渡过程中窄脉冲的干扰，因此后一级采用低通滤波器以滤除这种干扰。同时，低通滤波器还可滤除其他高频干扰成分，以提高传感器抵抗电源或环境中其他电磁干扰的能力。

图3-3-15给出了一种带反馈环节的同步解调检测电路。方波激励信号U驱动电桥及解调器。交流放大器采用低电流噪声的运算放大器。放大环节$KG(s)$采用积分器提供直流增益，截止频率应低于激励频率的1/10，以保证电路的稳定。与图3-3-14所示电路比较，图3-3-15所示电路有多个优点：放大器的输出信号电压可以较低，放宽了对运算放大器上升速率的要求；选择元件使U与C_1及U_2与C_2之间实现良好匹配，可实现温度系数补偿；由于解调电路处于反馈回路中，其非线性对整体精度影响不大；采用这种检测电路可得到线性的输出（变面积型传感器用C_1作为被测电容，变极距型传感器用C_2作为被测电容）。

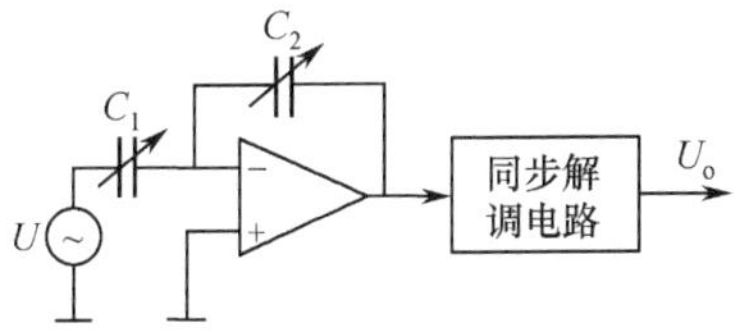

图 3-3-14　同步解调检测电路原理图

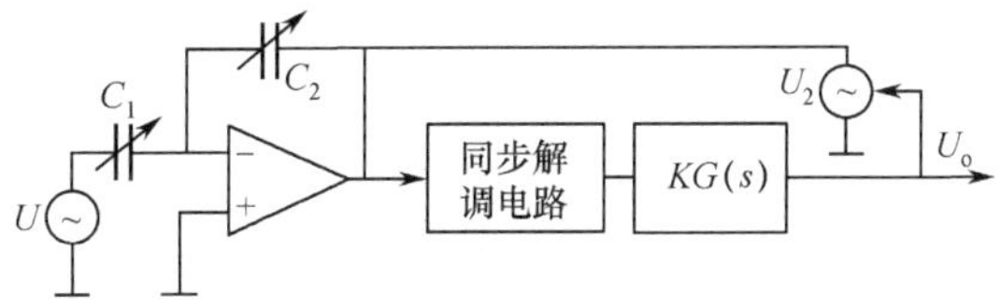

图 3-3-15　带反馈环节的同步解调检测电路

3.4　电感传感器原理与电感参数的测量

3.4.1　电感的传感原理

电感的传感是以磁场为媒介或借助电磁感应，利用被测量造成的磁阻变化引起传感线圈的电感（自感或互感）变化来实现的。电感传感器的核心部分是可变电感或可变互感，这类传感器的特征是具有线圈绕组。线圈难以微型化使得电感传感器在微传感器中很少见。

电感传感器除了适于对直线位移或角位移进行直接测量外，还可通过一定的感受机构对一些能转换成位移的其他非电量，如震动、压力、重量、力矩、应变等进行测量。此外，对于能借助导磁特性变化引起线圈电感变化的参量，如金属温度、材料硬度等也可测量。电感传感器的优点包括结构简单可靠，输出功率大，抗干扰能力强，对工作环境要求不高，灵敏度和分辨力较高（如测量长度时，分辨力一般可达 0.1 μm），输出信号强，线性度和重复性较好；其缺点是频率响应低，不宜快速动态测量，尺寸引线圈限制难以减小。

1. 自感式传感器工作原理与类型

当匝数为 N 的线圈通以电流 I 时产生磁链 ψ。磁链与线圈电流之比称为线圈的电感量，简称自感 L，有

$$L=\psi/I=N\Phi/I \tag{3-4-1}$$

式中，Φ为穿过每匝线圈的磁通。根据磁路的欧姆定律有

$$\Phi=NI/R_{\mathrm{m}} \tag{3-4-2}$$

式中，R_{m} 为磁路的总磁阻。

由式（3-4-1）和式（3-4-2）可得

$$L=N^2/R \tag{3-4-3}$$

可见，将被测量的变化转化成自感的变化，在线圈的形状和匝数不变的情况下，可通过改变磁路的磁阻，也即变磁阻来实现自感系数变化。

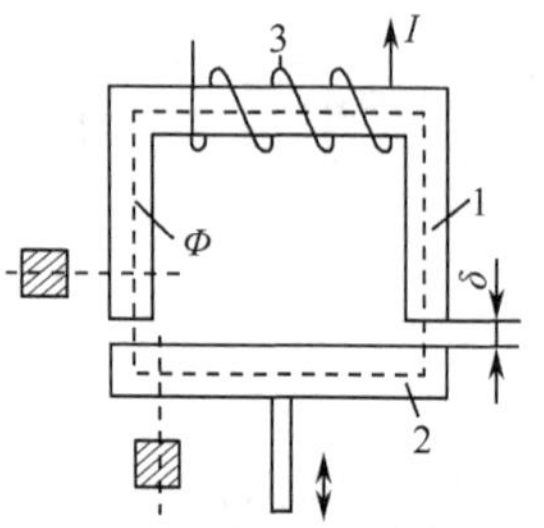

1—铁芯；2—衔铁；3—线圈

图 3-4-1　闭磁路变气隙型自感式传感器结构图

（1）变气隙型自感式传感器。图 3-4-1 所示为闭磁路变气隙型自感式传感器结构，它主要由线圈、衔铁和铁芯等部分组成。当传感器的衔铁因被测体带动而产生同步位移时，引起磁路中气隙的磁阻相应变化，导致线圈电感变化。只要测出电感的变化量就可确定衔铁的位移。

由磁路知识可知，磁路的总磁阻可表示为

$$\sum R_{\mathrm{m}}=\sum_{i=1}^{n}\frac{\delta_i}{\mu_i S_i}+\frac{2\delta}{\mu_0 S_0}\approx\frac{2\delta}{\mu_0 S_0}\qquad(3\text{-}4\text{-}4)$$

式中，S_0 为空气隙的等效截面积（cm^2）；δ为空气隙的厚度（cm）；μ_0 为空气（或真空）的磁导率（H/cm）；δ_i 为铁芯磁路上第 i 段的长度（cm）；S_i 为铁芯磁路上第 i 段的截面积（cm^2）；μ_i 为第 i 段的磁导率（H/cm），通常$\mu_i \gg \mu_0$；R_{m} 为磁路的磁阻（Ω）。

当铁芯工作在非饱和状态时，式（3-4-4）中的第一项可忽略，匝数为 N 的线圈电感量

$$L=\frac{N^2}{R_{\mathrm{m}}}=\frac{N^2\mu_0 S_0}{2\delta}\qquad(3\text{-}4\text{-}5)$$

由此可知，电感与气隙大小成反比，与气隙导磁面积成正比。将电感变化转化为阻抗变化，通过测量电路再转化为电压、电流变化，可得到对应气隙变化的被测位移量。

变气隙方式的自感传感器的优点是灵敏度高，但非线性严重，只适于小位移测量。

（2）气隙面积变化型自感式传感器。当δ固定，改变气隙导磁面积 S_0 时，自感 L 与 S_0 成线性关系。变面积型自感式传感器的结构如图 3-4-2 所示。

（3）螺管型自感式传感器。这类传感器是在螺管线圈中插入一活动衔铁，衔铁在螺管中运动使磁阻变化而引起自感变化。实用中，该类传感器常用差动结构。如图 3-4-3 所示，将铁芯置于两个线圈中间，当铁芯移动时，两个线圈的电感产生相反方向的增减，然后将两个电感接入测量电桥的相邻桥臂，可获得比单线圈方式更高的灵敏度和更好的线性度。

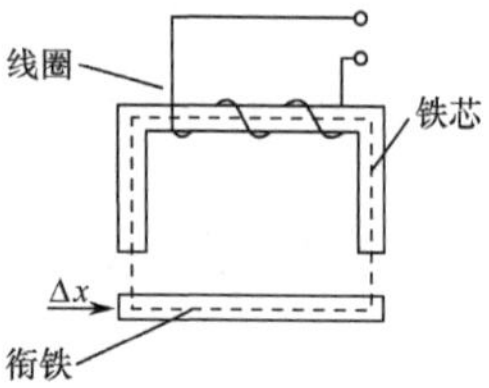

图 3-4-2　气隙面积变化型自感式传感器

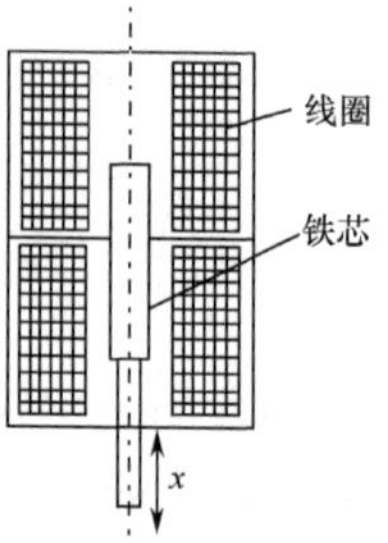

图 3-4-3　差动螺管型自感式传感器

2. 互感式传感器工作原理与类型

互感式传感器的基本工作原理是电磁感应中的互感现象，如图 3-4-4 所示，当线圈 W_1 中通交流电流 i_1 时，在线圈 W_2 中则产生感应电动势 e_{12}，其大小正比于电流 i_1 的变化率，即

$$e_{12} = -M\frac{\mathrm{d}i_1}{\mathrm{d}t} \tag{3-4-6}$$

式中，M 称为互感，是两线圈 W_1 和 W_2 之间耦合程度的度量，其大小与两线圈的相对位置及周围介质的磁导率等因素有关。

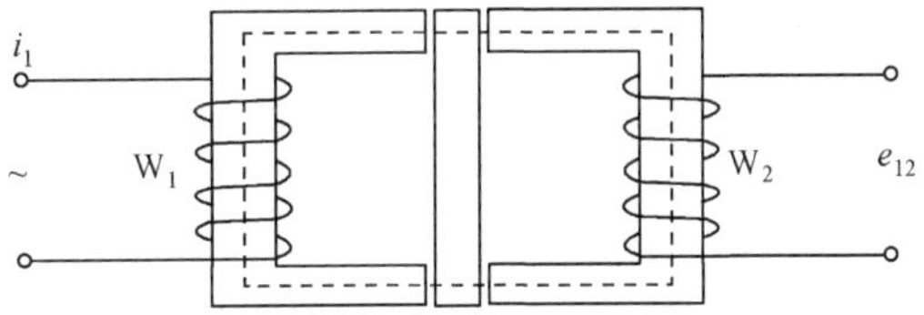

图 3-4-4 互感传感器工作原理

互感式传感器实质是一个变压器，其一次线圈施加稳定的交流激励，二次线圈因感应产生对应输出电压，当被测位移或转角等输入使互感变化时，输出电压随之变化。因二次侧常常将两个线圈接成差动形式，这种传感器又称为差动变压器式传感器（简称差动变压器）。

实际应用较多的是螺管式差动变压器，如图 3-4-5（a）所示的差动变压器，由一次线圈 W，以及两个相同的二次线圈 W_1、W_2 和插入的可移动铁芯 P 组成，可测 1～100 mm 的位移。线圈连接方式如图 3-4-5（b）所示，两个二次线圈反相串接。当一次线圈 W 加上一定的正弦交流电压 U_i 后，二次线圈中的感应电动势 e_1 和 e_2 与铁芯在线圈中的位置有关。当铁芯居中时，$e_1=e_2$，输出电压 $e_o=e_1-e_2=0$；当铁芯向上移动时，$|e_1|>|e_2|$；反之，$|e_2|>|e_1|$。在上述两种情况下，e_o 的相位相差 180°，其幅值随铁芯位移 x 的变化而变化，如图 3-4-5（c）所示。

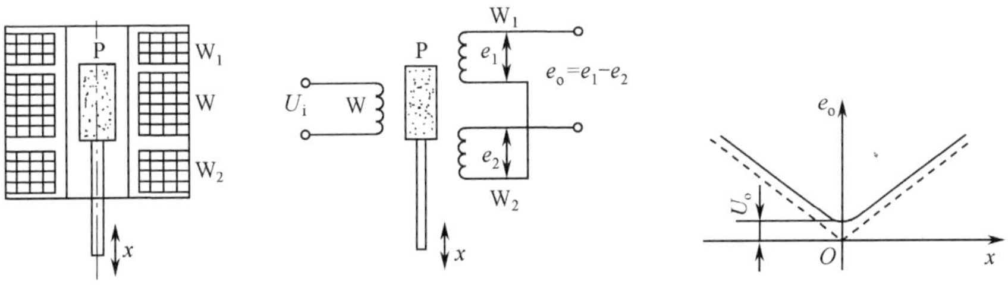

(a) 结构图　　(b) 原理图　　(c) 输出电压的幅值特征

图 3-4-5 螺管式差动变压器

图 3-4-5（c）中的虚线为理想输出电压特性。实际上两个二次线圈的所有参数不可能完全相同，制作的不对称以及铁芯的磁化曲线有非线性，铁芯居中时，$e_o=U_o$，不为零。U_o称为零点残余电压，一般为零点几伏至几十毫伏，实际输出电压如图 3-4-5（c）中的实线所示。零点残余电压使传感器输出在零点附近不灵敏，并可能使传感器后接放大器提前饱和，堵塞有用信号通过，可能使某些执行机构产生误动作。有多种补偿电路可消除零点残余电压，其中差动变压器输出端接相敏检波电路，可判断铁芯位移方向和消除零点残余电压。

3．电涡流式传感器原理与类型

当金属导体置于变化的磁场中或者在磁场中运动时，在金属导体内部会产生感应电流，由于这种电流在金属导体内是自身闭合的，因此称为电涡流或涡流。

涡流传感器结构简单、使用方便，广泛应用于位移、震动和材料参数的测量，以及无损探伤等。其最大特点是可对一些参数进行非接触测量，其测量范围和精度取决于传感器的结构尺寸、线圈匝数及励磁频率等因素。涡流传感器分为高频反射式和低频透射式两种。

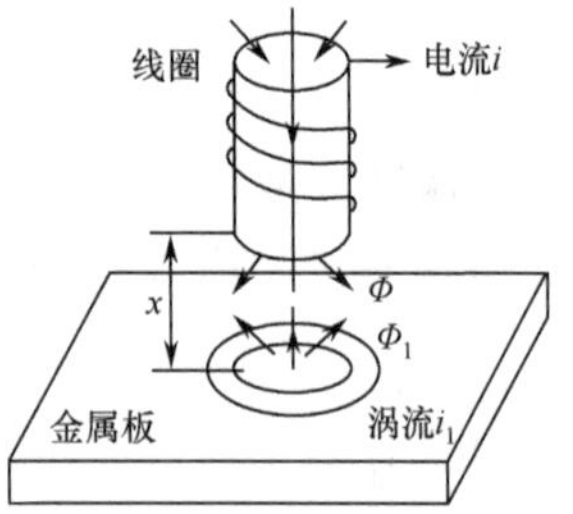

图 3-4-6　涡流式传感器原理

高频反射式传感器常用来测位移、震动等物理量，如图 3-4-6 所示，金属板置于线圈附近，两者相距 x。线圈通交变电流 i 时，产生磁通 Φ。该交变磁通的作用使靠近线圈的金属表面内部产生闭合的感应电流 i_1，即涡流。根据楞次定律，电涡流产生的交变磁通 Φ_1 与线圈产生的磁场方向相反，Φ_1 总是抵抗 Φ 的变化。涡流磁场的作用使线圈的等效阻抗变化，其变化程度除了与 x 有关外，还与金属导体的电阻率 ρ、磁导率 μ 及线圈的励磁电流角频率 ω 等有关。改变其中某个参数，均可改变线圈的等效阻抗，实现不同的变换。例如，改变 x 可测位移和振动，改变 ρ 或 μ 可测材质参数或无损探伤。

将涡流传感器与被测金属板用图 3-4-7 所示等效电路表达，图 3-4-6 中的金属板被抽象为一短路线圈，它与传感器线圈磁性耦合，耦合程度用互感系数 M 表示，M 随间距 x 的增大而减小；R_1 和 L_1 分别为线圈电阻和电感；R_2 和 L_2 分别为短路线圈的电阻和电感。设 E 为励磁电压，根据基尔霍夫定律推导可得线圈的等效电感为

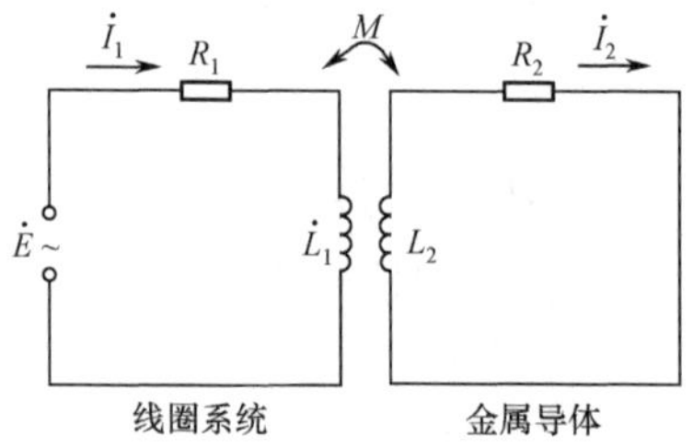

图 3-4-7　涡流传感器与被测物体的等效电路

$$L = L_1 - L_2 \frac{\omega^2 M^2}{R_2^2 + \omega^2 L_2^2} \tag{3-4-7}$$

式（3-4-7）中的 L_1 与静磁学效应有关。线圈与金属体形成一个磁路，可认为有效磁导率取决于该磁路。当金属体为磁性材料时，有效磁导率随间距 x 缩小而增大，L_1 随之增大。若金属体为非磁性材料，有效磁导率不随间距变化而变化，因此 L_1 不变。式（3-4-7）中的第二项与涡流效应有关，涡流产生的反向磁场减小线圈的电感，间距越小，减小越多。由于金属体中的涡流产生热量而消耗能量，线圈阻抗的实数部分增加，且金属板的导电性能和板离线圈的距离直接影响实数部分的大小，而与导体是否为磁性材料无关。

低频透射式涡流传感器多用于测量厚度，其工作原理如图 3-4-8 所示。在被测材料 G 的上、下方分别放置发射线圈 W_1 和接收线圈 W_2。在 W_1 两端加低频（一般为音频范围）电压 e_1，所产生的交变磁场在材料 G 中感应出涡流 i。i 的产生消耗了磁场的部分能量，使穿过 W_2 的磁通量减小、W_2 产生的感应电势 e_2 减小。e_2 的大小与 G 的材质和厚度有关。e_2 随厚度 h 的增加按指数规律减小，如图 3-4-8（b）所示，由 e_2 的变化可确定材料厚度。

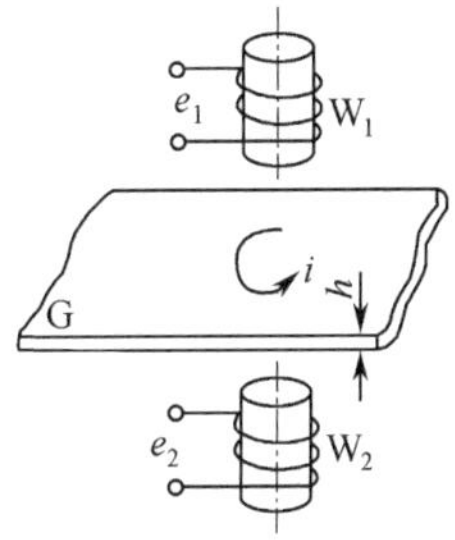

(a) 低频透射式电涡流传感器原理图

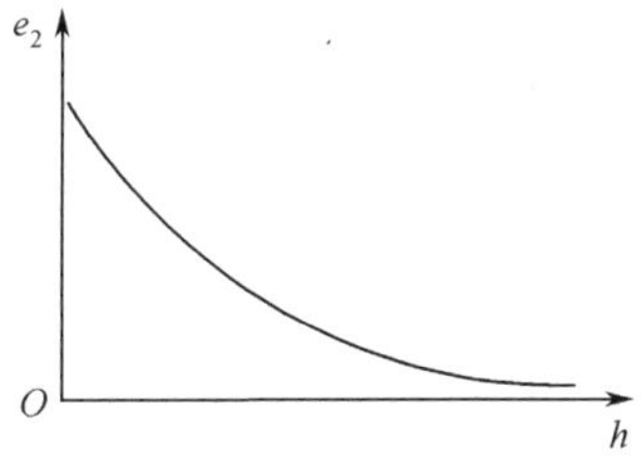

(b) 感应电势与被测金属体厚度的关系

图 3-4-8　低频透射式涡流传感器

3.4.2　电感参数的测量

对于上述不同类型和不同结构形式的电感传感器，根据作为敏感元件的线圈数不同，可选择不同的电感测量方式。

1. 单线圈参数的测量

电涡流传感器的测量电路主要有调幅式和调频式电路；采用单线圈工作的自感式传感器的测量电路主要是交流电桥。

在调频式测量中，传感线圈接入图 3-4-9 所示的 LC 振荡器回路，当传感线圈与被测导体之间的距离 x 改变时，在涡流影响下传感线圈的电感变化，从而导致振荡频率变化。

在调幅式测量中，传感线圈 L 和测量电路中的电容 C 并联组成谐振回路，如图 3-4-10 所示。石英晶振起恒流源的作用，给谐振回路提供一个稳定频率的激励电流 i_o，回路输出电压为

$$U_o=i_0 f(Z) \tag{3-4-8}$$

式中，Z 为 LC 回路的阻抗。

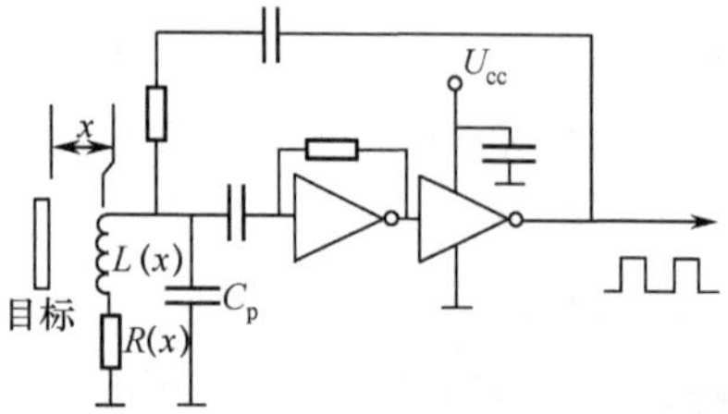

图 3-4-9　调频测量电路

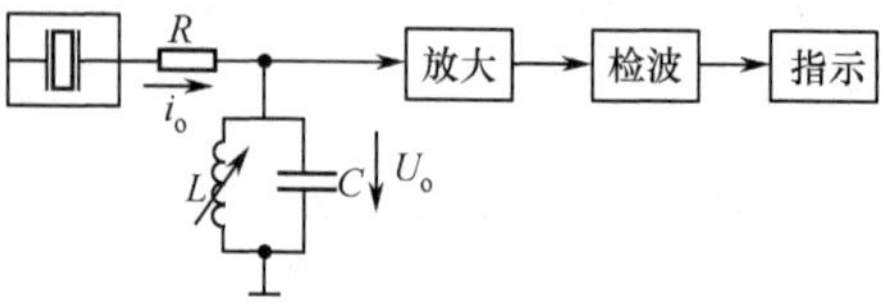

图 3-4-10　稳频调幅测量电路

当金属导体远离或移去时，LC 并联谐振回路的谐振频率接近石英振荡频率 f_0，回路呈现最大阻抗，谐振回路输出最大电压。当金属导体靠近传感线圈时，线圈的等效电感 L 随 x 变化而变化，使回路失谐、输出电压 U_o 降低。输出 U_o 经放大、检波后由指示仪表显示。

2．双线圈（差动）的测量

差动自感式传感器的测量电路主要采用包含两个敏感线圈的交流电桥。差动互感式传感器则将两二次线圈反串连接输出，为了能辨别铁芯移动的方向和消除有害的零点残余电压（零位输出电压），实际常用图 3-4-11 和图 3-4-12 所示的差动整流电路、相敏检波电路。

（1）差动整流电路。它利用半导体二极管单向导通原理解调，如图 3-4-11（a）所示，若传感器的一个二次线圈的输出瞬时电压极性在 f 点为“+”，e 点为“−”，则电流路径是 fgdche；反之，若 f 点为“−”，e 点为“+”，则电流路径是 ehdcgf。可见，无论二次线圈的输出瞬时电压极性如何，R 上的电流总是从 d 到 c。同理，可知另一个二次线圈的情况。

总输出电压为 $U_{sc}=e_{ab}+e_{cd}$，波形如图 3-4-11（b）所示。衔铁在零位时，两个二次线圈的感应电势相同，使 $e_{ab}=-e_{cd}$，所以 $U_{sc}=0$。衔铁在零位以下时，使 $e_{ab}>-e_{cd}$，$U_{sc}>0$；当衔铁在零位以上时，使 $e_{ab}<-e_{cd}$，$U_{sc}<0$。U_{SC} 的三种情况对应衔铁的三种位置。

（2）相敏检波电路。二极管相敏检波电路如图 3-4-12 所示。U_1 为差动变压器的输出电压，U_2 为与 U_1 的同频参考电压，且 $U_2>U_1$（这里假设 U_2 与差动变压器的一次侧电压相位相反），它们分别作用于相敏检波电路的变压器 B_1 和 B_2（其中 $U_1'=U_1''$，$U_2'=U_2''$）。

当 $U_1=0$ 时，因 U_2 的作用，在正半周时，如图 3-4-12（a）所示，VD_3、VD_4 处于正向偏置，电流 i_3 和 i_4 以不同方向流过电表 M，只要 $U_2'=U_2''$，且 VD_3、VD_4 性能相同，通过电表的电流为 0，所以输出为 0。在负半周，VD_1、VD_2 导通，i_1、i_2 相反，输出电流为 0。

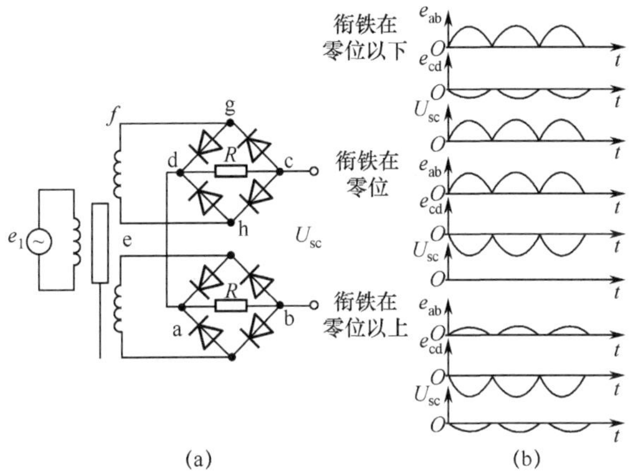

图 3-4-11 差动整流电路及输出波形

当 $U_1 \neq 0$ 且 U_1 和 U_2 同相位（本例对应差动变压器的衔铁上移）时，电路正半周时，电路中电压极性如图 3-4-12（b）所示，因 $U_2>U_1$，VD_3、VD_4 仍导通，但作用于 VD_4 两端的信号是 $U_2'+U_1''$，因此，i_4 增大，而作用于 VD_3 的电压为 $U_2''-U_1''$，所以，i_3 减小，则 i_M 为正；负半周时，VD_1、VD_2 导通，在 U_1 和 U_2 的作用下，i_1 增加，i_2 减小，$i_M=i_1-i_2>0$。当 U_1 和 U_2 同相时，各电流波形如图 3-4-12（c）所示。

当 $U_1 \neq 0$ 且 U_1 和 U_2 反相（本例对应差动变压器的衔铁下移）时，在 U_2 为正半周、U_1 为负半周时，VD_3、VD_4 仍导通，但此时 i_3 增大、i_4 减小，通过 M 的电流 i_M 为负。同理，U_2 为负半周、U_1 为正半周时，i_1 减小，i_2 增加，i_M 也是负的。

可知，相敏检波电路能根据电表的平均电流大小和方向判别衔铁的位移大小和方向。

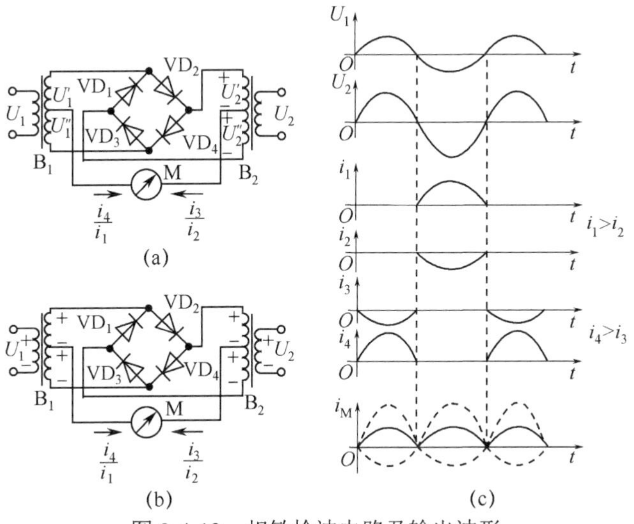

图 3-4-12 相敏检波电路及输出波形

思考题与习题

【3-1】电阻测量电路设计一般要考虑哪些问题？

【3-2】测量电阻有哪些常见方法？各适用于何种情况？

【3-3】对于单臂敏感电阻工作的电桥，采用不平衡电压作为输出时，该检测电路的灵敏度与敏感电阻的变化程度有何种关系？什么情况下灵敏度最高？

【3-4】要改进单臂工作的测量电桥的灵敏度并且同时消减非线性，常采用什么测量工作方式？说明应如何布置敏感电阻才能达到目的，并分析说明该方式是否可以补偿温度影响。

【3-5】对于敏感电阻变化程度接近或超过 100%的电阻传感器，采用相邻桥臂电阻比值为 1 的电桥会产生严重非线性，有哪些改进方法？

【3-6】电容传感器的测量电路设计一般有哪些问题要考虑？测量电容有哪些常见方法？

【3-7】根据电容变化的原理不同，电容传感器有哪几类？各自的主要用途是什么？

【3-8】从电容传感器的构成看，有直接作用式和间接作用式，各有何特点和适用场合？

【3-9】电容测量须克服哪些影响因素？常见测量电路有哪些？各有何特点或适用性？

【3-10】电感传感器主要由哪些元件组成？按电感变化原理不同，电感传感器有哪几类？

【3-11】差动变压器为何存在零点残余电压？如何消减？

【3-12】简述电涡流传感器的原理、结构和性能特点，说明电涡流传感器可直接测量的参量，以及根据其直接测量量可间接测量的其他物理量。

第4章

传感器中常用的物理效应与器件

4.1 概述

1. 物理效应与器件

传感器是基于各种原理或效应来获取信息的，不同的原理效应也各有其性能特点与适用性。在实际中，对不同种类或不同变化规律的信息的获取，往往会利用不同的原理或效应。另外，对同一种信息的获取，一般也可能有几种不同的原理或效应可供选用。传感器通过其内部的敏感元件来感知外界信息或被测量，不同的传感器具有不同的敏感元件。由于有些敏感元件的输出量并非方便测量的电量，因此，有许多传感器往往还要利用具有相应信息变换功能的转换元件才能实现从被测量到电量的转换。转换元件与敏感元件都是信息变换功能元件，称谓上的不同是因为在传感器中所起的功能作用或位置、环节不同。

要使传感器做到准确感受被测信息、正确转换被测信号，必须符合自然界的各种基本定律和基本法则。这些基本法则包括自然界中的守恒定律、物质作用定律、物质定律和统计法则等，在这些基本法则中包括了许多便于传感器利用的物理、化学、生物的定律和效应，其中实际使用的以物理原理和效应为主。

传感器的工作原理通常是指其所使用的敏感或转换元件的基本工作原理，每一种具体的敏感或转换元件都是基于相应原理或效应的器件，而这些器件是基于具有相应功能的敏感材料来实现的。由于目前使用的传感器原理以物理原理或效应为主，相应地，传感器中采用的敏感和转换元件也主要是基于物理原理与效应的器件。

在传感器应用中，存在同一种原理可用来测量不同的参量，某一种被测参量可以采用不同原理的敏感或转换元件来实现测量的特点，以及对同一被测量即使采用某一种具体的原理，也存在可选择不同测量方式的情况。实际中就需要根据测量目的来选择合适的传感原理和效应。因此，学习和掌握一些常用的物理量传感原理、效应与器件以及特点，对学习和应用传感器技术是非常重要而必需的。本章在第 3 章介绍的基本电量（电阻、电容、电感）传感器原理与测量技术基础上介绍几种常用的基本物理效应与器件。

2．功能材料类型与特点

敏感或转换元件的信息或能量转换功能主要基于相应的功能材料，各种功能材料是传感技术发展的物质基础。开发和研制新型传感器，除研究新原理外，在很大程度上取决于新材料。对制作传感器的材料有如下要求：变换功能（效果）大，感应范围广，灵敏度和精度高，稳定性和再现性好，体积小，结构简单，使用寿命长。图 3-1-1 为功能材料的分类。

现代传感器大多使用贵金属材料、半导体材料、功能陶瓷材料和功能高分子材料，其中，贵金属材料是制作传统传感器用得最多的功能材料，其应用范围从结构型传感器的敏感结构到物性型传感器的参数测量元件，如电阻。

半导体材料是制造各类传感器的重要物质基础，它为传感器和仪器的微型化、数字化、高精度化开辟了广阔的前景。基于半导体材料的传感器不仅灵敏度高、响应速度快、小型、轻量，而且便于实现传感器的集成化和多功能化。例如，现有固态压力传感器已实现一块芯片上同时集成差压、静压、温度三个传感功能，从而能实现温度和压力补偿。

- 功能材料
  - 无机功能材料
    - 金属功能材料
      - 磁功能材料
      - 电功能材料
      - 热功能材料
      - 力功能材料
      - 化学功能材料
    - 非金属功能材料
      - 半导体、玻璃、陶瓷、其他 — 磁功能材料、电功能材料、光功能材料、热功能材料、力功能材料
  - 有机功能材料 — 高分子材料
    - 电功能材料
    - 光功能材料
    - 力功能材料
    - 化学功能材料
  - 复合功能材料
    - 高分子系复合功能材料
    - 金属系复合功能材料
    - 陶瓷系复合功能材料

图 4-1-1　功能材料的分类

功能陶瓷可制成多种敏感元件，在传感器中应用广泛，如利用 NTC 陶瓷制成热敏传感器、压电陶瓷制成加速度传感器，湿敏陶瓷制成湿敏传感器等。

功能高分子材料具有成分的可设计性和质轻、加工方便等优点，作为敏感材料已获得多方面的应用。其中导电性高分子材料，如在石墨中添加氧化锑的层状化合物，其电导率可超过银。半导体型高分子材料，利用成分设计及控制掺杂改变物理性质，可制成与硅一样的半导体材料，能制作各种类型的传感器，如用高分子薄膜制作力敏、气敏等器件。

具有组成相或者晶粒结构的、长度在 100 nm 以下的材料叫作纳米材料。纳米技术的发展为传感器提供了优良的敏感材料，如纳米粒子、纳米管、纳米线、纳米薄膜等，也为传

感器制造提供了许多新方法，如研究对象向纳米尺度过渡的 MEMS 技术等。与传统传感器相比，纳米传感器尺寸减小、精度提高，一些性能大大改善。由于利用纳米技术制作，是站在原子尺度上，既丰富了传感器的理论，也有助于提升其制作水平，拓宽其应用领域。

基于不同的功能材料，可实现相同和不同的敏感或转换器件，并具有不同的功能和性能特点。因此，按测量目的选用传感器时应充分考虑与原理特性相关的功能材料及其特性、特点。

4.2 弹性效应和弹性元件

弹性材料在其弹性变形范围内能感受力、压力、力矩、震动等力作用产生的弹性变形，在外力消失后又可恢复原状。弹性元件利用此性能把各种形式的非电量转变成应变或位移量，然后再经一定的变换转化为电量。弹性元件的敏感性能是决定这类传感器性能的首要因素，因此，弹性元件在结构型传感器技术中占有极其重要的地位。其实在一些新型的微型传感器中也要利用弹性元件，如基于硅膜片的压阻器件利用硅膜片在压力作用下产生形变和应力，再由压阻器件感测。其他如薄膜电容压力传感器、光纤位移压力检测等也和弹性元件密切相关。因此，了解弹性元件的特性不论对传统的结构型传感器还是对新型的微传感器均十分重要。弹性元件的许多特性和计算公式可从工程力学的相关知识中获得。

4.2.1 弹性敏感元件的基本特性

没有弹性误差的理想弹性元件的输出-输入特性一般可表示为

$$y=a_0+a_1x+a_2x^2+a_3x^3+\cdots \tag{4-2-1}$$

式中，x 为输入量；y 为输出量；a_0、a_1、a_2、a_3…为与具体弹性元件有关的常数，a_0 为零位输出。

例如，若研究弹性元件的压力-位移特性，式（4-2-1）应改写为

$$P=a_1\omega+a_2\omega^2+a_3\omega^3+\cdots \tag{4-2-2}$$

式中，P 为输出压力；ω为弹性敏感元件中心的位移。式（4-2-2）说明压力-位移特性是非线性的，且当作用在弹性敏感元件上的压力方向改变时，它将产生大小相等、方向相反的位移量，此种对称特性很有实用价值。表 4-2-1 列出了几种常见的测压弹性元件的力学特性。

表 4-2-1　几种常见的测压弹性元件的力学特性

名　称	简　图	容许压力/弹性极限 $=\frac{p_m}{\sigma_\varepsilon}$	质量/面积 $=\frac{m}{A}$	变形量/应力	固有角频率 $=\omega_n$
直杆	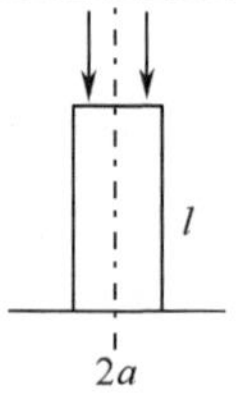	1	$\rho l/3$	$\frac{\Delta l}{\rho}=\frac{l}{E}$	$\sqrt{3}\frac{U_e}{l}$
活塞压杆	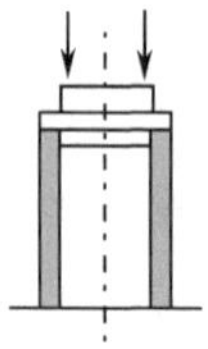	$\frac{A'}{A}=\frac{压杆截面积}{活塞端面积}$	$M/A+\rho l/3$	$\frac{\Delta l}{\rho}=\frac{l}{E}\frac{A}{A'}$	$\frac{1}{\sqrt{\frac{Ml}{A'E}+\frac{l^2}{3v_c^2}}}$
平膜板	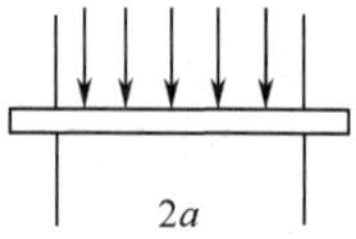	$\frac{4h^2}{3a^2}$	$0.618\rho h$	（中心绕度/ρ）$=\frac{3(1-\mu^2)a^4}{16h^3E}$	$a_N\frac{h}{a^2}\sqrt{\frac{1}{12(1-\mu^2)}}v_c$
张紧薄膜片	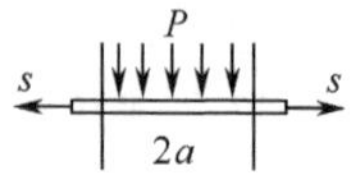	$\sqrt{\frac{\sigma_e-\frac{s}{h}}{E}}$	$0.692\rho h$	（中心绕度/ρ）$=\frac{a^2}{4h}$	$a_{Ns}\frac{1}{a}\sqrt{\frac{s}{EX}}v_s$
圆筒	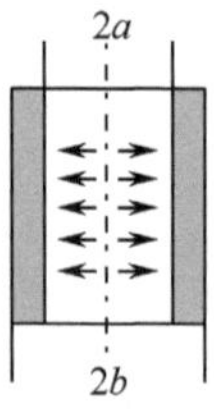	$\frac{b^2-a^2}{\sqrt{3b^4+a^4}}$		（外半径增量/p）$=\frac{2a^2b}{(b^2-a^2)E}$	$a_1\frac{1}{a}v_c$

1．弹性元件的特性

弹性敏感元件的基本特性一般用刚度和灵敏度来表征。

（1）刚度：用弹性元件受外力作用下变形大小的量度表示。刚度定义为弹性元件产生单位位移所需要的力（或压力）。如果用符号 k 表示刚度，则

$$k=\lim_{\Delta\omega\to\infty}\left(\frac{\Delta F}{\Delta\omega}\right)=\frac{\mathrm{d}F}{\mathrm{d}\omega} \tag{4-2-3}$$

表 4-2-2 列出了几种典型弹性元件的刚度系数。

（2）灵敏度：灵敏度是刚度的倒数，它是作用于弹性元件上单位力（或压力）所产生

的变形。如果用符号 K 代表灵敏度，则

$$K=\mathrm{d}\omega/\mathrm{d}F \tag{4-2-4}$$

由式（4-2-4）可知，若以相同的力作用在弹性元件上，变形大的灵敏度高，变形小的灵敏度低。与刚度相似，若弹性特性为线性，则灵敏度为常数；若弹性特性为非线性，则灵敏度为变数，即表示此弹性元件在弹性变形范围内，各种受力情况下的变形量不相等。

表 4-2-2　几种典型弹性元件的刚度系数

结　构	名　称	刚度系数	参数说明
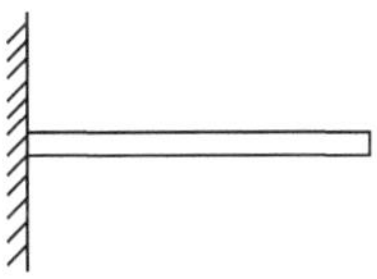	悬臂梁	$k=3EJl^{-3}$ $k=Ebh^{3}l^{-3}/4$（方形截面） $k=\pi ED^{4}l^{-3}/21.3$ （圆形截面）	E—弹性模量 J—惯性矩 b—截面宽度 h—截面长度 l—梁长
	简支梁	$k=48EJl^{-3}$ $k=4Ebh^{3}l^{-3}$（方形截面）	中央加载 b—截面宽度 h—截面长度
	两端固定架	$k=192EJl^{-3}$	中央加载
	拉杆	$k=Efl^{-1}$	F—截面积
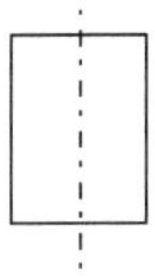	实心轴	$k=\dfrac{GI_{\mathrm{p}}}{l}$ $k=\dfrac{\pi GD^{4}}{32l}$	G—切变模量 I_{p}—极惯性矩 D—外径
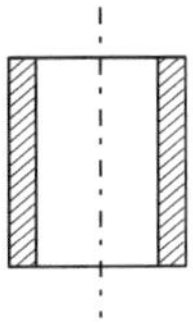	空心圆轴	$k=\dfrac{\pi G(D^{4}-d^{4})}{32l}$ $k=1.18\times10^{6}\times\dfrac{D^{4}-d^{4}}{l}$	d—内径 （钢制）

在传感器中，有时要应用 n 个弹性敏感元件串联或并联（如组合式弹性元件）。当弹性元件并联时，其灵敏度为

$$K=\left(\sum_{i=1}^{n}K_i^{-1}\right)^{-1} \tag{4-2-5}$$

当弹性元件串联时，其灵敏度为

$$K=\sum_{i=1}^{n}K_i^{-1} \tag{4-2-6}$$

式中，n 为并联或串联弹性敏感元件的数目；K_i 为第 i 个弹性敏感元件的灵敏度。

2. 非弹性效应

（1）弹性滞后。理想的弹性元件，在其弹性变形范围内，反复循环进行加载与卸载时，由于没有弹性误差存在，所以加载和卸载时的位移曲线应重合。但是，实际的弹性元件在加、卸载的正、反行程中，位移曲线不是重合的，而是构成一个弹性滞后环。当载荷增加或减小至同一数值时，位移量之间存在差值，此差值称为滞后。显然，在不同载荷下，对应的滞后也不相同，一般用相对滞后的百分数表示，即

$$\delta_{\mathrm{n}}=\frac{\Delta\omega_{\max}}{\omega_{\max}}\times 100\% \tag{4-2-7}$$

式中，$\Delta\omega_{\max}$ 为最大的位移滞后；$\omega_{\max}$ 为最大工作载荷下的总位移。

（2）弹性后效。弹性元件材料的变形不仅是载荷的函数，也是时间的函数。弹性滞后并不取决于时间，而弹性后效却是在载荷不变的情况下，弹性元件在一段时间内继续产生类似蠕动的位移。

弹性元件在工作中的滞后和后效现象是同时发生的，统称为弹性滞后误差，在设计和制作传感器时要力求减少。

（3）品质因数。理想弹性元件加载与卸载的位移曲线完全重合，这表明加载过程中外力做的功在卸载时完全释放出来，变形体不消耗任何能量。实际弹性元件的加载、卸载曲线构成一个弹性滞后环，环内面积相当于在一个加载卸载循环内变形体所消耗的能量。这种内能消耗导致弹性滞后误差，是材料的内阻尼引起的，对传感器十分不利。处于周期振动的弹性材料的内阻尼与品质因数成反比，因此，内阻尼种越小也即品质因数越高越好。

（4）温度对弹性元件的影响。弹性敏感元件周围环境的温度变化会引起材料的弹性模量 E 的改变，通常用弹性模量系数 β_{i} 来表示弹性模量随温度的变化情况。β_{i} 的含义是：当温度变化 1℃时，弹性模量的相对变化量，即

$$\beta_{\mathrm{i}}=\frac{1}{E_0}\frac{\Delta E}{\Delta t}=\frac{1}{E_0}\frac{E-E_0}{t-t_0} \tag{4-2-8}$$

或改写成

$$E=E_0[1+\beta_{\mathrm{i}}(t-t_0)]$$

式中，E 为温度为 t ℃时的弹性模量；E_0 为温度为 t_0 ℃时的弹性模量。

一般地，弹性合金的弹性模量随温度升高而降低，即 $dE/dt<0$，所以弹性模量系数 β_t 为负值，弹性模量随温度而变化，必使弹性敏感元件的刚度随之变化。这样在相同载荷的作用下，弹性元件的输出量也必然发生相应变化，由此引起的误差称为温度误差。

3．弹性元件的固有频率

弹性元件的固有频率（即其无阻尼自由振动频率）在很大程度上决定着弹性元件的动态特性，对于很多传感器，为减少动态误差应当提高传感器的固有频率。

由于弹性敏感元件往往是一个具有分布参数的系统，其固有频率的计算较复杂，因此在实际中，一般是通过理论计算与实验结合的方式决定。计算时只给出其最低固有频率（见表4-2-3），也可用式（4-2-9）估算。

$$f=\frac{1}{2\pi}\sqrt{\frac{k}{m_e}}\quad（单位：Hz）\tag{4-2-9}$$

式中，k 为弹性敏感元件的刚度；m_e 为弹性敏感元件的等效振动质量。

在实际中设计弹性敏感元件时，常遇到线性、灵敏度和固有频率之间相互矛盾、相互制约的问题。无限地提高某一指标往往会使传感器的其他性能指标严重恶化。另外，有些指标的提高（如固有频率）还受客观条件（如材料性能、结构形式等）的限制。

表4-2-3　典型弹性元件的最低的固有频率

结　构	名　称	最低固有频率	参数说明
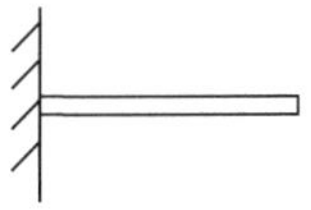	悬臂梁	$f_n=3.52\sqrt{\frac{Eh^2}{12\rho l^4}}$	E—弹性模量 h—断面高度 l—梁长 ρ—材料密度
	悬臂梁（带端重）	$f_n=\sqrt{k/(M+0.23m)}$	M—端重质量 m—梁质量 k—1～3
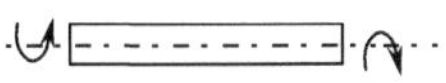	扭杆	$f_n=\sqrt{k/(I+I_s/3)}$	I—端重转动惯量 I_s—轴转动惯量
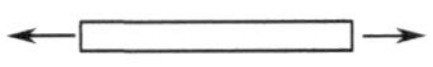	拉杆	$f_n=\frac{\pi}{2\rho}\sqrt{\frac{E}{\rho}}$	
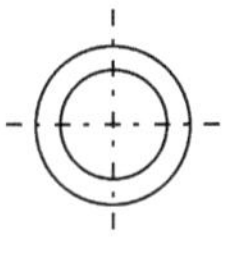	圆环	$f_n=\sqrt{\frac{E}{\rho R}}$	R—环的平均半径

4.2.2 弹性元件的材料性能及稳定性处理

1．弹性敏感元件的材料性能

衡量弹性敏感元件材料基本性能的主要指标是弹性储能（也称为应变能）。弹性储能是材料在开始塑性变形以前单位体积所吸收的最大弹性变形功，它表示弹性材料吸收变形而不发生永久变形的能力。

材料变形后储存于材料内的应变能 W 为

$$W = U = \frac{1}{2}\sigma_{\varepsilon}\varepsilon_{\varepsilon} = \frac{1}{2}\frac{\sigma_{\varepsilon}^2}{E} \tag{4-2-10}$$

式中，σ_{ε}为弹性极限；$\varepsilon_{\varepsilon}$为弹性极限对应的应变。比值$\sigma_{\varepsilon}/E$越高越好，欲提高$\sigma_{\varepsilon}/E$，可提高弹性极限$\sigma_{\varepsilon}$或降低弹性模量$E$，$E$值高则弹性变形范围大；$E$值低则在同样载荷下可获得较大的变形，这样的弹性元件既柔软又灵敏。但对如发条、起弹力作用的簧片及接插件中的弹性元件，则要求σ_{ε}、E均高，因此对弹性元件材料性能的要求应视使用场合而定。

（1）常用的弹性合金。常用的弹性合金有两大类，即高弹性合金和恒弹性合金。

在高弹性合金中，铜基材料应用最早，如黄铜、磷青铜、钛青铜和铍青铜等。铜基合金耐高温、耐腐蚀等性能差，往往不能适应传感器的进一步要求，因而在一些场合逐渐被铁基和镍基高弹性合金取代作为弹性元件，如 17-4PHCCr17N4Al，蒙乃尔合金（Ni：63～67，Al：2～4，Ti：0.05，其余为 Cu）等，它的弹性高、滞后小、耐腐蚀。

由于高弹性合金的弹性模量E随温度变化明显，从而带来温度误差，所以普遍采用恒弹性合金作为敏感元件。恒弹性合金在一定温度范围内，其弹性模量温度系数很小，一般为$\pm 10\times 10^{-6}$/℃。代表性的恒弹性合金有 Ni42CrTiAl，我国代号为 3J53，国外代号为 Ni-Span-C，它在−60～100 ℃的温度范围内基本上是恒定的。

更理想的高温恒弹性合金是铌基合金等，其特点是无磁性（磁导率均为10^{-6}数量级），恒弹性，弹性模量温度系数低，在 700 ℃时β仍可保持为（1～2）$\times 10^{-6}$/℃；弹性模量低，一般E值均在 1.1×10 Pa 左右，这对传感器的设计和使用很重要，由铌基合金制成的弹性敏感元件，在同样载荷下的弹性变形更大，有利于提高传感器灵敏度；强度高；耐腐蚀性好。

非金属弹性材料有陶瓷和半导体硅等。陶瓷在破碎以前，其应力-应变关系始终保持线性，最适于制作高温工作下的弹性元件。

作为敏感元件的弹性元件对材料一般有如下要求：强度高，弹性极限高，高的冲击韧性和疲劳极限，弹性模量温度系数小而稳定，热处理后有均匀稳定的阻值且各向同性，热膨胀系数小，机械加工和热处理性能良好，抗氧化、抗腐蚀性能高，弹性滞后小。

弹性元件材料很难同时满足上述所有要求，只能根据传感器的使用条件综合考虑。

（2）若干特殊合金材料。

① 铝、铜及钛合金。随着传感器的结构形式、工作介质及量程不同，传感器弹性元件材料还可选用铝合金（弹性模量为钢的1/3，但弹性模量的温度系数为钢的2倍，制作的传感器滞后较大）、铜合金及钛合金（弹性模量约为钢的一半，但弹性模量的温度系数大）等。

在某些特殊条件下，还选用具有高内耗特性的锰铜，如62Mn38Cu、80Mn28Cu等。在循环应力作用下，锰铜能吸收谐振能量而有效减小噪声及内部应力，有利于较高动态响应。

② 铌基合金。铌基舍金主要是Nb-Ti及Nb-Zr合金，具有无磁、耐蚀、弹性模量低、弹性限高及滞后小等一系列优点，已在一些特殊性能要求的传感器中得到应用。铌基合金的弹性在室温下稍优于较低模量的铍青铜，高温则优于铍青铜，尤其是阻尼波形，铌基合金在20～250 ℃内无变化。铍青铜在高于180 ℃时产生明显畸变。此外，与常用的恒弹性合金（如3J35）相比，铌基合金的使用温度也较高（3J35：−55～+80 ℃；铌基合金：−55～+150 ℃）。由于其弹性模量较3J35低（3J35：1.98×103 Pa），故输出灵敏度高。

近年来在一些场合也使用非金属材料（如高纯熔融石英玻璃或陶瓷材料）作为弹性元件材料，与金属材料相比，这类材类的优点是弹性性能好、滞后小，在小位移时其耐疲劳性能、长期稳定性及耐腐蚀性均较好，在一些要求高精度的传感器中有时被选作弹性敏感元件。

2．弹性元件材料的稳定性处理

为确保传感器的精度和性能的长期稳定性，消除弹性元件在机械加工和热处理中产生的残余内应力十分重要。消除弹性元件残余内应力的方法很多，常用的方式有：时效处理，或加温时效处理以加速稳定的过程；退火；反复加载和机械振动；冷处理。

4.3 电阻应变效应和压阻效应及器件

4.3.1 电阻应变原理和电阻应变片

电阻应变是力作用的结果，相关概念除应变外，主要还有应力、弹性模量和泊松比。

应力定义为：力/受力面积。如图4-3-1（a）所示，在物体上施加的应力为$+F/A$，正号表示使物体拉长的拉应力。应力作用的结果是使物体产生应变，应变定义为：长度变化/未加应力时的原长。所以，图4-3-1（a）中应变为$\varepsilon=+\Delta l/l$（拉伸），图3-4-1（b）中应变为$\varepsilon=-\Delta l/l$（压缩）。

这两种情况都是纵向应变，应变与应力成线性关系，直线的斜率称为物体的弹性模量，即

$$E=应力/应变 \tag{4-3-1}$$

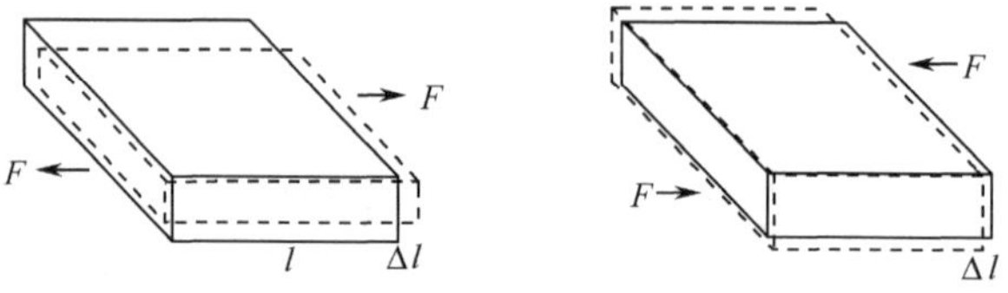

(a) 拉伸效应　　(b) 压缩效应

图 4-3-1　应力与应变

对于线性拉伸或压缩，弹性模量称为杨氏模量（记为 E）；对于剪应力，相关的弹性模量称为切变模量，记为 G。

应变片是一种金属材料或半导体材料制成的元件，当元件受外力作用产生应变时，其电阻值发生变化。设元件长度为 l，横向面积为 A，电阻率为ρ，则其电阻为

$$R=\rho l/A \tag{4-3-2}$$

通常当元件有应变时，其ρ、l、A 也发生变化，因此电阻变化为

$$\Delta R=\left(\frac{\partial R}{\partial l}\right)\Delta l+\left(\frac{\partial R}{\partial A}\right)\Delta A+\left(\frac{\partial R}{\partial \rho}\right)\Delta\rho \tag{4-3-3}$$

即 $\Delta R=\frac{\rho}{A}\Delta l-\frac{\rho l}{A^2}\Delta A+\frac{l}{A}\Delta\rho$。两边除以 $R=\rho l/A$，得

$$\frac{\Delta R}{R}=\frac{\Delta l}{l}-\frac{\Delta A}{A}+\frac{\Delta\rho}{\rho} \tag{4-3-4}$$

比值$\Delta l/l$ 是元件的纵向应变ε_L，横截面积 $A=Wt$，其中 W 为宽度，t 为厚度，故有

$$\Delta A/A=\Delta W/W+\Delta t/t=2\varepsilon_T$$

式中，ε_T 是元件的横向应变。根据材料力学原理有$\varepsilon_T=-\mu\varepsilon_L$，其中，$\mu$称为泊松比，其值由材料决定。根据上述公式可得到

$$\Delta R/R=\varepsilon_L-2\varepsilon_T+\Delta\rho/\rho=(1+2\mu)\varepsilon_L+\Delta\rho/\rho \tag{4-3-5}$$

定义应变片的灵敏系数 K 为电阻的相对变化与应变之比，即

$$K=(\Delta R/R_0)/\varepsilon_L \tag{4-3-6}$$

式中，R_0 是无应变时应变片的电阻。因此，金属材料的电阻相对变化与其线应变成正比，即

$$\Delta R/R_0 = K\varepsilon_L \quad (4\text{-}3\text{-}7)$$

材料受力后其电阻率的相对变化与其体积变化之间的关系为

$$d\rho/\rho=CdV/V$$

式中，V 是体积，$V=lA$；C 是由材料和加工方式决定的常数。

由 $V=lA$ 可得

$$d\rho/\rho=CdV/V=C(dl/l+dA/A)=C(\varepsilon_L+2\varepsilon_T)=C(1-2\mu)\varepsilon_L \quad (4\text{-}3\text{-}8)$$

由式（4-3-8）和式（4-3-5）、式（4-3-6）可得应变片的电阻变化为

$$\Delta R/R_0=(1+2\mu)\varepsilon_L+C(1-2\mu)\varepsilon_L= K\varepsilon_L \quad (4\text{-}3\text{-}9)$$

金属材料的灵敏系数 K 的值主要由上式的前半部分（$1+2\mu$）决定。可知，金属的电阻应变效应主要由结构尺寸变化造成。

金属电阻应变片的结构如图 4-3-2 所示，主要由保护片、敏感栅、基底及引线四部分组成。敏感栅为金属丝或金属箔，粘贴在绝缘基底上，上有一层绝缘保护片，从敏感栅的两个端点引线。由于敏感栅存在横向效应等影响，应变片的灵敏系数小于敏感栅材料的灵敏系数。通常，应变片的灵敏系数通过实验由给定应变下的电阻值变化确定，即 $K=\varepsilon(\Delta R/R)$。

半导体应变片主要基于硅半导体的压阻效应。半导体应变片直接用单晶锗或单晶硅等半导体材料进行切割、研磨、切条、接引线、粘贴等工艺制作完成，其结构如图 4-3-3 所示。

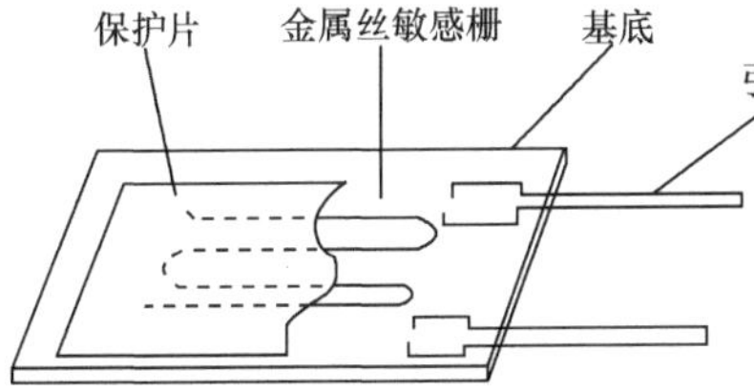

图 4-3-2　金属应变片的基本结构

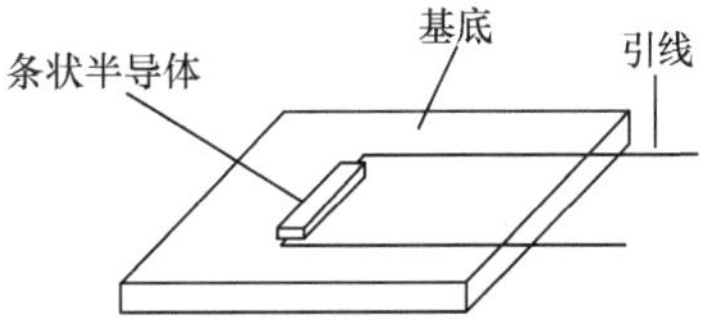

图 4-3-3　半导体应变片的基本结构

与金属电阻应变片相比，半导体应变片的灵敏度系数很高，但它在温度稳定性及重复性方面则不如金属电阻应变片。

4.3.2　应变片和应变式传感器的特点及应用

1．应变片的应用

应变片主要用于结构的应力和应变分析、用作不同物理量传感器的转换元件。

在第一种应用中，将应变片贴于待测构件的测量部位，直接测量构件的应力或应变，用于研究机械、建筑、桥梁等结构件的受力、变形情况，为构件结构的设计、应力校验及破损预测等提供可靠数据。

在第二种应用中，应变片贴于弹性元件上，弹性元件为敏感元件，应变片为转换元件，两者有效结合成为实现对力/压力以及与其成确定关系的位移、加速度等物理量测量的传感器。

对应变电阻阻值变化量的测量常用电桥法，为提高灵敏度、克服非线性，尽可能采用双应变片组成差动半桥，或四应变片组成差动全桥电路。

2. 应变式传感器的主要特点

（1）测量范围广，一般可测量的应变为几个到数千个 μ（即 10^{-6}），应变力传感器可测量 10^{-2}～10^{7} N 的力，应变式压力传感器可测量 10^{-1}～10^{6} Pa 的压力。

（2）线性度好，精度较高，测量误差可小于 0.1%或更小。

（3）频率响应好，一般应变式传感器的响应时间为 10^{-7} s，半导体应变式的可达 10^{-11} s，可进行 10^{5} Hz 级的动态测量，但应变片实际反映的是敏感栅长度内所受应变的平均值。

（4）性能稳定，工作可靠，性价比高。

（5）能在恶劣环境、大加速度和振动条件下工作，只要进行适当的传感器结构设计及选用合适的材料，可在高温或低温、强腐蚀及核辐射条件下可靠工作。

（6）必须考虑应变片横向效应引起的横向灵敏度与温度影响的补偿问题。

另外，应变片的粘贴非常关键，它涉及被测表面的变形能否正确传递给应变片。粘贴所用的黏合剂必须与应变片材料和试件材料相适应，并要遵循正确的粘贴工艺。

4.3.3 压阻效应

在硅中分别掺杂其他两类微量杂质可相应地形成 P 型半导体和 N 型半导体。这样可制出以空穴或电子为多数载流子导电的非本征半导体。硅本身具有钻石结晶构造，若在特定方向轴上施加力（压力或拉力），晶体内部会产生畸变。这一畸变又导致晶体内部能级构造的变化，并进一步导致载流子相对能量的变化，从而使得晶体固有电阻率变化。这种半导体晶体承受机械力后其电阻值增加或减小的现象称为压阻效应。

压阻式传感器是根据半导体材料的压阻效应，在半导体材料的基片上经扩散电阻而制成的。其基片可直接作为测量传感元件，扩散电阻在基片内接成电桥形式。当基片受外力作用而产生形变时，各电阻值将发生变化，使电桥产生相应的不平衡输出。

用于压阻式传感器的基片（或膜片）材料主要为硅和锗，以硅片敏感材料制成的硅压阻传感器受到人们的重视，尤其是以测压力和速度的固态压阻式传感器应用最为普遍。

1. 压阻系数

由半导体电阻理论可知电阻率 ρ 的相对变化为

$$\frac{\mathrm{d}\rho}{\rho}=\pi_{\mathrm{L}}\sigma=\pi_{\mathrm{L}}E\varepsilon \qquad (4\text{-}3\text{-}10)$$

式中，π_{L} 为沿晶向 L 的压阻系数（$\mathrm{m^2/N}$）；σ 为沿晶向 L 的应力（$\mathrm{N/m^2}$）；E 为半导体材料的弹性模量（$\mathrm{N/m^2}$）；ε 为轴向应变。

为了求出沿任意晶向的压阻系数 π_{L}，必须了解沿晶轴坐标系内各晶向的压阻系数。沿晶轴坐标系各晶向的压阻系数用 π_{ij} 表示，其中 i=1，2，…，6，用 1、2、3 分别表示沿 x、y、z 坐标方向（晶向）的电阻相对变化，用 4、5、6 分别表示垂直 x、y、z 坐标方向（剪切方向）上的电阻相对变化；又 j=1，2，…，6，用 1、2、3 分别表示沿 x、y、z 方向的拉压应力，用 4、5、6 分别表示垂直 x、y、z 方向的剪切应力。上述情况用压阻系数矩阵表示为

$$\begin{bmatrix} \pi_{11} & \pi_{12} & \pi_{13} & \pi_{14} & \pi_{15} & \pi_{16} \\ \pi_{21} & \pi_{22} & \pi_{23} & \pi_{24} & \pi_{25} & \pi_{26} \\ \vdots & \vdots & \vdots & \vdots & \vdots & \vdots \\ \pi_{61} & \pi_{62} & \pi_{63} & \pi_{64} & \pi_{65} & \pi_{66} \end{bmatrix} \qquad (4\text{-}3\text{-}11)$$

去掉不产生压阻效应的情况，又根据纵向压阻系数相等、横向压阻系数相等、剪切压阻系数相等情况，可得到压阻系数的简化矩阵。

$$\begin{bmatrix} \pi_{11} & \pi_{12} & \pi_{12} & 0 & 0 & 0 \\ \pi_{12} & \pi_{11} & \pi_{12} & 0 & 0 & 0 \\ \pi_{12} & \pi_{12} & \pi_{11} & 0 & 0 & 0 \\ 0 & 0 & 0 & \pi_{44} & 0 & 0 \\ 0 & 0 & 0 & 0 & \pi_{44} & 0 \\ 0 & 0 & 0 & 0 & 0 & \pi_{44} \end{bmatrix} \qquad (4\text{-}3\text{-}12)$$

由简化矩阵可看出，独立的压阻系数分量仅有 π_{11}、π_{12}、π_{44}。π_{11} 称为纵向压阻系数，π_{12} 称为横向压阻系数，π_{44} 称为剪切压阻系数。π_{11}、π_{12}、π_{44} 是相对于 3 个晶向的 3 个独立分量，又称为基本压阻系数分量。

在已知基本压阻系数分量情况下，可确定任意方向的压阻系数，如图 4-3-4 所示。设硅单晶体的晶向与坐标系 1-2-3 重合。P 为单晶硅的任意方向，以此方向为纵向，若有应力沿此方向作用称为纵向应力，以 σ_2 表示。现在求反映纵向应力 σ_2 在 P 方向上引起电阻率变化

（当电流 I 通过 P 方向时）的纵向压阻系数分量 π_2，应将各压阻系数分量全部投影到 P 方向上。取一新坐标系 1′-2′-3′，使 1'轴与 P 方向重合，而矢量 $\overrightarrow{OP}$ 在坐标系 1-2-3 中的方向余弦为 l_2，m_2，n_2，则投影结果为

$$\pi_z = \pi_{11} - 2(\pi_{11} - \pi_{12} - \pi_{44})(l_1^2 m_1^2 + m_1^2 n_1^2 + n_1^2 l_1^2) \tag{4-3-13}$$

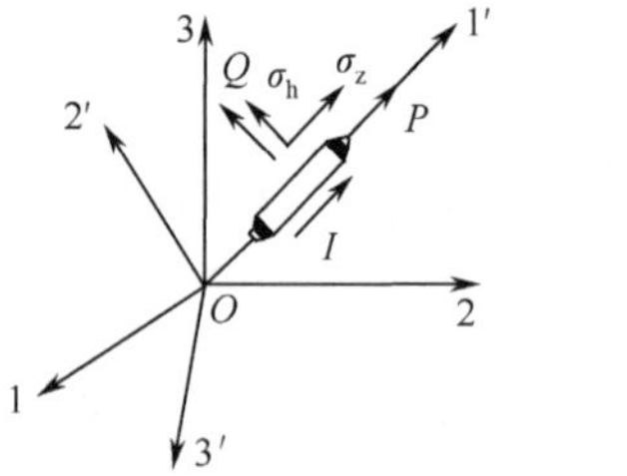

图 4-3-4　求任意方向上的压阻系数

式（4-3-13）是计算晶体任意方向纵向压阻系数分量计算公式。

图 4-3-4 中的 Q 方向与 P 方向垂直，称 Q 方向为横向。若有应力沿 Q 方向作用在单晶硅上，称为横向应力 σ_n。要求得反映横向应力 σ_n 的横向压阻系数 π_h，也可利用上述投影方法，取 Q 方向与 2′轴方向一致。设矢量 $\overrightarrow{OQ}$ 的方向余弦为 l_2、m_2、n_2，则投影结果为

$$\pi_h = \pi_{12} - 2(\pi_{11} - \pi_{12} - \pi_{44})(l_1^2 m_2^2 + m_1^2 m_2^2 + n_1^2 n_2^2) \tag{4-3-14}$$

式（4-3-14）是计算晶体任意方向横向压阻系数分量计算公式。

本征半导体的压阻效应可用其承受机械力之后，晶格间隔改变而引起其禁带宽度变化导致电阻变化来解释。根据欧姆定律，导体或半导体材料的电阻 R 可表示为

$$R=\rho L/A$$

等式两边微分后得

$$\mathrm{d}R/R=\mathrm{d}\rho/\rho+(1+2\mu)\mathrm{d}L/L$$

若令 $\mathrm{d}\rho/\rho=\pi\sigma$，则上式可写成

$$\mathrm{d}R/R=\pi\sigma+ (1+2\mu)\mathrm{d}L/L=(\pi E+1+2\mu)\varepsilon=K\varepsilon \tag{4-3-15}$$

金属的 πE 很小，可忽略不计，泊松系数 μ=0.25～0.5，故金属的灵敏度数 K_m=1.5～2。半导体材料的 πE 比 1+2μ 大许多，1+2μ 可忽略不计，而压阻系数 π=（40～80）×10^{-11} m^2/N，弹性模量 E=1.67×10^{-11} Pa，因此，半导体材料的灵敏系数是金属的 50～100 倍，数值大小为 $K_s=\pi E$≈50～100。

由于 πE>>1+2μ，式（4-3-15）可改写为

$$\Delta R/R=\Delta\rho/\rho=\pi\sigma \tag{4-3-16}$$

式中，π 为压阻系数；σ 为应力；ρ 为半导体材料的电阻率。

式（4-3-16）说明，半导体材料的电阻变化率 $\Delta R/R$ 主要由 $\Delta\rho/\rho$ 引起，即由压阻效应

产生。在弹性变形限度内，硅的压阻效应可逆，除去应力时硅的电阻可恢复原值。

2. 影响压阻系数的因素

影响压阻系数大小的因素主要是半导体材料中扩散杂质的表面浓度和晶向，晶向对压阻系数的影响如前所述。

扩散杂质表面浓度 N_s 增加时，压阻系数会减小。压阻系数与扩散杂质表面浓度 N_s 的关系如图 4-3-5 所示。

表面杂质浓度低时，温度增加，压阻系数下降快；表面杂质浓度高时，温度增加，压阻系数下降慢。为降低温度影响，扩散杂质的表面浓度高一些较好，但降低了压阻系数。N 型硅的电阻不能选得太低，否则扩散层 P 型硅与衬底 N 型硅之间 PN 结的击穿电压低，使绝缘电阻低。

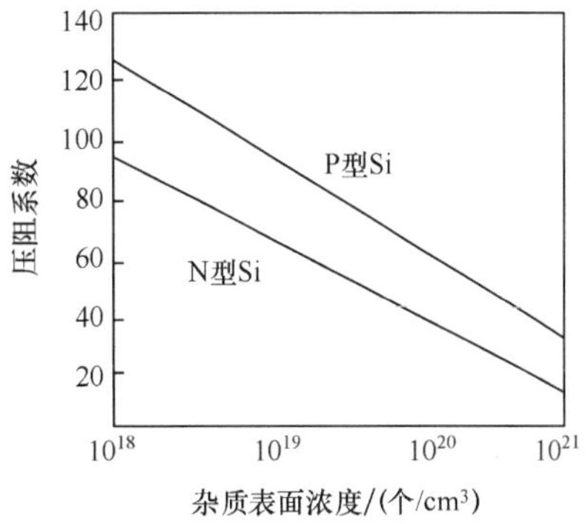

图 4-3-5　压阻系数与杂质表面浓度 N_s 的关系

3. 固态压阻器件

（1）固态压阻器件的原理、结构。利用固体扩散技术，把 P 型杂质掺杂到 N 型硅底层上，在硅底层上形成一薄层导电 P 型层，安装引线接点，就制成了扩散型半导体应变片。如图 4-3-6 所示，在圆形硅膜片上扩散得到 4 个 P 型电阻，构成惠斯通电桥的四臂，这就是通常的固态压阻器件。

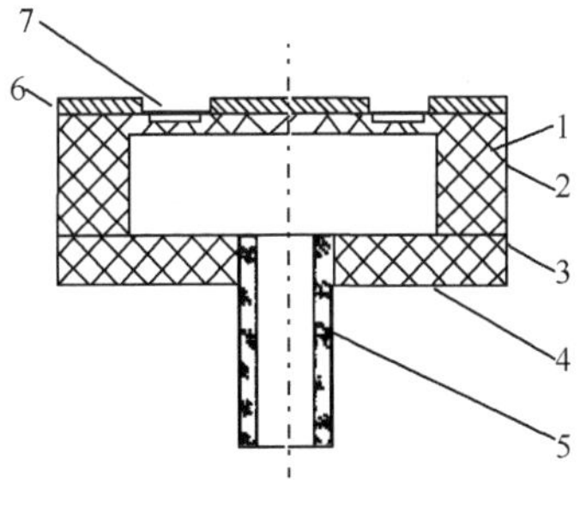

1—N-Si 膜片　2—P-Si 导电层　3—黏结剂　4—硅底座　5—引压管　6—SiO_2 保护膜　7—引线

图 4-3-6　固态压阻器件

当硅单晶在任意晶向受到来自纵向和横向的应力作用时，电阻值的变化为

$$\Delta R/R=\pi_l\sigma_l+\pi_t\sigma_t \tag{4-3-17}$$

式中，σ_l、σ_t 分别是纵向、横向应力；π_l、π_t 分别是纵向、横向压阻系数。

在硅膜片上，根据 P 型电阻的扩散方向特点，可分为径向电阻和切向电阻。两种情况下的电阻相对变化可分别表示为

$$(\Delta R/R)_r=\pi_l\sigma_r+\pi_t\sigma_t,\qquad (\Delta R/R)_t=\pi_l\sigma_t+\pi_t\sigma_r$$

式中，σ_r、σ_t 分别为径向应力和切向应力。

（2）测量桥路及其温度补偿。压阻器件的阻值和灵敏度系数受温度影响较大，温度影响会产生零位温度漂移和灵敏度系数温度漂移，另外也明显地受掺杂浓度、供桥电源和桥路等内部及外部因素影响。

零位温度漂移即电桥的零位电压随温度的变化，是由扩散电阻的阻值随温度变化引起的。扩散电阻的温度系数随薄层电阻的不同而不同，薄层电阻小，即表面杂质浓度高，温度系数小；薄层电阻大时，即表面杂质浓度低，温度系数大。当温度系数大时，温度变化使扩散电阻变化，从而引起传感器的零位漂移。如果将电桥 4 个桥臂的扩散电阻做得大小差不多，温度系数也一样，电桥的零位温漂就很小，但工艺上不易实现。因此，对零位温漂一般还是采用在桥臂上串、并联电阻的方法进行补偿。

压阻器件是以 4 个扩散电阻组成电桥，以每伏供桥电压下的最大输出为器件的灵敏度系数。灵敏度系数的温度漂移因压阻系数随温度变化引起，温度升高压阻系数变小，温度降低压阻系数变大，所以压阻器件的灵敏度温度系数为负值。如果扩散电阻的表面杂质浓度高一些，压阻系数随温度的变化就小一些，压阻器件的灵敏度温度系数也小一些。

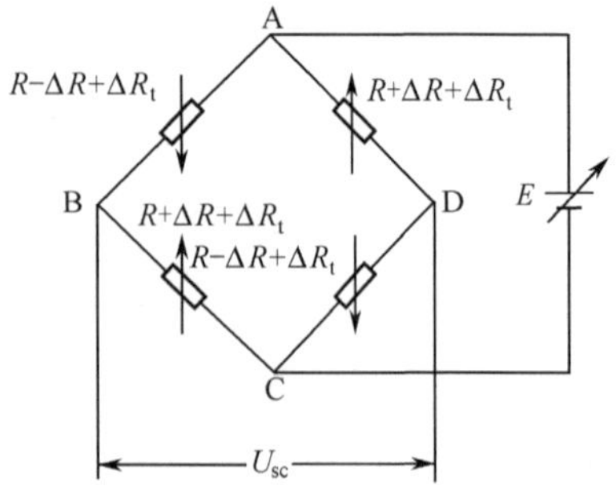

图 4-3-7　恒流源供电电桥

为减小温度影响，压阻器件一般采用恒流源供电，如图 4-3-7 所示。假如电桥中 2 个支路的电阻相等，即 $R_{ABC}=R_{ADC}=2(R+\Delta R_t)$，则有

$$I_{ABC}=I_{ADC}=I/2$$

因此，电桥的输出可表示为

$$U_{sc}=U_{BD}=I[(R+\Delta R+\Delta R_t)-(R-\Delta R+\Delta R_t)]/2=I\Delta R \quad (4\text{-}3\text{-}18)$$

由式（4-3-18）可知，电桥输出正比于电阻变化，正比于恒流源电流，与温度无关。但压阻器件受温度影响产生零点温度漂移和灵敏度温度漂移，因此必须进行温度补偿。

① 灵敏度温度补偿。一般采用在电源回路中串联二极管的方法补偿灵敏度温漂。温度升高时，若灵敏度降低，这时提高电桥的电源电压，增大电桥输出可达到补偿目的，反之亦然。由于二极管 PN 结温度每升高 1 ℃，正向压降减小 1.9～2.4 mV，将一定数量

的二极管串联在电桥的电源回路中，如图 4-3-8 所示，电源使用恒压源，二极管的正向压降随温度升高而减小，电桥桥压增加。只要二极管数量适当，就可达到补偿目的。

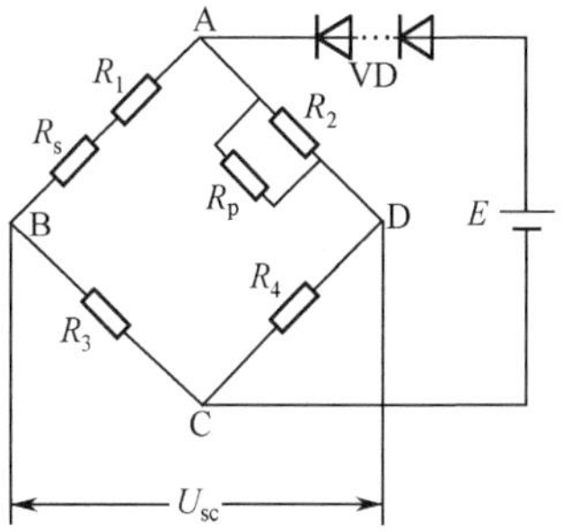

图 4-3-8　温度漂移补偿电路

根据电桥输出，有

$$\Delta U_{sc} = U'_{sc} - U''_{sc} = \Delta E(\Delta R / R) \qquad (4\text{-}3\text{-}19)$$

式中，U'_{sc} 为低温时传感器满量程输出；U''_{sc} 为高温时传感器满量程输出。

当 n 个二极管串联时，则有

$$n\theta\Delta T=\Delta E$$

式中，θ为二极管 PN 结正向压降的温度系数（一般为−2 mV/℃）；ΔT 为温度变化范围；n 为二极管的个数。根据上式推导，可得 $n=\Delta E/(\theta\Delta T)$。

使用这种方法进行温度补偿，还要考虑到二极管正向压降的阈值，一般，硅二极管为 0.7 V，锗二极管为 0.3 V。

② 零点温度补偿。零点温漂是由于桥中 4 个扩散电阻的阻值及其温度系数不一致所引起的。一般采用串、并联电阻法补偿，如图 4-3-8 所示。R_p、R_s 分别为并联和串联电阻，并联电阻主要起补偿作用，串联电阻主要起调零作用。由于零位漂移，引起 B、D 两点电位不同而产生电位差。解决办法是在 R_2 上并联一个负温度系数、较大阻值的电阻 R_p，以约束 R_2 的变化，因此温度变化导致的 B、D 两点电位差被减小，实现了补偿。令 R_1'、R_2'、R_3'、R_4' 为桥臂电阻在低温下的阻值；R_1''、R_2''、R_3''、R_4'' 为桥臂电阻在高温下的阻值；R'_s、R'_p 及 R''_s、R''_p 分别为 R_s、R_p 在低温与高温下的数值，有

$$\frac{R_1'+R_s'}{R_3'}=\frac{\dfrac{R_2'R_p'}{R_2'+R_p'}}{R_4'}, \qquad \frac{R_1''+R_s''}{R_3''}=\frac{\dfrac{R_2''R_p''}{R_2''+R_p''}}{R_4''}$$

已知 R_s、R_p 的温度系数为α、β，则有

$$R_s''=R_s'(1+\alpha\Delta T), \qquad R_p''=R_p'(1+\beta\Delta T) \qquad (4\text{-}3\text{-}20)$$

根据上述等式，可计算 R_s'、R_p' 及 R_s''、R_p'' 的值，可选择起温度补偿作用的电阻。

4.4 压电效应与器件

4.4.1 压电效应与材料

1. 压电效应

外力沿压电材料特定晶向作用使晶体产生形变，在相对的两个晶面上将产生电荷，去掉外力后压电材料又重回不带电状态，这种由外力作用产生电极化的现象称为正压电效应。压电效应是可逆的，即在压电材料特定晶向施加电场时，不仅有极化现象发生，还将产生机械形变；去掉电场，应力和形变也随之消失，这种现象称为逆压电效应。

当外力 F 沿特定方向作用于压电晶体时，在相对的晶面上产生电荷 Q，其关系可表示为

$$Q=dF \tag{4-4-1}$$

式中，d 为压电常数，它描述压电效应的强弱程度。当需要考虑特定的外力作用方向（晶向）和特定的产生电荷的晶面（垂直晶向的表面）之间的关系时，用式（4-4-2）表示。

$$q_i=\sum_{j=1}^{6} d_{ij}\sigma_j \tag{4-4-2}$$

式中，q_i 为电荷密度；σ_j 为应力；d_{ij} 为压电常数；下角标 i=1，2，3 表示晶体的极化方向；下角标 j=1，2，…，6，其中 1、2、3 分别表示为沿 x 轴、y 轴、z 轴方向作用的单向（拉或压）应力，4、5、6 分别表示作用在垂直于 x 轴、y 轴、z 轴方向上的剪切应力，如图 4-4-1 所示。

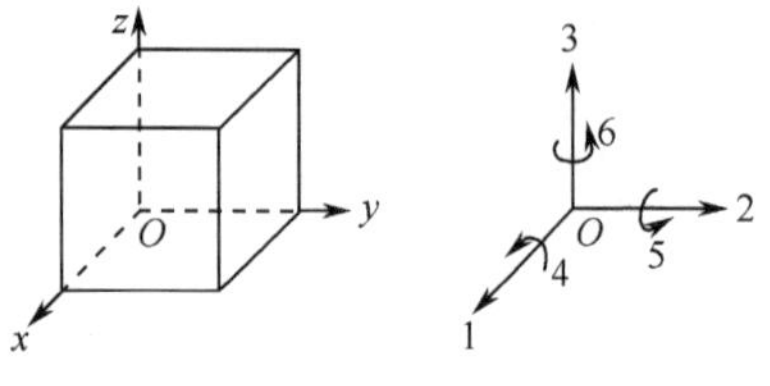

图 4-4-1 压电效应的坐标表示

式（4-4-2）反映了 3 个极化方向上的电荷密度 q_i，与 6 个独立的应力分量 σ_j 之间的关系，而压电常数 d_{ij} 反映不同压电材料在不同应力分量作用下，沿不同极化方向的极化反应能力。压电晶体对称性越低（各相异性越明显），压电常数越大；压电晶体对称性越高，压电常数越小。可以把 3 个极化方向和 6 个独立的应力分量表示成 3 行 6 列矩阵，它反映压电晶体的弹性应变与其压电性能的耦合关系。压电常数的单位是 C/N，矩阵表达式为

$$\begin{bmatrix} q_1 \\ q_2 \\ q_3 \end{bmatrix} = \begin{bmatrix} d_{11} & d_{12} & d_{13} & d_{14} & d_{15} & d_{16} \\ d_{21} & d_{22} & d_{23} & d_{24} & d_{25} & d_{26} \\ d_{31} & d_{32} & d_{33} & d_{34} & d_{35} & d_{36} \end{bmatrix} \begin{bmatrix} \sigma_1 \\ \sigma_2 \\ \sigma_3 \\ \sigma_4 \\ \sigma_5 \\ \sigma_6 \end{bmatrix} \tag{4-4-3}$$

式中，q_1、q_2、q_3分别为垂直于x、y、z方向的晶面上的电荷密度；σ_1、σ_2、σ_3分别为作用在x、y、z方向上的应力，规定拉应力为正，压应力为负；σ_4、σ_5、σ_6分别为剪切应力，规定按右手螺旋定则确定，又可写成τ_{23}、τ_{31}、τ_{12}。

只有产生压电效应的电压常数才不为零。例如，石英晶体有 5 个不为零的压电常：d_{11}、d_{12}、d_{13}、d_{14}、d_{15}，其中独立的只有 2 个：d_{11}、d_{14}；压电陶瓷有 5 个不为零的压电常数：d_{33}、d_{31}、d_{32}、d_{15}、d_{24}，其中独立的只有 3 个：d_{33}、d_{31}、d_{15}。

与逆压电效应类似的还有一种电致伸缩效应。逆压电效应的电场施加在特定晶向，其应变大小与电场强度成正比；而电致伸缩效应作用在电介质上，与电场方向无关，其应变大小与电场强度的平方成正比。相对逆压电效应而言，电致伸缩效应产生的应变较小。

2. 压电材料

石英晶体是最早被应用的压电材料，现在仍然是最重要的、用量最大的振荡器、谐振器和窄带滤波器等元件的压电材料。随着新型压电传感器的应用，继石英之后又出现了许多人造晶体，但由于这些单晶体自身存在的缺陷，逐渐被后来研制的人造压电石英和压电陶瓷所取代。现在的压电传感器大多使用压电陶瓷，其机理与单晶体不同，利用的是多晶压电陶瓷的电致伸缩效应，目前常用的是锆钛酸铅（PZT）。另外，铌酸锂和钽酸锂被广泛应用于声表面波（SAW）器件，氧化锌和氮化铝等压电薄膜是微波器件的关键性材料。

4.4.2 压电元件的等效电路和测量电路

在压电材料垂直于极化方向的表面镀上金属电极、接上引线即可构成压电元件。压电元件是压电式传感器的敏感元件，当它受外力作用时会在垂直于电轴或垂直于极化方向的表面产生电荷，在一个表面上聚集正电荷，在另一个表面上聚集等量的负电荷，因此，压电传感器可视为一个静电荷发生器。

显然，当压电元件两个表面聚集电荷时，它就是一个电容器，其电容量为

$$C_a=\varepsilon s/t=\varepsilon_r\varepsilon_0 s/t \tag{4-4-4}$$

式中，s为电容器极板面积（m^2）；t为压电元件厚度（m）；ε为压电材料的介电常数（F/m）；

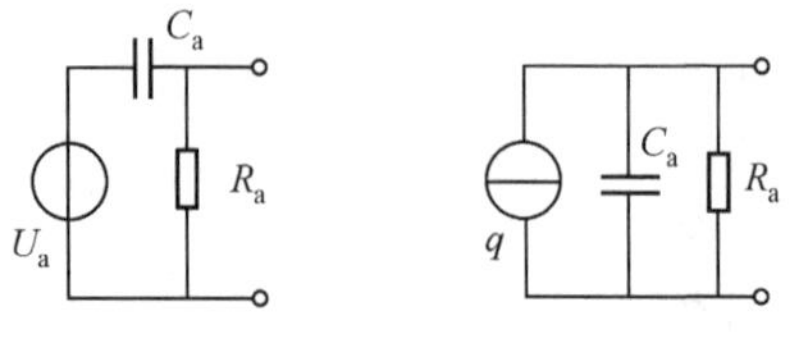

图 4-4-2　压电元件的等效电路

ε_r 为压电材料的相对介电常数；ε_0 为真空中的介电常数，ε_0=8.85×10^{-12} F/m；C_a 为压电传感器的内部电容（F）。因此，压电元件可等效为一个电荷源与一个电容并联的等效电路，如图 4-4-2（b）所示。

由于电容器上的电压 u_a（开路电压）、电荷 q 与电容 C_a 三者存在以下关系。

$$u_a=q/C_a$$

因此，压电元件也可等效为一个电压源与一个电容串联的等效电路，考虑压电传感器的泄漏电阻时，电路如图 4-4-2（a）所示。

由于压电元件的输出信号非常微弱，一般需将电信号进行放大才能实现测量。但压电元件的内阻抗相当高，难以直接使用一般放大器放大。除阻抗匹配问题外，连接电缆长度、噪声都是突出问题。一般都需前置放大，这种电压前置放大器也称为阻抗变换器。

根据压电传感器的工作原理和压电元件的等效电路，压电元件的输出可以是电压信号，此时视作电压发生器；也可以是电荷信号，可视为电荷发生器。因此，前置放大器有两种形式：一种是电压放大器，其输出电压与输入电压（即压电元件输出电压）成正比；另一种是电荷放大器，其输出电压与输入电荷成正比。两种放大器的主要区别是：使用电压放大器时，整个测量系统对电缆电容变化非常敏感，尤其是连接电缆长度的变化更为明显；使用电荷放大器时，电缆长度变化的影响可忽略。图 4-4-3 所示为电压前置放大器等效电路，图 4-4-4 所示为压电传感器与电荷放大器连接的等效电路。

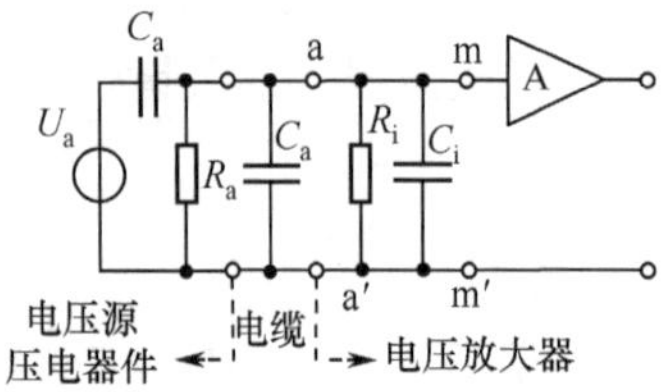

图 4-4-3　电压前置放大器等效电路

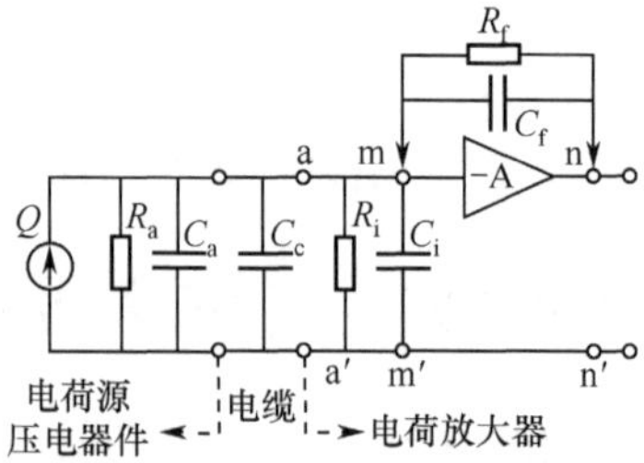

图 4-4-4　压电传感器与电荷放大器连接的等效电路

对于图 4-4-3 所示电压放大器，将 mm′左边部分电路等效化简，可得该回路的输出电压为

$$\dot{U}_{\text{in}}=\dot{U}_{\text{a}}\frac{R//Z_{C'}}{Z_{C_a}+R//Z_{C'}}=\dot{U}_{\text{a}}\frac{\text{j}\omega RC_{\text{a}}}{1+\text{j}\omega R(C_{\text{a}}+C')} \tag{4-4-5}$$

式中，$Z=R/(1+\text{j}\omega RC')$；$R$ 为测量回路等效电阻，$R=R_aR_i/(R_a+R_i)$；C 为测量回路等效电容，

$C=C_a+C'=C_a+C_i+C_c$；ω为压电转换角频率。

设压电晶体有沿电轴作用的交变力 $F=F_m\sin\omega t$，则 $U_a=q/C_a=C_a^{-1}d_{11}F_m\sin\omega t$，所以电压放大器的输入电压幅值为

$$U_{im}=\frac{d_{11}F_m\omega R}{\sqrt{1+(\omega RC)^2}} \tag{4-4-6}$$

输入电压与作用力之间的相位差为

$$\varphi=\pi/2-\arctan(\omega RC) \tag{4-4-7}$$

式（4-4-6）表明，对静态输入（即ω=0），U_{im}=0，因此，压电传感器原理决定了它不能测量静态信号。当$(\omega RC)^2>>1$时，$U_{im}=d_{11}F_m/(C_a+C_c+C_i)$，说明当 RC 足够大时，前置放大器的输入电压接近压电传感器的实际输入电压，但与电缆电容有关，其变化影响传感器的灵敏度。

对于图 4-4-4 所示电荷放大器，根据放大器“虚地”原理可知，放大器的反馈电容 C_f 折合到放大器输入端的有效电容 C'_f 为

$$C'_f=(1+A)C_f$$

放大器的输出电压 u_o 为

$$u_o=-Aq/[C_a+C_c+C_i+(1+A)C_f] \tag{4-4-8}$$

当放大器开环增益 A 足够大时，有

$$(1+A)C_f>>C_a+C_c+C_i \tag{4-4-9}$$

电缆电容 C_c 压电传感器内部电容 C_a 和放大器输入电容 C_i 可忽略不计，放大器的输出电压

$$u_{sc}=-q/C_f \tag{4-4-10}$$

因此，传感器的输出灵敏度可认为是与电缆电容无关。这是电荷放大器的一个很大的优点。图中的 R_f 是为了使放大工作稳定，提供直流反馈，阻值为 $10^8\sim10^{10}\,\Omega$。

4.4.3 压电式传感器的结构

1. 压电式压力传感器

使用目的不同，压电式压力传感器的形式不同，但基本原理相同。图 4-4-5 给出了压电式压力传感器的原

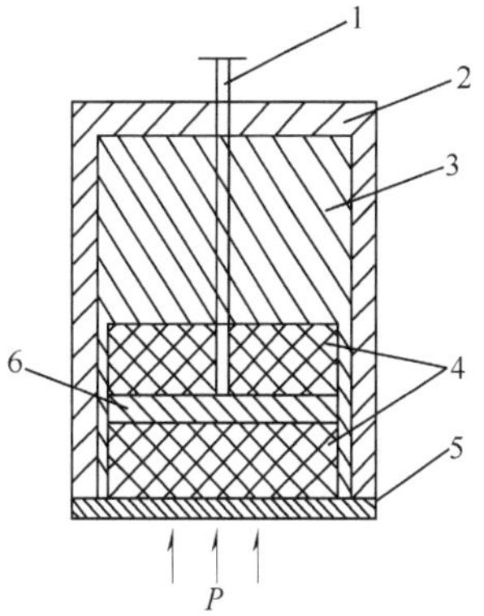

1—引线　2—壳体　3—基座　4—压电晶片
5—受压膜片　6—导电片

图 4-4-5　压电测压传感器的原理

理结构，它由引线、壳体、基座、压电晶片、受压膜片及导电片等部分组成。

膜片受到力 F 作用时，压电晶片上产生电荷。每一个压电晶片上产生的电荷为

$$q=d_{11}F=d_{11}SP \tag{4-4-11}$$

式中，F 为作用在压电晶片上的力；d_{11} 为压电系数；P 为压强，$P=F/S$；S 为有效膜片面积。

如果传感器只由一个压电晶片构成，则有电荷灵敏度 $k_q=q/P$，电压灵敏度 $k_u=U_0/P$，式中，U_0 为压电晶片的输出电压。

2．压电加速度传感器

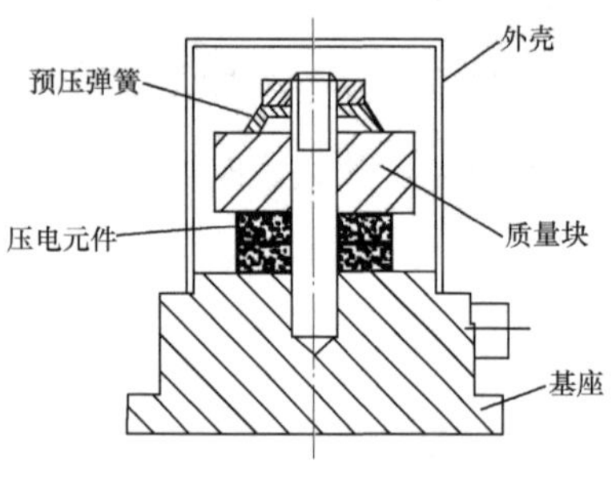

图 4-4-6　压电式加速度传感器结构

压电加速度传感器又称压电加速度计，广泛应用于检测车辆、飞机、导弹等的冲击和振动。压电加速度传感器的外形和性能可根据使用要求进行设计，体积小，耐高温。

如图 4-4-6 所示，压电加速度传感器由质量块、压电元件和基座等组成。基座用来将传感器与待测物体刚性固定，待测物体运动时，基座与待测物以同一加速度运动，压电元件受质量块与加速度方向相反的惯性力作用，在晶体的两个表面上产生交变电荷（或电压）。电信号经前置放大器放大后用测量仪器测量出电荷（或电压）的值，就得到物体的加速度。

4.5　光电效应与传感器件

4.5.1　光电效应

物质在光照作用下释放电子的现象称为光电效应，释放的电子叫光电子，光电子在外电场作用下形成的电流叫光电流。由实验发现的光电效应的规律是光电流大小与入射光频率有关，当入射光频率低于某一极限频率时，不会产生光电效应。只有当入射光频率高于极限频率时，光电流的大小才与入射光强度成正比。光电效应根据光电子逸出与否可分为外光电效应和内光电效应。

1．外光电效应

金属在光照射下光电子逸出金属表面的现象称为外光电效应。光电子逸出金属表面需做功（称为逸出功ϕ）克服表面势垒，才能逸出金属表面产生电子发射。设 m_c 为电子质量，

m_c=9.109×10^{-31} kg，v_0为电子逸出速度（m/s），其动能则为 $0.5m_c v_0^2$。一个光电子接收照射后具有的能量为 h ，其中 h=6.6261×10^{-34} J·s，为普朗克常数；ν为光频率，则金属表面光电子具有的动能应满足

$$\frac{1}{2}m_c v_0^2 = h\nu - \phi > 0 \tag{4-5-1}$$

才能逸出金属表面，可推得产生光电效应的极限频率为

$$v_0=\phi h^{-1} \tag{4-5-2}$$

而$\nu=c\lambda^{-1}$，c是光速，λ是波长，所以极限波长为

$$\lambda_0=ch\phi^{-1} \tag{4-5-3}$$

电子逸出功越小的物质，其产生光电效应所需的极限频率ν_0越低，即极限波长λ_0越长，也就越容易产生光电效应。所以这些物质制作的电子器件的热电子发射（即暗电流）越显著，产生的噪声也越大。可以利用外光电效应制作光电管和光电倍增管等光电器件。

2. 内光电效应

物体受到光照时，其内部原子释放的电子留在物体内部，使物体的电导率发生变化或产生光生电动势的效应称为内光电效应。内光电效应分为光电导效应和光生伏特效应两大类。

（1）光电导效应。入射光强改变物质电导率的物理现象称为光电导效应。几乎所有高电阻率半导体都有这种效应。半导体材料受光照射时，光电子获得能量（$h\nu$）大于或等于禁带宽度（E_g），从价带越过禁带，跃迁到导带，成为自由电子（载流子）。同时价带也形成一个自由空穴，构成电子-空穴对。导带自由电子和价带自由空穴的浓度增加，使得半导体的电阻率下降。电子和空穴统称为载流子，载流子在端电压的作用下可形成光电流。基于此效应的光电器件有光敏电阻，以及工作在反向偏置状态的光敏二极管。

光敏电阻在无光照时的阻值称为暗阻，此时流过的电流称为暗电流；在有光照射时的电阻称为亮阻，此时的电流称为亮电流；亮电流和暗电流之差称为光电流。人们希望暗阻越大越好，亮阻越小越好，这样可提高光敏电阻的灵敏度。实际的光敏电阻，暗阻一般在兆欧数量级，亮阻在几千欧以下，暗阻和亮阻之比，一般在 10^2～10^6。

光敏电阻的种类很多，一般由金属硫化物、硒化物、碲化物制成。由于所用材料不同，工艺过程不同，它们的光电性能也相差很大。光敏电阻结构简单，电路连接方便，有很高的灵敏度，光谱响应的范围可从紫外区到红外区，体积小、性能稳定、价格较低，所以被广泛应用于检测系统。

（2）光生伏特效应。在一定条件下半导体受光照射产生电动势的现象称为光生伏特效

应。半导体材料一旦受到合适的光照后要产生电子-空穴对，此时如果半导体内存有电场，这些电子-空穴对就会被电场分开，正负电荷分开集聚就形成了电势差。

要产生光生伏特效应，必须在材料中存在一种让光生载流子的正负电荷分开的力。对于不均匀的半导体，可由不同掺杂和组分的变化形成电场，如形成 PN 结、异质结、还可用金属于半导体接触，形成肖特基势垒，也可形成内电场；对均匀的半导体，其内部无内电场，它是靠不均匀的光照形成载流子浓度梯度，高浓度的向低浓度方向扩散，由于电子的扩散速度比空穴的扩散速度快而导致两种电荷分开，电子会靠近半导体内部堆积，空穴靠表面堆积，因而出现半导体表面带正电，内部带负电，或者受光面带正电、未受光部分带负电的现象，由此形成新生电场，引起电子和空穴漂移，当载流子的漂移和扩散运动达到新的动态平衡时，就形成光生电压，这就是丹培效应。

当光入射到 PN 结势垒区时，在结电场作用下，光生电子被推向 N 区，空穴被推向 P 区，结果使 P 区带正电，N 区带负电，形成反向电流。这种反向电流称为 PN 结二极管的光电流，它与光强成正比，又称为光电导结效应。由于光电子在 N 区积累，空穴在 P 区积累，结区电位发生变化，可向外电路提供能量，形成光电池。

基于光生伏特效应工作的器件主要有光敏二极管、光电池、半导体光位置敏感元件等。

4.5.2 光电效应主要器件及基本特性

1. 内光电效应器件

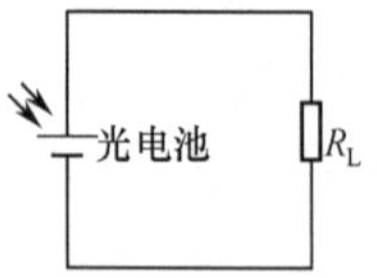

图 4-5-1 光电池使用电路

（1）光电池。基于光生伏特效应的光电池是一种直接将光能转换成电能的有源半导体器件，其使用电路如图 4-5-1 所示，其种类很多，有硒光电池、氧化亚铜光电池、硅光电池、锗光电池、砷化镓光电池等。硒光电池出现最早，工艺较成熟，且工作于可见光范围，但光电转换效率较低、寿命短。硅光电池的光电转换效率较高、寿命长、成本较低，适合红外波长工作，是最受重视的光电池。砷化镓光电池的光谱与阳光吻合，耐高温，且具有较强的耐宇宙射线辐射性能，广泛应用于宇航电源。光电池可以在几伏的偏置电压下工作，具有稳定性好、光电转换效率高、光谱范围宽、耐高温辐射、频率特性好等一系列优点。

根据光电池工作机理的不同，常用光电池可分为三类：

- 利用 PN 结光生伏特效应制成的电池，主要有硅、锗光电池。
- 利用金属与半导体接触光生伏特效应的光电池，主要有氧化亚铜光电池和硒光电池。
- 利用丹培效应制成的电池，主要有硫化镉电池等。

各种光电池的性能随材料、工艺和表面处理的不同而有差异。光电池由于体积小、结构简单、质量轻、光电转换效率高、性能稳定和使用方便等特点，因此不仅可作为检测元件，而且也可作为能量变换器。硅光电池应用最广，硒光电池价廉，而且它的光谱峰值位置在人的视觉范围内，因而不少仪器中也使用它。

（2）光敏二极管。光敏二极管也称为光电二极管，与一般半导体二极管在结构上是相似的，装在透明玻璃壳中，它的PN结装在管顶，便于接收光的照射。因为它既具有PN结的结构又具有光电转化功能，故称为PN结光敏二极管，简称光敏二极管。

光敏二极管和普通半导体二极管一样，其PN结具有单向导电性，在电路中工作时一般加上反向电压，如图4-5-2所示。光敏二极管无光照时的反向电阻很大，电路中也有很小的反向饱和电流，反向电流也称为暗电流，一般为10^{-8}～10^{-9} A。当光照的PN结附近受光子轰击时，受束缚的价电子吸收光子能量被激发产生电子-空穴对。载流子的数目，对于多数载流子影响不大，但对P区和N区的少数载流子来说，则会使少数载流子浓度显著提高，在反向电压作用下，反向饱和漏电流增加，形成光电流，光的照度越大，光电流越大。因此，无光照射时，光敏二极管处于截止状态；受光照射时，则处于导通状态。

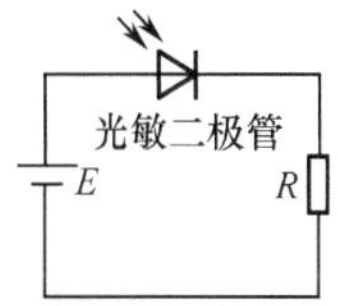

图4-5-2　光敏二极管基本线路

（3）光敏三极管。光敏三极管是具有NPN或PNP结构的半导体管，它在结构上与普通三极管类似，引出电极通常有两个，也有三个的。它的发射结与光敏二极管一样，有光敏特性。它的集电结则与普通三极管一样，可以获得电流增益，其工作电路如图4-5-3所示。光照发射结产生的光电流，相当于基极电流，因此集电极电流是光电流的β倍，所以光敏三极管比光敏二极管有更高的灵敏度，但噪声也比光敏二极管大。在结构上，为了保证入射光可靠地作用于发射结，基区面积做得较大，发射区面积做得较小。

将光敏三极管接在电路中，集电极接正电压，发射极接负电压。

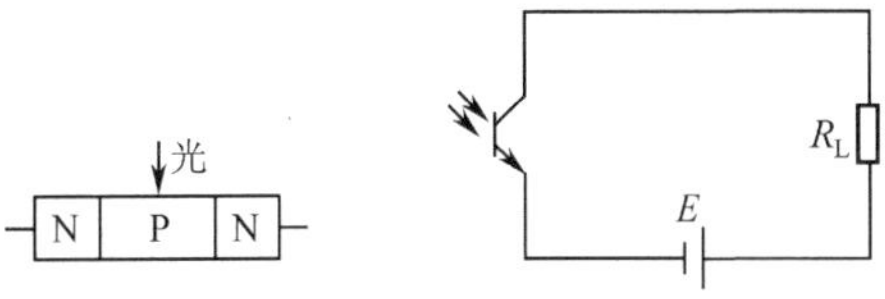

(a) 光照射　　(b) 线路

图4-5-3　光敏三极管线路

（4）光敏电阻。光敏电阻又称为光导管，由半导体材料制成。常见的光敏电阻由硫化镉（CdS）材料制成，其他材料有硫化铝、硫化铅、硒化镉等。

在光作用下半导体的电导率变化的现象只限于光照物体表面薄膜，因此，只需要把掺杂的半导体薄膜沉积在绝缘基上就可制成光敏电阻。为了提高灵敏度，光敏电阻的电极一般制成梳状。为了防止半导体材料潮湿失效，光敏电阻常用带透光窗口的外壳封闭起来。

光敏电阻可以在交、直流电压下工作，无光照时，光敏电阻阻值很大（1～100 MΩ），因此流过的电流很小；有光照射时，光敏电阻的阻值变小，电路中的电流增大，根据测得的电流变化值，便可计算出光线的强弱。

2．光电器件的主要特性

光电传感器的光照特性、光谱特性、响应时间、峰值探测率、温度特性和伏安特性等几个主要参数都取决于光电器件的性能。要合理选用光电器件，必要了解其主要特性。

（1）光照特性。光电器件的灵敏度可用光照特性表征，它反映光电器件输入光量与输出电流或电压之间的关系，光照特性常用响应率 R 描述。对于光生电流器件，输出电流 I_p 与光输入功率 P_i 之比称为电流响应率 R_i；对于光生伏特器件，输出电压 U_p 与 P_i 之比称为电压响应率 R_u。

图 4-5-4 所示为三种常用光电器件的光照特性。由图 4-5-4（a）可知，光敏电阻的光照特性大多数成非线性，一般只宜用于开关元件。由图 4-5-4（b）可知，光敏二极管的灵敏度和线性度均好，可用于线性转换元件和开关元件。图 4-5-4（c）表明，硅光电池的短路电流在很大范围内与光照度成线性关系，开路电压与光照度的关系成非线性，在照度 2000 lx 以上即趋于饱和，但其灵敏度高，宜用于开关元件。硅光电池作为线性检测元件使用时，应工作在短路电流输出状态，因为在此状态下有较好的线性输出-输入关系。

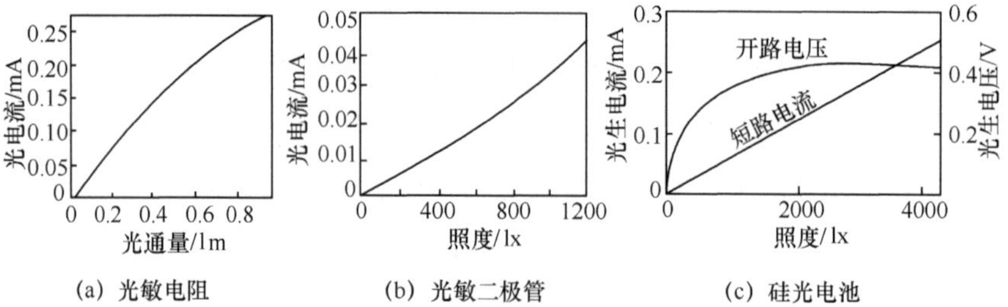

图 4-5-4 光电器件的光照特性

（2）光谱特性。光电器件的光谱特性是指相对灵敏度 K 与入射光波长 λ 之间的关系，又称为光谱响应。图 4-5-5 所示为三种器件的光谱特性，由图可知材料不同，响应峰值波长不同。为提高光电传感器的灵敏度，对包含光源与光电器件的传感器，应根据光电器件的光谱特性合理选配光源与光电器件，尽量使两者的峰值波长接近或一致；相反，若光源的光谱范围与光电敏感元件的光谱范围基本不在同一范围，则光敏元件对该光源输入无响应。

对被测体本身作光源的传感器，则应按被测体的辐射光波长选择光电器件。

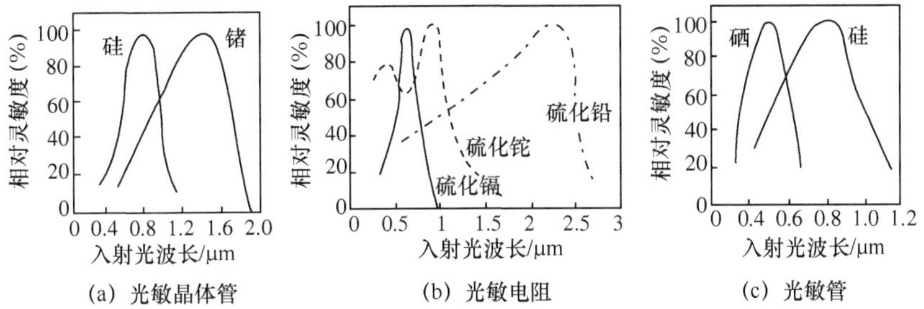

图 4-5-5　光电器件的光谱特性

（3）响应时间。光电器件的响应时间反映其动态特性。响应时间小，则动态特性好。对采用调制光的光电传感器，调制频率上限受光电器件的响应时间限制。图 4-5-6 所示为光敏电阻、光电池及硅光敏三极管的频率特性。光敏电阻的响应时间一般为 10^{-1}～10^{-5}s，光敏三极管约为 2×10^{-5} s。光敏二极管的响应速度比光敏三极管高一个数量级，硅管比锗管高一个数量级。光敏三极管的时间相应还与负载电阻的大小有关，负载越大，能响应的调制光频率越低。

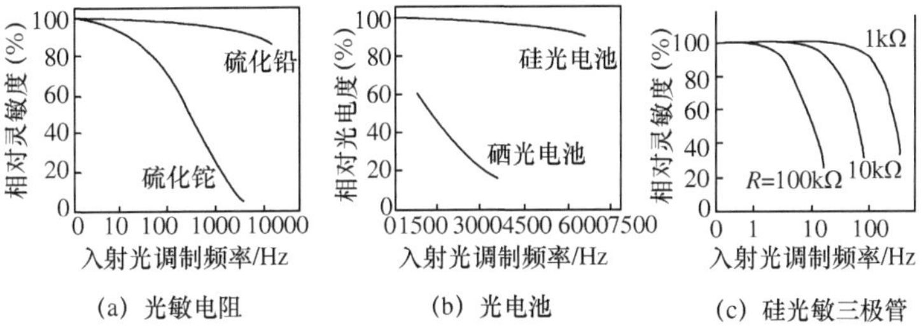

图 4-5-6　光电器件的频率特性

（4）峰值探测率。峰值探测率源于红外探测器，后来沿用到其他光电器件。无光照时，因器件存在固有散粒噪声，以及前置放大器输入端的热噪声，光探测器件产生输出。以噪声等效功率 P_{NE} 表征此噪声输出。P_{NE} 定义为产生与器件暗电流大小相等的光电流的入射光量，它等于入射到光敏器件上能产生信噪比为 1 的辐射功率值。P_{NE} 与光敏器件的有效光敏面积 A 和探测系统带宽 Δf 有关，而且是平方律关系。因此，探测器件的性能常用峰值探测率 D^*表征，即 $D^*=\sqrt{A\cdot\Delta f}/P_{NE}$，$D^*$值大，噪声等效功率小，光电器件性能好。

光敏二极管的暗电流是反向偏置饱和电流，光敏电阻的暗电流是无光照时偏置电压与体电阻之比。一般以暗电流产生的散粒噪声计算器件的 P_{NE}，即 $P_{NE}=\sqrt{2qI_D}/R_I$（$W\cdot Hz^{-1/2}$），其中，q 为电子电荷，$q=1.6\times10^{-19}$C；I_D 为暗电流（A）；R_I 为电流响应率（$A\cdot W^{-1}$）。

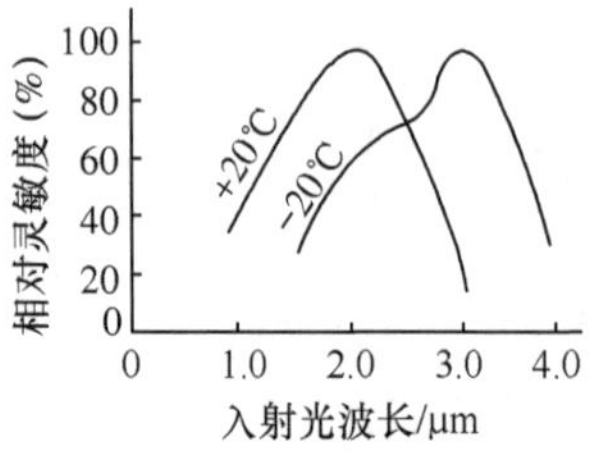

图 4-5-7　硫化铅光敏电阻的光谱温度特性

（5）温度特性。温度变化不仅影响光电器件的灵敏度，对光谱特性影响也很大。图 4-5-7 所示为硫化铅（PbS）的光谱温度特性。可见，光谱响应峰值随温度升高而向短波方向移动。降温是提高光敏电阻对长波长响应的有效措施。

在室温下工作的光电器件由于灵敏度随温度而变，因此高精度检测时，必须进行温度补偿或在恒温下工作。

（6）伏安特性。在一定的光照下，光电器件所加端电压与光电流的关系称为伏安特性。它是传感器设计时选择电路工作参数的依据，使用时应注意不要超过器件的最大允许功耗。

4.5.3　集成光电检测器件

随半导体集成电路技术的发展，出现了一批基于集成工艺的光电器件，如光位置传感器（PSD）、集成光敏对管、CCD 和 CMOS 图像器件等。以下简介 PSD 和集成光敏对管。

1．光位置传感器（PSD）

PSD 的工作原理如图 4-5-8 所示，当光照射到硅光敏二极管的某一位置时，结区产生的空穴向 P 层漂移，光生电子向 N 层漂移。到达 P 层的空穴分成两部分：一部分沿表面电阻 R_1 流向 1 端形成光电流 I_1；另一部分沿表面电阻 R_2 流向 2 端形成光电流 I_2。当电阻层均匀时，（R_2/R_1）$=x_2/x_1$，所以，光电流之比为（I_1/I_2）=（R_2/R_1）$=x_2/x_1$。因为 $x_1+x_2=L$，其中 L 为 1 端与 2 端之间的距离，所以只要测出 I_1 和 I_2 便可求得光照射点的位置，并且位置 x_1 或 x_2 与流过器件的总电流无关，即它不受光强度变化影响。

上述原理同样适用于二维位置检测，其原理如图 4-5-9（a）所示。a、b 极用于检测 x 方向，a′、b′极用于检测 y 方向，其结构如图 4-5-9（b）所示。

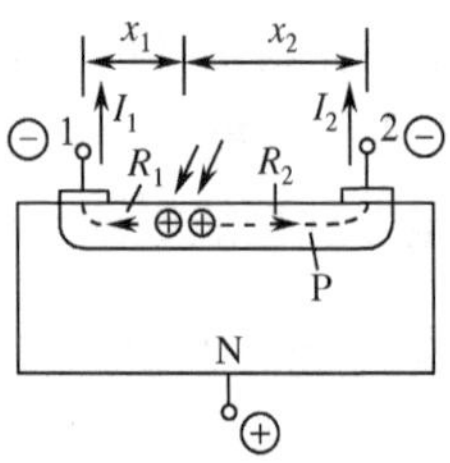

图 4-5-8　光位置传感器的工作原理

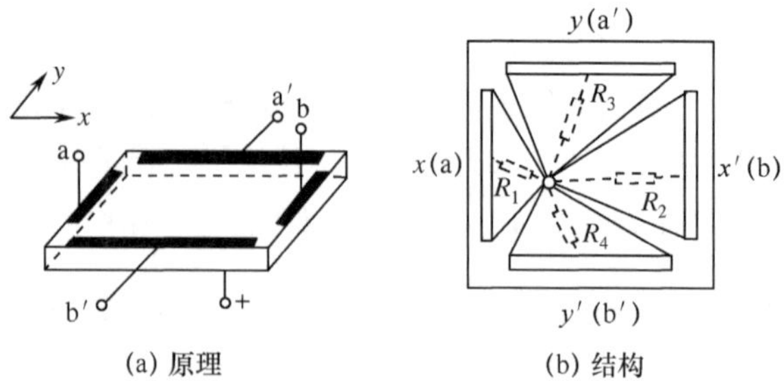

图 4-5-9　光平面位置检测器

PSD 器件使用方便，可省去复杂的光学聚焦系统，其位置分辨力高，可达 0.01 μm，响应速度比 CCD 器件快。除用于检测位移、距离外，PSD 还可用于运动机构的定位装置，也可用于振动体、回转体的运动分析、倾角测量和用于水平仪。

2. 光敏对管

为满足光电检测中的差动输出等需要，如图 4-5-10（a）所示，可通过集成工艺将两个光敏电阻对称地布置于同一光敏面上，也可将光敏三极管制成如图 4-5-10（b）所示的对管形式。

光电池的集成工艺较简单，它不仅可制成两元件对称布置的形式，而且可制成多个元件的线阵或二维面阵。由于其光敏元件阵列的每个元件都需要相应的输出电路，故电路较庞大，但用 HgCdTe 元件、InSb 等制成的器件在红外检测领域中仍获得较多应用。

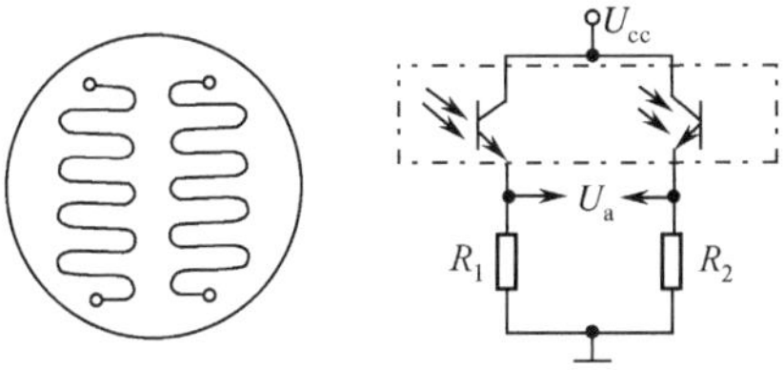

(a) 光敏电阻　　(b) 光敏三极管对管

图 4-5-10　集成光敏器件

4.5.4　光电传感器的构成与类型

1. 构成

光电传感器的一般构成如图 4-5-11 所示，其中光源和光电器件是基本单元。根据不同的光学测量原理和结构，传感器通常还包括不同的光学元件或系统、测量电路。光电式传感器中需采用一定的光学元件，如反射镜和透镜，并按光学定律和原理构成各种光路。

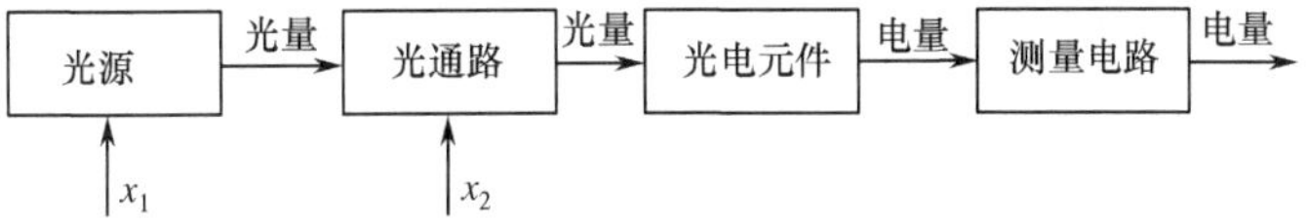

图 4-5-11　光电传感器的组成

要使光电传感器能很好地工作，除合理选用光电转换元件，选配合适光源外，还需配备合适测量线路。测量线路主要根据所用光电器件及工作方式选择设计相应的基本测量电路。

2. 常用光源及特性

工程中的检测光可由各种发光器产生或者物体的辐射光，一般可用光源如下。

（1）白炽光源：其光谱线较丰富，加滤色片可得不同窄带频率的光，但其效率低。

（2）气体放电光源：目前常用的有碳弧、低压水银弧、高压水银弧、钠弧、氙弧灯等。高、低压水银弧灯的光色近日光；钠弧灯发出的光呈黄色，发光效率特别高（200 lm/W）；氙弧灯功率最大，光色也与日光相近。气体放电光源的光谱结构与气体成分有关。

（3）发光二极管（LED）：基于电致发光的半导体器件，其体积小、功耗低、寿命长、响应快，便于与集成电路匹配，种类很多，发光波长随材料而不同。一般情况下（在几十毫安电流内），LED 输出光强与输入电流成正比，但过大电流会产生非线性，甚至损坏器件。

（4）激光器：激光是相干光源，具有单色性和方向性，能量高度集中。波长为 0.638 μm 或 1.15 μm 的氦氖激光器是最常用的气体激光器，波长为 10.6 μm 的二氧化碳激光器是工作在远红外波段的功率较高的光源。半导体激光器增益带宽特别高，使用方便，但需注意其输出的非线性。以激光为光源的激光检测技术已得到广泛应用。

光源的辐射特性（白炽灯为非相干的朗勃型光源，激光器是相干光源）、光谱特性（辐射中心波长和谱宽）、光电转换特性（光源电偏置与辐射的光学特性之间的关系）和环境特性（热系数、时间漂移和老化等）是其重要参数。另外，光源光谱的噪声电平也很重要。

3．光电传感器类型

光电传感器应用广泛，种类繁多，按光电传感器的输出量性质可分为以下两大类。

（1）模拟式光电传感器。这类传感器将被测量转换成连续变化的光电流，要求光电元件的光照特性为单值线性，而且光源的光照均匀恒定。属于这一类的光电式传感器有下列几种工作方式。

① 被测体本身是光源，由它释出的光射向光电元件。光电高温计、光电比色高温计、照度计、红外遥感和天文探测等均属于这一类。此方式还可用于防火及火种报警等。

② 被测体位于恒定光源与光敏元件之间，根据被测物对光的吸收程度或对光谱线的选择性确定被测量，如测液体的透明度、混浊度，气体成分分析，液体中物质含量测定等。

③ 恒定光源释出的光投射到被测体上，再从其表面反射到光电元件上，根据反射光强测定被测物表面性质和状态，如测量零件表面位移及粗糙度、缺陷、白度和湿度等。

④ 被测物位于恒定光源与光电元件之间，根据被测物阻挡光通量的多少来测定被测参数，如测定长度、厚度、线位移、角位移和角速度等。这种传感器将被测对象作为光闸，主要用于测量小孔、狭缝、细丝的直径等。

⑤ 时差测距。恒定光源发出的光投射于目的物，然后反射至光电元件，根据发射与接收之间的时间差测出距离。这种时差测距的例子有光电测距仪。

（2）开关式光电传感器。这类光电传感器利用光电元件受光照或无光照时“有”、“无”电信号输出的特性将被测量转换成断续变化的开关信号。要求其光敏元件的灵敏度高，对其线性要求不高，主要用于零件或产品自动记数、光控或定位开关、光电编码器及光电报警装置等。

4.5.5 红外传感原理与探测器特点

1. 红外基础知识与测温原理

红外辐射又称为红外光，是不可见光，波长为 $0.1\sim10^3$ μm。自然界中任何物体只要它本身具有一定温度（高于 0 K），都能辐射红外光。红外光和所有电磁波一样，具有反射、折射、散射、干涉、吸收等特性。红外光在介质中传播会产生衰减，金属对红外辐射衰减非常大，多数半导体和一些塑料能透过红外辐射；大多数液体对红外辐射的吸收非常大；不同的气体对其吸收程度不同。大气层对不同波长的红外光存在不同的吸收带。

红外光的最大特点是具有光热效应，辐射热量。红外光照射到不同物体上产生的光热效应是不同的。能全部吸收投射到它表面的红外辐射的物体称为黑体；能全部反射红外辐射的物体称为镜体；能全部透过红外辐射的物体称为透明体；能部分反射、部分吸收红外辐射的物体称为灰体。自然界中并不存在理想的黑体、镜体和透明体。

红外辐射的基本定律如下。

（1）基尔霍夫定律。物体向周围辐射热能，同时也吸收周围物体的辐射能，用公式表示为

$$M_\lambda(T)=\alpha_\lambda(T)M_\lambda^0(T) \tag{4-5-4}$$

式中，$M_\lambda^0(T)$为黑体在温度 T 时单位面积内的光谱辐射功率，或称辐射出射度；$\alpha_\lambda(T)$为物体的吸收率，黑体的$\alpha_\lambda(T)=1$，非黑体的$\alpha_\lambda(T)<1$；$M_\lambda(T)$为非黑体的光谱辐射出射度。

物体在温度 T 时的光谱辐射出射度与温度相同的黑体的光谱辐射出射度之比 $\varepsilon_\lambda(T)$称为物体的辐射系数或辐射率。物体的辐射率等于它的吸收率，即 $\varepsilon_\lambda(T)=\alpha_\lambda(T)$。

（2）普朗克定律。一个黑体可在全波长范围内辐射能量，但对各种波长而言，其能量的分布并非一致。在给定的波长和温度 T 下，黑体的辐射出射度由普朗克定律给出

$$M_\lambda^0(T)=\frac{C_1}{\lambda^5[\exp(C_2/\lambda T)-1]} \tag{4-5-5}$$

式中，λ为波长；C_1 为普朗克第一辐射常数，$C_1=3.75\times10^{-16}\text{W}\cdot\text{m}^2$；$C_2$ 为普朗克第二辐射常数，$C_2=1.44\times10^{-2}$ mK。

（3）维恩位移定律。热辐射的电磁波中包含各种波长。黑体的发生最大辐射功率的波长与其自身的热力学温度成反比，即

$$\lambda_m=2897/T\text{（单位：μm）} \tag{4-5-6}$$

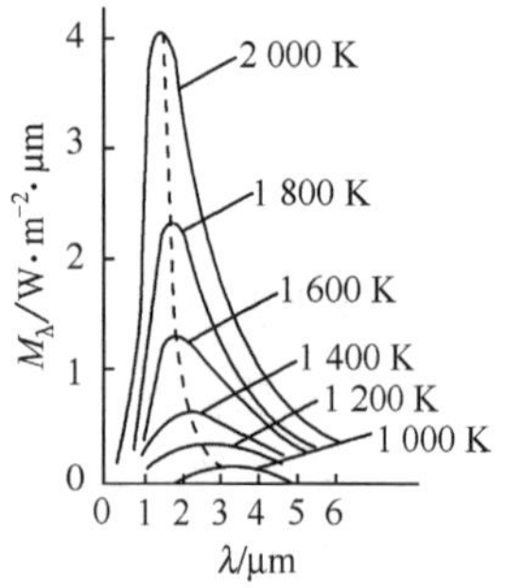

图 4-5-12　物体辐射峰值波长与温度关系曲线

图 4-5-12 所示为不同温度下的光谱辐射分布曲线，虚线表示了由式（4-5-6）描述的峰值辐射波长与温度的关系。从图中可看出，峰值辐射波长随温度升高向短波方向偏移。

（4）斯特藩-玻尔兹曼定律。物体温度越高，其红外辐射的能量越多，物体总的辐射出射度为

$$M(T)=\varepsilon_T\sigma T^4 \tag{4-5-7}$$

式中，ε_T为温度为 T 时全波长范围的物体材料的辐射率，也称为黑度系数；σ为斯特藩-玻尔兹曼常数，$\sigma=5.67\times10^{-8}\ \text{W·m}^{-2}\text{·K}^{-4}$。

物体的辐射对物体温度的变化很敏感。当辐射到达另一物体时，一部分辐射被吸收。如果该物体为对辐射敏感的元件，则可通过对该敏感元件的检测，实现对辐射物体状况的检测。红外探测器（传感器）的作用在于将红外辐射量转换为电信号输出。

2．红外探测器的分类与特点

红外探测器种类很多，有不同的分类方法。根据探测机理可分为基于热效应的热探测器和基于光电效应的光子探测器。前者包括热释电探测器、热电偶探测器及热电阻、气动探测器等；后者如光电导探测器、光生伏特探测器、光电子探测器等。

光子探测器比热探测器反应灵敏，响应时间短得多，一般能达 10^{-9}s 或更短；热探测器的响应时间在毫秒级以上。光子探测器只能在低温下工作，使用不便；热探测器可在室温下工作，不需制冷。两类探测器的另一个显著差别是响应波长不同。热探测器在整个红外波段有平坦的光谱响应，基本无选择性、适用范围宽；而光子探测器相反，属于选择性的。

3．红外探测器的主要性能参数

红外探测器的优劣主要用下面几个特性参数来衡量。

（1）响应率：探测器的输出电压 U_o 与入射到探测器的辐射功率 P 之比称为探测器的响应率（R），即 $R=U_o/P$，单位为 V/W，R 是描述探测器灵敏度的参量。给出响应率时，要说明工作温度和光敏面的面积，有时要说明入射的辐射功率，通常用的辐射源为 500 K 黑体，R 的写法为：R（辐射源，调制频率）。

（2）光谱响应：红外探测器的响应率与入射光的辐射波长之间的关系称为光谱响应。热探测器的响应率与波长无关，而光子探测器的响应率为波长的函数，对应响应峰值的波长为峰值波长，一般定义与响应峰值的一半所对应的波长为截止波长。

（3）噪声等效功率 NEP：红外光辐射探测器上的辐射功率 P 所产生的输出电压 U_o 正好等于探测器的噪声电压 U_N 时，这个辐射功率称为噪声等效功率（NEP），有 $NEP=P(U_o/U_N)^{-1}=U_N/R$。

（4）探测率 D：探测率是噪声等效功率的倒数，即 $D=(NEP)^{-1}=R/U_N$，其中，R 为灵敏度；U_N 为红外探测器的综合噪声电压。R 越高，表明探测器能探测到的最小功率越小。

（5）响应时间：衡量动态性能常用响应时间或时间常数，即探测器受辐射时，输出信号上升到稳定值的 63%所需的时间。对于一般探测器，加上和去掉辐射源的响应时间相等。

此外，使用中还需考虑工作温度、工作外加电压或电流、检测面积、电阻参数等。

4.6 光纤传感原理与类型

4.6.1 光纤传感原理

在光通信系统中，光纤被用作远距离传输光波信号的载体。在传输光的过程中，光纤易受外界环境因素的影响，如压力、温度、电磁场的变化将引起光纤光波参数，如光强、相位、频率、偏振及波长的变化。如果能测出其中某个或某些光波参数的变化，就可得到导致其光波参数变化的被测量的大小。光纤传感技术是随着光通信技术发展而逐步形成的，与其他类别的传感器相比，光纤传感器有灵敏度高、抗电磁干扰能力强、耐腐蚀、电绝缘性好和光路可弯曲等优点，而且易于连接计算机，结构简单、体积小、耗电少。

光纤中传播的光波可用方程描述为

$$\boldsymbol{E}=E_0\cos(\omega t+\varphi) \tag{4-6-1}$$

式中，E_0 为光波振幅；ω 为光波频率；φ 为初相角。它包含 5 个参数信息：光强$E^2{}_0$、频率 ω、波长 $\lambda=2\pi c/\omega$（c 为光速）、相位（$\omega+\varphi$）和偏振态。

被测量在敏感头（通常为光调制器）内与光发生相互作用，改变上述 5 个参数之一，如改变光强，就称为强度调制光纤传感器，依次类推，有 5 种调制型光纤传感器。利用光纤传感器可以检测压力、加速度、震动、位移及速度等多种力学量。

1．光纤的结构

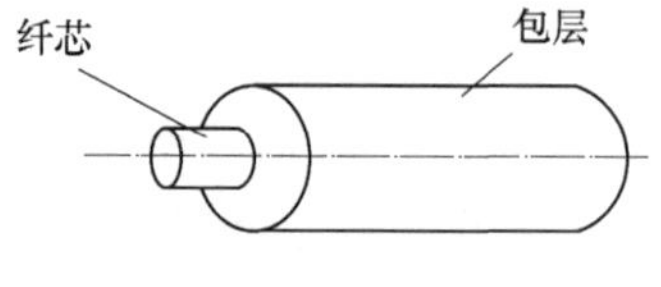

图 4-6-1　光纤结构

光纤通常由纤芯、包层及外套组成，如图 4-6-1 所示，纤芯处于光纤的中心部位，由玻璃、石英、塑料等材料制成，为圆柱体，直径为 5～150 μm。围绕纤芯的那一层为包层，材料与纤芯相同，但折射率小于纤芯。纤芯和包层构成一个同心圆双层结构，故光纤具有使光功率封闭在里面传输的功能。外套起保护支撑光纤的作用。

在正常情况下，大部分光能沿纤芯传输，在包层中也有沿径向衰减的光波存在。因此，光纤的纤芯和包层材料都必须是低损耗的。

2．光纤的种类

按光纤组成材料可分为多组分光纤（材料由多成分组成）、石英系列光纤（以 SiO_2 为主要材料）、液芯光纤（纤芯呈液态）和塑料光纤（以塑料为材料）。

按光纤纤芯折射率分布可分为阶跃型光纤（SIF）、渐变型光纤（GIF）和 W 形光纤。

（1）阶跃型光纤。如图 4-6-2（a）所示，纤芯和包层的折射率都是常数，且呈突变分布。这种光纤的带宽较窄，适于小容量、短距离通信。纤芯到包层的折射率变化呈台阶状，在纤芯内，中心光线沿光纤轴线传播，通过轴线的子午光线（只在一个包含光纤轴线的平面内不断反射前进）呈锯齿形轨迹。

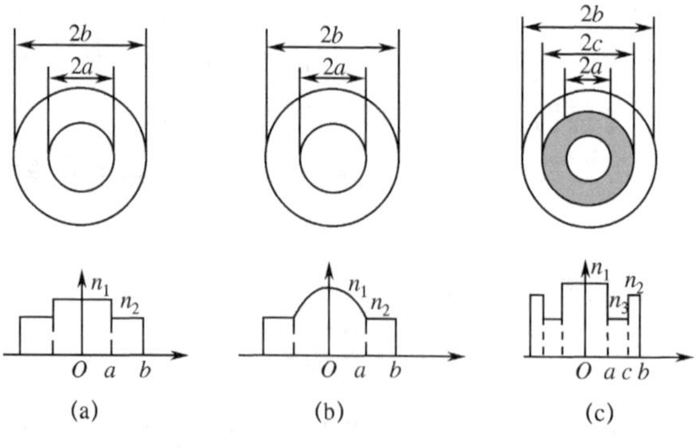

图 4-6-2　按光纤纤芯折射率分布分类

（2）渐变型光纤。纤芯折射率是渐变的，中心最大为 n_1，逐渐下降到包层处的 n_2，包层仍为常数折射率 n_2，如图 4-6-2（b）所示。这类光纤带宽较宽，适于中容量中距离通信。中心轴的折射率最大，因此光在传播中会自动从折射率小的界面处向中心会聚，光线传播的轨迹类似正弦波曲线，这种光纤又称为自聚焦光纤。

（3）W 形光纤（双包层光纤）。在纤芯与包层之间设有一折射率低于包层的缓冲层，使包层折射率介于纤芯和缓冲层之间。可以实现在 1.3～1.6 μm 之间色散变化很小的色散平坦光纤或把零色散波长移到 1.55 μm 的色散位移光纤，如图 4-6-2（c）所示。

按光纤传输模式数可分为单模光纤（SMF）和多模光纤（MMF）。所谓模式，简单说来就是光的空间分布，而光是电磁波，所以也是电磁波的空间分布。一般分为横模和纵模，分别指的是横截面和沿光的传播方向的光强的分布形式。

在光纤的受光角范围内，以某一角度射入光纤端面，并能在光纤的纤芯-包层交界面上产生全反射，并向光纤另一端传播的光线称为光的一个传输模式。当光纤的纤芯直径较大时，则在光纤的受光角内，可允许光波以多个特定的角度射入光纤端面，并在光纤中传播，此时称光纤中有多个模式。这种能传输多个模式的光纤称为多模光纤。如图 4-6-3 所示，以不同入射角入射在光纤端面上的光线在光纤中形成不同的传播模式。沿光纤轴传播的称为基模，相继还有一次模、二次模等。其中，模次较低的模为低次模，如二次模；模次较高的模为高次模。当光纤芯直径很小时，光纤只允许与光纤轴向一致的光通过，即只允许通过一个基模。这种只允许传输一个基模的光纤称为单模光纤。

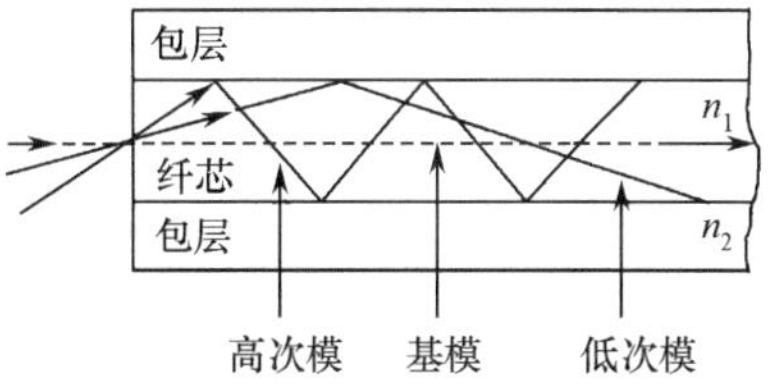

图 4-6-3　多模光纤

① 单模光纤的纤芯直径很小，通常为 4～10 μm，理论上只传输一种模式。由于单模光纤只传输基模，从而完全避免了模式色散，使得这种光纤的传输频带很宽，传输容量很大，适用于大容量、长距离的光纤通信。

② 多模光纤在一定波长下，有多个模式在光纤中传输。多模光纤剖面折射率分布有均匀和非均匀的，前者称为多模均匀光纤，后者称为多模非均匀光纤。多模光纤的纤芯直径一般为 50～75 μm，包层直径为 100～200 μm。由于其纤芯直径较大，传输模式多，这种光纤的传输性能较差，带宽较窄，传输容量也较小。

3. 光纤的传光原理

光的全反射现象是研究光纤传光原理的基础。根据几何光学原理，如图 4-6-4 所示，当光线以较小的入射角 θ_1（小于临界角 θ_c）由光密介质 1（纤芯）射向光疏介质 2（包层）（即折射率 $n_1>n_2$）时，则一部分入射光将以折射角 θ_2 折射入介质 2，其余部分仍以 θ_1 反射回介质 1。

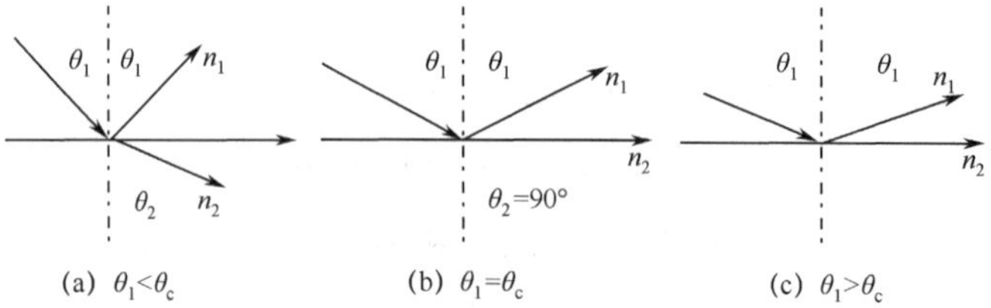

图 4-6-4　光纤的传光原理

依据光折射和反射的斯涅尔（Snell）定律，有：

（1）当 θ_1 角逐渐增大，直至 $\theta_1=\theta_2$ 时，透射入介质 2 的折射光也逐渐折向界面，直至沿界面传播（$\theta_2=90°$）。对应于 $\theta_2=90°$ 时的入射角 θ_1 称为临界角 θ_c。

（2）当 $\theta_1>\theta_c$ 时，光线将不再折射入介质 2，而在介质 1（纤芯）内产生连续向前的全反射，直至由终端面射出。这就是光纤传光的工作基础。

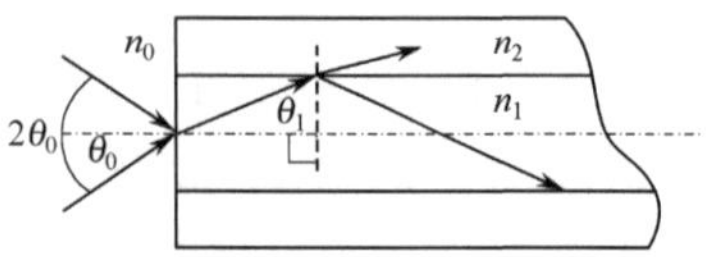

图 4-6-5　光纤导光示意图

实际中，人们更关心光线以多大的角度射入光纤端面时，能使折射光完全在纤芯中传播，即在图 4-6-5 中，光线的入射角 θ_0 在什么情况下能使 $\theta_1>\theta_c$。

设光从空气（折射率 n_0）射入纤芯（折射率 n_1）端面，在包层的折射率为 n_2。根据斯涅尔定律有

$$n_0\sin\theta_0=n_1\sin(90°-\theta_1)=n_1\cos\theta_1$$

若要形成全反射，需满足 $n_1\sin\theta_1\geqslant n_2$。

由上两式可得

$$\sin\theta_0\leqslant\sqrt{n_1^2-n_2^2}\,/\,n_0$$

因此，入射角的最大值为

$$\theta_{0\max}=\arcsin\left(\sqrt{n_1^2-n_2^2}\,/\,n_0\right) \tag{4-6-2}$$

定义 $\sin\theta_{0\max}$ 为光纤的数值孔径（NA），则 NA=$\sqrt{n_1^2-n_2^2}\,/\,n_0$。空气的折射率 n_0 为 1，所以光纤的 NA 值由材料的折射率决定。NA 大，则 $\theta_{0\max}$ 大，因此 NA 代表了光纤的集光能力。

4．光纤的特性

（1）损耗。当光在光纤中传输时，随着传输距离的增加，光功率逐渐减小，这种现象即称为光纤的损耗。损耗一般用损耗系数 α 表示。P_i 和 P_o 分别为光纤入射端和出射端的光功率，则有

$$\alpha = \frac{10}{L}\lg\frac{P_{\mathrm{i}}}{P_{\mathrm{o}}} \quad (单位:\mathrm{dB/km}) \tag{4-6-3}$$

损耗产生的主要原因是光纤材料的吸收、散射作用和光纤在使用过程中由于连接、弯曲而导致的附加光功率损失。

物质的吸收作用使传输的光能变成热能，造成光能的损失。散射损耗是由光纤材料及其不均匀性或几何尺寸的缺陷引起的。

光纤的弯曲也会造成散射损耗，光纤边界条件变化，使光在光纤中无法进行全反射传输。

（2）色散。光纤的色散是在光纤中传输的光信号，随传输距离增加，由于不同成分的光传输时延不同引起的脉冲展宽的物理效应。色散主要影响系统的传输容量，也对中继距离有影响。色散的大小常用时延差表示，时延差是光脉冲中不同模式或不同波长成分传输同样距离而产生的时间差。

① 模式色散：这是由于不同模式的光纤在同一波长下传播速度不同，使传播时延不同而产生的色散，只有多模光纤才存在模式色散，它主要取决于光纤的折射率分布。

② 材料色散：这是由于光纤的折射率随波长变化而使模式内不同波长的光时间延迟不同而产生的色散，它取决于光纤材料折射率的波长特性和光源的谱线宽度。

③ 波导色散：这是由于波导结构参数与波长有关而产生的色散，它取决于波导尺寸和纤芯、包层的相对折射率差。

4.6.2 光纤传感器的工作原理及组成

1. 光纤传感器的工作原理

光传输过程中，外界因素（压力、温度、振动、电磁场等）对光纤的作用，会引起光纤光波特征参量（如光强、相位、频率、偏振及波长）的变化。如果能测出光波特征参量的变化，就可得到导致光波参数变化的被测量的大小。

2. 光纤传感器的分类

（1）按照光纤在传感器中的作用分类。

① 功能型：FF 传感型，光纤既起传光作用，又起测量敏感元件作用，如图 4-6-6（a）所示，它是利用光纤本身对外界被测对象具有敏感能力和检测功能这一特性开发而成的传感器。光纤不仅起到传光作用，而且在被测对象的作用下，诸如光强、相位、偏振态等光学特性得到了调制，空载波变成了调制波，携带了被测对象的信息。

② 非功能型：NNF 传光型，光纤只起传光作用，入射和出射光纤之间另有敏感元件。光纤只当作传播光的媒介，对待测对象的调制功能是由光转换敏感元件来实现的。入射光纤和出射光纤之间插有敏感元件，传感器中的光纤是不连续的，如图 4-6-6（b）所示。

（2）按光纤中的光被调制的原理也即光纤的敏感原理分类。

① 强度调制光纤传感器：利用外界因素改变光纤中的光的强度，通过测量光强的变化来检测外界物理量的传感器。其特点是结构简单，光强度信号可直接用光探测器进行检测。进行光强调制的方法一般有以下几种。

- 直接改变光纤的微弯状态。
- 利用介质折射率变化。
- 利用外部敏感元件调制投射光强或调制反射光强。

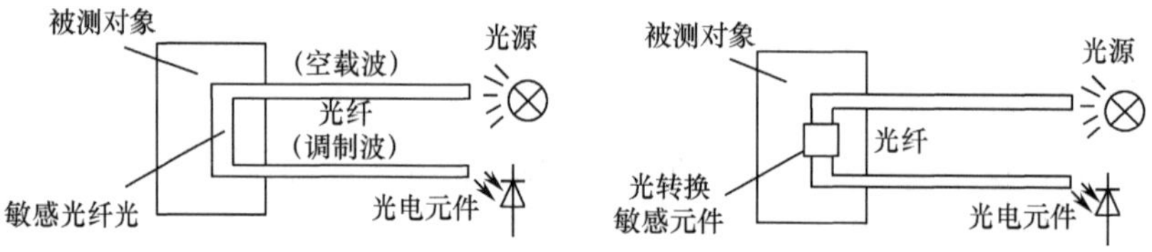

(a) FF传感型　　(b) NNF传光型

图 4-6-6　光纤传感器的工作原理

② 相位调制型光纤传感器：利用被测量改变光纤中光波的相位，通过检测相位变化来测量被测量的传感器。在相位调制传感器上通常采用的物理效应有应力应变效应、光弹效应、磁致伸缩效应、声光效应、光热效应和萨格纳克效应等。

③ 频率调制光纤传感器：利用外界的被测量改变光的频率，通过检测光的频率变化来测得被测量的传感器。频率调制并不改变光纤特性，光纤仅起传输光的作用。频率调制是基于光学多普勒效应完成的。

④ 偏振调制型光纤传感器：单模光纤中的光波是线偏振光，此线偏振光可用两个相互垂直的偏振分量来等效。对低双折射率单模光纤，其拍长很长。在有限长光纤条件下，两个垂直偏振分量之间的相差很小，可认为线偏振态的固有变化不大。在外界因素作用下，双折射加强，线偏振态发生明显变化，导致偏振态调制。常用的偏振调制法是，传光采用保偏光纤（高折射率），它不受外界因素变化影响。在两保偏光纤之间插入一偏振敏感器，用来感知外界因素变化，这是常用的偏振调制方法。无论哪种调制方式，偏振调制的机制都包括：电光效应、磁光效应和光弹效应。

（3）按测量对象分类。按测量对象分类有光纤压力传感器、光纤位移传感器、光纤温度传感器和光纤流量传感器等。

3. 光纤传感器的组成

光纤传感器由光源、光纤耦合器、光纤、光探测器等几个基本部分组成。

（1）光源。为了保证光纤传感器的性能，对光源的结构与特性有一定的要求。一般要求光源的体积尽量小，以利于它与光纤耦合；光源发出的光波长应合适，以便减少光在光纤中的损失；光源要有足够的亮度，以便提高传感器的输出信号；光源的稳定性好，在室温下能连续工作；另外，还要求噪声小、安装方便和寿命长。

光纤传感器使用的光源种类为非相干光源（如白炽光、发光二极管）和相干光源（如激光器，有氦氖激光器、半导体激光二极管等）。

（2）光纤耦合器。将光源射出的光束分别耦合进两根以上光纤，这种分束及耦合过程采用光纤耦合器完成。同理，借助光纤耦合器也可将两束光纤的出射光同时耦合给探测器。

光源与光纤耦合时，总是希望在光纤的另一端得到尽可能大的光功率，这与光源的光强、波长及光源发光面积等有关，也与光纤的粗细、数值孔径有关。

耦合方式有光源与光纤直接耦合和透镜耦合两种。透镜耦合的效率远高于直接耦合，但安装透镜会增加反射损失，所以输出端常采用直接耦合。

（3）光探测器。光探测器用来把传送到接收端的光信号转换成电信号，即将电信号“解调”出来，然后进行放大和处理。它的性能好坏既能影响被测物理量的变换准确度，又关系到光探测接收系统的质量。它的线性度、灵敏度等参数直接关系到传感器的总体性能。常用的光探测器有光敏二极管、光敏三极管、光电倍增管等。

4.7 磁电效应和磁敏器件

4.7.1 磁电效应与器件结构

根据电磁感应定律，穿过匝数为 W 的线圈的磁通 Φ 变化时，线圈感应产生的电动势为

$$e=-W\frac{\mathrm{d}\Phi}{\mathrm{d}t} \qquad (4\text{-}7\text{-}1)$$

由上式可知，线圈感应电动势 e 的大小取决于线圈匝数和穿过线圈的磁通变化率。而磁通变化率又与所加磁场强度、磁路磁阻及线圈相对于磁场的运动速度有关，改变上述任意一个参数，均会导致线圈产生的感应电动势变化，从而可得到相应的不同结构形式的磁电式（也称为电动式）传感器。磁电式传感器可分为动圈式、动磁铁式和磁阻式三类。

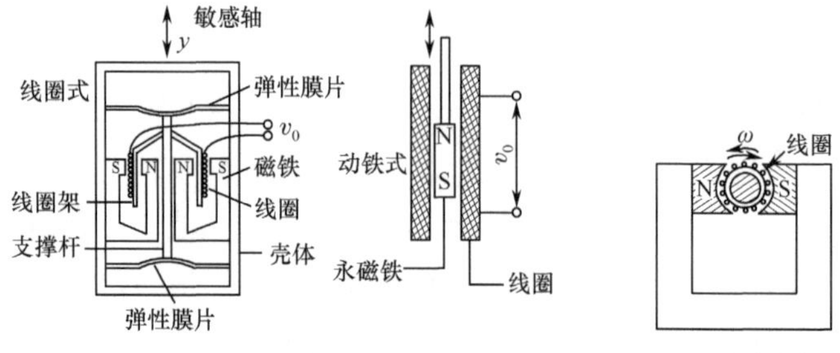

(a) 线位移式　　(b) 角位移式

图 4-7-1　动圈式传感器

动圈式传感器结构如图 4-7-1 所示，其中图 4-7-1（a）为线位移式，图 4-7-1（b）为角位移式。当弹性膜片敏感到一速度时，线圈在磁场中做直线运动，切割磁力线，它产生的感应电动势为

$$e=WBlv_y \tag{4-7-2}$$

式中，B 为磁场的磁感应强度（T）；l 为单匝线圈的有效长度（m）；W 为有效线圈匝数，即磁场内参与切割磁力线的线圈匝数；v_y 为敏感轴（y 轴）方向线圈相对磁场的速度（m/s）。

式（4-7-2）表明，当传感器的结构参数（B，l，W）选定，感应电动势 e 正比于线圈速度 v_y，因直接测到的是线圈运动速度，这种传感器也称为速度传感器。测得的速度经微分和积分运算可得到加速度和位移，因此，用速度传感器可测量运动物体的位移和加速度。

4.7.2　霍尔效应与半导体器件

1．霍尔效应

将导体或半导体薄片置于均匀磁场中，沿薄片长度方向通入控制电流时，将在宽度方向上产生一个横向电场，这一电场称为霍尔电场，产生的相应电势称为霍尔电势，这种现象称为霍尔效应。

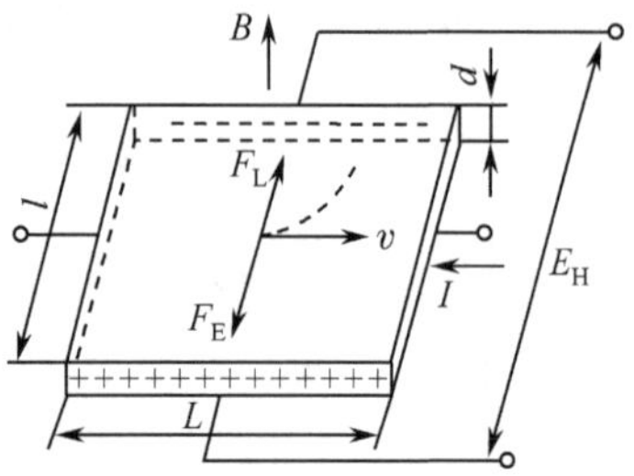

图 4-7-2　霍尔效应原理图

霍尔效应是运动电荷受磁场中洛伦兹力作用的结果。如图 4-7-2 所示，N 型半导体薄片长度方向通以电流 I 时，半导体中的载流子（电子）沿着与电流相反的方向运动（电子速度为 v），由于在垂直于半导体薄片平面的方向施加了磁场 B，所以电子受洛伦兹力 F_L 作用，向一边偏转（图 4-7-2 中的虚线曲线方向），并使该边形成电子积累，对边则为正电荷积累，于是形成电场。该电场会阻止运动电子的继续偏转。当电子所受的电场力 F_E 与洛伦兹力 F_L 相等时，电

子的积累达到动态平衡，在薄片两侧面之间建立起稳定的电场 E_H，相应的电动势称为霍尔电动势 U_H。

当电子速度 v 和磁场 B 互相垂直时，霍尔电动势 U_H 的大小为

$$U_H=R_H IB/d \tag{4-7-3}$$

式中，R_H 为霍尔系数；I 为控制电流（A）；B 为磁感应强度（T）；d 为霍尔元件厚度（m）。

霍尔系数 $R_H=\mu\rho$，其中，μ 为载流体电阻率；ρ 为载流子迁移率。半导体材料（尤其是 N 型半导体）电阻率大，载流子迁移率很高，可获得很大的霍尔系数，适于制造霍尔元件。

若磁感应强度 B 和元件平面法线成 θ 角时，作用在元件上的有效磁场是其法线方向的分量，即 $B\cos\theta$，这时有

$$U_H=R_H IB\cos\theta\ /d \tag{4-7-4}$$

当控制电流的方向或磁场的方向改变时，输出电动势的方向也随之改变。但当磁场与电流同时改变方向时，霍尔电动势极性不变。

由式（4-7-4）可知，U_H 的大小正比于控制电流 I 和磁感应强度 B。此外，元件厚度 d 越小，灵敏度也越高，所以霍尔元件的厚度一般都比较薄。

2. 霍尔元件

霍尔元件是简单的四端子结构，如图 4-7-3 所示，在长方形元件的两端设置电流电极，在另两边的中心部位设置一对霍尔电极，这种结构形式有利于大批量廉价制造。实际上，这种元件的任一对电极都可作为电流电极或霍尔电极，施加的磁场方向垂直于元件面。

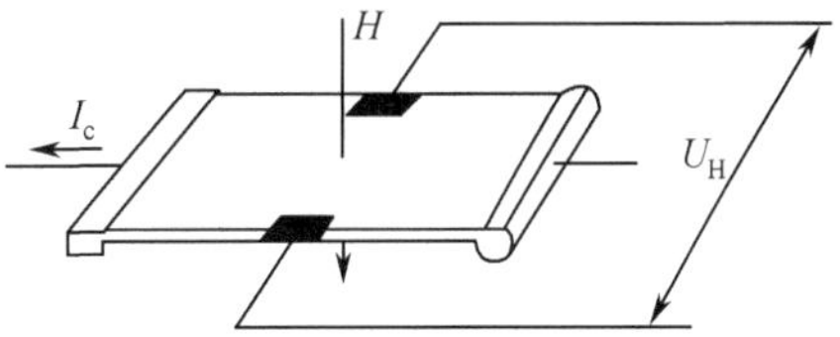

图 4-7-3　霍尔元件结构图

3. 霍尔元件的主要参数与特征

（1）输入电阻和输出电阻。霍尔元件通过控制电流的两个电极之间的电阻为输入电阻 R_{IN}，两个产生霍尔电压的电极间的电阻为输出电阻 R_{OUT}。

（2）额定控制电流 I_c。给霍尔元件通以电流，使该元件在空气中产生 10℃温升的电流值称为控制电流 I_c。

（3）灵敏度。霍尔端子之间的电压 U_H 为

$$U_H=f_H E_H=f_H IBR_H/d \tag{4-7-5}$$

式中，f_H为形状系数；I为流过元件的电流。

霍尔电压正比于电流和磁通密度的乘积。设该比例系数为K_H，则有

$$U_H=K_H IB \tag{4-7-6}$$

式中，K_H为乘积灵敏度，$K_H=f_H R_H/d$，表示霍尔元件的灵敏度。通常电流为 1 mA、磁通密度为1 kGs（0.1 T）对应的霍尔电压为 1 mV，mV/（mA· kGs）为乘积灵敏度的单位。

对于只有电子存在的情况，f_H取近似于 1 的值。因此电子浓度越小，元件的厚度越小，则乘积灵敏度也就越大。相当于单位磁通密度的霍尔电压称为磁通密度灵敏度。假设磁通密度灵敏度为K_B，则霍尔电压值为

$$U_H=K_B B, \qquad K_B=K_H I=f_H R_H I/d \tag{4-7-7}$$

如果流过元件的电流增大，则磁通密度灵敏度增大。元件流过最大容许电流时的磁通密度称为最大磁通密度灵敏度。不管乘积灵敏度多大，若元件电流小，磁通密度灵敏度也不能变大。若要加大磁通密度灵敏度，可采用电子迁移率大的材料，这时元件须加强散热。

（4）磁场的线性。普通霍尔元件的霍尔系数R_H可认为是恒定的，不随磁场变化，因此，当考虑霍尔电压对于磁场的线性关系时，形状系数f_H与磁场的相互依赖关系是个待解决的问题。如果把磁场增大，则f_H也变大，并逐渐接近于 1。L/W越小，f_H受磁场的影响越大。为此，霍尔电势或霍尔电压对磁场的灵敏度具有随磁场的增强而稍有增大的倾向。

霍尔元件两输出端之间连接的负载电阻R_L会影响到霍尔电压与磁场的相互关系。设无负载时的霍尔电压为U_{HO}，当接上负载电阻R_L时，霍尔电压为

$$U_H=R/(r+R_L)U_{HO}$$

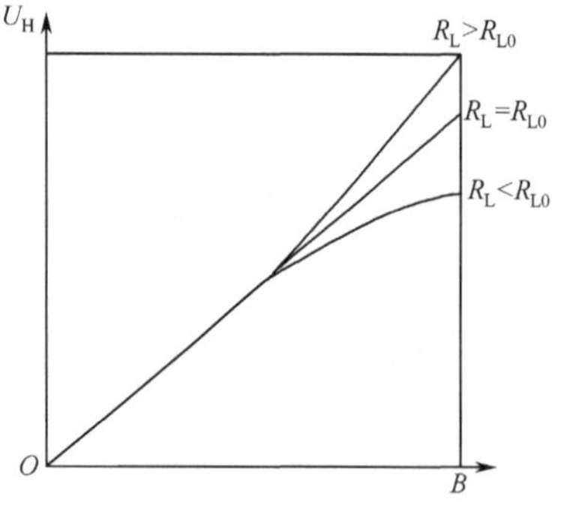

图 4-7-4　霍尔电压的线性与负载电阻的关系曲线

式中，r为霍尔元件端子间的内阻。由于磁阻效应，r随磁场的增强而增加。如果对负载电阻R_L的阻值进行适当选择，则由于f_H与磁场的依存性所引起的U_{HO}的线性偏差，可得到某种程度的补偿。图 4-7-4 显示出了U_H与磁感应强度的关系曲线随R_L变化的情况。

（5）不平衡电压。无磁场作用时，理想的霍尔元件的霍尔电压为零。但实际的霍尔元件因加工误差或元件内部电性能不均匀等原因，在无磁场作用时，电压输出端有微小电压，此电压称为不平衡电压。一般用电路补偿法（平衡电桥）和通过改进工艺来补偿不平衡电压。

（6）温度特性。影响霍尔元件温度特性的主要因素是霍尔电压、电流端子和霍尔端子间的内阻。这些都可归结为物性方面的霍尔系数和电阻率的温度依存性问题。

除了受温度影响大的半导体 InSb 之外，霍尔系数在使用温度低于 100 ℃时几乎为常数。为了在恒流驱动条件下，使霍尔电压与霍尔系数成比例，需要减小温度对霍尔电压的影响。霍尔系数一定，意味着电子浓度也一定。另外，由于电子的迁移率随温度的升高约以 0.2 %/℃的比例减小，因此电阻也以同样的比例增加。

整体而言，霍尔元件受温度影响大，实际使用需要根据所要求的精度范围进行温度误差补偿，尤其对于灵敏度高的 InSb 器件和温度变化大的场合。进行补偿前应先知道所用器件的霍尔电势温度系数 α 及内阻温度系数 β 的大小和正负，常用方法有：

（1）输入端并联电阻，如图 4-7-5（a）所示，因输入电阻 R_{in} 随温度变化，影响流过它的控制电流 I_c。为补偿 I_c 和 K_H 随温度变化，在输入端并联一个电阻 R 并采用恒流源供电，根据霍尔器件的系数 α 和 β 以及 R_{in} 随温度变化规律，可确定合适的 R 值。

（2）采用热敏元件，如图 4-7-5（b）和图 4-7-5（c）所示，采用恒压源输入，R_t 为热敏电阻，其温度系数的正负和数值与霍尔电势的温度系数配合，可使输出电压 U_H 保持稳定。以 4-7-5（c）图为例，若温度升高使 U_H 下降，则先用负温度系数的热敏电阻 R_t，R_t 变小使控制电流 I_c 增大，使 U_H 回升。

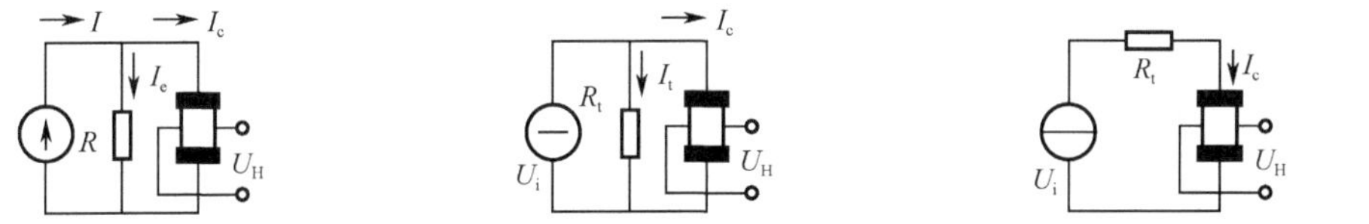

（a）恒流供电、输入端并联电阻　（b）恒压供电、并联热敏电阻　（c）恒压供电、串联热敏电阻

图 4-7-5　霍尔元件的温度补偿方法

4. 霍尔元件的种类

目前有多种半导体材料制成的霍尔元件，实际中需要灵活应用霍尔元件各自的特点。InAs 霍尔元件可用作测量磁场的霍尔传感器，如果不在高温下使用，其温度特性较好，对磁场的线性也很好。新的 InAsP 霍尔元件比 InAs 霍尔元件有更好的温度特性。

GaAs 霍尔元件可用于 200 ℃左右的温度下，这扩大了霍尔元件的适用场合。其缺点是材料昂贵、价格高，有待降低成本。由于电子的迁移率小，基于半导体材料的霍尔元件的灵敏度低，但具有可与放大器集成为一个整体的优点。现代实用的大多是集成霍尔器件。

4.7.3 磁电阻效应与元件

1．非磁体的磁电阻效应

对霍尔效应的进一步研究发现，在通电流的非磁金属或半导体上施加磁场时，电阻发生变化，此现象称为磁致电阻变化效应或称洛伦兹（Lorentz）磁电阻效应，简称磁电阻（MR）效应。其产生原因是磁场改变了载流子的漂移路径，致使与外加电场同方向的电流分量减小，等价于电阻增大。通常以磁场引起的电阻率相对变化度量 MR 效应。

磁电阻效应又分为物理磁电阻效应和几何磁电阻效应。物理磁电阻效应指材料电阻率（在弱磁场中）随磁场增大的效应。磁电阻效应还与样品的形状有关，不同几何形状的样品，在同样大小的磁场作用下，其电阻不同。这种只由半导体形状改变引起的磁电阻效应称为几何磁电阻效应。

（1）物理磁电阻效应。导体和半导体内的载流子运动在微观上是速度各异的，在洛伦兹力 F_L 和霍尔电场力 F_E 的作用下，运动速度为 v 的载流子沿电流 I 方向直线运动而不发生偏转，而速度大于或小于 v 的载流子运动方向都将发生偏转，使图 4-7-2 中沿电流 I 方向的运动分量减小，从而导致沿电流 I 方向的电流密度减小，呈现电阻率增大的现象。

可以用电阻率相对变化量 $\Delta\rho/\rho$ 表示磁电阻效应的强弱，它与磁场强度 B 和磁导率 μ 的关系成非线性。在磁场强度 B 不太大时，电阻率相对变化量 $\Delta\rho/\rho$ 与 μ^2 和 B^2 成正比；而随着磁场强度 B 的增加，在强磁场情况下，$\Delta\rho/\rho$ 与 μ 和 B 成正比；磁场强度趋向无限大时，电阻率 ρ 趋向饱和，不再发生变化。

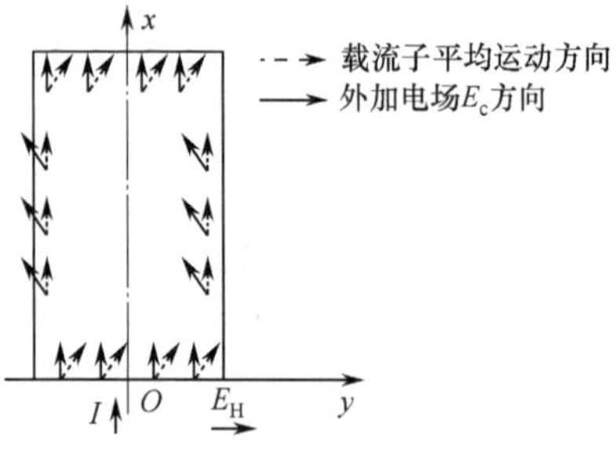

图 4-7-6　几何磁电阻效应原理圈

（2）几何磁电阻效应。在相同磁场作用下，由于半导体晶片几何形状不同而出现电阻变化的现象称为几何磁电阻效应。其产生原因是半导体内部电流分布受外磁场作用发生变化。如图 4-7-6 所示，半导体晶片的上下两个端部由导体电极构成，受其导体电极短路作用，霍尔电场 E_H（y 方向）在这两个端部有所减弱，结果使载流子（这里为电子）的运动方向受洛伦兹力影响而发生偏斜。偏斜方向与外加电场 E_c 方向的夹角 θ 称为霍尔角。

在半导体晶片中间部分，霍尔电场 E_H 不受端部电极的短路作用，载流子平均运动方向因电场力与洛伦兹力平衡而沿 x 方向运动。外加电场 E_c 受霍尔电场 E_H 的作用也发生偏斜，偏斜方向与电流 I_c 方向夹角也为霍尔角 θ。霍尔角 θ 的大小由 $\tan\theta=E_H/E_c$ 决定。如半导体晶片长度 l 减小，宽度 b 增加，导体电极的短路作用效果将趋向显著。

2．各向异性磁电阻效应和巨磁电阻效应

具有高磁导率的金属称为强磁性金属，如 Ni-Fe、Ni-Co 基合金。强磁性金属的磁阻效应是指铁磁材料的电阻率变化与电流和磁场的相对取向有关。在强磁场中，强磁性金属的电阻率随磁场增强而减小，称为强制磁阻效应。在弱磁场中，当磁场强度大于某一值时，强磁性金属的电阻率与磁场强度无关，而与磁场和电流的方向夹角有关，即磁阻具有各向异性，此现象称为各向异性磁电阻（AMR）效应，即与外磁场方向平行的强磁性金属磁敏电阻沿电流方向的电阻率 $\rho_{//}$和与外磁场方向垂直的电流方向的电阻率 $\rho_{\perp}$发生变化的效应。AMR 效应源自各向异性的散射。目前，强磁性磁阻器件主要利用其 AMR 效应。

巨磁电阻（GMR）效应于 1988 年在 Fe/Cr 多层膜中被发现。最初是在（100）GaAs 基片上用分子束外延（MBE）生长的单晶（100）Fe/Cr/Fe 三层膜和 Fe/Cr 超晶格薄膜，发现在 4.2K 低温，Cr 层的厚度为 0.9 nm 的膜中，加一 20 kOe（1 Oe=79.578 A/m）的外场（相邻 Fe 层磁矩平行排列），比不加外场（相邻 Fe 层磁矩反平行排列）情况，电阻值下降了一半，也即磁阻变化了 50%。这一结果远远超过多层膜中 Fe 层磁电阻效应（MR）的总和，被命名为 GMR 效应，以表明其物理起源与磁性金属的 MR 效应不同。尽管 GMR 最初在反铁磁耦合的多层膜中观察到，但其出现的唯一条件也是近邻磁集团中的磁矩相对取向在外磁场的作用下可发生变化。通过设计各种特殊结构，使相邻铁磁层的磁矩不存在（或很小）交换耦合，在一定磁场下两者从平行排列到反平行排列，或者从反平行排列到平行排列，从而引起磁电阻变化，这就是所谓的自旋阀（spin valve）结构。除自旋阀结构以外，还设计了各种多层膜结构，以实现近邻磁集团中的磁矩相对取向在外磁场作用下可发生变化。

在人工纳米结构磁性金属膜中，除多层膜外，还有一类将微颗粒镶嵌在互不固溶的薄膜中形成的复合薄膜即颗粒膜。1992 年，在 Co-Ag 颗粒膜中发现了 GMR 效应。随着对纳米材料的研究深入，在许多人工有序新材料中发现有 GMR 效应，而后在混锰价氧化物中发现了超巨磁电阻（CMR）效应。当多层膜中相邻磁集团的尺度为纳米级甚至更小时，在一定条件下会产生 CMR 效应。在 135 K 温度、70 kOe 磁场强度下，磁阻变化可达 600%。由于它需要数十 kOe 的外场，且在很窄的特定温区内才能实现 CMR，故其应用范围受限。

根据不同材料的 MR、GMR 和 CMR 效应，可制成各种磁敏器件和传感器。

3．磁敏电阻元件

（1）半导体磁阻元件。利用磁电阻效应制成的元件称为磁阻元件。半导体磁阻元件在弱磁场中的电阻率ρ与磁感应强度 B 之间的关系为

$$\rho/\rho_0 = 1 + (p/n)\ \mu_n \mu_p B^2 \tag{4-7-8}$$

式中，ρ_0 为无磁场作用时的电阻率；p 为半导体中空穴载流子的数量；n 为半导体中电子载

流子的数量；μ_n、μ_p为载流子的迁移率；B为磁感应强度。

由式（4-7-8）可知，在半导体材料已确定的情况下，磁阻元件的电阻与磁感应强度存在平方关系。此式仅在磁场强度较弱的情况下适用。在强磁场环境中，半导体的阻值与磁感应强度成线性关系。

基于半导体材料磁电阻效应的磁敏电阻有图 4-7-7 所示的几种形式。

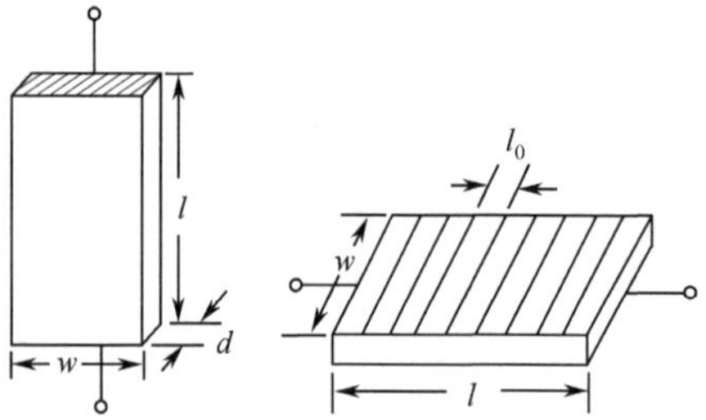

图 4-7-7　半导体磁阻元件结构示意图

这些形状不同的半导体薄片都处在垂直于纸面向外的磁场中。如图 4-7-7（a）所示，器件长宽比 l/w 远小于 1 的长方形器件的磁电阻效应比 l/w 远大于 1 的长方形器件要显著，但这种横长片器件在 B=0 时的电阻（零场电阻）太小，限制了使用范围。因此把多个这样的横长片器件串联，如图 4-7-7（b）所示，形成如图 4-7-7（c）所示的“弓”字形，就得到零场电阻大、灵敏度很高的磁阻元件。由于做成曲折形状，所以可将处于零磁场中的元件阻值做成数百欧到千欧。而单个曲折形元件的典型尺寸仅为 2～3 mm。

图 4-7-7（d）所示结构为科比若圆片，其中心有一圆形电极，周边有一环形电极。B=0 时，电流线为辐射状的；有外磁场作用时，载流子在洛伦兹力作用下，沿近似于螺旋线的曲线运动到另一电极，其磁电阻效应远大于矩形结构。但由于其初始电阻太小，很难实用。半导体磁敏元件除了磁阻元件外，还有结型磁敏管等磁敏元件。

（2）强磁性金属薄膜磁敏电阻。强磁性金属薄膜磁敏电阻由 Ni-Co、Ni-Fe 或 Ni-Mn 等强磁性金属的薄膜制成，其电阻率随磁场变化，且具有电阻温度系数小、使用温度较高、频率特性好和性能稳定等特点。

一种三端强磁性金属薄膜磁敏电阻的结构如图 4-7-8（a）所示，它是由两个特性和尺寸完全一样的磁敏电阻 1 和 2 互相垂直排列而成的，每只电阻做成强磁性金属膜折线。如图 4-7-8（b）所示，在 ac 端加电压 U_0，由 bc 端输出。外磁场平行于电阻薄膜平面，并使磁膜磁化到饱和。当磁场方向与折线的电流方向夹角为 θ 时，两个电阻的电阻率以及输出电压分别为

$$\rho_1(\theta)=\rho_{\perp}\sin^2\theta+\rho_{//}\cos^2\theta \tag{4-7-9}$$

$$\rho_2(\theta)=\rho_{\perp}\cos^2\theta+\rho_{//}\sin^2\theta \tag{4-7-10}$$

$$U_{bc}(\theta)=\frac{U_0}{2}-\frac{\Delta\rho\cos2\theta}{4\rho_0}U_0 \tag{4-7-11}$$

式中，$\Delta\rho=\rho_{//}-\rho_{\perp}$，$\rho_0=(\rho_{//}+\rho_{\perp})/2$。与磁场方向有关的输出电压变化幅度为

$$\Delta U=\frac{\Delta\rho}{4\rho_0}U_0\cos2\theta \tag{4-7-12}$$

可见，为得到较大的 ΔU，应选择 $\Delta\rho/\rho_0$ 较大的材料作为电阻。增大 U_0 也可增大 ΔU，但必须同时增大元件的电阻以减小功耗，所以元件做成折线以增大电阻。

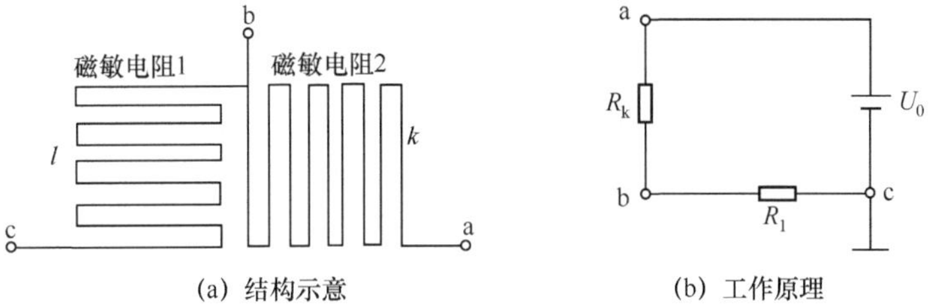

图 4-7-8　三端强磁性金属薄膜磁敏电阻

（3）磁阻元件的基本特性。

① *B-R* 特性。磁阻元件的 *B-R* 特性用在无磁场时的电阻 R_0 和磁感应强度为 *B* 时的电阻 R_B 来表示。R_0 对于不同形状的元件有不同的值，R_B 随磁感应强度的变化而变化。

图 4-7-9（a）和图 4-7-9（b）分别表示 InSb 磁阻元件和 InSb-NiSb 磁阻元件的 *B-R* 特性曲线。

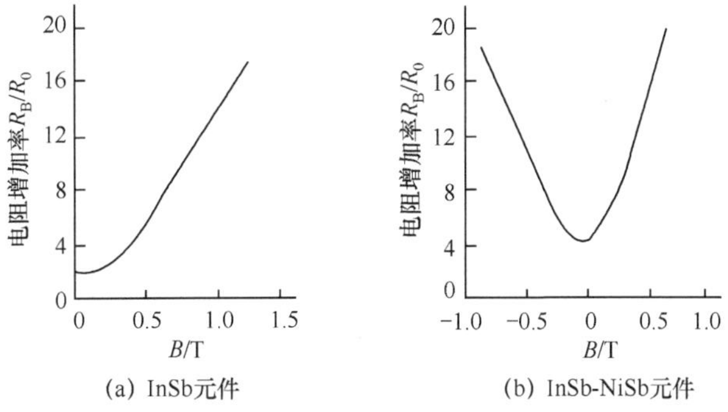

图 4-7-9　磁阻元件的 B-R 特性曲线

② 灵敏度 K。磁阻元件的灵敏度 K 可表示为

$$K=R_{03}/R_0 \tag{4-7-13}$$

式中，R_{03} 为磁感应强度为 0.3 T 情况下的 R_B 值；R_0 为无磁场时的电阻。磁阻元件的灵敏度一般都不低于 2.7。

③ 温度系数及补偿。用作磁阻元件材料的 InSb，是一种受温度影响极大的材料。一般磁场灵敏度越大，受温度的影响也越大，通常要根据所侧重方面的性能来选择其类型。必须根据用途进行有效的温度补偿。用两个成对的元件组成的差动式磁阻元件，多用于电位差计。

4.7.4 磁敏晶体管

1. 磁敏二极管

磁敏二极管是将磁信号转换成电信号并具有二极管特性的器件，具有灵敏度高、响应快、体积小、无触点、输出功率大及性能稳定等优势，被广泛运用于磁场检测、转速测量、位移测量、电流测量、无刷直流电动机及磁力探伤等领域。

（1）磁敏二极管基本结构及工作原理

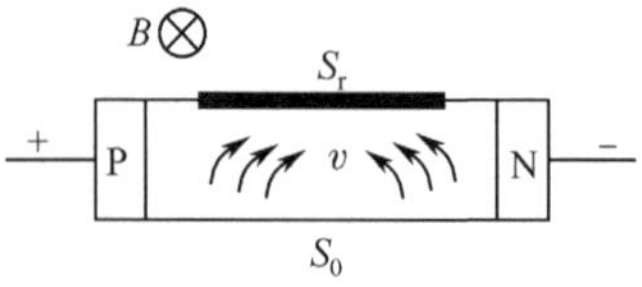

图 4-7-10 磁敏二极管的结构

如图 4-7-10 所示，在外磁场的作用下，半导体中载流子（电子和空穴）受洛伦兹力作用而发生偏转，其运动路径都偏向高复合区 S_r，因此载流子复合速率增大，空穴和电子一旦复合就失去了导电作用，意味着基区（P 和 N 之间的区域）的等效电阻增大，电流减小。如果磁感应强度方向与原方向相反，则载流子偏向无复合面 S_0，基区等效电阻减小，电流增大。磁敏二极管利用这种效应制成。

（2）磁敏二极管的主要特征。

① 伏安特性：在给定磁场的情况下，硅磁敏二极管伏安特性如图 4-7-11 所示，开始在较大偏差范围内，电流变化比较平坦，随着外加偏压的增加电流逐渐增加，伏安曲线很快上升，动态电阻较小。

② 磁电特性：在给定电压情况下，磁敏二极管的输出电压变化量与外加磁场的关系就是磁敏二极管的磁电特性。图 4-7-12 给出了磁电特性曲线，在 B=0.1T 以下的弱磁场中，输出电压变化量与磁感应强度成线性关系，随磁场的增加曲线趋向饱和，并且正向磁灵敏度大于反向磁灵敏度。

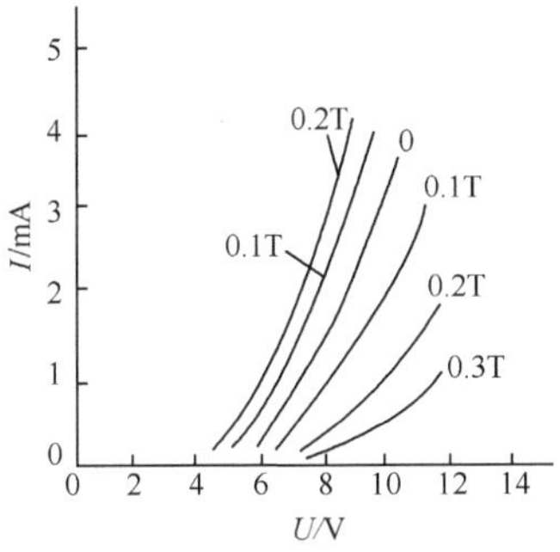

图 4-7-11　硅磁敏二极管伏安特性

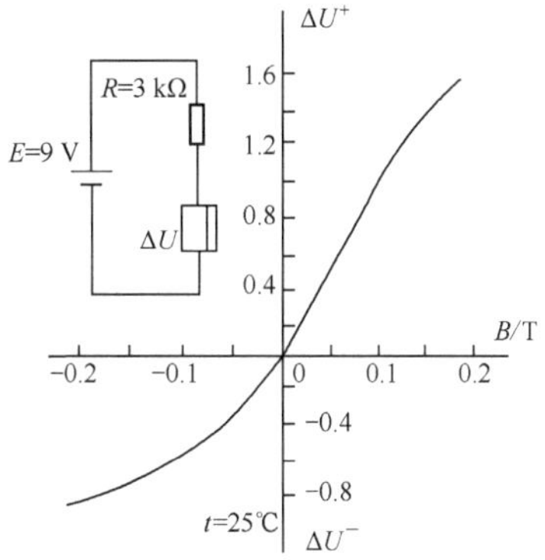

图 4-7-12　硅磁敏二极管的磁电特性曲线

（3）温度特性：是指在标准测试环境下，输出电压变化量ΔU或无磁场作用时中点电压U_m随温度变化的规律，如图 4-7-13 所示。

磁敏二极管受温度影响较大，其温度特性可用温度系数表示。硅磁敏二极管零场（B=0），电压 U_0 的温度系数小于±20 mV/℃，ΔU 的温度系数小于 0.6%/℃；锗磁敏二极管的 U_0 温度系数为负，小于−60 mV/℃，ΔU 的温度系数小于 1.5%/℃。硅、锗磁敏二极管规定的使用温度分别是−40～85 ℃和−40～65 ℃。

（4）频率特性：硅磁敏二极管的响应时间基本等于注入载流子漂移过程被复合并达平衡的时间，频率响应时间与载流子的有效寿命相等。图 4-7-14 为锗磁敏二极管的频率特性。

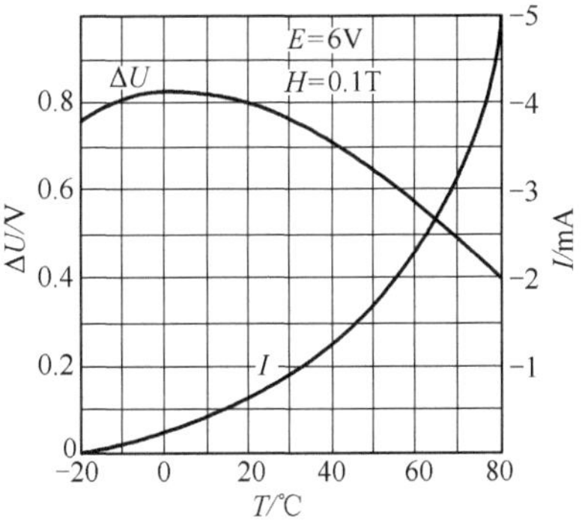

图 4-7-13　磁敏二极管温度特性曲线

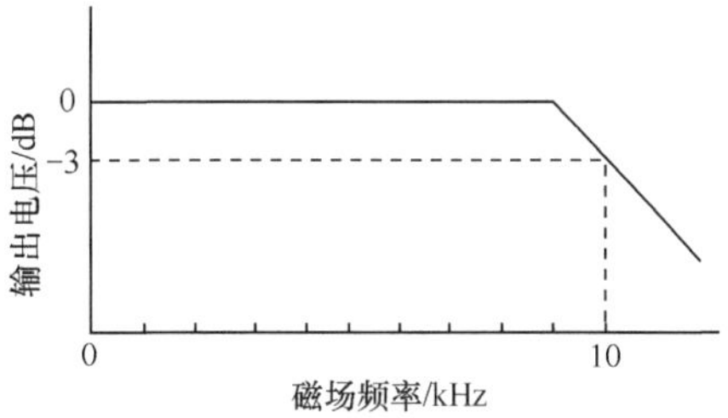

图 4-7-14　锗磁敏二极管频率特性

2．磁敏三极管

磁敏三极管是一种新型的磁电转换元件，其灵敏度比霍尔元件的灵敏度要高许多，具有响应快、输出功率大、体积小、无触点、成本低廉等优点，在位移测量、磁力探测、工业自动化控制中得到了广泛的应用。

磁敏三极管的基本结构及工作原理为：磁敏三极管由硅材料或锗材料制成，以锗管为例，其结构示意和工作原理如图 4-7-15 所示。锗磁敏三极管有两个 PN 结，其中发射极 E 和基极 B 之间的 PN 结由长基区二极管构成，并设置了高复合区，表示为图中的黑色部分。图 4-7-15（a）示意了在磁场的作用下，载流子受到洛伦兹力作用偏向高复合区，使得集电极 C 上的电流减小。图 4-7-15（b）表示在反向磁场作用下载流子偏离高复合区，则集电极电流增加。基区长度大于载流子有效扩散长度，所以共发射极的直流电流增益β<1，但其集电极电流有很高的磁灵敏度，依靠磁场来改变 I_C。

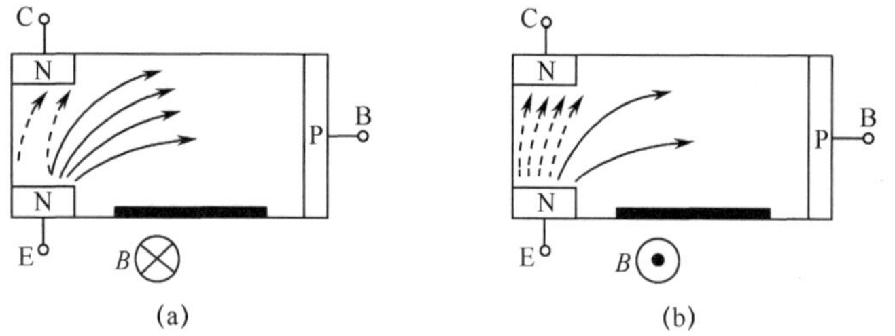

图 4-7-15　锗磁敏三极管结构和工作原理

磁敏三极管的灵敏度可表示为

$$S_I = \frac{|I_{C\pm} - I_{C0}|}{|0.1 I_{C0}|} \times 100\% \tag{4-7-14}$$

式中，I_{C0} 为磁场强度为零的初始状态下的集电极电流。一般情况下，锗磁敏三极管的集电极电流相对灵敏度为（160%～200%）/T，有的甚至可以达到 350%/T；硅磁敏三极管平均为（60%～70%）/T，最大可以达到 150%/T。

4.7.5　磁敏器件的应用

磁敏器件可将磁场信息转换成各种有用信号，是各种测磁仪器的核心。到目前为止，已有十多种常用测磁方法，研制和生产了几十个大类上百种测磁仪器。目前，其应用范围已扩展至天文（天体运行、演变的磁场检测）、地理（地心磁场的检测、地质年代变化的检测等）、人类疾病诊治等社会生活的各个方面。

磁敏器件的实际应用可分两类：一类是直接利用其检测磁场的功能，如计算机信息存储、音像信息记录及各种磁信息的读/写和传感装置；另一类是间接应用，即利用磁场作为被测信息的载体，通过磁敏器件进行检测、转换和控制，如各种物体运动信息（包括位置、位移、速度、压力、应力等）的检测和各种无触点开关，都可用磁性体作为载体。无论直接还是间接应用，一般都要求检测的磁场在 10 nT～1 T 的范围，且要求磁敏器件结构精巧坚固、体积小、质量轻、功耗低，和外电路接口方便，能在恶劣的环境下（如强振、多尘、高温、油污、腐蚀性气体等）工作，并可抗电磁干扰。另外，还要求高性价比。

4.8 磁致伸缩效应和压磁效应

4.8.1 磁致伸缩效应

铁磁材料在结晶过程中晶粒形成微小磁化区域，称为磁畴。各个磁畴的磁偶极矩是随机的，呈无序排列，所以当没有外磁场作用时，各个磁畴相互均衡，总体磁化强度为零。当有外磁场作用时，磁畴的磁偶极矩的矢量方向转向与外磁场平行的方向，结果使材料产生磁化现象。当外磁场很强时，磁偶极矩矢量方向将与外磁场平行，这时呈现磁饱和现象。

在外磁场作用下，磁偶极矩变化使磁畴之间的界限发生变化，晶界发生位移，从而使铁磁材料产生机械形变，这种现象称为磁致伸缩效应。

当某些材料受拉时，在受力方向上磁导率增高，而在与作用力相垂直的方向上磁导率降低，这种现象称为正磁致伸缩；与此相反，某些材料受拉时，在受力方向上磁导率降低，而在与作用力相垂直的方向上磁导率增高，这种现象称为负磁致伸缩。

4.8.2 压磁效应

压磁效应是磁致伸缩效应的逆效应。铁磁材料在外力作用下产生应变，使磁畴之间的界限变化，晶界发生位移，导致磁偶极矩变化，使材料的磁化强度发生变化。这种应力改变铁磁材料磁化强度的现象称为压磁效应。压磁效应表现为压应力时，力作用方向的磁导率 μ 减小，垂直作用力方向的磁导率 μ 增大；拉应力时情况则相反，即在力作用方向上磁导率 μ 增大，垂直作用力方向上磁导率 μ 减小；当外作用力消失，磁导率 μ 恢复原值。

实验证明，只有在一定条件下（如磁场强度恒定）压磁效应才有单值特性，但不是线性关系。就同一种铁磁材料而言，在外界机械力的作用下，磁导率的改变与磁场强度有密切关系，如当磁场较强时，磁导率随外界力的增加而减小，而当磁场较弱时则有相反的结果。

铁磁材料的压磁应变灵敏度表示方法与应变灵敏系数表示方法相似，即

$$S=\frac{\varepsilon_{\mu}}{\varepsilon_{l}}=\frac{\Delta\mu/\mu}{\Delta l/l} \tag{4-8-1}$$

式中，ε_{μ} 为磁导率的相对变化，$\varepsilon_{\mu}=\Delta\mu/\mu$；$\varepsilon_{l}$ 为在机械力的作用下铁磁物质的相对变形，$\varepsilon_{l}=\Delta l/l$。

压磁应力灵敏度同样定义为单位机械应力 σ 所引起的磁导率相对变化为 $\varepsilon_{\mu}=\Delta\mu/\mu$，即

$$S_\sigma = \frac{\Delta\mu / \mu}{\sigma} \tag{4-8-2}$$

图 4-8-1 为工业纯铁的磁导率相对变化与应力、应变的关系，S_σ 在图 4-8-1 中所示曲线上可为（0.16%～0.11%）/（N/mm^2）。

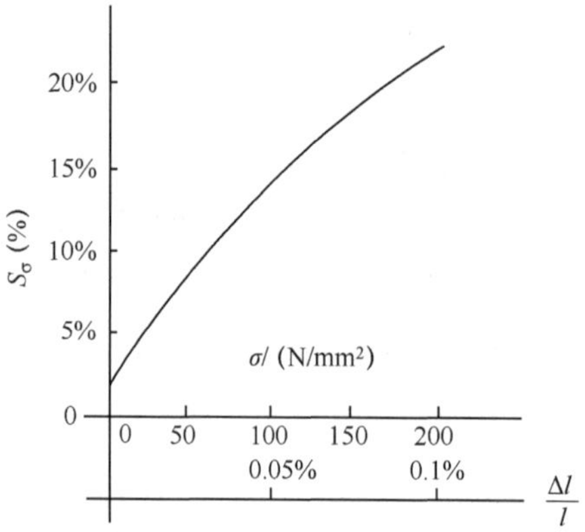

图 4-8-1　应力引起的磁导率相对变化和应力的关系及对应的应力与应变

利用磁导率变化与应力的关系可做成压磁传感器，用来测量压力、拉力、弯矩、扭转力（或力矩）。这种传感器输出的电参数为电阻抗或二次绕组的感应电势，即有如下变换链。

$$P \rightarrow \sigma \rightarrow \mu \rightarrow R_m \rightarrow Z \text{ 或 } e$$

其中，P 为机械力；σ 为应力；μ 为磁导率；R_m 为磁路的磁阻；Z 为电阻抗；e 为传感器二次侧的感应电势。

4.9　热阻效应、热电效应和热释电效应

4.9.1　热阻效应与热敏器件

物质的电阻率随温度变化的现象称为电阻-温度效应或热阻效应。热电阻式传感器利用热阻效应将被测量（如温度）直接转换为电阻变化。利用金属导体的热阻特性制作的感温元件或温度变换器称为金属热电阻（thermal resistor）。利用半导体的热阻特性制作的感温元件或温度变换器称为（半导体）热敏电阻（semiconductor thermistor resistor）。

一般金属的电阻随温度升高而增加，因为温度升高使自由电子的动能增加，从而改变其运动方式，使之作定向运动所需的能量增加，反映在电阻上是阻值增加。一般可描述为

$$R_t=R_0[1+\alpha(t-t_0)] \tag{4-9-1}$$

式中，R_t 和 R_0 分别为温度 t 和 t_0 时的电阻值（Ω）；α 为材料的电阻温度系数（$℃^{-1}$）。

由式（4-9-1）可得电阻灵敏度为

$$K=R_0^{-1}\mathrm{d}R_t/\mathrm{d}t=\alpha \tag{4-9-2}$$

金属的电阻温度系数 α 一般在 0.003～0.006 $℃^{-1}$ 之间，绝大多数金属导体的电阻温度系数并非常数，它随温度变化而变化，只能在一定的温度范围内将其看成一个常数。不同的金属电阻，保持常数所对应的温度范围不同，通常这个范围小于该导体的工作范围。

半导体热敏电阻是利用半导体材料的电阻率随温度变化的性质制成的温度敏感元件。半导体和金属的导电机理完全不同。半导体中参与导电的是载流子，载流子的浓度（单位体积内的数目）比金属中的自由电子浓度小得多，所以半导体的电阻率大。随着温度升高，一方面，半导体中的价电子受热激发跃迁到较高能级而产生的新的电子-空穴对增加，使电阻率减小；另一方面，半导体材料的载流子的平均运动速度升高，导致电阻率增大。

相对热电阻，热敏电阻的优点如下：很高的负电阻温度系数；灵敏度比热电阻高约一个数量级；常温下的阻值大，测温时可以忽略引线电阻的影响；体积小、动态特性好；测温范围为−100～300 ℃，还可广泛用于自动控制及电子线路和热补偿电路中。热敏电阻的缺点是分散性大、非线性大、长期稳定性差、互换性差。

4.9.2 热电效应及器件

把两种不同金属或半导体串接成闭合回路，当两节点处温度不同时，在回路中将产生热电动势并产生回路电流，这种由温差产生热电势的现象称为热电效应，也称为塞贝克效应。温差产生的热电动势由两种电势共同组成，一种是两种不同金属（或半导体）材料的接触电势，另一种是同一种材料的温差电势。

两种不同金属（或半导体）材料的接触电势的产生是由于两种材料接触时自由电子由密度较大的材料（金属或半导体）向密度较小的材料扩散，直至形成动态平衡，在接触处失去电子的一侧带正电，得到电子的一侧带负电。

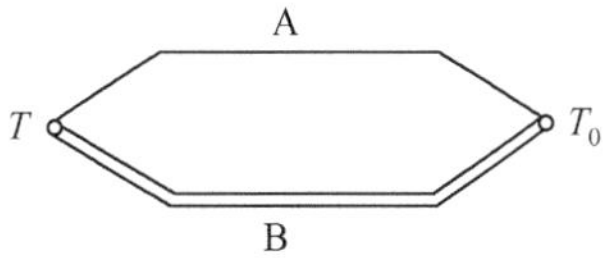

图 4-9-1　热电效应

单一金属或半导体材料的温差电势的产生是由于自由电子在高温端具有较大的动能，因而向低温端扩散而形成，高温端失去电子带正电，低温端得到电子带负电。

因此，两种材料 A 和 B 组成的闭合回路，当两端（节点）温度分别为 T 和 T_0 时，温差产生的热电动势可表示为

$$E_{AB}(T,T_0)=\frac{k}{e}(T-T_0)\ln\frac{n_A}{n_B}+\int_{T_0}^{T}(\sigma_A-\sigma_B)dt \tag{4-9-3}$$

式中，k=1.38×10^{-23} J/K，为玻尔兹曼常数；e=1.602×10^{-19} C，为电子电荷量；n_A、n_B 分别为材料 A、B 的自由电子密度；σ_A、σ_B 分别为材料 A、B 的汤姆孙系数。

式（4-9-3）中，右侧第一项反映两种不同金属（或半导体）材料的接触电势（称为帕尔帖电势），第二项则反映单一金属或半导体材料的温差电势（称为汤姆孙电势）。

在一定温度范围内，温差产生的热电动势可以简单表述为

$$E_{AB}=\alpha(T-T_0) \tag{4-9-4}$$

式中，α 为塞贝克系数。金属材料 α 值约为 80 μV/K 以下，半导体材料 α 值为 50～1 000 μV/K。

综合式（4-9-3）和式（4-9-4）可知，两种不同的电极材料可以组成热电偶，在热电偶回路中形成的热电势大小是热电偶两连接端的温度差的函数。固定参考端的温度 T_0，则热电势是温度 T 的单值函数，因此可构成温度传感器。

在实际中，不可能也没必要单独测量接触电势和温差电势，只需用仪表测出热电偶的总热电势。测出热电势后通常不是利用公式计算，而是用查表的方法来确定被测温度的。

和其他原理的传感器比较，热电偶的特点是敏感元件和转换元件为一体，直接将与被测温度对应的热能转换成电能，其测温范围较宽。

热电效应存在逆效应，当电流流过两种不同金属或半导体串接成的闭合回路时，一节点处变热（吸热），另一节点处变冷（放热），这种现象称为帕耳帖效应，是塞贝克效应的逆效应，设电流为 I，吸收或放出热量 Q 时，有

$$Q=\beta I \tag{4-9-5}$$

式中，β 为帕耳帖系数，$\beta=\alpha T$；α 为塞贝克系数；T 为环境的热力学温度。

由同种金属或半导体构成闭合回路时，在回路两侧保持一定温差 ΔT，并在回路中通电流 I，则在回路的温度转折处产生正比 $I\Delta T$ 的吸热或放热现象，此现象称为汤姆孙效应。

利用帕耳帖效应或汤姆孙效应可制作制冷器，如用于半导体激光器温控的制冷器。

4.9.3 热释电效应及器件

1. 热释电效应

在既无外电场也无外力作用时，电石、水晶等晶体材料受温度变化影响，其晶格的原子排列发生变化，能产生自发极化。这是由于环境温度变化时，晶体的热膨胀和热振

动状态发生变化，在晶面上将产生电荷，表现出自发极化，此现象称为热释电效应。

由于大气中浮游电荷吸附在材料表面上，热释电效应中自发极化产生的电荷会很快被大气中浮游电荷中和而消失，故热释电探测器不能测直流信号。要保证产生电荷的连续性，必须要有周期性变化的热源。

具有热释电效应的材料称为热释电体，产生热释电效应时，在外接电路产生的电流为

$$I=\lambda \mathrm{d}T/\mathrm{d}t \tag{4-9-6}$$

式中，$\lambda=\mathrm{d}P_\mathrm{r}/\mathrm{d}T$，为热释电系数[℃/(m·K)]；其物理意义是温度变化 1 K 时晶体表面上产生电荷密度的大小；$\mathrm{d}T/\mathrm{d}t$ 为温度随时间变化率；P_r 为室温下热释电材料的剩余极化强度。

利用热释电效应做红外敏感器件，将物体辐射的红外线做热源，采用周期性遮光调制，从红外热源持续获得交变红外线辐射，产生热释电荷，可完成非接触式温度检测。

红外探测常用的热释电材料有①有机类：硫酸三甘钛（TGS），居里点 49℃；聚二氟乙烯（PVF_2）；②无机类：铌酸锶钡、钛锆酸铅，居里点 360℃；钽酸锂，居里点 660℃。

2. 热释电探测器

在热释电材料上制作上、下电极，在受光面涂黑表面，并与场效应晶体管（FET）封装在一个外壳里即构成探测器，其结构如图 4-9-2 所示。热释电探测器中的热释电元件的等效电路与作为电荷源的压电元件的等效电路相同。因此，将 FET 和电容负反馈放大器，即电荷放大器与热释电元件集成在一起就构成了新型的热释电探测器。

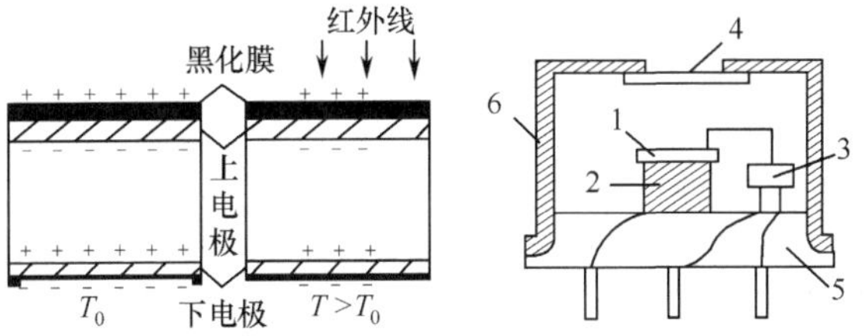

(a) 热释电元件　(b) 探测器结构示意图

1—热释电元件　2—特殊导电性支撑　3—FET 管　4—窗口　5—绝缘基底　6—外壳

图 4-9-2　热释电探测器

热释电探测器特点如下：可在室温下工作，但使用温度必须低于热释电元件材料的居里点；属交流器件，对恒定辐射无响应，恒定辐射须经调制斩波转换为交流或使用脉冲辐射；属高阻抗器件，需使用高阻抗低噪声的阻抗变换器如 FET 或电荷放大器。

4.10 与声波有关的效应与器件

4.10.1 超声波检测的原理和超声波换能器

超声波是一种频率很高的机械波，能在气体、液体、固体中传播，其频率界限如图 4-10-1 所示。由于其频率高（可达 10^9 Hz），因而波长短、绕射现象小，一个突出的特征是方向性好，能成为射线而定向传播。超声波在液体、固体中衰减很小，尤其是在对光不透明的固体中。超声波能穿透几十米的长度，碰到杂质成分界面就会有显著的反射。

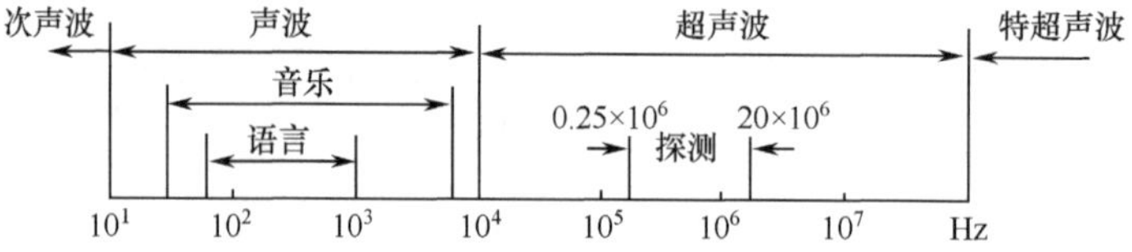

图 4-10-1　频率的界限

通过超声发生器先将超声波发射出去，再将接收回来的超声波变换成电信号，完成这些工作的装置称为超声波传感器。习惯上把发射和接收部分均称为超声波换能器，也称为超声波探头。超声波传感器可测量液位、流量、速度、浓度、厚度等参量及用于无损探伤。

1. 超声波传感器的工作原理

超声波传感器检测各种非声量是通过对某些媒质的声学特性的测量来进行的。超声测量中应用最广的声学特性是媒质的声速。一方面因为媒质的声速与媒质的许多特性有直接或间接关系。有些关系非常简单直接，已有准确的理论公式；有些关系是间接的且复杂，但在特定条件下仍可建立半理论或纯经验的关系式，利用这些关系，可通过测声速来测定这些媒质的非声学特性。另一方面，媒质的声速与媒质所处状态有相互关系，如媒质的温度、压强和流速等状态参量变化都会引起相应的声速变化。此外，在声速已知的媒质中，可利用声波传播距离与时间的关系或者波长与频率（或周期）的关系进行超声测距。

采用测声阻抗率的方法也即测传感器对媒质的辐射阻抗率，可测量媒介的密度、弹性模量、液体的黏度、密度等非声量。声衰减方法也可测非声量，但媒介的声衰减很复杂，工业测量中测声衰减的相对值容易，但精度低，只在声速或声阻抗率等方法不适用时使用。

2. 压电换能器的结构

超声波换能器按其结构可分为直式换能器、斜式换能器、表面波换能器、兰姆波换能器及聚焦换能器等形式；按其作用原理，有压电式、磁致伸缩式、电磁式等。实际使用中压电式换能器最常见。下面简介直式换能器、斜式换能器。

（1）直式换能器。直式换能器可发射和接收纵波，其基本结构如图 4-10-2 所示，主要由压电晶片、阻尼或吸收块、保护膜等组成。其中的压电晶片多为圆板形，超声波频率与其厚度成反比，即

$$f=\frac{1}{2d}\sqrt{\frac{E_{11}}{\rho}} \qquad (4\text{-}10\text{-}1)$$

式中，d 为晶片厚度；E_{11} 为晶片沿 X 轴方向的弹性模量；ρ 为晶片厚度。从式（4-10-1）可知，压电晶片在基频沿厚度方向振动时，厚度 d 相当于晶片振动的半波长，可按此规律选择晶片厚度。

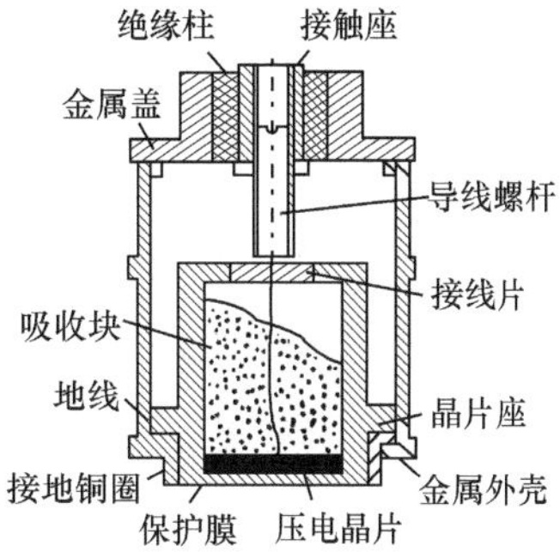

图 4-10-2　直式换能器的结构示意图

压电晶片两面敷有银层作导电极板，晶片底面接地线引至电路上。阻尼块用来降低晶片的机械品质，吸收声能量。若无阻尼块，电振荡脉冲停止时，压电晶片会继续振动，加长超声波的脉冲宽度，使分辨力变差。阻尼块的声阻抗等于晶片的声阻抗时，效果最佳。为避免压电晶片与被测试件直接接触而磨损晶片，在晶片下黏合一层软性保护膜或硬性保护膜。软性保护膜可采用厚约 0.3 mm 的薄塑料膜，可与表面粗糙工件有较好接触；硬性保护膜可用不锈钢片或陶瓷片。晶片保护膜黏合后，换能器的谐振频率将会降低。

保护膜的厚度为二分之一波长的整数倍时（即在保护膜中的波长），声波穿透率最大；厚度为四分之一波长的奇数倍时，声波穿透率最小。在选择保护膜的材料性质时，要实现声阻抗的匹配，其最佳条件为

$$Z=\sqrt{Z_1/Z_2} \qquad (4\text{-}10\text{-}2)$$

式中，Z 为保护膜的声阻抗；Z_1 为压电晶片的声阻抗；Z_2 为被测试件的声阻抗。

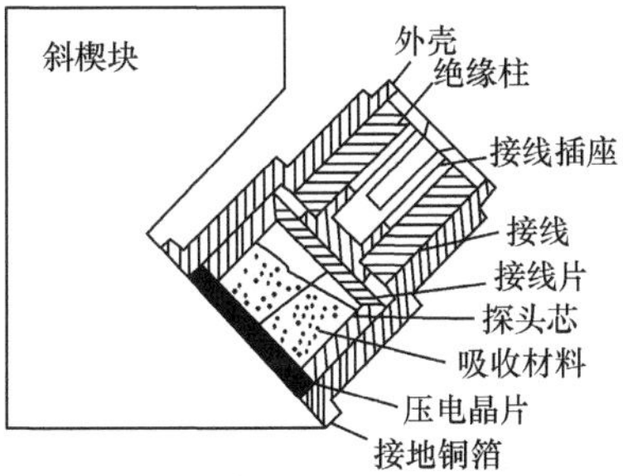

图 4-10-3　斜式换能器的结构示意图

（2）斜式换能器。斜式换能器可发射和接收横波，如图 4-10-3 所示，主要由压电晶片、阻尼块及斜楔块组成。晶片产生纵波，经斜楔块倾斜入射到被测试件中，转换为横波。斜楔块为有机玻璃，被测工件为钢，斜式换能器的角度（即入射角）在 28°～61° 之间时，在钢中可产生横波。

直式换能器在液体中倾斜入射工件时，也能产生横波。

3．典型应用

超声测距以及基于测距的物位测量是超声波最成功的应用领域之一，其主要优点是

可定点和连续测量，不需特别防护，安装、维护方便，结构、方法简单，价格低廉，适应性强。物位测量中，超声波脉冲回波法应用最广，通过测量从发射到接收物体反射回波所需的时间，再乘以媒质中的声速，就能计算距离或确定物位。

超声测距与测物位的原理基本相同，相对雷达、红外、激光等测距法，其优点是：

① 对色彩和光照度不敏感，可用于识别透明及漫反射性差的物体。

② 超声波对外界光线和电磁场不敏感，可用于黑暗、有灰尘或烟雾、电磁干扰强、有毒等恶劣环境中。

③ 传感器结构简单、体积小、费用低、信息处理简单可靠、易于小型化和集成化。虽然温度变化对声速有一定影响，但是，在测距精度要求较高时，可通过实测温度，根据近似数值公式 $v= v_0+0.607T$ 进行补偿（式中 v_0 为 0℃时的声速，T 为实时温度（℃））。

声波在空气中传播时衰减较大使得超声测距的范围有限。另外，其强度衰减与频率成正比，频率越高，测量的距离越小；但要获得高分辨率就需要高频率，因此存在矛盾。

利用超声测流量也是典型应用，相对经典流量计，超声流量计的优点是：

① 非接触式测量。

② 不受流体物理和化学性质的影响。

③ 读数与所测流体的流量呈线性关系，便于直接读数、记录和流量累积。

超声流量计常用的测量法有传播速度差法、多普勒法等。传播速度差法包括直接时差法、相差法和频差法，其原理都是利用超声波脉冲顺流和逆流时的速度差反映流体流速。

4.10.2 声表面波原理与器件

声表面波（surface acoustic wave，SAW）是一种能量集中于表面传播的声波。基于 SAW 器件频率特性对温度、压力、磁场、电场和某些气体成分等敏感的规律，近年来已出现十几种类型的 SAW 传感器（SAW transducer /sensor）。尽管其在较多的领域还没实用化，但因其符合小型化、数字化、智能化和高精度的发展方向，而受到高度重视。

图 4-10-4　叉指换能器的基本结构

1. 声表面波叉指换能器

声表面波叉指换能器是目前唯一实用的 SAW 换能器，是 SAW 传感器的关键器件。

（1）叉指换能器（IDT）的基本结构。如图 4-10-4 所示，叉指换能器（IDT）由若干淀积在压电衬底材料上交叉平行的金属膜电极组成。叉指周期 $T=2a+2b$，两相邻电极构成一电极对，其相互重叠长度 W 为有效指长，即 IDT 的孔径。若 IDT 各电极对的重叠长度相等，则称其为等孔径或等指长 IDT。

（2）IDT 激励 SAW 的物理过程。利用压电材料的正、逆压电效应，IDT 既作为发射换能器，用来激励 SAW，又作为接收换能器，接收 SAW。当在发射 IDT 上施加适当频率的交流电时，压电基片内部的电场分布如图 3-11-5 所示。该电场可分解为垂直与水平两个分量 E_v 和 E_h。由于基片的逆压电效应，此电场使指条电极间的材料发生形变、质点发生位移。E_h 使质点产生平行于表面的压缩（膨胀）位移，E_v 产生垂直于表面的剪切位移。这种周期性应变产生沿 IDT 两侧表面传播的 SAW，其频率等于所加电信号的频率。一侧无用的波可用高损耗介质吸收，另一侧的波传播至接收叉指换能器，借正压电效应将 SAW 转换为电信号输出。

（3）叉指换能器的基本特性。

① 工作频率 f_0。由图 4-10-5 可知，基片在外电场作用下会产生局部形变。当声波波长与电极周期一致时得到最大激励（同步），这时电极的周期 T 即声波波长 λ，可表示为

$$\lambda=T=v/f_0 \qquad (4\text{-}10\text{-}3)$$

式中，v 为材料的表面波声速（m/s）；f_0 为 SAW 频率，即外加电场的同步频率（Hz）。

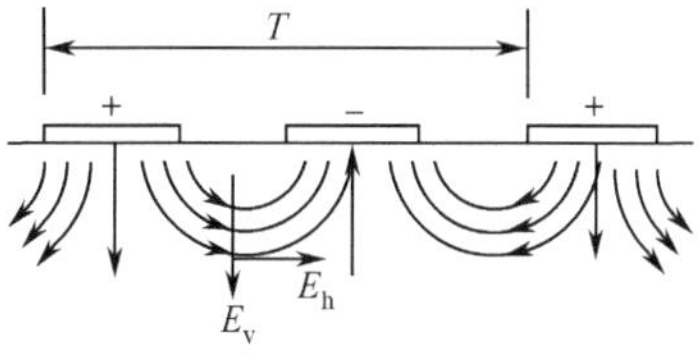

图 4-10-5　叉指电极下某一瞬间的电场分布

当指宽 a 与间隔 b 相等时，$T=4a$，则工作频率（中心频率）$f_0=0.25v/a$。可见，对确定的声速 v，IDT 的最高工作频率只受工艺上所能获得的最小电极宽度 a 的限制。叉指电极由平面工艺制造。对石英基片，IDT 的工作频率可高达 2.6 GHz。

② 带宽。带宽直接取决于叉指对数 N，对于等指宽、等间隔的 IDT，可简单表示为

$$\Delta f = f_0 / N \qquad (4\text{-}10\text{-}4)$$

当中心频率一定时，叉指对数越多，IDT 带宽越窄。SAW 器件的带宽的灵活性很大，相对带宽可窄到 0.1%，宽到 1 倍频程（即 100%）。

③ 互易性。作为激励 SAW 用的 IDT，同样（且同时）也可作接收用。这在分析和设计时都很方便；但因此也带来麻烦，如声电再生等次级效应将使器件性能变坏。

2．声表面波谐振器

SAW 传感器的一个关键部分是 SAW 谐振器，它由 SAW 振荡器（SAW resonator，SAWR）

或 SAW 延迟线与放大器，以及匹配网络组成。SAWR 由 IDT 及金属栅条式反射器构成，如图 4-10-6 所示。图 4-10-6（a）是单叉指换能器式谐振器，为单端对、单通道谐振器结构，相互干扰和插入损耗低；图 4-10-6（b）是双叉指换能器式谐振器结构，两个 IDT 中，一个用于发射，一个用于接收。双叉指换能器因低噪声而实际常用。

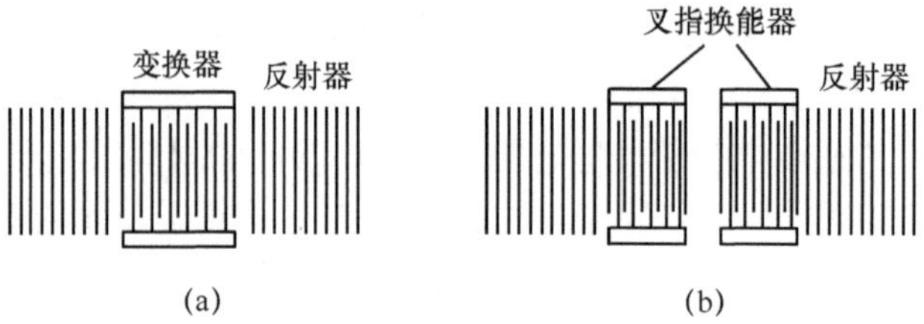

图 4-10-6　SAWR 谐振器结构

SAW 谐振器的工作原理和普通石英谐振器一样。IDT 产生的 SAW 被限制在谐振腔内。因为在输入或输出换能器两边有许多周期性排列的反射栅。当 SAW 波长近似等于栅周期的 2 倍时，反射栅就像一面镜子，所有的表面波能量都被限制在由这两个栅条组成的谐振腔内。用足够数目的栅条，可使来自所有反射栅的总反射几乎等于来自 IDT 的入射波；在谐振频率上所有的反射叠加在一起，产生一个高 Q 值窄带信号。对图 4-10-6 所示的两种结构，由于在谐振腔中心，声信号传播损耗大，使整个谐振器插入损耗较高。这两者都具有受正反馈谐振器控制的振荡结构所必需的 180°相移。谐振腔的 Q 值由材料的插损和空腔泄漏损耗决定。图 4-10-7 所示为延迟线型结构，因 SAW 在两个 IDT 之间传播而产生时间延迟。

由 SAWR 组成的谐振器结构原理如图 4-10-8 所示。其输出信号经放大后，正反馈到其输入端。只要放大器的增益能补偿谐振器及其连接导线的损耗，同时又能满足一定的相位条件，那么谐振器就可起振、自激。起振后的 SAW 谐振器的谐振频率会随着温度、压电基底材料的变形等因素影响而发生变化。因此，SAW 谐振器可测量多种物理量。

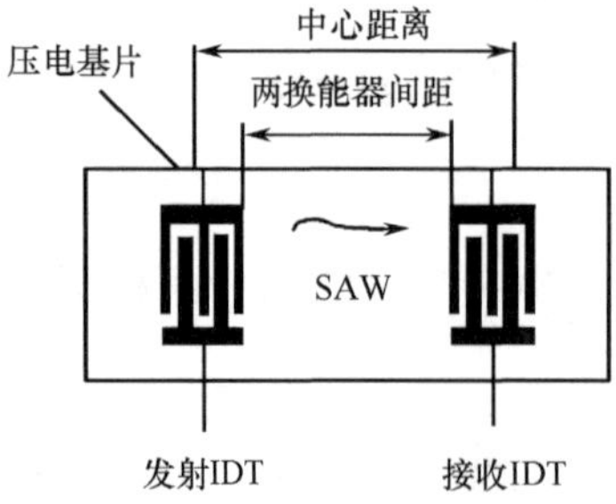

图 4-10-7　SAW 延迟线型结构

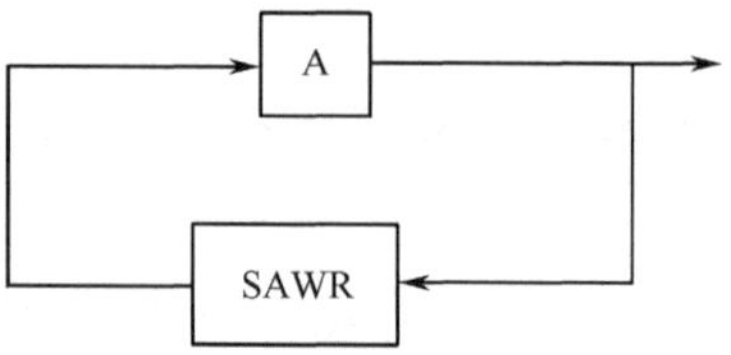

图 4-10-8　SAW 谐振器原理结构

3. SAW 传感器的突出优点

（1）高精度、高灵敏度，非常适用于微小量程的测量。例如，SAW 压力传感器的相对

灵敏度可达 $0.3\times10^{-6}\ \mathrm{Pa}^{-1}$；SAW 温度传感器的理论分辨力可达 10×10^{-6} ℃。

（2）结构工艺性好，便于批量生产。SAW 器件是平面结构，片状外形，设计灵活；易于组合和实现单片多功能化、智能化；易安装，并能获得良好的热性能和机械性能。

（3）由于采用平面结构、易于集成，SAW 传感器的体积、质量非常小，功耗低。

（4）SAW 传感器直接将被测变化转换成频率的变化，易于与微处理器相连，接口简单。

4．SAW 传感器应用

SAW 传感器基于 SAW 谐振器的频率随被测物理或化学量变化而改变。以 SAW 谐振器为核心并配以必要电路和结构，可做成应变、应力、压力、微小位移、力及温度等的传感器；基于相同机理，通过适当结构设计，可做成加速度计；在两个 IDT 电极之间涂覆某种气体敏感（吸附和脱附）材料，可制成各种气体传感器、湿度传感器等。

表声波典型的物理响应是其幅值和速度的变化，大多数用于检测其速度的变化，这样较易获得较高的精度。有些用于检测 SAW 的相特性，主要利用 SAW 延迟线振荡器和谐振器，谐振器的频率直接正比于 SAW 的速度。

典型 SAW 传感器有温度、压力、加速度等传感器。利用 SAW 的速度与环境温度及 SAW 器件材料特性的关系，如铌酸锂有很大的温度系数，温度不仅影响 SAW 的速度，也影响器件的物理尺寸（延迟时间），用 SAW 延迟线振荡器制作的温度传感器有百万分之一的分辨率和良好的线性与低滞后特性。为消除温度漂移，常采用双延迟线结构来补偿温度误差。SAW 压力传感器基于 SAW 的波速受晶体所受应力的影响大，同时采用谐振和延迟线振荡器结构，可获得高灵敏度和很好的线性度，其缺点是存在温度漂移。

思考题与习题

【4-1】为什么说弹性元件在结构型传感器中的地位非常重要？对用于敏感元件的弹性元件的材料一般有哪些要求？

【4-2】弹性元件的特性用哪些参数表示？其固有频率高有何益处？如何估计固有频率？

【4-3】金属应变片与半导体应变片在工作原理上有何异同？比较应变片与应变片敏感材料的灵敏系数概念的不同物理意义。

【4-4】简述应变片的主要用途和应变式传感器的主要特点。

【4-5】什么是压阻效应？固态压阻器件有何结构特点？如何补偿压阻系数的温度影响？

【4-6】什么是压电效应？带前置放大的压电元件的等效电路有哪两种？各适用于什么应用场合？

【4-7】压电元件配置电压放大器时与配置电荷放大器时有何性能差异？

【4-8】为何压电传感器不能测量静态信号（从等效电路的输入输出幅值关系分析说明）？

【4-9】什么是热电效应和热释电效应？热式电探测器有何特点？

【4-10】简述热电偶的测温原理和方法。产生热电势需要满足什么条件？

【4-11】红外辐射测温中常用到哪些基本定律？如何利用红外辐射实现测温？

【4-12】什么是外光电效应、内光电效应？什么是光电导效应和光伏效应？各列举一两例基于这几个效应的对应器件。

【4-13】光电器件主要特性有哪些？各起何作用？如何根据光电器件的特性选配光源？

【4-14】什么是霍尔效应？霍尔元件为何容易受温度影响？如何补偿环境温度变化对霍尔器件输出的影响？

【4-15】什么是磁致伸缩效应和压磁效应？

【4-16】几何磁阻效应与物理磁阻效应的区别是什么？

【4-17】磁敏二极管和磁敏晶体管各有何结构与性能特点及用途？

【4-18】简述光纤传光原理和光纤传感器的基本工作原理及组成类型与特点。

【4-19】简述超声波传感器的工作原理，采用超声波测距时为何要考虑温度影响？

【4-20】简述声表面波传感器的特点和可测量哪些常见物理量及其测量原理。

第 5 章 机械量传感器

在实际应用中，要测量的机械量非常多，如位移、速度、加速度等动力学参量，力、扭矩、应力、压力等力学量，质量、密度、黏度等物性参量。从检测原理上讲，上述每一种参量的测量都可采用若干测量方法。例如，测量压力既可采用应变式传感器，也可采用基于电容或者电磁等测量原理的传感器。因此，在各种类型的传感器中，机械量传感器的品种非常丰富。尽管机械量传感器的种类很多，但迄今为止，占据应用市场的主要是位移、加速度、力/扭矩、压力/应力、位置/角度、流速传感器这 6 类。

机械量大多与力作用相关。力作用能使器件的结构尺寸或位置发生变化，引起相关的电阻、电容、电感等电量变化，形成结构型传感器。力作用也可使材料的物理性能变化，如压阻效应、压电效应、压磁效应等，形成物性型传感器。限于篇幅，本章针对 6 类机械量，介绍典型传感器的结构原理或实现方式，以期在学习机械量传感器的同时，了解物理传感器的不同构造思路和实现方式，以及利用不同传感原理实现同类参量传感器的异同。

5.1 线位移传感器

位移是指物体上某点在一定方向的位置变化，位移包括线位移和角位移。位移测量一般是在位移方向上用位移（或转角）传感器测量物体的绝对位置或相对位置的变化的。

位移测量在工程中应用很广。其中，一类是直接测量物体的移动量或转动量，如机床工作台的位置、位移、振动幅度、物体的变形量等；另一类是通过位移测量，特别是微位移测量来反映其他物理量的大小，如力、力矩、压力、温度等。而厚度、物位、距离等长度参数也主要通过测位移来获得，因此，位移传感器是非电量测量中的基础性传感器。可测量位移量的传感器原理和种类很多，按测量方式不同，可分为接触式和非接触式两类。由于非接触式测量不影响被测对象，功耗相对小，以下介绍非接触式测量方式的传感器。

5.1.1 磁阻式线位移传感器

磁阻式位移传感器的突出特点是非接触测量、构造简单、抗干扰能力强、适用于恶劣环境、性能和可靠性好。

1．非接触式大位移霍尔传感器

图 5-1-1 所示为大位移测量传感器的原理结构。在非磁性材料制作的安装板 2 上，等间距安装小磁钢 1，霍尔元件 3 与过渡块 4 固定连接并随被测体运动时，霍尔元件依次通过每个小磁钢，每经过一个小磁钢，产生一个电压脉冲信号。利用记录器记取脉冲数，由脉冲数 n 乘以磁钢间距 d 即可得到被测位移 $L=nd$。

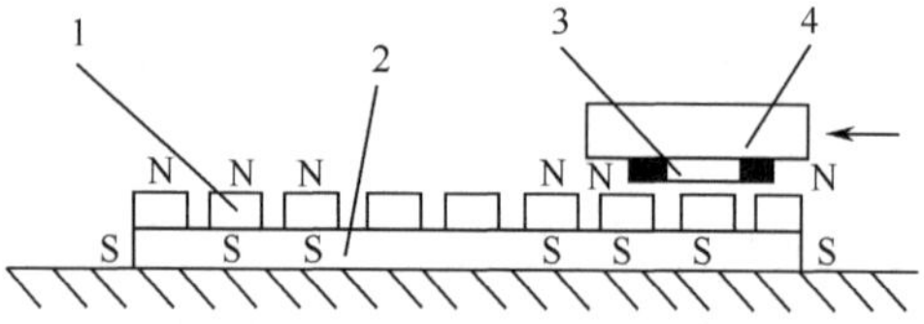

1—小磁钢　2—安装板　3—霍尔元件　4—过渡块

图 5-1-1　大位移霍尔传感器原理结构示意图

显然，将霍尔元件固定，而使小磁钢随被测体运动，也可测得位移量。如果将多个小磁钢（或霍尔元件）等间距按圆周安装，则可测量转速或角位移。大位移传感器检测位移的分辨力为每个小磁钢的间距，测量精度取决于小磁钢间的等分精度。

2．采用磁阻元件的非接触式位移传感器

图 5-1-2 给出了利用磁敏电阻测量位移的原理，即利用加在磁敏电阻器上的磁场面积变化改变元件上端 R_a、下端 R_b 的值。其中，图 5-1-2（a）是磁铁居上位，此时 $R_a>R_b$（设无外加磁场时 $R_a=R_b$），$U_o=ER_b/(R_a+R_b)<E/2$；图 5-1-2（b）是磁铁居中位，此时 $R_a=R_b$，$U_o=E/2$；图 5-1-2（c）是磁铁居下位，此时 $R_a<R_b$，$U_o=ER_b/(R_a+R_b)>E/2$。R_a、R_b 相当于无触点电位器，如图 5-1-2（d）所示。

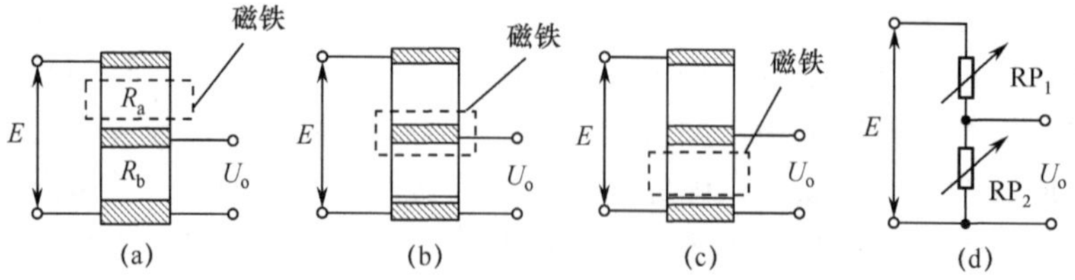

图 5-1-2　利用磁敏电阻器测量位移的原理图

根据上述原理构成的一种磁阻型位移传感器如图 5-1-3 所示。当磁铁处在中间位置时，$R_{M1}=R_{M2}$，电桥输出 $U_{AB}=0$；当磁场相对元件向左移动时，输出 $U_{AB}>0$；若向右移动，输出 $U_{AB}<0$。可见，此方法既能测位移大小，也能反映位移方向。

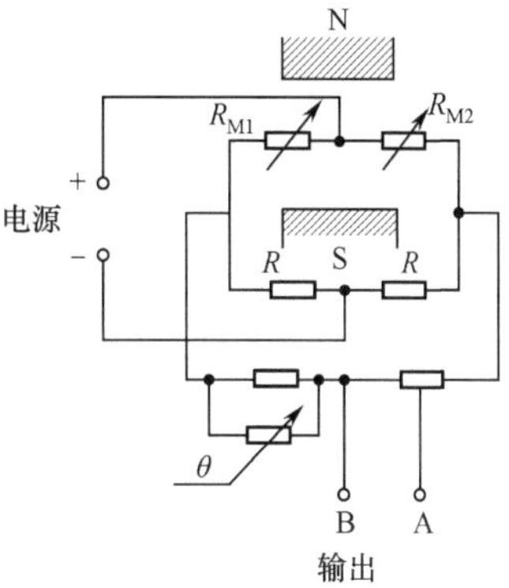

图 5-1-3　测量位移的磁阻传感器

MSI（精量）公司提供了一种基于 AMR 磁阻效应的磁位移/长度集成传感模块（MLS）。如图 5-1-4 所示，它用 4 组 8 片 AMR 电阻在一个模块里组成两个电桥，分别输出对应位移的 1/4 周期的正弦和余弦电压信号，从而将对应磁尺上的一个磁极节距分解为相位差为 90° 的两个信号。对这两个信号细分或插值计算，可进一步提高测量位移分辨力和测量精度。

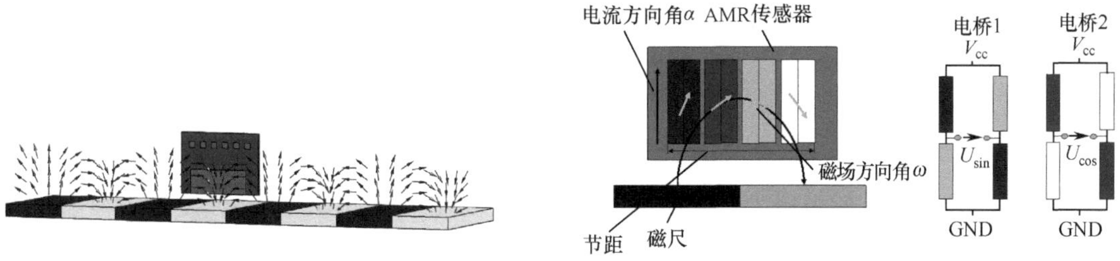

(a) MLS传感器位移测量原理示意图　　(b) 基于AMR传感器构成原理与双电桥结构

图 5-1-4　AMR 器件与磁尺组合的磁位移/长度传感器模块

5.1.2　光纤小位移传感器

相对于前述位移传感器所测位移量，习惯上称毫米级的位移为小位移，1 mm 以下的位移为微小位移。实际工程需要直接测量小位移的场合较多，如振动幅度。利用对小位移（或微位移）的测量，可实现对压力、温度、加速度等参量的间接测量。可测小位移的传感器多，如电容、电感、光纤和激光等传感器，其中光纤位移传感器有其特点。

1. 传光型光纤位移传感器

传光型光纤位移传感器由两段光纤构成，当它们之间产生相对位移时，所通过的光强发生变化，由此可测量位移。

图 5-1-5（a）所示是一种传光型光纤位移传感器。两根相同的光纤端面对准，中间留 1～2 μm 间隙，光通过时几乎无损耗。如果光纤位移引起两光纤中心轴错位，会加大光的损耗，光纤移动后输出的光强与两光纤中心重叠部分面积（图中阴影部分）成正比。

图 5-1-5（b）所示是基于光纤位移传感原理的位移式光纤水听器。作用于膜上的声波引起光纤上下相对移动，从而调制传导光强。设光纤中的光强均匀分布，则光纤随声波位移的调制系数为

$$Q = \frac{1}{\pi \omega \rho c a \sin\theta}(1-\cos 2\theta) \tag{5-1-1}$$

式中，a 为纤芯半径；ω 为声角频率；ρc 为声阻抗，ρ 为密度，c 为声速；θ 为光出射角。

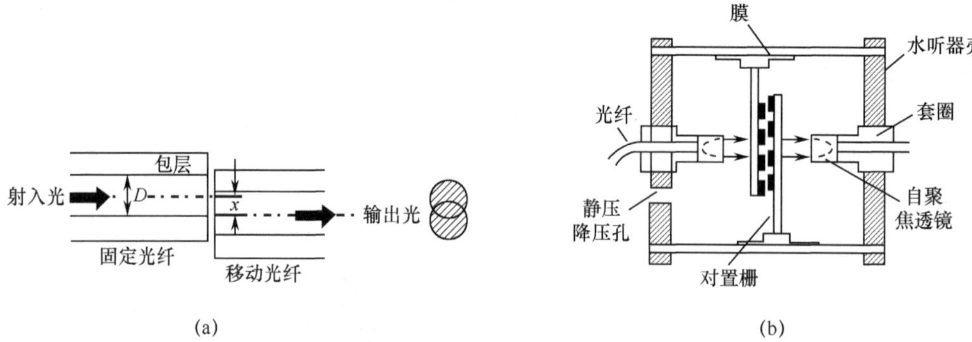

图 5-1-5　光纤位移传感器

它可探测到 1 μPa 的声压力，采用单模光纤可提高灵敏度，但其机械精度要求很高。为提高测量灵敏度，在光纤端面前加上两片光栅，一片固定，另一片随压力变化而移动，动光栅移动时，通过两光栅的光强呈周期性变化，其位移灵敏度成倍提高。

传光型位移传感器可设计成反射型，如图 5-1-6（a）所示，便于非接触测量。图中 A 是反射面，光源发出的光经发送光纤从光纤测头端面射出，照射到 A，由 A 反射的光中部分进入接收光纤。当 A 面与测头端面的间距 z 变化时，进入接收光纤的光强随之变化，使光探测器的输出 U 随 z 变化，如图 5-1-6（b）所示，可见，曲线 AB 段灵敏度高、线性好，但 z 的变化范围小；曲线 CD 段灵敏度低，但线性范围比 AB 段宽。测头端面处光纤排列情况及反射面情况都与灵敏度、测量范围有关，光纤束面积大，则线性测量范围大。

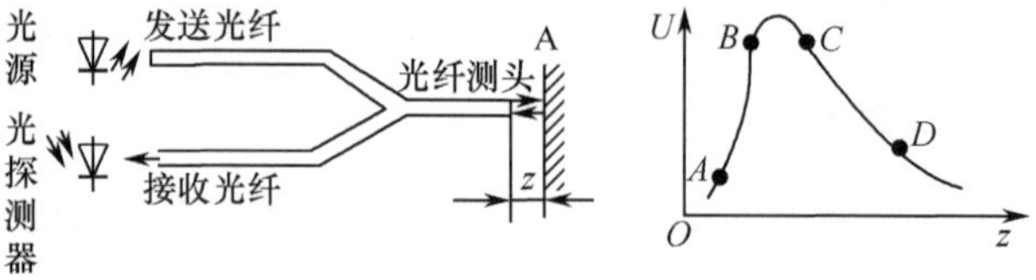

（a）原理图　　（b）输出电压与位移关系

图 5-1-6　反射型光纤位移传感器

2. 光强调制位移传感器

光纤弯曲时会改变内芯与包层间的光的折射方向，部分光逸出散射进入包层，改变了光纤里所传光信号的强度，这种信号改变方式称为强度调制。光电器件接收到由被测量引起光纤弯曲所致的光强变化信号后，经解调可得到被测量的变化。

利用光纤微弯效应的位移传感器是光强调制型传感器，如图 5-1-7 所示，被测物移动（可由压力引起）使变形器位移，光纤微弯变形引起光纤中模式耦合，有些波导模变成了辐射模。内芯中部分光透射入包层，造成损耗，微弯器件的位置和压力参数变化使微弯程度与漏光强度成正比，实现了光强调制。光强与位移之间有确定函数关系，通过检测输出光强的变化检得到波导模功率变化，可确定变形器的位移及受力大小。对微弯位移传感器，高阶模转变成辐射模时灵敏度最高。

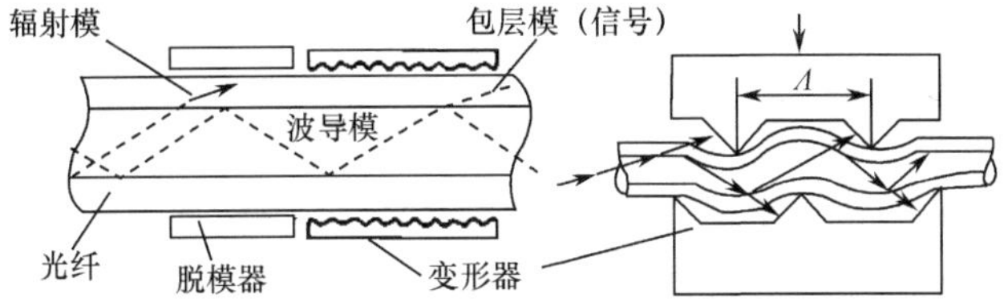

图 5-1-7 微弯光纤传感器示意图

设变形器的齿距为Λ（即光纤变形周期），由理论公式可得Λ与光纤参数的关系为

$$\Lambda = dn_1/(\sqrt{2}N_A) \tag{5-1-2}$$

式中，d 为光纤内芯直径；n_1 为内芯折射率；N_A 为数值孔径。

一般来说，大数值孔径和小内芯直径的光纤导光能力强。为提高灵敏度，光纤弯曲应严重。此时周期Λ应随 N_A 的增大和 d 的减小而改变。当位移和光纤直径（包层直径）一定时，内芯占比例越大（加大 d），弯曲越大，泄漏光越多，灵敏度就越高。实验证明，光的损耗与光纤变形器齿距Λ密切相关，如图 5-1-8 所示。其横坐标为Λ（mm），纵坐标为传输光强度ΔT 与位移变化Δx 之比，用单位位移（μm）与传输光强变化百分比（%·T）表示。由图可知，该曲线数据所用的传输方式为阶跃型。

微弯位移传感器分为亮场式和暗场式。亮场式测内芯中传输的光强，该强度随微弯的程度而变化。暗场式则是测包层中的光强。以亮场式为例，其传输光与位移之间的关系如图 5-1-9 所示，响应曲线分成三个区域：Ⅰ区位移较小，光纤弯曲较小，只有微弱的模辐射；Ⅱ区线性响应工作区，约占 60%范围；Ⅲ区位移增大，高阶模耗尽，灵敏度下降。

微弯位移传感器的主要问题是稳定性不高，但这种传感器可用于转轴的轴向移动、径向振动，以及同心度等测量，动态测量则需高速光电接口与之配合使用。

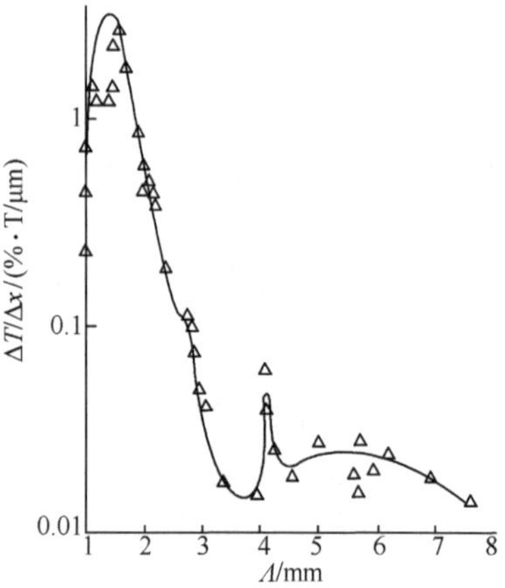

图 5-1-8 位移灵敏度与Λ之间的关系

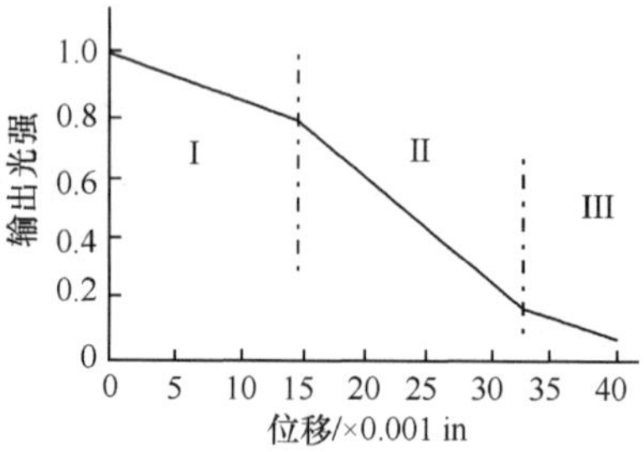

图 5-1-9 输出光强与位移之间的关系

5.1.3 光电式线位移传感器

1．光学三角位置传感器

光学三角法位置测量原理和结构简单、重复性好，具有较高的速度和精度，适合大多数不透明的物体都可适用，具有体积小、成本低、非接触，以及不受外界强电、磁场环境影响，因而成为自动化领域中一种标准测量位置的传感器。

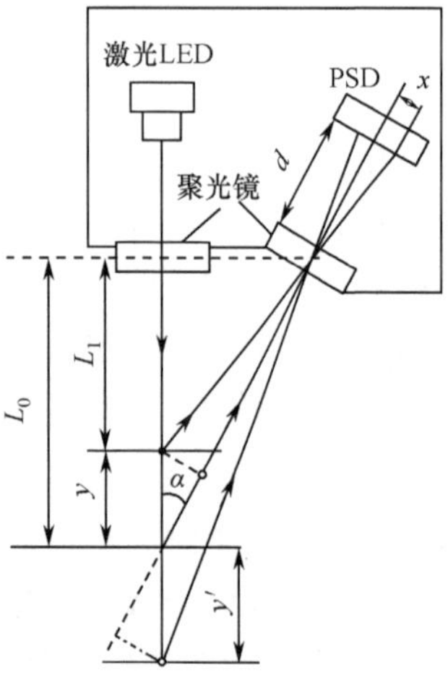

图 5-1-10 光学三角位置传感器结构原理示意图

光学三角位置传感器利用传感器发射的光束和被测物反射光束之间的几何关系来决定物体的位置。图 5-1-10 所示为其结构原理图，光源发出的光通过聚光透镜照到被测物或者被测物的反光靶上，再经过接收透镜把被测物反射的光传到位置敏感元件上。位置敏感元件一般采用 CCD 或 CMOS 图像传感器或 PSD（光位置敏感器件）等。由光位敏器件检测出反射光成像点相对所设参考点的偏移量 x，通过简单的三角关系可算出被测体（反光靶）相对传感器设定的参考位置的偏移，从而算出被测体到传感器的距离 L_1 为

$$L_1 = L_0 \mp y = L_0 \mp \frac{L_0 x / \cos\alpha}{d \sin\alpha \pm x \cos\alpha} \tag{5-1-3}$$

式中，L_0 为固定值，是参考位置相对光出射镜的距离；y 为反光靶相对参考位置的偏移；d 为反射光聚光镜与位置敏感元件的距离；α为反光靶在参考位置时入射光与反射光的夹角。

组成光学三角位置传感器的光源、光学聚焦系统、半导体位置敏感元件及电子电路等

可整体封装在一个体积很小的外壳中。这类传感器一般用 LED 激光器提供脉冲光源，以避免环境光和电磁噪声干扰；因 LED 激光和光位敏感元件的时间响应好，可进行多次的高频快速测量，通过取平均值降低测量误差，其输出方式可根据需要选择设定。典型传感器产品如德国米铱的 optoNCDT 系列激光位移传感器，其最大量程可达 10 m，误差仅 1 mm。

2．激光测距仪与激光雷达

激光测距的原理简单，与无线电雷达一样，将激光对准目标发射后，测量它返回的时间。如果从发出的信号到接收到反射信号之间的时间为 t，则发信号点到目标点的距离为

$$d=ct/2 \tag{5-1-4}$$

式中，c 为光速。这里的关键是要准确测量时间 t。

激光的方向性强、单色性好、光能量密集，这对于测远距离、判定目标方位、提高接收系统的信噪比和保证测量精确性等都有利，因此以激光为光源的测距仪很受重视。目前多以红宝石激光器、钕玻璃激光器、二氧化碳激光器、砷化镓激光器等作为测距仪的光源。

在激光测距仪的基础上，进一步发展了激光雷达，它不仅能测目标距离，还可测出目标方位，以及目标运动的速度和加速度等。激光雷达已成功地用于对人造卫星进行测距和跟踪。例如，采用红宝石激光器的激光雷达，其测距范围为 500～2 000 km，误差仅几米。

5.2 物位传感器

物位是各种容器设备中液体介质液面的高低、两种不相溶的液体介质的分界面的高低和固体粉末状物料的堆积高度等的总称，包括液位、料位和界面。具体而言，把存储在容器中的液体所存积的高度，以及自然界中江、河、湖、水库的水表面位置称为液位；各种容器或仓库场地堆积的固体物的相对高度或表面位置称为料位；在同一容器中两种密度不同且互不相溶的液体之间或液体与固体之间的分界面位置称为界位。被测对象种类繁多，检测条件和环境也差别很大，因此，应根据具体对象和条件选用相应的物位传感器。

物位反映的是相对某一基准面的高低（或高度），测量物位就是测量被测对象与参考基准面之间的相对距离。因此，测连续物位的传感器也是测长度的距离传感器。

5.2.1 超声波物位传感器

根据用途不同，超声波物位计有两种形式：一种是通过被测物体使声波短路或断路，或使振荡器频率改变、停振的开关型物位计，如图 5-2-1（a）和图 5-2-1（b）所示，用于极限位置监控。另一种是连续发出声波信号，超声波在界面处发生反射，再由接收器接收，

根据已知的声波速度 v，通过测量信号从发出到返回的时间 t 得到物位 $h=vt/2$，如图 5-2-1（c）和图 5-2-1（d）所示，适用于连续测量。

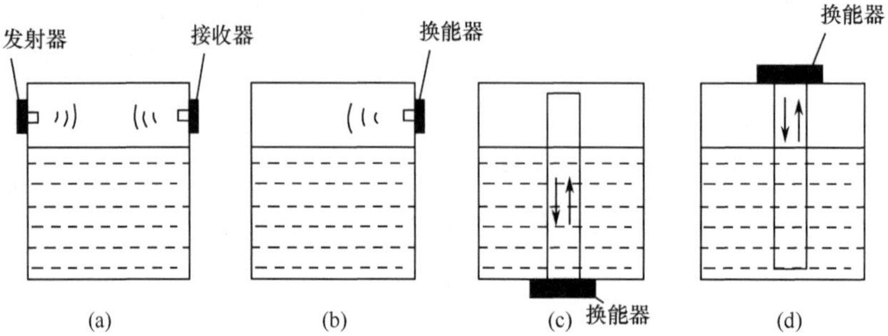

图 5-2-1　超声波物位仪表的安置方式

超声波不仅可用来测液体，也适于测量粒状松散并含有大量气体的材料，如细粒状或粉末状的泡沫塑料、纤维素等的料位。超声测量法还可用于木制或塑料容器，不适于测含固体材料的液体，因为固体会在振荡器旁产生堆积，影响测量精度。此外，超声波测物位成本较高，除了需要振荡器以外，还需要高频发生器。

5.2.2　电容式物位传感器

用机械式和机电式测量仪几乎无法测量黏液和粒状、粉末状材料的物位，而电容法可解决这类材料物位的测量问题，如测量存放在地窖中的粉状食物、谷子、洗衣粉、砂、水泥、石灰和煤粉，或测量储料箱中的燃料、油、酸、碱液及其他的黏液介质。电容法测量要求被测材料的介电常数保持恒定，所以无法测量具有不同介电常数的液固混合物的物位。

电容式物位传感器用一个电容探头感受物面位置的变化。图 5-2-2（a）所示为几种用于连续测量的电容探头结构，1 是部分或整体绝缘的棍电极，3、4 是拉紧或放松的绳电极，如果容器壁由导电材料制成，则只需装入电极 1 或 3 或 4，容器壁作为另一电极与外壳相连（接地）。如果容器壁由非金属材料制成，则必须使用具有内外电极的管式电极 2，或对电极 1、3、4 另附一个反电极 5，也可用金属带 6 与 1、3、4 组合，5、6 均需接地。

测量时，电容器上部隔着空气，下部充满液体或其他材料。空气的相对介电常数为 1，被测物的相对介电常数为 ε_r。物位变化引起的电容增量 ΔC 与被测物位置高度 x 的关系为

$$\frac{\Delta C}{C_0}=\frac{x(\varepsilon_r-1)}{h} \tag{5-2-1}$$

式中，h 为电容器的总高度；C_0 为初始电容值。

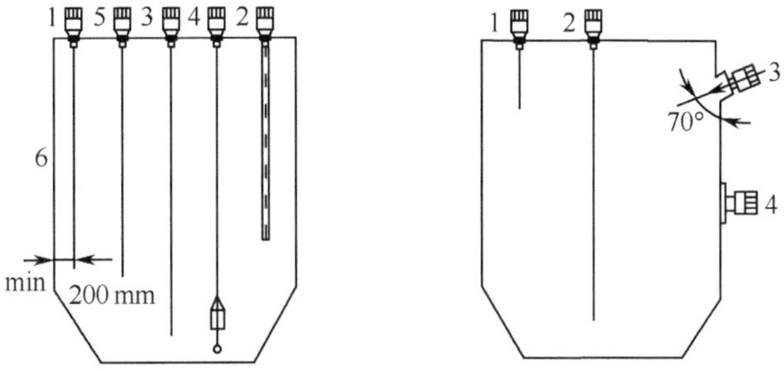

（a）用于连续测量的探头　　（b）用于极限位置监控的探头

图 5-2-2　电容式液位测量探头结构示意图

图 5-2-2（b）所示是一些进行物位极限位置监控的电容探头结构。这时不再希望探头的电容值在整个高度范围内线性变化，而是希望物位在达到极限位置时电容能发生突变。1 和 2 是部分或全部绝缘的棍电极或绳电极，3 是侧面安装的棍电极，它以 70° 角倾斜安装可防止被测液的黏附。4 是平面电极，可用于一些不能在内部插入电容探头的容器内物位的测量，如搅拌器。如果容器为非导电材料制成，同样需另外附加一个反向电极。

前面提到的整体绝缘探头（电极），用于导电材料物位的测量。绝缘材料内的芯棒为电容的一极，被测的导体材料为电容的另一极，构成变面积电容器。

5.2.3　磁致伸缩物位传感器

铁磁体在磁场中被磁化时，其磁力线方向的长度会产生微弱的伸长或缩短。磁致伸缩液位传感器是近年来快速发展的高精度、超大量程新型液位测量装置，能同时测量多参数，它寿命长，能承受高温高压环境，适用于易燃、易爆、有腐蚀的场合，易于安装和维护。

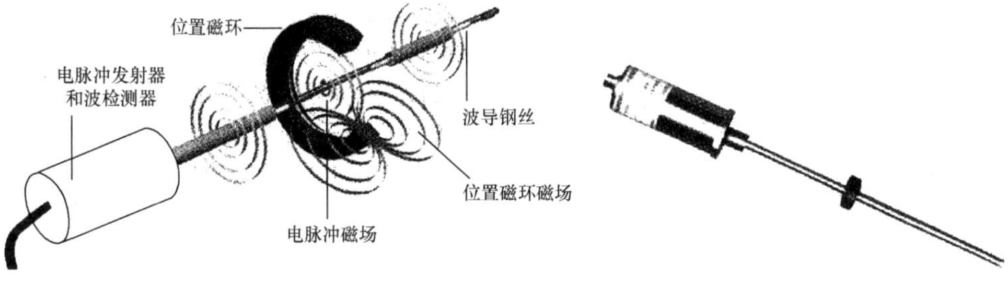

(a) 原理示意图　　(b) 外形图

图 5-2-3　磁致伸缩位移传感器结构示意图

图 5-2-3 所示为磁致伸缩位移传感器具有的基本结构，它由具有磁致伸缩效应的波导钢丝、位置磁铁、波检测器和能够产生电脉冲的电子系统组成。波导钢丝、波检测器和电子系统均安装在位置固定的部件上，位置磁铁与移动部件相连。当电子系统发出一个电脉冲

时，由此产生的环绕波导钢丝的磁场随电脉冲波沿波导钢丝以光速传播；位置磁铁则产生磁力线垂直于波导钢丝轴线的磁场，因此当电脉冲产生的环形磁场传输到位置磁铁所在位置时，两个正交磁场复合成瞬态螺旋磁场，该磁场引起波导钢丝瞬态扭曲变形，产生一个以声速向两端传递的扭转弹性波；波检测器将扭转弹性波转换成电脉冲，电子系统测出发射电脉冲和接收到弹性波转换的电脉冲的时间差，即可算出位置磁铁的位置。电子系统以确定的时间间隔发射电脉冲，也可测出位置磁铁及运动部件的位移量。

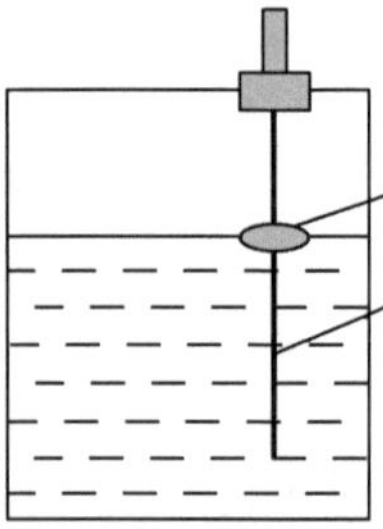

图5-2-4　磁致伸缩位移传感器应用于超大油罐液面测量

磁致伸缩位移传感器广泛应用于液位测量，特别是用于数十米高的超大油罐的液面监测（见图 5-2-4）。磁致伸缩液位传感器直接将位置磁铁与浮球相连，且在波导钢丝外加保护套。国产磁致伸缩液位传感器的非线性误差已小于 0.05%FS，重复性优于 0.002%。

5.3　数字式位移传感器

数字式传感器是将被测量转换成输出二元值数字量的传感器。与模拟式传感器相比，数字式传感器具有抗干扰能力强、不需要 A/D 或 V/F 变换器就可与微机接口等优点。

数字式位移传感器可分为绝对编码式（绝对编码器）和计数式两类，其中计数式可分为频率式和计数（增量）式，计数式有增量码盘式和栅式（光栅、容栅等）两类。本节介绍绝对编码式与计数增量式角位移数字式传感器和栅计量光栅线位移传感器。

编码器是根据位置的“编码”，把位移量转换成“数字代码”形式。测线位移的称为直线编码器，测角位移的称为旋转编码器。旋转编码器有绝对码编码器和增量码编码器等。绝对码编码器的任意位置都对应固定的编码，不需要基准数据点和计数就可确定角位移量及位置。增量码编码器输出的是系列脉冲，要对其累计计数并对照（零位）基准数据才能实现位移测量。编码器与同样尺寸的模拟式传感器相比，有更高的精度、灵敏度及可靠性。

计量光栅精密位移数字式传感器是基于莫尔条纹将位移（线位移和角位移）转换为脉冲输出的，是一种频率计数型数字式传感器。

5.3.1　绝对编码器式角位移传感器

绝对码编码器分为接触式和非接触式两种，按工作原理又可分为光电式和磁电式等。它们的工作原理不同，敏感元件不同，但都由结构相似但内涵不同的码盘组成。

1. 码盘

码盘是编码器核心部件，其内孔由安装码盘的被测轴径尺寸决定，码盘外径由码盘上的码道数和码道径向（宽度）尺寸决定。码道数由分辨力决定，n 道码道的角度分辨力为 $2\pi/2^n$ rad。码道径向尺寸由敏感元件的几何参数和物理特性决定。

码盘在结构上由一组同心圆环码道组成，同心圆环的径向距离就是码道宽度。根据分辨力 $2\pi/2^n$ rad，可把码盘面分成 2^n 个扇形区，如图 5-3-1 所示，这样由正交的极坐标曲线簇与 2^n 条径向线组成 2^n 个扇形网格。

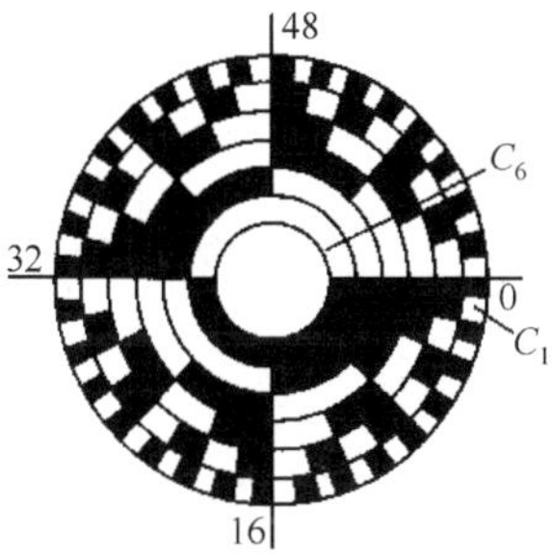

图 5-3-1　六位二进制码盘

以二进制为例，2^n 个扇形网格区对应着 2^n 组数字编码，确定了码盘上 2^n 个角位置对应的（输出）数字量，由输出的数字量（编码）可知角位移量。根据二进制数的规律，每个扇形网格是由 n 个“1”或“0”小网格组成的一组数字编码。采用不同传感原理的绝对编码器，“1”或“0”小网格有不同内涵。例如，在光电式编码器中，“1”对应透明码区，光源发出的光透过码盘由光敏管接收；“0”对应不透明码区，光敏管接收不到光源发出的光。对于磁电式编码器，则“0”对应磁化区，“1”对应非磁化区。磁敏元件为小磁环，每个环上绕两个线圈，一个是询问绕组，通恒频恒幅交流电，另一个为读出绕组。

2. 输出电路分析

（1）光电式编码器的输出电路。光电式编码器的光源常用发光二极管。对光源要考虑其光谱和光敏元件匹配，以及光源的工作温度范围。图 5-3-2 所示是白炽灯、发光二极管与光敏元件（光电管）的工作温度与输出功率关系。白炽灯的工作温度范围相对宽，但其寿命短。

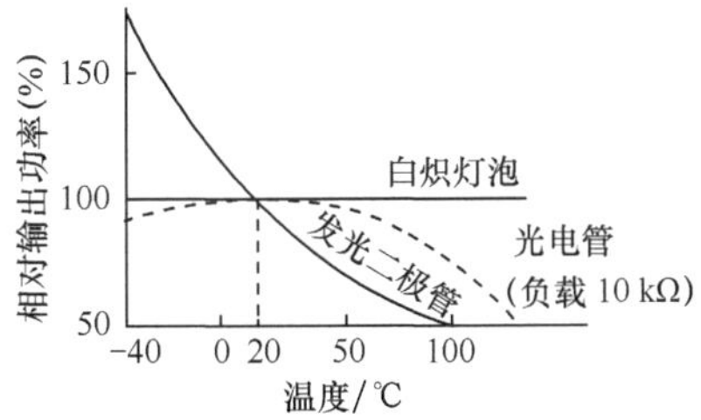

图 5-3-2　典型器件的温度特性曲线

光电式编码器的光敏元件可用光敏二极管、光敏三极管或硅光电池。使用硅光电池时，输出电压为 10～20 mV，通常接一个集成差动高增益运算放大器，其作用类似于施密特触发器。预置一个触发电平，称为监控电平，单独用一个光敏元件扫描一个完全清晰码道产生（无码码道）。把监控电平输入到所有数据码道的放大器中，用以克服光源照度变化和电源电平变化产生的输出电平漂移。图 5-3-3 所示为光电管的集成放大电路。

（2）电磁式编码器的输出电路。如图 5-3-4 所示，根据电磁感应原理，小磁环（不接触）对准磁化区“0”时，因磁路饱和，读出电压很低；磁环对准非磁化区“1”时，磁环上两绕组构成一个变压器，读出绕组输出电压信号。输出信号是由驱动的逻辑状态所调制的调幅信号，经解调后输出方波。

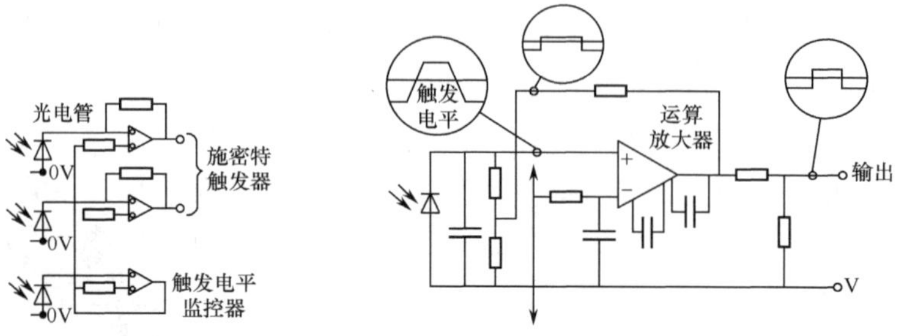

(a) 示意图　　　　(b) 触发器电路

图 5-3-3　光电管集成放大器电路

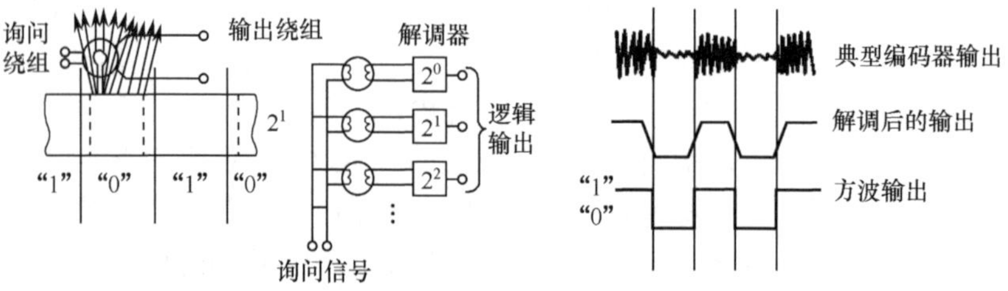

图 5-3-4　磁性编码器及输出电路

3. 提高测量精度的途径

码盘的制作精度对编码器的测量精度有直接影响，不论码盘选择什么材料，其制作方法都与印制电路板一样，即在基体上蒸镀一层材料，用光刻法批量制作。为提高码盘制作精度，通常先用放大若干倍的标准码盘制出与实用码盘一样的码道及扇形网格分布，再缩小到实际大小进行制作，这样可提高加工精度。此外，适当的编码也可有效地提高精度。

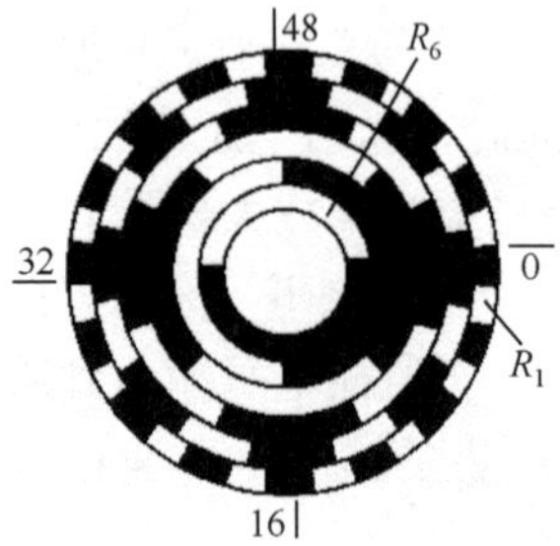

图 5-3-5　六位循环码码盘

（1）循环码。码盘的最外码道（最低码道）上小网格刻制的准确度影响最大，因这一码道网格间距最小。若二进制码盘要实现 1″分辨力，需码道数 20～21。若在ϕ=400 mm 的圆盘上制作 20 位码道，最外码道网格间距仅 1 μm。因既要保证同码道间距的准确，又要保证各码道同一扇形网格线对准。为此，用循环码替代二进制码以避免较大误差，循环码码盘如图 5-3-5 所示。

与图 5-3-1 所示的二进制码对比，循环码的特点是相邻的两组数码之间只有一位变化。图 5-3-5 中的码道 R_6 与 R_5 同为明区和暗区各占 1/2 圆环，但位置相差 90°。它们都同二进制码的 C_5 码道一样，分明、暗两个半环区。二进制码的 C_5 码道分为两个明区和两个暗区，以此类

推，同样码道数，循环码的码道网格间距可扩大一倍，从而降低制作难度。二进制码与循环码的转换关系为

$$\begin{cases} C_n = R_n \\ C_i = C_{i+1} \oplus R_i, \quad i = 1, 2, \cdots, n-1 \\ R_i = C_{i+1} \oplus C_i \quad i = 1, 2, \cdots, n-1 \end{cases} \tag{5-3-1}$$

对于循环码，一般先转成二进制码再译码。循环码转二进制码的电路有并行和串行两种，分别如图 5-3-6 和图 5-3-7 所示，并行方式转换快、元件多，串行方式转换慢、元件少。

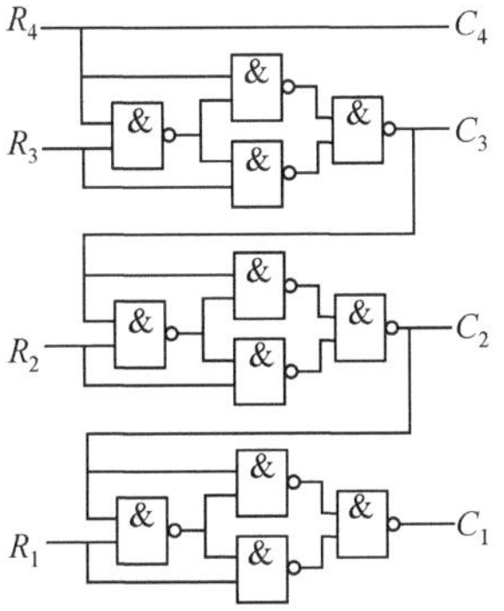

图 5-3-6　并行循环码-二进制码转换器

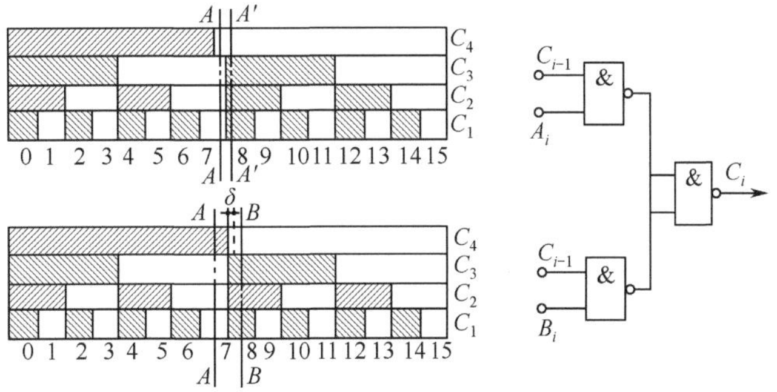

图 5-3-7　串行循环码-二进制码转换器

（2）扫描法。扫描法又称为双读数法，根据二进制码的特点设计。二进制码是从最低位逐级进位的，最低位变化最快，高位变化逐渐减慢。最低即最外边码道只读一次，以后码道在超前和滞后一定位置各读一次，由逻辑判断取值，以此类推，读取整个扇形码区的数码。

图 5-3-8（a）所示为刻线不准造成的二进制数码误读，图 5-3-8（b）所示为双读数法，两条读数狭缝 AA 与 BB 分别对应两组光敏单元。允许透明与不透明码区转接处有一定误差 δ，但 $\delta < AB/2$（AA 与 BB 的间距）。按扫描法读取原则为：最低位 C_1 码道只读一次 AA，其余各码道按低一位码道读数决定按 AA 或 BB 读取，若 C_{i-1} 读取“1”（亮区），则 C_i 读取 AA；C_{i-1} 读取“0”（暗区），则 C_i 读取 BB。图 5-3-8（c）所示为扫描法的逻辑电路图。

（3）码盘组。绝对码编码器可采用码盘组，n 个码盘用机械传动连成组，利用传动比变化提高分辨率。单个码盘构成的绝对码编码器测角位移范围为 0°～360°，因为其某位置输出的二进制码与 n 转后的同一位置的相同。码盘组可测轴的转速和大于 360° 的角位移。传动比大于 1 时可测转速，传动比小于 1 则测角位移，传动比起“放大”和“缩小”作用。

绝对码编码器的优点在于：编码位置的数码是唯一的，不因系统断电、重新测量而改变。因各码道有独立的光敏器件，位置信息是并行全量程位置编码，其输出电路与微机接

口或译码电路方便简单。由此可见，绝对码编码器抗干扰能力强，工作可靠性高，上电可立刻确定编码位置数据，不需要自引导过程。

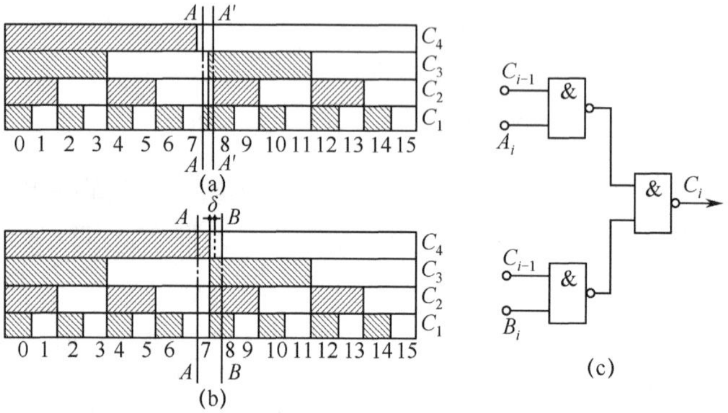

图 5-3-8　二进制码盘的粗误差及用双读数法消除原理

5.3.2　增量编码器

为解决码盘制作精度限制码盘分辨率的矛盾，要改变绝对码以数字（编）码对应固定位置的“计数”方式，采用累计“脉冲”数来确定相对基准点的瞬时角位移，即增量码方式。增量码编码器可分为接触式和非接触式，按工作原理可分为光电式和磁电式等。

1．增量码盘

增量码盘设置外轨道和内轨道，如图 5-3-9 所示。外轨道由增量计数轨道（相当于码道）和方向轨道组成，增量计数轨道按分辨率要求设置扇区（相当于最低码道的网格），即只有一位码道，方向轨道与增量计数轨道有相同的扇区，只是位置上移动半个扇区，以确定码盘（顺、逆）转向。如果两个扇区为一个周期，半个扇区使增量计数轨道和方向轨道的输出相差 90°，根据输出信号的超前或滞后可识别顺、逆转向，从而决定计数器加或减。内轨道为基准轨道，提供基准点的一个单独标志的扇区，其输出脉冲使计数器归零。

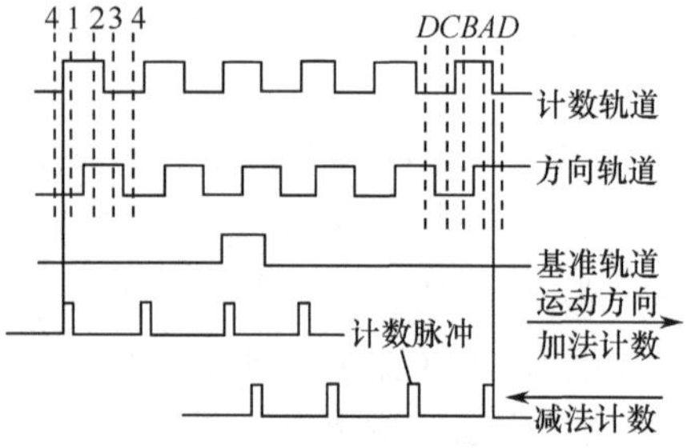

图 5-3-9　增量码编码器的轨道和输出之间的关系

2．增量码编码器工作原理

如图 5-3-9 所示，方向轨道与增量计数轨道在 1—2—3—4 变化过程中，完成一次[0,1]、[1,1]、[1,0]、[0,0]编码，循环完成一次，输出一个脉冲去加法计数。工作过程如图 5-3-10 所示。设码盘顺时针旋转，双稳态触发器反转，Q 端工作（标号 1）；完成加法器归零（标号 2）；启动计数脉冲由 Q 端输出到加法器（标号 3）；加法器加一个计数脉冲（标号 4）。同理，施密特触发器真值表标号 *A—B—C—D* 变化过程完成一次输出脉冲减计算。此时，敏感元件对应位移方向从右到左（码盘逆时针旋转）。

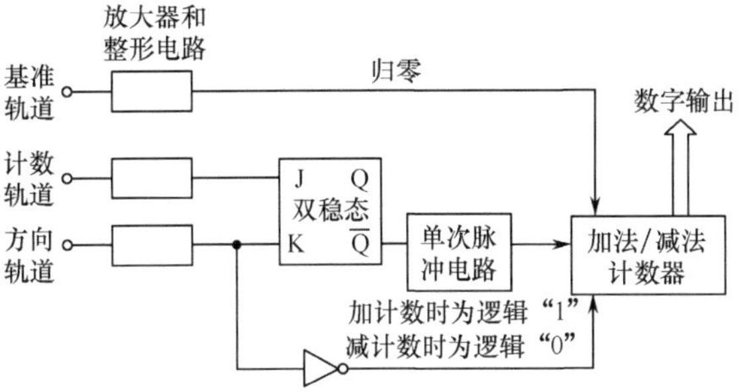

图 5-3-10　增量码编码器的电路原理图

用增量码编码器测角速度时，最大测速范围受触发器产生单次脉冲宽度的限制。这个脉冲宽度应小于一个扇区（bit）所占时间的一半。如果单次脉冲宽度为 4～6 μs，其上升时间和恢复时间为 200 ns，对 5 000 个脉冲/转的增量码编码器，最大测速为 2 000 r/min。

3．磁电式增量码编码器

如图 5-3-11 所示，磁电式增量码编码器由旋转磁鼓、磁阻器件、信号处理电路组成。磁鼓是在铝基非磁性体上蒸镀一层厚 10 μm 的磁性材料，在磁鼓上刻录等间距小磁极，经磁化后装在被测转轴上，在磁鼓下方（间隙 0.1～0.01 mm）放置强磁性金属磁阻（MR）器件。MR 器件是一个三端磁敏电阻。工作时，小磁极的漏磁场穿过正对下方的一组 MR 器件。

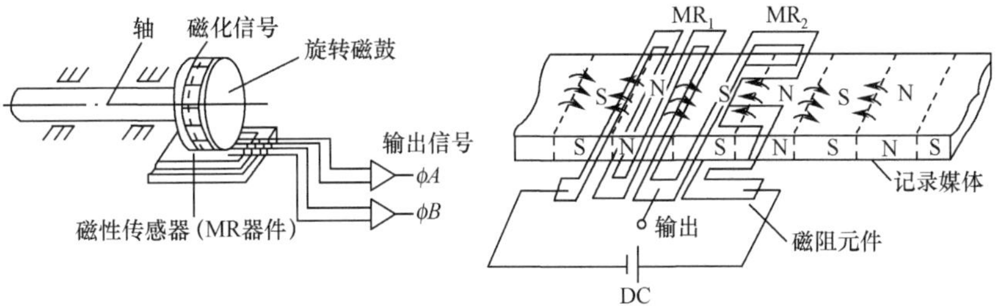

图 5-3-11　磁旋转编码器的结构

如图 5-3-12 所示，MR_1 的电流方向与磁场方向正交。根据强磁性金属材料各向异性磁阻效应，电阻值下降；而 MR_2 的电流方向与磁场方向平行，电阻值不变。MR_1 与 MR_2 形成差动连接（半桥串联网络），将 MR 的输出电阻值变化转换成输出电压变化（近似正弦波），多个用于检测增量脉冲的 MR 成对加到波形整形电路上，将正弦输入变为方波脉冲输出。

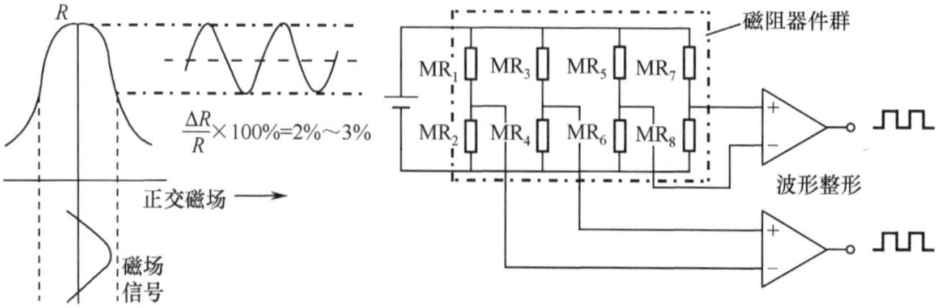

图 5-3-12　磁电式编码器原理

5.3.3　光栅精密线位移传感器

光栅传感器是一种开发较早、技术成熟的高精度数字式位移传感器。对于栅距 W 为 0.02 mm 左右的粗光栅，它基于光线在均匀透明介质中按直线传播的原理，主、副光栅以很小夹角θ重叠时（两栅之间有一定间隙，约 0.1 mm），将产生莫尔条纹，利用莫尔条纹的信息可测量两栅之间的相对位移。莫尔条纹对栅距有放大作用，如图 5-3-13 所示。

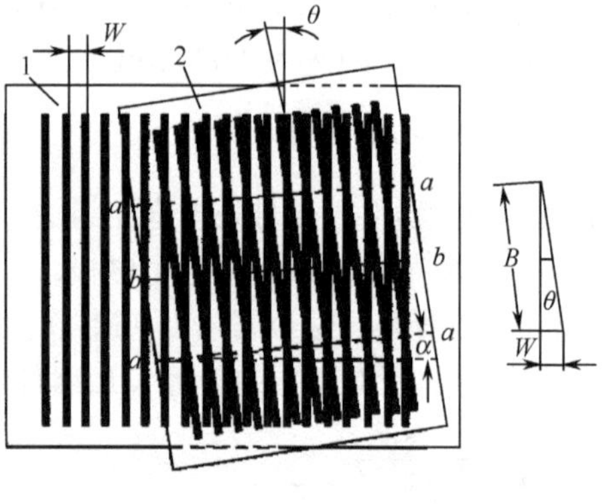

图 5-3-13　莫尔条纹的形成

纵向以夹角θ交叠的主、副光栅，在横向将产生间距为 B 的莫尔条纹。如果光栅 1 向右移动一个栅距 W，莫尔条纹则向下移动一个条纹间距 B，亮区变成暗区，暗区变成亮区。光源发出的光透过亮区，在光敏电池（受光器）上将产生光电信号，光栅相对位移产生光电（脉冲）输出信号，通过计数此光电信号的脉冲计数可得到两光栅的相对位移量。

1. 光栅传感器的工作原理和特点

（1）位移放大作用。根据莫尔条纹间距表达式

$$B = W_2 / \sqrt{\sin^2\theta + [\cos\theta - (W_2 / W_1)^2]} \tag{5-3-2}$$

若主栅距 W_1 与指示栅距 W_2 相等，即 $W=W_1=W_2=0.02$ mm，设两栅有很小夹角$\theta= 0.1°$，则 $\sin\theta\approx\theta$，$B\approx W/\theta$，所以莫尔条纹有位移放大作用，放大倍数（灵敏系数）为 $K=B/W=1/\theta$。对前述光栅尺寸，有 $K=B/W\approx570$。可见，尽管栅距很小，但莫尔条纹间距 B=11.5 mm 很大，有足够的放大倍数，这是光栅传感器精度高的主因。据此原理制造的长光栅的测量精度可达 1.5 μm/m，分辨力 0.05 μm；圆光栅的精度和分辨力分别为 0.15″和 0.05″。

（2）误差平均效应。莫尔条纹由多条栅线交叠而共同形成，个别栅线的栅距误差、断

线或疵病对莫尔条纹影响很小，因为对个别光栅的刻划误差的平均作用，在很大程度上消除了栅距局部误差和短周期误差的影响。

（3）光电转换后的莫尔条纹输出信号。理想情况下，光栅副相对位移而产生莫尔条纹，经光电转换输出的电压信号应为三角波，如图 5-3-14（a）所示。实际上，由于光栅副间隙、光栅衍射效应、照明光源有一定宽度，以及栅线质量等问题的存在，使输出电压信号近似正弦波，如图 5-3-14（b）所示。移动一个栅距，输出电压信号变化一个周期（2π）。对输出的正弦波原始信号质量有一定的评定标准，原始信号质量决定后续的细分精度。莫尔条纹输出信号是基波条纹和各高次谐波条纹的叠加，高次谐波含量越小，正弦性越好，细分精度越高。

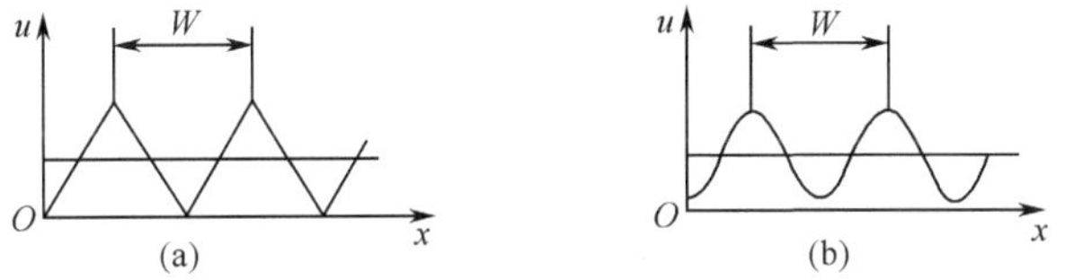

图 5-3-14　莫尔条纹信号波形

2．位移方向识别

光栅位移变成莫尔条纹移动后，经光电转换为电信号输出。但在一点观察时，无论光栅向左还是向右移动，莫尔条纹均为明暗交替变化。若只有一条莫尔条纹信号，则只能计数，无法判断光栅移动方向。为了辨向，需另外提供莫尔条纹信号，且两条莫尔条纹相差π/2。通常在相隔 1/4 条纹间距的位置上安放两个光敏元件，如图 5-3-15（b）所示。光栅正向移动时输出分别为 u_1、u_2，经整形得到方波 u_1'、u_2'。u_1' 经微分后和 u_2' 相与，得到正向移动的加计数脉冲；光栅反向移动时，u_1' 反相后微分，并和 u_2' 相与，此时输出减计数脉冲。u_2' 的电平控制 u_1' 的脉冲输出，使光栅正向移动时只有加计数脉冲，反向移动只有减计数脉冲。

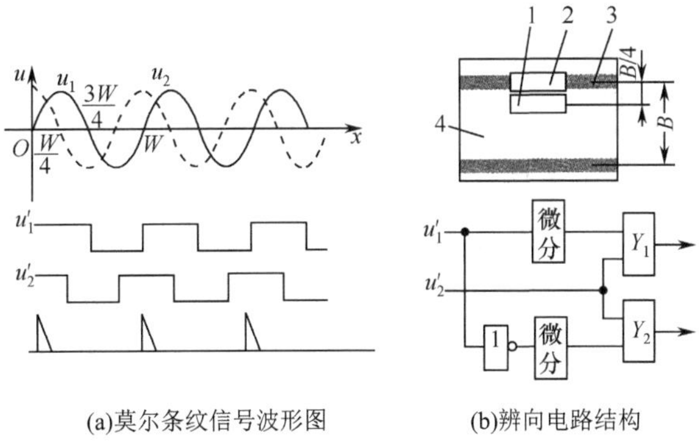

1、2—光电元件　3—莫尔条纹　4—指示光栅

图 5-3-15　莫尔条纹电路辨向原理图

5.4 速度传感器

在工程实际应用中，机械转速及线速度是重要的被测量。转速传感器按工作原理可分为磁电式、光电式、电涡流式、光断续器式等、速度传感器有电动势式、电磁式等。

5.4.1 光电式速度传感器

1．基于时间与位移计算的测速方法

根据速度的定义，测出物体移动距离 L 所耗的时间 t，可得其平均速度 v。L 越小，求得的速度越接近物体的瞬时速度。据此原理的测量法有多种，如相关法和空间滤波器法。

2．基于相关测速法的速度传感器

相关测速法是利用求随机过程互相关函数极值的方法来测量速度的。设平稳随机过程观察的时间为 T，则它的互相关函数为

$$R_{xy}(\tau) = T^{-1}\int_0^T y(t)x(x-\tau)\mathrm{d}t \tag{5-4-1}$$

当被测物体以速度 v 运动时，其表面总有些可测的痕迹变化或标记。在固定的距离 L 上装两个光敏器件，如图 5-4-1（a）所示，A 和 B 是用于检测痕迹变化的。转换输出信号波形如图 5-4-1（b）所示。这两个信号是测量获得的物体表面变化的随机过程 $x(t)$、$y(t)$。在测量条件基本相同的情况下，$x(t)$、$y(t)$这两个随机信号只是在时间上滞后 t_0，即

$$y(t)=x(t-t_0) \tag{5-4-2}$$

式中，t_0 是物体上某点从 A 运动到 B 的时间，测量 t_0 后可求得物体速度 v，即 $v=L/t_0$。计算 t_0 的方法是计算互相关函数的极值方法。在测量足够长的时间 T 内，$x(t)$、$y(t)$互相关函数为

$$R_{xy}(\tau) = \lim_{T\to\infty} T^{-1}\int_0^T y(t)x(t-\tau)\mathrm{d}t = \lim_{T\to\infty} T^{-1}\int_0^T x(t-t_0)x(t-\tau)\mathrm{d}t = R_x(\tau-t_0) \tag{5-4-3}$$

和 $R_x(\tau)$相比，$R_x(\tau-t_0)$相当于把自相关函数 $R_x(\tau)$延时 t_0 的值。当 $t=t_0$ 时，$R_x(\tau-t_0)$有极大值，也就是互相关函数 $R_x(\tau)$有极大值，此时 τ 就是所求的 t_0 值。

将 $x(t)$、$y(t)$送到模拟相关分析仪中，改变滞后时间，可以得到互相关函数随滞后时间 τ 变化的曲线，其最大值时所对应时间就是 t_0，求得 t_0 即求得速度 v。在工程上，用这种方法可以测量轧钢时板材速度、流体流动速度、汽车车速等。

3．空间滤波器测速传感器

空间滤波器测速法是利用可选择一定空间频率段的空间滤波器件与被测物体同步运

动，然后在单位空间内测量相应的时间频率，求得运动物体的速度。

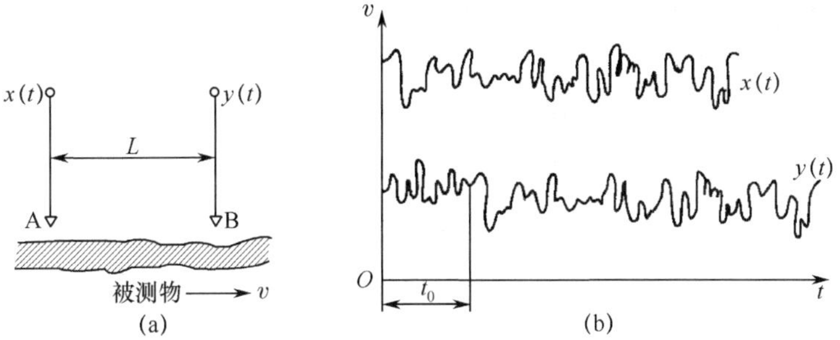

图 5-4-1　相关测速法原理

空间滤波器是能选择一定空间频率段的器件。空间频率指单位空间线度内物理量周期性变化的次数，它可以用图 5-4-2 来表示。在栅格板上刻有透明的相间狭缝，设在空间长度 L 内有 N 个等距狭缝，当栅格板移动时，光检测器件便可感受到光源的明暗变化。明暗变化的空间频率$\mu=N/L$。如果栅格板的移动速度为v，移动 L 所需时间为 t，则光检测器检测到的时间频率为$f=N/t$。由于 $N=\mu L$，所以时间频率和空间频率的关系为

$$f=\mu L\ /t=\mu v \tag{5-4-4}$$

可知，速度v能用空间频率描述。图 5-4-3 所示为空间滤波器的测速原理图。当点光源沿着图中 y 的方向以一定速度运动时，点光源的光通过光学透镜成像在叉指式光电池栅格上，使光电池输出频率为f的脉冲串。选择光电池栅格尺寸和形状能使栅格对一定空间频率有选择性，物体运动的速度就可转换为频率信号。空间滤波器输出信号的中心频率与速度成正比，通过测频可得到速度。但实际使用的光源不是点光源，存在任意辉度分布影响。

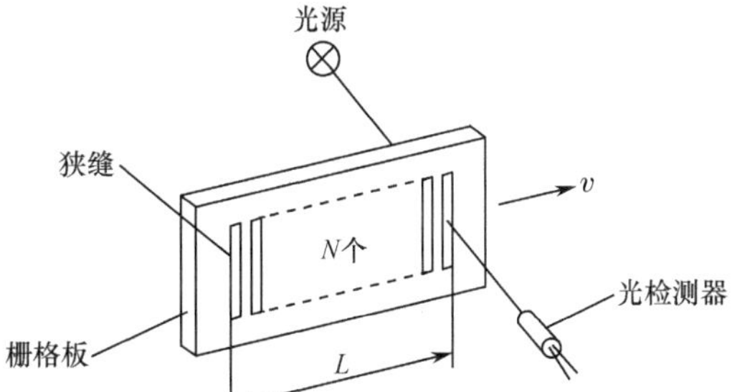

图 5-4-2　空间滤波器工作原理图

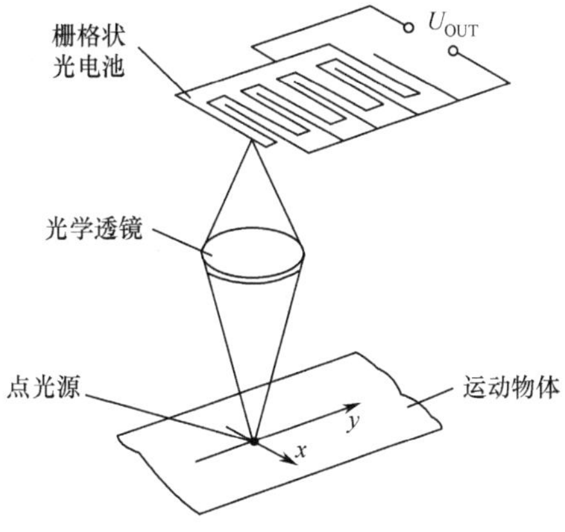

图 5-4-3　空间滤波器的测速原理图

空间滤波器可用来检测传送带、钢板、车辆等的运动速度，也可用于以转动物体为背

景的角速度测量，它的检测范围为 1.5～250 km/h，测量精度可达 0.5%。

5.4.2 磁电式速度传感器

利用速度大小与某些物理量之间的已知关系可间接测量物体运动的速度，如磁电式速度传感器和电磁式速度传感器。磁电式传感器一般可分为动圈式、动磁铁式和磁阻式三类。

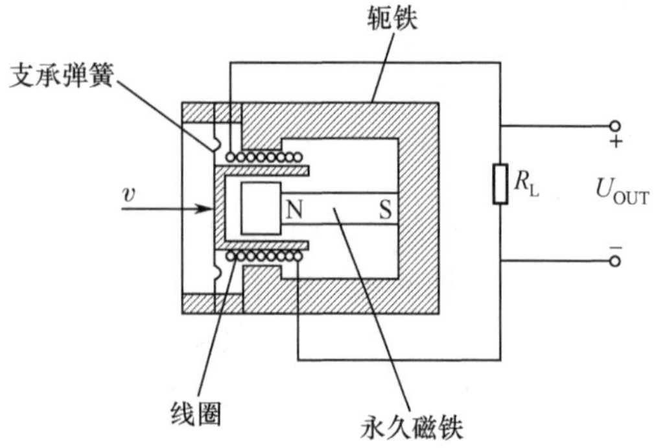

图 5-4-4 电动式速度传感器的结构原理图

图 5-4-4 所示为磁电式速度传感器的结构原理图，它由轭铁、永久磁铁、线圈及支承弹簧等组成。永久磁铁和轭铁产生一个均匀磁场，线圈安装在此磁场中。根据电磁感应定律，穿过线圈的磁通随时间变化时，在线圈两端产生与磁通量$\varPhi$的减少速率成正比的电压

$$U = -\mathrm{d}\varPhi/\mathrm{d}t \qquad (5\text{-}4\text{-}5)$$

如果传感器中的线圈沿与磁场垂直的方向运动，在线圈中就产生与线圈速度成正比的感应电压，由输出电压可测得速度。这种传感器的灵敏度与磁通密度、线圈的匝数及其展开面积的乘积成正比。但线圈面积越大，传感器体积也越大，将使其动态特性变坏。当接入负载电阻 R_L 时，线圈位移产生的电流会产生与磁场作用的反作用力，这种反作用力可用在测量中起阻尼作用。该型传感器的测速范围为 10^{-4}～10^{2} m/s。

图 5-4-5 所示为一种磁电式相对速度传感器，它用于测量两个试件之间的相对速度（振动速度）。壳体 7 固定在一个试件上，顶杆 1 顶住另一个试件，永磁铁 3 通过壳体 7 构成磁回路，线圈 4 置于回路的缝隙中，两试件之间的相对振动速度通过顶杆 1 使线圈 4 在磁场气隙中运动，线圈切割磁力线产生的感应电动势 e 与线圈运动的线速度 v 成正比。如果顶杠在弹簧片 2 的恢复力作用下能跟随振动体一起运动，则线圈的运动速度就是被测物体的相对振动速度，因而输出电压与被测体的相对振动速度成正比。

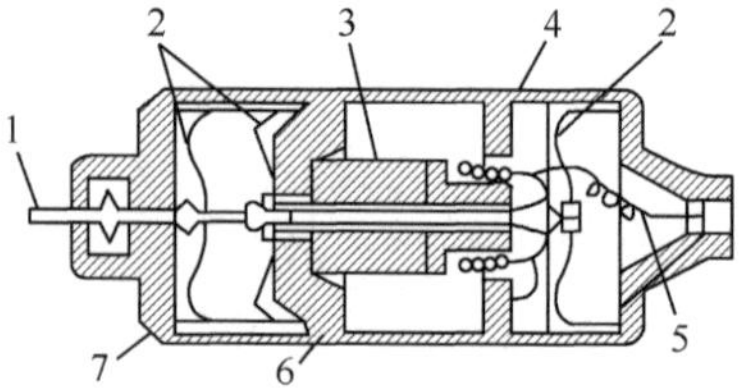

1—顶杆 2—弹簧片 3—永磁铁 4—线圈
5—引线 6—导磁体 7—壳体

图 5-4-5 电磁式相对振动速度传感器

图 5-4-6 所示为磁电式绝对速度传感器结构图。永磁铁 2 与壳 6 形成磁回路，装在芯轴 5 上的线圈 7 和阻尼环 3 组成惯性系统的质量块，在磁场中运动。弹簧片 1 径向刚度很大，轴向刚度很小，使惯性系统既得到可靠的径向支承，又可保证有很低的轴向固有频率。铜制的阻尼环 3 一方面可增加惯性系统质量、降低固有频率，另一方面又利用闭合铜环在磁

场中运动产生的磁阻尼力使振动系统具有适当的阻尼，以减小共振对测量精度的影响，并能扩大速度传感器的工作频率范围，有助于衰减干扰引起的自由振动和冲击。

当速度传感器承受沿其轴向的振动时，包括线圈在内的质量块与壳体发生相对运动，线圈在壳体与永磁铁之间的气隙中切割磁力线，产生磁感应电动势 e。当振动频率 $\omega >> \omega_0$ 时，相对速度可看成壳体的绝对速度，因此，输出电压也就与壳体的绝对速度成正比。当 ζ=0.5～0.7，f_0=10～15 Hz 时，用这类传感器来测量低频振动（$1.7\omega_0<\omega<6\omega_0$），就只能保证幅值精度，无法保证相位精度。因为在低频范围内绝对速度传感器的相频特性很差，在涉及相位测量的情况下（如机械阻抗试验）要特别注意。

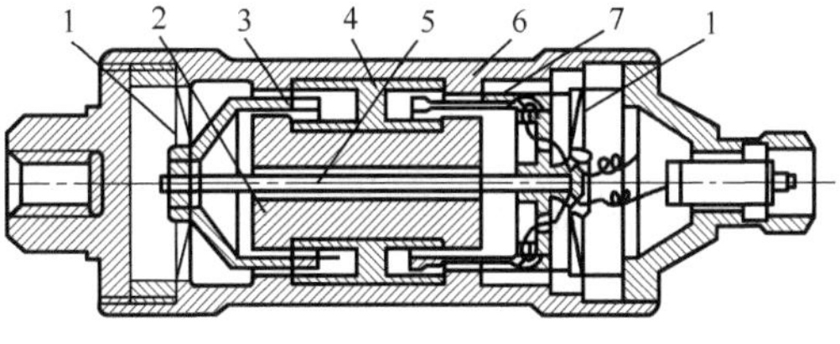

1—弹簧片 2—永磁铁 3—阻尼环 4—支架
5—芯轴 6—壳体 7—线圈

图 5-4-6 电磁式绝对振动速度传感器

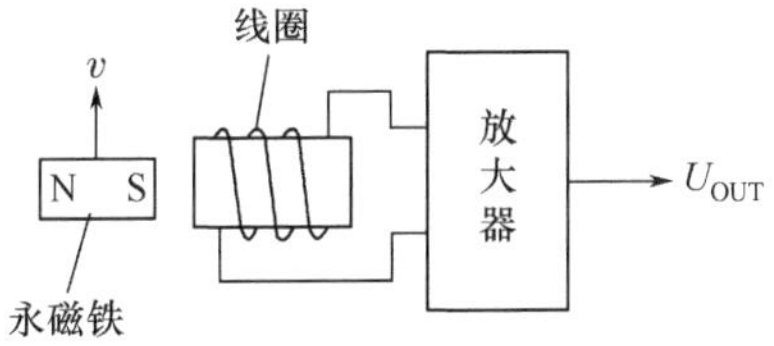

图 5-4-7 电磁式速度传感器的结构原理图

图 5-4-7 所示为电磁式速度传感器的结构原理图。永磁铁与运动物体相连，线圈处于固定状态。根据电磁感应定律，当永磁铁从线圈旁经过时，线圈产生感应电势，如果磁铁经过的路径不变，则此感应电势峰值与磁铁的速度成正比。根据脉冲电压的峰值可确定永磁铁的运动速度。将永磁铁固定在被测物体上，即可测得物体运动速度。

5.4.3 多普勒效应测速

1. 多普勒效应

如果信号发射机与信号接收机之间的距离发生变化，则发射机发射信号的频率与接收机收到信号的频率不同，此现象称为多普勒效应。

如果发射机和接收机在同一地点，两者无相对运动，而被测物体以速度 v 向发射机和接收机运动，可将对信号反射的被测物体视为一个发射机。这样，接收机和被测物体之间因有相对运动，所以就产生了多普勒效应。下面以被测物体向检测点接近的情况来进一步说明多普勒效应的产生过程。发射机发射出的信号波（电磁波或超声波）向被测物体辐射，被测物体以速度 v 运动，如图 5-4-8（a）所示，被测物体作为接收机接收到的波的频率为

$$f_1 = f_0 + v/\lambda_0 \tag{5-4-6}$$

式中，f_0 为发射机发射信号的频率；v 为被测物体的运动速度；λ_0 为发射信号波长，$\lambda_0=C/f_0$，C 为信号波的传播速度。

若将 f_1 作为反射波向接收机发射，如图 5-4-8（b）所示。接收机收到的信号波频率为

$$f_2 = f_1 + v/\lambda_1 = f_0 + v/\lambda_0 + v/\lambda_1 \quad (5\text{-}4\text{-}7)$$

若被测物的运动速度 v 远小于信号波的传播速度 C，即 $v \ll C$ 时，可认为 $\lambda_0 = \lambda_1$，所以

$$f_2 = f_0 + 2v/\lambda_0 \quad (5\text{-}4\text{-}8)$$

由多普勒效应产生的频率之差称为多普勒频率，即

$$f_d = f_2 - f_0 = 2v/\lambda_0 \quad (5\text{-}4\text{-}9)$$

可见，只要 $v \ll C$，被测物体的运动速度 v 可用多普勒频率和信号波长描述为 $v = \lambda_0 f_d/2$。

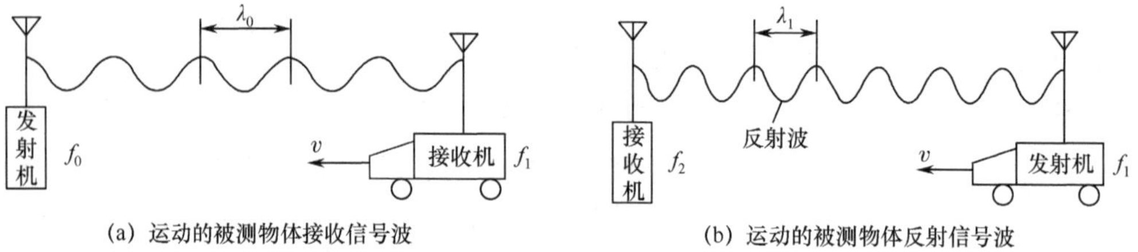

图 5-4-8　多普勒效应示意图

2. 多普勒雷达测速

多普勒雷达由发射机、接收机、混频器、检波器、放大器及处理电路等组成。当发射信号和接收到的回波信号经混频器混频后，两者产生差频现象，差频的频率为多普勒频率。图 5-4-9 所示是利用多普勒雷达检测线速度的工作原理图。多普勒雷达产生的多普勒频率为

$$f_d = (2v\cos\theta)/\lambda_0 \quad (5\text{-}4\text{-}10)$$

式中，v 为被测物体的线速度；θ 为探测信号源的发射方向与被测体的速度方向的夹角；λ_0 为信号波的波长；$v\cos\theta$ 为电磁波方向与被测物体的速度分量。已知夹角 θ 和信号波的波长 λ_0，就可根据测出的多普勒频率 f_d 得出被测物的速度 v。

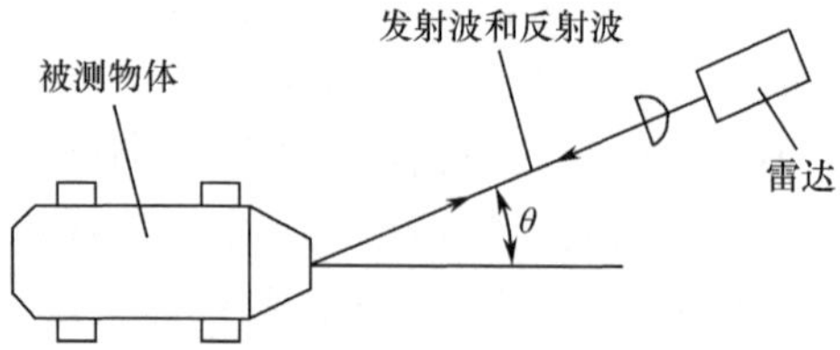

图 5-4-9　多普勒雷达检测线速度的工作原理

激光或电磁波多普勒雷达测运动物体线速度的方法已广泛应用于车辆行驶速度检测。采用超声多普勒可测量流体的流速，如通过测量人体血管内的血液流速来检查血液黏度。

5.5 转速传感器

5.5.1 光电式转速传感器

1. 直射式光电转速传感器

图 5-5-1 为直射式光电转速传感器的结构图，它由开孔圆盘、光源、光敏元件及缝隙板等组成。开孔圆盘的输入轴与被测轴相连接，光源发出的光通过开孔圆盘和缝隙板照射到光敏元件上被光敏元件所接收，将光信号转换为电信号输出。开孔圆盘上有许多小孔，它旋转一周，光敏元件输出的电脉冲的个数就等于圆盘的开孔数，因此，可通过测量光敏元件输出的脉冲频率得知被测转速，即

$$n=f/N \tag{5-5-1}$$

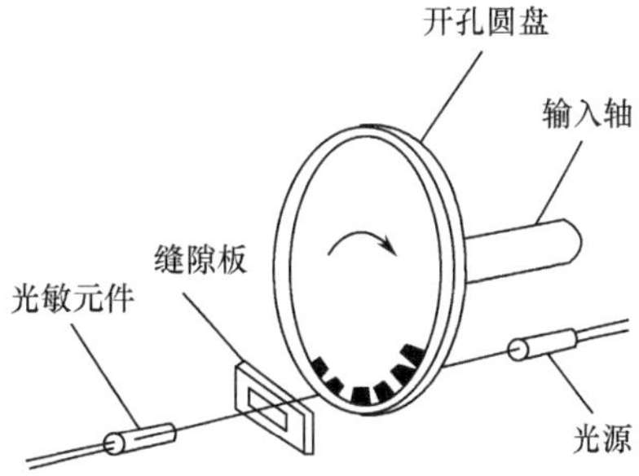

图 5-5-1 直射式光电转速传感器的结构图

式中，N 为圆盘开孔数；n 为转速；f 为脉冲频率。

2. 反射式光电转速传感器

图 5-5-2 为反射式光电转速传感器的结构图，它由红外发射管、红外接收管，以及由透镜及半透镜构成的光学系统组成。红外发射管由直流电源供电，半透镜既能使发射的红外光射向转动的物体，又能使从转动物体反射回来的红外光穿过半透镜射向红外接收管。测转速时需要在被测物体上粘贴一小块具有定向反射作用的红外反射纸。

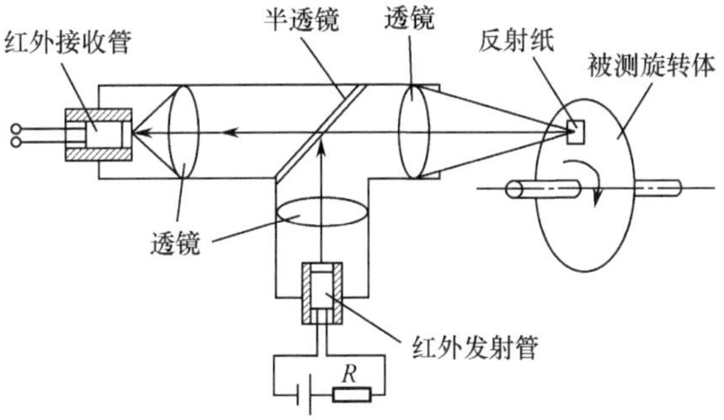

图 5-5-2 反射式光电转速传感器的结构图

当被测物旋转时，粘贴在物体上的反射纸和物体一起旋转，红外接收管随所感受的反射光的强弱而产生相应的变化信号，该信号经电路处理后便可得到被测对象的转速大小。

5.5.2　磁电感应式转速传感器

1．变磁阻式

图 5-5-3 所示为磁电式转速传感器的结构图，主要由永磁铁、线圈、磁盘组成。在永磁铁组成的磁路中，若改变磁阻（如空气隙）大小，则磁通量随之改变。磁路通过感应线圈，当磁通量发生突变时，感应出一定幅度的脉冲电动势，该脉冲电动势的频率等于磁阻变化的频率。为了使气隙变化，在待测轴上装一个由软磁材料制成的调制盘（通常为 60 齿的轮盘）。当待测轴转动时，齿盘跟随转动，齿盘中的齿和齿隙交替通过永磁铁的磁场，不断改变磁路的磁阻，使铁芯中的磁通量发生突变，在线圈内产生一个脉冲电动势，其频率跟待测转轴的转速成正比。线圈所产生的感应电动势的频率为

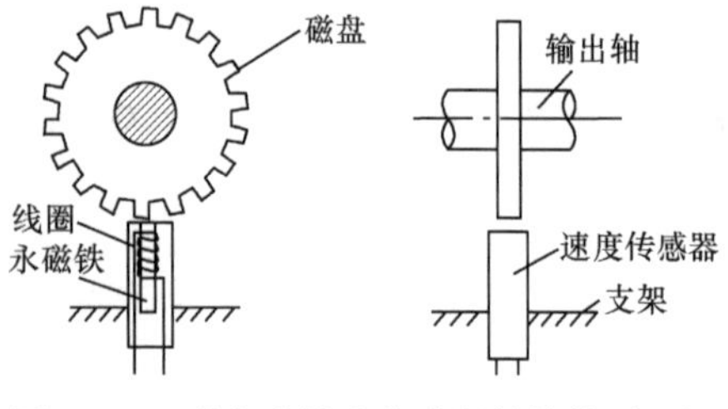

图 5-5-3　磁电式转速传感器的结构原理图

$$f=nz/60 \qquad (5\text{-}5\text{-}2)$$

式中，n 为转速（r/min）；f 为频率（Hz）；z 为齿轮的齿数。

当齿轮的齿数 z=60 时，f=n，即只要测出频率 f，即可得到被测转速。只要将线圈尽量靠近齿轮外缘安放，线圈就产生接近正弦波形的感应电动势。

2．电涡流式转速传感器

图 5-5-4 为电涡流式转速传感器的原理图。在软磁性材料制作的输入轴上加工一个键槽，在距轴表面 d_0 处设置电涡流式传感器，输入轴与被测旋转轴相连。当被测轴转动时，输入轴跟随转动，使传感器与输入轴的距离发生 Δd 的变化。由于电涡流效应，这种变化导致振荡回路的品质因数变化，使传感器线圈电感随 Δd 变化而变化，直接影响振荡器的电压幅值和振荡频率。因此，随着输入轴旋转，从振荡器输出的信号中包含与转速成正比的脉冲频率信号 f_n。这种非接触式测量的最高测量转速可达 6×10^5 r/mm。

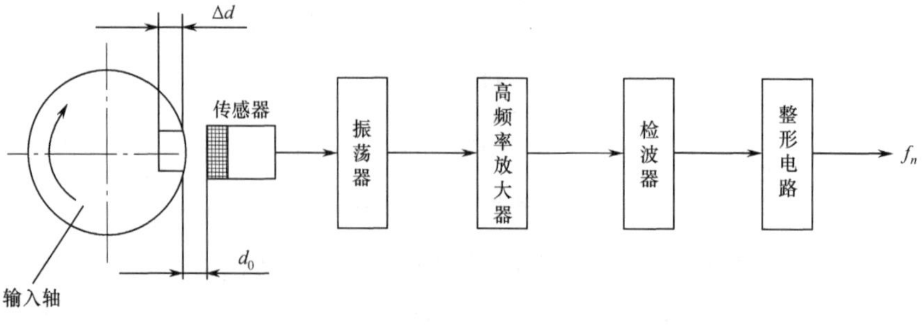

图 5-5-4　电涡流式转速传感器的工作原理图

5.5.3 霍尔式转速传感器

图 5-5-5 为霍尔式转速传感器的结构原理图，它是由霍尔开关集成传感器和磁性转盘组成的。将磁性转盘的输入轴与被测转轴相连，当被测转轴以角速度ω旋转时，磁性转盘便随之转动，固定在磁性转盘附近的霍尔开关集成传感器便可在每一个小磁钢通过时产生一个相应的脉冲，检测出单位时间的脉冲数，便可知道被测对象的转速。

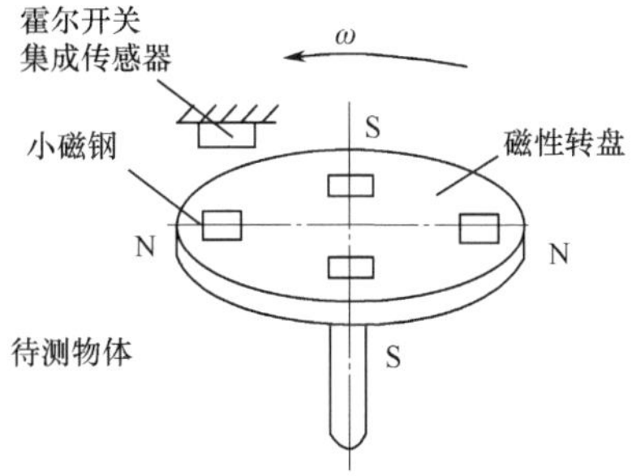

图 5-5-5　霍尔式转速传感器结构原理图

设频率计的频率为f，粘贴的小磁钢数为Z，则转轴转速为

$$n=60f/Z \tag{5-5-3}$$

若Z=60，则n=60，即转速为频率计的示值。粘贴 60 块小磁钢太麻烦，通常粘贴 6 块。

图 5-5-6 所示为霍尔式转速传感器的各种不同结构示意图。磁性转盘上的小磁钢数目多少，将确定传感器的分辨率，数目越多，分辨率越高。

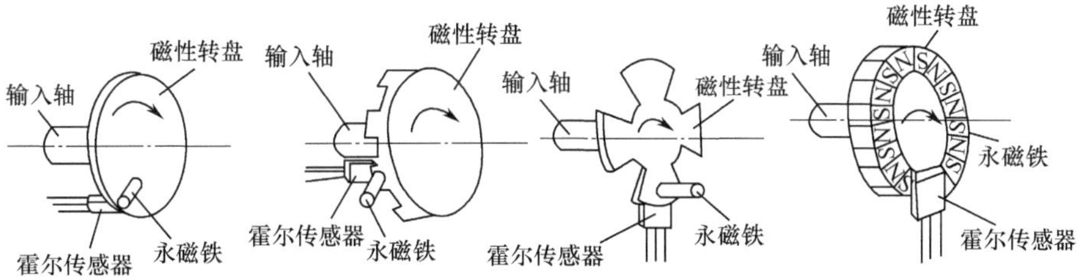

图 5-5-6　霍尔式转速传感器的各种不同结构示意图

5.6 加速度传感器

加速度传感器实质上是一种力传感器，利用质量块承受加速度作用的惯性力$F=ma$，可以测得加速度。加速度与运动物体的质量相关，按照加速度引起的作用力对敏感元件的作用形式，加速度传感器可分成压缩型、剪切型和弯曲型。

应变片式和压阻式加速度传感器多采用弯曲型。不论应变片粘贴在弹性梁上，还是电阻条扩散在膜片上，都是利用弹性元件的弯曲变形引起应变片电阻阻值变化来测量加速度的。通常，弹性元件采用悬臂梁结构，质量块固定在悬臂端，加速度作用在质量块上，在悬臂梁固定端根部有由惯性力作用产生的最大应力，应变片粘贴或电阻条扩散均在此处。

根据压电效应，压电元件（如压电陶瓷）厚度变形和剪切变形的压电常数值最大，因此利用厚度变形制成压缩型加速度传感器，利用剪切变形制成剪切型加速度传感器。

5.6.1 压电式加速度传感器

1. 压缩型加速度传感器

压缩型加速度传感器由基座、压电元件和惯性质量块（质量为 m）组成，并以一定方式预紧，主要类型如图 5-6-1，这类穿传感器的特点是结构简单、灵敏度高、频率响应高。

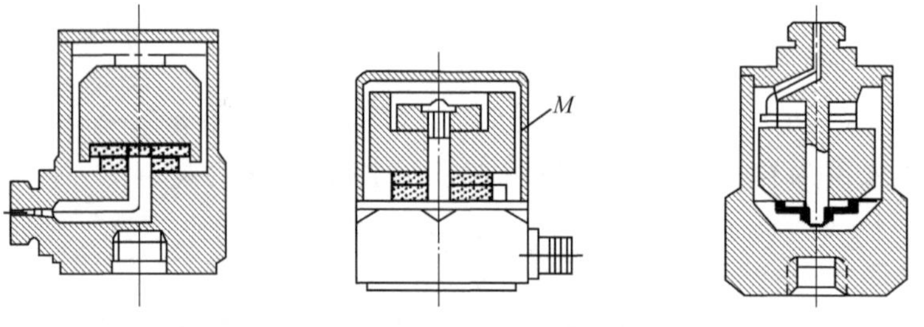

(a)基座压缩型　(b)单端中心压缩型　(c)倒置中心压缩型

图 5-6-1　典型压缩型压电加速度传感器结构简图

压电元件由双晶片组成，在电荷聚集表面制作电极。压电元件上放置（或倒置）大密度的金属或合金质量块，对压电元件及质量块施加预紧力，静态预载荷应大于传感器在振动或冲击测试中可能承受的最大动态应力，整个组件装在一个刚度较大的底座上。

测试时，将基座与试件刚性固定在一起，振动时质量块承受与基座相同的振动，并受到与加速度（a）方向相反的惯性力作用。质量块有一与加速度成正比的交变力作用在压电元件上，由于压电效应，产生交变电荷。当振动频率远低于固有频率时，与作用力成正比的输出电荷（电压）经前置放大器输入信号处理电路，得到与加速度成正比的输出电压。如信号处理电路加入积分电路还可得到振动速度或位移。

如果压电陶瓷受惯性力作用产生表面电荷 $Q=d_{33}F$，因为惯性力 $F=ma$，则加速度传感器输出电荷灵敏系数 $K_q=Q/a=d_{33}m$。可见，灵敏系数与压电常数成正比，与质量 m 成正比。

压电式加速度传感器可简化成由质量块 m、弹簧 k 和阻尼器 c 组成的单自由度二阶力学系统。其数学模型为

$$m\ddot{x}+c\dot{x}+kx=-ma$$

式中，x 为质量块相对于基座的位移（振幅）；a 为振动体加速度的振幅；负号表示惯性力与加速度方向相反。经拉氏变换可把方程写成

$$(\tau^2s^2+2\zeta\tau s+1)x(s)=-\tau^2a \tag{5-6-1}$$

式中，τ 为时间常数，$\tau=\sqrt{mk}$；ζ为阻尼比，$\zeta=c\big/\sqrt{4km}$；固有频率ω_0=1/τ。

解式（5-6-1）可得二阶质量–弹簧系统的幅频特性和相频特性表达式为

$$\begin{cases}\left|\dfrac{x}{a}\right|=\omega_0^{-2}\Big/\sqrt{[1-(\dfrac{\omega}{\omega_0})^2]^2+(2\zeta\dfrac{\omega}{\omega_0})^2}\\ \varphi=-\arg\tan\left\{2\zeta\dfrac{\omega}{\omega_0}\Big/\left[1-(\dfrac{\omega}{\omega_0})^2\right]\right\}\end{cases} \tag{5-6-2}$$

式中，ω为振动频率；φ为质量块位移滞后于加速度的相位角；x/a 是加速度振幅与位移（振幅）比。

由于相对位移量 x 就是压电元件的变形量，压电元件本身刚度系数为 K_x，则作用在压电元件上的惯性力为 $F=K_xx$，压电元件表面产生电荷 $Q=d_{33}F=d_{33}K_xx$，则

$$\frac{x}{a}=\frac{Q}{a}\frac{1}{d_{33}K_x} \tag{5-6-3}$$

电荷灵敏系数为

$$K_q=\frac{Q}{a}=d_{33}K_x\Big/\left\{\omega_0^2\sqrt{[1-(\frac{\omega}{\omega_0})^2]^2+(2\zeta\frac{\omega}{\omega_0})^2}\right\} \tag{5-6-4}$$

式（5-6-4）表示 K_q 与ω/ω_0（频率比）的关系，称为加速度传感器频率响应特性的数学表达式。在ω/ω_0 相当小的范围内，有 $Q/a=d_{33}K_x/\omega_0^2$。可见$\omega_0>>\omega$时，K_q 近似为一常数，基本不随工作频率变化，为传感器的理想工作频率。加速度传感器与电荷放大器配合使用，低频限可至 0.3 Hz，可测量接近静态变化的缓变物理量。频率上限取固有频率（可达 30 kHz）的 1/5～1/3 左右，即工作在频率响应特性的平直段。

2．剪切型加速度传感器

剪切型加速度传感器的底座向上延伸，如同一根圆柱，将圆环式压电元件（极化方向沿圆柱轴线方向）套在圆柱上，再套上惯性质量环。工作时，传感器振动，惯性力作用在压电元件上产生剪切变形，剪切应力作用使压电元件内外环表面产生电荷，电场方向垂直于极化方向。这种结构的传感器由于质量-弹簧系统与外壳隔开，受外界噪声干扰较小。因

其固有频率高，所以剪切型加速度传感器频率响应范围宽，适合于高频振动的测量，并易实现小型化，其主要类型如图 5-6-2 所示。

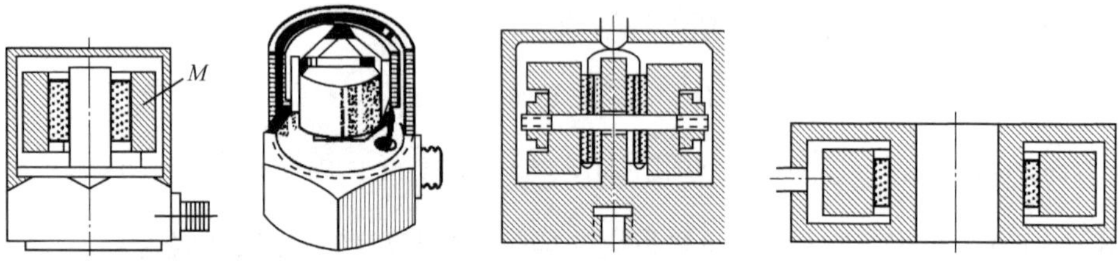

图 5-6-2　剪切型加速度传感器的类型、结构简图

5.6.2　电容式加速度传感器

图 5-6-3 是电容式加速度传感器结构示意图。质量块 4 由两根簧片 3 支撑置于充满空气的壳体 2 内。当测量垂直方向的直线加速度时，传感器壳体固定在被测的振动体上，使传感器壳体相对质量块运动，因而固定于壳体 2 的两固定极板 1、5 相对质量块 4 运动，致使上固定极板 5 与质量块 4 的 A 面（磨平抛光）组成的电容 C_{x1} 值，以及下固定极板 1 与质量块 4 的 B 面（磨平抛光）组成的电容 C_{x2} 值随之改变，一个增大，一个减小，它们的差值正比于被测加速度。由于采用空气阻尼，气体黏度的温度系数比液体小得多，因此，这种加速度传感器的精度较高、频率响应范围宽、量程大，可用于较高加速度值的测量。

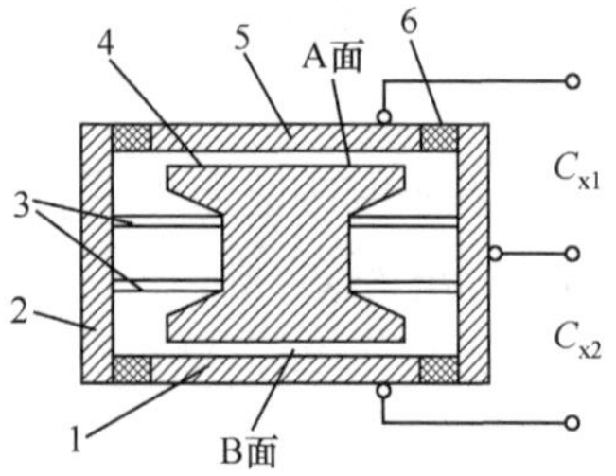

1、5—固定极板　2—壳体　3—簧片　4—质量块　6—绝缘体

图 5-6-3　电容式加速度传感器结构示意图

5.6.3　压阻式加速度传感器

图 5-6-4 是压阻式加速度传感器结构示意图，直接用单晶硅作为悬臂梁，并在梁的根部扩散 4 个电阻组成差动电桥，梁的自由端仍装有惯性质量块。全部结构被密封在一个充有硅油的外壳内。传感器可工作在上下或左右振动状态下。当悬臂梁自由端的惯性质量受到振动产生加速度时，梁弯曲而产生应力，使 4 个电阻阻值变化。通过测量电阻变化得到应力大小，从而求得加速度为

$$a = \frac{bh^2}{6mL}\sigma \tag{5-6-5}$$

式中，m 为惯性质量；b、h 分别为梁的宽度和厚度；L 为质量中心至梁根部的距离；σ 为应力。

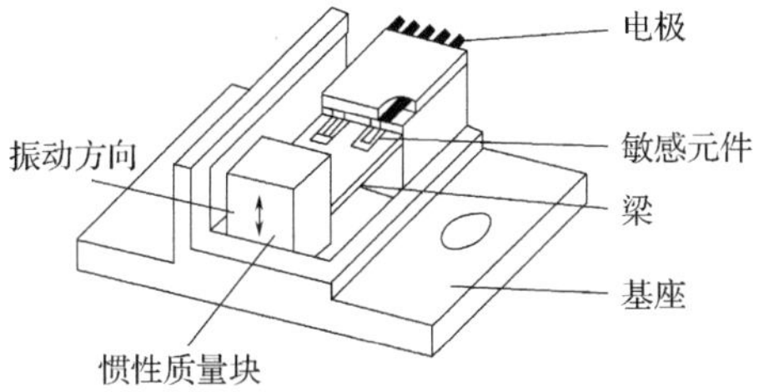

图 5-6-4　压阻式加速度传感器结构示意图

5.7　力传感器

5.7.1　应变式力与称重传感器

应变式力与称重传感器主要由弹性元件、应变片和测量电路三部分构成。

1. 柱筒式力传感器

柱筒式力传感器结构简单、紧凑，可设计成拉、压或拉压式，实心柱式可承受较大负荷。根据材料力学原理，截面积为 A、弹性模量为 E 的柱筒式弹性元件的应变 ε 与作用力 F 的关系为

$$\varepsilon=F/(AE) \tag{5-7-1}$$

为提高灵敏度，即在给定力作用下产生较大应变 ε，应减小横截面积 A。但 A 的减小受材料的许用应力和对力与应变关系的线性要求的限制。若 A 允许减小，其抗弯能力也减弱，传感器对横向干扰力敏感。

图 5-7-1（a）所示是一种用于测压缩力的应变片式力传感器的典型结构，其中的承力弹性元件是一个由圆柱加工成的方柱，金属电阻应变片粘贴在其四个侧面上。

电阻应变片用于动态力测量时，采用不平衡电桥电路。图 5-7-1（b）所示是输出端接放大器的直流不平衡电桥电路。根据实际情况采用单应变片（单臂桥）、双应变片（半桥）和四应变片（全桥）工作方式。应变片未受力时，无阻值变化，电桥维持初始平衡，$R_1R_4=R_2R_3$，其输出电压为零；应变片承受应力时，应变片产生 ΔR 的变化，电桥的不平衡输出为

$$U_{\text{out}}=\frac{UR_1R_2}{(R_1+R_2)^2}\left(\frac{\Delta R_1}{R_1}-\frac{\Delta R_2}{R_2}-\frac{\Delta R_3}{R_3}+\frac{\Delta R_4}{R_4}\right) \tag{5-7-2}$$

若第一桥臂接入应变片 R_1，其他接固定电阻，传感头受力使应变片产生 ΔR_1 的变化，电桥产生不平衡输出。假设 $R_2/R_1=n$，考虑到电桥初始平衡条件及省略分母中的微量 $\Delta R_1/R_1$，则式（5-7-2）可写为

$$U_{\text{out}} \approx U\frac{n}{(1+n)^2}\frac{\Delta R_1}{R_1} \tag{5-7-3}$$

由式（5-7-3）可知，输出电压正比于应变片的阻值变化 ΔR_1，当 $n=1$ 时输出 U_{out} 最大。

图 5-7-1（c）所示是有温度补偿功能的四应变片全桥接法，若使 $n=1$，即 $R_1=R_2=R_3=R_4$，且 $\Delta R_1=\Delta R_3$，$\Delta R_2=\Delta R_4$，$\Delta R_2=-\mu\Delta R_1$，则由（5-7-2）可得

$$U_{\text{out}} = \frac{U(1+\mu)}{2}\frac{\Delta R_1}{R_1} \tag{5-7-4}$$

实际中，对于精确度要求特别高的力传感器，可在电桥某一臂上串接一个温度敏感电阻 R_g，以补偿因应变片电阻温度系数产生的微小差异；用另一温度敏感电阻 R_m 和电桥串联，改变电桥的激励电压，以补偿弹性元件弹性模量随温度而变化的影响。这两个电阻都应装在力传感器内部，以保证和应变片处于相同的温度环境。

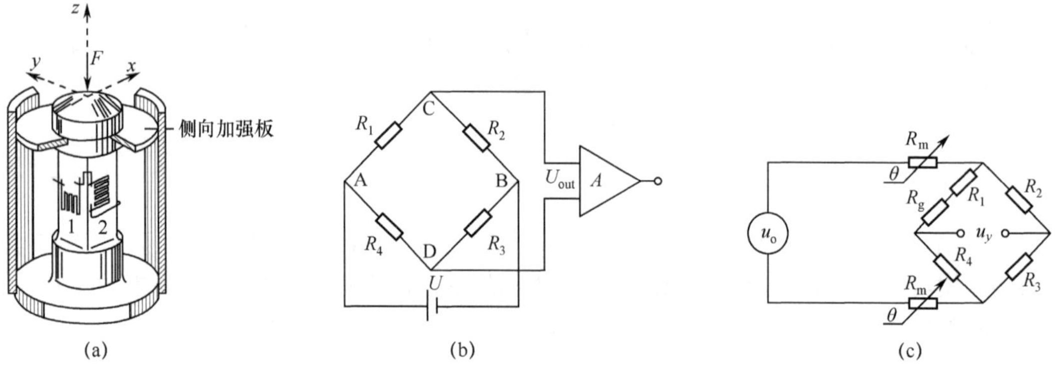

图 5-7-1　贴应变片柱式力传感器

实际上，被测力在截面上的作用不是均匀分布的，这主要因为作用力不可能正好沿弹性元件轴线而可能与轴线相交一微小角度。这使弹性元件除受拉伸或压缩力外，还受横向力和弯矩的作用。因此在传感器结构设计上采用横向刚度大、纵向刚度小的承弯膜片来消除横向力影响。图 5-7-1（a）中的侧向加强板即承弯膜片，用来增大弹性元件在 x-y 平面中的刚度，减小侧向力对输出的影响。加强板的 z 向刚度很小，以免明显影响传感器的灵敏度。附加承弯膜片的柱式元件结构如图 5-7-2 所示，常采用单膜和双膜两种形式。

对于弹性元件、应变片的粘贴和桥路的选用，应尽可能消除偏心、弯矩和温度的影响。应变片粘贴位置和桥路如图 5-7-3 所示。一般将应变片对称地贴在应力均匀的柱表面的中间

部分，如图 5-7-3（a）所示，并连接成图 5-7-3（b）所示的桥路。其中 T_1 和 T_3、T_2 和 T_4 分别串联成一个桥臂，对应于图 4-7-1（b）中的 R_3 和 R_1；C_1 和 C_3、C_2 和 C_4 分别串联对应图 5-7-1（b）中的 R_2 和 R_4，四组应变片分别放在相对臂内，以减小弯矩的影响。其中横向粘贴的应变片用作温度补偿片。采用全等臂电桥时，输出见式（5-7-4）。

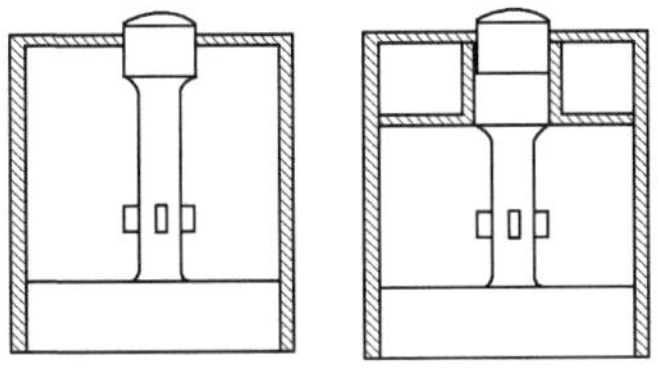

(a) 单膜式　　(b) 双膜式

图 5-7-2　附加承弯膜片的柱式元件

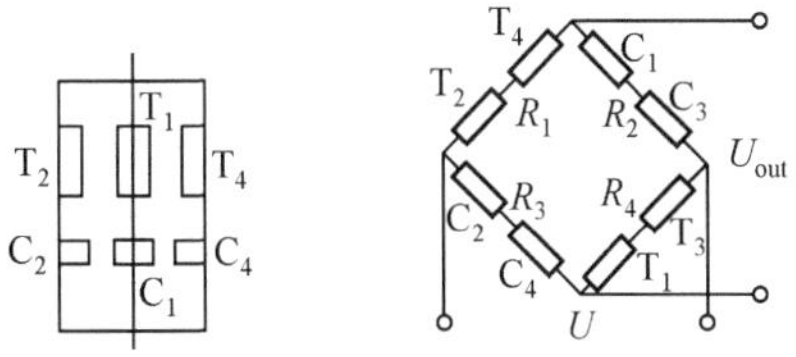

(a) 粘贴位置示意图　　(b) 桥路

图 5-7-3　应变片粘贴位置和桥路

柱筒式力传感器的不足是截面积随载荷而改变所导致的非线性，但对此可进行补偿。

2. 梁式力传感器

为了获得较大的灵敏度，常用梁式结构。如果结构和粘贴都对称，应变片参数又相同，则这种传感器除了具有较高的灵敏度外，还便于实现温度补偿和消除 x 和 y 方向力的干扰。

（1）等截面梁。等截面梁结构如图 5-7-4 所示，弹性元件为一端固定的悬臂梁，其长、宽、厚分别为 l、b、h。当力作用在自由端时，在固定端截面中产生的应力最大，而自由端的挠度最大。在距固定端较近、距载荷点为 l_0 的上、下表面，顺着 l 方向分别贴上灵敏度为 K 的应变片 R_1、R_2，在 R_1、R_2 的对面位置对应贴 R_3、R_4，此时若 R_1、R_2 受拉，则 R_3、R_4 有大小相等、符号相反的应变。将 4 个应变片组成差动全桥，可得最高灵敏度。粘贴应变片处的应变为

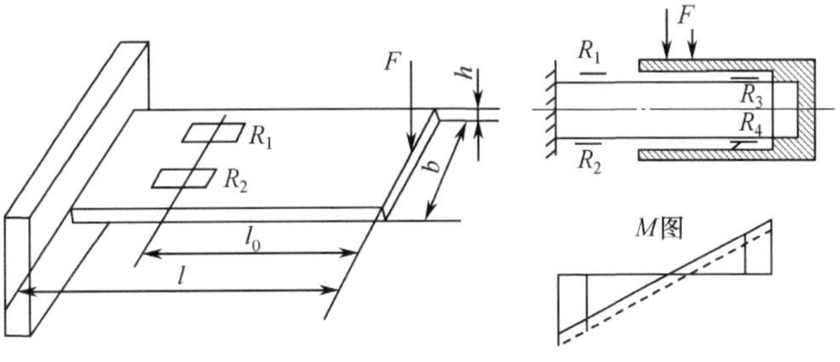

(a)　　(b)

图 5-7-4　等截面梁结构示意图

$$\varepsilon=6Fl_0/(bh^2E) \tag{5-7-5}$$

因此，根据式（5-7-2）可得差动全桥方式的输出为

$$U_{out}=U\Delta R_1/R_1=UK\varepsilon=6UKFl_0/(bh^2E)$$

图 5-7-4（a）所示等截面梁的问题是，由于力 F 的作用点偏移将引起误差，改进结构如图 5-7-4（b）所示。将四个应变片分别粘贴在两个不同的截面上，此时若作用力有所偏移，如图中虚线所示，则 R_1、R_2 处的应变绝对值增大，R_3、R_4 处的应变绝对值减小。应变量的计算方法基本同前。带副梁的等截面梁，由于增加副梁和改变应变片的粘贴位置，使得 l_0 缩小，弯矩也减小，对载荷点的位置要求降低，中间加载也便于结构设计。

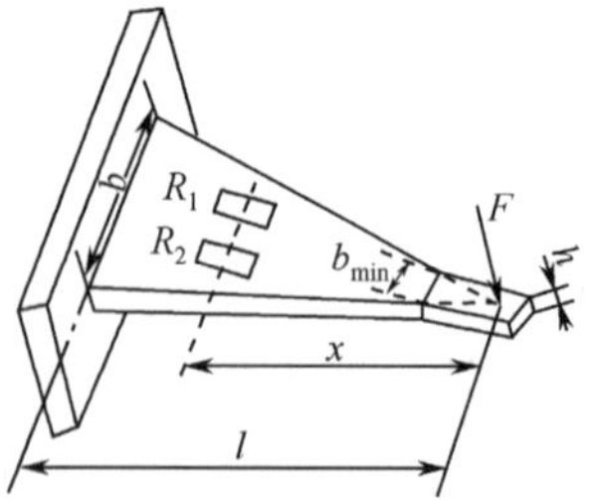

图 5-7-5　等强度梁结构示意图

（2）等强度梁。图 5-7-5 是固定端宽度为 b 的等强度梁结构示意图。在自由端有力 F 作用时，在梁表面整个长度方向上产生的应变都相等。该应变大小为

$$\varepsilon=6Fl/(bh^2E) \tag{5-7-6}$$

梁自由端所需要的最小宽度为

$$b_{min}=3F/(2h[\tau]) \tag{5-7-7}$$

式中，$[\tau]$为材料的许用剪应力。

等强度梁对长度方向上粘贴应变片的位置要求不严，梁的尺寸根据最大载荷 F 和材料的许用应力确定。但其自由端挠度不能太大，否则荷重方向不垂直梁的表面，将产生误差。

（3）双端固定梁。图 5-7-6（a）给出了以两端固定梁为敏感结构的应变式力传感器示意图。被测力 F 作用在梁中心处的圆柱上，梁呈对称受力状态。在梁的中心处建立直角坐标系如图 5-7-6（b）所示。在梁的上表面，其轴向应变可以近似描述为

$$\varepsilon_x=\frac{-5F}{61Ebh^2L^3}(240x^4-144x^2L^2+7L^4) \tag{5-7-8}$$

式中，L、b、h 分别为梁的等效长度、宽度和厚度（m）。

由式（5-7-8）可得，在梁的中心（x=0）和边缘处（$x=\pm L/2$）的应变分别为

$$\varepsilon_x(0)=\frac{-35FL}{61Ebh^2} \tag{5-7-9}$$

$$\varepsilon_x\left(\pm\frac{L}{2}\right)=\frac{70FL}{61Ebh^2} \tag{5-7-10}$$

而且在 $x\approx\pm0.231L$ 处，应变 $\varepsilon_x=0$。

类似地，可得到在梁的下表面的轴向应变的有关规律。

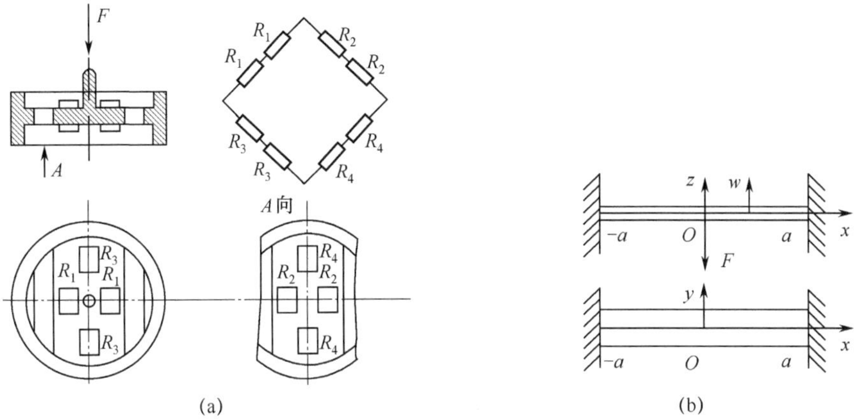

图 5-7-6　双端固定梁结构示意图

基于上述分析，应变片可贴在梁的上、下表面。在图 5-7-6 所示受力状态下，上表面的应变片 R_1 处于压缩状态，被测力增加，阻值减小；上表面的应变片 R_3 处于拉伸状态，被测力增加，阻值增大。与此同时，下表面的应变片 R_2 处于拉伸状态，被测力增加，阻值增大；下表面的应变片 R_4 处于压缩状态，被测力增加，阻值减小。因此，将 R_1～R_4 构成差动电桥可测量作用力，并可补偿温度变化的影响。为提高测量性能，图 5-7-6 中的 R_1～R_4 各采用了两个敏感电阻，增加了平均效应。

这种结构的梁在相同力作用下产生的挠度比悬臂梁小，并在梁受到过载应力后，易产生非线性。由于两固定端在工作过程中可能滑动而产生误差，所以一般将梁和壳体做成一体。

5.7.2　压电式力传感器

压电式力传感器利用压电材料（通常采用 SiO_2）实现力/电转换。与其他类型的力传感器相比，有以下特点：静态刚性好，因而固有频率高（从几百赫到几百千赫），灵敏度高，分辨率高（分辨率可达满量程的 10^{-7} 或更高）；具有良好的线性、滞后及重复性，可测频带宽，动态误差小，因此特别适用于动态测力；由于采用石英晶体，热释电效应小，无自发极化效应，长期使用性能稳定、寿命长；体积小、结构紧凑、安装调整方便；石英晶体由不锈钢壳体封装，处于全密封状态，因此耐腐蚀，耐潮湿；缺点是不适于测量静态力。单向和多向压电式力传感器的出现和发展，使得动态力测试提高到一个新的水平。

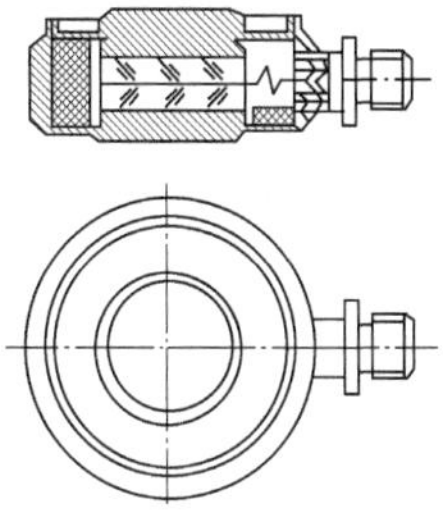

图 5-7-7　单向力传感器

1. 单向力传感器

图 5-7-7 所示的单向力传感器用来测量与传感器承载面相垂直的外力，即法向力 F_z，即所谓“测力垫圈”。这种传感器采用 xy 切

型晶体，根据压电系数 d_{11} 实现力/电转换，晶盒内只含一个 xy 单元晶组。其主要特点是体积小、质量轻，固有频率高，便于组合。

2．三向力传感器

三向力传感器可同时测量空间中的任一或多个力，分解并合成到三坐标轴输出。用多个三向力传感器按不同情况组成测力系统，可对更复杂的力系进行综合动态测量。图 5-7-8（a）所示为三向力传感器结构，图 5-7-8（b）为压电组件，图 5-7-8（c）为晶片组合的示意图。

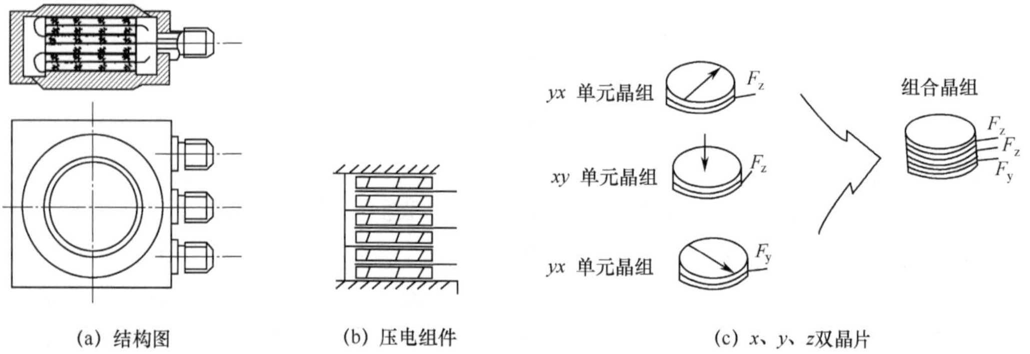

图 5-7-8　三向力传感器结构示意图

压电式力传感器的工作原理和特性与压电式加速度传感器基本相同。由图 5-7-8（a）可知，它仍可由图 2-4-3 和式（2-4-4）描述的典型二阶系统加以说明。以单向力 F_z 作用为例，参照式（5-6-4）代入 $F_z=ma$，即可得单向压缩式压电力传感器的电荷灵敏度幅频特性

$$\left|\frac{Q}{F_z}\right| = A(\omega_n)d_{11} = \frac{d_{11}}{\sqrt{[1-(\omega/\omega_n)^2]^2+(2\xi\omega/\omega_n)^2}} \tag{5-7-11}$$

可见，当（ω/ω_n）<<1（即 $\omega<<\omega_n$）时，式（4-7-11）变为

$$Q/F_z \approx d_{11} \text{ 或 } Q \approx d_{11}F_z \tag{5-7-12}$$

这时，力传感器的输出电荷 Q 与被测力 F_z 成正比。

5.7.3　膜片压力传感器

压力测量与机械应力密切相关，压力的作用使材料产生形变，晶体产生应变，晶格扭曲，晶界滑移，形成内应力。测量学上的“压力”就是物理学中的“压强”。

对某一具体物体而言，当外部作用力 F=0 时，压力 p=0。但地面上一切物体均处于大气压力环境中，只有真空状态才能真正达到 p=0。从真空（绝对压力零位）算起的压力才

称为绝对压力。任意两个压力之差称为压差 $\Delta p=p_1-p_2$，也就是相对压力，以其中一个被测压力为参考点（一般选大气压力为参考点），实际工程中测量压差的情况较多。

因此，压力测量分为相对压力（表压、压差）、绝对压力、负压或真空度测量三类。相对压力（表压、压差）是指绝对压力和大气压力之差，生产中的压力表示值一般为相对压力（表压）；绝对压力是表压和大气压力之和；低于大气压的被测压力称负压或真空度。

1. 薄膜应变片

为解决金属或半导体应变片的粘贴质量问题，改善敏感层与弹性体（基片）间的传递性能，将金属或半导体敏感材料直接采用溅射和蒸镀方法与基片制成一体，得到薄膜应变片。

相对于粘贴式应变片，薄膜应变片无蠕变、稳定性好、可靠性高。薄膜应变片是三层式结构，基片是金属材料弹性体；中间沉积绝缘层，如 Si_3N_4 薄膜或双层 Ta_2O_5+SiO_2 介质膜；表层为绝缘层上沉积一层金属或半导体敏感膜。在表层敏感膜局部做出金属内引线层（Al 薄膜），敏感层用光刻工艺制成敏感栅，各敏感栅连成电桥，并用外引线引出。

对金属敏感材料，薄膜电阻的相对变化主要是 $\mathrm{d}R/R \approx [1+\mu_\mathrm{b}+\mu(1-\mu_\mathrm{b})(1-\mu)^{-1}]\varepsilon$，其中，$\mu_\mathrm{b}$ 为基片材料的泊松比；μ 为金属薄膜的泊松比；ε 为金属薄膜应变。对半导体敏感材料，薄膜电阻相对变化主要是 $\mathrm{d}R/R=\mathrm{d}\rho/\rho$，其中 ρ 为电阻率；$\mathrm{d}\rho/\rho$ 为电阻率相对变化量。

半导体薄膜应变片以 Ge、Si 薄膜为主。例如，Ge 薄膜是在 Ti 基片上涂敷几微米厚的聚酰亚胺绝缘层，其上蒸镀 1 μm 厚的 Ge 作为敏感薄膜，Ge 掺杂纯金（占 Ge-Au 总质量的 5%），敏感膜电阻率为 50 Ω·cm。Ge 的应变灵敏系数 k=30，电阻温度系数 $\alpha=2\times10^{-4}$/℃，灵敏度温度系数 $\beta=5\times10^{-4}$/℃。金属合金薄膜以不锈钢为基片，绝缘层由两层材料组成，下层为厚 1 μm 的 Al_2O_3，上层为厚 1 μm 的 SiO_2；合金敏感薄膜为 Cu-Ni 合金，如 Cu-40Ni 康铜。这种合金薄膜与基片间绝缘电阻很高，在 300 ℃环境下，可承受 4×10^3 με 的应变。

2. E 形膜片

E 形膜片是在平膜片（硅杯）中心制作一个硬中心，硅杯成 E 字形，称为 E 形膜片，E 形膜片结构如图 5-7-9 所示。

周边固定的圆形平膜片的最大挠度 $W_0<h/3$（h 为膜片厚度）时，根据小挠度理论，压力均匀作用于膜片表面。实际平膜片很薄（h=10～20 μm），不适合小挠度（$W_0/h<0.5$）范围，$W_0/h>0.5$ 时，考虑膜片弯曲的同时要考虑中心面拉伸的影响。针对平膜片因大挠度产生非线性误差问题，采用 E 形膜片结构，加大中心部分的刚度，利用硬中心将均布压力转换为集中力，在小位移下产生较高应力。相对平膜片，E 形膜片增加了有效面积。

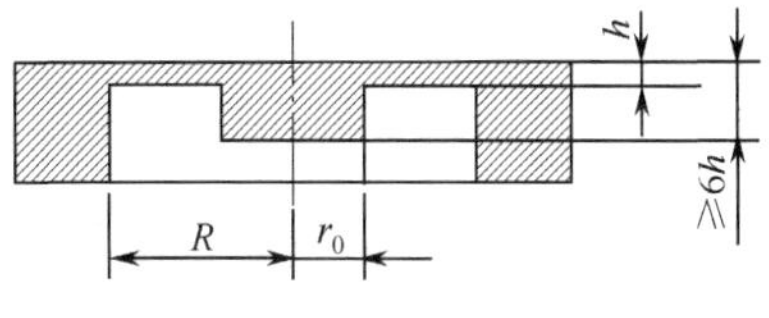

图 5-7-9　有硬中心的平膜片（E 形膜片）

EI 形膜片是 E 形膜片的变形，沿直径方向增加一条筋板。E 形和 EI 形膜片改善了平膜片因大挠度所致非线性问题。图 5-7-10 为 E 形膜片的应力分布图，最大弯曲应力 σ_r 发生在 $r=R$ 和 $r=r_0$ 膜片的上表层处，计算公式为

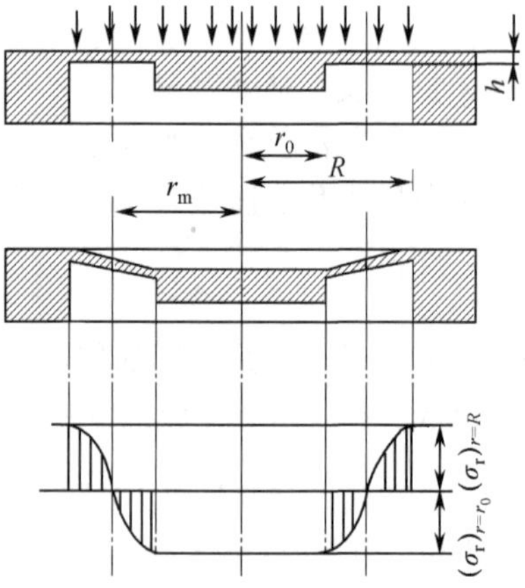

图 5-7-10　E 形膜片的应力分布

$$(\sigma_r)_{r=R} = -(\sigma_r)_{r=r_0} = \frac{3pR^2}{4h^2}\left(1-\frac{r_0^2}{R^2}\right) \qquad (5\text{-}7\text{-}13)$$

式中，R、r_0、h 为 E 形膜片结构尺寸，如图 5-7-10 所示；p 为均布压力。

3. 差压传感器

差压传感器不同于压力传感器，所测压力值（压差）比较小，但在膜片两侧却有很高的静压力值，需要有过压保护装置。差压传感器常采用 E 形或 EI 形膜片。差压传感器结构如图 5-7-11 所示，包括 E 形敏感膜片、隔离膜片、过压保护装置、信号转换及补偿电路等。

差压传感器为 E 形或 EI 形硅杯压感膜片，正、反两面同时施加很高的静压力，其值为感受的压力差的 10～1 000 倍。其核心结构是压力转换部分，如图 5-7-12 所示。

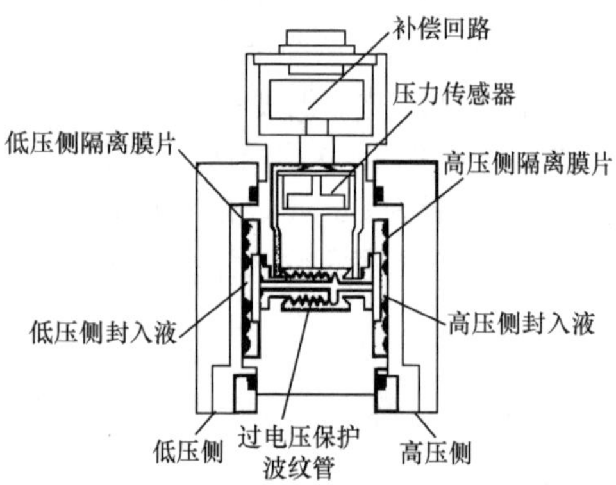

图 5-7-11　差压传感器结构

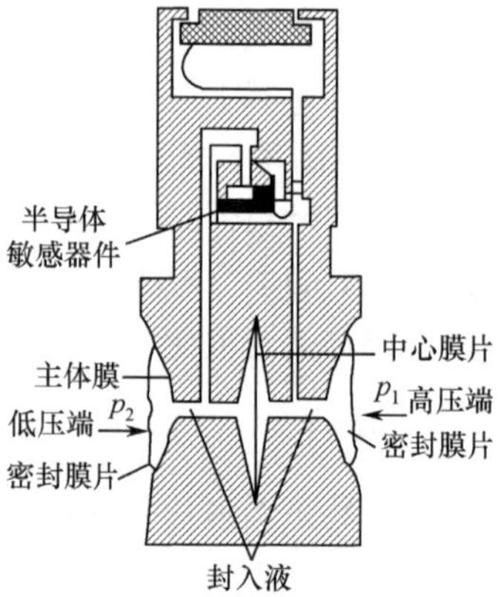

图 5-7-12　差压传感器压力转换部分结构图

差压传感器由力敏器件、中心膜片、主体膜、密封膜片组成，空间充满（不可压缩液体）硅油，起传递压力作用，并保护力敏器件，起散热作用。

其工作过程如下：高压端压力 p_1 和低压端压力 p_2 分别作用在两侧的密封膜片上，经硅油将压力传递到半导体敏感器件的正、反两面上，在此压力差作用下，半导体敏感器件有信号输出。设置中心膜片的目的是为了过载保护，当压力超过一定值时，中心膜片将发生位移。例如，右侧存在高静压 p_1，使右侧密封膜片贴在主体膜上，部分压力将被隔离；另

一部分压力经硅油使中心膜片向左移，左侧硅油受中心膜片挤压，将压力传到敏感膜片表面，起力平衡作用，这一压力隔离和压力平衡过程是瞬时完成的。

4．高温膜片压力传感器

硅压力传感器的 P 型扩散电阻条是以 N 型硅为基底，两者之间自然形成 PN 结隔离。当环境温度超过 120℃时，电阻条与基底间的 PN 结漏电流增强，使输入应变-输出电压特性关系失真，因此不能在较高温度环境下测量压力。对高温反应器的内压力，如发动机腔体内压力和井下压力的测量，都需要高温压力传感器。为此，人们开发研究了 Poly-Si、SoI、SiC 等半导体高温压力传感器及合金薄膜、光纤、电容式高温压力传感器等。

（1）Poly-Si 高温压力传感器。利用多晶硅具有较大的压阻系数和良好温度特性的特点，用掺杂多晶硅的薄膜作为应变电阻，在硅压力传感器基础上以 SiO_2 介质膜取代 PN 结隔离。敏感元件以 Si 为基底，在其上扩散一层 SiO_2 薄膜，在 SiO_2 上扩散 Poly-Si 电阻条。SiO_2 介质膜成为 Si 基底与 Poly-Si 电阻条中间的绝缘层，从而减少了器件高温漏电，提高了工作温度。

（2）SoI 高温压力传感器。SoI（silicon on insulator）即绝缘基底上的半导体硅，最早用于大功率半导体器件。这种结构形式具有自（绝缘）隔离、体漏电流小、寄生电容小和抗辐射等优点。SoI 采用单晶硅薄膜制成，是制作高温、高速、抗辐射特殊集成电路的基本材料，因为绝缘基底上的半导体硅是单晶硅，具有单晶硅的大压阻系数特性，使之成为高温条件下使用的硅压力传感器。

（3）SiC 高温压力传感器。SiC 是一种新型宽禁带隙半导体材料，有良好化学稳定性和高温性能。

① 3C-SiC 薄膜高温压敏器件。目前研制出的 3C-SiC 油井高温压力传感器主要指标如下：量程有 20 MPa、40 MPa、60 MPa；精度为±1%；工作温度为 0～200 ℃；温度系数为 5×10^{-4}/℃；满量程输出为 80×(1±50%) mV；零漂小于 0.2 mV/h；固有频率大于 400 kHz；响应频率为 0～10 kHz。

② Poly-SiC 薄膜高温压敏器件。其性能特点是在 5 V 直流电源下工作非线性小于±1%，灵敏度为 2.2 mV/(V·bar)（1 bar=10^5Pa）。采用 SoI 做基底，工作温度可达 350 ℃。

③ 6H-SiC 薄膜高温压敏器件。当环境温度达到 500 ℃以上，不能采用 Si 作为基底材料时，选用有更宽禁带隙和更高稳定性的 6H-SiC 做压敏薄膜。

5.7.4 压电式压力传感器

压电式压力传感器输出与被测力成正比的电荷量，一般与电荷放大器连接，把电荷量转换成电压来测定被测力大小。压电式传感器的结构类型多，但基本原理与结构与前述压电式加速度和力传感器大同小异。突出的不同是，它必须通过弹性膜、盒等，把压力收集、转换成力后传给压电元件。为保证静态特性及其稳定性，通常多用石英晶体做压电元件。

压电式压力传感器按其弹性元件可分为活塞式和膜片式两大结构类型，如图 5-7-13 所示，这类传感器主要由本体、弹性元件和压电元件组成，其压电元件一般采用石英晶体做传感元件。传感器的灵敏度可通过选择叠加的晶片数确定。低、中压力传感器的量程为 50 MPa；高、超高压力传感器的测量范围为 4×10^3～10^4 MPa。

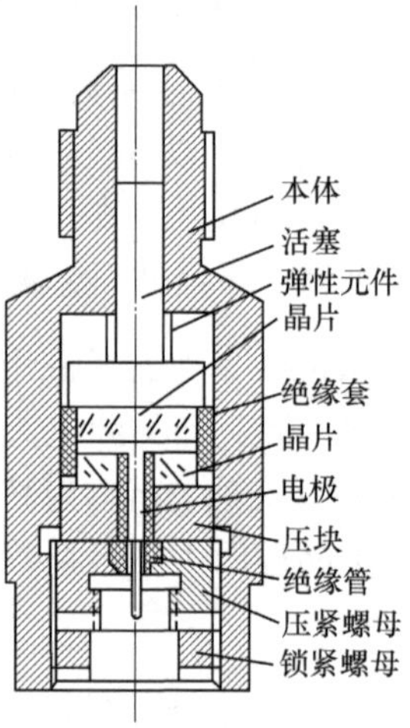

(a) 活塞式压力传感器

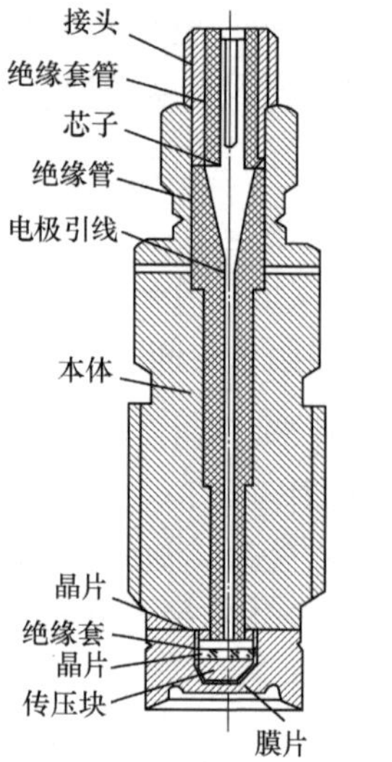

(b) 膜片式高压传感器

图 5-7-13　压电式压力传感器结构图

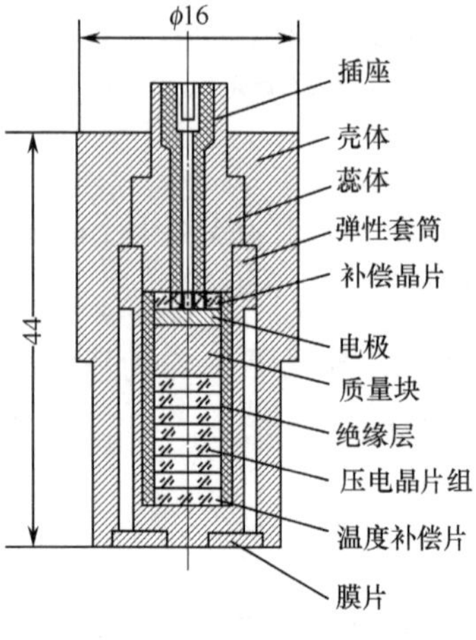

图 5-7-14　Kistler 7031 型压电式压力传感器

压电式压力传感器的典型产品有奇士乐（Kistler）公司的系列传感器。例如，图 5-7-14 所示的 7031 型压力传感器采用了压缩式石英晶片组，被测压力通过膜片和预紧筒传递给压电组件。该传感器在压电组件和膜片间垫有陶瓷与铁镍铍青铜两种材料制成的温度补偿片，以补偿长时间缓变（尤其在低频时）的热干扰对弹性套筒预载的影响。在压电组件上方安装有高密度合金质量块，以及极性相反的加速度补偿晶片，以减小环境加速度干扰。

图 5-7-15 所示为血压计所用的两种不同型式的压电式血压传感器。图 5-7-15（a）所示的产品采用 PZT-50H 压电陶瓷、尺寸为 $12.7\times1.575\times0.508\ \text{mm}^3$ 的双晶片悬梁结构。双晶片极化方向相反，并联连接。在敏感振膜中央上、下两侧

各粘有半圆柱塑料块。被测动脉直压通过上塑料块、振膜、下塑料块传递到压电悬梁的自由端。压电梁弯曲变形产生的电荷经前置电荷放大器输出。

图 5-7-15（b）所示的产品为采用复合材料的血压传感器结构。压电元件为掺杂 PZT 陶瓷的 PVF_2 复合压电薄膜，其韧性好，易与皮肤吻合，力阻抗与人体匹配，可消除外界脉动干扰。这种传感器结构简单，体积小，耐用，输出再现性好，适用于人体脉压、脉率的检测或脉波再现。

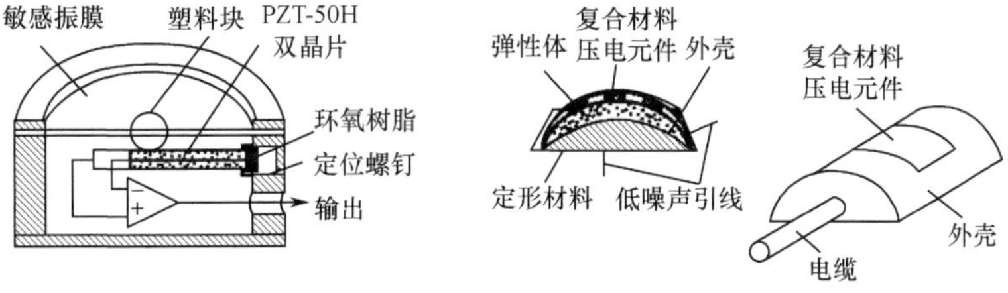

(a) 双晶片悬梁式　　(b) 复合材料式

图 5-7-15　压电式血压传感器

5.7.5　光纤压力传感器

1. 全内反射光纤压力传感器

光纤压力传感器是利用膜片（反射表面）发生受压弯曲的原理制成的，也可利用固定在膜片上的可动反射体，使反射光通量重新分布而制成。图 5-7-16 所示光纤压力传感器是基于全内反射条件被破坏的原理。

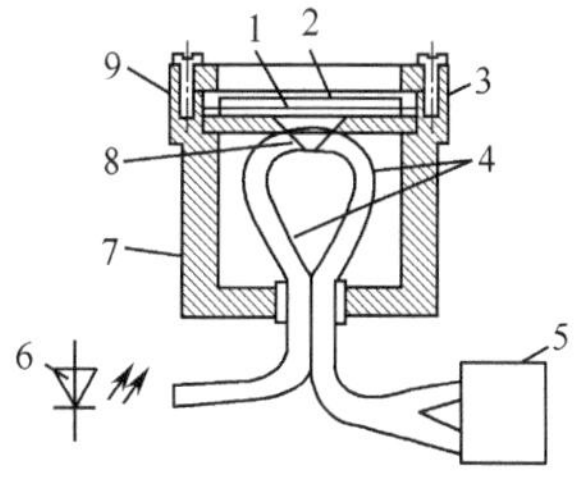

图 5-7-16　全内反射光纤压力传感器

其工作过程为：膜片 1 受压后弯曲，改变了棱镜 8 的顶面与光吸收层 2 的气隙间隙，引起棱镜上全内反射界面的局部破坏，造成光纤内传输光波部分离开上界面（顶面），折射进入吸收层并被吸收，改变了从发射光纤 4（左）进入接收光纤 4（右）的光强。用桥式光电探测器 5 就可检测出气隙变化所引起的（反射）光强的变化，这一光强的变化又反映了被测压力的大小。图 5-7-16 中，3 为垫圈，6 为发光二极管，7 为壳体，9 为上盖。

当无压力作用时，膜片未变形，膜片与光纤之间保持较大的初始气隙，膜片光照面较大，反射到接收光纤的光强较大，光电探测器输出的光电信号也较大。膜片受压力作用向下（内侧）弯曲，使光纤与膜片间气隙减小，膜片光照面积缩小，一部分光折射进入膜片与光吸收层被吸收，致使反射进入接收光纤的光强减小，光电探测器输出的光电信号变小。输出光电信号大小由光纤与膜片间的距离以及膜片形状决定。对周围固定的小挠度膜片

（$\omega_0 \leqslant 0.5h$），膜片中心的最大挠度计算公式为

$$\omega_0 = 3p(1-\mu^2)r^4/(16Eh^3) \tag{5-7-14}$$

式中，p 为压力；μ 为泊松比；r 为膜片有效半径；E 为弹性模量；h 为厚度。$\omega_0 \leqslant h/3$ 时，传感器输出具有较好的线性度；ω_0 过大将产生明显的非线性输出。测量大压力时，若膜片直径一定，则需要增加膜片厚度 h。

光纤压力传感器是动态压力测量装置，其频率特性是重要参数，对周边固定的小挠度膜片，其最低固有频率为

$$f_0 = \frac{2.56h}{\pi r^2}\sqrt{\frac{E}{3(1-\mu^2)\rho}} \tag{5-7-15}$$

式中，ρ 为材料密度（$\mathrm{kg/m^3}$），其余同式（4-8-2）。可见，膜片固有频率与材料性能及结构尺寸有关。若选直径为 2 mm、厚为 0.65 mm 的不锈钢膜片，f_0 可达 128 kHz。

影响传感器频率响应的除膜片固有频率外，还有压力容腔导管及光电探测器频率特性等。通常传感器的频率响应低于膜片固有频率，反向偏置的光敏二极管的光电流随入射光变化的上升时间决定了响应频率低于膜片固有频率。这种压力传感器的频响相当高，尺寸小，受流体场影响小，灵敏度高，受振动、温度及声波影响较小，适于动态压力测量。

2. 偏振调制压力传感器

各向同性的介质材料，在外（压）力作用下会呈现各向异性的光学特性——光弹效应，又称为应力双折射效应。光弹效应是一种传输光产生线性双折射的偏振效应。若应力垂直加在光波传播方向上，则应力方向的介质常数增加，从而改变该方向上偏振光光强的大小。可见，线性偏振调制实质上也是一种光强调制。（透明）平面物体受到应力作用时，物体各点都有两个主应力分量，光入射到这一透明物体时，将形成两束线性偏振光，而且两个光矢量分别沿两个主应力方向传播，其折射率之差与主应力之差成正比。

如图 5-7-17 所示，承受外压力作用的透明光弹薄片 C 放在两正交偏振片 P_1、P_2 之间，屏幕 M 上产生偏振光干涉条纹，条纹形状由光程差相等（主应力差相等）的光点轨迹决定。

图 5-7-18 中，选用硼硅酸耐热玻璃作为光弹材料，其上放置膜片。压力作用在膜片上，光弹玻璃产生压应力。根据光弹效应，从光源出发的光束经发射光束在起偏器形成两束偏振光，在光弹玻璃处产生线性双折射偏振效应，由检偏器得到偏振光干涉，通过接收光纤送入光电探测器，不同的主应力差对应不同光强，输出不同的光电信号。

光弹效应既可对压力和应变做静态检测，也可做动态检测；把膜片改成重物可作为加速度传感器，也可用于水中检测水声压。基于光弹效应的光纤传感器最小可测压差为 9.5 Pa

（理论值为 1.4 Pa），在测量范围 0～500 kPa 内有良好的线性。与干涉型光纤传感器相比，它的灵敏度偏低，因此多用大芯径光纤。另外，它还有容易调压、结构简单的优点。

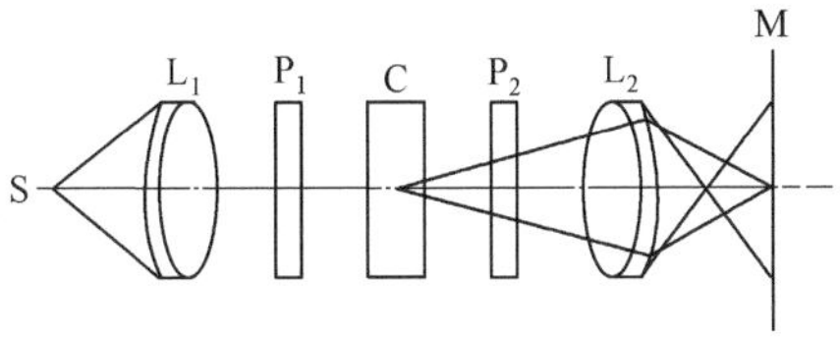

图 5-7-17　光弹测量原理图

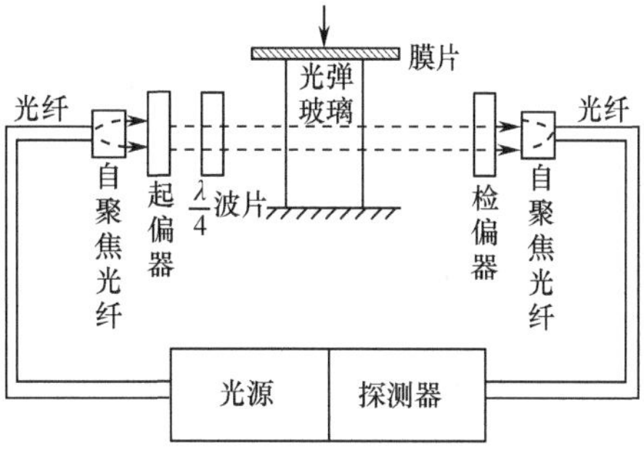

图 5-7-18　偏振调制压力传感器

5.7.6　扭矩传感器

通常所说的转矩是指外力矩，如机床主轴旋转是动力源提供外力矩作用的结果。扭矩是内力矩，主轴工作时，刀具切削力对主轴的反作用使之产生扭转弹性变形，这种弹性变形可用来衡量扭矩 M（N·m）大小。转矩与扭矩的概念是有区别的，当轴上只有一个力矩作用时，转矩与扭矩数值相等。多数扭矩传感器在传递扭矩过程中，在传动轴与负载之间加敏感元件即弹性轴，弹性轴形变引起应力变化，使传感器的电阻、电容、电感等发生变化，再利用光电、磁电等效应可得到扭矩大小。常见的几种扭矩测量方法如图 5-7-19 所示。

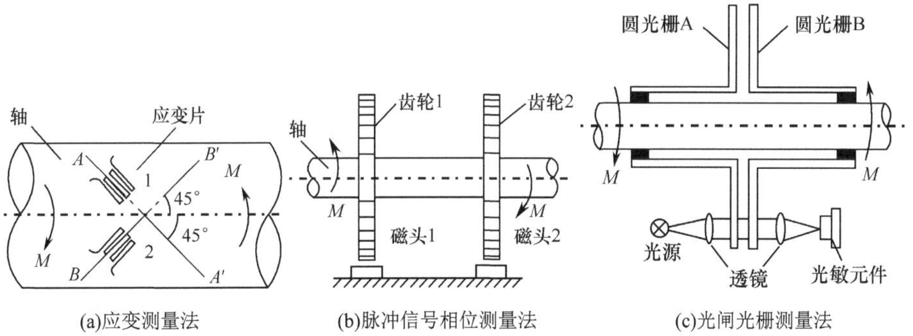

图 5-7-19　三种常见扭矩测量方法

目前，在旋转扭矩测量法中，最简单、可靠且精度高的是电阻应变式扭矩传感器。传统的电阻应变式扭矩传感器属于接触式测量方式，存在供电和信号输出的不便。改变其接触式输出方式，将应变桥路和模拟集成电路固定在转轴上，并使发射极的耗电极小，采用无线传输方式，由接收电路接收调频信号，解调后处理、显示和进一步传输，成为一种遥测扭矩传感器。扭矩测量正由静态测试向动态测试、由接触式向非接触式测试、由测应变向直接测应力发展，且逐步使测试系统小型化、数字化及实时化。非接触式扭矩测试基于两类基本方法：一类是利用扭矩与扭转角的关系，通过检测角位移来测扭矩；另一类是利用扭矩应力产生磁弹效应，通过检测材料磁导率或磁阻变化获得相应的应力大小，从而测得扭矩。对这两类基本方法加以改进，就形成了多种扭矩传感器。

5.7.7 光栅扭矩传感器

1. 工作原理

光闸光栅式扭矩传感器是根据光闸光栅 A 与 B 产生相对扭转角，改变光栅圆周上的相对位置使光强变化，两光闸光栅相当于两个遮光盘组合。如图 5-7-20 所示的光栅扭矩传感器是基于莫尔条纹工作原理的。（内）旋转轴 1 上 A 与 B 处各固定一片外侧动光栅 2。（外）轴套 3 两端对应外侧动光栅，各固定一片内侧定光栅 4，形成两组栅距相同的光栅副。旋转轴 1 转动时，轴套固定，光栅副形成莫尔条纹，输出如图 5-7-21（a）所示正弦波。旋转轴 1 无扭矩时，A 与 B 处正弦波有初始相位差 ϕ_0；有扭矩时，A 与 B 有相对扭转角 φ，B 处光栅输出的正弦波相对 A 处的相差为 $\phi_0+\varphi$（图中虚线）。经整形电路输出方波 A^* 与 B^*（对应 B 的虚线），B^* 取反为 B'，令 $C = A^*B'$。C 的脉宽为 A^* 与 B' 的相位差。C 的脉宽对应扭矩产生的相位差 φ，它与转轴扭转角成正比。用计数法测得 C 的脉宽可算出对应转矩值。

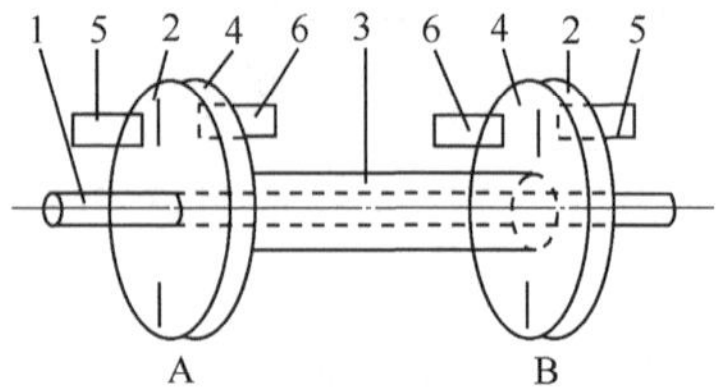

1—旋转轴　2—外侧动光栅　3—轴套　4—内侧定光栅
5—发光二极管　6—光敏元件

图 5-7-20　光栅扭矩传感器

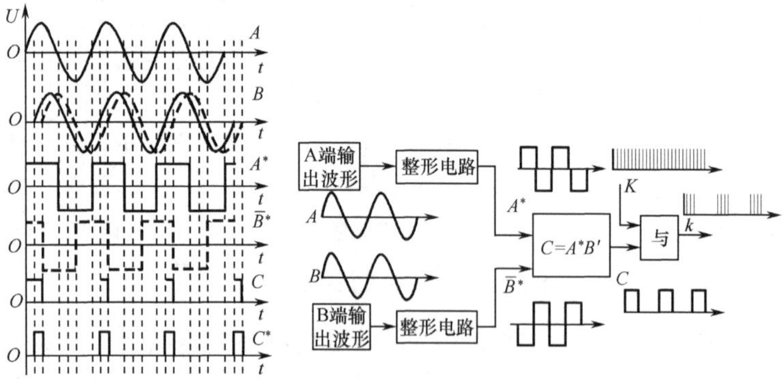

图 5-7-21　光栅扭矩传感器的波形和信号处理框图

2. 输出特性

光栅扭矩传感器用于测量转轴负载静态平均转矩（内轴固定，外轴套旋转）或动态平均转矩（外轴套固定，内轴旋转），其转矩特性见图 5-7-22，图中横坐标为转轴转矩（M），纵坐标为 C^*的脉宽 T 代表的相位差 ϕ，即扭转角 φ。相同转矩下，A 与 B 的间距越大，扭转角 φ 越大，传感器分辨率越高。但加大 A 与 B 的间距，轴的挠度增大，易产生振动，且测量系统尺寸变大。扭矩变小时，曲线成线性；随扭矩增大，传感器分辨率下降，曲线成非线性。

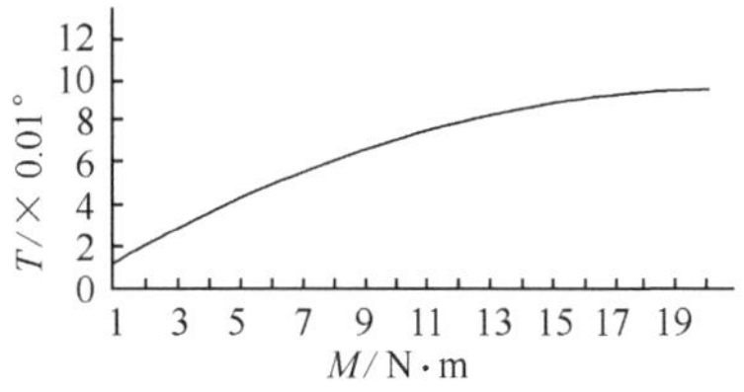

图 5-7-22　光栅扭矩传感器的转矩特性

5.7.8　磁弹性扭矩传感器

铁磁材料在机械应力的作用下，其磁化状态会发生变化，即压磁效应，表现在压应力方向上的磁导率下降，而垂直压应力方向上的磁导率增加，拉应力作用的情况则相反。根据压磁效应制作的扭矩传感器有几种类型，如正交磁头型、薄壁套筒型等。

1．正交磁头型扭矩传感器

如图 5-7-23 所示，两个绕线的 U 形铁芯垂直交叉放置。磁极 E_1～E_2 的 U 形铁芯平行轴线，铁芯上绕励磁线圈；磁极 D_1～D_2 的 U 形铁芯垂直轴线，其上绕检测线圈。两铁芯端面呈圆弧状，以保持与轴表面的接触气隙尽量小。U 形铁芯与被测轴表面组成闭合磁路。

无扭矩作用时，轴表面各向磁同性，磁导率无变化，D_1～D_2 检测线圈不产生感应电流；有扭矩作用时，沿轴线方向会产生拉应力和压应力。由于压磁效应，应力引起（磁性材料）轴表面磁导率发生变化，使磁力线扭曲，其结果使穿过检测线圈的交变磁通量改变。扭矩越大，磁力线扭曲越严重，穿过检测线圈的交变磁通量越大，产生的感应电动势就越大。

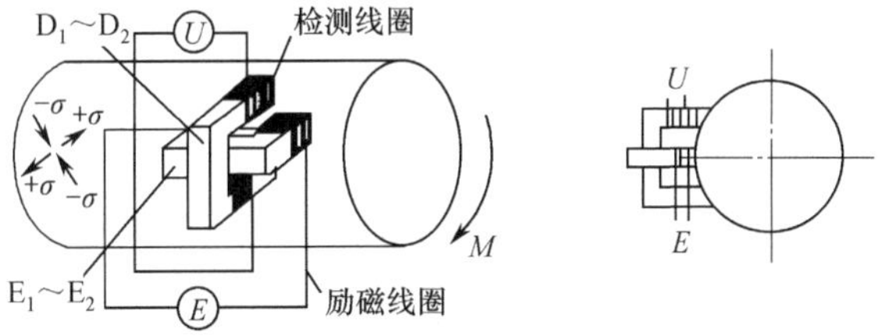

图 5-7-23　正交磁头型扭矩传感器原理图

输出电压 U 与扭矩 M 的关系为 $U=aM$，其中 a 为静态灵敏系数。传感器受多种因素影响，会产生一定的非线性误差。主要原因有：转轴材质不均匀造成的表面磁导率差异；转轴加工与安装质量问题产生的偏心振摆使磁路间隙发生周期性变化而使磁阻不稳定。因此，输出电压 $U(\theta)$与扭矩 $M(\theta)$的线性关系对回转角存在角度依赖性，可用方程表示为

$$U(\theta)=a(\theta)M(\theta)+b(\theta) \tag{5-7-16}$$

式中，$a(\theta)$为传感器灵敏系数；$b(\theta)$为输出补偿。说明输出是转轴回转角的周期性函数。由实测曲线图 5-7-24 可知，如果可得到与回转角 θ 有关的 $a(\theta)$与 $b(\theta)$值，就可补偿随被测轴转动而产生的波动值，从而得到更真实的扭矩值 M。

将曲线分成若干段，如图 5-7-24 所示为 7 段折线，每段折线可近似看成线性，利用最小二乘法可确定补偿系数组$[a_i(\theta)-a,\ b_i(\theta)]$。

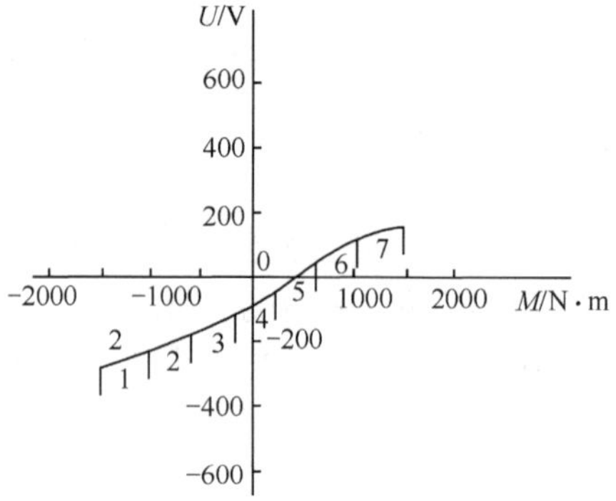

图 5-7-24　作用扭矩的分段

2．薄壁套筒型扭矩传感器

采用 40Cr 高磁致伸缩系数及高磁导率材料薄壁套筒作为扭矩传感器的敏感元件，其两端与动力轴刚性连接，转轴受扭矩作用时，薄壁套筒表面应力最大。根据平面应力状态得知在±45° 方向上有最大主应力 σ，其值等于在该处截面上的剪应力 τ，并与扭矩 M 成正比，与截面阻力扭矩 W 成反比，即 $\sigma=\tau=M/W$。当转轴与薄壁套筒几何尺寸确定后，W 为定值，主应力 σ 与材料磁导率 μ 成线性关系。当转轴受扭矩作用时，薄壁套筒与之刚性连接，有相同扭转角，则套筒扭转变形反映了转轴所受扭矩。在材料弹性范围内和一定磁场强度下，应力变化引起材料磁导率变化，两者成线性关系

$$\Delta\sigma=K_{\mu}\Delta\mu \tag{5-7-17}$$

式中，$\Delta\sigma$ 为应力变化量；$\Delta\mu$ 为磁导率变化量；K_{μ} 为磁弹性系数。

薄壁套筒型扭矩传感器结构如图 5-7-25 所示，薄壁套筒上铣两组与轴线成±45°的对称斜槽，承受扭矩引起的最大应力，对应斜槽段放置两差动的测量线圈，其外套励磁线圈。

转轴不受扭矩作用时，即 $M=0$，则两测量线圈感生电动势大小相等，方向相反，输出为零；转轴承受扭矩作用时，$M\neq0$，薄壁套筒磁导率变化 $\Delta\mu$，穿过测量线圈的磁通量改变，引起感应电动势变化 $\Delta E=kf\Delta\mu H$，其中，k 为耦合系数，f 为励磁电压频率，H 为磁场强度。励磁电压及其频率、线圈尺寸及匝数、薄壁套筒材料确定之后，k、f、H 均为定值，输出感应电动势 ΔE 与扭矩 M 成线性关系。

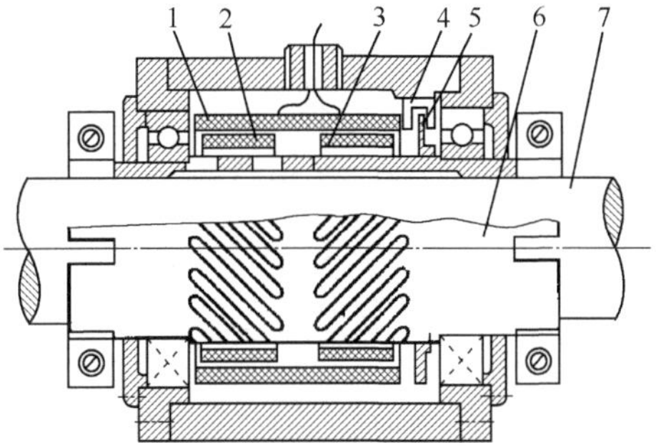

1—励磁线圈　2、3—测量线圈　4—光电开关　5—测速齿轮　6—套筒　7—转轴

图 5-7-25　薄壁套筒型扭矩传感器结构简图

励磁线圈产生的交变磁通由高精度稳频稳幅振荡器、缓冲器及高保真度、低噪声功效电路组和产生。实验证明，励磁频率为1kHz时，输出特性有较好的线性。利用励磁线圈和测量线圈的耦合，使一个测量线圈的输出电压为拉应力引起，另一测量线圈的输出电压为压应力引起，用差动全波整流电桥拾取测量线圈输出的扭矩信号，经滤波和测量放大获得0～5 V的电压信号，由电压/频率变换器转换为0～5 kHz的频率数字信号送入计算机处理。

5.8　流量传感器

在现代工业生产和日常生活中，常常遇到流体（气体或液体）的输送计量和控制，需要测量流体的速度或者流量，因此，流量的测量和控制是测试技术中的一个重要环节，它是工业生产过程操作与管理的重要依据。

1. 流量概述

单位时间内通过管道某一截面的体积数或质量数称为流体的瞬时流量，在一段时间范围内通过管道某一截面的体积数或质量数的总和称为流体的累积流量，因而流量还可分为体积流量和质量流量。

（1）体积流量 Q_v。体积流量可分为瞬时体积流量 Q_{vs} 和累积体积流量 Q_{vT}，分别用公式表示为

$$Q_{vs} = Av \tag{5-8-1}$$

$$Q_{vT} = \int Q_{vs}\mathrm{d}t = \int Av\mathrm{d}t \tag{5-8-2}$$

式中，A 为流体流过的管道的某截面面积（m^2）；v 为流体的速度（m/s）；t 为流体流过某截面的时间范围（s）。

由于流体具有黏性，因此，在某一截面上各点的流速并不均匀，故式（5-8-1）和式（5-8-2）中的流体速度 v 是指流过某一截面流体的平均速度。

（2）质量流量 Q_m。质量流量可分为瞬时质量流量 Q_{ms} 和累积质量流量 Q_{mT}，分别用公式表示为

$$Q_{ms} = Q_{vs} = Av\rho \tag{5-8-3}$$

$$Q_{mT} = Q_{vT} = \int Av\rho \mathrm{d}t \tag{5-8-4}$$

式中，ρ为流体的密度（kg/m^3）。

2．流量的测量方法

由式（5-8-1）和式（5-8-4）可知，只要能测得流体的体积流量 Q_v 或质量流量 Q_m 或流体的平均速度 v 和流过的某一截面面积 A 及时间范围 t，就能测得流体流量。因此，流量测量可根据流体的性质与工作状态和工作场合等的不同，有不同的测量法。目前应用较多的流量传感器中，常常将流量测量转换成其他非电量的测量，如转速（速度）、位移、压差、频率、时间等，然后在检测仪表中把这些非电量转化为电量，最后计算出流量。

5.8.1 差压式流量传感器

差压式流量传感器通过测流量体在管道内流动产生的差压或力得到流体的流量，主要有节流式、靶式、转子式等，这里仅介绍节流式流量传感器。

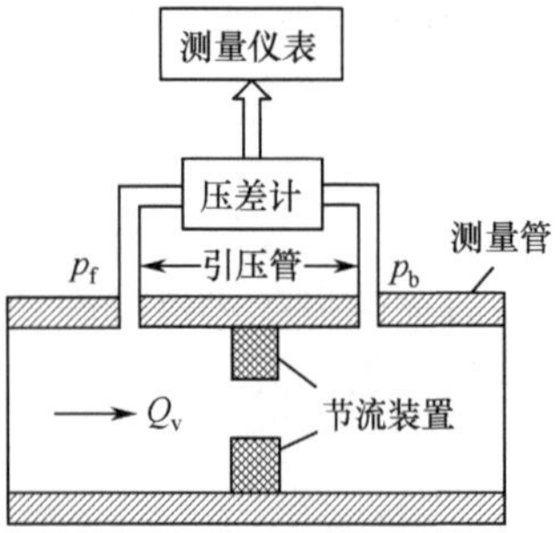

图 5-8-1　节流式流量传感器工作原理示意图

如图 5-8-1 所示，节流式流量传感器由节流装置、测量静压差装置和测量仪表三部分构成。节流装置安装在流体的管道中，当充满管道的流体经过节流装置时，由于管道截面突然变小，流体会在此形成流束收缩，流体的平均速度加大，使动压力加大，而静压力减小，从而在节流装置前后形成静压差Δp。

$$\Delta p=p_i-p_o \tag{5-8-5}$$

式中，p_i 为节流装置前的流体静压（N/m^2）；p_o 为节流装置后的流体静压（N/m^2）。

静压差的大小 Δp 与流过管道的流体体积流量 Q_v 之间的关系为（具体推导见相关文献）

$$Q_v = \alpha\varepsilon S\sqrt{\frac{2\Delta p}{\rho}} \tag{5-8-6}$$

式中，α为实验方法所确定的流量系数；ε 为流体膨胀校正系数（可压缩流体 $\varepsilon<1$，不可压缩流体 $\varepsilon=1$）；S 为节流装置收缩最厉害的截面面积（m^2）；ρ为流体密度（kg/m^3）。

由式（5-8-6）可知，只要能测得节流装置前后的静压差 Δp，则可测得流体的体积流量 Q_V。这是节流式流量传感器测流量的原理。

节流式流量传感器具有结构简单、价格便宜、使用方便的优点，是目前工业生产中应用最多的一种流量传感器，几乎占 70%；但也存在易受流体密度影响，管道中有压力损失，只适于洁净流体的测量等缺陷，因而不适合航空有关领域的流体流量的测量。

5.8.2 涡轮式流量传感器

涡轮流量传感器是常见的利用转速（速度）法测流量的传感器。图 5-8-2 为磁电式涡轮流量传感器的结构示意图，它在管道内安装一可自由旋转的涡轮 4，当管道内有流体流过时，流体冲击涡轮使其旋转。在涡轮旋转的同时，高导磁的涡轮叶片周期性地改变磁电系统的磁阻，使通过线圈的磁通量周期性地变化，因而在线圈两端产生感应电动势，该电动势经过放大、整形，便得到足以测出频率的方波脉冲，从而可获得流体的流量。流量越大、流速越高，则涡轮的旋转速度也就越大；当流量减小时，流速降低，则涡轮的旋转速度就减小。因此，测出涡轮的转速就可测出流过管道流体的瞬时流量和总流量。

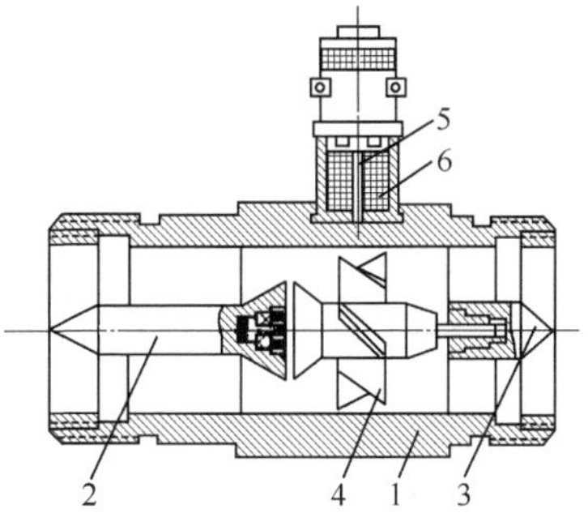

1—壳体 2—前导流架 3—后导流架 4—涡轮
5—磁钢 6—线圈

图 5-8-2 磁电式涡轮流量传感器的结构示意图

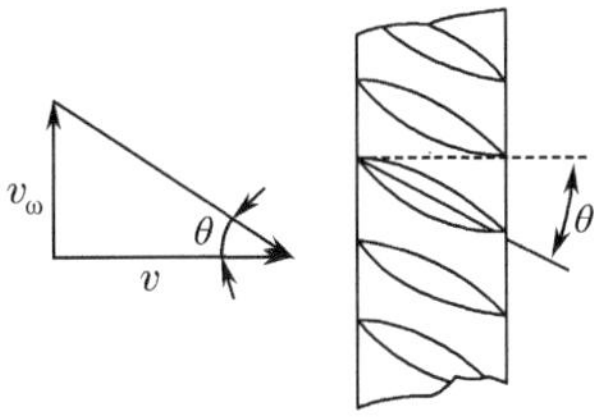

图 5-8-3 涡轮叶片及流体的速度

假设流体的速度为 v，涡轮叶片旋转的角速度为 ω，若涡轮叶片的平均半径为 r，倾斜角为θ，如图 5-8-3 所示，则可得涡轮叶片旋转的切线速度为

$$v_\omega = r\omega \tag{5-8-7}$$

流速跟涡轮叶片的角速度关系为

$$v = v_\omega/\tan\theta = r\omega/\tan\theta \tag{5-8-8}$$

则瞬时体积流量为

$$Q = Av = Ar\omega/\tan\theta \tag{5-8-9}$$

式中，A 为涡轮的有效通道截面积。由式（5-8-9）可知

$$\omega/Q=\tan\theta/(rA) \tag{5-8-10}$$

若涡轮上叶片总数为 z，则感应电动势的频率为

$$f=0.5\omega z/\pi \tag{5-8-11}$$

将式（5-8-11）代入式（5-8-10）可得涡轮流量传感器的线性灵敏度 S 为

$$S=f/Q=z\tan\theta/(2\pi rA) \tag{5-8-12}$$

由式（5-8-10）和式（5-8-12）可知，对于确定的传感器，其 r、A、θ均为常数，则可得涡轮叶片的角速度与流量 Q 成正比，涡轮流量传感器的线性灵敏度为常数。但在实际情况下，由于涡轮轴承的摩擦力矩、磁电转换系统的电磁力矩、流体和涡轮叶片间摩擦阻力等因素的影响，在整个流量测量范围内并不能保证式（5-8-9）～式（5-8-11）的理想情况，需要对其做系数修正。修正后的公式分别为

$$Q=Av/c=Ar\omega/(c\tan\theta)$$

$$\omega/Q=c\tan\theta/(rA)$$

$$S=f/Q=cz\tan\theta$$

式中，c 为流量修正系数，$c<1$，流量越大时，其值越大。

5.8.3 电磁式流量传感器

电磁流量传感器基于测速法测流量。图 5-8-4 为电磁感应原理的电磁流量传感器结构示意图，主要由均匀磁场、不导磁不导电材料的管道、管道截面上的导电电极和测量仪表四部分构成，其中磁场方向、电极连线和管道轴线在空间上互相垂直。

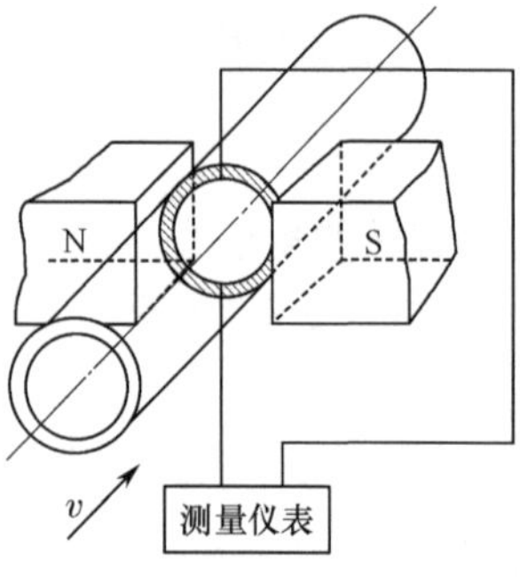

图 5-8-4 电磁流量传感器结构示意图

当导电流体在管道里流动时，因做切割磁力线运动，在磁场和流动方向相垂直的方向上产生感应电动势，由设置在管道截面的导电电极导出。感应电动势的大小为

$$E=BDv \tag{5-8-13}$$

式中，E 为感应电动势（V）；B 为磁感应强度（T）；D 为切割磁力线的导体长度（这里为管道内径）（m）；v 为流体在管道内的平均流速（m/s）。

由式（5-8-13）可知，导电流体的体积流量为

$$Q=0.25\pi D^2 v=0.25\pi DE/B \tag{5-8-14}$$

由式（5-8-14）可知，流体的体积流量 Q 与感应电动势正成正比，只要测得导电电极输出的电动势就可求出流体流量。但均匀磁场产生的感应电动势为直流，给测量带来了不便，同时也引起导电电极极化和导电流体发生电解，造成误差，因而实际常用交变磁场，即

$$B=B_{max}\sin\omega t$$

则感应电动势为

$$E=D\upsilon B_{max}\sin\omega t \qquad (5\text{-}8\text{-}15)$$

则式（5-8-14）修改为

$$Q=0.25\pi D^2\upsilon=0.25\pi DE/B_{max}\sin\omega t \qquad (5\text{-}8\text{-}16)$$

5.8.4 旋涡式流量传感器

旋涡式流量传感器也称涡街流量传感器，图 5-8-5 为光纤旋涡流量传感器的结构示意图，它将一个多模光纤垂直地插入流体管道，并用光线夹和张紧重物等将光纤拉直。

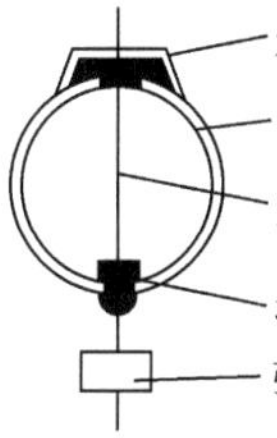

图 5-8-5 光纤旋涡流量传感器结构示意图

根据流体力学，流体在管道内流动时，光纤受流体的冲击，在光纤的下游两端会产生有规则的旋涡，旋涡发生的频率 f_x 与流体流速 υ 近似满足以下关系。

$$f_x\approx S\upsilon/d \qquad (5\text{-}8\text{-}17)$$

式中，S 为斯特罗哈常数；d 为管道中流体的横向尺寸，常常为管道的内截面直径。

设流体在管道内充满整个管道截面，则根据式（5-8-17）可得流体的体积流量 Q_v 为

$$Q_v=A\upsilon\approx0.25\pi d^3f_x/S \qquad (5\text{-}8\text{-}18)$$

式中，A 为流体管道的横截面面积，$A=\pi d^2/4$。

由式（5-8-18）可知，流体的体积流量 Q_v 与旋涡频率 f_x 近似成正比，测得 f_x 便得到 Q_v。

f_x 的测量方法为：根据多模光纤信号传输理论，无外界干扰时，多模光纤所产生的干涉图样是稳定的，而在光纤流量传感器中的多模光纤在信号传输过程中受到旋涡频率 f_x 的调制作用，从而引起此多模光纤产生的干涉图样有明显的周期性斑点或斑纹来回移动，故对此干涉图样进行解调处理后即可得到干涉图样中斑点或斑纹的移动周期 T。又由于 $T=f_x^{-1}$，因而解调后可求得旋涡频率 f_x，再利用式（5-8-18）则可求得流体的体积流量。

5.8.5 超声波流量传感器

超声波流量传感器是利用超声波（频率在 10^4 Hz 以上的声波）具有良好的方向性来测量流量的。图 5-8-6 为超声波流量传感器的工作原理示意图。其中 T_1 和 T_2 为两个超声波发射器，R_1 和 R_2 为两发射器对应的超声波接收器。发射器和接收器与管道内流体流动方向之间的夹角为θ，流体流动速度为 v，方向如图 5-8-6 所示。

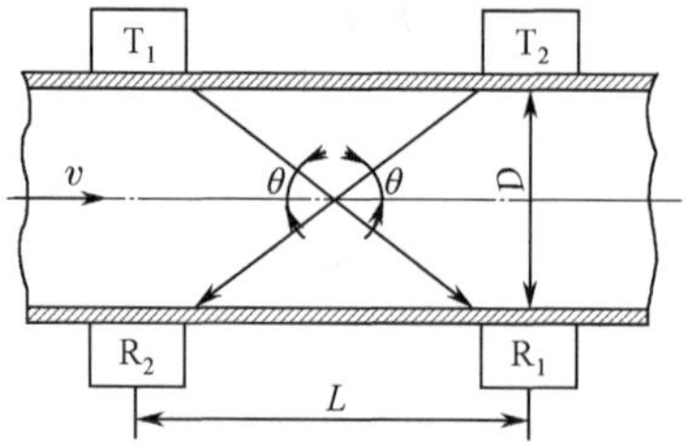

图 5-8-6　超声波流量传感器原理图

根据相关理论，从发射器 T_1 发射超声波脉冲开始到接收器 R_1 接收到超声波脉冲为止，这其间所需的时间（顺流时间）为

$$t_{\text{down}}=L/(c+v\cos\theta)=D\text{arcsin}\theta/(c+v\cos\theta) \tag{5-8-19}$$

式中，L 为超声波发射器与接收器之间的直线距离；c 为超声波声速；D 为超声波发射器与接收器之间在流速方向上的垂直距离。

同理，从 T_2 发射超声波脉冲开始到 R_2 接收超声波脉冲为止所需的时间（逆流时间）为

$$t_{\text{up}}=L/(c-v\cos\theta)=D\text{arcsin}\theta/(c-v\cos\theta) \tag{5-8-20}$$

则超声波顺流与逆流时间之差为

$$\Delta t=t_{\text{up}}-t_{\text{down}}=2vD\coth\theta/[c^2-(v\cos\theta)^2] \tag{5-8-21}$$

由于 $c>>$v，故

$$\Delta t\approx 2vD\coth\theta/c^2 \tag{5-8-22}$$

因此，只要测出顺流和逆流之间的时间差就可得到平均速度 v，从而得到流体的体积流量

$$Q_v=Av=(0.5Ac^2\tan\theta/D)\Delta t$$

式中，A 为流体管道的横截面面积。

上述方法把对流量的测量转换为对两点之间时差的测量。在实际中，因为 Δt 一般太小，

所以常用相差或频差来进行流量测量。

超声波流量传感器是非接触式传感器，可测的流体种类多，只要流体能传输超声波，就可测量，特别适合测大口径的流体流量。但因其系统复杂，价格较贵，工业中使用较少。

思考题与习题

【5-1】非接触式大位移霍尔传感器的测量精度一般是由小磁钢的等分精度（即磁场排列的节距）决定的，在此基础上可以有何方法进一步提高测距精度？

【5-2】简述反射式位移传感器的工作原理。

【5-3】基于光纤微弯效应的位移传感器除了可测小位移外，还可测哪些量？试列举两例。

【5-4】简述光学三角位置传感器的原理和特点。是否可以利用该传感器测量速度？适合于何种类型或运动方式的速度测量？

【5-5】若需测量一个高速旋转轴的轴向位移（已知该位移量在 1 mm 以内），根据所掌握的传感器知识列举两种可采用的测量方案，画出测量示意图和系统组成框图。

【5-6】根据激光测距原理，要提高测量的准确性，关键要保证哪个量的测量准确性？

【5-7】比较超声波、电容、磁致伸缩和核辐射四种物位传感器的特点和适用场合。

【5-8】简述绝对编码器的分类及结构特点。

【5-9】简述循环码盘的结构及特点。

【5-10】简述扫描法提高编码器测量精度的原理。

【5-11】简述增量编码器码盘结构及工作原理，说明其如何识别转向。

【5-12】简述光栅线位移传感器的特点。

【5-13】简述莫尔条纹在光栅传感器中的主要作用。什么样的莫尔条纹输出信号被认为是质量好、可细分的、精度高的？

【5-14】基于时间、距离测速法与基于相关原理测速法所测出的运动速度有何不同？

【5-15】简述空间滤波器的测速原理。

【5-16】简述磁电式测速传感器的主要组成结构、工作原理和测量频率范围。

【5-17】根据多普勒效应测速原理，应用多普勒效应测速仪测速时，对被测速度有什么限制？并要求探测信号源发射方向与被测速度方向之间的夹角应该满足什么条件？如果仅仅从有利于测频精度来看，该夹角应该大还是小？

【5-18】比较并说明光电式、磁电式和霍尔式转速传感器测速性能的异同点。要测量在恶劣环境中转动的车轮速度宜选哪一种转速传感器？

【5-19】光电式、电涡流式和霍尔式传感器用于生产线上的产品计数时，分别适合于什么材料的产品计数？

【5-20】比较压电式、电容式、电阻应变式和压阻式加速度传感器的工作原理和结构异同，说明它们各自的性能特点及适用工作场合或频率范围。

【5-21】参考电容式加速度传感器结构原理，试用霍尔元件设计一种加速度传感器方案。

【5-22】剪切型与压缩型两种型式压电加速度传感器相比较，各有何性能特点？

【5-23】为什么应变式力传感器的测量电路经常采用全等臂桥差动工作方式？

【5-24】力传感器采用梁式结构的弹性元件有何益处？适用什么场合？

【5-25】柱筒式力传感器有何性能不足？

【5-26】采用应变片的力传感器如何消减环境温度变化对其输出的影响？

【5-27】简述压电式传感器的性能特点。

【5-28】薄膜应变片与传统的粘贴式应变片相比，有哪些优点？

【5-29】什么是表压和压差？简述压差传感器的结构组成及工作原理。

【5-30】高温环境下应选用什么类型的压力传感器？

【5-31】简述全内反射光纤压力传感器的工作原理。

【5-32】简述扭矩传感器的常见形式及测量原理。

【5-33】简述光栅扭矩传感器的工作原理，并参考光栅位移传感器辨向原理说明光栅扭矩传感器如何实现扭转方向的识别。

【5-34】简述正交磁头型扭矩传感器的测量原理。

【5-35】简述节流式流量计的工作原理、特点及适用场合。

【5-36】简述涡轮流量传感器的原理、构成及性能特点。涡轮流量传感器的线性灵敏度为常数，但在实际情况中受哪些因素影响？实际中用什么方法减小这种影响？

【5-37】使用电磁流量传感器对被测对象类型有何限制？为何要用交变磁场？

【5-38】旋涡式流量传感器基于什么原理？旋涡发生的频率与什么有关？光纤旋涡流量传感器是如何测量出频率的？

【5-39】简述超声波流量传感器的工作原理。当实际中的时差太小时，经常通过测量哪种准数字信号来测流量？

【5-40】比较节流式、超声波、涡轮式、电磁式和旋涡式五种流量传感器的原理，说明各自的性能特点和适用对象。

第 6 章

热学量传感器

6.1 概述

6.1.1 温度测量的特点

温度是一个非常重要的物理参数，它和自然界中的任何物理和化学过程相联系。温度变化会影响物质的尺寸、密度、硬度、黏度、强度、弹性系数、电导率、热导率、热辐射等。在生产过程中，各生产环节、各种经济技术指标都和温度紧密相联，因此人们在各个领域中都特别重视温度的测量和控制。

从热力学观点出发，温度是决定一个系统是否与其他系统处于热平衡状态的宏观性质。从微观本质上看，温度是物体内部分子无规则运动激烈程度的标志。温度越高，则分子运动越激烈。这就将温度和物质内部分子运动的内能联系起来了。

与长度、质量等可用基本标准直接进行比较的物理量不同，温度测量有其特殊性。

（1）受热程度不同的物体之间必然发生热交换，两个冷热程度不同的物体接触时，热量由受热程度高的物体向受热程度低的物体传递，直至两个物体冷热程度一致而达到热平衡。

（2）物体的某些性质随受热程度的不同而变化，如物理状态的变化、体积的变化、电性能的变化、辐射能力的变化等。

温度概念的建立是以热平衡为基础的，与其他各种被测量不同，只能进行温度相等或不相等的描述，不能对两个温度相加或加减。

由于测温原理和感温元件的形式很多，即使感受相同温度，它们所提供的物理量的形式和变化量的大小也不相同。为了给温度以定量描述，并保证测量结果的精确性和一致性，需要一个科学、客观和统一的标尺，即温标。温标是温度的数值表示。国际上用得较多的温标有经验温标（摄氏温标、华氏温标等）、热力学温标和国际温标等。

6.1.2 测温方法与传感器的分类

温度测量的特殊性形成了温度测量的多样性，测量温度的方法可分为两类。

（1）接触式测温。即将测温仪表的敏感元件与被测对象接触，以达到充分的热交换而至热平衡来完成温度测量。这种测量方式比较直观、可靠，测量仪表也相对简单。但敏感元件必须和被测对象接触，在接触过程中可能破坏被测对象的温场分布，从而造成测量误差。有的测温元件不能和被测对象充分接触，不能达到充分的热平衡，使测温元件和被测对象温度不一致，因而带来误差。在接触过程中，有的介质有强烈的腐蚀性，特别是高温对测温元件的影响更大，不能保证测温元件的可靠性和工作寿命。这是接触式测温的缺点。

目前应用较广的接触式测温仪表有膨胀式温度计、电阻温度计、热电偶温度计，以及其他原理的温度计。

（2）非接触式测温。即感温元件和被测物体不直接接触，而是通过辐射进行热交换的，因此不破坏原温度场，有较高的测温上限，特别适于测量运动物体的温度和快变的温度。

按温度测量范围，可分为超低温、低温、中高温和超高温温度测量。超低温一般指 0～10 K，低温指 1～800 K，中温指 500～1 600 ℃，高温指 1 600～2 500 ℃，2 500 ℃以上被认为是超高温。

对超低温测量，现有方法都只能用于该范围内的个别小区间段。例如，低于 1K 的温度采用磁性温度传感器，高于 4 K 的温度可用热噪声温度传感器测量。低温测量的特殊问题在于感温元件对被测温度场的影响，故不宜用热容量大的感温元件测低温。中高温测量，需防止有害介质的化学作用和热辐射对感温元件的影响，为此要用耐火材料制成的外套保护感温元件。测量低于 1 300 ℃的温度，一般可用陶瓷外套，测更高温度时要用难熔材料（刚玉、铝的氧化物）外套并充以惰性气体。在超高温下，物质处于等离子体状态，不同粒子的能量对应的温度不同，且可能相差较大，变化规律也不同。因此，对超高温的测量应根据不同情况使用亮度温度计和比色温度计。

6.2 金属热电阻温度传感器及测温电桥

热电阻是接触式测温传感器的主要敏感元件，根据热电阻的电阻-温度特性与材料的不同，热电阻可分为金属热电阻（RTD）和半导体热敏电阻两大类。

纯金属是热电阻的主要制造材料，若金属的纯度恒定，则电阻随温度变化的重复性好。目前使用的热电阻材料有铂（Pt）、铜（Cu）、镍（Ni）和钨（W）等。热电阻的材料应具有以下特性：电阻温度系数大而稳定，阻值与温度之间成良好线性关系；电阻率高，热容小，反应速度快；材料的复现性和工艺性好，价格低；在测温范围内化学、物理特性稳定。

1. 铂电阻

铂电阻是最佳热电阻，其物理、化学性能非常稳定，耐氧化能力很强，在很宽的温度范围内（1 200℃以下）都能保持上述特性；电阻率较高，易加工，可以制成非常薄的铂箔或极细的铂丝等。其不足是电阻温度系数较小、成本较高，在还原性介质中易变脆等。

铂电阻在工业中应用最广，并已制成标准测温热电阻。铂电阻阻值随温度变化的关系在 0～850 ℃范围内可近似表示为

$$R_t = R_0(1 + At + Bt^2) \tag{6-2-1}$$

在−200～0 ℃范围内为

$$R_t = R_0\left[1 + At + Bt^2 + C(t-100)t^3\right] \tag{6-2-2}$$

式中，R_0、R_t 分别为 0 ℃和 t ℃时铂电阻的电阻值；A、B、C 为温度系数，由实验确定，A=3.9083×10^{-3}/℃，B=−5.775×10^{-7}/℃^{2}，C=−4.183×10^{-12}/℃^{4}。

由式（6-2-1）和式（6-2-2）可知，R_0 值不同，同温度下的 R_t 值不同。目前，国内统一设计的一般工业用标准铂电阻的 R_0 值有 100 Ω 和 50 Ω 两种（国外有 1 kΩ 的），并将电阻值 R_t 与温度的相应关系统一列成的表格称为铂电阻的分度表，分度号分别用 Pt100 和 Pt50 表示。

铂电阻在常用热电阻中准确度最高，国际温标 ITS—90 规定，将具有特殊构造的铂电阻作为 13.5033 K～961.78 ℃标准温度计使用。铂电阻广泛用于−200～850 ℃范围内的温度测量。

2. 铜电阻

由于铂电阻价格高，通常在一些测量精度要求不高，而且温度较低的场合，普遍采用铜电阻。在−50～150 ℃范围内，铜电阻有很好的稳定性和线性度，其电阻温度系数比铂电阻高、容易提纯、价格低廉。其最主要缺点是电阻率较小、机械强度较低、体积较大。此外，铜电阻易被氧化，不宜在侵蚀性介质中使用。

在−50～150 ℃温度范围内，铜电阻与温度之间的关系为

$$R_t=R_0[1+At+Bt^2+Ct^3] \tag{6-2-3}$$

式中，R_t 为温度 t 时的铜电阻阻值（Ω）；R_0 为 0 ℃时铜电阻的阻值（Ω）；系数 A、B、C 由实验确定，分别为 A=4.288 99×10^{-3} ℃$^{-1}$，B=−2.133×10^{-7} ℃$^{-1}$，C=−1.233×10^{-9} ℃$^{-1}$。

我国生产的铜电阻的代号为 WZC，按其初始电阻 R_0 的不同，有 50 Ω 和 100 Ω 两种，

分度号为 Cu50 和 Cu100。

3．热电阻的结构、类型

热电阻主要由不同材料的电阻丝绕制而成，为避免通过交流电时产生感抗，或有交变磁场时产生感应电动势，在绕制时采用双线无感绕制法，使得通过这两股导线的电流方向相反，从而使其产生的磁通相互抵消。

铜电阻的结构如图 6-2-1 所示，它由铜引出线、补偿线阻、铜电阻线、线圈骨架构成。采用与铜电阻线串联的补偿线阻是为了保证铜电阻的电阻温度系数与理论值相等。铂电阻的结构如图 6-2-2 所示，它由铜铆钉、铂热电阻线、云母支架、银导线等构成。为了改善热传导，将铜制薄片与两侧云母片和盖片铆在一起，并用银丝做成引出线。

图 6-2-1　铜电阻结构示意图

图 6-2-2　铂电阻结构示意图

铂电阻可用铂丝绕制或以薄膜及厚膜等方式构成电阻体。厚膜铂电阻采用厚膜印制烧结工艺取代线绕电阻体，性能可达线绕电阻体的指标，并有线绕电阻体不具有的诸多特点，如抗振性好、体积小等。铂薄膜热电阻是将金属铂在真空条件下，采用溅射方法沉积到陶瓷或玻璃基片上，并经刻划、引线焊接、涂釉、烧结退火等工艺制成的。这些工艺减少了铂电阻的响应时间、体积及成本。铂电阻的线性度、精度和稳定性等均优于其他热敏电阻。

为了对热电阻施加机械与化学保护，工业中常将热电阻放在保护管内，对其施加抵抗各种气体侵蚀的保护，保护管有不同的种类以适应不同的场合。工业用热电阻式温度传感器结构如图 6-2-3 所示，它主要由感温元件、内引线、保护管、绝缘管、接线盒等组成。

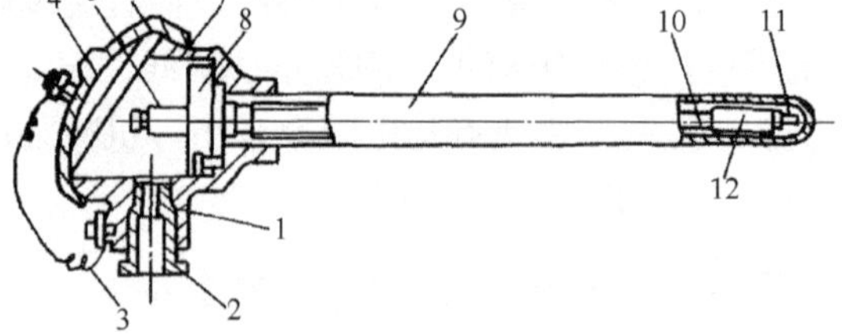

1—出线孔密封圈　2—出线孔螺母　3—链条　4—盖　5—接线柱　6—盖的密封圈　7—接线盒　8—接线座　9—保护管　10—绝缘管　11—内引线　12—感温元件

图 6-2-3　工业用厚膜铂电阻传感器的基本结构

4. 接线方式、主要参数及测量电路

热电阻与测量电路的接线有三种方式：两线、三线、四线，相应的热电阻内部导线（引线）的形式也有三种，如图 6-2-4 所示。两线式接线简单，但引线电阻（R_L）会引起较大测量误差，一般用于测温精度要求不高且热电阻与仪表距离较近的场合；三线式可减小热电阻与测量仪表间连接导线因环境温度变化所引起的测量误差；四线式能消除引线电阻的影响和测量线路中寄生电势引起的误差，多用于标准计量和实验室。

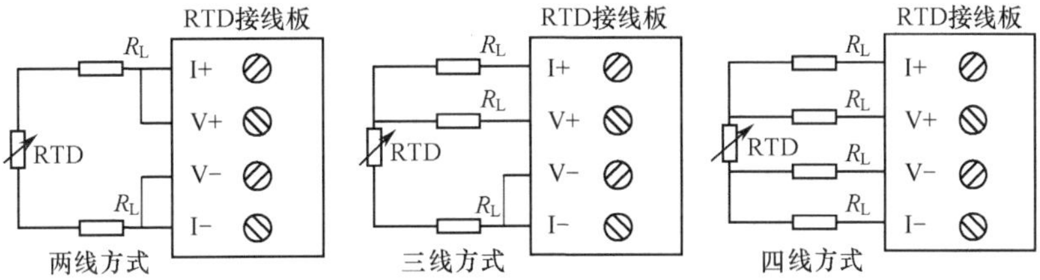

图 6-2-4　热电阻引线形式

铂电阻的主要参数有：0 ℃时的电阻值及精度等级（或误差）（100 Ω 为常用值，另外 1 kΩ 也常用）、温度系数、测温范围、热响应时间及工作电流、外形尺寸等。

热电阻温度传感器通过电阻变化反映温度变化，因此，需要准确测量电阻的变化。测量热电阻常用测温电桥。在自动检测中，热电阻测温电路常用不平衡电桥电路和自动平衡电桥电路。采用不平衡电桥电路的特点是快速、小范围线性、易受电桥工作电压波动影响。自动平衡电桥电路的特点是测温系统引入了负反馈，电路复杂、成本高，但线性范围大、抗干扰能力强、测量快速。测温电桥电路有多种，可参考第 3 章中关于电阻测量方法的介绍。应根据敏感电阻的阻值、使用距离和测量方式选取不同的电路。金属热电阻因其自身阻值较小，主要考虑远距离测量时引线电阻变化给测量带来的影响。

6.3　半导体温度传感器

6.3.1　热敏电阻

热敏电阻工作原理与金属热电阻一样，利用电阻随温度变化的特性测量温度，不同的是热敏电阻采用半导体材料制作。热敏电阻的优点是灵敏度高、体积小、响应快、功耗低、价格低等，缺点是阻值随温度表现出非线性变化、元件的互换性差。

热敏电阻由金属氧化物按不同配比烧结制成，不同的热敏电阻材料有不同的特性。按温度系数的正、负，可将热敏电阻分为正温度系数（positive temperature coefficient，PTC）热敏电阻、负温度系数（negative temperature coefficient，NTC）热敏电阻和临界温度系数

（critical temperature resistor，CTR）热敏电阻三种类型，其特性曲线如图 6-3-1 所示。

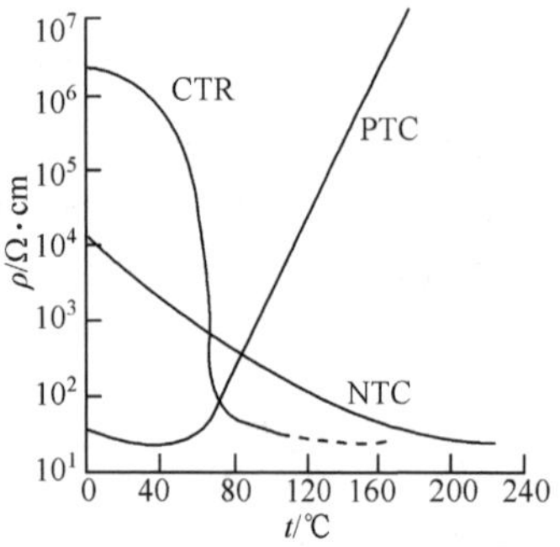

图 6-3-1　热敏电阻的温度特性曲线

1. PTC 电阻

PTC 电阻的阻值随温度增加而增加，它与温度的关系可以近似表示为

$$R_T = R_{T0}\exp[B_P(T - T_0)] \tag{6-3-1}$$

式中，R_T 为热力学温度为 T 时热敏电阻的阻值；R_{T0} 为热力学温度为 T_0 时热敏电阻的阻值；B_P 为正温度系数热敏电阻的热敏指数。

2. NTC 电阻

NTC 电阻的阻值随温度升高而降低，具有负温度系数，其电阻-温度特性可以表示为

$$R_T = R_{T0}\exp[B_N(T^{-1} - T_0^{-1})] \tag{6-3-2}$$

式中，R_T 为热力学温度为 T 时热敏电阻的阻值；R_{T0} 为热力学温度为 T_0 时热敏电阻的阻值；B_N 为负温度系数热敏电阻的热敏指数。

3. CTR 电阻

当温度升高接近某一温度时，热敏电阻的电阻率大幅下降，使电阻剧降，产生突变。PTC 和 CTR 电阻随温度变化的特性为剧变型，适合在某一温度范围内用于温度开关或检测元件；NTC 电阻随温度变化的特性为缓变型，适于在稍宽的温度范围内用于温度检测元件，也是目前使用的主要热敏电阻。热敏电阻温度特性的严重非线性是扩大测温范围和体改精度必须解决的关键问题。一种解决方法是利用温度系数很小的金属电阻与热敏电阻串联或并联，使其阻值在一定范围内呈线性。

6.3.2　PN 结温度传感器

半导体材料的 PN 结反向漏电流、正向电压与温度变化密切相关，利用某些性能参数对温度的依赖性，可实现对温度的检测。

根据半导体 PN 结伏安特性，流过 PN 结的电流密度为

$$J = J_s\{\exp[qU_f/(kT)] - 1\} \tag{6-3-3}$$

式中，J_s 为反向饱和电流密度；q 为电子电量；U_f 为外加电压；k 为玻尔兹曼常数；T 为热力学温度。

正常导通时，正向电压 $U_f >> kT/q$，使 $\exp[qU_f/(kT)] >> 1$，通过 PN 结的电流密度为

$$J \approx J_s \exp\ [qU_f/(kT)] \tag{6-3-4}$$

则有

$$U_f = (kT/q)\ln(J/J_s) \tag{6-3-5}$$

式（6-3-5）说明当电流密度 J 保持不变时，PN 结的正向电压 U_f 与温度 T 的线性关系只受饱和电流 I_s 的影响。由于 I_s 是温度缓变函数，只要选择合适的掺杂浓度，就可认为在不太宽的温度范围内，I_s 近似为常数。因此正向压降 U_f 与温度 T 成线性关系。有

$$\mathrm{d}U_f\ /\mathrm{d}T = (k/q)\ln(J/J_s) = C\text{（常数）} \tag{6-3-6}$$

6.3.3　正比于热力学温度核心电路

根据以上述原理，在集电极电流恒定时，可认为晶体管的基-射极电压与温度成线性关系。但这种线性关系不严格，其中存在非线性项。另外，随温度升高，基射极电压实际反而下降，晶体管基射极电压也可能有±100 mV 的分散性。因此利用晶体管基-射极电压与温度的线性关系构成温度传感器时多采用对管差分电路，这种电路给出直接正比于绝对温度的理想的线性输出。

1．对管差分电路

如图 6-3-2 所示，两个性能和结构完全相同的三极管 V_1 和 V_2 分别工作在不同集电极电流 I_{c1} 和 I_{c2} 下，I_{c1} 和 I_{c2} 之比一定时，U_{be1} 与 U_{be2} 之差 ΔU_{be} 与热力学温度成正比例关系，即

$$\Delta U_{be} = U_{be1} - U_{be2} = (kT/q)\ln(I_{c1}/I_{c2}) \tag{6-3-7}$$

因为 V_1 与 V_2 的集电极截面积相等，则式（6-3-6）可改成

$$\Delta U_{be} = U_{be1} - U_{be2} = (kT/q)\ln(J_{c1}/J_{c2}) \tag{6-3-8}$$

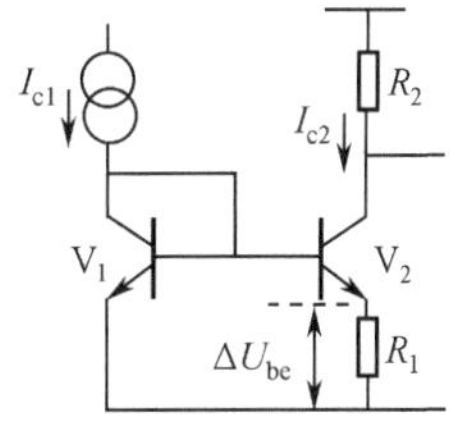

图 6-3-2　对管差分电路原理图

式中，J_{c1}、J_{c2} 分别为 V_1、V_2 的集电极电流密度。

可见，只要保持 J_{c1}/J_{c2} 不变，则电阻 R_1 上的电压降 ΔU_{be} 与热力学温度 T 成正比。U_{be} 是集成温度传感器的基本温度信号，在此基础上可求得与温度成线性关系的电流或电压输出。设 V_1 与 V_2 增益极高，可忽略基极电流，即集电极电流等于发射极电流，则有

$$\Delta U_{be} = R_1 I_{c2} \tag{6-3-9}$$

由于 V_2 的集电极电流 I_{c2} 也正比于热力学温度 T，R_2 上的电压降也正比于温度 T。为使 I_{c1}/I_{c2} 或 J_{c1}/J_{c2} 不变，电流源给出流过 V_1 的电流 I_{c1} 必须正比于温度 T，于是电路总电流 $I_{c1}+I_{c2}$

正比于温度 T，即图 6-3-2 所示电路可以输出正比于热力学温度的电压或电流。

2．电流输出型温度传感器

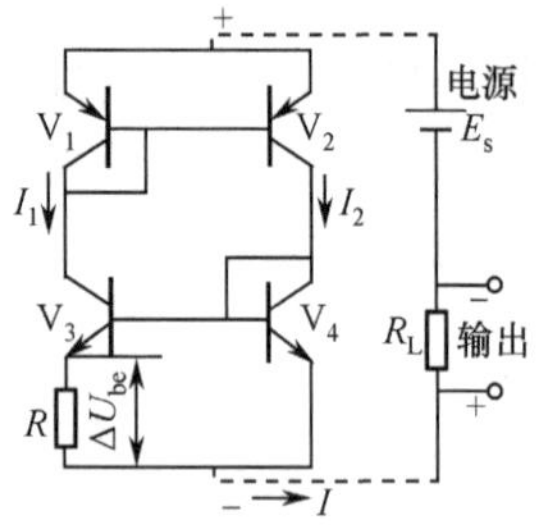

图 6-3-3　温度电流镜（PTAT）核心电路

图 6-3-3 所示电路称为正比于热力学温度（简称 PTAT）核心电路。V_3 与 V_4 是温敏差分对管，分别与结构完全相同的 V_1 和 V_2 串接，组成所谓电流镜。V_3 与 V_4 的性能和结构完全相同，发射极偏压也相同。假设三极管输出阻抗和电流增益为无穷大，可忽略集电极电流随集电极电压变化及基极电流的影响，V_3 与 V_4 的集电极电流 I_1 和 I_2 在任何温度下都相等。为使 V_3 与 V_4 工作在不同集电极电流密度下，V_3 与 V_4 的发射极面积比设置成 n，则 V_3 与 V_4 的电流密度比为 $1/n$。只要在电路"+"端和"−"端加高于 ΔU_{be} 两倍的电压，电阻 R 上就得到 V_3 与 V_4 的基–射极电压差

$$\Delta U_{be}=(kT/q)\ln(J_{c1}/J_{c2})=(kT/q)\ln n \qquad (6\text{-}3\text{-}10)$$

可见，PTAT 核心电路中的 ΔU_{be} 的温度系数只与 V_3 和 V_4 的发射极面积比 n（定值）有关。由式（6-3-10）得 R 上的电流

$$I=\Delta U_{be}/R=(kT/qR)\ln n \qquad (6\text{-}3\text{-}11)$$

若 R 不随温度变化，则 I 正比于热力学温度。实际上，V_3 由 8 个性能完全相同的三极管并联组成，即 n=8。输出电流通常限制在 1 mA 左右。图 6-3-3 所示是一种基本电流输出型温度传感器，其中的 R 为硅基薄膜电阻，用激光修正阻值可得基准温度电流。将此电流引到负载 R_L 上，得到成正比于 T 的输出电压，该电压不受电源电压和传输线路电阻的影响。

3．集成温度传感器

集成温度传感器是把热敏元件和放大电路、偏置电路及线性电路等集成制作在同一芯片。这种传感器集传感与放大于一体，使传感器具有小型化、使用方便、批量生产和成本低的优点，广泛用于温度监测、控制和补偿等场合。按输出量不同集成温度传感器分为电压型、电流型和频率型。电压输出型直接输出电压，易于与控制电路接口；电流型和频率型输出可使用双绞线进行远距离（数百米）测温，不必考虑长传输线上的信号损失和噪声干扰，可用于多点测温，不必考虑多路转换器引入的接触电阻误差。

AD590 是一种典型的电流输出型温度传感器，图 6-3-4 为其内部等效电路图，其中 V_9 和 V_{11} 是差分对管，它们的发射极面积比为 8∶1（同图 6-3-3），产生 PTAT 电压；R_5 和 R_6

将电压转换成电流；V_{10}的集电极电流跟踪V_9和V_{11}的集电极电流，V_{10}提供所有的偏置及电路其余部分基极电流，使其电流正比于热力学温度；R_5和R_6同前面的R；其他电阻和晶体管起辅助或保护作用。电路设计使V_9、V_{10}、V_{11}三者的发射极电流相等，都为总电流I的1/3。V_{10}与V_{11}发射极面积相等。V_9与V_{11}的发射极电压反向极性串联的施加在电阻R_5和R_6上，则有$\Delta U_{be}=1/3I(R_6-2R_5)$。因为$R_6$只通过$V_9$的发射极电流，$R_5$上通过$V_{10}$和$V_{11}$的发射极电流。要改变$\Delta U_{be}$，可以调整$R_5$、$R_6$，增加$R_5$和减少$R_6$都可减少$\Delta U_{be}$，不过改变$R_5$的影响较明显。实际上是利用激光修正$R_5$进行粗调，修正$R_6$做细调，得到定温（25 ℃）电流。AD590的工作温度范围为–55～150 ℃，误差为±1 ℃。作为一个双端温度传感器，只需一个0～5 V直流电压源，输出高阻电流。

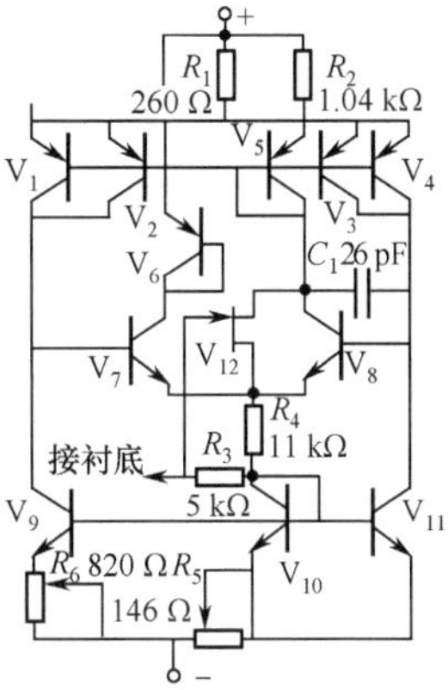

图 6-3-4　AD590 的内部等效电路图

将AD590与1 kΩ电阻串联，即得到基本测温电路，如图6-3-5所示。从电阻R上得到正比于热力学温度的电压输出，灵敏度为1 mV/K。将AD590与集成电路ICL7106连接，再加上液晶显示器及电阻即组成一个数字温度计，如图6-3-6所示。

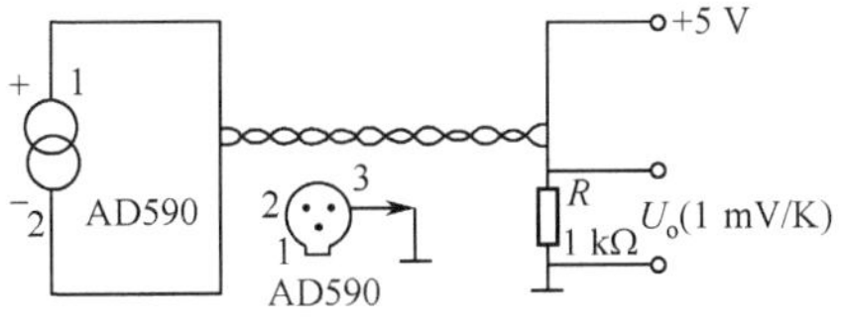

图 6-3-5　AD590 基本测温电路

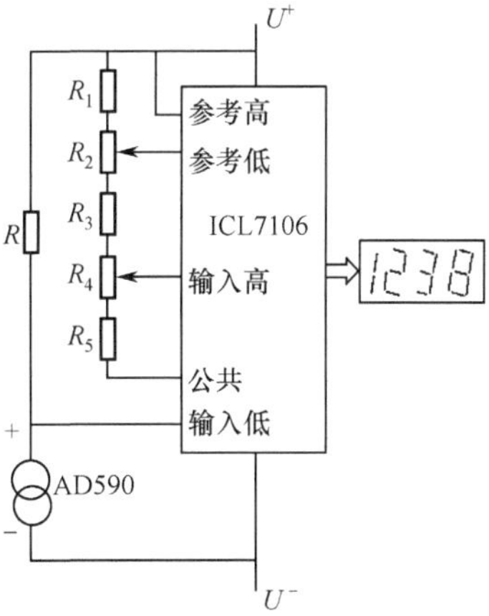

图 6-3-6　数字温度计

4．电压输出型温度传感器

由图6-3-3所示的电流镜核心电路附加一个与V_1和V_2相同的V_5和电阻R_2组成支路，就构成电压输出型温度传感器基本电路，如图6-3-7所示。流过V_5与R_2的支路电流与另两支路相等，则输出电压为

$$U_o=IR_2=(R_2/R_1)(kT/q)\ln n \qquad (6\text{-}3\text{-}12)$$

只要 R_2/R_1 为常数，就可以得到正比于热力学温度的输出电压 U_o，而输出电压的温度灵敏度可由 R_2/R_1 以及 V_1 和 V_2 发射极面积比来调整。

（1）四端电压输出型。图 6-3-8 所示是由 PTAT 核心电路、参考电压源和运算放大器组成的四端输出温度传感器，其四个端子分别为 U^+、U^-、输入和输出。该传感器的测温范围为–40～125 ℃，灵敏度为 10 mV/K，精度为±4 K。其基本电路接法如图 6-3-9 所示，图 6-3-9（a）为正电源供电，图 6-3-9（b）为负电源供电。由于输出端和输入端短接，作为三端器件，在 U^+端和输出端之间给出正比于热力学温度的输出电压 U_o。在内部参考电压的钳位作用下，U^+和 U^-之间保持 6.85 V，传感器实际上是一个电压源，必须和电阻 R_1 串联，所加电压取±15 V。传感器电路电流为 1 mA 时，电阻 R_1 可利用数值公式 $R_1=U_{cc}-6.85$（单位：kΩ）来确定。

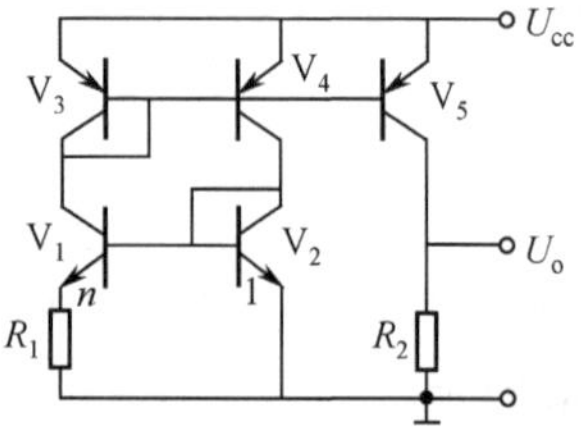

图 6-3-7　电压输出的 PTAT 电路

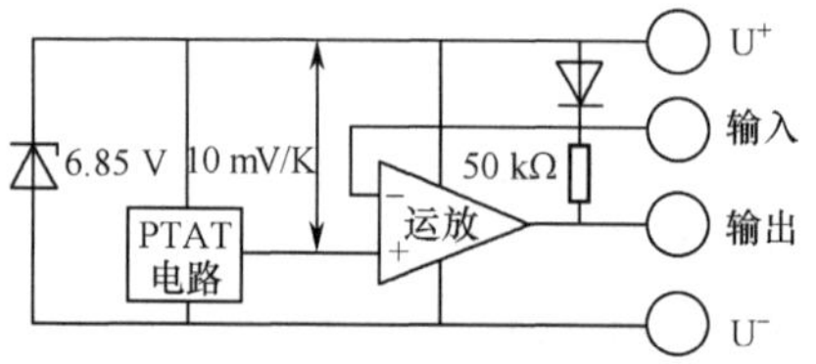

图 6-3-8　四端电压输出温度传感器电路框图

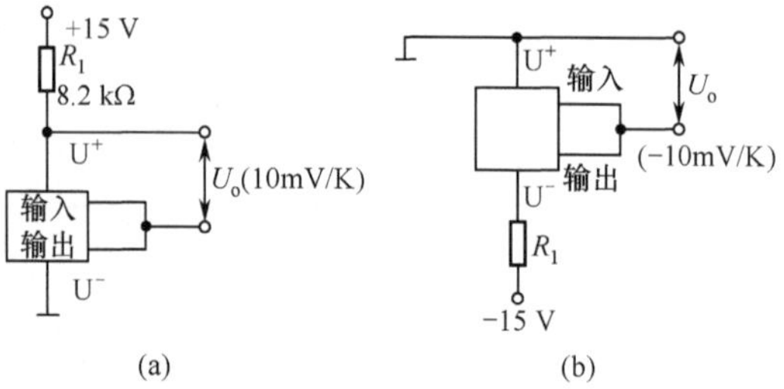

图 6-3-9　四端电压输出温度传感器基本应用电路

（2）三端电压输出型。LM135 系列三端电压输出型温度传感器由一个 PTAT 核心电路和一个运算放大器组成。外部两端分别接 U^+和 U^-，第三端为调整端（供外部标定用）。图 6-3-10 所示是基本温度检测电路。把传感器作为两端部件，相当于一个齐纳二极管，其击穿电压正比于热力学温度。与一个电阻串联，加上适当电压 U_{cc}，得到直接正比于热力学温度的输出电压 U_o。实际上，传感器可看成温度系数（即灵敏度）为 10 mV/K 的电压源，工作电流 $I=(U_{cc}-U_o)/R_o$，U_{cc} 为电源电压。图 6-3-11 所示为可进行外部标定的三端传感器。作为三端器件工作，标定由调整 10 kΩ电位器完成，经标定得到灵敏度为 10 mV/K。三端电压输出型集成电路温度传感器 LM135 的工作温度范围为–55～150℃，灵敏度为 10 mV/K，精度为 1℃。

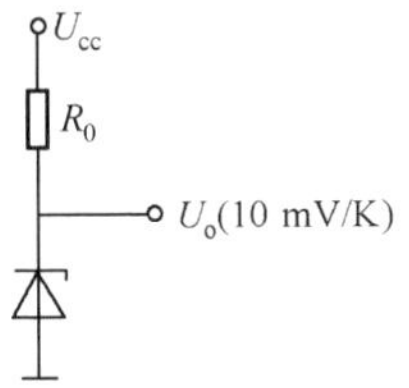

图 6-3-10　LM135 系列基本温度检测电路

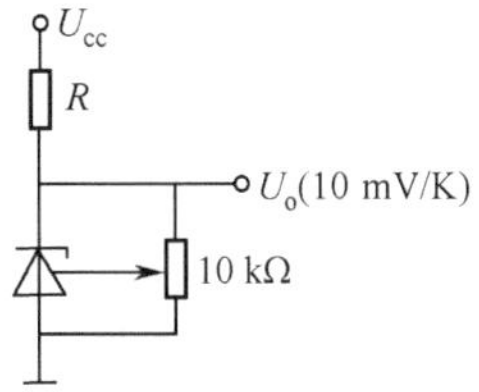

图 6-3-11　可进行标定的传感器检测电路图

6.4　热电偶

6.4.1　热电偶的构成要求与类型

1．热电偶的构成要求

热电偶利用热电效应将被测量（温度）直接转换成电势，属于能量转换型传感器。根据热电效应原理，将两种不同成分的金属导体的两端焊接，构成一个闭合回路，当两结点处在不同温度下时，在回路中就会形成热电势和相应的电流，因此成为热电偶。

两种金属导体要构成为一个合法的测温热电偶商品，必须符合国际 IEC 标准的相关规定和我国有关系列型谱的规定。ITS—90 国际温标及我国国标 GB/T16839.1—1997 对国际通用的八种热电偶的分度表（即对应冷端为 0℃、热端为 *T*℃时的热电势标准值），推算该标准值的热电势 *E*-温度 *T* 表达式，以及各项常系数的数值均做了明确规定。八种热电偶是：

- 铂铑 10-铂热电偶（S 型）；
- 镍铬硅-镍硅热电偶（N 型）；
- 铂铑 13-铂热电偶（R 型）；
- 镍铬-铜镍合金（康铜）热电偶（E 型）；
- 铂铑 30-铂铑 6 热电偶（B 型）；
- 铁-铜镍合金（康铜）热电偶（J 型）；
- 镍铬-镍硅热电偶（K 型）；
- 铜-铜镍合金（康铜）热电偶（T 型）。

这八种热电偶的热电势标准值请参见相关文献。

2．热电偶的结构类型

热电偶的种类很多，通常由热电极金属材料、绝缘材料、保护材料及接线装置等部分组成。按结构形状分类，常用的主要有普通热电偶、铠装热电偶、薄膜热电偶、热电堆等。

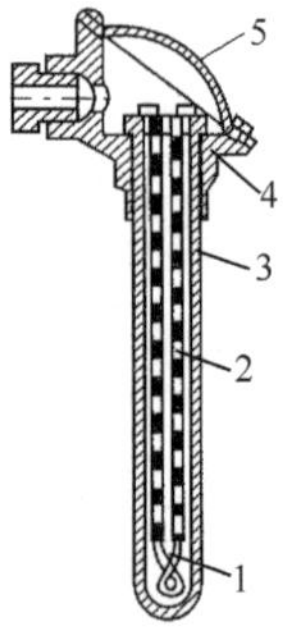

图 6-4-1　普通热电偶结构示意图

（1）普通热电偶。如图 6-4-1 所示，工业上常用的普通热电偶由热电极 1、绝缘套管 2、保护套管 3、接线盒 4 及接线盒盖 5 组成，主要用于气体、蒸汽和液体等介质的测温。这类热电偶已制成标准形式，可根据测温范围和环境条件来选择合适的热电极材料和保护套管。

（2）铠装热电偶。铠装热电偶的结构如图 6-4-2 所示，根据测量端的形式，可分为碰底型、不碰底型、露头型、帽型等。它的主要特点是：动态响应快、测量端热容量小、挠性好、强度高、种类多（可制成双芯、单芯和四芯等）。

（3）薄膜热电偶。其结构可分为片状、针状等，图 6-4-3 所示为片状薄膜热电偶结构示意图。它的主要特点是：热容量小、动态响应快，适宜测量微小面积和瞬时变化的温度。

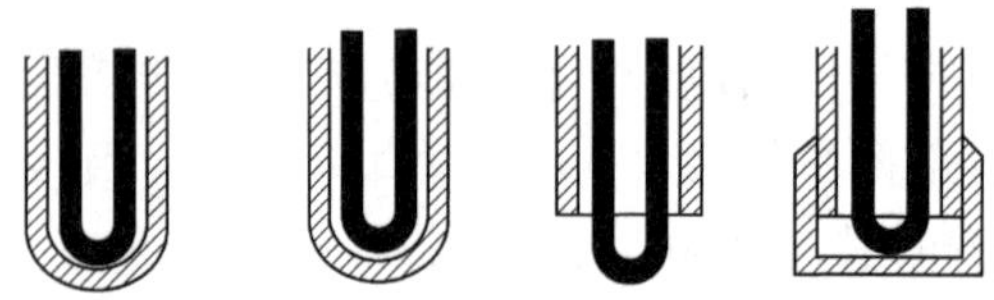

(a) 碰底型　(b) 不碰底型　(c) 露头型　(d) 帽型

图 6-4-2　铠装热电偶结构示意图

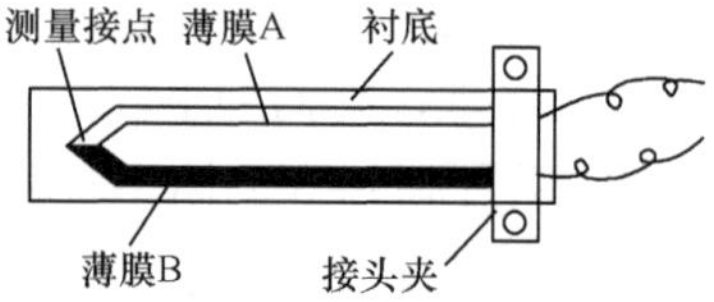

图 6-4-3　片状薄膜热电偶结构图

（4）浸入式热电偶。它用来测量钢水、铜水、铝水及熔融合金的温度，其主要特点是可直接插入液态金属中进行测量。

（5）热电堆。它由多对热电偶串联而成，其热电势与被测对象温度的四次方成正比，这种薄膜热电堆常制成星形或梳形结构，用于辐射温度计进行非接触式测温。

6.4.2　热电偶测温所需的工作条件

为使热电偶成为温度传感器，还需满足测温的实用要求。例如，热电偶回路中的热电势需要输出或通过仪表显示，大多数热电偶是贵金属，通常长度为 1 m，所测温度为高温，而电压测量仪表一般不能靠近高温处。因此，热电偶测温必须满足或具备一定的工作条件。

1．热电偶的基本定律

（1）均质导体定律。由一种均质导体组成的闭合回路，不论导体的截面积和长度如何，也不论各处的温度分布如何，都不能产生热电势。根据热电效应原理，此定律显然成立。

（2）中间导体定律。在热电偶回路中，若中间导体 C 两端温度相同，则接入中间导体 C 对热电偶回路总热电势 $E_{AB}(T,T_0)$无影响（根据温差电势和接触电势的定义可证明，略）。

在实际应用两种金属导体 A、B 组成热电偶时，必须将热电偶回路断开，接入测量仪表来测量热电势 $E_{AB}(T,T_0)$，这些接入的导体材料和热电偶电极材料往往并不相同。如图 6-4-4 所示，根据中间导体定律，回路中虽因接入测量仪表和连线而引入中间导体，但只要它们与导体 A、B 的两结点的温度相同，即导体 A、B 通过相同温度的中间导体 C 构成了它们的一个结点，回路总的热电势就不变。这就为测量热电势提供了方法和依据。

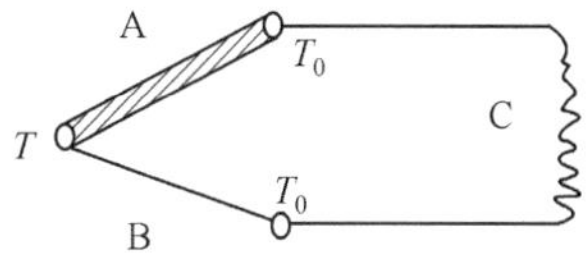

图 6-4-4　热电偶回路接入中间导体 C

（3）中间温度定律。两端温度为 T_n 和 T_c 的热电偶的热电势等于同种热电偶在两端温度分别为 T_n、T_m 和 T_m、T_c 时的热电势之和，T_m 为 T_n 和 T_c 之间的任一温度（中间温度），即

$$E_{AB}(T_n,T_c)=E_{AB}(T_n,T_m)+E_{AB}(T_m,T_c) \tag{6-4-1}$$

式中，$E_{AB}(T_n,T_c)$为冷端温度 T_c=0 ℃、热端温度为 T_n 时的热电势；$E_{AB}(T_n,T_m)$为冷端温度为 T_m、热端温度为 T_n 的热电势；$E_{AB}(T_m,T_c)$为冷端温度 T_c=0℃、热端温度为 T_n 的热电势。

由式（6-4-1）描述的中间温度定律可由图 6-4-5 形象描述，图中，$T_n=T_1$，$T_m=T_2$，$T_c=T_3$。

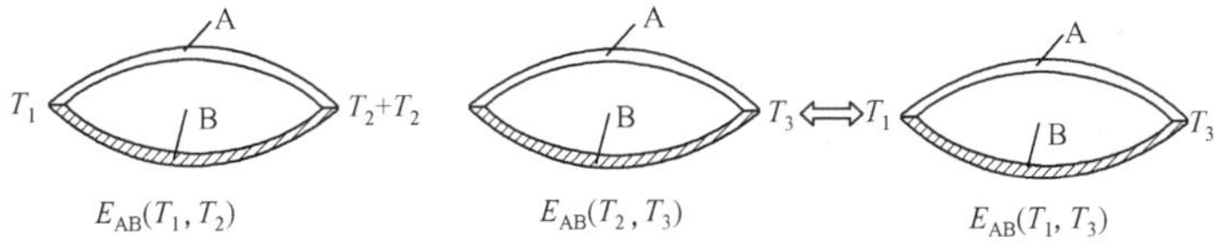

(a) 图像描述

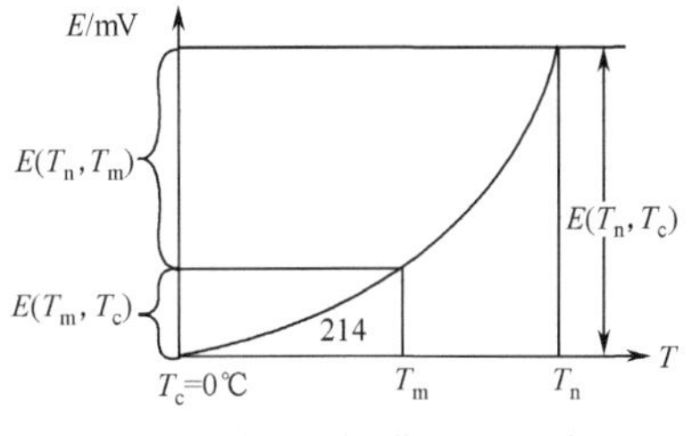

(b) 热电偶特性所描述的相互关系

图 6-4-5　热电偶中间温度定律

中间温度定律为制定热电偶分度表奠定了理论基础，只要已知冷端温度为 0 ℃时的热电势-温度关系，依据式（6-4-1），即可由冷端温度不是 0 ℃时测得的热电势求出被测的实际温度。

2．冷端的处理与热电偶测温的实现方式

热电偶的热电势大小与热电极材料及两个结点的温度有关。要采用热偶测温，需保证输出的热电势是被测温度的单调函数，为此必须保持一个结点的温度恒定，或者进行实时测量。根据冷端处理方式的不同，热电偶测温方式也不同。

（1）0℃恒温法。将热电偶冷端置于 0℃的恒温器内，使其工作状态与分度表中的状态一致，测出电势后查分度表直接得到热端温度值。通常有两种 0℃恒温法，一种是采用冰水混合物，另一种是半导体致冷器。前一种主要用于实验室测温和热电偶的标定。

（2）冷端温度实时测量计算修正法。计算机自动采集系统多采用这种补偿法。这种方法无需保持冷端温度 T_0 恒定，而是用其他测温手段实时测得当前的冷端温度 T_0，利用当前值补偿热电偶输出的热电势，从而消除冷端温度变化带来的误差。以镍铬-镍硅（K）热电偶为例详述该过程如下。

第一步：自动采集两个输入量。一个是热电偶回路的温差电势 $E_{AB}(T,T_0)$，另一个是冷端温度 T_0 值。例如，这两个值分别为 T_0=40 ℃，$E_{AB}(T,40\ ℃)$=2.146 mV。

第二步：求取修正量或称计算补偿值。根据已测得的 T_0 值，自动查内存中的热电偶分度表，得到 $E_{AB}(T_0,0)$值。设查得 $E_{AB}(40\ ℃,0)$=1.612 mV。

第三步：修正温差电势 $E_{AB}(T,T_0)$。根据中间温度定律计算两结点温度分别为 T，0℃时的总热电势 $E_{AB}(T,0)$为

$$E_{AB}(T,0)=E_{AB}(T,T_0)+E_{AB}(T_0,0)=2.146\ \text{mV}+1.612\ \text{mV}=3.758\ \text{mV}$$

即完成了对温差电势 $E_{AB}(T,T_0)$的修正。

第四步：查表求热端温度 T。根据已求得回路总温差电势 $E_{AB}(T,0)$查热电偶分度表，于是可得热端温度 T=91.8℃，即被测温度。

（3）补偿导线法。一般热电偶的最大长度为 1 m，当用于高温 T_1 测量时，其冷端温度 T_0'受热端温度影响极大，并随着热端温度变化而波动，通常 T_0'也会高达 100 ℃。补偿导线法就是采用一种专用补偿导线来延长热电偶，使冷端移到不受热端温度影响的远处，从而获得一个虽不为 0 ℃但温度较为稳定的冷端温度 T_0，如图 6-4-6 所示，热电偶（由材料 A、B 组成）通过补偿导线（由材料 C、D 构成）与远处测温仪相连。补偿导线必须具备的基本条件是：在补偿温度范围内，由补偿导线材料 C、D 构成的热电偶与测温热电偶有相同的分度值，即 $T_0≤T_0'$时，有

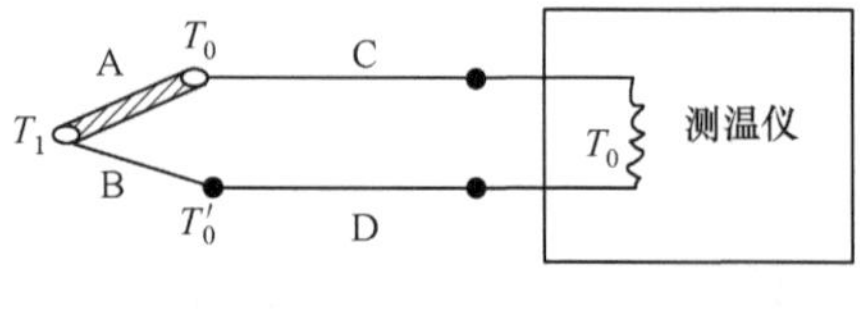

图 6-4-6　补偿导线法连接示意图

$$E_{AB}(T,T_0)= E_{CD}(T',0)或 E_{AB}(T',T_0)=E_{CD}(T',T_0) \tag{6-4-2}$$

如果 A、B 材料构成的热电偶能一直延伸到 T_0 处，所产生的热电势应为 $E_{AB}(T_1,T_0)$，它可理解由两部分组成，即

$$E_{AB}(T_1,T_0)=E_{AB}(T_1,T_0')+E_{AB}(T_0',T_0) \tag{6-4-3}$$

式中，$E_{AB}(T_0',T_0)$由补偿导线 C、D 材料组成的热偶提供，它在 (T_0',T_0)范围内，等效为一个 A、B 材料构成的热电偶。重要的是正、负极性不能搞错，还需价廉。为进一步求出热端温度，需要利用中间温度定律进行计算与修正。工业上制作了与热电偶对应的专用补偿导线，其配用热电偶，色别及热电特性都有说明，选用时不能搞错。

（4）自动补偿器。这种自动补偿器是一个非计算机系统，通常是一个单臂测温电桥。它能完成热电偶冷端温度 T_0 的测量，并根据实时测量值实时提供修正量 $E_{AB}(T_0,0)$值，再进行相加修正，使回路输出总电势 $E_{AB}(T,0)$，从而保证测温仪表测得的是 $E_{AB}(T,0)$而不是 $E_{AB}(T,T_0)$，无须保持冷端温度 T_0 恒定或为零。以下为热电偶补偿器及测温仪的连接方法示例。

补偿器及热电偶与测温仪的连接线如图 6-4-7 所示，电桥的供电端 A、C 通过一可调电阻 R_g 接直流电源 E；桥臂 R_1、R_2、R_3 为不随温度变化的固定电阻；R_T 为测温铜热电阻 Cu100，用来测量热偶冷端温度 T_0；热电偶、补偿器、测温仪由铜导线相连接。

设 T_0'=0 ℃时电桥平衡，电桥输出 U_{BD}=0；当 T_0'温度升高时，热电阻 R_T 增大，U_{BD}>0，且 B 点电位高于 D 点，于是测温仪测量的回路电势是热电偶两结点温度为 T、T_0'所产生的温差电势 $E_{AB}(T,T_0')$与电桥输出 U_{BD} 之和。根据中间温度定律，必须有 $U_{BD}= E_{AB}(T_0',0)$，于是 $E_{AB}(T,T_0')+U_{BD}=E_{AB}(T,0)$。由于 U_{BD} 的值由电桥的输入-输出关系决定，因此只可能在某个温度点上保持 $U_{BD}= E_{AB}(T_0',0)$，其他温度点只是相近，因而存在补偿误差。

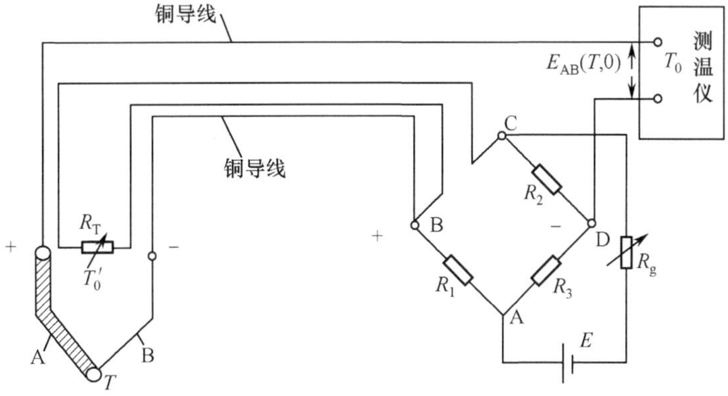

图 6-4-7　热电偶、补偿器及测温仪的连接

6.5 光纤温度传感器

6.5.1 半导体谱带吸收式光纤温度传感器

半导体光纤温度传感器是利用半导体材料的吸收光谱随温度变化而变化来测量温度的。光通过半导体材料时，半导体材料中的电子会吸收光子能量，但只有能量超过半导体材料禁带宽度能量 $E_g(T)$的光子才会被吸收。发生光子吸收的波长条件为

$$\lambda \leqslant \lambda_g(T) = hc/E_g(T) \tag{6-5-1}$$

式中，$\lambda_g(T)$为吸收波长；h 为普朗克常数；c 为光速。因此，波长大于$\lambda_g(T)$的光才能透过半导体。当温度升高时，禁带宽度能量 E_g 会单调下降，可表示为

$$E_g(T)=E_g(0) - rT^2/(T+\beta) \tag{6-5-2}$$

式中，$E_g(0)$是热力学温度零度时禁带宽度能量；β与 r 是与材料有关的常数，对半导体 GaAs，$E_g(0)=1.522$ eV，$r=5.8\times10^{-4}$ eV/K，$\beta=300$ K。

由式（6-5-1）和式（6-5-2）可见，温度 T 升高，$E_g(T)$下降，$\lambda_g(T)$向长波方向移动。图 6-5-1 所示为 GaAs 吸收波长变化λ_g 与温度的关系曲线。

当温度在−50～200 ℃之间时，GaAs 吸收波长在 0.84～0.92 μm 之间，选用光源 LED（发光二极管）必须覆盖这一波段并有一定的光谱宽度。半导体 GaAs 和 CdTe 有极陡的吸收光谱，波长比吸收端长的光波可透过半导体，短的则被吸收。如图 6-5-2 所示，禁带宽度能量 $E_g(T)$随温度升高而减少，使得吸收波长变长，向长波方向位移。当辐射光谱峰值波长与λ_g 一致的光源发出的光通过半导体 GaAs 时，其透射光的强度随温度升高而减小。

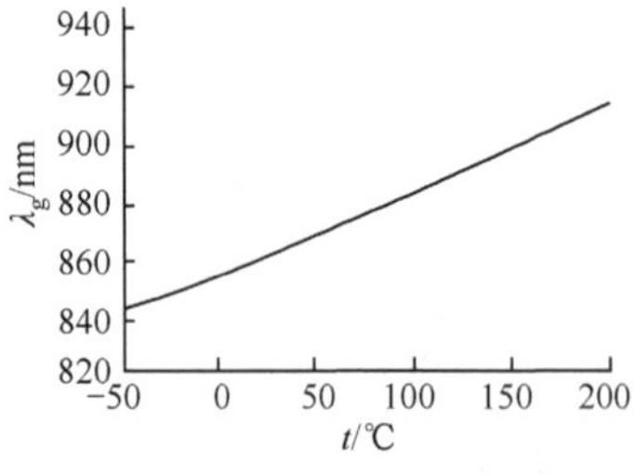

图 6-5-1 GaAs 吸收波长λ_g 与温度的关系

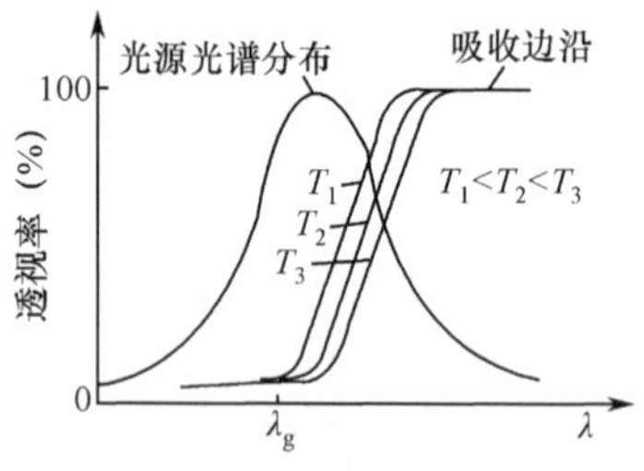

图 6-5-2 半导体的光透射率特性

半导体吸收式光纤温度传感器的结构如图 6-5-3 所示，它采用两个 LED，一个是 AlGaAs 发光管，波长$\lambda_1=0.88$ μm；另一个是 InGaAs 发光管，波长$\lambda_2=1.27$ μm。两者由脉冲发生器激励发出两束脉冲光λ_1 与λ_2，通过光耦合器 5 耦合输入光纤。每个光脉冲宽度 10 ms，占空

比为 3%。两束脉冲光进入半导体吸收元件（敏感探头）7，探头对光束λ_1的吸收随温度变化，对光束λ_2不吸收。光束λ_1为测量信号，光束λ_2为参考信号。光脉冲信号以光强叠加从探头 7 送到雪崩二极管（APD）光探测器 8，然后进入采样放大器 10，以获取正比于脉冲高度的直流信号。转换成直流信号后，再由除法器 11 以参考光束λ_2为基准将与温度相关的光束λ_1归一化，从除法器输出的是取决于半导体透射率特性（见图 6-5-2）的曲线边沿位移，即与温度相关。这种传感器的测温范围为−10～300℃，精度±1℃。

半导体光吸收式温度敏感元件对光束λ_1的吸收情况随温度变化，使透射光强随温升而减小。如果把 GaAs 的光出射一侧（外侧端面）镀一层全反射膜，使原已透射的光全反射再次经过探头，则在同温度条件下，反射光强仅为原透射光强的一半，相当于增加了 GaAs 的厚度，提高了传感器的灵敏度。如图 6-5-4 所示，光源 LED 射出的光经光纤耦合器分成两束，一束作为参考光直接进入探测器，另一束信号光在探头（GaAs 反射元件）处全反射，再沿同一光路反射到耦合器，进入信号探测器。分别经放大器、低通滤波后，进入除法器输出与温度相关的电信号。这种反射式传感器的测温范围为−20～110 ℃，精度为±0.5 ℃，从室温（25 ℃）跃升到 110℃的响应时间为 25 s。

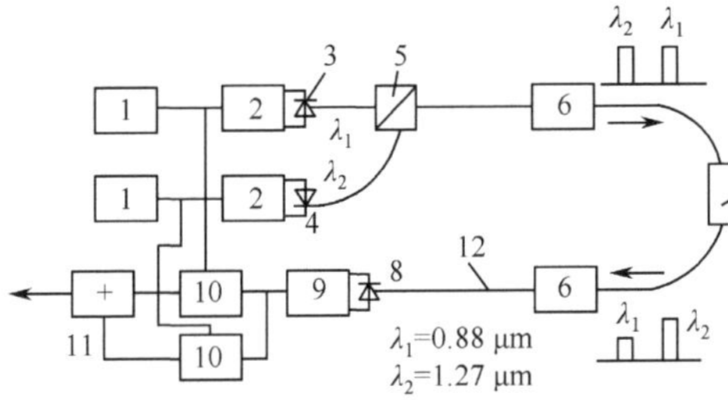

图 6-5-3　半导体吸收式光纤温度传感器结构框图

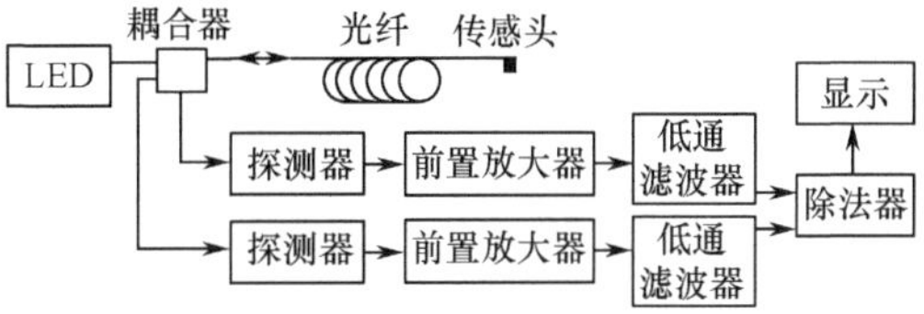

图 6-5-4　半导体吸收式光纤温度传感器原理框图

6.5.2　折射式光纤温度传感器

折射式调制是光强调制的一种形式，物体参数的变化，可以改变光纤的折射率。因材料不同，光纤内芯和包层的折射率温度系数也不同，在某一特定温度下，内芯和包层折射率相等，光纤就失去了导光作用，利用这一原理，可制成防火报警系统。由于光纤的传输特性是渐变的，光导完全截止时的温度可以很准确。恰当地选择内芯和包层材料，可制成高温或低温报警系统。利用透明液体的折射率与温度有关的特性，可制成温度传感器。

1．液芯光纤敏感元件

如图 6-5-5 所示，热敏元件是一段透明毛细管，其折射率为n_s，内装折射率为n_l的透明液体（液芯）。热敏元件两端与普通多模输入光纤及输出光纤串接，内芯折射率为n_1，包层折射率为n_2。液芯折射率对温度很敏感，它的数值孔径（NA）随温度变化而变化。设在某

温度 T_1 时，$n_s=n_l$，NA=0；另一温度 T_2 时，n_l 值较高，与输入及输出光纤有相同的 NA 值。在 T_1～T_2 温度内，液芯光纤的 NA 可连续地从零增加到普通光纤的 NA。对于液芯光纤有

$$\mathrm{NA}_1=\sqrt{n_1^2-n_s^2} \tag{6-5-3}$$

利用这种温度敏感效应，它可作为液芯敏感元件。

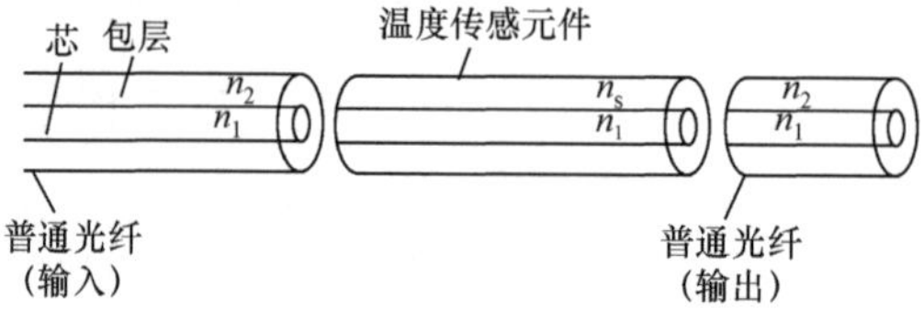

图 6-5-5　液芯光纤传感器示意图

2．无包层光纤敏感元件

如图 6-5-6 所示，将一段无包层折射率为 n_f 的内芯浸在透明液体包层中，液体包层有与温度相关的折射率 n_l，液体包层装在外壳中并用堵头密封。设温度 T_1 时 $n_l=n_f$，NA=0，当温度从 T_1 变化到 T_2 时，液体折射率 n_l 由 n_f 变化到包层折射率 n_l，无包层光纤构成光导通道，其数值孔径从零（T_1 时）变化到普通光纤（T_2 时）的数值孔径，即

$$\mathrm{NA}_1'=(n_f^2-n_1^2)^{\frac{1}{2}} \tag{6-5-4}$$

这同液芯光纤敏感元件温度传感器的温度敏感效应是一样的。

3．折射率调制式传感器

如图 6-5-7 所示，光源发出的光波一路经分束器 1 和透镜 2 进入输入光纤 3，另一路经 DET 光探测器转换成电信号送入信号处理器，由于采用透镜聚焦把光束引入光纤，使输入光束在整个数值孔径范围内产生激励。在光纤远端串接（耦合）液芯光纤型或无包层光纤型温度敏感元件，根据被测温度 T 所确定的折射率变化，使部分光从输出光纤 4 远端进入光探测器，由探测器向信号处理器输入端提供光电信号。

对信号处理器提供的另一路光电信号的是 DET 光探测器，信号处理器利用输入的两个光电信号计算由温度 T 决定的、正比于温度 T 的输出信号 $F(T)$。$F(T)$与光源温度无关，仅与由温度 T 决定的折射率变化有关。被测温度 T 处的耦合温度敏感元件与输入光纤 3、输出光纤 4 连接。为了获得光的最大透射效率，普通光纤与液芯的内芯直径应相等，光纤相连两处均无间隙。温敏元件的数值孔径 NA_1（或 NA'_1）随温度变化，与光纤直径无关，但长度必须保证足以消除没有导入到输出光纤的那部分输入光纤。此外，还可采取使液芯光纤弯曲、使液芯光纤外侧粗糙化、用吸光材料包覆液芯光纤和把液芯光纤浸入折射率更高的

透明液体中等措施，来保证没导入的光不进入输出光纤。

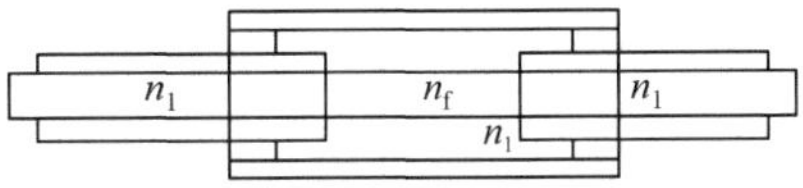

图 6-5-6　液体包层传感器结构示意图

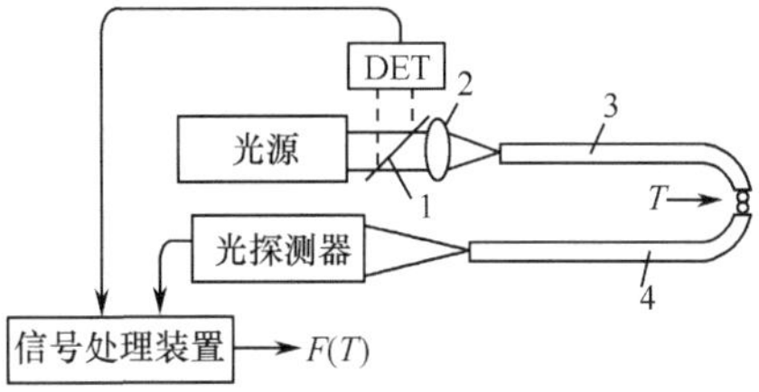

图 6-5-7　光纤温度检测示意图

对液芯光纤或无包层光纤，折射率 n_1 和 n_s、n_f 和 n_1 对温度的函数关系是已知的，如果能确定 NA_1 或 NA'_1，就可确定对应的温度 T。观测经输出光纤透射的光可确定 NA。通过使光在输出光纤端外扩束，并在给定轴位置上测量光镜直径，可测定已透射光的 NA，通过扫描孔径可测得光镜直径，测量光束扫描孔径所用时间可确定孔径尺寸和扫描速度。

思考题与习题

【6-1】与其他物理量如长度、质量比较，温度的测量有何特殊性？温度测量方法可分为哪两类？它们各自的特点是什么？

【6-2】简述 PN 结温度传感器的工作原理。

【6-3】采用什么手段可以判断温度传感器是热电偶还是热电阻？若有一个数字万用表，能否判断一个铂热电阻或者热电偶是否损坏？

【6-4】将一支灵敏度为 0.08 mV/℃的热电偶与电压表连接，电压表接线端的温度为 40 ℃，电压表的读数为 50 mV，热电偶所测温度实际为多少？

【6-5】热电偶测温时为什么要对冷端进行处理？冷端处理的常见方法有哪些？

【6-6】热敏电阻与热电阻相比较有何优缺点？简单分析它们的实用性。

【6-7】热敏电阻测温有何特点?热敏电阻分哪几种类型？各适用于什么场合？

【6-8】热电阻按引线的不同分为两线制、三线制和四线制。这样的设置出于何种原因？各适用于什么场合？三线制电阻应如何接入测量电桥电路才能起到有效作用？

【6-9】热电式传感器除了测量温度外，是否还能用来测量其他量？举例说明。

【6-10】什么是热电偶的中间导体定律和中间温度定律？它们各有何意义？

【6-11】如习题图 6-1 所示热电偶回路，只将一根金属丝[B]插入冷筒中作为冷端，t 为待测温度，问[C]这段导线应采用哪种导线（是 A、B 还是铜线）？说明原因。对 t_1 和 t_2 有何要求？为什么？

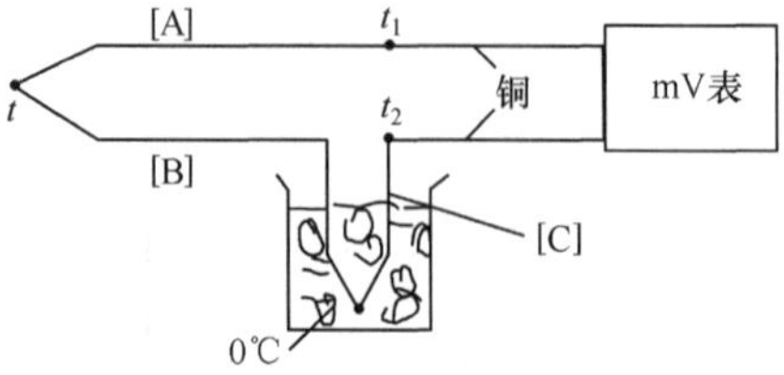

习题图 6-1

【6-12】当某热电偶高温端为 1000 ℃时，低温端结点为 50 ℃，试计算在此热电偶上产生的热电势。假设该热电偶在 1000 ℃时的热电势为 E_{1000}=36.25 mV，50 ℃时的热电势为 E_{50}=1.41 mV。

【6-13】电桥是热电阻和热敏电阻的常用测量电路，使用时应注意哪些问题？

【6-14】简述半导体光纤温度传感器的结构和原理。

【6-15】半导体集成温度传感器大多是基于 PTAT 核心电路来实现的，这样的半导体集成温度传感器有何优点？

【6-16】测量距离仪表室几十米处的温度时，选哪种类型的半导体集成温度传感器为好？

第 7 章 其他物理量传感器

7.1 光学量传感器

7.1.1 照度传感器

光照度是指被照明面的单位面积上得到的光通量，单位是 lx（勒克斯），即 1 lm/m^2。可见光的光谱范围为 380～760 nm，小于 380 nm 进入近紫外光区，大于 760 nm 进入近红外光区，人眼看不见这两个光区。可见光的发光强度用照度计来测定。一般利用光敏元件制作照度传感器或照度计，以测量可见光的发光强度。

图 7-1-1 是一种照度传感器的结构图，它主要由双硅光敏二极管（VD_1 和 VD_2）和稳压电路、放大器和线性校正电路组成。传感器顶部滤除紫外光和衰减红外光，使得进入传感器的光主要为可见光。这种照度传感器的主要优点是：光谱响应接近人眼函数曲线，暗电流小，灵敏度高，输出电流与照度成线性变化；由于内部有高精度电压源、运算放大器和线性校正电路，使其工作电压范围宽，输出电流大，并且温度稳定性好。

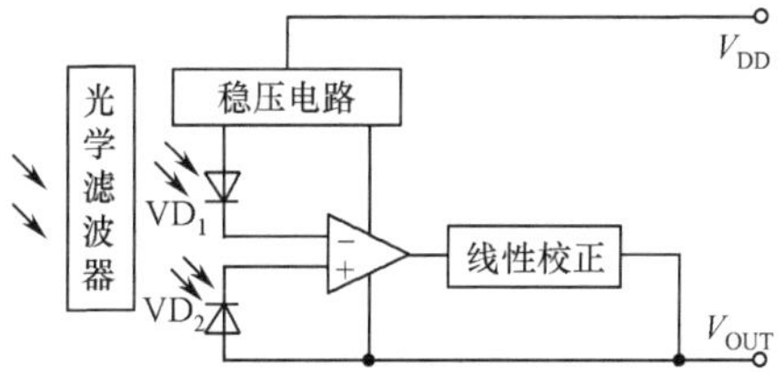

图 7-1-1　照度传感器结构示意图

照度传感器主要用于灯具的自动亮/灭控制，如路灯、广告灯、背光亮度自动调节等。照度传感器可用于光控自动窗帘，在窗玻璃上贴一个照度传感器测量透过窗户的光的照度，并把室外光转换成电能。当达到规定的光通量时驱动窗帘自动升降，使室内光线始终保持在一定的照度水平上。这种窗帘可夏天防止窗外热辐射、冬天防止室内热散失。

7.1.2 亮度传感器

光亮度是指光源的单位面积上沿法线方向的发光强度，也称为单位面积在其法线方向上单位立体角内发出的光通量。

美国 Microsemi 公司推出了能实现人眼仿真的可见光亮度集成传感器 LX1970，其引脚如图 7-1-2 所示，内含 PIN 型光敏二极管、高增益放大器和两个互补式电流输出端。其光敏二极管阵列的光谱特性和灵敏度都与人眼十分相似，能代替人眼感受环境亮度，将接收的可见光转换成电流，进而进行亮度控制。其峰值响应波长为 520 nm，遇紫外和红外波长时急剧衰减。其光敏二极管阵列具有非常精确、线性和可重复的电流转换功能。光电流通过内部的高增益运放后，从电流源和电流接收两个引脚输出。通过在一个或两个引脚之间增加一个电阻能将这些电流转换成电压，电压增益决定于电阻值，电阻的典型取值范围为 10～50 kΩ。LX19710 不需滤光器，只需一个外加元件，不需要外加放大器。

笔记本电脑、电视机和手机已普遍采用液晶显示器（LCD）。但 LCD 本身不发光，只能反射或透射外界光。为了在光线较暗的环境中或在夜间观察屏幕，必须给 LCD 加背光以增强对比度。利用亮度传感器，可根据环境亮度自动调节背光源（一般为白色 LED）亮度。LX1970 除了可用于构成平板显示器的亮度监控外，还可作为户外照明灯的自动控制器。

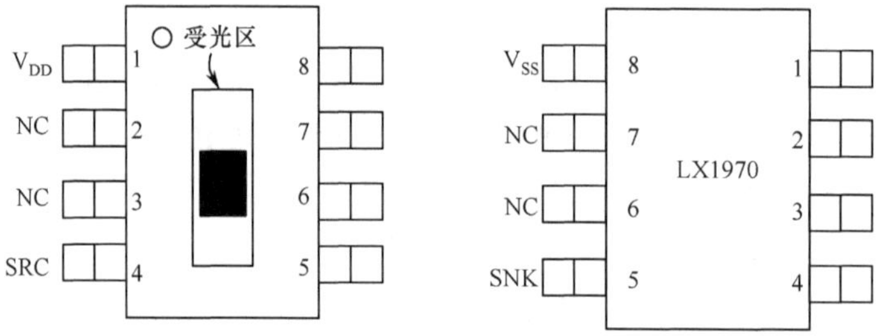

图 7-1-2　LX1970 引脚排列图

7.1.3　红外和紫外光传感器

1. 红外传感器

红外传感器一般由光学系统、探测器、信号调理电路和显示单元等组成。红外探测器是红外传感器的核心，按探测机理的不同，红外探测器可分为热探测器和光子探测器两大类。

（1）热探测器。热探测器基于红外辐射的热效应，敏感元件吸收辐射能后温度升高，使某些物理参数发生相应变化，通过测量物理参数变化确定探测器所吸收的红外辐射。热探测器的优点是响应范围可扩展到整个红外区域，可在常温下工作，使用方便；缺点是探测率低，响应慢。

常见的实用化热探测器主要有三种类型：热释电型、热敏电阻型、热电堆型。

① 热释电型探测器。它在热探测器中探测率最高，频率响应最宽。这种探测器根据热释电效应制成，其电压响应率正比于入射光辐射率变化的速率。

② 热敏电阻型探测器。它根据探测器吸收射入的红外辐射能后产生温升，由热敏电阻感测。大多数探测器内设两个敏感元件，一个作为工作片，测量受光面的温升；另一个作为补偿片，感受环境温度。两个热敏元件与两个固定电阻组成测量电桥。

③ 热电堆型探测器。它由多个相同的微型热电偶串联而成，使同样的温差可获得成倍的热电势输出。它将微型热电偶的工作端密集排列在很小的面积上，入射光经透镜会聚照射在工作端上，冷端分布在外围遮光部位。利用薄膜技术制作微型热电偶，可将大量的工作端集成在很小的面积上，如 TPS334-L5.5 型热偶型热电探测器，敏感面只有 0.7×0.7 mm^2，灵敏度典型值可达 55 V/W，时间常数为 25 ms，还设有进行冷端温度补偿的热敏电阻。

（2）光子探测器。光子探测器基于光子效应，因入射红外光的光子与敏感材料中的电子互相作用改变电子的能量状态，引起各种电学现象。根据所产生的电学现象不同，可制成不同的光子探测器。光子探测器有内光电型和外光电型两种，前者又分为光电导、光生伏特和光磁电三种。主要特点是灵敏度高、响应快、响应频率较高，但探测波段较窄，一般需低温下工作。

（3）红外探测器的应用主要有以下两个方面。

① 红外感烟探测器。利用烟粒子吸收或散射红外光使红外光强度变化的原理而工作，属线性探测器。GB 50116—1998《火灾自动报警系统设计规范》指出："无遮挡大空间或有特殊要求的场所，宜选红外感烟探测器。"这类探测器由发射和接收模块组成，成对使用，具有保护面积大、在相对湿度较高和强电场环境中反应速度快等优点。其工作过程是发射端的红外光发射器在脉冲电源激发下，发出波长 940 nm 的脉冲红外光，该光束经过一定空间距离发射到接收模块的光敏元件上，如图 7-1-3 所示。光敏元件将光信号转成电信号，再经放大变为直流电平。该电平大小表征了红外辐射通量大小。无烟时为正常状态，无报警信号输出；有烟时通道中的红外光被烟粒子遮挡而减弱，光电接收器的电信号减弱，当达到动作阈值（通常为正常值的 70%）时，探测器动作，发出报警信号。

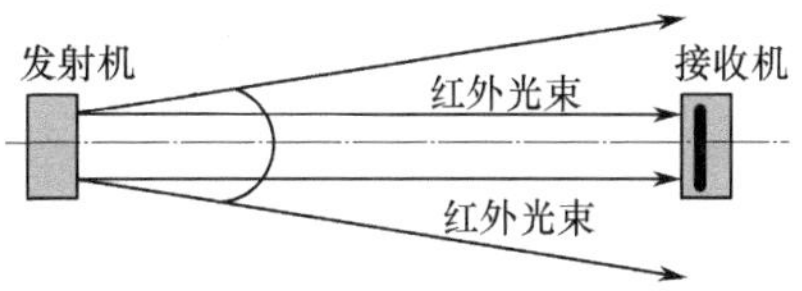

图 7-1-3　红外光束感烟探测器光路图

② 红外吸收式气体传感器。这种传感器依据的原理是 Lambert-Beer 定律，即若对两个分子以上的气体照射红外光，则分子动能发生变化，吸收特定波长的光。这种特定的波长由分子结构决定，根据吸收频谱可识别分子种类，根据吸收的强弱可测得气体浓度。

2. 紫外传感器

紫外传感器是一种专门用来检测紫外光的光电器件，它对紫外光特别敏感，尤其对木材、化纤植物、纸张、油类、塑料橡胶和可燃气体等燃烧时产生的紫外光反应更强烈。紫外光传感器应用很广泛，主要用于火灾报警敏感元件。

紫外传感器的工作原理是在传感器的阴极和阳极间加电压，当紫外线透过石英玻璃照射到光电面的阴极上时，由于阴极涂敷有电子放射物质而发射光电子。在强电场作用下，光电子被吸向阳极，光电子高速运动时与管内气体分子碰撞，最终使阴极和阳极间充斥着大量的光电子和电离电子，引起辉光放电现象，从而在电路中形成很大的电流，如图 7-1-4 所示。没有紫外线照射时，阴极和阳极之间无电子和离子的流动，呈现相当高的阻抗。

紫外传感器的核心是 UV 探头，它是一种新颖独特的火灾报警传感元件。该探头对紫外线异常敏感，可检测出 5 m 以内打火机火焰发出的紫外线。UV 探头不仅灵敏度高，而且抗干扰能力很强，所以广泛用于宾馆、饭店、仓库、公寓和办公楼的防火报警系统。

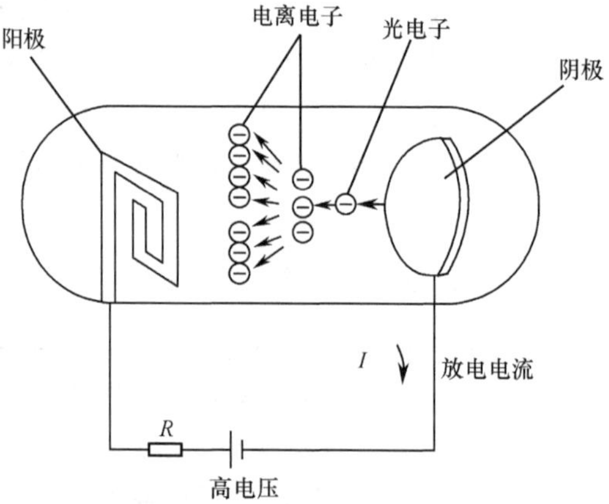

图 7-1-4　紫外传感器的工作原理

7.2　视觉传感器件

人通过感官从自然界获取各种信息，其中以视觉获取的量最多，约占信息总量的 80%。视觉传感器扩展了人的视觉范围，使人看到视觉范围外的微观和宏观世界。视觉技术的快速发展，使信息获取方法由一维发展到了二维及三维，敏感器件由简单的一维光电管线阵发展到二维的面阵。利用 CCD 和 CMOS 等二维图像器件制成的视觉传感器具有较高的几何精度、更大的光谱范围、高灵敏度和扫描速率，其尺寸小、功耗低，工作可靠。

7.2.1　CCD 图像传感器件

CCD 是利用内光电效应，由光敏单元集成的一种光传感器，它集电荷存储、移位和输出为一体。单个光敏单元称为像素，一定尺寸大小的光敏元按某一规则排列，组成 CCD 线阵或面阵。CCD 有两种基本类型：一种是光生电荷存储在半导体与绝缘体的界面上，并沿界面转移，称为表面沟道电荷耦合器件（SCCD）；另一种是光生电荷存储在离半导体表面一定深度的体内，并在体内沿一定的方向转移，称为体沟道或埋沟道电荷耦合器件（BCCD）。下面以 SCCD 为例介绍 CCD 的工作原理。

1. CCD 的工作原理

如图 7-2-1（a）所示，MOS 光敏单元是组成 CCD 的基本单位，是一种金属-氧化物-半导体结构的电容器。在 P 型硅基片上热氧化生成 SiO_2，再在 SiO_2 层上沉积一层金属电极（栅极）就构成一个孤立的 MOS 电容器。光照射到 MOS 光敏元件上，栅极附近硅层产生电子-空穴对，多数载流子（空穴）被栅极电压（U_G）决定的电势排斥，少数载流子（电子）被收集在栅极下形成光生电荷。

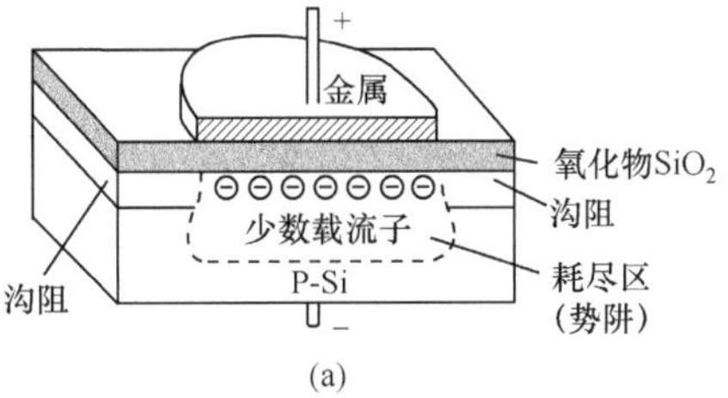

图 7-2-1　CCD 光敏单元结构及原理示意图

（1）光生电荷存储。光敏单元存储光生电荷的能力，取决于栅极所加正阶跃电压 U_G。当栅极未加 U_G 时，P 型 Si 的空穴分布均匀；加 U_G 后，空穴被排斥，产生耗尽区。增大 U_G 值，耗尽区向半导体内延伸。当 $U_G>U_{th}$（阈值电压）时，氧化层相对 P 型 Si 体内的电势（界面势 Φ_s）足够大，形成一个稳定的耗尽区。此时，光生电子被耗尽区所吸收，如图 7-2-1（b）所示。

（2）电荷移位（耦合）。多个 MOS 光敏元以 1～3 μm 间隔依次相邻排列，耗尽区可交叠，即势阱“耦合”。势阱中的光生电子在互相耦合的势阱间流动。图 7-2-2 所示为 CCD 结构原理图，三个相邻栅极分别加时钟脉冲 Φ_1、Φ_2 及 Φ_3，形成的驱动脉冲时序波形如图 7-2-3 所示。电荷移位过程如图 7-2-4 所示，按驱动脉冲时序，栅极下光生电荷沿半导体表面按一定方向逐个单元转移。

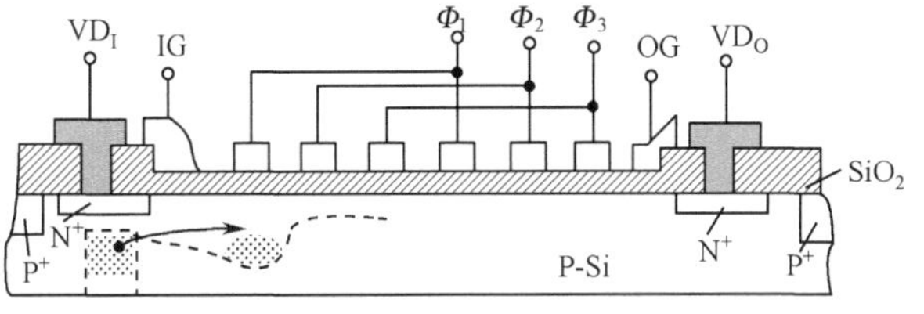

图 7-2-2　CCD 结构原理图

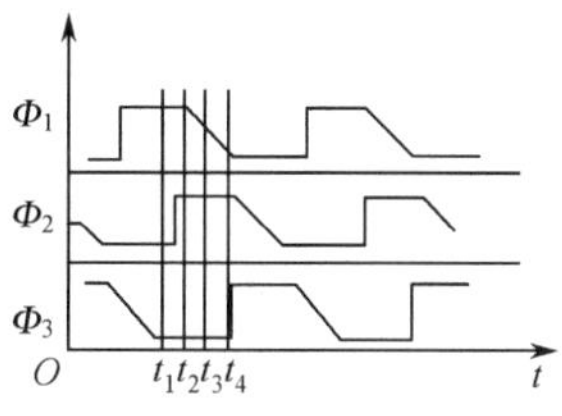

图 7-2-3　三相驱动脉冲时序波形

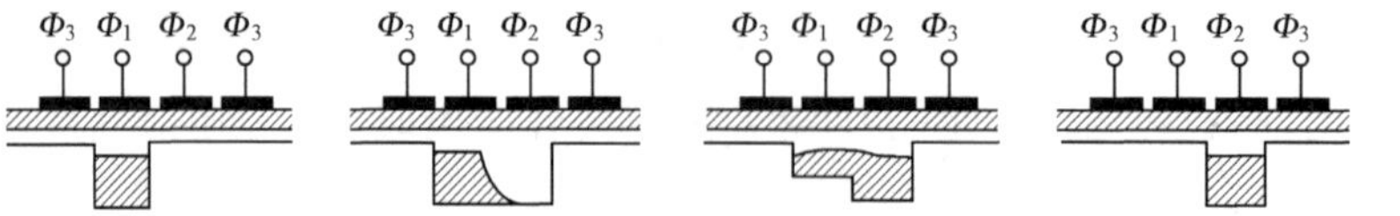

图 7-2-4　电荷移位过程

（3）电荷注入方式。

① 光注入。CCD 器件的光注入方式有正面照射、背面照射和微孔直射三种。正面照射方式是光子从栅极通过透明的绝缘层进耗尽区；背面照射方式是光从基底射入耗尽区；微孔直射方式是在光敏单元的中心电极下开小孔，入射光直射到硅片上。由于 CCD 正面布置了很多电极（金属栅），电极的反射和散射作用使得正面照射的光谱灵敏度比背面照射低，背面照射方式比正面照射方式要好。

② 电注入。在图 7-2-2 的左端，由 N^+扩散区和 P 型基底构成电注入二极管 VD_I。G_I 为 CCD 的输入栅极，其上加适当正偏压。保持开启电压并作为基准电压。输入模拟信号加到 VD_I 上，Φ_1 保持高电平，通过 PN 结注入基底的电子进入 Φ_1 势阱中。电注入就是 CCD 通过输入结构 VD_I-G_I 对输入模拟信号进行采样，然后将其转换为信号电荷注入响应势阱（Φ_1）中。

（4）电荷转出方式。目前 CCD 输出电荷信号的方式一般为电流方式。在图 7-2-2 的右端，当 Φ_3 的电压由高变低时，信号电荷将通过加恒定电压的输出栅极 G_o 下势阱进入反向偏置二极管 VD_o 的 N^+区中。由基底 P 和 N^+区，外加电源构成一个二极管反偏电路，对信号电荷是一个很深的势阱，进入反偏二极管 VD_o 的信号电荷将产生电流 I_d，其大小与注入的信号电荷量 Q_s 成正比。

2．CCD 的基本参数

（1）光电转换特性。入射光子能量被硅层吸收，转换成光生电荷聚集在势阱中。光生信号电荷 Q_{in} 与光照强度（即光子流速率Δn）成正比，与光敏单元受光面积 A 成正比，有

$$Q_{in}=\eta e\Delta nAt_c \tag{7-2-1}$$

式中，η为材料的光量子效率；e 为电子电荷量；A 为光敏元受光面积；t_c 为光照时间，即光注入积分时间，由电荷移位脉冲周期 T 决定。CCD 光敏单元结构确定后，受光面积 A 一定，信号电荷 Q_{in} 取决于光子流速率Δn。由于光子流速率Δn 与光谱辐射通量$\Phi_{e\lambda}$呈线性关系，有

$$\Delta n=\Phi_{e\lambda}/(h\nu) \tag{7-2-2}$$

式中，h 为普朗克常量；ν为入射光频率。则信号电荷 Q_{in} 为

$$Q_{in}=\eta eAt_c\Phi_{e\lambda}/(h\nu) \tag{7-2-3}$$

说明信号电荷 Q_{in} 与入射光谱辐射通量$\Phi_{e\lambda}$成线性关系。

（2）开启电压。开启电压是 MOS 场效应管开始产生沟道时所需的栅压。为使 CCD 有效工作，表面应始终保持耗尽状态，驱动脉冲信号的低电平应在开启电压之上。栅极上加一正阶跃电压 U_G（2～10 V），低电平 2 V 大于开启电压，可以使表面始终保持耗尽状态。

（3）电荷容量。MOS 光敏单元存储光生电荷量 Q_s 取决于栅极面积 A_1、驱动脉冲电压的幅值 U_G、驱动方式及光敏单元结构等诸因素。存储电荷量 Q_s 表达式为

$$Q_s=C_{ax}U_GA_1 \tag{7-2-4}$$

式中，C_{ax} 为 SiO_2 氧化层单位面积的电容量。如选 P-Si 的杂质浓度 $N_A=10^{15}\ cm^{-3}$，SiO_2 膜厚为 0.1 μm，栅极面积 $A_1=10\times 20\ \mu m^2$，栅极电压 $U_G=10$ V，则一个 MOS 光敏单元所能储存电荷量 $Q=0.6$ pC（等效于 3.7×10^6 个电子）。CCD 是电荷转移器件，如不考虑传输损失，则输出电流（即单位时间转移的电荷量）I_d 为

$$I_d=Q_sf=C_{ax}U_GA_1f \tag{7-2-5}$$

式中，f 为电荷移位脉冲周期 T 的倒数，即频率；A_1 为栅极面积；C_{ax} 为 SiO_2 氧化层单位面积电容量；U_G 为栅极电压。

（4）转移损失率。电荷转移损失率决定了 CCD 的信号电荷能被传递的次数。转移损失率ε定义为每次转移中未被转移的电荷所占的百分比。设原始光生电荷为 Q_0，经 n 次转移后，所剩电荷为 Q_n，则 $Q_n=Q_0(1-\varepsilon)^n$。如 $n=10^3$，设 $Q_n=0.9Q_0$。由公式计算$(1-\varepsilon)^{1000}=0.9$，可得 $\varepsilon=1.054\times 10^{-4}\times 100\%$。设每次转移效率为$\eta$，则有$\eta=1-\varepsilon$，且 $Q_n/Q_f=\eta^n$。

（5）工作频率。CCD 器件必须在驱动脉冲作用下才能完成信号电荷的转移和输出，工作频率指加载于转移栅上的时钟脉冲电压的频率。

① 工作频率下限。为避免热激发少数载流子对注入信号电荷的干扰，注入信号电荷从一个电极转移到另一个电极所用时间 t 必须小于少数载流子的平均寿命τ_1，即 $t\leqslant\tau_1$。正常条件下，对三相电荷耦合器件，$t=T/3=1/(3f)\leqslant\tau_1$，则有 $f\geqslant 1/(3\tau_1)$。可见 CCD 工作频率的下限与少数载流子的平均寿命有关。而少数载流子的平均寿命与器件工作温度有关，工作温度越高，热激发少数载流子的平均寿命越短，工作频率的下限越高。

② 工作频率上限。当工作频率提高时，受电荷从一个电极转移到另一电极所需的固有时间 τ_g 的限制，驱动脉冲使电荷从一个电极转移到另一个电极的时间 t 应大于τ_g，才能保证电荷完全转移；否则，信号电荷跟不上驱动脉冲变化，降低转移效率η。要求转移时间 $t=T/3\geqslant\tau_g$，可得到 $f\leqslant 1/(3\tau_g)$，这是电荷转移工作频率的上限。工作频率上限受 SiO_2-Si 界面势Φ_s对电荷的俘获作用和电荷在势阱间转移速度的限制，这与载流子迁移率、电极长度、基底掺杂浓度和工作温度等有关。

3．线阵 CCD

由光学成像系统把图像成像在 CCD 光敏单元阵列上，将光照强度分布信号转变成光电荷密度分布信号；然后通过驱动脉冲驱动光生电荷转移，从 CCD 移位寄存器中转移出去，获得一维的图像信号。若使用线性 CCD 对二维图像作扫描运动，则可获得二维图像信号。扫描仪、传真机和复印机等都是采用线阵 CCD 作匀速扫描运动的系统。

（1）单线结构线阵 CCD。如图 7-2-5 所示，单线结构线阵 CCD 由光敏单元阵列、转移控制栅和 CCD 模拟移位寄存器组成。转移控制栅用于隔离或沟通光敏单元阵列和 CCD 移位寄存器。在栅极上加驱动脉冲电压，光照射在光敏单元上，使光敏单元势阱不断积累光生电荷，这段时间为光积分时间。此时转移控制栅加控制脉冲低电平，光敏单元与移位寄存器隔离。光积分结束后，转移控制栅的电压为高电平，光敏单元与移位寄存器沟通，各光敏单元积累的光生电荷并行耦合到对应移位寄存器电极下，即电注入。转移控制栅的高电平时间短，低电平时间长，即光积分时间大于转移时间。转移结束后，如要用线阵 CCD 获得二维信号，则扫描结构驱动光敏单元阵列开始下一次（下一行）光积分。在每次光积分时间里，CCD 在三相时钟脉冲作用下，将移位寄存器中的信号电荷由输出端依次输出，经放大形成时序信号（又称视频信号）。

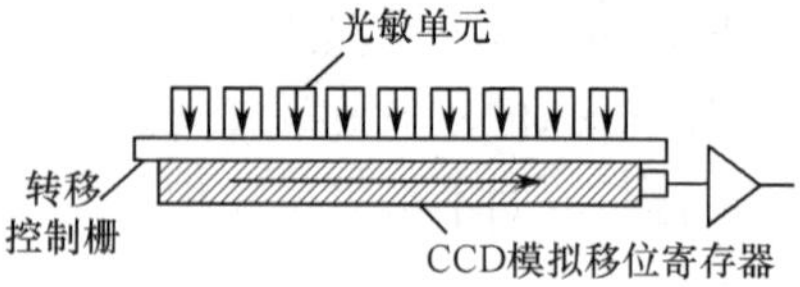

图 7-2-5　单线结构的 CCD 线阵

光敏单元（像素）可做得很小，其间隔也很微小，但光敏单元尺寸仍是提高 CCD 分辨率的主要障碍。分辨率是评价 CCD 识别微小光像和再现光像能力的指标，一般用传感器调制传递函数 MTF 表示。MTF 以空间频率为参变量来描述输入光像与输出电信号之比。空间频率是指明、暗相间光线条纹在空间出现的频度，单位是线对/mm。明、暗相间两条纹为一对，线对宽度等于两明线或两暗线中心距。线阵 CCD 的光敏单元越多，分辨率越高。测物体尺寸时，高位数的光敏单元线阵 CCD 可获得较高的测量精度。但增加光敏单元数目会提高电荷转移损失率。每个光敏单元的尺寸乘以光敏单元数目为 CCD 的工作长度。

（2）双线结构线阵 CCD。单线结构线阵 CCD 转移次数多、效率低，导致分辨率差，采用双线阵结构可部分解决此问题。如图 7-2-6 所示，两列 CCD 移位寄存器分列于光敏单元上、下两侧，当转移控制栅为高电平时，光敏单元阵列势阱里聚集的信号电荷将同时按箭头指定方向分别转移到对应的移位寄存器内。转移控制栅隔离光敏单元阵列和移位寄存器，在下一次光积分时间内，移位寄存器内的奇、偶信号电荷在驱动脉冲作用下分别向右移动，在输出端交替合并，

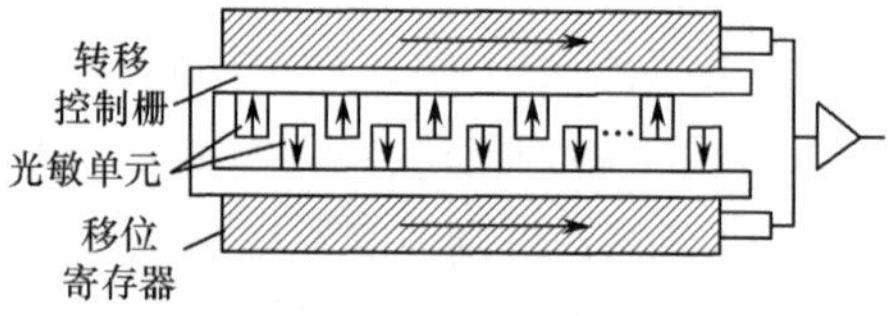

图 7-2-6　双线结构的 CCD 线阵

按原始顺序放大输出。双线阵结构比单线阵结构输出转移时间少一半，提高了转移总效率，减少了转移损失率。线阵 CCD 已向更多位光敏单元发展，从 256×1 发展到了 7 500×1，另外还有三行的线阵 CCD，如 2 700×3、5 340×3、10 550×3 等多种规格。

4. 面阵 CCD

面阵 CCD 输出信号按电视扫描制式，用其水平分辨力来评价整个 CCD 面阵的分辨力且利用电视系统对图像分辨力的评价方法——电视线评价法，即在一幅图像上，在水平方向能分辨出的黑白条纹数来评价。水平分辨力与水平方向上 CCD 光敏单元数目有关；光敏单元数目越多，分辨力越高。目前，面阵 CCD 光敏单元数目已从 512×500 发展到 1 024×1 024、2 048×2 048、4 096×4 096 等多种规格。

面阵 CCD 的光敏单元阵列是二维阵列，根据信号电荷向移位寄存器转移方式的不同，可分为帧转移、列转移和线转移等类型。

（1）帧转移面阵 CCD。如图 7-2-7 所示，帧转移面阵 CCD 由光敏区、暂存区和行读出寄存器三部分构成。光敏区光敏单元阵列为 $M \times N$：横向排列 M 个电荷耦合沟道（见图中虚线框），各沟道间用沟阻隔开，竖向排列 N 个水平栅极，各水平栅极贯穿各电荷耦合沟道。暂存区与光敏区结构相同，也是 $M \times N$ 阵列，暂存区与水平读出寄存器均用金属铝遮光（见图中斜线区）。

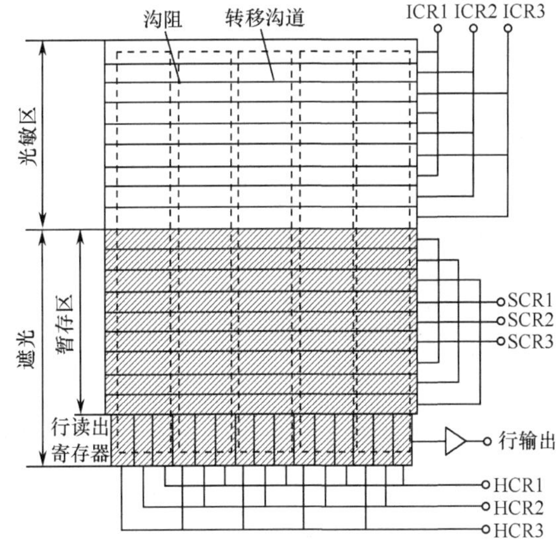

图 7-2-7　帧转移三相 CCD 面阵结构图

工作过程：第一步为光积分，光敏区（水平）栅极为高电平，光生电荷被收集到电极下势阱中成为电荷图像；第二步为帧转移，光敏区与暂存区电极同为驱动脉冲高电平，$M \times N$ 阵列对应位完成信号电荷全帧转移到暂存区；第三步为行转移，帧转移后，进入下一次光积分，经由行读出寄存器逐行转移暂存区的一帧信息。第二个光积分时，完成第一帧全部行信号的输出。帧转移型结构简单，光敏单元尺寸很小，缺点是光敏区占总面积的比例小。

（2）列转移面阵 CCD。如图 7-2-8 所示，光敏单元列与遮光暂存区隔开排列，中间加转移控制栅，下部为水平读出位移寄存器和输出放大器。光积分期，转移控制栅为低电平，将光敏单元列势阱与水平读出寄存区隔开。光积分结束，转移控制栅加正脉冲，光敏单元列信号电荷并行转移到垂直读出寄存区的对应位。并行转移后，光敏单元列与垂直读出寄存器又隔开。下次光积分的同时，在垂直驱动脉冲驱动下将各垂直读出寄存器的最下一位组成一列信号电荷转移到水平读出移位寄存器中，经由水平读出寄存器及放大输出。在第二次光积分期完成第一次光积分的信号输出。

（3）线转移面阵 CCD。如图 7-2-9 所示，1 为线寻址电路，2 为输出寄存器驱动脉冲，3 为垂直读出寄存器。线转移型相当于取消暂存区的帧转移型，多一个线寻址电路。光敏单元的各行都有确定地址，无水平读出寄存器，只有垂直读出寄存器。光积分后，线寻址电路选中某一行光敏单元时，驱动脉冲将使该行信号电荷按位依箭头方向转移至垂直读出寄存器，再由驱动脉冲使信号电荷经输出放大器输出。根据不同使用要求，线寻址电路发出不同数码，就可选择不同扫描方式，如逐行或隔行扫描，也可选其中一行输出，使其工作在线阵 CCD 状态下。线转移型的有效光敏面积大，转移快，转移效率高，缺点是电路复杂。

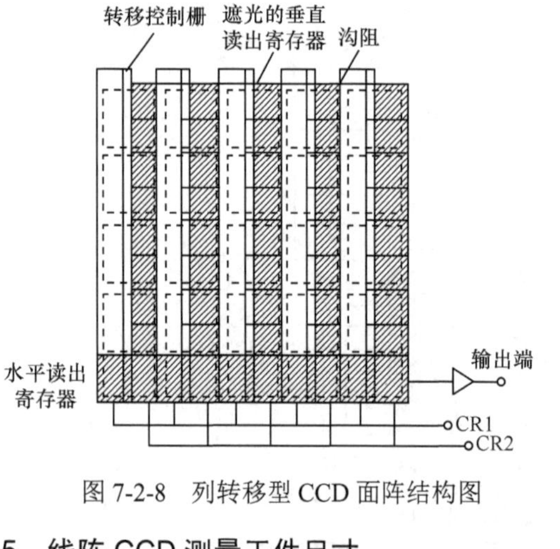

图 7-2-8　列转移型 CCD 面阵结构图

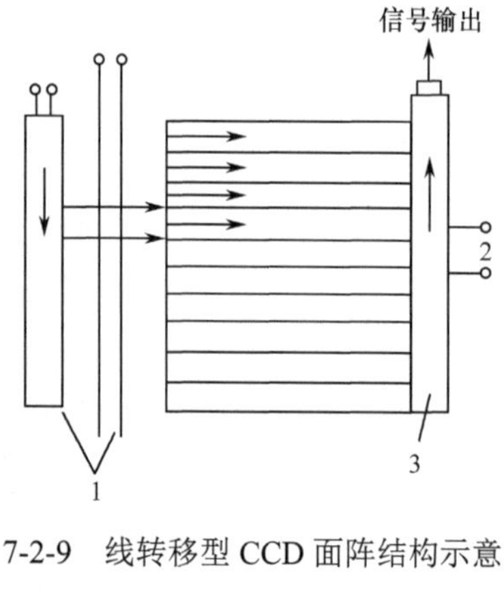

图 7-2-9　线转移型 CCD 面阵结构示意图

5. 线阵 CCD 测量工件尺寸

CCD 器件具有光生电荷存储和转移的功能，取消了光学扫描或电子束扫描系统，降低了再生图像的失真程度，使之特别适合自动控制和自动测量中的图像采集和识别。CCD 可实现危险场地或人和机械不可到达的场地的检测和控制，可以测量物位（距离）、尺寸形状、工件损伤、颜色变化等。

图 7-2-10 为采用线阵 CCD 测物体尺寸的原理图，由几何光学原理有被测物长度为

$$L=nd/\beta= nd /(b/a)= nd (a/f-1) \qquad (7\text{-}2\text{-}6)$$

式中，β为光学系统放大倍率；a 为物距；b 为像距；f 为透镜焦距；n 为光敏单元数目；d 为光敏单元中心距。

如果透镜焦距 f 已选定并已知物距 a，则可由式（7-2-6）确定线阵 CCD 最小长度为

$$L_{\min}=Lb/a=Lf/(a-f) \qquad (7\text{-}2\text{-}7)$$

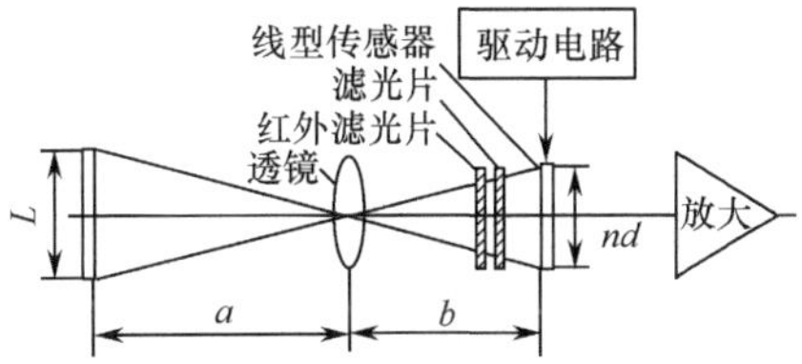

图 7-2-10　CCD 测量物体尺寸的原理图

测量精度取决于光敏单元数目 n 与透镜视场 L 的比值。如果线阵 CCD 工作长度不能满足要求，则需进行线阵 CCD 拼接，方法有机械拼接、光学拼接和片芯拼接等。其中以机械拼接法工艺简单，较易实现。一般线阵 CCD 的有效光敏单元数目比实际光敏单元数目要少，因为器件两端各有若干用以建立过渡光敏单元的虚设单元，还有电路引线及封装结构等因素，导致机械拼接法的线阵 CCD 有效光敏单元首尾不能完全接成一条直线，有一定的距离。

测量钢板生产线上的钢带宽度时，可采用两个线阵 CCD 分开的机械拼接法，如图 7-2-11 所示，其优点是板材在轧辊上左右摆动不影响测量结果。对尺寸较大但变化并不大的宽度控制，可在钢板的测量边分别置放线阵 CCD 测量边缘尺寸变化，即用两个已知距离的线阵 CCD 测量被测物体边缘的图像位置尺寸，再计算被测总（宽度）尺寸。计算公式为

$$D=dN_1/\beta_1+dN_2/\beta_2+L \qquad (7\text{-}2\text{-}8)$$

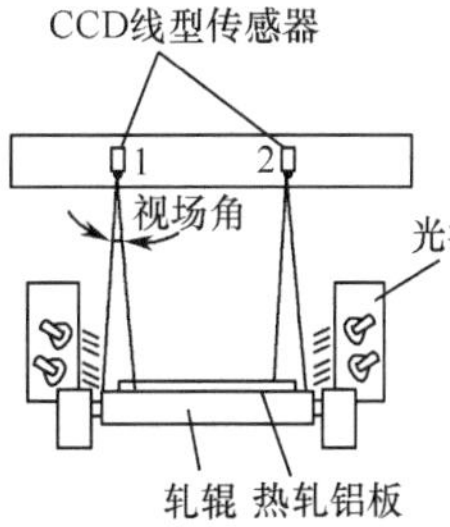

图 7-2-11　热轧板宽度测量

式中，N_1、N_2 分别为两线阵 CCD 所遮挡光敏单元数目；β_1、β_2 分别为各自的光学成像放大倍率；L 为两线阵 CCD 间距，如图 7-2-11 所示。

7.2.2　COMS 图像传感器件

CMOS 成像器件和 CCD 几乎同时出现，两种器件采用相同硅材料，它们的光谱响应和量子效率基本相同，两者的光敏单元和电荷存储容量也相近。但结构和制作工艺方法不同，其性能差别很大。CMOS 器件由光敏二极管、MOS 场效应管、MOS 放大器和 MOS 开关电

路在同一芯片上集成而成，用于对摄像质量要求不高的场合。CCD的驱动电路、接口电路、逻辑电路和A/D转换电路必须在器件外设置。相比之下，CCD有更好的图像质量和灵活性，占据高端应用领域。目前，CMOS技术发展较快，使两者的性能差距越来越小。

1. CMOS成像器件的工作原理

（1）主动式光敏单元结构。早期CMOS器件采用“被动式光敏单元”结构，由一个光敏二极管和场效应管地址选通开关组成。各光敏单元的地址选通开关压降差异和暗电流造成其固定图像噪声大和信噪比低，后来改为主动式光敏单元结构。二者的主要区别是主动式结构各光敏单元光电信号经放大后才经场效应管地址选通开关输出。图7-2-12为主动式光敏单元的基本电路图。

场效应管V_1为光敏二极管负载，其栅极接复位信号线。当复位脉冲出现时，如图7-2-13所示，V_1导通，光敏二极管被瞬时复位。复位脉冲结束后，V_1截止，光敏二极管开始光信号积分。

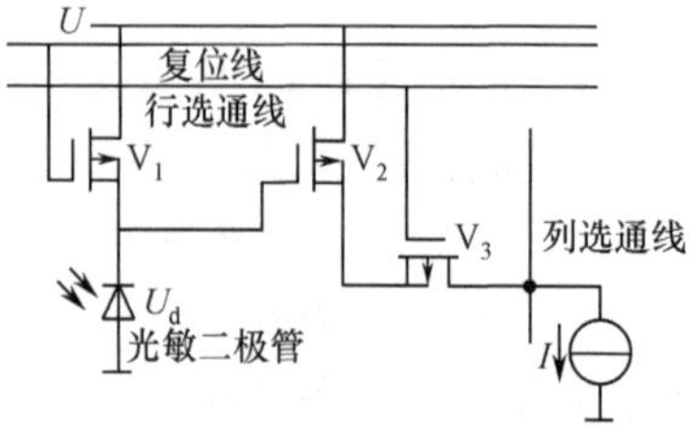

图7-2-12　主动式光敏单元基本电路图

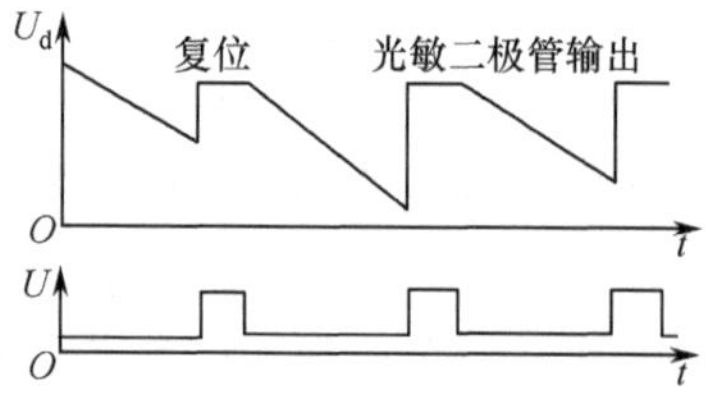

图7-2-13　主动式光敏单元时序图

场效应管V_2是源极跟随放大器，将光敏二极管高阻抗输出信号进行电流放大。地址选通脉冲开启后，选址模拟开关（场效应管） V_3导通，被放大的光电信号送到列总线上。以上结构称为三管式主动光敏单元结构。为更加完善对曝光的控制，在三管式基础上增加一个复位开关管和一个储存开关管，构成五管式主动光敏单元结构，如图7-2-14所示。

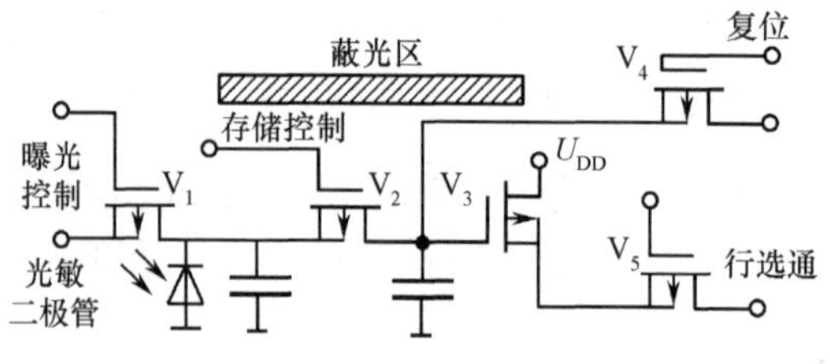

图7-2-14　五管式光敏单元

存储控制开关管将光敏二极管积分的光信号迅速存储在电容中，曝光控制开关实现帧间信号隔离。实用光敏单元结构因光敏二极管电压偏置方法和信号放大电路不同有多种形式。

（2）CMOS 器件的结构。如图 7-2-15 所示，点画线把结构框图分成光敏单元阵列和输出及信号处理电路两部分，这两部分集成在一片硅片上。光敏单元阵列按水平 X 方向和垂直 Y 方向布阵，阵列中任一光敏单元分别由 X 方向和 Y 方向地址译码器确定其唯一地址。每一列光敏单元对应一个列放大器，光敏单元光电信号经放大器送入（由 X 方向地址译码控制选择的）多路模拟开关输出。输出信号送右端信号处理电路经 A/D 转换、预处理后通过接口电路输出。整个电路由时序脉冲电路提供驱动，并受控于接口电路输入的同步控制信号。CMOS 器件光敏单元阵列的信号输出方式与 CCD 不同，可采用不同方式输出。

如图 7-2-16 所示，对信号 S_{ij}，其地址是由 Y 向地址译码器（或移位寄存器）选定 i 行，X 向地址译码器（或移位寄存器）选定 j 列来确定。由于设定了行与列开关，由 Y-X 地址译码器选通控制，确定 S_{ij} 的地址。CMOS 器件可以只输出某一行或某一列，或逐行扫描输出。要输出第 i 行信号，先由 Y 地址译码器选定第 i 行，接通模拟开关，将第 i 行的光敏单元信号送到总列线上，再由 X 地址译码器控制，把信号送入列放大器，经多路模拟开关输出。

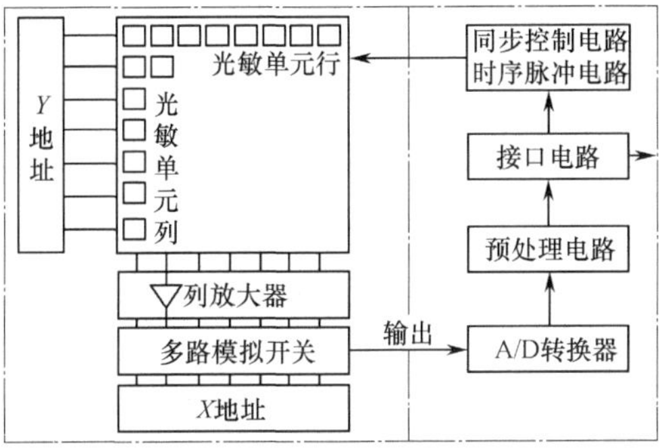

图 7-2-15　CMOS 成像器件原理框图

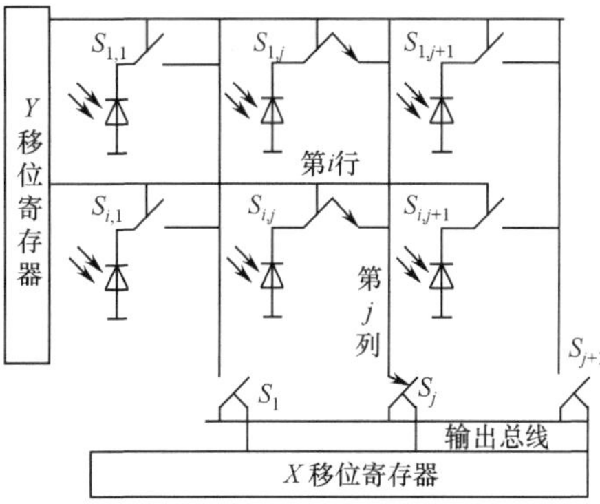

图 7-2-16　CMOS 图像传感器原理示意图

（3）CMOS 器件的工作流程。时序脉冲电路提供各种工作脉冲，这些脉冲决定 CMOS 各单元的工作时序。时序脉冲波形如图 7-2-17 所示，见表 7-2-1，各脉冲信号的作用决定了各单元按程序设定的顺序工作。

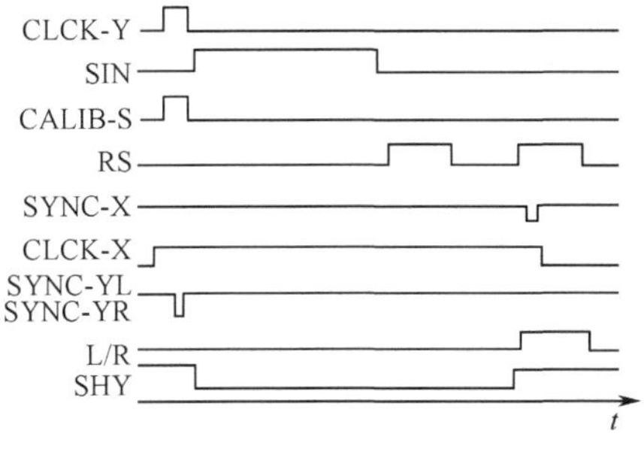

图 7-2-17　COMS 图像传感器时序脉冲波形图

表 7-2-1 时序脉冲信号作用表

代 号	作 用	有效电平	说 明
SYNC-YR	行启动	低电平	用于行复位寄存器初始化
SYNC-YL	行读出	低电平	用于行读出寄存器从 Y=0 行开始读出
L/R	行读出/启动	高电平/低电平	脉冲分时（高低电平）控制行复位和行读出
SYN-X	列读出启动	低电平	用于移位寄存器读出光敏单元信号
CLCK-X	列读出启动	低电平	与 SYNC-X 同时作用，读出期间保持低电平
SHY	信号采集/保持	高电平/低电平	列读出结束后，SHY 回到高电平（保持状态）
SIN	复位输出放大器	高电平	读出结束时，用高电平复位输出放大器
RS	复位光敏单元	高电平	第一次使光敏单元复位，第二次信号读出期间用（配合曝光控制）
CALIB-S	帧启动	高电平	帧初始化至 RS 二次复位的时间间隔为光积分时间
CLCK−Y	启动下一行	下降沿有效	完成一行之后，流程重新循环

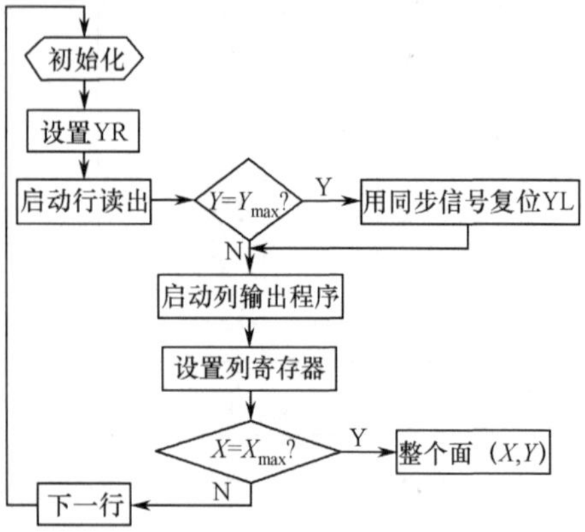

图 7-2-18 CMOS 图像传感器工作流程图

由时序脉冲决定的 CMOS 工作流程如图 7-2-18 所示，分为如下四个部分。

① 初始化。设置工作模式、输出偏压、放大器增益、取景器开通和光积分时间等。

② 行操作。行启动脉冲 SYNC-YR 使行复位移位寄存器初始化，行读出脉冲 SYNC-YL 启动，由于读出移位寄存器从第一行（Y=0）开始读出。

③ 列操作。列启动脉冲 SYNC-X 启动 X（列）移位寄存器读出，从 0 至 X_{max} 为 X 移位寄存器的一帧图像信号。从工作流程看，行与列交替操作，到 $Y=Y_{max}$、$X=X_{max}$ 结束。先进行行操作，送入列总线，再进行列操作，读一行后，循环操作，直至读完全帧图像。

④ 复位操作。行读出 SYNC-YL 启动后至下一 SYNC-YR 脉冲出现时间间隔为光敏单元光积分时间，同帧复位至第二次 RS 复位间隔时间一致，行复位由 SYNC-YL 控制。SIN 脉冲信号控制输出放大器复位，保证清除前一光敏单元信号的影响。光敏单元复位 RS 有两次复位操作，第二次是配合曝光控制设定的。

2．CMOS 器件的主要性能

（1）光谱响应与量子效应。CMOS 成像器件的光谱响应与量子效率取决于光敏二极管，并受器件表面光反射、干涉、表层透过率的差异和电子复合等因素影响。其光谱响应范围为 0.35～1.1 μm，响应峰值在 0.7 μm 附近，其峰值波长响应达 0.4 A/W，如图 7-2-19 所示，图中，不平行斜率线表示量子效率与波长变化关系，其中量子效率η总低于 100%。

（2）填充率。填充率是光敏面积对光敏器件的面积之比，它决定器件的有效灵敏度、噪声、响应时间等。提高填充率、扩大光敏面积、减少驱动、放大和处理电路所占面积是充分利用半导体器件大光敏面积 CMOS 器件的关键。提高填充率的方法有两种。

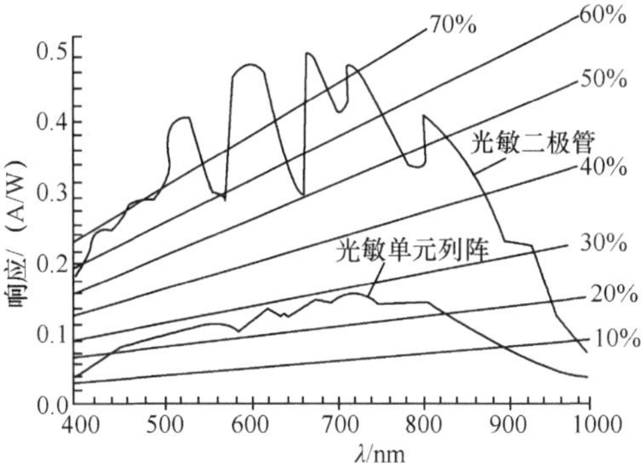

图 7-2-19　CMOS 光敏单元的光谱响应特性

① 在 CMOS 器件光敏单元上装一层矩形面阵微透镜，将全部入射光聚集到面积很小的光敏单元上。光敏单元面积减小可提高灵敏度、降低噪声、减小结电容、提高响应速度。

② 采用填充率较高的特殊光敏单元结构。在这种光敏单元中，表层的光敏二极管、电路及其阻挡层均很薄，且是透明的，入射光透射后到达外延的光敏层，所产生的光电子几乎可以全部扩散到光敏二极管中。尽管光敏二极管面积不大，但光敏单元表面却是整个单元的表面积，所以填充率接近 100%。

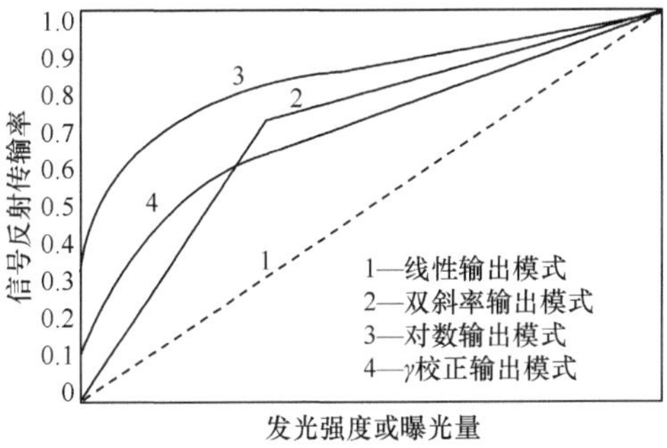

图 7-2-20　四种输出模式比较

（3）输出特性。图 7-2-20 示出了线性、双斜率、对数特性和γ校正四种输出模式，它们的动态范围相差很大，特性也有较大区别。

① 线性模式的输出与光强成正比，适合于连续测量场合，其动态范围小，线性范围高端信噪比大。测量小信号时，信噪比很低。

② 双斜率模式用两种曝光时间。信号弱时，长时曝光，输出曲线斜率大；信号强时，短时曝光，输出曲线斜率小，从而扩大动态范围。也可用多种曝光时间改变曲线的平滑性。

③ 对数输出模式动态范围大，可方便地设计出具有对数响应特性的电路。这种输出模式有良好的性能，接近人类视觉对光的响应规律。

④ γ校正输出模式的表达式为 $U=Ke^{\gamma E}$，其中，U 为信号输出电压；E 为输入光强；K 为常数；γ为校正因子（$\gamma<1$）。这种模式使输出的电压信号渐缓。

3. 典型的 CMOS 成像器件

SXGA 型彩色（或黑白）面阵 CMOS 器件的工作原理如图 7-2-21 所示，它增加了 Y 向复位移位寄存器，用于对各光敏单元复位，清除帧之间的影响。各光敏单元复位后，即开始光信号积分，当 Y 向移位寄存器启动时，迅速读出信号，此时间间隔为曝光时间。该光敏单元面阵的每行和每列起始及末尾各有 3 个虚设单元。每个光敏单元为三管式主动光敏单元结构，在光敏单元上贴附 RGB 三色滤光片可实现彩色成像。

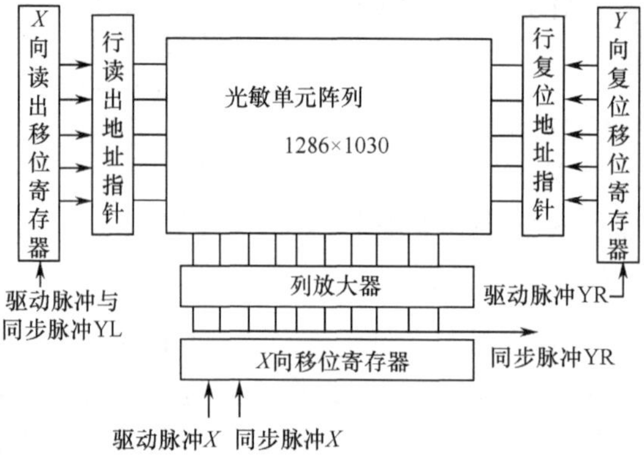

图 7-2-21　SXGA 图像传感器原理框图

该器件的光谱特性如图 7-2-22 所示，上部为黑白成像光谱响应曲线，下部为彩色成像光谱响应曲线（因加入彩色滤光片下降，且响应曲线不同步）。该器件的输出特性如图 7-2-23 所示，其中线性段的动态范围仅 66 dB。横坐标 M_e 为光敏面上的照度，纵坐标为输出电压。

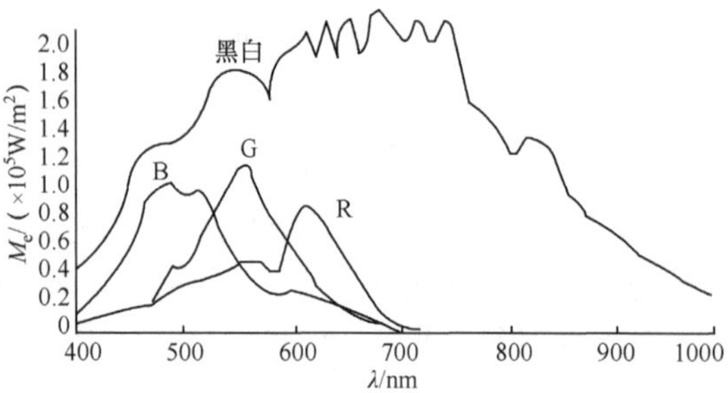

图 7-2-22　SXGA 型 CMOS 器件光谱特性

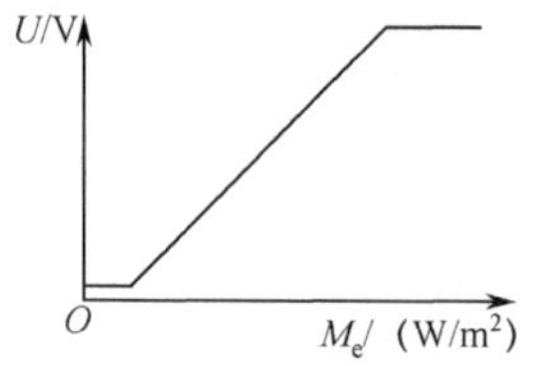

图 7-2-23　SXGA 型 CMOS 器件输出特性曲线

7.3　电流和电压传感器

7.3.1　霍尔电流传感器

霍尔电流传感器是一种典型的电流传感器，它基于霍尔效应。当霍尔元件 H 处于磁感

应强度为 B 的磁场中，在电流端供给工作电流 I_C，则在霍尔电极端有霍尔电压 U_H 输出

$$U_H=\pm K_H I_C B\sin\varphi \pm U_o \tag{7-3-1}$$

式中，K_H 为霍尔元件的灵敏度；I_C 为霍尔元件的工作电流；B 为外磁场感应强度；φ 为磁场与电流方向的夹角；U_o 为不加外磁场时霍尔元件的输出电压。

当外加磁场垂直于霍尔元件时，有

$$U_H=\pm K_H I_C B \pm U_o \tag{7-3-2}$$

图 7-3-1（a）所示为直接检测式的霍尔电流传感器，当被测电流 I_1 通过长直导线时，导线周围产生磁场 B。如果霍尔元件通恒定控制电流 I，在垂直磁场作用下产生的霍尔电压为

$$U_H \propto B \propto I \tag{7-3-3}$$

显然，测出霍尔电压 U_H，就可得到被测电流 I_1。

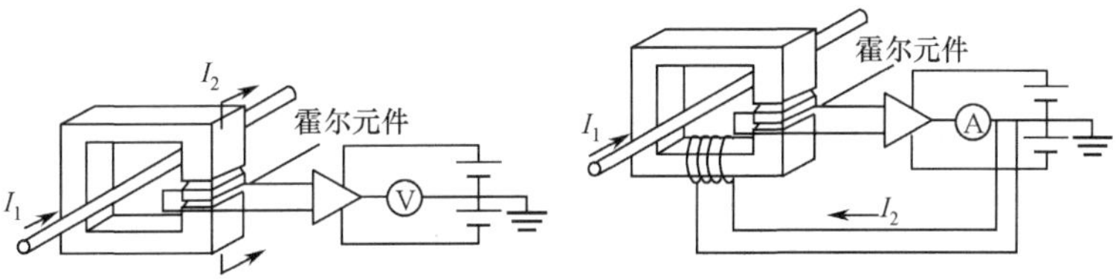

(a) 直接检测式霍尔电流传感器　　(b) 磁平衡式霍尔电流传感器

图 7-3-1　直接检测式的霍尔电流传感器

图 7-3-1（a）所示为开环结构的霍尔电流传感器，适于测量大电流。对于小电流测量，为克服环境干扰，应采用如图 7-3-1（b）所示的闭环结构的磁平衡式霍尔电流传感器，它是在软磁铁芯上绕一组副线圈，电流通过副线圈时产生的磁场与主回路被测电流产生的磁场方向相反，当两回路的安匝数相等时，所产生的磁场互相抵消，为零磁通状态。此平衡过程在很短时间内完成，一旦主电流变化，磁场就失去平衡，霍尔元件就输出信号电压，副线圈就有一定的电流流过，其值可由下式计算：

$$I_1=I_2N_1/N_2 \tag{7-3-4}$$

式中，N_1 为主回路绕线匝数；I_1 为主电流；N_2 为副回路绕线匝数；I_2 为副回路电流。

7.3.2　磁平衡式霍尔电压传感器

磁平衡式霍尔电压传感器具有无惯性、线性度好、过载能力强、响应速度快的特点，而且可检测从直流到 100 kHz 的各种波形信号，因此，在电压测量中有非接触、响应快、适用范围广、性能价格比高等优点，典型产品如瑞士 LEM 公司的系列传感器。

如图 7-3-2 所示，磁平衡式霍尔电压传感器由一次电路、聚磁环、霍尔元件、二次线圈、放大电路等组成。其原理是通过二次线圈的电流所产生的磁场补偿一次电流所产生的磁场，使霍尔元件始终处于检测零磁通的工作状态，具体工作过程如下。

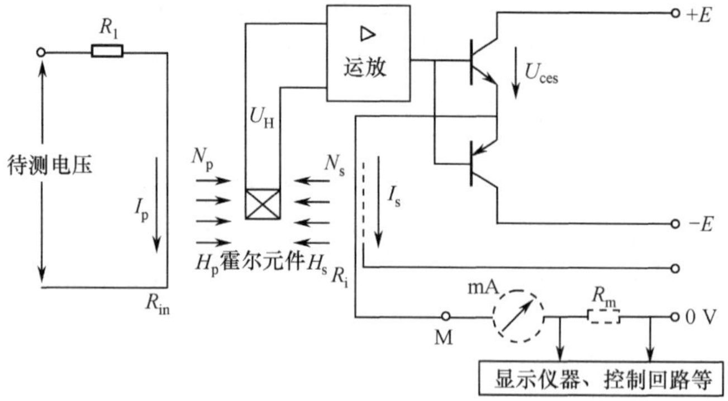

图 7-3-2　磁平衡式霍尔电压传感器原理图

当一次回路有电流 I_p 流过时，在导线周围产生一个强磁场 H_p，这一磁场被聚磁环聚集，由霍尔元件感应后输出 U_H，U_H 经放大后输入到功率放大器中，这时相应的功率管导通，从而获得一个补偿电流 I_s。由于 I_s 通过多匝导线所产生的磁场 H_s 与一次电流所产生的磁场方向 H_p 极反，因而相互抵消，使磁路中总的磁场变小，霍尔元件输出逐渐减小，最后当 I_s 与匝数 N_s 相乘所产生的磁场 H_s 和 I_p 与匝数 N_p 所产生的磁场 H_p 相等时，达到磁场平衡，I_s 不再增加，此时霍尔元件处于零磁通检测状态。磁平衡式霍尔电压传感器的等效模型如图 7-3-3 所示。

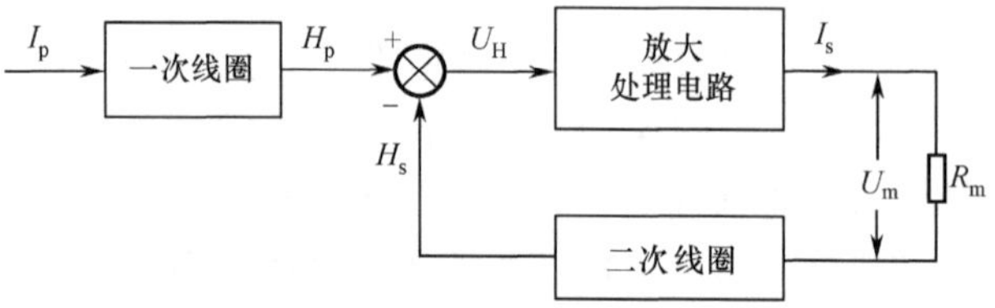

图 7-3-3　磁平衡式霍尔电压传感器等效模型

上述过程在非常短的时间内完成，建立平衡所需时间在 1 μs 之内，而且是一个动态平衡过程，即一次电流的任何变化都会破坏这一磁场平衡，一旦磁场失去平衡，霍尔元件就有信号输出，经放大器放大后，立即有相应的电流流过二次线圈对其进行补偿。因此从宏观上看，二次补偿电流的安匝数在任何时刻都与一次电流的安匝数相等，即有

$$|N_pI_p|=|N_s I_s| \tag{7-3-5}$$

式中，N_p 为一次线圈匝数；I_p 为一次电流值；N_s 为二次线圈匝数；I_s 为二次电流值。

若已知 N_p、N_s 并测得二次电流 I_s，即可由式（7-3-5）算出一次电流 I_p。利用此原理进行电压测量，只需在一次线圈回路中串联电阻 R_1，将一次电流 I_p 转换成被测电压 U_p，即

$$U_p=(R_l+R_{in})I_p=(R_l+R_{in})N_sI_s/N_p \tag{7-3-6}$$

磁平衡式电压传感器模块测量输出为电流 I_s，若要以电压输出，只需在图 7-3-2 中的 M 端和电源零点之间串一电阻 R_m，并根据所取电压的大小按式（7-3-7）选取适当电阻值。

$$R_{mmax}=(E_{min}-U_{ces}-I_sR_i)/I_s \tag{7-3-7}$$

式中，E_{min} 为电源输出最小电压；R_i 为传感器的二次侧内阻；U_{ces} 为输出功率管的饱和压降。

为得到较好的动态特性和灵敏度，需注意一次线圈和二次线圈的耦合，要使耦合效果好，应采用单根导线。使用中，当大直流电流流过模块的一次线圈且二次电路未接通电源或二次开路时，因磁路被磁化而产生剩磁，影响测量精度。对此，要先进行退磁处理，方法是二次电路不加电，在一次线圈中通同样等级大小的交流电流，并逐渐减小其值。

为抵消干扰磁场的影响，可采用双气隙、双霍尔元件方法，如图 7-3-4 所示。在电路中，有加法器功能的 PI 调节器对两个霍尔输出 U_{H1}、U_{H2} 的代数和进行调节。在安装时，要使两个气隙的宽度相同，且要求两个霍尔元件的磁场灵敏度 S_B 相等，即

$$U_{H1}=S_BB=U_{H2} \tag{7-3-8}$$

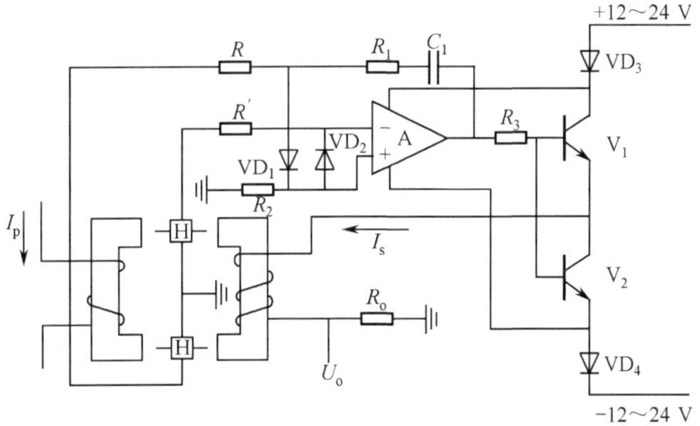

图 7-3-4　具有消除磁场干扰能力的电压传感器

外界磁场往往是按同方向作用于两个霍尔元件，当 $R=R'$时，其干扰作用即被抵消。实际中 S_{B1}与 S_{B2} 有差别时，调整 R 及 R'，使得 $S_{B1}B/R+S_{B2}B/R'=0$ 即可。

7.3.3　光纤电压传感器

光纤电压传感器按其传感机理可分为功能型与非功能型两类。在功能型光纤电压传感器中，光纤本身既为光的传输媒介，又为光调制的敏感元件；而在非功能型光纤电压传感器中，光纤只作为光的传输媒介，其他晶体，如电光晶体则是电压的敏感元件。

功能型光纤电压传感器主要用线性压电元件或电致伸缩元件进行相位调制器。相位调制器的原理是外加电压作用使压电元件或电致伸缩元件产生径向伸缩，引起缠绕在压电或电致伸缩元件上的光纤的折射率改变，使光相位随外加电压的变化而变化，通过检测光相位变化得出被测电压。相位调制一般采用干涉测量方法来检测光相位变化，实现功能型光纤电压传感器的干涉测量仪主要有马赫-泽德干涉型传感器和光纤模-模干涉型传感器。

马赫-泽德干涉型传感器的结构如图 7-3-5 所示。其原理为激光器 LD 输出的光被分成两束光，分别沿信号臂和参考臂传输，在信号臂传输的光由相位调制器调制后，其相位发生变化，在输出端两信号产生干涉，通过检测干涉光强变化可得被测信号大小。

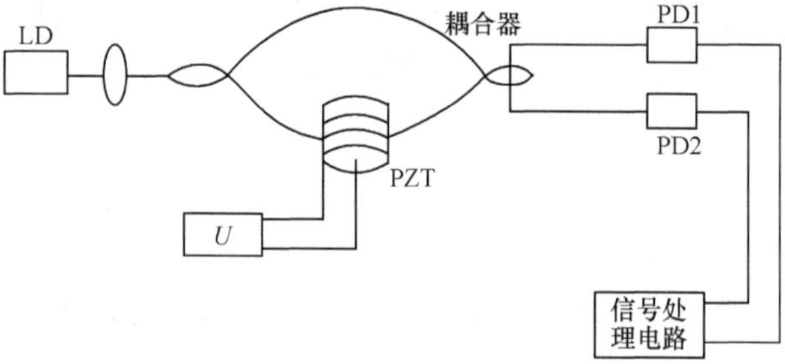

LD—激光器　U—被测电压　PD—光探测器

图 7-3-5　马赫-泽德干涉型传感器结构图

光纤模-模干涉型传感器是利用单模保偏光纤的两正交偏振模（TEx、TEy）之间的干涉来测相位的，如图 7-3-6 所示，把保偏光纤缠绕在压电相位调制器上，外电场使压电元件产生伸缩，引起光纤中两正交偏振模之间的相位差变化，所求相位差与电场大小成线性关系。

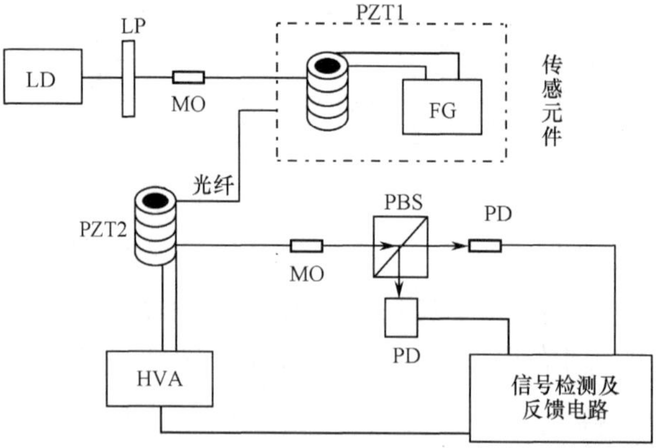

LD—激光器　LP—线偏振器　FG—信号发生器　MO—准直透镜　PBS—偏振分光仪　PD—光探测器　HVA—高压放大器

图 7-3-6　光纤模-模干涉型传感器原理图

7.3.4 光纤电流传感器

全光纤型光纤电流传感器用光纤作为传输信号的媒介，利用光纤作为传感元件，制作光纤电流传感器的传感头。光纤也是一种磁光材料。具体的原理是将传感光纤围绕在电流导体周围，圈数可以自行设定。当设定的光纤圈数较大时，光程大大增加，从而可以提高探测的灵敏度和精确性。光在光纤中传输，光路恒定，损失少，与全磁光材料型相比不用考虑光路设计、反射损耗等，而且光纤对接较容易。但是由于光纤双折射、环境温度、应力带来的影响，使得全光纤电流传感器的性能大大降低，有时甚至失效。全光纤型光纤电流传感器利用的是磁光材料的法拉第效应，根据传感头的结构设计可以分为非反射型和反射型，分别如图 7-3-7 和图 7-3-8 所示。

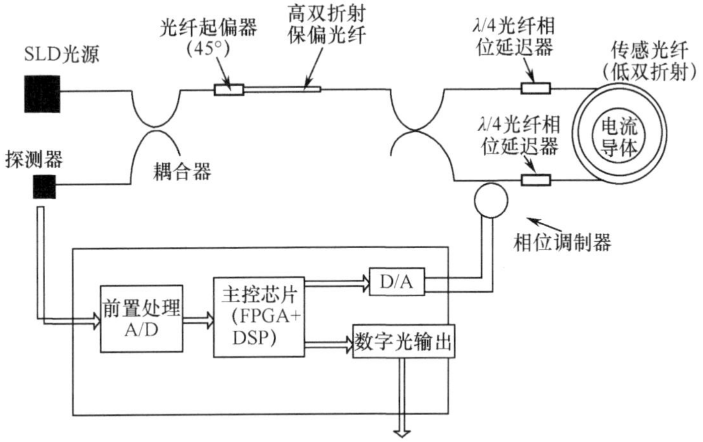

图 7-3-7　非反射型全光纤型光纤电流传感器结构图

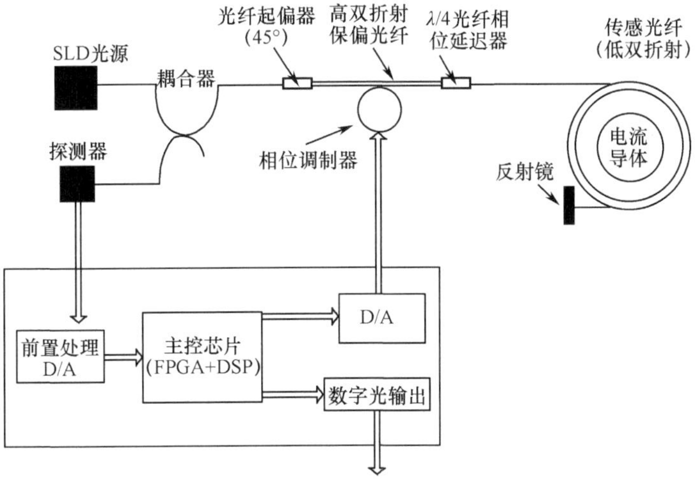

图 7-3-8　反射型全光纤型光纤电流传感器结构图

思考题与习题

【7-1】以三相脉冲驱动 CCD 为例，简述 CCD 电荷转移过程。

【7-2】简述 CMOS 器件的工作流程。

【7-3】CMOS 器件上的微透镜起何作用？

【7-4】光电阵列器件可分为线阵和面阵两类，各适合什么场合？

【7-5】当单个线阵 CCD 能测量的工作长度有限时，配示意图说明，可采用什么方法扩大测量范围？其测量精度取决于哪些参数？

【7-6】常见的实用红外探测器有哪些类型？各有何特点?有哪些工业应用？

【7-7】简述紫外光探测器的工作原理与用途。

【7-8】简述红外感烟器的原理、特点和适用场合。

【7-9】分析光亮度传感器和光照度传感器的异同，举例说明这两种传感器的用途。

【7-10】常用的霍尔电流传感器有哪两种类型？各适合测量什么对象？

【7-11】简述磁平衡式霍尔电压传感器的原理及特点，如何使其能消除外磁场干扰？

【7-12】简述功能型光纤电压传感器的原理，怎样测量被测电压变化引起的光相位变化？

【7-13】测量高电压可用哪种光纤传感器？

【7-14】常见的声传感器有哪几种类型？电容式传感器有何特点？

第 8 章 化学传感器

8.1 化学传感器概述

化学传感器是以化学物质成分（类别和含量）为检测参数的传感器，它主要利用敏感材料与被测物中的分子、离子或生物物质相互接触时所引起的电极电势、表面化学势的变化或所发生的表面化学反应，由此直接或间接地转换为电信号。因此，其机理比物理传感器复杂，特别是在许多化学物质中选择性地检测出某种特定物质较为困难。

目前，对化学传感器的需求越来越大，除工业生产领域的需求外，涉及人类健康与生存的环境保护、食品、医疗卫生等方面的需求日益增长。微电子和计算机等技术发展与普及也加速了化学传感技术的进步，使选择性好、灵敏度高、响应速度快、测量范围宽的化学传感器得以出现，从而使人类的化学感觉在广度和深度上得到更大的延伸。

1. 化学传感器的构成与分类

化学传感器由化学敏感层和物理转换器结合而成，化学敏感层与目标分析物发生相互作用，物理转换器将这种相互作用转换为有用电信号。其中，物理转换器通常就是物理量传感器。图 8-1-1 给出了化学传感器的基本组成形式，被测的化学物质先与敏感膜发生相互作用，转换器将此相互作用转换为电信号，经检测电路调理后，给出相应的传感器信号。显然，直接与测量环境接触的敏感膜是影响整个微传感器性能的关键。

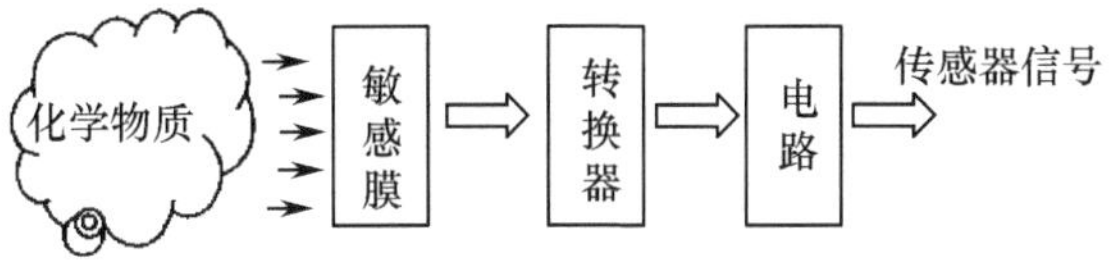

图 8-1-1　化学传感器的基本组成形式

根据化学量传感器所用信号转换技术的不同，化学传感器分为电化学传感器、光化学传感器、质量化学传感器和热化学传感器。

（1）电化学传感器。电化学传感器将分析对象的化学信息定性或定量地转换成电信号。从第一只化学传感器——测氢离子浓度的玻璃 pH 电极产生以来，电化学传感器的信号转换均集中于直接将化学信息表达为电信号（如电流、电位、电阻等）的方式上。目前常用的有氧气传感器、大气污染物传感器、离子选择电极、离子敏感场效应管、固体电解质传感器等。

（2）光化学传感器。光化学传感器是一类以物质的光吸收特性、散射特性、荧光特性、显色特性、热释电和折射特性等原理为基础的传感器，一般由光源、光接收器和物质特性反应池等部分构成，如光学离子传感器、红外光学气体传感器、激光气体传感器、低能离子流传感器等。

（3）质量化学传感器。质量化学传感器是指传感器的敏感材料通过对被测物质的吸附，导致敏感材料的电特性、质量特性、几何特性等变化产生信号输出的一类传感器。目前这一类产品的品种最多。

（4）热化学传感器。热化学传感器利用物质在化学反应过程中的放热或吸热特性，或利用不同物质的不同热导率、不同比热容等特性产生输出信号，如催化燃烧式气体传感器、热导率型气体传感器等。

2. 主要性能评价指标

化学传感器的主要衡量指标有物质选择性（也称为抗干扰能力）、检测极限、准确度和稳定性等。不同类型的传感器具有各自的特点，如电化学传感器选择性好、检测极限适中，准确度满足大多场合使用要求，但稳定性较差，在医疗医药等场合很多是一次性使用。光化学传感器各方面均表现优异、但结构复杂、造价高；质量化学传感器在稳定性方面表现优良，但精度较低、选择性较差；热化学传感器稳定性好、精度较低、选择性因场合而定。

化学传感器往往类比于人类的嗅觉和味觉，因此，化学传感器以气敏传感器、离子敏传感器为主。限于篇幅，本章只介绍常见的气体和湿度传感器，以及可用于化学和生物量检测的离子选择电极传感器。

8.2 气体传感器

8.2.1 气体传感器概况

气体传感器是能感受气体（组分、分压）并转换成可用输出信号的传感器，主要基于物理效应和化学反应等工作，主要检测对象包括从煤气、液化石油气、天然气，以及矿井中的瓦斯气体等还原性气体，到有毒性气体（CO、NO_2、H_2S、NO、NH_3、PH_3 等）和与食品有关的气体（鱼肉鲜度（CH_3）$_3$、醋酸乙酯等）。图 8-2-1 给出了气敏元件的应用领域。

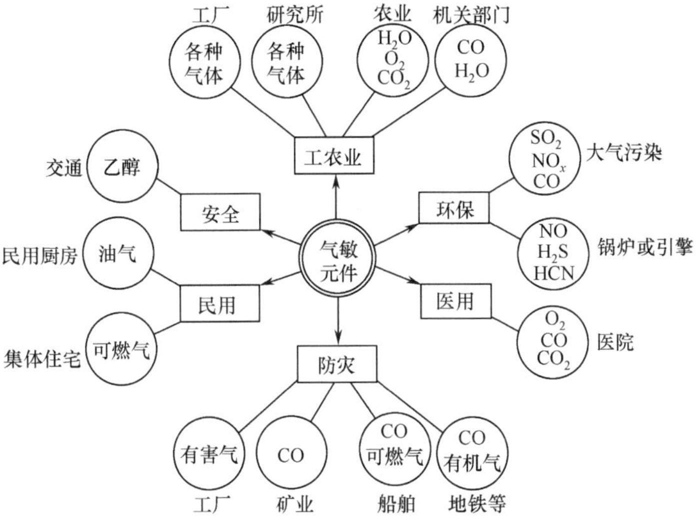

图 8-2-1　气敏元件的应用领域

1．气体传感器的分类

气体传感器可根据工作原理、测量技术、制造材料及工艺、检测对象等进行分类，目前尚无统一标准。通常按气敏特性不同，气体传感器可分为半导体（电阻型和非电阻型）、电化学式（恒电位电解式、伽伐尼电池式、固体电解质）、热传导型（接触燃烧式）、光化学型（光干涉式、红外线吸收式）、声表面波型（高分子）、气体色谱法等类型。

2．气体传感器的选用

一个气体传感器可以是单功能的，也可以是多功能的；可以是单一实体，也可以是多个不同功能敏感元件或传感器组成的阵列。但任何一个完美的气体传感器都需具备以下条件。

- 能选择性地检测某种单一气体，而对其他气体不响应或低响应。
- 对被测气体有较高灵敏度，能有效检测允许范围内的气体浓度。
- 对检测信号响应快，重复性好。
- 长期工作稳定性好。
- 使用寿命长。
- 成本低，使用维护方便。

由于气体种类繁多，一种类型的气体传感器只能检测一种或两种特定性质气体，在决定选用哪种传感器以满足条件和特征要求时，应考虑应用环境条件、干扰气氛、精度和寿命要求、结构尺寸、费用及可靠性要求等，并对各种因素进行权衡研究。

目前气体传感器主要存在下列问题：元件的稳定性差、电阻值分散性大、选择性差；“异常敏化”问题产生的误差、催化剂中毒、使用寿命短等。例如，SnO_2 和 Fe_2O_3 系列的气敏元件有时因灵敏度过大导致误报，但在检测某些低浓度气体时，灵敏度却难以达到要求。

8.2.2 半导体式气体传感器

半导体式气体传感器是利用金属氧化物或金属半导体氧化物材料做成的元件，与气体相互作用时产生表面吸附或反应，引起以载流子运动为特征的电导率或伏安特性或表面电位变化等气敏特性来实现气体检测的。自 1962 年半导体金属氧化物陶瓷气体传感器问世至今，半导体式气体传感器是应用最普遍、最具有实用价值的一类气体传感器。

根据气敏机理不同，气体传感器可分为电阻式和非电阻式两种。电阻式半导体气体传感器利用半导体材料因吸附气体而引起半导体元件电阻值发生变化的特性制成。利用半导体表面吸附气体而引起半导体电阻改变的称为表面电阻控制型，如 SnO_2、ZnO、WO_3 等；利用半导体材料的体电阻因吸附气体而引起半导体电阻值改变的称为体电阻控制型，如 Fe_2O_3、TiO_2 等氧化物半导体气体微传感器。

1. 典型电阻式气敏元件

（1）SnO_2 气敏元件。SnO_2 是典型的 N 型半导体，以 SnO_2 为基材制备的气敏元件是目前应用最广的一种气敏元件，其检测气体的对象包括 CH_4、C_3H_8、CO、C_2H_5OH、H_2S 等可燃性气体和呼出气体中的酒精、NO 等。与其他氧化物半导体气敏元件相比，它有以下特点。

① 工作温度低，其最佳工作温度在 300℃以下，可节能并延长气敏元件的使用寿命。

② 在一般检测范围内（被测气体体积分数为 10^2～10^4 μL/L），其电阻率变化范围大，输出信号强，无须高倍放大，因而信号处理较方便。

SnO_2 元件能与空气中电子亲和性大的气体（如 O_2 和 NO_2 等）发生反应，形成吸附氧，这使 N 型材料的表面空间电荷层的传导电子减少，从而使器件处于高阻状态。在与被测气体（如 H_2、CO）接触时，气体与吸附氧发生反应，将被氧束缚的电子释放，使表面电导增加、器件电阻减小。为改善 SnO_2 元件的性能，常在 SnO_2 材料中加入添加剂，如添加 2%～5%（质量分数）的贵金属（Pt、Pd 等）可提高其灵敏度，添加微量稀土元素可大大提高其气体识别能力，添加适量的氧化银及少量四氯化锡、酸洗石棉则对乙炔有很好的选择性，添加少量氧化物（如 Sb_2O_3、VO_5、MgO 等）可改变其热稳定性及响应特性。

SnO_2 元件有烧结型、厚膜型和薄膜型 3 种，其中以厚膜型和薄膜型最为常见。

厚膜型 SnO_2 气敏元件是对浆料用丝网印刷技术制备而成的，其机械强度和一致性都较好，且与厚膜混合集成电路工艺相容，可将气敏元件与阻容元件制作在同一基片上，如

图 8-2-2 所示，它一般由基片、加热器和气体敏感层 3 个主要部分组成。

薄膜型 SnO_2 气敏元件的工作温度较低（约 250 ℃），有很大的比表面积（表面积与元件高度的比值）、自身活性较高、气敏性很好、催化剂“中毒”不十分明显。薄膜型元件的制作一般是在绝缘基板上蒸发或溅射一层 SnO_2 薄膜，再引出电极，其结构如图 8-2-3 所示。

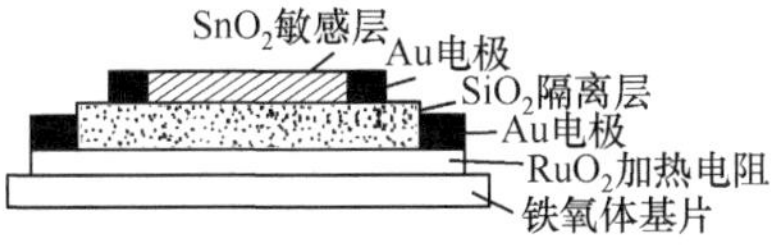

图 8-2-2　厚膜型气敏元件结构

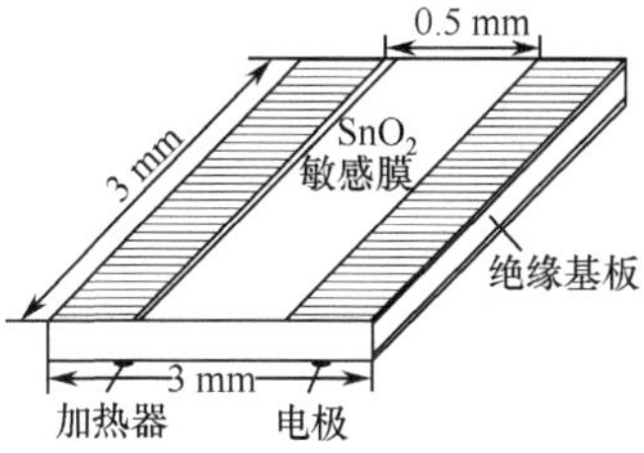

图 8-2-3　薄膜型气敏元件结构

SnO_2 微粒尺寸在 100 nm 以下的薄膜称为超微粒薄膜。超微粒 SnO_2 薄膜有巨大的比表面积和很高的表面活性，在较低温度下就能与吸附气体发生化学吸附，因而其功耗小，灵敏度高。超微粒薄膜型 SnO_2 气敏元件结构如图 8-2-4 所示，这种元件以硅为基片，与半导体集成电路的制作有较好的工艺相容性，可与配套电路制作在同一基片，便于应用，其选择性好、灵敏度高、响应恢复时间快。

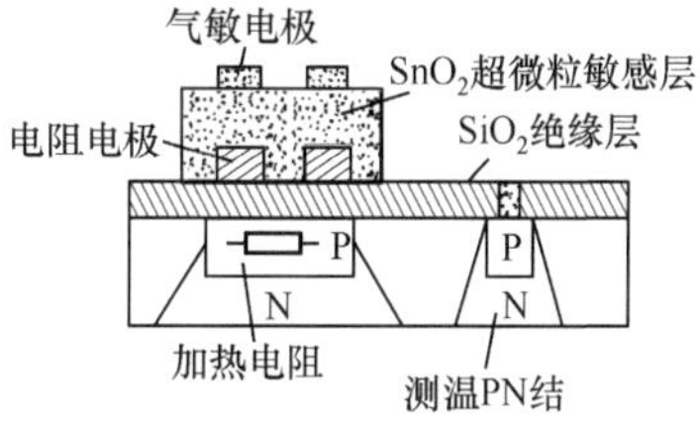

图 8-2-4　超微粒薄膜 SnO_2 气敏元件结构

（2）ZnO 气敏元件。ZnO 也是 N 型半导体，其物理、化学性能稳定，工作温度较高（400～450℃），因此其发展不及 SnO_2 元件快。ZnO 气敏元件也有烧结型、厚膜型和薄膜型 3 种。

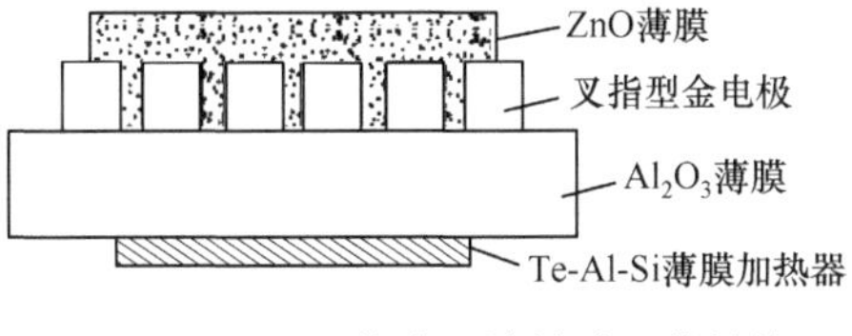

图 8-2-5　ZnO 薄膜酒精敏感元件结构

图 8-2-5 所示为一种 ZnO 薄膜酒精敏感元件的结构。在 Al_2O_3 基片上先做叉指型金电极，并在基片背面制作阻值约 20 Ω 的耐高温薄膜电阻作为加热器。使用磁控溅射法，在基片上反应溅射 ZnO 薄膜（约 200 nm），同时在 ZnO 薄膜表面掺杂镧、锆、钇、镝和钆等稀土元素的一种或数种，以提高灵敏度和选择性，可获得对酒精特别敏感，对甲烷、一氧化碳及汽油等较灵敏的酒精敏感元件。相关的 ZnO 酒精敏感元件的主要参数如下：加热电阻为 20 Ω；加热电压为 AC 或 DC 6 V；工作电压 <DC 30 V；洁净空气中电阻为 80～800 kΩ；灵敏度 >6［洁净空气中的电阻与 75×10^{-6}（体积分数）乙醇的电阻之比］；响应时间小于 10 s。

另一种是多层式 ZnO 气敏元件，它是先在绝缘基片上涂敷或淀积 ZnO 薄膜，再在 ZnO 层上涂敷一层贵金属作为催化剂层，一般用适量的黏合剂与经钯、铂、铹等贵金属盐浸渍的氧化铝微粉构成多孔覆盖层，以促进对气体的吸附，提高气敏性和选择性。图 8-2-6 为与多层气敏元件结构类似的铂铱复合型 ZnO 气敏元件的结构图。该元件以铂铱合金为基片，采用印刷制膜法在其正面制作 RuO_2 电极（图 8-2-6 中的 A 和 B）和敏感材料 ZnO，在背面印刷制作 RuO_2 电极（图 8-2-6 中的 C），在乙醇气氛中测量电极 A 与 B 之间的电阻变化，同时还可利用电极 A（或 B）与电极 C 测定元件与温度的关系。铂铱片能促进对氧和乙醇的吸附，RuO_2 促进乙醇的氧化作用，因此这种复合型传感器对乙醇的灵敏度较高。

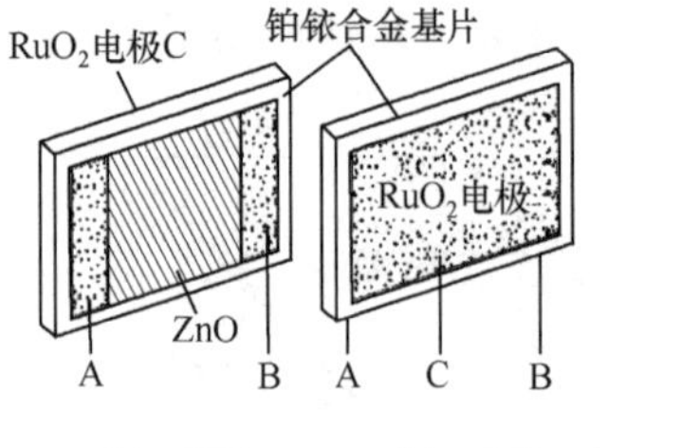

图 8-2-6　ZnO 铂铱复合型传感器结构图

将 SnO_2 掺杂到 ZnO 中，可充分利用各自优势，较好地改善气敏性能。研究表明，SnO_2 和 ZnO 形成的复合氧化物在灵敏度、气体选择性及工作温度等方面具有突出优势。

2．非电阻式气敏元件

非电阻式半导体气敏元件有 MOS 二极管式、结型二极管式和场效应管式（MOSFET）等。其电流或电压随气体含量而变化，主要检测氢和硅烷气等可燃性气体。其中，MOSFET 气体传感器工作原理是挥发性有机化合物（VOC）与催化金属接触发生反应，反应产物扩散到 MOSFET 的栅极，改变了元件的性能。可通过分析元件性能的变化识别 VOC。通过改变催化金属的种类和膜厚，可优化灵敏度和选择性，并可改变工作温度。MOSFET 气体传感器灵敏度高，但制作工艺比较复杂、成本高。

8.2.3　电化学式气体传感器

电化学式气体传感器利用电化学原理将感受的气体转换成可用输出信号，按电解质的不同可分为液体电解质和固体电解质，而液体电解质又分为电流型和电位型。

1．电流型液体电解质气体传感器

检测信号为电化学电池中工作电极与对电极间响应电流的气体传感器称为电流型气体传感器，它将气体与电解质溶液反应而产生的电解电流作为传感器输出。

（1）原电池（伽伐尼电池）型气体传感器。被检测气体在原电池中能产生自发电化学反应的气体传感器称为“伽伐尼电池型”气体传感器，它通过检测电流来检测气体的体积分数。市售的检测缺氧的仪器几乎都配有这种传感器。近年来，又出现了检测酸性气体和毒性气体的原电池型气体传感器。

氧气传感器广泛应用于航空、航天、工业燃烧控制、农业、养殖业、医疗卫生等各种需要测量、监测或监控氧浓度的领域。英国 Alphasense 公司生产的 O_2-A_2 型氧传感器属于隔膜式（galvanic）电池型氧气传感器，如图 8-2-7 所示。其工作原理为：氧透过隔膜后溶解在隔膜与阴极间的薄层电解液中，当氧达到阴极表面时被还原，其电极反应为

$$O_2+2H_2O+4e\rightarrow 4OH^- \quad 或 \quad O_2+4H^++4e\rightarrow 2H_2O$$

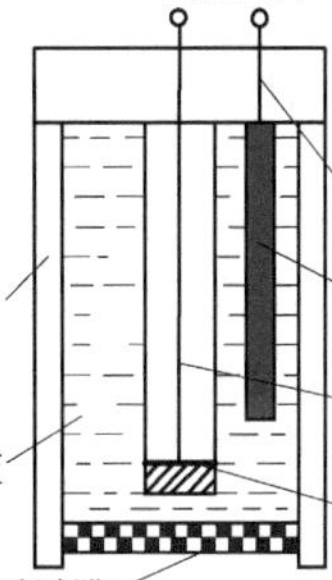

图 8-2-7　隔膜式电池型氧气浓度计结构

同时在铅阳极上发生氧反应

$$2Pb+4OH^- -4e\rightarrow 2PbO+2H_2O \quad 或 \quad 2Ph+2H_2O-4e\rightarrow 2PbO+4H^+$$

当外电路有负载时，电流与氧体积分数成正比，根据测得的电压值或电流值可求得氧体积分数。它不需要外电源，结构简单，也不需热源，工作电流小，是一种较理想的小型氧气传感器。

Alphasense 公司的 O_2-A_2 型氧传感器参数如下：测量范围为 1%～21%；响应时间不大于 60s；典型输出电流范围为 80～120 μA（在大气环境下输出）；滞后不大于 1%；输出电流信号；工作温度范围为−10～+45 ℃；外形尺寸不大于 ϕ21 mm×20 mm；质量小于 40 g。

（2）可控电位电解式气体传感器。可控电位电解式气体传感器是通过测量电解时流过的电流来检测气体的体积分数的，和原电池型气体传感器不同的是，它要由外界施加特定电压，在保持电极和电解质溶液的界面为某恒电位时，将气体直接氧化或还原，并将流过外电路的电流作为传感器输出。这种气体传感器除了能检测 CO、NO、NO_2、O_2、SO_2 等气体外，还能检测血液中的氧体积分数。

Alphasense 公司的 NO_2-A_1 型 NO_2 传感器属于可控电位电解式气体传感器，其灵敏度为 −450～−750 nA/10^{-6}（$10^{-5}NO_2$ 条件下），响应时间小于 40 s（t_{90}，0～$10^{-5}NO_2$），分辨率优于 0.05×10^{-6}，量程为 2×10^{-4}，过载范围为 10^{-3}（稳定的响应气体脉冲的最大体积分数），工作寿命大于 24 个月，外形尺寸为ϕ20 mm×16.5 mm，温度范围为−20～50℃，负载电阻为 33 Ω。

2. 电位型液体电解质气体传感器

检测信号为电化学电池中工作电极电位变化的气体传感器称为电位型液体电解质气体传感器，它将溶解于电解质溶液并离子化的气态物质的离子作用于离子电极，把由此产生的电动势作为传感器输出，从而利用电极电势和气体体积分数之间的关系实现气体测量。

浓差电池式气体传感器主要利用两个电极之间的化学电位差，一个在气体中测量气体体积分数；另一个是固定的参比电极，其工作原理是气敏材料吸收气体时形成浓差电池，

测量输出的电动势就可测量气体体积分数。目前的气敏材料主要有聚乙烯醇-磷酸等材料。

3．固体电解质型气体传感器

检测电池电解质为高温固体电解质、快离子导体或高聚物电解质的气体传感器称为固体电解质型气体传感器。它不用电解质溶液，而是用有机电解质、有机凝胶电解质、固体氧化物电解质、固体聚合物电解质等材料制作传感器，是一种以离子导体为电解质的化学电池。通常采用极限电流型原理，利用气体通过薄层透气膜或毛细孔扩散作为限流措施，获得稳定的传输条件，产生正比于气体体积分数或分压的极限扩散电流。

固体电解质型气体传感器因电导率和灵敏度高、选择性好而应用于环保、节能、矿业、汽车等领域，应用范围仅次于金属氧化物半导体气体传感器。该类传感器可分为如下三类。

（1）材料中吸附待测气体派生的离子与电解质中的移动离子相同，如氧气传感器。

（2）材料中吸附待测气体派生的离子与电解质中的移动离子不相同，如用于测量氧气的由固体电解质 SrF_2H 和 Pt 电极组成的气体传感器。

（3）材料中吸附待测气体派生的离子与电解质中的移动离子，以及材料中的固定离子都不相同，如新开发的高质量 CO_2 固体电解质气体传感器，是由固体电解质 NaSiCON（$Na_3Zr_2Si_2PO_{12}$）和辅助电极材料 Na_2CO_3-$BaCO_3$ 或 Li_2CO_3-$CaCO_3$、Li_2CO_3-$BaCO_3$ 组成的。

8.2.4　热化学气体传感器

热化学气体传感器主要有接触燃烧式气体传感器、热导式气体传感器等。

1．接触燃烧式气体传感器

接触燃烧式气体传感器是基于强催化剂使可燃性气体在其表面燃烧时产生热量，导致敏感元件温度上升，使得贵金属电极电导随之变化的原理。与半导体传感器不同的是，它几乎不受周围环境湿度影响。

接触燃烧式气体传感器可分为直接接触燃烧式和催化接触燃烧式，其工作原理是气敏材料（如 Pt 电热丝等）在通电状态下，可燃性气体氧化燃烧或者在催化剂作用下氧化燃烧，电热丝由于燃烧而升温，从而改变其电阻值。这种传感器对不燃烧气体不敏感，例如，在铅丝上涂敷活性催化剂 Rh 和 Pd 等制成传感器，能检测各种可燃气体。这种传感器有时称为热导性传感器，适用于石化工厂、矿井、隧道和浴室、厨房的可燃性气体的监测和报警。这种传感器在环境温度下非常稳定，能对处于爆炸下限的绝大多数可燃性气体进行检测。

2. 热导式气体传感器

热导式气体传感器基于不同气体的热传导率不同的原理。热导式气体传感器是利用被测组分和参考气的热导系数不同而响应的体积分数型检测器，也称为热丝检测器或热导计，属物理常数检测器。其结构简单、可靠性高、定量准确、价格低廉、经久耐用，属非破性检测。热敏元件是热导式气体传感器的感知元件，其阻值随温度而变。它选用 5%的铼-钨丝制作，这种热丝的电阻率高（20 ℃时 ρ=14.35 μΩ/cm），可在相同长度内得到高阻值；电阻温度系数大（$A=3.1\times10^{-3}$/℃），通过交流加热后可得到高阻值；强度好、耐氧化、耐腐蚀。热导式气体传感器的池体是一个内部加工成池腔和孔道的金属体。因铝的热传导性好、比热容小、钝化处理后防腐性好，池体材料选用铝。按载气对热丝的流动方式分类，热导式气体传感器属于扩散式，受气流波动影响小。这种传感器的结构如图 8-2-8 所示，其中有 4 根热丝，右侧 2 根为参考臂，密封于参考气（N_2，它与空气的热导率相同，可防热丝氧化）中；左侧 2 根为测量臂，被测气体进入传感器后扩散至热丝，使热丝阻值变化，此变化经检测电路处理后得到测量结果。

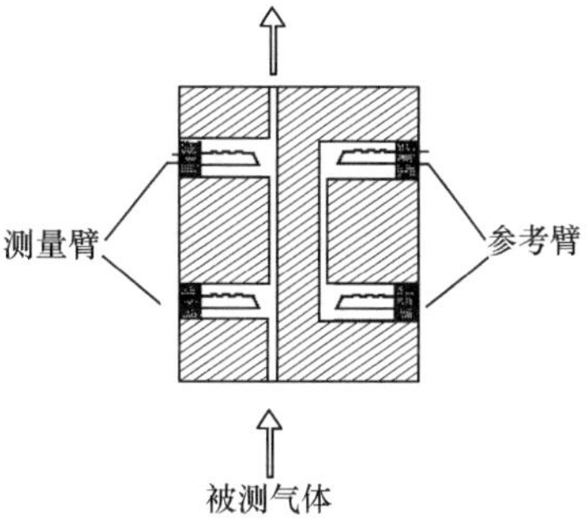

图 8-2-8 热导式气体传感器的结构

8.2.5 其他气体传感器

1. 光学式气体传感器

光学式气体传感器包括红外吸收型、光谱吸收型、荧光型、光纤化学材料型等，主要以红外吸收型气体分析仪为主。由于不同气体的红外吸收峰不同，可通过测量和分析红外吸收峰来检测气体。目前新研制开发的有流体切换式、流程直接测定式和傅里叶变换式在线红外分析仪。该传感器有高抗震能力和抗污染能力，与计算机相结合，能连续测试、分析气体，有自动校正、自动运行功能。光学式气体传感器还包括化学发光式、光纤荧光式和光纤波导式，其优点是灵敏度高、可靠性好。光纤气敏传感器的主要部分是两端涂有活性物质（volate organic compounds，VOC）的玻璃光纤。活性物质中含有固定在有机聚合物基质上的荧光染料，当 VOC 与荧光染料发生作用时，染料极性变化，使其荧光发射光谱发生位移。用光脉冲照射传感器时，荧光染料会发射不同频率的光，检测荧光染料发射的光，可识别 VOC。

2. 声表面波式气体传感器

声表面波（SAW）式气体传感器制作在压电材料的衬底上，一端的表面为输入换能器，另一端为输出换能器。两者之间的区域淀积了能吸附 VOC 的聚合物膜。被吸附的分子增加了传感器的质量，使声波在材料表面的传播速度或频率发生变化，可通过测量声波的速度或频率来测量气体体积分数。主要的气敏材料有聚异丁烯、氟聚多元醇等，用来测量苯乙烯和甲苯等有机蒸汽。其优势在于选择性好、灵敏度高，在很宽的温度范围内稳定，对湿度响应低和重复性良好。SAW 传感器输出频率信号，当外界待测量变化时，引起振荡频率变化，易于将敏感器与相配的电子器件结合在一起，以实现微型化、集成化。

3．石英振子式气体传感器

石英振子微天平（quartz crystal microbalance，QCM）由直径为数微米的石英振动盘和制作在盘两边的电极构成。当振荡信号加在器件上时，器件会在它的特征频率（30 MHz）发生共振。振动盘上淀积了有机聚合物，聚合物吸附气体后，使器件质量增加，从而引起石英振子的共振频率降低，可通过测定共振频率的变化来识别气体。利用这个原理制成的石英振子式气体传感器，对特定气体分子的灵敏度高、选择性好、结构简单，可在常温下使用，补充了其他气体传感器的不足，发展前景良好。

8.3 湿度传感器

8.3.1 概述

湿度是表示空气中水蒸气含量，即大气干湿程度的物理量。湿度常用绝对湿度、相对湿度、露点来表示。

绝对湿度是指一定温度与压力条件下的单位体积空气中所含水蒸气的质量，定义为

$$H_A=m_v/V \tag{8-3-1}$$

式中，H_A 为被测空气的绝对湿度（g/m^3 或 mg/m^3）；m_v 为被测空气中水蒸气的质量（g 或 mg）；V 为被测空气体积（m^3）。

相对湿度是指空气中实际所含水蒸气密度（即绝对湿度）与同温度下饱和水蒸气密度的百分比值，其定义为

$$H_R=(H_A/H_w)_T\times 100\% \tag{8-3-2}$$

式中，H_R 为相对湿度，无量纲；H_w 为饱和水蒸气密度（g/m^3 或 mg/m^3）；T 表示在同一温度。

绝对湿度给出了水分在空间的具体含量；相对湿度给出了大气的潮湿程度。

此外，露点也能反映湿度。在保持压力一定时，将含水蒸气的空气冷却，当降到某温度时，空气中的水蒸气达到饱和状态，开始从气态变为液态，即结露，此时的温度称为露点，单位为℃。空气中相对湿度越高，越容易结露，其露点也越高。所以，测出空气开始结露的温度（即露点），也可得到空气的绝对湿度。

湿度传感器基于水吸附在湿敏材料上引起材料电学性质变改。湿度传感器种类很多，按元件输出电量分为电阻式、电容式和频率式的；按探测功能分为相对湿度、绝对湿度和露点式的；按所用材料分为陶瓷、有机高分子、半导体和电解质等材料的。

湿度传感器的主要特性参数有感湿特性、湿度测量范围、灵敏度、湿滞特性、响应时间、温度系数、长期稳定性。

选择湿敏元件和传感器需考虑以下因素：温度范围、湿度范围、测量精度等特性，以及使用寿命、稳定性、响应速度、湿滞回差、重现性、灵敏度、线性、温度系数、耐恶劣环境能力等，并应考虑其转换电路的成本和制作工艺。需根据特定应用环境，从有效湿度测定范围、精度要求、结构参数、成本费用、可靠性约束等诸方面综合权衡考虑。

8.3.2 半导体湿敏电阻元件

半导体陶瓷湿敏元件主要是用多孔状金属氧化物材料制成的，这类元件都是利用其表面多孔性来吸湿，并在吸附水分子后使得其电导率改变这一原理来检测湿度的。

若半导体陶瓷湿敏元件的电导率随湿度的增加而下降，则称为负特性湿敏半导体陶瓷；相反，若电导率随湿度增加而上升，则称为正特性湿敏半导体陶瓷。

由 $MgCr_2O_4$-TiO_2 固熔体组成的多孔性半导体陶瓷湿敏元件是较常用的一种湿敏器件，这种半导体陶瓷材料的表面电阻值能在很宽范围内随湿度增加而变小，即使在高湿条件下进行多次反复热清洗，其性能仍不改变。下面以这种元件为例介绍这类湿度传感器。

1. 材料的感湿机理

这类湿敏元件的感湿机理与表面电阻控制型气敏元件有相似之处，但也有差别。气敏过程多由于化学吸附而发生，导电过程由电子完成。在感湿过程中，既有化学吸附又有物理吸附，既要考虑电子导电，也不能忽视离子导电，在某些场合，离子导电还会起主导作用。因此，关于半导体陶瓷湿度传感器的感湿机理有两种理论解释：一种是从半导体表面的电子过程给予解释；另一种是从半导体表面的离子过程给予解释。

（1）半导体感湿陶瓷的电子过程。半导体陶瓷湿敏元件多为金属氧化物半导体材料，多以离子键为主，其表面由未被其他离子场屏蔽的正、负离子组成，对电子电荷具有不同的吸引力，即表面正离子具有较大的电子亲和力，因而在其能带结构上将在略低于导带底处出现表面受主能级，而表面负离子则在比价带项略高之处出现表面施主能级。氧化物半导体陶瓷材料通常分 N 型材料和 P 型材料，一般呈高阻态（氧的吸附）。对于 N 型材料，由于导带中的电子被受主俘获而在表面形成电子耗尽层。同样，P 型材料的近表面处形成空穴耗尽层，表面电阻也增加。

当环境湿度增加时，P 型湿敏材料吸附水分子后，最初主要表现在表面氧离子与水分子的氢相吸引，这相当于原来本征表面态氧施主能级密度下降，原来所俘获的部分空穴被释放，使耗尽层变薄、表面载流子密度增加、表面电阻下降。在粒界处，粒界势垒降低，晶粒表面层电阻下降。当湿度进一步增大时，使表面受主态密度增大，并使其大大超过表面施主态密度，则在表面处会形成比体内更高的空穴积垒层，使空穴势垒不复存在，空穴极易通过，传感器电阻下降。同样，N 型陶瓷湿度微传感器也会得到相同的结果。

（2）半导体感湿陶瓷的离子过程。制成陶瓷湿敏元件的金属氧化物的结构单元可看成金属正离子与氧负离子，并在表面以正、负离子交替分布。由于它未被异性离子屏蔽，因此对电子电荷有不同的吸引力。水是有极性的分子，当它接触元件表面时，由于水离解成 H^+和 OH^-离子而产生化学吸附。结果，H^+离子与氧化物表面的氧离子结合，OH^-离子则与其中的金属离子结合。

随着相对湿度增加，在表面 OH^-上形成物理吸附的水分子层。由于化学吸附层中形成的局部电场，促进了物理吸附水的分解，水分解产生一个 OH^-和一个水合氢离子 H_3O^+，即 $2H_2O \to H_3O^+ + OH^-$，其电荷输送是通过一个质子附载在水分子上形成水合氢离子。该水合氢离子会自动释放出另一质子给第二个水分子，该分子接收此质子，同时释放出第三个质子，这样周而复始地进行下去。随着水蒸气压力的增加，则形成多层水的吸附层，其表面将被水覆盖，进一步促进上述质子输运反应，使其电导变化。

2．典型器件

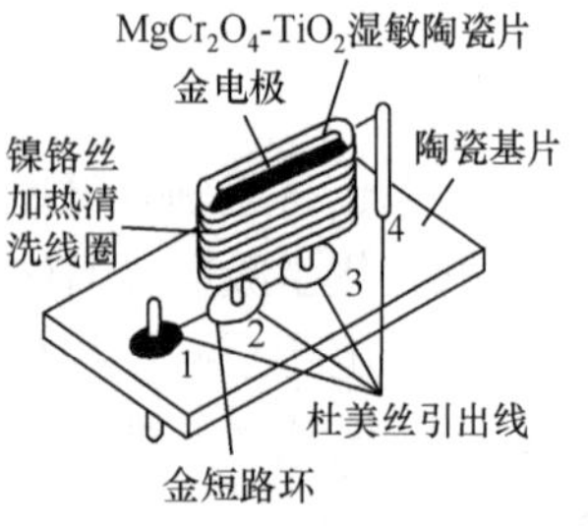

图 8-3-1　$MgCr_2O_4$-TiO_2 半导体湿度传感器结构

一种 $MgCr_2O_4$-TiO_2 半导体陶瓷湿度微传感器的结构如图 8-3-1 所示。在 4×5×0.3 mm^3 的 $MgCr_2O_4$-TiO_2 陶瓷片的两面设有多孔金电极，并用掺金玻璃粉将引出线与金电极烧结在一起。在半导体陶瓷片的外面，设置一个用镍铬丝烧制成的加热清洗线圈，对器件能进行加热清洗，排除有害气体对器件的污染。器件安装在一个高度致密的、疏水性的陶瓷基片上。为消除图 8-3-1 底座上测量电极 2 和 3 之间因吸湿和污染引起的漏电，在电极 2 和 3 的周围设置了金短路环，图中的 1 和 4 为加热器的引出线。

$MgCr_2O_4$-TiO_2 半导体湿度微传感器由 P 型的 $MgCr_2O_4$ 和 N 型的 TiO_2 两种材料烧结而成，是一种机械混合的复合型半导体陶瓷。烧制成的 $MgCr_2O_4$-TiO_2 陶瓷是多孔结构，有大量的粒间气孔，平均气孔直径大多在 100～300 nm 内。粒间气孔与颗粒大小有关，是一种相当于毛细管的开气孔，很容易吸附水气，还能抗热冲击。这种陶瓷的电阻率和温度特性与原材料的配方有密切关系。将这两种导电类型相反的半导体材料按适当的配比混合烧结，就得到电阻率较低、电阻率温度系数很小的复合型半导体湿敏材料。

图 8-3-2 给出了这种湿敏电阻的电阻-相对湿度特性曲线。

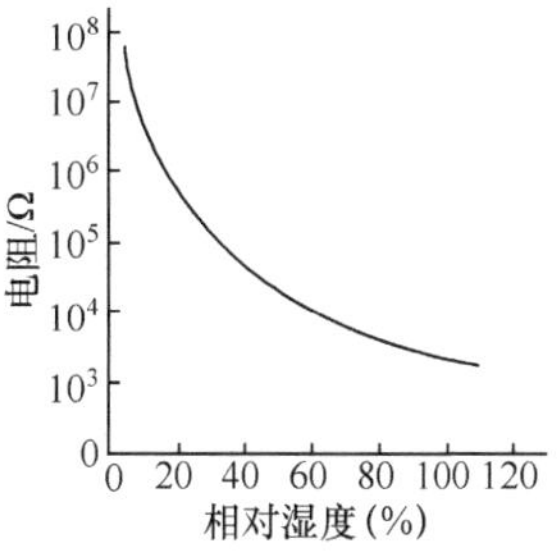

图 8-3-2　$MgCr_2O_4$-TiO_2 湿敏电阻特性曲线

图 8-3-3 给出了传感器的一种测量电路，图中 R 为湿敏电阻，R_t 为温度补偿用热敏电阻。为使湿度灵敏度最大，可使 $R=R_t$。这时传感器输出电压通过跟随器并经整流和滤波后，一方面送比较器 1 与参考电压 U_1 比较，其输出用于显示湿度测量值；另一方面送到比较器 2 与参考电压 U_2 比较，其输出信号控制加热电路，以便按一定时间加热清洗。

3. 多孔氧化物湿度传感器

多孔氧化物（膜）湿度传感器主要指多孔 Al_2O_3 和多孔 SiO_2 湿度传感器，它们的感湿机理相同，都可制成绝对湿度传感器和相对湿度传感器。这种传感器的制造利用了半导体器件的平面工艺技术，微型多孔 SiO_2 湿度传感器可与集成电路制作在同一管芯上，对电路密封管壳内的湿度进行监测。这类传感器为湿度传感器的微型化、集成化及进一步的智能化开辟了新的途径，所以发展很快。

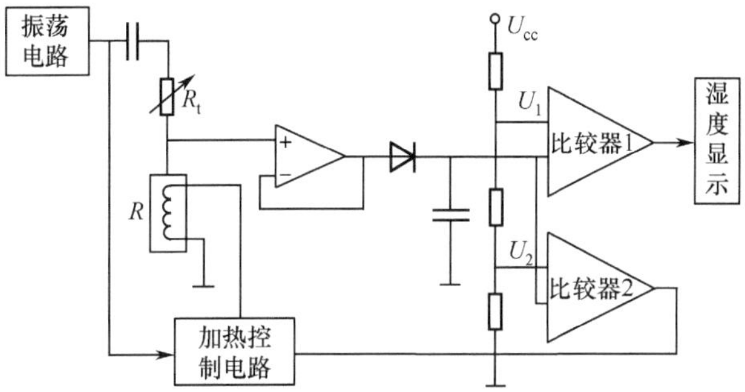

图 8-3-3　$MgCr_2O_4$-TiO_2 半导体陶瓷湿度传感器检测电路

下面以多孔 SiO_2 湿度微传感器为例，分析多孔氧化物湿度传感器的工作机理。

多孔 SiO_2 湿度传感器的核心是具有感湿特性的多孔结构 SiO_2 膜，如图 8-3-4 所示，SiO_2 膜中的气孔形状近似细长的圆管，而且气孔均匀地从膜表面垂直地钻蚀到膜的下部。当环境湿度发生变化时，膜中气孔壁上所吸附的水分子数量也随之变化，从而引起 SiO_2 膜的电特性改变。电特性的等效电路如图 8-3-5 所示，其中 R_1 是气孔内表面电阻，其数值直接取决于吸附在气孔内壁上水分子的量，是一个主要的感湿参量；R_2 是气孔下面基底的电阻；C_2 是气孔底与其下面金属之间的电容；C_0 是 SiO_2 介质膜所形成的电容；R_0 是 SiO_2 膜的电阻。

将该等效电路看成一个 RC 并联电路，其中的电容 C_p 和电阻 R_p 可通过计算得到。

实际上，当 SiO_2 膜的气孔中有一定水气吸附时，其电特性既不是一个纯电阻 R_p，也不是纯电容 C_p，而且 R_p 与 C_p 的值取决于气孔中水气的吸附量。因此，完全可通过对 R_p、C_p

的测量来确定环境湿度或环境中微量水分的含量。如果测量电阻，则为电阻式湿度传感器。

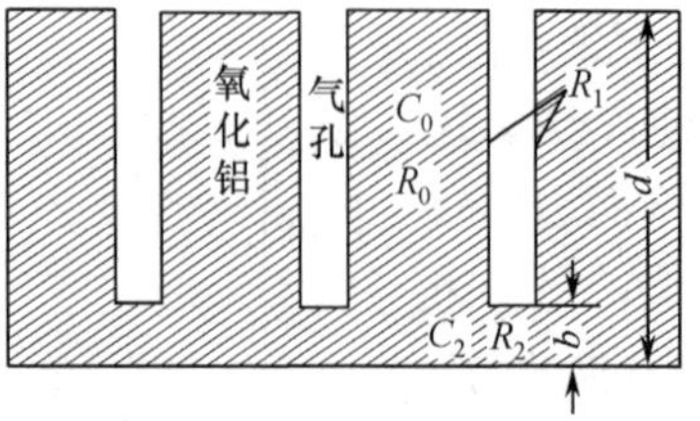

图 8-3-4　多孔 SiO_2 膜的气孔结构

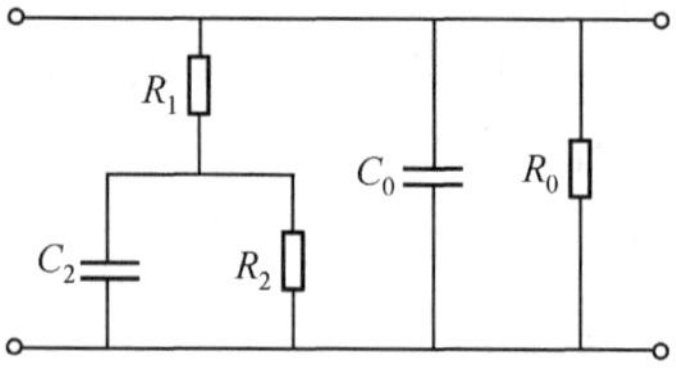

图 8-3-5　多孔 SiO_2 膜电特性等效电路

制作多孔 SiO_2 湿度传感器时，先是在硅单晶衬底上形成一个多孔硅层，多孔硅层经氧化后成为一个具有感湿功能、性能比较稳定的多孔 SiO_2 层，在多孔 SiO_2 层上制作适当的金属电极，经封装、标定后即可使用。

利用材料吸附水分子后导电性提高的特点，在绝缘基底上先制作电极，然后在其上将有吸湿特性的其他材料制成敏感薄膜，同样可实现一只性能不错的湿度传感器。常见敏感膜材料有氯化锂及一些高分子膜。

图 8-3-6 是氯化锂湿敏电阻的结构图，它是在聚碳酸酯基片上制成一对梳状金电极，然后浸涂溶于聚乙烯醇的氯化锂胶状溶液，其表面再涂上一层多孔性保护膜而成的。氯化锂是潮解性盐，这种电解质溶液形成的薄膜能随着空气中水蒸气的变化而吸湿或脱湿。当空气中湿度增加时，感湿膜中盐的浓度降低，导致元件电阻随空气相对湿度变化而变化。

有机高分子膜湿敏电阻在氧化铝等陶瓷基板上设置梳形电极，然后在其表面涂以具有感湿性能又有导电性能的高分子材料的薄膜，再涂覆一层多孔质的高分子膜保护层。这种湿敏元件利用水蒸气附着于感湿薄膜上，电阻值与相对湿度相对应这一性质。由于使用了高分子材料，所以适用于高温气体中湿度的测量。图 8-3-7 所示是三氧化二铁-聚乙二醇高分子膜湿敏电阻的特性。

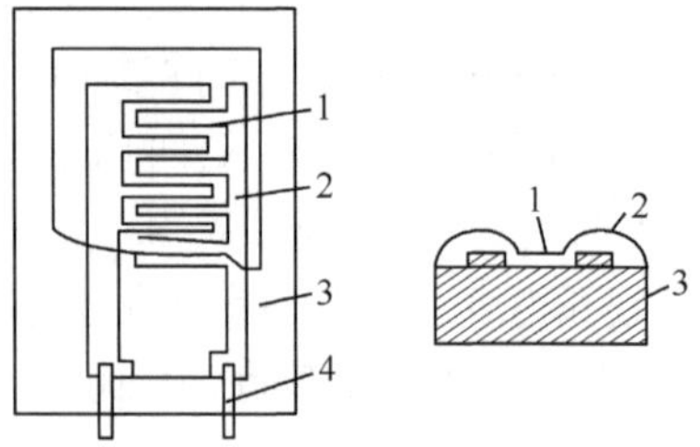

1—感湿膜　2—电极　3—绝缘基底　4—引线

图 8-3-6　氯化锂湿敏电阻结构图

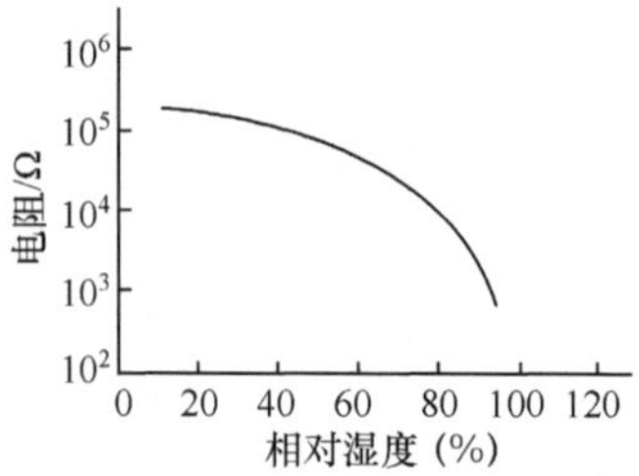

图 8-3-7　高分子湿敏电阻的特性

8.3.3 电容式湿敏元件

目前应用最广的成熟湿敏元件主要高分子电阻式和高分子电容式有两种，前者测湿范围（30%～80%RH）和精度一般，但价格低廉；后者是高可靠的湿敏元件，其测湿范围宽（0～100%RH），线性输出湿滞回差小，温度系数优，响应时间快，可靠性高，制作较复杂，成本高，主要用于精度要求较高的领域，如国防科研、军用设施、气象和卫生等部门。

湿敏元件和湿度传感器依据的规范有国家标准 GB/T 15768—1995《电容式湿敏元件与湿度传感器总规范》、行业标准 SJ 20760—1999《高分子湿度传感器总规范》。

电容式湿敏元件为平板电容器结构，在绝缘基片上依次形成下电极、感湿膜、上电极。其中，感湿膜是对湿度敏感的高分子聚合物，能吸收环境中的水分使其介电常数变化。由于平板电容器的电容量与介电常数成正比，因此元件电容量与相对湿度成正比，测量电容量大小即可求出相对湿度。高分子电容式湿敏元件的失效模式主要有开路、短路、参数退化（损耗角正切值变大）、机械损伤等，可通过适当筛选予以剔除。

AP032 是一种用高分子薄膜感湿材料制成的电容式湿敏元件，其湿度特性如图 8-3-8 所示，主要性能指标如下：工作电压为 DC 12 V（最大）；测湿范围为 0～100%RH；基础电容为 122 pF±5%（33%RH）；灵敏度为 2.5pF/10%RH；非线性<1%RH；迟滞<2%RH；温度系数<0.04 pF/10 ℃；使用温度为−80～60 ℃。AP032 有功耗低、体积小、线性度好、灵敏度高、响应快、稳定可靠、使用方便、价低等优点，适用于大气环境湿度检测、工业过程控制。

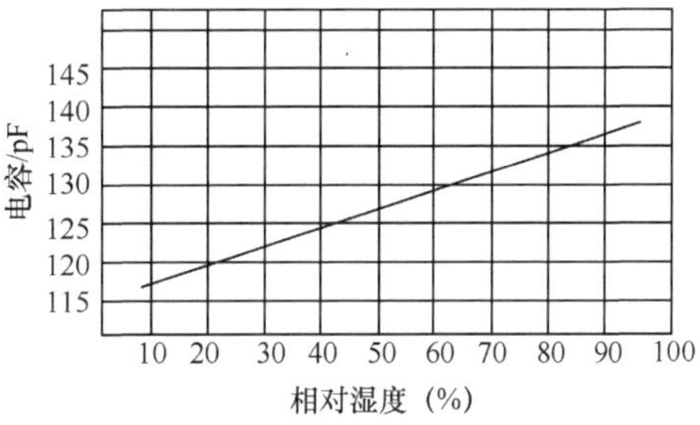

图 8-3-8 AP032 高分子湿敏电容的湿度特性（1 kHz，25 ℃）

8.3.4 露点式湿度传感器

能感受露点并将其转换成可用输出信号的传感器称为露点传感器，常用的有氧化铝露点湿度传感器和冷镜式露点湿度传感器。氧化铝露点湿度传感器由绝对湿度传感器和内置的温度传感器、大气压力传感器经过数据处理而得到露点。

1. 氧化铝薄膜露点湿度传感器

氧化铝薄膜露点湿度传感器的氧化层薄膜的厚度是该原理传感器性能的关键，在气体与液体中直接测量水的分压非常便利、有效。GE 公司制造的探头所具有的氧化层薄膜厚度使其显示真正的绝对湿度，而不是相对湿度，同时使得温度与滞后的影响降至最低，具备快速响应和超常的标定稳定性。其探头由经过一系列特殊工艺阳极电镀使铝基表面产生多孔氧化层，并在氧化铝表面上蒸镀一层极薄金镀层。该铝基与金镀层形成了两个电极，使整个结构成为一个氧化铝电容。水气快速地渗透过金镀层，并平衡分布于氧化铝的孔隙壁上。氧化铝结构吸收的水分子数量决定了孔隙壁的传导率。每个孔隙壁的电阻值提供了一个独特的、与水的分压成函数关系的阻抗。这个函数关系适用于气体与液体中的水分测量。

例如，某型号氧化铝薄膜露点湿敏器件，其露点/霜点标定温度范围为−110～−60 ℃（此项可根据客户要求进行）；标准标定范围为 20～−80 ℃；精度为±2 ℃（−65～60 ℃）、±3 ℃（−110～66 ℃）；重复性为 0.5 ℃（−65～+60 ℃）、1.0 ℃（−110～−66 ℃）；操作温度为−110～70 ℃，储存温度≤70 ℃；操作压力取决于安装情况。

2．氧化铝厚膜露点湿敏器件

氧化铝厚膜露点湿敏器件的测试范围为−80～+20 ℃（露点），响应迅速，使用方便，可以满足众多气体行业对露点的测试需求。该产品不同于此领域传统的阳极氧化薄膜氧化铝露点湿敏器件。两者相比，该产品有三大明显优势：① 使用温度远高于后者，前者最高 160 ℃以上，而后者最多不能超过 50 ℃；② 稳定性好，重新标校期要长得多；③ 抗污染能力强，许多后者不能用的场合都能使用。

从测试原理看，氧化铝厚膜露点湿敏器件与传统的阳极氧化薄膜氧化铝露点湿敏器件有本质不同，厚膜露点湿敏器件为电阻型，阳极氧化薄膜氧化铝露点湿敏器件为电容型。

8.4 离子传感器

离子传感器是将溶液中的离子活度转换为电信号的传感器，此处的电信号通常指电位或电流，它是化学和生物量传感器中制作工艺较成熟、实用较早的一类传感器件，在化学、化工、生物、生物技术、医药卫生、轻工、食品、农业与环境保护等领域的应用日渐增多。

离子传感器技术的进步取决于敏感膜与换能器，离子传感器通常是根据敏感膜的种类和换能器的类型分类的。根据敏感膜的种类，离子传感器分为玻璃膜式、液态膜式、固态膜式和隔膜式。换能器的进步改变了离子传感器，从传统的离子选择性电极发展为离子敏感场效应晶体管，后者易于微型化、集成化。由于换能器的重要作用，离子传感器的分类也按换能器类型划分，有电极型、场效应晶体管型、光导传感型、声表面波型等。

8.4.1 离子选择电极离子传感器

利用离子选择性电极（ion-selective electrode，ISE），将感受的离子转换成可用输出信号的传感器称为离子选择电极离子传感器，它利用固定在敏感膜上的离子识别材料选择性地结合被传感的离子，使膜电位或膜电流改变。ISE 是常见的离子传感器。

1. 液体离子交换剂膜电极

液体离子交换剂膜电极是利用对液体有选择交换离子的离子交换膜和离子交换剂等制成，典型结构如图 8-4-1 所示。离子交换膜是由对离子具有选择透过性的高分子材料制成的薄膜，主要利用它的离子选择透过性，所以也称为离子选择透过性膜。离子交换剂采用不溶于被测溶液或内参比溶液的溶剂且室温不挥发的有机液体制成。

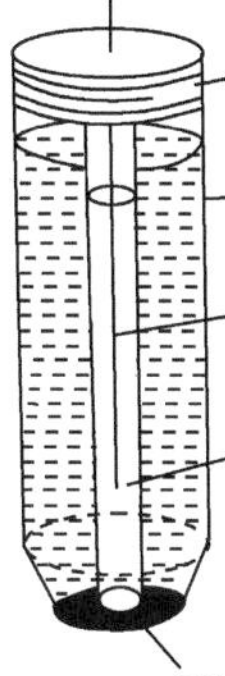

图 8-4-1　液体离子交换剂膜电极结构示意图

离子交换膜分均相膜和非均相膜两类，它们用高分子加工成型方法制造并保存在水中。离子交换膜的膜电阻与离子在膜中的质量摩尔浓度有关，根据不同测定和计算方法可分成体积电阻和表面电阻。离子交换膜的膜电阻和选择透过性是膜的电化学性能的重要指标。

阳离子在阳膜中透过性次序为：$Li^+ \to Na^+ \to NH_4{}^+ \to K^+ \to Rb^+ \to Cs^+ \to Ag^+ \to Ti^+ \to Mg^{2+} \to Zn^{2+} \to Co^{2+} \to Cd^{2+} \to Ni^{2+} \to Ca^{2+} \to Sr^{2+} \to Pb^{2+} \to Ba^{2+}$。

阴离子在阴膜中透过性次序为：$F^- \to CH_3COO^- \to HCOO^- \to Cl^- \to SCN^- \to Br^- \to Cr_2O_7{}^{2-} \to NO^{3-} \to I^- \to$（COO）$_2{}^{2-}$（草酸根）$\to SO_3{}^{2-}$。

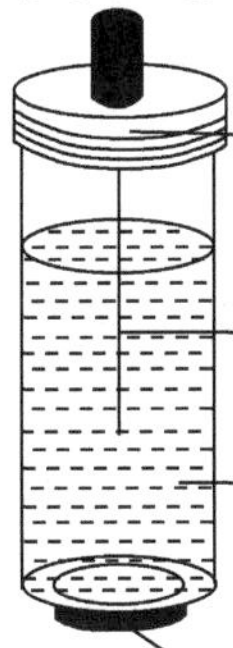

图 8-4-2　固态膜电极的一般结构

液体离子交换膜电极除了可以用于上述大部分离子分析外，还可用于分析 Hg^{2+}、苯甲酸根和其他离子。

2. 固态膜电极

固态膜电极的一般结构如图 8-4-2 所示，固态膜由微溶盐制成的单晶小片，或在微溶嵌入橡胶等惰性基体中制成。固态膜对某些被分析物质的离子有选择性，离子穿过引起膜的电导和膜两端的电位发生变化，从而可检测出被测物质的质量摩尔浓度。

氟化镧（LaF3）膜是仅有的单晶膜，通过掺杂使晶体的电阻率下降，表现出离子导电性，氟化镧膜对氟离子敏感。

其他常用的固态离子选择电极的膜组成及敏感的被分析离子如表 8-4-1 所示。

表 8-4-1　常用的固态离子选择电极的膜组成及敏感的被分析离子

膜组成	被分析离子	膜组成	被分析离子	膜组成	被分析离子
Ag_2S	Ag^+，S^{2-}	Ag_2S -AgCN	CN^-	Ag_2S-CdS	Cd^{2+}
Ag_2S-AgBr	Br^-	Ag_2S -AgI	I^-，CN^-	Ag_2S-CuS	Cu^{2+}
Ag_2S	Cl^-	Ag_2S -AgSCN	SCN^-	Ag_2S-CuS	Pb^{2+}

3. 玻璃电极

（1）玻璃电极。玻璃电极是最熟悉也是最常用的 pH 指示电极（即 pH 电极），是用玻璃薄膜制成的对氢离子活度有电势响应的膜电极，是常用的氢离子指示电极。玻璃电极不受氧化剂、还原剂和其他杂质的影响，pH 测量范围宽广，应用广泛，它通常为圆球形，内置 0.1 mol/L 盐酸和氯化银电极或甘汞电极。

（2）电位分析法。玻璃电极测量氢离子活度采用电位分析法，电位分析法所用电极称为原电池。原电池的作用是使化学反应能转换为电能，此电池的电压称为电动势（EMF）。EMF 由两个半电池构成，其中一个半电池称为测量电极，其电位与特定的离子活度有关；另一个半电池为参比半电池，称为参比电极，它一般与测量溶液相通，并与测量仪表相连。

（3）pH 探头。pH 电极又称为 pH 探头，是 pH 计上与被测物质接触的部分，用来测电极电位。它是一支端部吹制成对于 pH 敏感的玻璃膜的玻璃管，管内充填有含饱和 AgCl 的 3 mol/L KCl 缓冲溶液，其 pH 值为 7。存在于玻璃膜两面间的反映 pH 值的电位差采用 Ag/AgCl 传导系统传输。

pH 探头用先进的固体电介质和大面积聚四氟乙烯液接界，不易阻塞，维护方便。长距离的参比扩散途径极大地延长了电极在恶劣环境中的使用寿命。新型设计的玻璃球泡，增加了球泡面积，可防止内缓冲液中生成干扰气泡，使测量更可靠。电极采用优质低噪声电缆，可使信号输出长度大于 20 m 时无干扰。其测量范围为 0～14 pH，工作温度为 0～80 ℃，耐压为 4 bar，材质为 PPO（聚苯醚）、PPS（聚乙醚）、ABS 等。pH 探头适用于化工、酸洗、制药、印染、造纸、脱硫等行业的废水测量，以及医药、造纸、电镀、生物制药、电厂等行业的纯水和高纯水测量。

8.4.2　场效应管离子传感器

利用场效应管栅极敏感膜，将感受的溶液中的某给定离子活度转换成可用输出信号的传感器称为场效应管离子传感器。

1. 离子敏感器件的主要特点和应用

离子选择场效应晶体管（ISFET）由离子选择电极（ISE）敏感膜和场效应晶体管

（MOSFET）组合而成，是对离子具有一定选择性的器件。相对一般的离子选择性电极，它具有高阻抗转换的优点，并具有放大功能，克服了普通 ISE 不能用一般仪器测量的缺点，为准确检测电信号提供了有利条件，且灵敏度、响应时间均有提高。此外，它还具有体积小、易集成的优点，易制成微型分析仪器和离子探针，用于微量溶液中离子活度分析。

ISFET 被广泛地应用在生物化学、医学等领域进行灵敏和迅速的微量分析。在有合适的离子响应膜或者一定的化学修饰的 ISFET 的情况下，可以测量很多氨基酸、蛋白质、酶等物质，如黄连素、麻黄碱等，还可在环境监测领域实时监测各种污染离子。

2. 离子敏感场效应晶体管的原理

ISFET 进行化学量-离子浓度到电学量-电势的转换的关键器件是 MOSFET 晶体管，有 N 沟道增强型 MOSFET 和沟道中用的 N 型半导体的耗尽型晶体管。

ISFET 的工作机理和 MOSFET 的机理相同，只是它用离子敏感膜来代替栅极的金属接触部分。选用合适的离子敏感膜，可以在离子选择电极上得到与对应离子活度对应的电位，其阶跃响应特性和跨导可满足性能要求，其稳定性和寿命能符合化学分析的要求。

3. 离子选择膜

离子选择膜是 ISFET 好坏与否的一个关键，膜分为无机膜和有机膜，其中有机膜的应用较广泛，因为 ISFET 大部分使用在生化和医学领域。活性的膜物质和 ISE 的选择并无多大的差别，关键是膜的沉积技术，要求既不能损害场效应晶体管，又能保证膜的质量。当代的主要沉积技术分为物理气相沉积法（PVD）（包括高真空蒸发、直洗、射频溅射）、化学气相沉积（CVD）和浸泡涂敷法三大类。主要方法是将离子活性剂溶解在增塑剂、PVC 粉末的 THE 溶液中，最后将此溶液涂在 ISFET 的栅区。一般都采用浸泡涂敷法。

4. 用 ISFET 进行离子活度分析

（1）直接滴定法。在测定前先要使溶液在合适的 pH 和离子强度下工作，随后加入一定量的已知浓度的溶液，测定电位，作 ISFET 的标准曲线图，最后用已知标准曲线图测定溶液中离子活度大小。

（2）仪器检测方法。采用电子测量仪器测量，即读出 ISFET 的漏电流，进而读出溶液中的离子强度。由于是数字显示，因此排除了人的主观误差并且测量更加快速与简便。

思考题与习题

【8-1】简述化学传感器的结构和作用。

【8-2】如何正确、合理地选择气体传感器？

【8-3】与其他电阻式氧化物半导体气敏元件相比，SnO2 气敏元件有何特点？
【8-4】非电阻式半导体气敏器件主要有哪些形式及特点？
【8-5】简述接触燃烧式气体传感器的原理，它与半导体气敏传感器有何不同？
【8-6】什么是绝对湿度？什么是相对湿度？
【8-7】电阻型湿敏器件是如何敏感湿度的？半导体湿敏电阻为何要使用加热器？
【8-8】电容式湿敏元件的特性有哪些？主要适用于哪些领域和场合？
【8-9】如何改善电阻型半导体气体传感器的选择性？
【8-10】什么是露点？说明氧化铝露点湿度传感器的原理及性能优势。
【8-11】简述离子选择电极（ISE）和离子选择场效应晶体管（ISFET）的联系和差别。
【8-12】简述 ISFET 的原理、特点和应用场合。

第 9 章 集成传感器和微传感器

9.1 传感器的集成化

9.1.1 传感器集成化概述

1. 集成化

随着半导体集成电路技术的发展，传感器可以与越来越多的接口电路和信号处理电路制作在同一芯片上或封装于同一管壳内，因此称为集成传感器（integrated sensor）。一般，集成传感器是指采用标准的生产硅基半导体集成电路的工艺技术制造的传感器。

传感器的集成化有两方面含义：一是将敏感元件与其转换或调理电路，如放大、运算、温度补偿等电路集成在同一芯片上；二是将多个相同或不同的敏感元件集成在同一芯片上形成敏感元阵列，例如，图像传感器将上万个相同的光敏二极管集成在同一平面上。集成化对于传感器的突出作用主要体现在减小尺寸和成本、降低功耗、增强功能、提高性能上。

图 9-1-1 为典型的集成化传感器功能框图。该传感器可分为四部分。第一部分为敏感元件，敏感元件本身所产生的信号经常受噪声及其他因素的干扰，因此需要第二部分，即包括放大、线性化、补偿、滤波等在内的信号调理电路来降低传感器的非理想特性。有时在同一芯片中有多个敏感元件，就需要多路选择开关。要求传感器得到的信号必须是串行或并行数字格式时，需通过 A/D 转换器或频率-编码转换器（第三部分）实现。第四部分为传感器总线接口。当采用多个传感器组成系统时，信号获取系统可采用星状拓扑结构，即每个传感器都连接到一个数字多路选择器上。当传感器数量很大时，整个系统的电缆长度，以及数字多路选择器的连接数目很大，因此采用总线式的多传感器结构是一种普遍方案。总线系统负责协调处理全部的数据传输，并将传感器数据通过适当接口传输到计算机中。

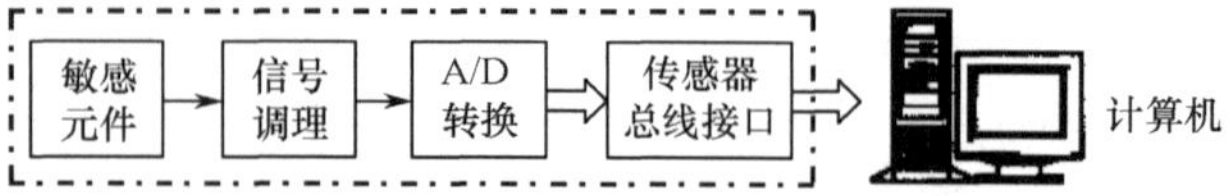

图 9-1-1　典型的集成化传感器功能框图

2. 主要集成途径

传感器的集成化是一个由低级到高级、由简到繁的发展过程。当集成技术还不能把敏感元件和全部处理电路集成在一起时，人们总是先选择一些较基本、较简单而集成后可大大提高传感器性能的电路与功能元件集成。下面是优先考虑实现集成化的几种电路。

（1）各种调节和补偿电路，如电源电压调整电路、温度补偿电路等。把电源稳压电路和传感器集成在一起，不仅降低了传感器对外部电源的要求，方便使用，而且也改善了输出信号的稳定性。由于传感器特别是半导体传感器对温度的灵敏性一般较高，因此良好的温度补偿更具有重要意义。对于分立元件组成的传感器，温度补偿通过外部感温元件构成温度补偿电路实现，但由于传感器的实际温度和外部感温元件不完全一致，因此难以达到预期补偿效果。如果将温度补偿电路与传感元件集成在同一芯片上，补偿电路就能准确感知传感元件的温度，取得较好的补偿效果。

（2）信号放大和阻抗变换电路。把信号放大电路和阻抗变换电路与敏感元件集成在一起，可显著地改善信号的信噪比，抑制外部干扰。传输线往往是干扰噪声的一个主要来源，在传感器输出信号弱和传感器输出阻抗高的情况下，传输线上的干扰噪声会对信号产生很大的影响，并且这种干扰噪声与信号将同时被后级放大电路所放大。对于集成传感器，由于传感元件和放大器、阻抗变换电路集成在一起，传感元件产生的信号经放大和阻抗变换后再经传输线馈送到后续信息处理电路进一步处理，因此，传输线上的干扰影响被大大削弱，而且没有得到放大。

（3）信号数字化电路。将模拟信号变换成数字信号能有效提高抗干扰能力，常用方法是先把模拟信号变换为频率信号，再变换为数字信号。各种电流控制振荡器和电压控制放大器都可用于此目的。

为适应控制系统的要求，也常把传感器的输出变换成为开/关两种状态的输出。当被测信号强度高于某一阈值时，输出从一个状态变换到另一个状态。为了克服被测信号在阈值附近受干扰而影响输出状态，通常把施密特触发器和开关电路集成在一起。

（4）多敏感元件或传感器的集成。

利用集成技术可以把多个相同类型的敏感元件或多个不同类型的敏感元件集成在一起。将多个同类型敏感元件集成在一起，就可通过比较各自的测量结果去除性能异常或失效元件的测量结果。通过对正常工作器件的测量结果求平均值可以改善测量精度。

将多个功能不同的敏感器件集成在一起，除了可同时测量多个参数，还可对这些参数的测量结果进行综合处理，得出反映被测系统整体状态的参数。例如，通过测量内燃机的压力、温度、排气成分、转速等参数，经过分析处理可得出内燃机燃烧程度的综合参数。

（5）信号发送/接收电路。在一些应用中，传感器需要安装在运动部件上或安放在有危险的封闭环境中，或放置在被测试的生物体内，这时测得的信号需通过无线电波或光信号传送出来。在这种情况下，若将信号发送电路和传感器集成在一起，则可大大减小测量系统的质量和尺寸，给测量带来很多方便。另外，把传感器与射频信号接收电路，以及一些控制电路集成在一起，传感器可以接收外部控制信号而改变测量方式和测量周期，甚至关闭电源以减少功率消耗等。

3．集成化的特点与趋势

传感器和半导体集成电路技术相结合，使传感器具有集信号获取、信号调理放大、信号转换与处理于一体的特点。因此，与一般传感器相比，集成传感器一般都具有体积小、反应快、抗干扰能力强、输出标准化信号或数字信号、功能强、性能稳定、精度高等优点。

由于以半导体为基材的物性型传感器的制作工艺与集成电路工艺兼容，因而与电路集成的集成传感器以物性型的居多。近几年来，随着微机械加工技术的发展，一些以硅为基材、利用 MEMS 技术制作微型敏感结构的结构型集成传感器已商用化，如集成加速度计、陀螺仪等，这已改变了集成传感器以物性型为主的局面。随着集成电路技术和 MEMS 技术的进一步发展，能集成的电路和敏感元件将越来越多，集成传感器的功能也将越来越强。

9.1.2 典型集成传感器

1．集成压力传感器

（1）带温度补偿的集成压力传感器。图 9-1-2 是一个带温度补偿电路的集成压力传感器电路原理图，R_5、R_6 和晶体管 V 构成温度补偿电路，用于全桥的供电电源。当晶体管 V 的基极电流比流过 R_5、R_6 的电流小得多时，其集-射极的电压降为

$$U_{ce}=U_{be}(R_5+R_6)/R_6 \tag{9-1-1}$$

于是，力敏电阻电桥的实际供电电压为

$$U_B=U_{ce}-U_{be}(R_5+R_6)/R_6 \tag{9-1-2}$$

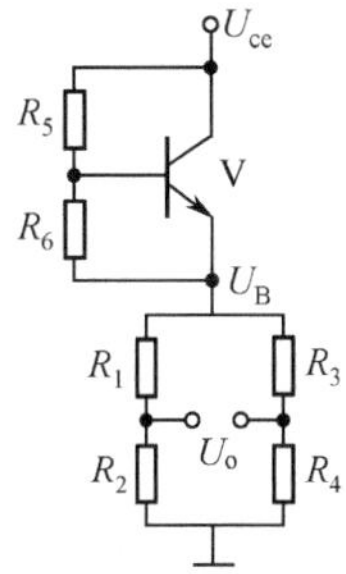

图 9-1-2 带温度补偿电路的集成压力传感器电路原理图

温度升高使 U_{be} 下降，引起 U_{ce} 下降、U_B 升高，因此补偿了压阻灵敏度随温升而下降所致误差。这种温度补偿电路不仅结构简单、体积小、成本低，而且补偿效果良好，被广

泛应用。

为减少弱信号在传输过程中所受的干扰并降低对后级电路的影响，还可将放大电路和力敏电阻全桥集成在一起。通常在电桥后再设置一个差分放大电路，并把它们集成在同一芯片上。这不仅使输出信号的幅度增大，而且抗干扰能力也大大增强。现有的许多硅压力传感器就采用这种方案。

（2）频率输出型集成压力传感器。信号数字化的一个途径是先将模拟信号变换成频率信号，然后变换成数字信号。图 9-1-3 是频率输出型集成压力传感器的电路原理图，其中，R_1～R_4 是构成全桥的 4 个力敏电阻。电桥的输出电压经 V_1～V_6 变换成电流信号。V_6 的输出电流和电容决定了最后部分施密特触发器的转换频率，从而实现将电压信号转换为频率信号。该传感器的静态输出频率约 1.5 MHz，压力灵敏度约为 12 Hz/Pa，量程为 0～33 kPa。

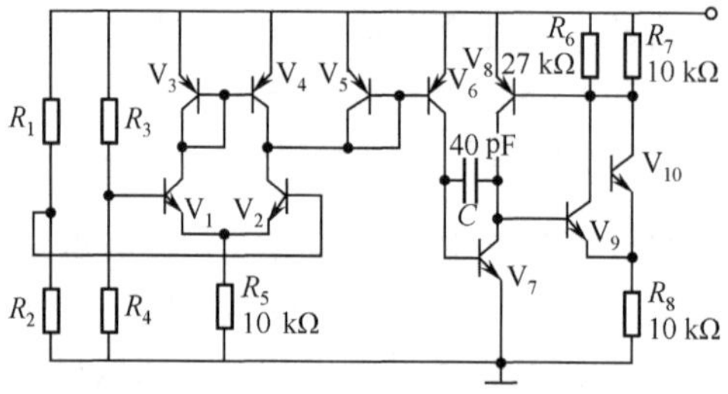

图 9-1-3　频率输出型的单块集成压力传感器电路原理图

2. 霍尔集成传感器

霍尔集成传感器是利用硅集成电路制造工艺，将敏感部分（霍尔元件）和信息处理部分集成在同一硅片上，从而达到微型化、高可靠、长寿命、小功耗、负载能力强等目的。

霍尔集成传感器主要分两类，即开关型和模拟型。图 9-1-4 为开关型霍尔集成传感器电路原理图，典型器件如 UGN3020，这种器件由四部分组成，即霍尔元件 H、差分放大器、施密特触发器和输出器。差分放大器由图中 V_1、V_2 及有关元器件构成，其功能是放大霍尔电压输出。施密特触发器主要由 V_3、V_4 组成。若霍尔元件有输出，R_6 中有电流流过，V_5～V_7 导通，输出为低电平；若霍尔元件无输出，R_8 中无电流流过，V_3～V_7 截止，输出高电平。输出器主要由 V_7 构成，根据 V_5、V_6 的导通与否，分别输出低电平和高电平。

开关型霍尔集成传感器的基本应用是制作在恶劣环境和某些特殊条件下使用的接近开关，并且派生出一系列微型机电一体化产品，如霍尔电路转速表、霍尔电路汽车点火器、无触点交直流功率开关、机械运动限位器等。

模拟型的线性集成霍尔器件主要用于磁场强度检测和可转换为磁场强度的其他物理量。典型线性集成霍尔器件产品如 UGN3501 和有温度补偿功能的 AD22151。

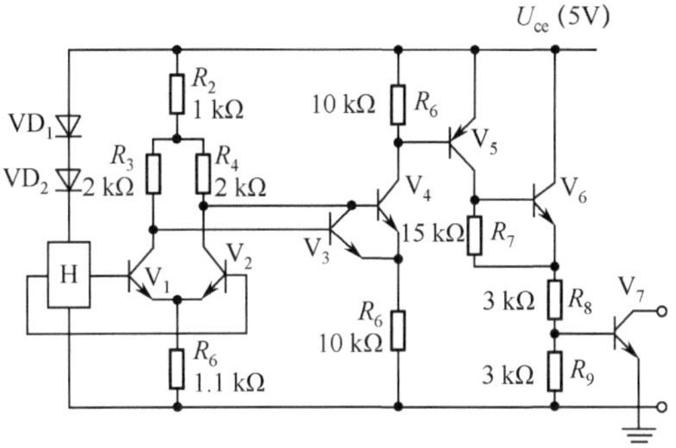

图 9-1-4 开关型霍尔集成传感器电路原理图

3. 典型多功能集成产品——SHT11/15 温湿度传感器

SHT11/15 是瑞士 Sensirion 公司推出的两种高精度、自校准、多功能集成传感器，用于测量相对湿度、温度。二者电路原理相同，测量精度不同。

（1）SHT11/15 的性能特点。芯片中含基于湿敏电容的相对湿度传感器、基于带隙电路的温度传感器和 14 位 A/D 转换器及两线串行接口，能输出经过校准的相对湿度和温度的串行数据，便于系统集成，利用微处理器可对测量值进行非线性补偿和温度补偿。相对湿度和温度传感器共享一个底座，并同时对被测量作出响应，对测量露点非常有用。

芯片采用+5 V 电源，测量阶段工作电流为 550 μA，平均电流为 28 μA（12 位）或 2 μA（8 位）。上电默认为休眠模式，电流为 0.31 μA（典型值）。测量完毕若无新命令，自动返回休眠模式，功耗降至最低。它有低电压检测功能，低于 2.45± 0.1 V 时不工作，以保护芯片。

该传感器的温度和相对湿度分辨力默认值分别为 14 位、12 位。降低分辨力可提高测量速率、减小功耗。校准存储器保存了传感器出厂前的精密校准系数，可自动校准。其互换性好、抗干扰能力强，基本不需外接元器件。湿度传感器不受压力变化影响，高压下可测湿度。其内带加热器（在+5 V 下电源电流增加 8 mA）可实现三种功能：

① 通过比较加热前、后测出的相对湿度值及温度值，确定传感器是否工作正常；

② 通过加热，避免潮湿环境下传感器凝露；

③ 测露点时使用加热器。除非湿度传感器窗口上堆积尘土，否则不必清洁。

传感器的具体性能参数如下：测量范围为（0～100%）RH，最高分辨力为 0.03%RH（12 bit）或 0.5%RH（8 bit），最高测量精度分别为±2%RH 和±4%RH，响应时间 4 s，长期稳定性<1%RH/年，测温范围为−40 ℃～+123.8 ℃，最高分辨力为 0.01 ℃（14bit）或 0.04 ℃（12 bit），重复性误差为+0.1 ℃，响应时间为 5～30 s，外形尺寸为 7.62 mm×5.08 mm×2.5 mm，质量为 0.1 g。

（2）SHT11/15 的工作原理。SHT11/15 的电源电压 U_{DD}>4.5 V 时，最高时钟频率 f_{max} 为 10 MHz；U_{DD}<4.5 V 时，f_{max}= 1 MHz。其内部电路框图如图 9-1-5 所示，其测量原理是先利用两只传感器分别产生相对湿度和温度信号，经放大后分别送 A/D 转换器进行 A/D 转换、校准和纠错，最后通过两线串行接口将相对湿度和温度数据送至微机，由微机完成非线性补偿和温度补偿。

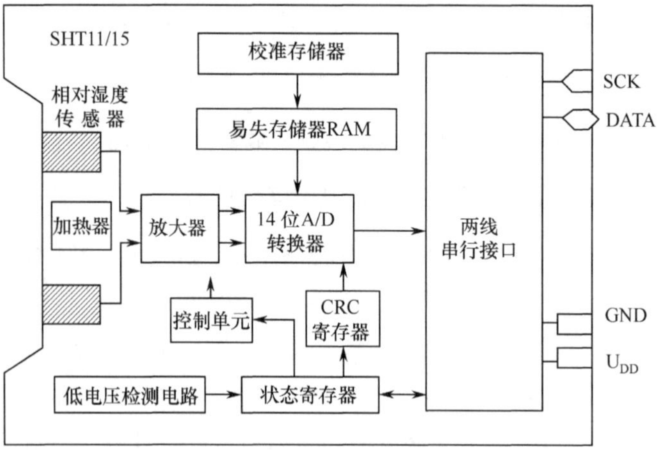

图 9-1-5　SHT11/15 湿度/温度传感器内部电路框图

9.1.3　集成磁阻传感器

1．AMR 磁阻传感器

各向异性磁阻（anisotropic magneto resistive，AMR）传感器是一种可敏感磁场范围的磁传感器。AMR 传感器可敏感静磁场的强度及方向。这种微传感器的制作一般先在硅基底上沉积坡莫合金（19%铁、81%镍的合金）薄膜，然后刻蚀成电阻条形状。在外磁场作用下，AMR 薄膜的磁阻特性使电阻改变 2%～3%。

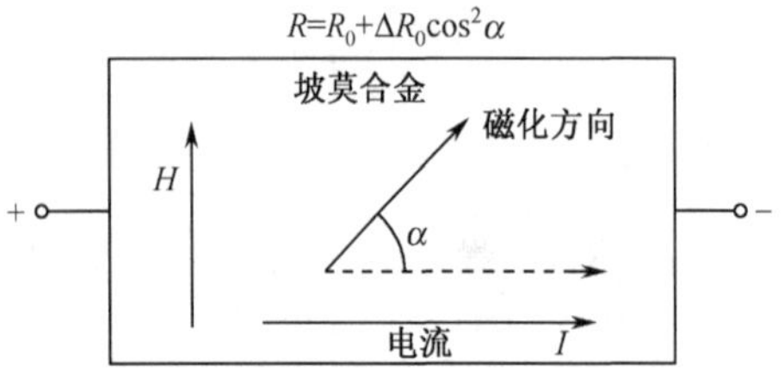

图 9-1-6　坡莫合金的磁阻效应

坡莫合金的磁阻效应如图 9-1-6 所示。当不存在外界磁场时，坡莫合金的内部磁极化强度与电流流动方向平行（图中自左向右流动）。如果外界磁场 H 与坡莫合金平面平行，但垂直于电流流动方向，则坡莫合金内部磁极化强度的方向将产生角度为 α 的旋转。因此，坡莫合金的电阻值将会改变，即

$$R=R_0+\Delta R_0\cos^2\alpha \tag{9-1-3}$$

其中，R_0 及 ΔR_0 由合金材料的参数所确定。显然，由于二次项的存在，电阻与磁场强度之

间的关系为非线性，且电阻值与磁场强度值之间也不是一一对应关系。

图 9-1-7 给出了电阻变化（$\Delta R/R$）与角度 α 之间的关系。由图可见，电阻变化是一个对称曲线，并在 45º 附近存在一个线性区域。

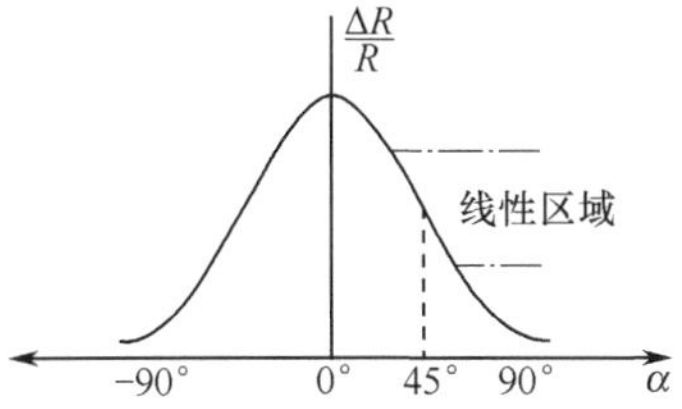

图 9-1-7　AMR 磁阻变化与角度α之间的关系

在元件制作时，使 AMR 薄膜中的电流以 45º 方向流动的方法，如图 9-1-9 中惠斯通电桥中的 4 个 AMR 电阻所示，在薄膜宽度方向上制备低电阻材料层实现薄膜之间的电短路，利用电流趋向于以最短路径通过 AMR 薄膜的特性，控制电流以 45º 角流过薄膜条。由于这种结构很像理发店的招牌，因此被形象地称为理发店招牌式偏置（baber's pole biasing），如图 9-1-8 所示。外加磁场使磁阻内部的磁畴指向发生变化，进而使角度 α 发生改变，从而表现为磁敏电阻各向异性的变化。磁敏电阻与夹角 α 的关系服从

$$R(\alpha)=R_{\perp}\sin^2\alpha+R_{\mathrm{p}}\cos^2\alpha \tag{9-1-4}$$

式中，$R_{\perp}$为电流方向与磁化方向垂直时的阻值；R_{p}为电流方向与磁化方向平行时的阻值。

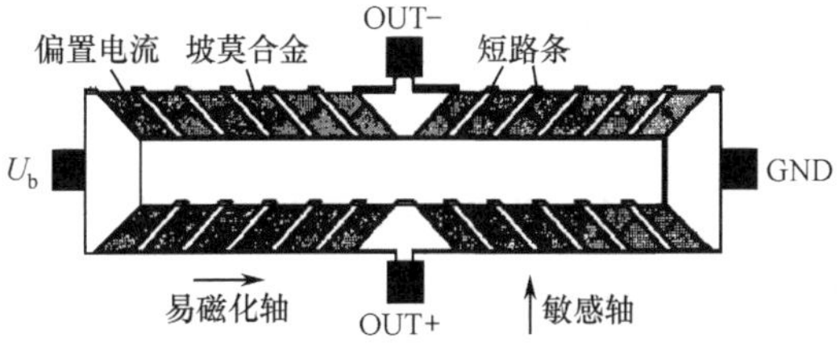

图 9-1-8　AMR 元件的理发店招牌式偏置

磁阻效应的响应非常快，不会如其他类型磁微传感器那样受到线圈或振荡频率等因素的限制。典型 AMR 微传感器的带宽为 0～5 MHz。AMR 传感器最突出的特点在于可以在硅片上进行大批量生产，并可与可商用电子线路集成。AMR 传感器为在地磁场环境中测线位移及角位移提供了一种有效手段。通过控制沉积在硅基底上的坡莫合金薄膜的形状，可精确控制磁微传感器对磁场的敏感特性。与其他机械或电子的测量方案比较，这种传感器的优点是成本低、灵敏度高、体积小、噪声低，以及可靠性高、适应性强、容易安装。

为方便应用，将两个或四个磁敏电阻连接成惠斯通电桥，在器件内部制成半桥或全桥，有单轴、双轴、三轴等多种形式。如 HMC 系列磁阻传感器就在内部集成了磁阻元件构成的

惠斯通电桥及磋置位/复位等部件。图 9-1-9 所示为 HMC1001 单轴磁阻传感器的结构和电路示意图。

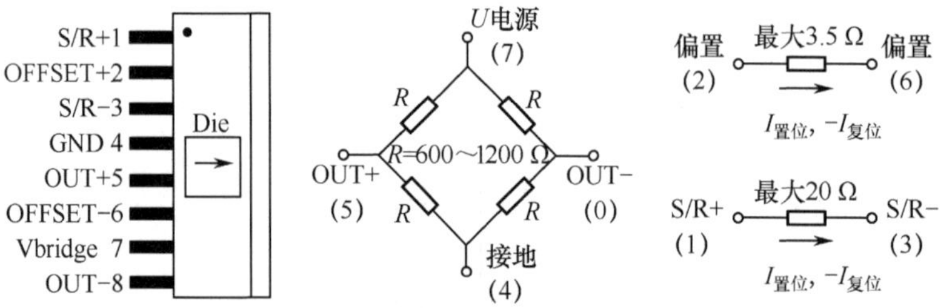

图 9-1-9　HMC1001 单轴磁阻传感器的结构和等效电路示意图

图 9-1-10 所示为 HMC1001 传感器的简单应用例，该电路起到接近传感器的作用，在距传感器 5～10 mm 范围内放置磁铁时，点亮 LED。放大器起到一个简单比较器的作用，它在 HMC1001 的输出超过 30 mV 时切换到低位。磁铁必须有足够磁场强度（0.02 T），其中一个磁极指向应顺着传感器的敏感方向。该电路用来检测门开/关情况或有无磁性体存在。

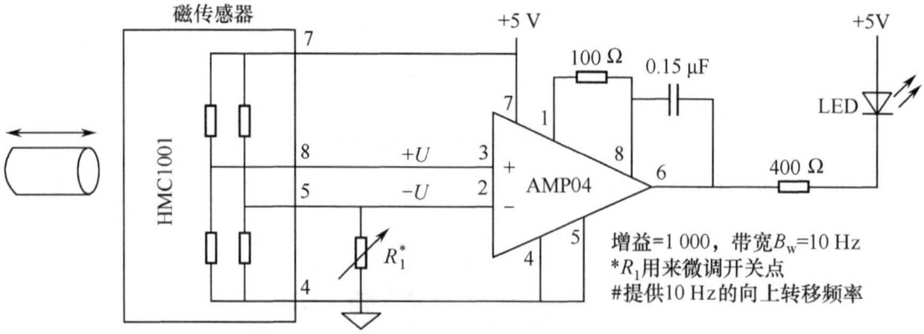

图 9-1-10　HMC1001 传感器的简单应用举例

应用磁阻传感器测量时，信号为模拟信号，要求检测电路可实现对传感器零点及灵敏度的调整。另外，大部分磁阻传感器存在温度漂移现象，因此需要对温度特性进行补偿。

2．GMR 磁阻传感器

巨磁阻传感器基于巨磁阻（GMR）效应。如图 9-1-11（a）所示，由一层非磁性导电材料分开的两层磁性材料组成“三明治”结构。上下两层的磁化矢量方向可以是相对的，如图 9-1-11（b）所示；也可以是一致的，如图 9-1-11（c）所示。前者在界面上的散射小，传导电子的平均自由行程长，电阻较小；后者在界面上的散射大，传导电子的平均自由行程短，电阻较大。为保证基于自旋的散射成为影响电阻的主要成分，薄膜厚度必须小于体材料中的电子自由行程。大部分铁磁材料的平均自由行程在几十纳米的量级，因此薄膜厚度在 10 nm 以下。如此薄的薄膜对制作工艺要求很高，这也是巨磁阻现象发现得晚的一个重要原因。利用薄膜制作工艺，可制作多达十几层结构的巨磁阻微传感器。

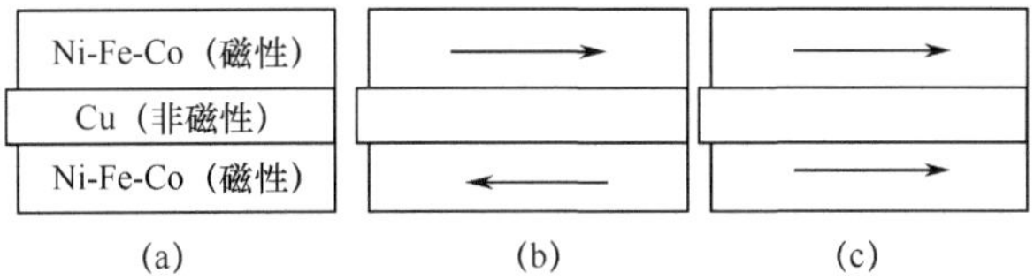

图 9-1-11　多层薄膜的巨磁阻效应

GMR 效应主要用来制作磁记录装置中的读/写头，这种传感器同样可用于测量低强度的磁场。在实际应用中，电阻的约翰逊噪声是需要考虑的一个重要因素。由于噪声电压与电阻阻值的平方根成正比，因此敏感元件的电阻值要尽可能低一些，如 50 nm 左右。此外，还需要采用低噪声的放大器。另外，GMR 传感器的一个重要的缺点是需要工作在偏置磁场环境中。在较高的偏置磁场（约 0.1T）下才能获得相对较大的电阻变化。在实际测量中，这样高的磁场强度往往不允许，所以实际得到的电阻变化率仅比普通 AMR 高出很小比例。

除了图 9-1-11 所示的多层结构外，利用非均匀相合金制成颗粒膜，也可实现 GMR 效应。这种颗粒膜结构是指微颗粒（纳米量级）弥散于薄膜中所产生的复合膜，如常见的铁、钴微颗粒嵌于银、铜等薄膜中。这种非均匀相的体系中，异相界面对电子输运性质和电、磁、光等特性都有明显影响。这种颗粒膜与多层膜有许多相似之处，二者都属于二相或多相复合非均匀体系。但颗粒膜中的颗粒呈混乱的统计分布，其制作工艺较简单。常见制备方法有共蒸发、共溅射、离子注入等，实验室常用磁控溅射及离子束溅射等方法制备。颗粒膜中的 GMR 效应主要来自界面电子的散射，颗粒膜内部的电子散射对 GMR 效应的贡献较小。

作为比较，表 9-1-1 给出了商品化的 AMR、GMR 和霍尔传感器的一些特性。

表 9-1-1　AMR、GMR 和霍尔传感器的一般特性

参　　数	AMR 传感器	GMR 传感器	霍尔传感器
测量范围/mT	25	2	60
最大输出	2%～5%	4%～20%	0.5V/T
频率范围	达 50 MHz	达 100 MHz	25 kHz（典型值）；1 MHz（可实现值）
温度系数	较好	良好	由传感器类型决定
最高使用温度/℃	200	200	150
成本	中等偏高	中等偏低	低

巨磁阻微传感器最常见的应用是在硬盘中作为读出探头。这种应用仅需要给出开关信号，不需要很高的线性度。这种元件具有高灵敏度、低成本的特点，将其用于磁场的线性测量已成为重要的研究方向。为适应这一检测需求，目前已经出现了敏感轴偏置（sensitive-axisbiasing）、正交偏置（orthogonal biasing）、磁通集中器（flux concentrator）及反馈补偿等技术。敏感轴偏置的作用在于通过施加一个附加磁场，使微传感器的工作点产

生偏移到线性敏感区域，所需要的偏置磁场通常通过一个集成在芯片内部的平面线圈产生。

9.2 机械量微传感器

9.2.1 微机械加工技术与机械量微传感器概述

1. 微机械与微传感器技术简介

微电子机械系统（micro-electro-mechanical systems，MEMS）技术简称微机电系统技术或 MEMS 技术，是指可批量制作的集微型机构、微型传感器、微型执行器，以及信号处理和控制电路，包括接口、通信和电源等于一体的微型器件或系统。MEMS 技术是随半导体集成电路（IC）微细加工技术和超精密机械加工技术的发展而发展起来的，具有小型化、集成化的特点。20 世纪 80 年代末，微机械压力传感器等技术的成熟并市场化，IC 工艺制作的静电微电机的研制成功，标志着 MEMS 技术已经发展成为一门独立的新兴学科。

微机械加工技术是 MEMS 技术中的一项关键技术，它是利用硅片的刻蚀速度各向异性的性质和刻蚀速度与所含杂质有关的性质，以及光刻扩散等微电子技术，在硅片上形成穴、沟、锥形、半球形等各种形状，从而构成膜片、悬臂梁、桥、质量块等机械弹性元件。将这些元件组合就可构成微机械系统。利用该技术，还可将阀、弹簧、振子、喷嘴、调节器，以及检测力、压力、加速度和浓度的传感器，全部制作在硅片上，形成 MEMS 系统。

2. 微传感器

微传感器一般是指采用 MEMS 技术制作的、芯片的特征尺寸为微米级的各类传感器的总称，它利用微细加工技术，把电子、机械、光学等部件集成在微小空间内，形成具有一定智能的优化复杂系统。

MEMS 传感器采用与标准半导体工艺兼容的材料，应用一些新工作机理和物化效应，利用 MEMS 加工技术制作。与传统技术制作的传感器相比，MEMS 传感器体积小、质量轻、精度和可靠性高、功耗小、成本低、动态性能好，受到极大关注，对其研究已经发展成为一门相对独立的分支学科。有许多特征和技术优势的微传感器的主要特点如下。

（1）微型化和集成化。微小是微传感器特征之一，其敏感元件的尺寸是微米级甚至亚微米级。MEMS 传感器的体积可小至亚微米以下，其尺寸精度可达纳米级，质量可达纳克量级，但体积只有常规传感器的几十分之一甚至百分之一，成品的质量为几十克甚至几克。利用半导体工艺可实现不同微传感器、微传感器与微执行器等的集成化，以及同种传感器的阵列化，还可构成由微处理器控制的微系统。

（2）高精度和长寿命。微传感器的微型化，提高了整个测量系统的集成度，封装后几乎可以摆脱热膨胀、噪声和挠曲等因素的影响，从而提高工作的稳定性。微传感器的使用，特别是智能材料和智能结构的应用，有利于实现系统的多功能化和智能化，可大大提高系统的测量精度、抗干扰能力与可靠性，同时提高系统的使用寿命。

（3）低成本和低功耗。微传感器可实现批量化生产，制造成本比传统机械加工显著降低，实现高性价比。微传感器可具有数字接口、自检、自校、数字补偿和总线兼容等功能，集成度高，其功耗可降至毫瓦乃至更低水平。

（4）快速响应。微传感器和微执行器之间可以不存在信号延迟等问题，能够以数十倍以上的速度运行，更适合高速工作。例如，微型流量泵的体积远小于小型泵，可以仅为 5 mm×5 mm×0.7 mm，但其流速却可达到小型泵的 1 000 倍。

微传感器的分类方法有许多种，主要有：

- 按敏感元件的转换原理，分为物理微传感器、化学微传感器、生物微传感器等。
- 按被测量的性质，分为压力微传感器、加速度微传感器，体积分数微传感器、离子浓度微传感器等。
- 按制备技术和使用材料，分为薄膜微传感器、半导体微传感器、陶瓷微传感器等。
- 按应用领域，分为汽车用微传感器、医用微传感器、航空航天用微传感器等。
- 按微传感器的组成方式，又可以分成阵列式微传感器、网络化微传感器等。

3. 机械量微传感器

在现有的微传感器中，机械量微传感器占据了非常重要的地位，一方面是因为实际应用中需要检测的机械量非常多；另一方面是因为传统的机械量传感器尺寸普遍偏大，影响性能，不利于使用。而现在利用微机电加工技术能够制造出同为结构型，但尺寸小两三个数量级且性能更稳定、使用更方便的机械量微传感器。由于机械量微传感器的功耗和成本要远小于传统的机械量传感器，因此非常适合无线传感器网络和物联网中的应用。

机械量微传感器是将机械信号转换成电信号的一类微传感器，所能检测的机械量也非常多，机械量微传感器的品种也最为丰富。对每个品种的微传感器作介绍不现实也无必要，本节选择性介绍几种典型的机械量微传感器，以使读者了解微传感器中以硅为基材的微结构的特点及其与传统的宏观尺寸结构的特性的异同。

9.2.2 典型微机械压力传感器

1. 电容式压力微传感器

压力传感器的基本原理是将待测压力加到一个压力敏感膜上，使其变形，从而通过对膜变形程度的测量实现压力测量。在压阻式传感器中，压力测量是通过检测膜受压变形而导致的电阻变化实现的。在电容式压力微传感器中，压力测量通过检测膜变形所导致的压力敏感膜与固定基片上敏感电极之间的间隙变化实现，原理上还是一种变极距型的电容传感器，其的优点是功耗低、灵敏度高、温度特性好、漂移小。其敏感膜的刻蚀以及键合工艺与压阻式微传感器类似，但不需加工出压阻，因此，加工工艺更简单。

图 9-2-1 所示为电容式压力微传感器的常见结构。由于硅加工工艺中的各向异性，压力敏感膜做成矩形形状。其中心厚度比较大是出于适应硅加工工艺的考虑。被测压力引起敏感膜的变形，从而导致敏感电容的变化。参考电容不会随压力变化而改变，因此可用来对微传感器的温度特性及其他漂移进行补偿。

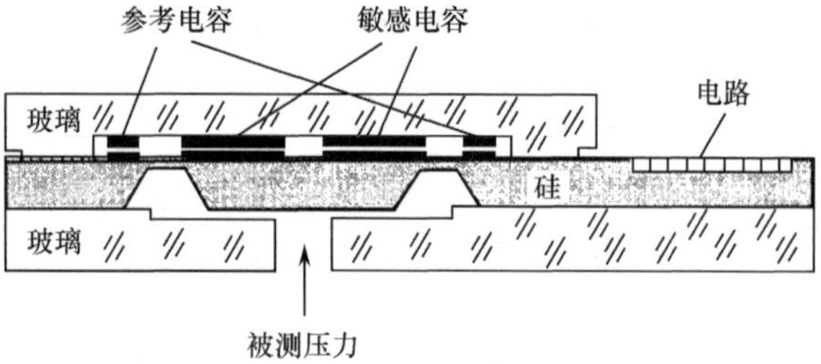

图 9-2-1　电容式压力微传感器的常见结构

前述电容式压力微传感器的敏感原理在于检测变形后的硅膜上电极与玻璃衬底上电极之间的电容变化。由于膜位移的不一致，以及电容与电极间距成反比这一特性，非线性是这类微传感器的主要缺点之一，尤其是在检测高压力值时，非线性更明显。接触式压力微传感器是在硅微加工技术基础上提出来的一种新型电容式压力微传感器。与前述压力微传感器的一个重要不同在于：在压力测量过程中，压力敏感膜与衬底间始终保持接触状态。图 9-2-2 给出了一种硅膜-玻璃衬底结构的接触式压力微传感器在工作状态时的示意图。

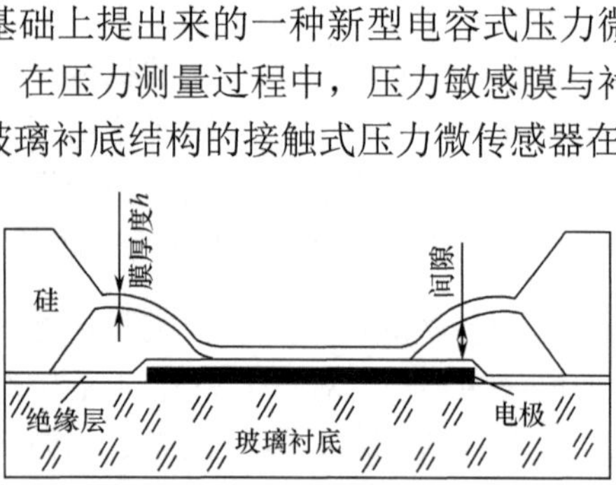

图 9-2-2　接触式压力微传感器工作原理

与普通的非接触式微传感器结构相比，接触式压力微传感器的特点在于工作在膜与衬底“接触”的状态。在这种状态下，一方面由于绝缘层的介电常数远高于空气，另一方面由于接触状态下两电极极板之间的间距很小，因此微传感器的主要电容量源自接触部分的面积，且灵敏度高，可以比普通膜片式结构高 1～2 个数量级。此外，由于工作在接触状态，微传感器的抗过载能力强。这种微传感器应用到如汽车轮胎压力的在线监测中，可耐受汽车行驶过程中的反复冲击、振动、应力、温度剧烈变化等各种恶劣环境因素。

图 9-2-3 给出了接触式压力微传感器的结构示意图，图 9-2-4 给出了接触式压力微传感器的电容-压力特性曲线。显然，在普通区，微传感器的膜与衬底之间未发生接触，随着压力的增加，电容值缓慢上升；接近过渡区时，电容值迅速上升；而在接触区，电容值与压力之间呈现很好的线性关系，且灵敏度显著高于未接触时的情况；到饱和区后，由于大部分膜面积已经与衬底之间发生接触，压力的增加不再引起接触面积的显著增加，因此电容增长趋势趋于缓慢。

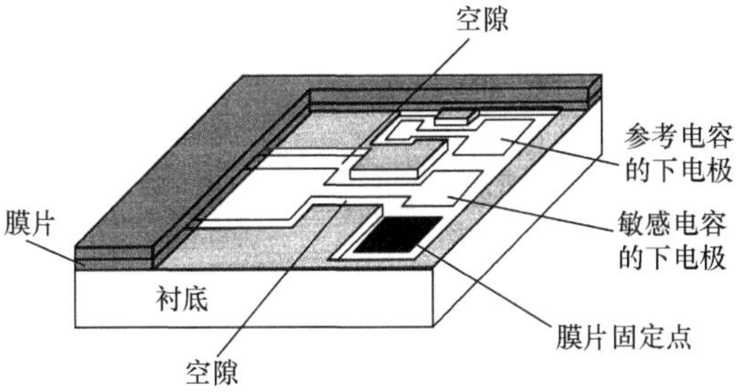

图 9-2-3　接触式压力微传感器结构示意图

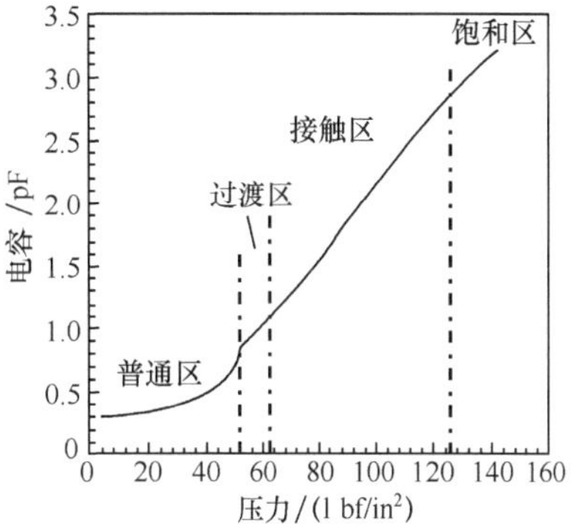

图 9-2-4　接触式压力微传感器的电容-压力特性曲线

利用在同一器件上的参考电容，可有效实现微传感器温度特性的补偿。图 9-2-5 所示为实测的敏感电容与参考电容随温度变化的情况，两者的温度特性基本一致，因此可实现温度特性的补偿。由于参考电容设计在敏感元件上，所以这种方式比在外部检测电路中采取补偿电容进行温度补偿的效果好很多。图 9-2-6 所示为两种温度补偿的效果比较。

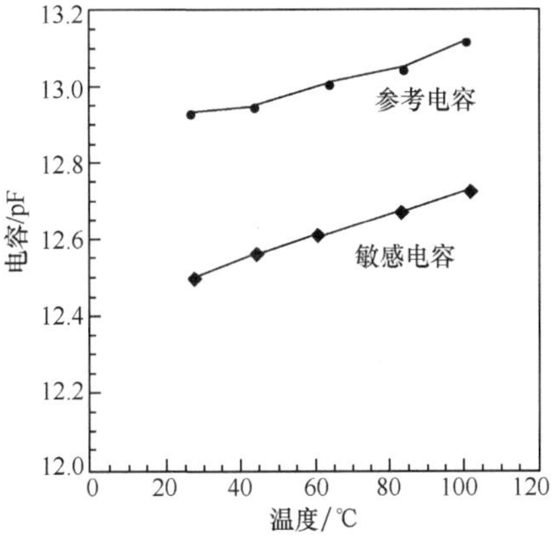

图 9-2-5　微传感器的敏感电容及参考电容的温度特性

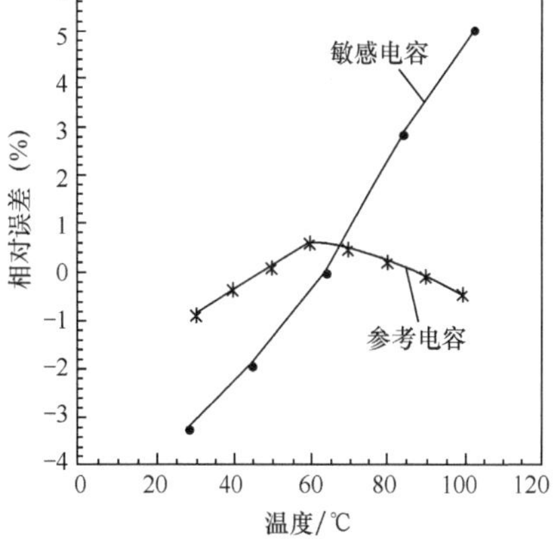

图 9-2-6　两种温度补偿的效果比较

2．硅谐振式压力微传感器

谐振式压力微传感器利用压力变化改变谐振器的谐振频率，从而通过测频率变化间接测量压力。微谐振梁的激励大多采用热激励或静电激励。

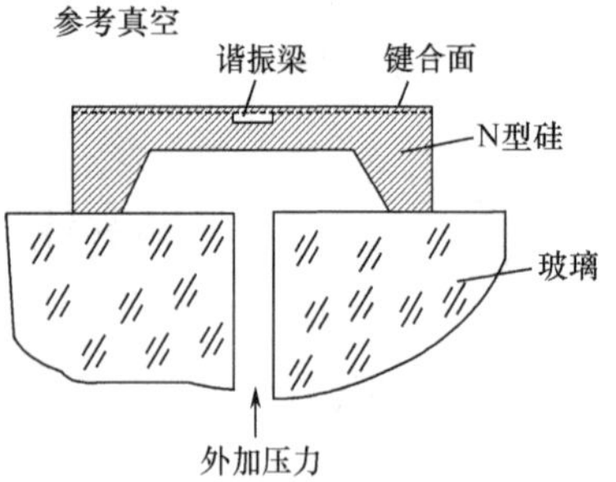

图 9-2-7　硅谐振梁式压力微传感器结构示意图

图 9-2-7 为一种硅谐振梁式压力微传感器结构示意图。先在 N 型衬底硅片上腐蚀一个浅槽，扩散出 P 型电极，再与另一个 N 型硅片键合，然后减薄抛光第二个硅片至 6 μm，制作压阻、电极及硅梁，从第一个硅片背面腐蚀压力感压膜片（尺寸 $2\times2\ mm^2$）。膜片厚度由压力量程确定（100～270 μm），谐振梁尺寸 $600\times40\times6\ \mu m^3$。采用静电激励、压阻拾振。信号经分设在外部的专用集成电路放大并反馈给激励电极，以维持谐振梁的等幅振动。该传感器测压范围在 0.5～130 kPa 和 0.5～3 000 kPa，精度为 0.01%（满刻度），年漂移 $<100\times10^{-6}$（满刻度），满足航空温度环境（−55～125℃）要求。

图 9-2-8 所示为此谐振梁式压力微传感器的加工工艺流程。微传感器的加工从 N 型硅片开始［见图（a)］，首先在硅片刻蚀出方形凹槽［见图（b)］，在凹槽上加工出 P 型扩散硅作为梁的激励电极［见图（c)］，然后再键合上第二片硅片并减薄抛光至 6 μm［见图（d)］；在第二片硅片上加工出用于提供电绝缘的钝化层，并用离子注入方法加工出压阻［见图（e)］；在第二片硅片上刻蚀（穿透钝化层及第二片硅片）出连线孔以提供与扩散电极的电连接［见图（f)］；然后用金属化方法实现电连接［见图（g)］；刻蚀下面的硅片形成方形压力敏感膜片［见图（h)］；最后在上层硅片的上表面透过两道槽刻蚀出谐振梁［见图（i)］；将所得器件与加工有压力通过孔的玻璃片键合［见图（j)］，即得到整个压力微传感器的敏感元件。

另一种硅谐振梁式压力微传感器的结构如图 9-2-9 所示。振动的激励方式可采用静电激励或电热激励、拾振用压阻。整个压力敏感元件由单晶硅压力膜和单晶硅梁谐振器组成，二者通过硅-硅键合成一个整体，梁紧贴膜片，其间只留空隙，供梁振动。硅梁封装于真空（10^{-3} Pa，绝压微传感器）或非真空（差压微传感器）之中，硅膜另一边接待测压力源。膜四周与管座刚性连接，可近似为四边固支矩形膜。当压力作用于压力膜时，膜两侧存在压差，膜感受均布压力 P 将发生变形，膜内产生应力，与膜紧贴的梁也会感受轴向应力，这个应力将改变梁的固有谐振频率。在一定范围内，固有谐振频率的改变与轴向应力，以及外加压力三者之间有很好的线性关系。因此，通过检测梁的固有谐振频率，可达到检测压力的目的。

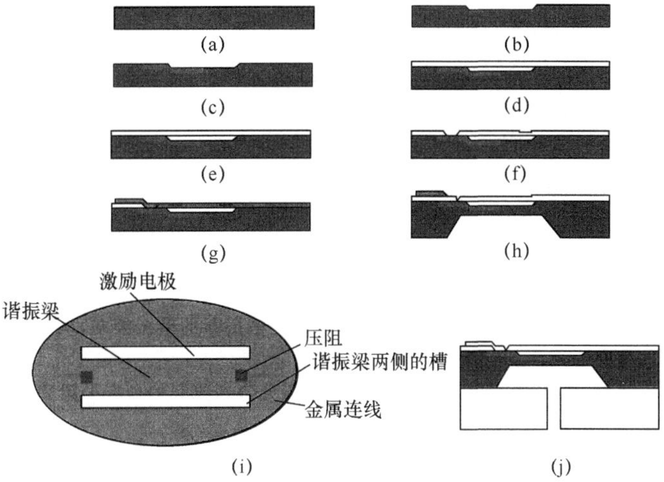

图 9-2-8　谐振梁式压力微传感器的加工工艺流程

这种谐振梁-敏感膜片分体结构的压力微传感器的制作需要用到的关键技术有双面光刻技术、腐蚀技术（包括反应离子干法刻蚀技术、各向同性腐蚀技术和各向异性腐蚀技术）、薄膜制备技术、低压化学气相沉积（LPCVD）生长厚约 10 μm 的富硅氮化硅技术、多孔硅牺牲层技术，以及硅-硅键合技术，它以低应力厚氮化硅双端固支梁作为谐振器。

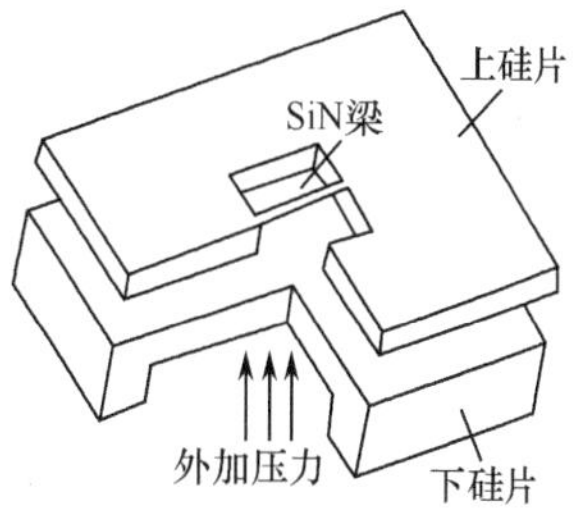

图 9-2-9　另一种硅谐振梁式压力微传感器的结构示意图

9.2.3　加速度微传感器

加速度微传感器和角速度微传感器统称为惯性微传感器，是目前应用最多的微传感器。加速度微传感器主要是指线加速度微传感器，也称为线加速度计，在许多行业包括汽车和消费电子产品中广泛应用。

加速度微传感器一般是利用敏感质量块或振动块来测加速度。外部加速度对质量块发生作用，然后通过测量质量块的位移、质量块对框架的作用力或保持其位置不变所需的力（此时，即有源加速度微传感器，需要有一个闭环控制系统）来得出加速度值。

关于加速度微传感器有如下几点常识。

- 加速度微传感器一般包括一个质量块、一个弹性环节及一个位移微传感器。
- 加速度微传感器的总体性能一般会受到两方面的限制，一是弹性环节的机械性能，如线性、动态范围、对其他轴向加速度的敏感特性等；二是位移微传感器的灵敏度。
- 加速度微传感器的带宽越高，所需要的位移检测分辨率越高。

1．压阻式加速度微传感器

压阻式加速度微传感器是利用质量块敏感加速度，将加速度转换为质量块的位移，并通过压阻来测量质量块的位移。

图 9-2-10 为悬臂梁式压阻式加速度微传感器的结构示意图，其将力敏电阻制作在弹性硅梁上，硅梁一般是悬臂梁式结构，质量块固定在悬臂梁的一端。当加速度作用于悬臂梁自由端质量块时，悬臂梁受到弯矩作用产生应力，其应变ε为

$$\varepsilon=\Delta L/L=\sigma/E \tag{9-2-1}$$

式中，σ为应力；E 为弹性模量；L 为悬臂梁的长度。

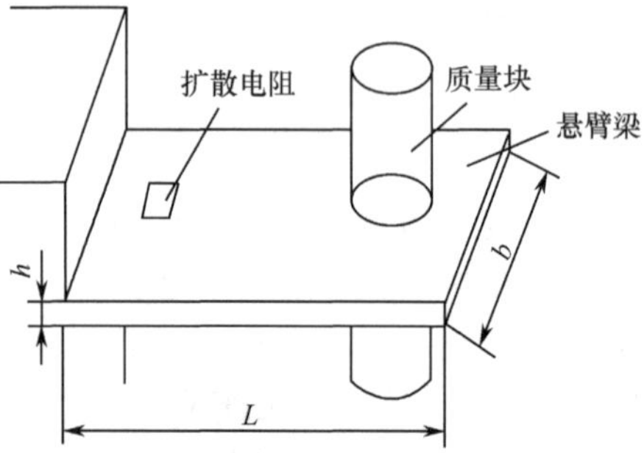

图 9-2-10　悬臂梁式压阻式加速度微传感器结构示意图

由于压阻效应，应力将引起悬臂梁上的力敏电阻值发生变化。电阻相对变化量与应变系数的比值为力敏电阻的电阻应变系数，即

$$G=\frac{\Delta R/R}{\Delta L/L}=\frac{\Delta R/R}{\varepsilon} \tag{9-2-2}$$

对于一个矩形等截面悬臂梁，作用力与某一位置应变的关系为

$$\varepsilon_x=6F(L-x)/(EAh) \tag{9-2-3}$$

式中，ε为 x 点的应变；x 为某一位置离固定端的距离；A 为梁的截面积；h 为梁的厚度；F 为作用力。

在实际应用中，悬臂梁自由端的挠度 w 与作用力的关系为

$$w=4L^3E^{-1}b^{-1}h^{-3}F \tag{9-2-4}$$

由式（9-2-3）可知，在固定端（x=0 处）的应变最大，而在自由端（x=L）的应变最小，幅值为零。

一般加速度微传感器取 x=0，即扩散器电阻贴近于悬臂梁固定端处。将 F=ma，A=bh

代入式（9-2-3）则得到

$$\varepsilon = 6mLE^{-1}b^{-1}h^{-2}a \tag{9-2-5}$$

可以看出，当梁的结构确定后，$6mLE^{-1}b^{-1}h^{-2}$ 为常数，应变与加速度成正比。梁的长度 L 越长，宽度 b 越窄，厚度 h 越薄，质量块 m 越大，受力后产生的应变也越大。

一种单悬臂梁加速度微传感器的实际结构如图 9-2-11 所示，它采用（100）晶面的 N 型硅单晶作为悬臂梁。根据式（9-2-3）的分析，在 x=0 处的应变最大，在其根部沿[1$\bar{1}$0]和[110]晶向各扩散两个 P 型电阻，构成一个全桥电路。当悬臂梁自由端的质量块受加速度作用时，悬臂梁受弯矩作用产生应力，其方向为梁的长度方向。从而使 4 个电阻中，2 个电阻的应力方向与电流方向平行，另 2 个电阻的应力方向与电流垂直。

由电桥输出电压与电阻的关系及式（9-2-2），可求得加速度微传感器电桥与扩散电阻的电阻应变系数、应变、供桥电压之间的关系为

$$U_o = GU_C\varepsilon = 6\ GU_C mLE^{-1}b^{-1}h^{-2}a \tag{9-2-6}$$

式中，U_o 为输出电压；U_C 为供桥电压；G 为扩散电阻的电阻应变系数。

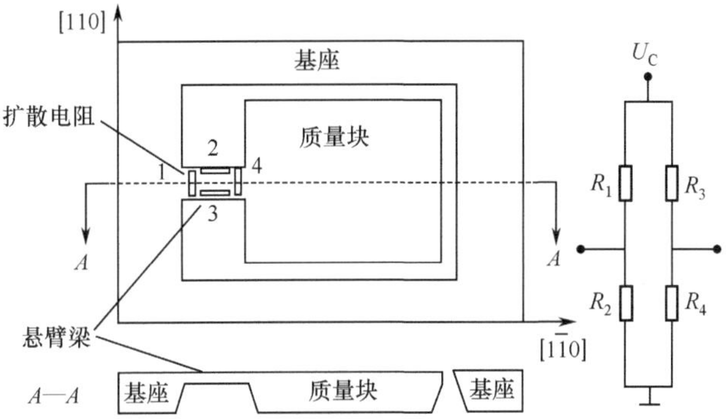

图 9-2-11　单悬臂梁压阻式加速度微传感器结构

这种压阻式加速度微传感器用来测量振动加速度时，其固有频率为

$$f_0 = \frac{1}{2\pi}\sqrt{\frac{Ebh^3}{4mL^3}} \tag{9-2-7}$$

图 9-2-12 所示为一种具体的单悬臂梁式硅加速度微传感器结构，整个传感器由一块硅片（包括敏感质量块和悬臂梁）和两块玻璃键合而成，从而形成质量块的封闭腔，以保护质量块并限制冲击和减振。在悬臂梁上，通过扩散法集成了压阻。当质量块运动时，悬臂梁弯曲，于是压阻的阻值就发生变化。

这样一只加速度微传感器的总体积仅为 2×3×0.6 mm^3，可植入人体内测量心脏的加速度

值，测量的最低加速度值可达 0.001g。

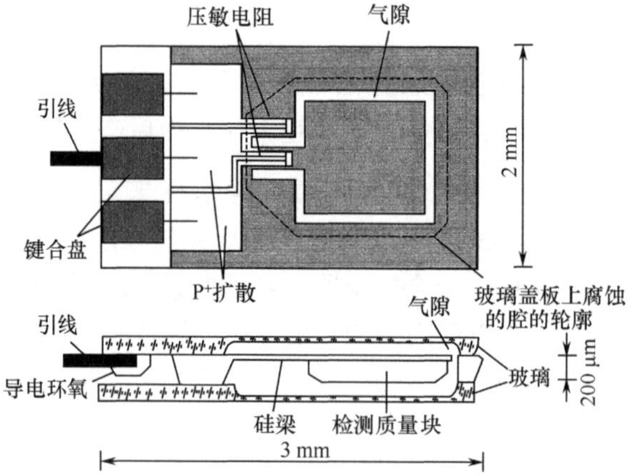

图 9-2-12　一种具体的单悬臂梁压阻式加速度微传感器结构

压阻式加速度微传感器具有制造工序简单、结构简单、外形小巧、性能优越、检测电阻变化的电子线路也相对简单等优点，尤其适用于低频加速度的测量；其缺点是对温度敏感、灵敏度较低等。

2. 电容式加速度微传感器

电容式加速度微传感器将质量块的运动转换为电极极板间电容的变化，从而通过电容值的测量来得到加速度的值。电容检测原理对温度变化不敏感，因此在温度特性方面，电容式加速度微传感器比压阻式加速度微传感器有本质上的优势。

在电容式加速度微传感器中，电容的一个电极制作在惯性质量块上，外部加速度的变化引起该电极与衬底上固定电极之间电容的改变，因此，电容值所对应的就是外部加速度。

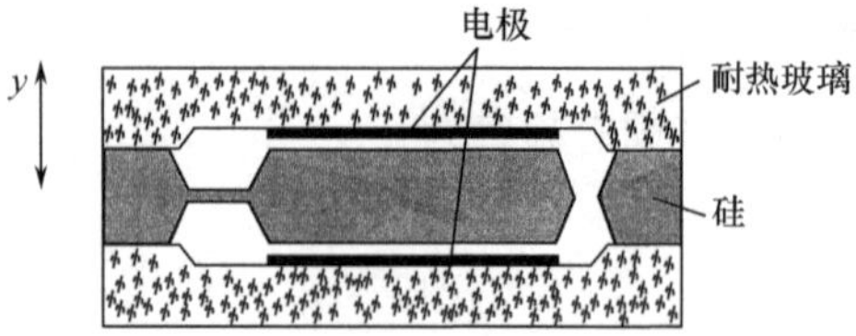

图 9-2-13　电容式加速度微传感器结构示意图

图 9-2-13 是一个典型的电容式加速度微传感器的结构示意图，用于敏感 y 轴方向的加速度。在这个结构中，采用硅片和玻璃键合的方法实现厚而大的敏感质量块以获得高的灵敏度。质量块由一个悬臂梁来支撑。在一些改进的设计中，会采用两个或多个悬臂梁。

设质量块处于平衡位置时，上、下电容极板间距相同，均为 y_0，相应的电容均为 C。当微传感器受到外部加速度作用时，质量块产生位移，上、下电容分别变为

$$C_1 = C\frac{y_0}{y_0 + \Delta y}, \qquad C_2 = C\frac{y_0}{y_0 - \Delta y}$$

当 Δy 值很小时，对质量为 m、加速度为 a、弹性系数设为 k 的二阶弹性系统，有 $ma=k\Delta y$，电容的变化量为

$$\Delta C = C_1 - C_2 = C\frac{-2y_0\Delta y}{y_0^2 - \Delta y^2} \approx -C\frac{2}{y_0}\frac{m}{k}a \tag{9-2-8}$$

即电容变化和外部加速度信号成线性关系，检测电容变化即可得到外部加速度的大小。

这种原理的微传感器最早于 1991 年见诸报道，是最早成功实现商业化的加速度微传感器之一，测量范围为±5g，分辨率为 0.005g，目前已经在汽车的防撞气囊中得到应用。

根据力平衡的概念，如果施加一静态平衡力给敏感加速度质量块，这个力保持质量块始终在很接近零位置上。这一感受质量块位移、阻止质量块偏移零位并与“位移量”大小成比例的静态平衡力就是代表加速度信号的平衡信号，测出平衡信号，就可得到被测的加速度信号。根据力平衡概念和反馈原理设计的（零位）力平衡式硅电容式加速度传感器的结构如图 9-2-14（a）所示，敏感器件采用 Si-玻璃-Si-玻璃-Si 结构。两玻璃层（键合连接）在中间硅微结构的上、下，与悬臂梁连接的活动极板（质量块）构成差动平板电容器，如图 9-2-14（b）所示。当有加速度 a 作用时，质量块沿垂直方向上下振动，由于偏离（悬臂梁）水平中间位置，引起电容量变化。变化量ΔC 由检测（如开关-电容）电路检测到，并由放大器 A 输出到脉宽调制器，脉宽调制器感受到电容变化ΔC 并输出对应的调制电压信号 $U_{\rm E}$ 和 $\overline{U}_{\rm E}$，分别加到差动平板电容器上，在活动极板相应位置产生一个静电力阻止活动极板偏离零位。静电力大小为

$$F(t) = \frac{1}{2}U(t)^2\frac{\mathrm{d}C}{\mathrm{d}x} \tag{9-2-9}$$

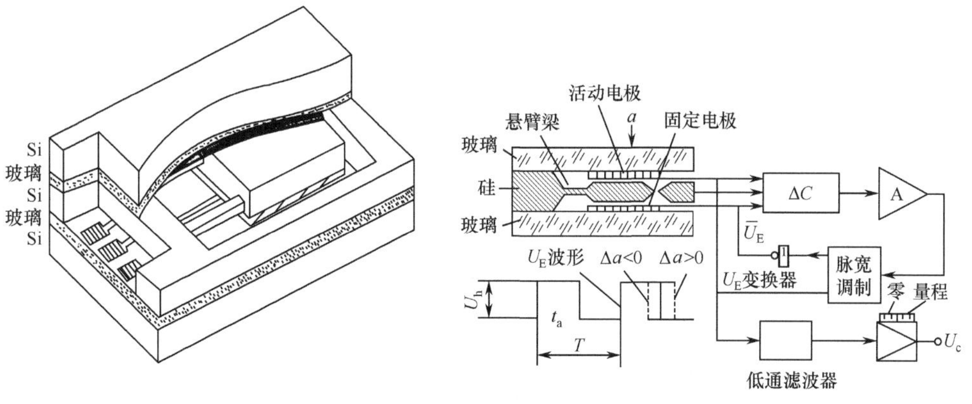

(a) (b)

图 9-2-14　零位平衡式硅电容式加速度传感器

图 9-2-15 为脉宽调制静电伺服系统框图，该系统传递函数表示为

$$D(s)/[ma(s)] = G/[ms^2 + \delta s + k + G\varepsilon A_0 U_h^2/2d^2)] \quad (9\text{-}2\text{-}10)$$

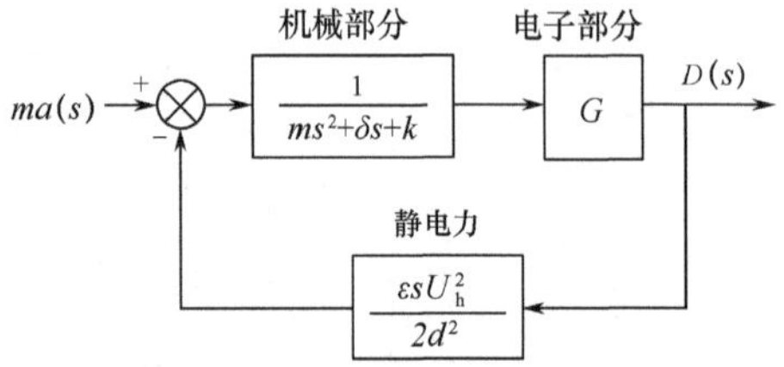

图 9-2-15　脉宽调制静电伺服系统框图

式中，D 为 U_E 的占空比；m 为活动极板（质量块）及悬臂梁的质量；δ为系统阻尼系数；k 为系统刚度；U_h 为电压 U_E 的幅值；G 为电路增益；s 为拉氏因子；A_0 为极板有效面积；d 为板间距；ε为空气介电常数。占空比 $D=t_a/T$，t_a 与 T 为脉宽调制信号 U_E 的脉宽和周期。当增益 G 很大时，在低频范围内，有

$$ms^2 + \delta s + k \ll G\varepsilon A_0 U_h^2/(2d^2) \quad (9\text{-}2\text{-}11)$$

则传递函数可简化为

$$D(s) = \frac{2md^2}{\varepsilon A_0 U_h^2} a(s) \quad (9\text{-}2\text{-}12)$$

可见 U_E 的占空比 D 与加速度 a 成正比。从平板电容器原理可知，板间距 d 越小，其灵敏度越高。该微传感器间距 d 小于 1 μm，因而具有很高的灵敏度，适合检测微弱的低频加速度。

如果把上述差动微结构改成梳状微结构，如图 9-2-16 所示，加速度方向改为水平方向，在敏感可动（质量块）极板上制作长 100 μm、厚 2 μm 的横臂，则其侧面与双层固定极板侧面构成多个平行差动平板电容器。在加速度作用下，动极板沿水平轴线（左右方向）振动，每个差动平板式电容器的工作原理与前述力平衡式硅电容式加速度传感器的相同。

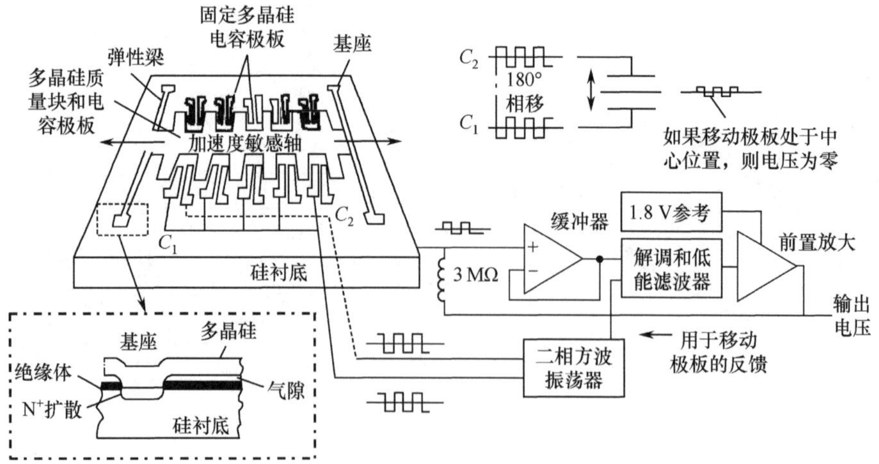

图 9-2-16　微集成式加速度传感器

美国 ADI 公司的 ADXL50 是最早的电容式加速度微传感器，1994 年实现了产品化，它采用多晶硅表面加工工艺制作出敏感元件，在芯片上集成有检测电路的传感器芯片。

由于空间的限制，仅仅一对电极极板所构成的电容器的电容值很小，灵敏度很低，因此 ADXL50 采用了梳状电极结构，通过采用多对平行电极，可在有限的空间内提高电容值，进而提高加速度传感器的灵敏度。图 9-2-17 所示为其工作原理。敏感元件是差动电容 C_{s1} 和 C_{s2}，它由两片固定的外侧极板和可移动的中央动极板组成。中央动极板受加速度的作用而左右移动，无加速度作用时，C_{s1} 和 C_{s2} 相等；当感受到加速度时，其敏感质量（梁）带动中央动极板移动，导致两电容之差发生改变。

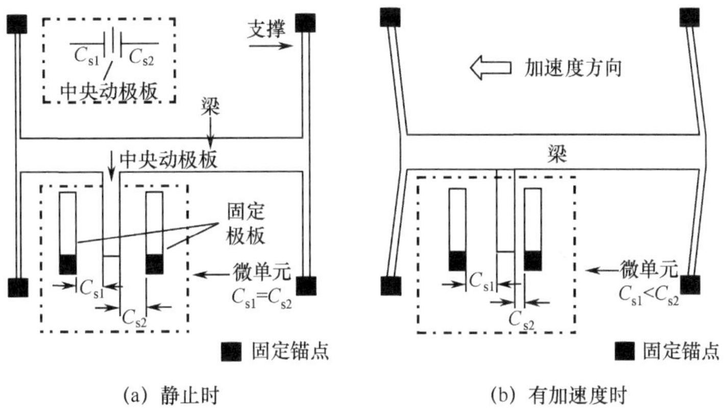

图 9-2-17　ADXL50 加速度微传感养工作原理

对电容式加速度微传感器的改进主要是在敏感结构上。图 9-2-18 所示为外形结构参数为 $6\times4\times1.4\ \mathrm{mm}^3$ 的一种四悬臂梁结构三轴加速度微传感器，它有 4 个带质量块的悬臂梁、4 个独立的信号读出电极和 4 个参考电极。利用图 9-2-18 可解释敏感结构与其作用机理，它巧妙地利用了敏感梁在厚度方向具有非常小的刚度而能感知加速度，在其他方向刚度相对很高而不能够感知加速度的结构特征。以正 x 方向惯性力作用为例，x 向惯性力对质量块 1 和 3 的支撑梁的影响可忽略，质量块 2 和 4 受力使其支撑梁弯曲，但支撑质量块 2 和 4 的悬臂梁的厚度方向相对 z 轴的偏转方向相反，质量块 2 的位移方向背离

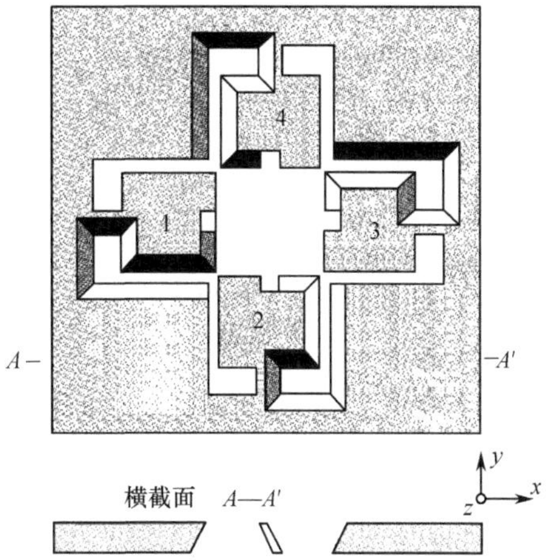

注：4个敏感质量块设置于悬臂梁的端部。

图 9-2-18　三轴加速度计原理的顶视图和横截面图

纸面向外，相当于向外拉；质量块 4 则朝向纸面向里位移，相当于受压。因此使它们与底面构成的两个电容一个增大、一个减小，形成差动。

图 9-2-19 所示为该加速度传感器的横截面示意图，由于各向异性腐蚀的结果，敏感梁的厚度方向与加速度传感器的法线方向（*z* 轴）成 35.26°（tan 35.26° = 0.707）。图 9-2-20 所示为单轴加速度传感器的总体坐标系与局部坐标系之间的关系。

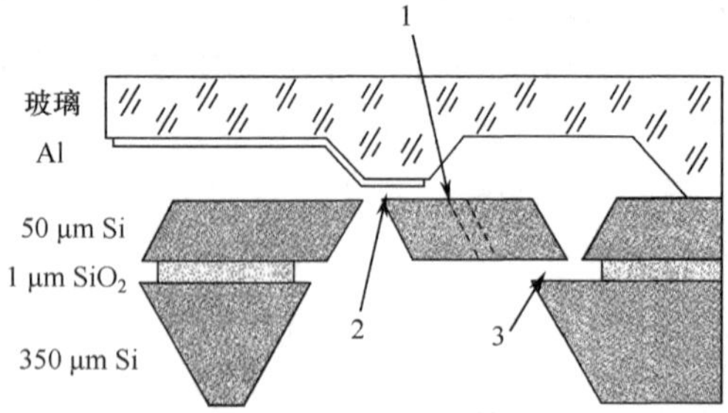

1—敏感质量块和梁（虚线部分） 2—信号读出电容、超量程保护装置和压膜阻尼 3—超量程保护装置

图 9-2-19 SOI 加速度传感器的横截面示意图

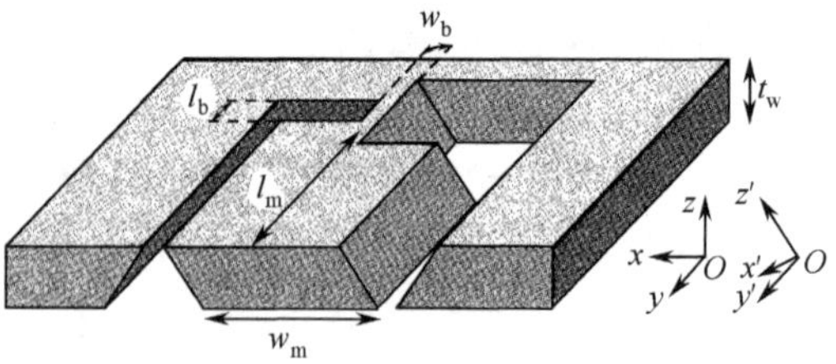

注：梁局部坐标系相对 *y* 轴转动 35.26°。

图 9-2-20 单轴加速度传感器的总体坐标系与局部坐标系的关系

基于实际敏感结构特征，3 个加速度分量为

$$\left.\begin{aligned} a_x &= C(S_2 - S_4) \\ a_y &= C(S_3 - S_1) \\ a_z &= C(S_1 + S_2 + S_3 + S_4)/\sqrt{2} \end{aligned}\right\} \qquad (9\text{-}2\text{-}13)$$

式中，C 为由几何结构参数决定的系数（$\mathrm{m/s^2 \cdot V}$）；S_i 为第 i 个梁和质量块之间的电信号（V），i=1～4。

3．谐振式加速度微传感器

图 9-2-21 为硅谐振梁式加速度传感器结构图。塔形敏感质量块 *m* 悬挂在与其中心线平行且对称的两根水平支承悬臂梁上，悬臂梁另一端固定在框架上。在中心轴线，同样有一根用于信号检测的谐振（悬臂）梁。被测加速度使敏感质量块 *m* 转换成载荷作用于悬臂梁上，导致悬臂梁产生拉伸或压缩应变，硅梁的谐振频率发生变化，其变化量与被测加速度成正比。

由图 9-2-21（b）可见，支承梁（*A-A′*剖面）比谐振梁（*B-B′*剖面）短而厚，其长度比与厚度比由谐振频率的灵敏度决定。若给定以下尺寸：硅框基底 4×4×1.3 mm^3，敏感质量块 1.55×2×0.3 mm^3，支承梁 0.35×0.2×0.022 mm^3，谐振梁 0.7×0.2×0.0055 mm^3，则梁的长度比

为 0.5，厚度比为 4。以此尺寸构成的整个悬挂系统固有频率约为 1.5 kHz。谐振梁尺寸由基本谐振频率 100 kHz（不受加速度作用时）和灵敏度（如选 200 Hz/g）决定，这个谐振频率值（100 kHz）应比整个悬挂系统的谐振频率（1.5 kHz）高出几十倍。

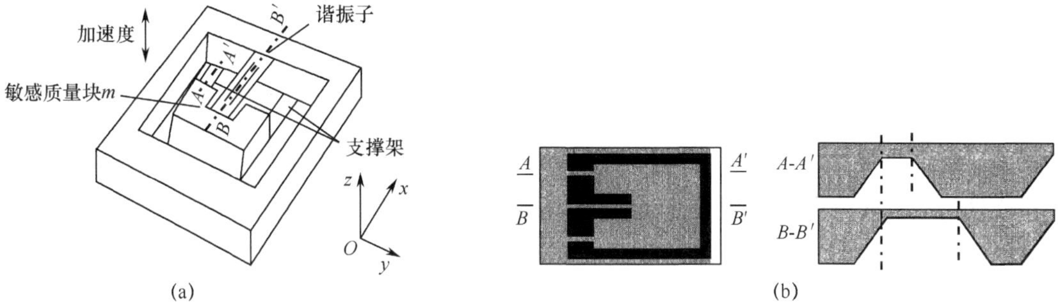

图 9-2-21　硅谐振梁式加速度微传感器原理结构图

工作时，交变电压 $U_{ac}=\cos\omega t$ 和直流偏压 U_{dc} 加在制作在谐振梁表面的激励电阻上，使谐振梁沿中心轴线方向产生交变热应力，若其固有频率与梁的谐振频率一致，硅梁产生谐振，其上检测电阻将感受到谐振轴向交变应力，阻值按谐振频率变化，由检测电桥输出同频变化的电压信号。当有沿垂向（z 轴）的加速度作用于敏感质量块 m 时，质量块 m 将沿 z 轴方向向下移动，使支承梁弯曲。因谐振梁与支承梁厚度不同，两者的中性轴不在同一平面上，导致谐振梁产生拉伸（或压缩）应变，该应变（应力）附加在交变热应力上，改变（无质量块 m 作用时）自身谐振频率，其改变量与（质量块 m）被测加速度成函数关系。

9.2.4　微机械陀螺

微机械陀螺是微机械加工技术和陀螺理论相结合的产物，它在 20 世纪 80 年代后期得到发展，有着极其广阔的应用前景，可应用于卫星、飞机、汽车、工业机器人、摄影、玩具、医疗器械的方向定位和姿态测量等民用或商业领域，同时也是航空航天、兵器等领域中运载器控制系统或惯性导航、制导系统必不可少的重要敏感元件。实现微陀螺的微机械结构方式有谐振式和框架驱动式等。下面简介框架驱动式微陀螺的结构原理。

1. 微机械陀螺的工作原理

微机械陀螺的工作原理是经典力学中的哥氏效应理论。对于刚体内质点的复合运动，如果牵连运动为旋转运动，则除了有相对加速度和牵连加速度之外，还有一项附加的加速度，这就是哥氏加速度。哥氏加速度的表达式为

$$a = 2\omega v \tag{9-2-14}$$

式中，a 为哥氏加速度；ω 为旋转加速度；v 为垂直于旋转轴的速度分量。

从结构上看，微机械陀螺大致可分为振动式和转子式两大类。振动式微机械陀螺研究比较多，它利用振动质量块被基座带动旋转时产生的哥氏加速度来对角速度进行测量。

2．硅微框架驱动式陀螺

图 9-2-22 为一个典型的硅微框架驱动式陀螺的结构原理图，在该结构中有两个框架，即内框架和外框架，相互正交的内、外框架轴（图中 1、2 为支撑内框架，3、4 为支撑外框架）均为一对扁平状的挠性枢轴，它们绕自身轴向的抗扭刚度低，但抗弯刚度较高。检测质量块固定在内框架上，在外框架两侧对称设置一对驱动电极，可由静电力驱动。在内框架两侧设置一对敏感电极检测角速度信号，这 4 个电极相对仪表壳体固定。由于利用微机械加工技术制作，整个装置的尺寸为微米级。

在静电力驱动下，外框架连同内框架和质量块一起绕驱动轴做高频振动，振动的角度极小。设角振动波形为正弦波，振幅为 θ_0，角频率为 ω_n，则振动角位移 θ 为

$$\theta=\theta_0\sin t\omega_n t$$

因 θ 很小，检测质量块上各质点的振动都可视为线振动。在检测质量块上任取一质点 P，它在坐标系 $O\text{-}xyz$ 中的坐标为（x_i，y_i，z_i），如图 9-2-23 所示，则 P 在 x 轴的振动线速度为

$$v_{ix}=\theta'_{2y}z_i,\quad v_{iy}=0,\quad v_{iz}=-\theta'_{2y}x_i \tag{9-2-15}$$

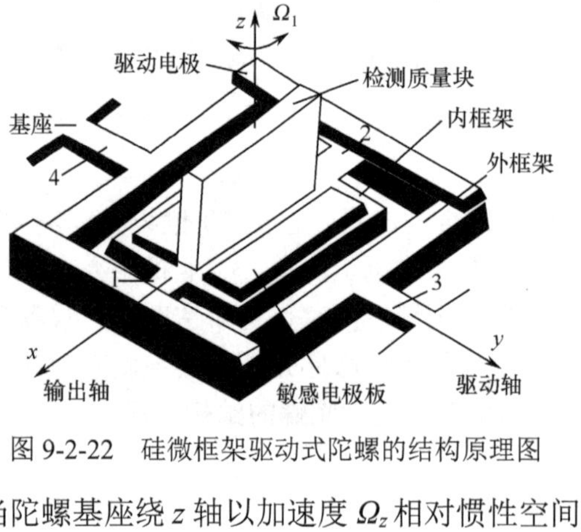

图 9-2-22　硅微框架驱动式陀螺的结构原理图

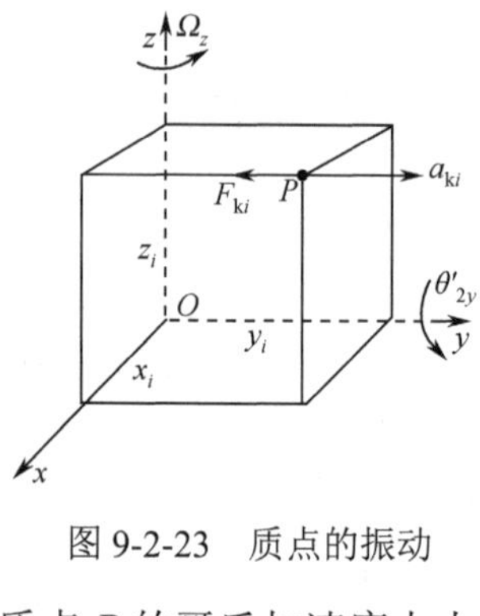

图 9-2-23　质点的振动

当陀螺基座绕 z 轴以加速度 Ω_z 相对惯性空间转动时，质点 P 的哥氏加速度大小为

$$a_{ki}=2\Omega_z\theta'_{2y}z_i \tag{9-2-16}$$

沿 y 轴为正方向。

设质点 P 的质量为 m，则该点所受到的哥氏惯性力为

$$F_{ki}=m_i a_{ki}=2m_i\Omega_z\theta'_{2y}z_i \tag{9-2-17}$$

方向与哥氏加速度相反，即沿 y 轴为负方向。

这一哥氏惯性力形成的绕输出轴（x 轴）的哥氏惯性力矩为

$$M_{ki}= F_{ki}z_i =2m_i\Omega_z\theta'_{2y}z_i^2 \tag{9-2-18}$$

当陀螺感受到绕 z 轴输融入的角速度作用时，内框架上各质点均会产生如上所述的哥氏惯性力矩，整个内框架受到的总哥氏惯性力矩为所有振动质点哥氏惯性力矩之和。

在哥氏惯性力矩的作用下，内框架绕输出轴做高频微振动，其振动频率与静电驱动频率相同，振幅与输入角速度成线性关系。检测出内框架的振幅，即可得到所测的角速度。

磁微传感器所敏感的是与磁场有关的参量。了解磁微传感器的工作原理，首先需要了解描述磁场的一些常见物理量。此外，磁微传感器的种类不是很多，根据输出信号的形式，可简单分为霍尔传感器、磁电导微传感器、磁致电流微传感器等几种类型。

9.2.5 微型磁通门磁强计

磁通门传感器是一种磁感应式传感器，它可以测量直流或低频磁场的大小和方向。在所有室温下使用的固态传感器中，它具有最高的灵敏度，可以检测到 10^{-9}～10^{-10} T，而一般的检测范围为 10^{-4}～10^{-10} T。目前磁通门已经广泛应用于飞机、导弹、卫星、汽车和潜艇的导航系统。在工业中磁通门也可以用于位置传感器、非接触型流速计、非接触型电流测量、金属物体探测、古磁学测量、磁性油墨的读出等。

1. 磁通门的结构原理

磁通门的基本结构如图 9-2-24（a）所示，截面积为 A 的磁芯具有图 9-2-24（b）所示的磁滞回线，激发线圈受外加电压 U_{exc} 激发，在读出线圈中得到感应电压 U_{ind}，H_0 为被测磁场，μ_r 为磁芯的有效相对磁导率。

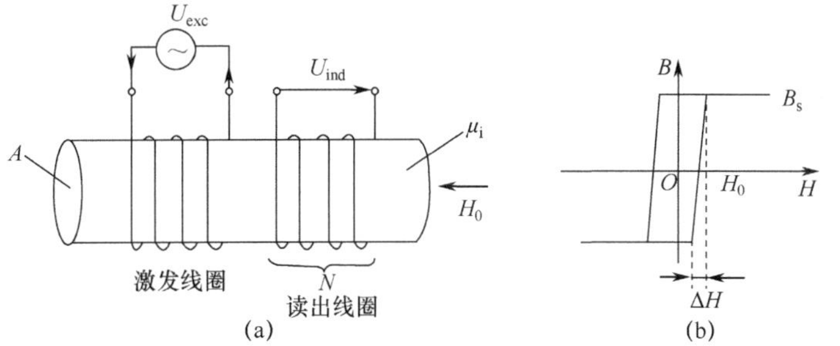

图 9-2-24　磁通门的基本结构

当磁芯受到由激发线圈产生的三角波交流磁场激发，该交流磁场的峰值 H_m 必须足够大才能使磁芯饱和，然后在读出线圈中感应出一个周期脉冲电压，如图 9-2-25 中实线所示。

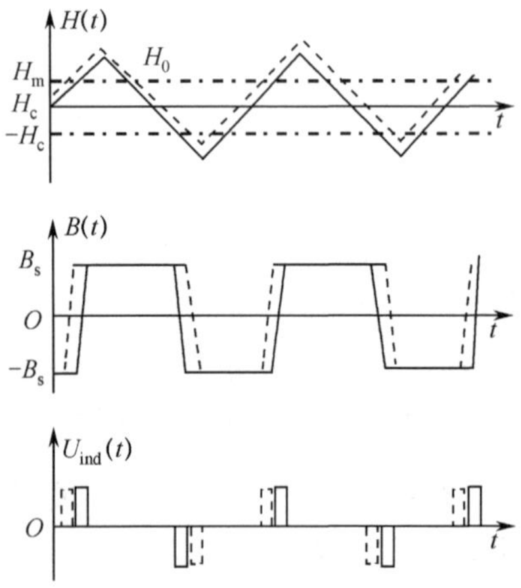

图 9-2-25　单芯磁通门的二次谐波工作原理

当外加（被测）磁场为 H_0 时，感应脉冲的相位发生变化，如图 9-2-25 中虚线曲线所示。通过分析脉冲的相位变化，可测量外加磁场大小。最常用的工作原理基于下列事实：当施加外磁场时，在读出线圈中将产生偶次谐波，特别是二次谐波。根据傅里叶分析，其二次谐波电压为

$$U_2 = \frac{8NA\mu_0\mu_r H_m f}{\pi}\sin\frac{\pi\Delta H}{H_m}\sin\frac{\pi H_0}{H_m} \qquad (9\text{-}2\text{-}19)$$

式中，N 为读出线圈的圈数；A 为磁芯截面积；f 为激发频率；μ_0 为真空磁导率；$\Delta H=2B_s\mu_0^{-1}\mu_r^{-1}$（$B_s$ 为饱和磁通密度）。若 $H_0 \ll H_m$（H_m 为激发磁场峰值），则磁灵敏度 S_B（单位：V/T）为

$$S_B = 8NA\mu_r f\sin\frac{\pi\Delta H}{H_m} \qquad (9\text{-}2\text{-}20)$$

在最佳激发条件下，即当激发磁场峰值 H_m 等于饱和磁场的两倍（$H_m=2\Delta H$）时，磁通门的磁灵敏度为 $8NA\mu_r f$。

2. 微型化实现

在航空航天中应用的磁通门磁强计大都采用机械手段制备，激励线圈和接收线圈采用机械绕线方式，磁芯则采用大块的金属磁性合金，且磁导率较低，接口电路与磁通门传感元件分开制造，其结果是体积大、质量大、灵敏度低、长期稳定性差。20 世纪 90 年代以来，MEMS 技术飞速发展，为磁通门磁强计微系统研制提供了有效可靠的途径。

磁通门磁强计的微型化和接口电路的集成化是磁通门磁强计实现微型化的必然要求。采用 MEMS 技术和 CMOS 工艺，可将磁通门传感器元件（包括激励线圈、接收线圈、溅射磁性薄膜或电镀磁性薄膜）、界面控制电路集成在同一芯片上，即形成磁通门微磁强计系统。图 9-2-26 给出了图 9-2-24（a）所示结构的磁通门磁强计的两种微磁通门结构形式。在图 9-2-26（a）中，先通过微机械加工（如硅的各向异性腐蚀）在硅片上刻出一个 U 形槽，然后在槽的上面形成金属线圈的下半部分，在制备一层绝缘膜以后，再制备坡莫合金磁芯。在制备第二层绝缘膜之后，再制备金属线圈的上半部分。线圈的上、下部分合在一起，就形成一个绕在坡莫合金磁芯外部的完整线圈。用同样的方法也可制作如图 9-2-26（b）所示的结构，但不需要开 U 形槽。

磁通门微磁强计是一种磁调制器，用做测量磁场的探头。它是利用高磁导率铁芯，在饱和交变电场的激励下选通调制铁芯中的直流磁场成分，将直流磁场转变为交流电压信号，

从而完成对弱小直流磁场的测量的。选用不同测量探头可测量均匀直流磁场及梯度磁场，还可用于检测弱磁材料的磁导率。

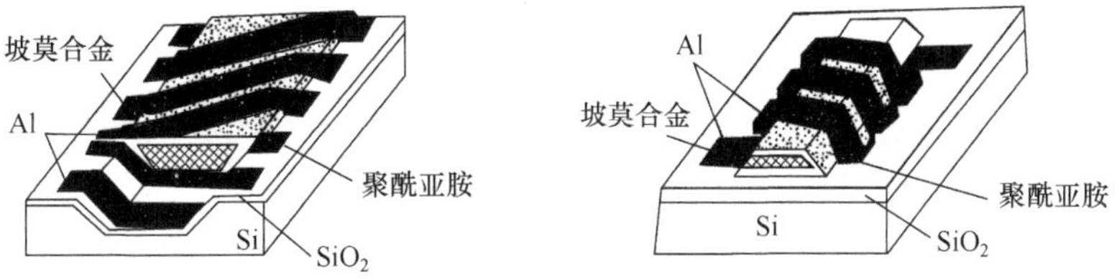

(a)开 U 形槽的微磁通门磁芯线圈结构示意图　　(b)不开槽的微磁通门磁芯线圈结构示意图

图 9-2-26　微磁通门的两种结构形式

9.3　热和红外辐射量微传感器

9.3.1　声表面波温度传感器

声表面波温度传感器是利用声表面波的传输速度与温度有关的特性来实现的，这种传感器的温度敏感特性取决于压电晶体的切型及所采用的压电材料。基于延迟线 SAW 振荡器的温度传感器可达到 10^{-6}℃的分辨率，线性度及滞后特性都比较理想。但敏感元件对表面质量负载的变化非常敏感，因此必须封装在密封外壳中。

声表面波器件响应速度快，因工作频率高，这种温度传感器可实现远程无线温度检测。

利用声表面波器件本身的高频特性及基片的压电特性，可通过无线发射-接收技术，实现敏感器件本身的无源化。这种传感器的工作原理有些类似于无线电技术中的雷达。测量仪器发射访问脉冲信号，连接在声表面波敏感器件上的天线接收访问脉冲信号，并将其转换为器件表面的声表面波。经被测参数调制后的声表面波再转换为电信号，经天线发射出去。检测仪器接收到的回波信号中就包含了被测对象的信息。因此，这类传感器中，敏感元件本身是无源的，也不需要像一般的无线 IC 卡那样利用天线耦合得到所需要的电源，是一种真正的无源无线传感器。

无源无线声表面波传感器的敏感元件同样有两种形式：延迟线型及谐振器型，如图 9-3-1 所示。与前面所述的有一对发射-接收 IDT 的延迟线型传感器不同，无源无线的延迟线型声表面波传感器一般只有一组与天线连接在一起的 IDT，既作为发射 IDT，也作为接收 IDT。而延迟时间则是通过在器件上与 IDT 间隔一定距离制作声表面波反射栅的方式实现的。延迟时间则通过提取回波信号的相位差实现。

谐振器型无源无线声表面波传感器的敏感元件与普通的谐振器型声表面波器件类似，也是通过提取回波信号中的谐振频率实现无线检测的。谐振频率的检测可采用模拟和数字两种方法，模拟的方法可采用门控锁相技术进行鉴频；数字的方法则可利用快速傅里叶变换，直接从回波信号中提取谐振频率。

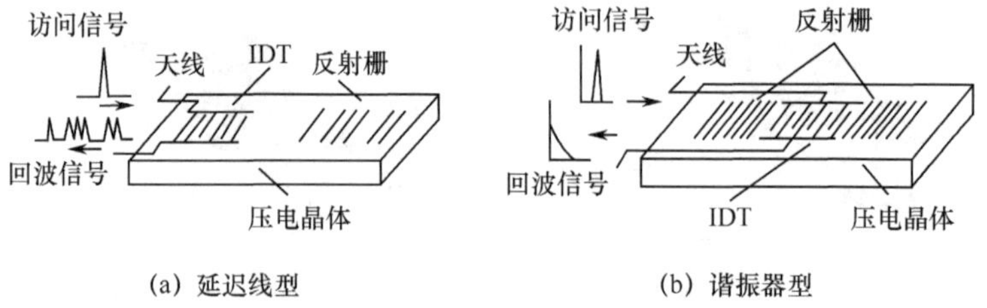

图 9-3-1　无源无线声表面波传感的两种形式

应用于温度检测时，这种无源无线声表面波传感器所采用的主要为延迟线型形式。

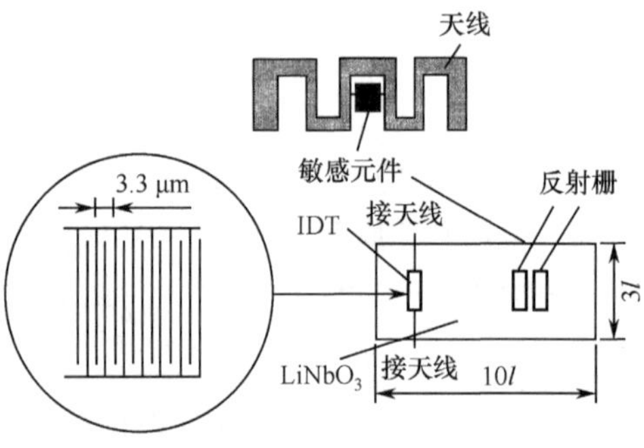

图 9-3-2　微型无源无线声表面波温度传感器

如图 9-3-2 所示，在陶瓷、玻璃或硅基片上制作一层铌酸锂（$LiNbO_3$）薄膜，在薄膜上制作金属铝薄膜，然后采用平面光刻工艺制作一对连接到微波天线上的 IDT，以及一对反射栅。工作时，天线将接收到的频率调制电磁信号转换为电信号，通过 IDT 激励起声表面波。声表面波传播到反射栅处，发生反射回波，到达 IDT 后，再次转换为电磁波信号发射出去。由于两个反射栅的位置不同，因此反射回波的时间间隔与元件的温度有关。由于延迟时间的间隔很小，因此，一般要通过相位检测的方式进行测量。假设两反射回波的延迟时间分别为 τ_1 和 τ_2，访问信号调制频率（与 IDT 的谐振频率相等）为 ω_0，则两回波信号之间的相位差为

$$\Delta\varphi = \omega_0 \alpha (\tau_2 - \tau_1) \Delta T \tag{9-3-1}$$

式中，ΔT 为温度变化量；α 为压电材料决定的温度灵敏度系数，对于铌酸锂薄膜，$\alpha=9.4\times10^{-5}/\mathrm{K}$。当访问信号调制频率为 905 MHz 时，这种传感器在 20～130℃时的敏感特性呈现很好的线性，检测灵敏度可达 3.1°/℃。当相位检测分辨率为 1°时，温度分辨率为 0.3℃。

这种温度传感器的检测精度并不是很高，其突出优势在于检测方式，在一些严格限制不能采用有线方式为传感器提供电源的场合非常适用。另外，这种传感器还可嵌入旋转或运动的部件，如汽车轮胎、火车车轮、飞机发动机等，实现运动部件的温度检测。虽然访问系统的工作频率高，电路组成比较复杂，但器件本身容易采用微细加工工艺制作，成本低廉，是一种很有发展前途的传感器。

9.3.2 红外热敏微传感器

红外热敏微传感器实际上是一种间接测量红外辐射的器件，它将红外辐射转化成热后再进行测量。这类器件应用非常广，如在监视、军事、安全、医学及消费电子产品中均有应用。总体来看，这类器件可在较低的制作成本下获得很好的性能，批量生产的可行性强。由于需求量大，其实现方法多，包括热敏电阻、热电偶、热释电、热膨胀等热测量方式。

辐射热测量器（bolometer）是一种利用热敏电阻测量红外辐射的微传感器。器件由两个或两个以上的热敏电阻组成，其中一个作为参考电阻，不受入射辐射影响；另一个作为辐射敏感元件。一般情况下，精密匹配的两个热敏电阻被连接在惠斯通电桥中相对的两桥臂上。选用半导体型（如硅或 InSb）或热敏电阻型的敏感元件。由于敏感元件本身对波长不敏感，可选合适波长的滤光窗通常作为封装的一部分与敏感元件制作成一体，响应度的典型值为 300 V/W。如果无滤光窗，该传感器对波长的响应曲线非常平坦。

利用微加工技术很容易实现辐射热测量器。由于可制作出很好的热绝缘微结构，微传感器的性能也很理想。图 9-3-3 所示为一种红外光微传感器的结构。这种微传感器的加工需要用到体加工工艺，由窄的氮化硅支承梁支撑敏感膜片，以实现热敏材料的热绝缘。在敏感膜片上用真空沉积方法制作温度敏感膜。常用材料包括钍、氮化钛（电阻温度系数约 0.24%/℃）及氧化钒（VO_x，电阻温度系数约 3%/℃）。这种微传感器的 $1/f$ 噪声很低。通过在同一衬底基片上制作多个这样的岛状结构，可实现红外光微传感器阵列。利用氧化钒材料制作的红外光微传感器，采用 300 K 的黑体辐射测试，可得到的响应度为 7×10^4 V/W。

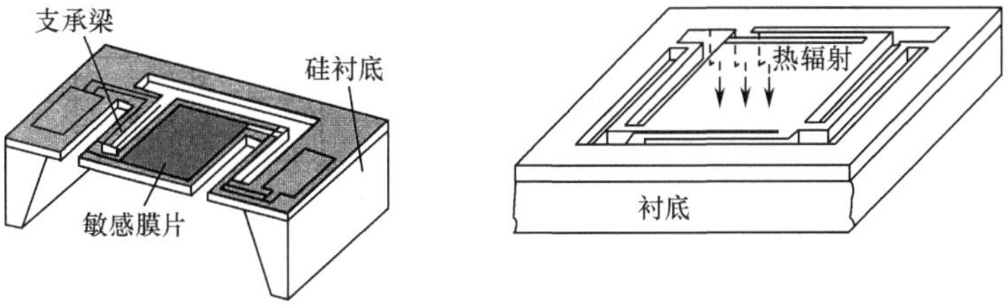

图 9-3-3 热辐射测量器型红外光微传感器结构

利用热电偶同样可测红外热辐射。通常将多个热电偶电串联（热并联）成热电堆。热电堆的优点在于输出电压比热电偶大许多。在热电偶的热端涂上辐射吸收层（如金黑、铋黑），将入射的红外辐射转换为热，进而产生电压信号。

与热辐射测量器型微传感器相比，热电堆优点很多，它不需参考元件做补偿，热电堆本身产生电压，不需外加电源，只要保持热端与冷端之间有温度差，就有直流响应，不存在元件自热问题。此外，热电堆的响应速度也较快，一般为 5～10 μs。

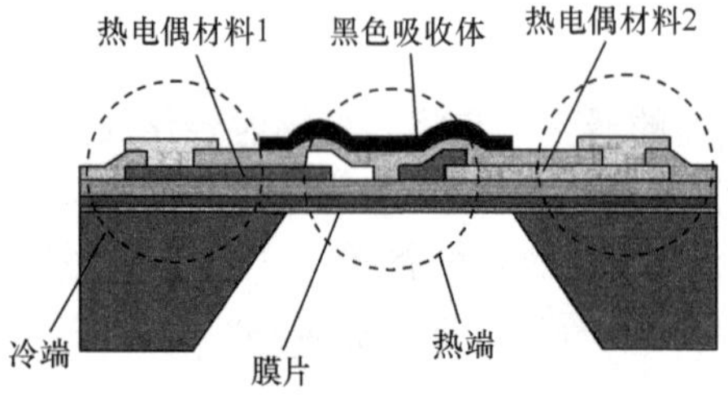

图 9-3-4　热电堆截面图

图 9-3-4 给出了一种热电堆元件的结构。冷端置于硅衬底上，以提供有效的热沉。热端制备有黑色吸收体，以吸收红外辐射。红外辐射引起温度的上升量取决于入射的红外光强。热电堆所采用的两种不同的热电偶材料需要制作在低热传导率、低热容量的薄膜片上，这样可在冷端与热端之间产生更大的温度差，并因而提高微传感器的性能。

图 9-3-5 为这种热电堆元件的封装结构。虽然从原理上说，热电堆元件对红外辐射的响应不受环境温度影响，但实际器件输出还是会受环境温度变化影响，所以在元件中集成设置一个热敏电阻来探测环境温度变化，以对热电堆的输出特性进行补偿。此外，由于热电堆对入射波长不敏感，所以滤光窗参数的设计非常重要。

图 9-3-6 给出了这种热电堆的一种检测电路，其中，U_{th} 为温度检测信号，U_o 为红外辐射检测信号，U_i 为基准电压。

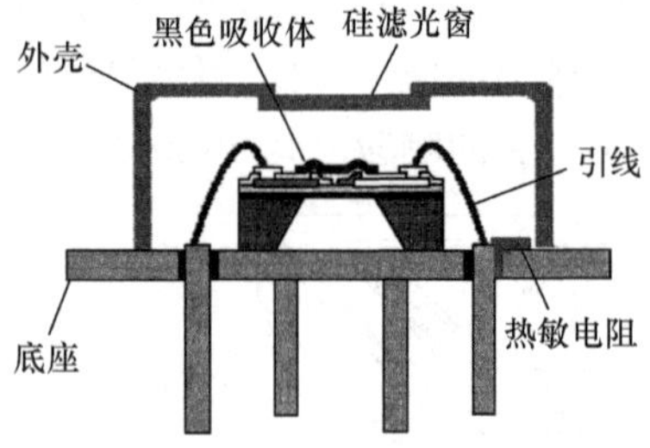

图 9-3-5　热电堆元件封装结构

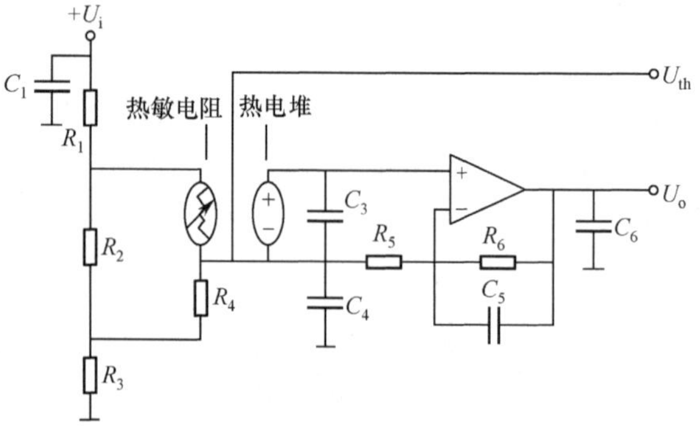

图 9-3-6　带温度补偿的热电堆检测电路

9.3.3　基于 MEMS 技术的气体微传感器

利用 MEMS 技术，将传统的化学量传感器进行微型化，是 MEMS 技术的研究方向之一。与物理量传感器不同的是，这种传感器的敏感元件上需要有可以与被检测分子产生相互作用的物质，因此传感器的设计不仅需要考虑 MEMS 工艺，还需要考虑敏感物质在元件表面的制作问题。

基于 MEMS 的新型微结构气敏传感器，主要有硅基微结构气敏传感器和硅微结构气敏传感器。硅基微结构气敏传感器是衬底为硅，敏感层为非硅材料的微结构气敏传感器，主要有金属氧化物半导体、固体电解质型、电容型、谐振器型。硅微结构气敏传感器主要是金属氧化物-半导体-场效应管（MOSFET）型和钯金属-绝缘体-半导体（MIS）二极管型。MEMS 技术将传感器与 IC 电路集成一起，而且精度高、体积小、质量轻、功耗低、选择性好、稳定性高，同种器件之间的互换性好，可以批量生产，所以是传感器工艺的发展方向，而且基本所有的传感器都可以用 MEMS 技术生产。

1．氢敏 MOS 场效应管传感器

（1）原理与结构。氢敏 MOS 场效应管（MOSFET）与普通 MOSFET 的区别在于栅极 G 用的是 Pd，故又称氢敏场效应管为 Pd_MOSFET，如图 9-3-7 所示。

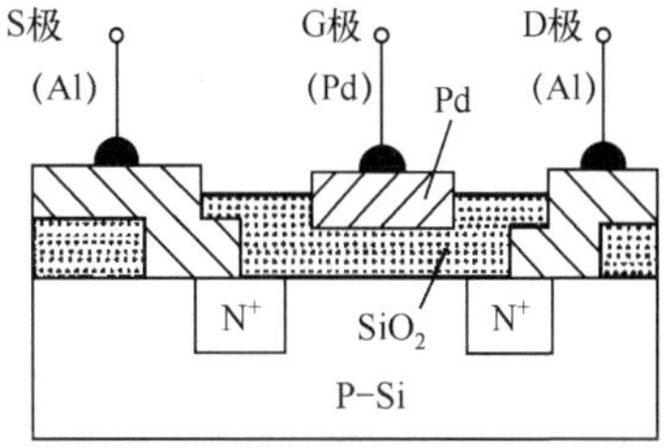

图 9-3-7　Pd_MOSFET 结构

Pd 对氢气（H_2）有很强的吸收和溶解性，因此当氢分子被吸附到栅极上后迅速分解为氢原子，在 Pd_SiO_2 界面上形成氢原子层，引起 Pd 功函数改变从而改变 MOSFET 的阈值电压 U_T。此阈值电压的变化和器件特性反映了氢气的体积分数，因此，通过测量无氢气和有氢气两种环境下的瞬时值，可测得氢气的体积分数。

设在无氢气的环境下，晶体管的阈值电压为 U_{T0}，有氢气存在时，晶体管的阈值电压降低为 U_{Ta}，晶体管的阈值电压变化量为 ΔU_T，氢气的体积分数为 P_H。ΔU_T 和 P_H 的值与测量环境中有无氧气有关。当测量环境中无氧气存在时，有

$$\Delta U_T=U_{Ta}-U_{T0}=\Delta U_M K\sqrt{P_H}/(1+K\sqrt{P_H})$$

若测量环境中有氧气存在，则关系式就要复杂一些，就变成

$$\Delta U_T=U_{Ta}-U_{T0}=\Delta U_M K\sqrt{P_H/P_O^a}/(1+K\sqrt{P_H/P_O^a})$$

式中，K、a 为常数，$0.5\leqslant a\leqslant 1.0$；$\Delta U_M$ 为晶体管的最大阈值电压变化量；P_H、P_O 分别为氢气和氧气的体积分数。

（2）MOSFET 气敏传感器的特性如下。

① 灵敏度：气敏 MOSFET 的灵敏度定义为器件阈值电压与气体体积分数的关系。当有氧气存在时，氢分子和氧分子在 Pd 表面发生化学反应生成水分子，由于水分子吸附在 Pd 表面，使氢的覆盖系数减小。氧气密度越大，氢的覆盖系数越小，从而影响了器件的灵敏度。

② 温度特性：氢气敏感传感器在室温和惰性气体中，有一定的灵敏度，但响应时间或恢复时间太长。通过实验得到，Pd 栅气敏 MOSFET 的工作温度最好选择在 150 ℃附近。

③ 响应特性：当气体浓度发生变化（一般指阶跃变化）时，Pd 栅气敏 MOSFET 的阈

值电压 ΔU_T 随时间而变化，并逐渐达到稳定值。这一过程与气敏 MOSFET 的响应特性有关。气敏 MOSFET 的响应特性可以用响应时间和恢复时间来描述。

器件从氢气阶跃变化开始直到稳定值的 95%所用的时间为器件的响应时间；器件从氢气环境突然置于空气中，器件输出达到稳定值的 95%所用的时间为器件的恢复时间。

④ 稳定性：Pd 据气敏 MOSFET 的阈值电压 ΔU_T 随时间发生缓慢的漂移，影响气敏 MOSFET 稳定性的因素主要有两个方面：一方面是气敏传感器 Pd 栅膜层的鼓包现象；另一方面是 Pd_SiO_2-Si 结构在氢气中存在滞后现象。

该类传感器是一种新型器件，特性尚不稳定，还不能用 Pd-MOSFET 定量检测氢气的体积分数，只能用于 H_2 的泄漏检测。

2．MIS 二极管型氢敏传感器

MIS 二极管的伏安特性对氢气很敏感，当氢气体积分数改变时，伏安特性会发生明显变化，因而可用来检测氢气。C-W 储备大学开发了带有加热器和测温元件的 MIS 二极管型微结构氢敏传感器，为提高灵敏度和耐久性，电极金属用 Pd-Ag 合金代替 Pd。用集成电路工艺制造出加热器、测温元件和 MIS 二极管，最后用牺牲层工艺从背面将硅片选择性减薄。

这种测氢二极管在正偏或反偏状态下都可测氢气体积分数：用恒流源正偏置 MIS 二极管，其正偏压降可定量显示氢气的体积分数；用恒压源反偏置 MIS 二极管，反向漏电流可定量显示氢气体积分数。

3．SnO_2 氧化物薄膜气体微传感器

图 9-3-8 所示为利用 MEMS 工艺制作的可控制温度的电导敏感元件。如在中央部位表面利用纳米材料制作气体敏感薄膜（如 SnO_2），则该元件即成为气体微传感器的基础元件，可用于制作各种类型的气体微传感器以及微传感器阵列。这种微传感器的优势在于体积小、功耗低、可批量生产，随之而来的问题则在于硅基底材料的立体加工工艺、元件的可靠性，以及元件与敏感材料之间的兼容性等。

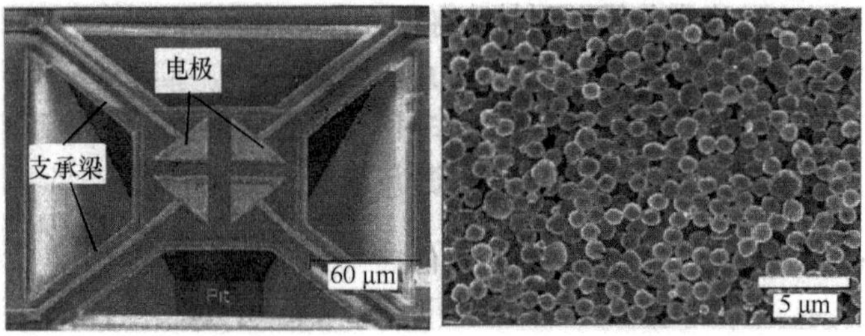

(a)元件结构　　(b)SnO_2 薄膜

图 9-3-8　利用 MEMS 技术制作的可控温的电导敏感元件

图 9-3-9 给出了利用上述元件制作的一种 SnO_2 氧化物薄膜气体微传感器的结构。SnO_2 氧化物薄膜对气体的敏感特性是与温度有关的，主要原因在于气体分子在表面的吸/脱附过程、气体分子在表面的吸附量、反应速度等均与温度有关。

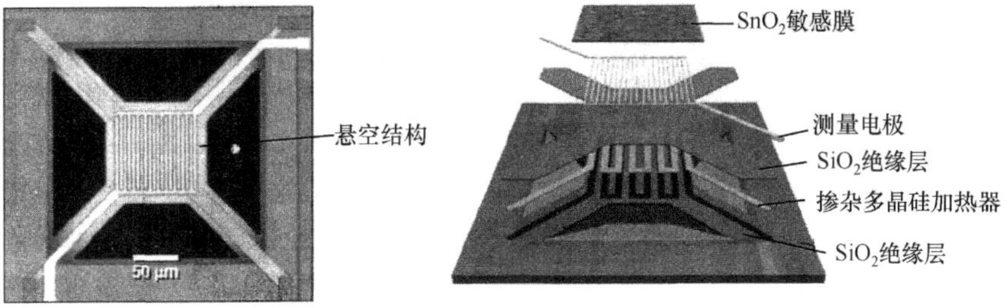

(a) 俯视图　　(b) 薄膜结构

图 9-3-9　一种 SnO_2 氧化物薄膜气体微传感器结构

此外，温度还会引起微结构的尺寸变化。因此，这种 SnO_2 氧化物薄膜结合可控温元件的微传感器与传统形式的 SnO_2 氧化物薄膜气体微传感器相比有明显的优势。

温度控制在元件特性方面的作用如图 9-3-10 所示。在元件的制作方面，需要考虑的因素主要有加温元件的位置，以及表面薄膜制作时微结构的控制。从图 9-3-10 中可见，温度的变化导致元件对各种气体成分的敏感特性改变，因此可通过对元件工作温度的控制，调节敏感元件的气体敏感特性。

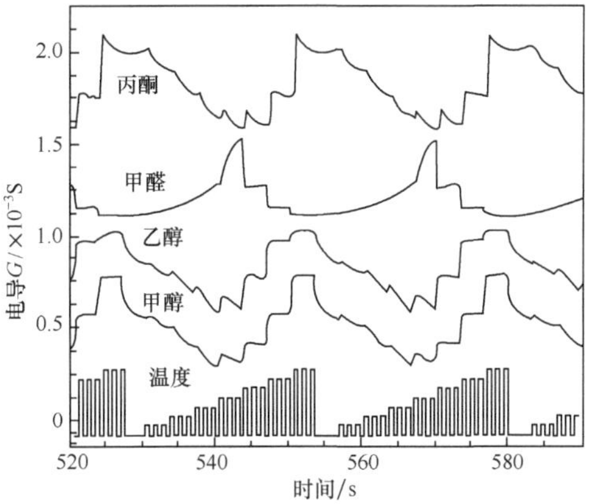

图 9-3-10　温度控制在元件特性方面的作用

图 9-3-11 所示为集成有 9 个敏感元件的器件，这是一种与 CMOS 工艺兼容的器件，由于体积微小，所以热惯性小，温度变化率可达到 10^5～10^6 ℃/s。

需要注意的是，这种敏感元件的加热器是采用脉冲式电流进行加热的。

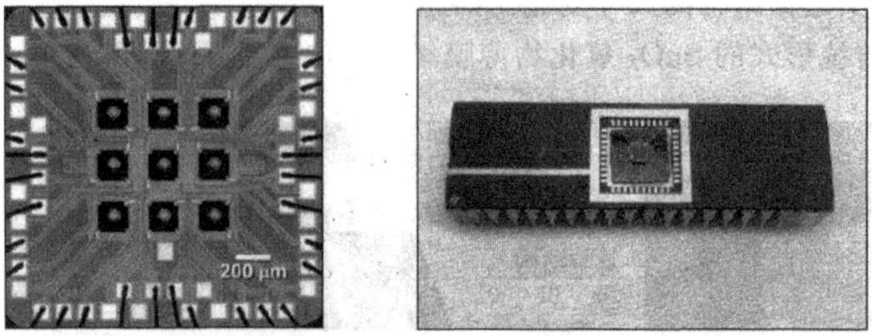

图 9-3-11　集成有 9 个敏感元件的芯片

图 9-3-12 所示为利用不同工艺制作 SnO_2 氧化物薄膜对甲醇的敏感特性比较。微球型颗粒多孔膜因有效表面积大，灵敏度比其他两种薄膜高许多。通过在阵列中制作不同的如图 9-3-11 所示的集成 9 个敏感元件的芯片掺杂特性的敏感薄膜，可实现具有不同敏感特性的气体微传感器阵列，结合温度控制（各元件的温度可分别控制），即可实现一种“电子鼻”。利用模式识别，可从微传感器阵列输出信号中得到被测气体的气味信息。

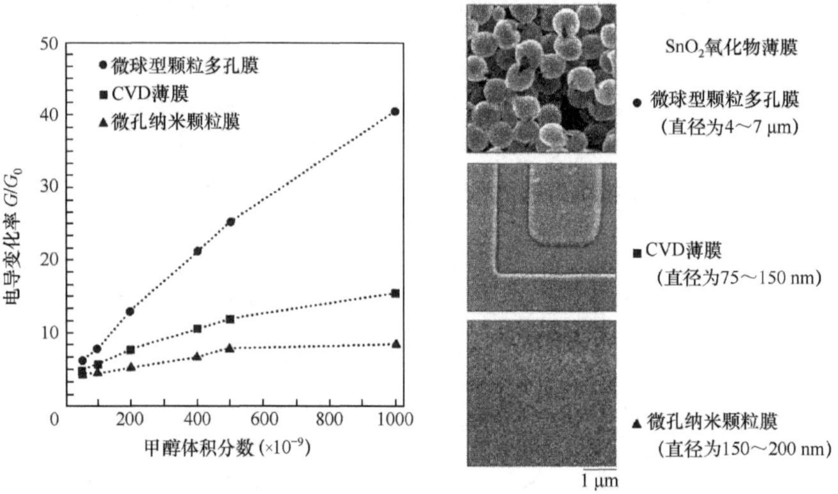

图 9-3-12　不同工艺制作的 SnO_2 氧化物薄膜对甲醇的敏感特性

思考题与习题

【9-1】什么是集成传感器？简述传感器集成化的含义和常见的主要集成途径。

【9-2】以典型的集成传感器为例说明传感器集成化的益处。

【9-3】简介微机械传感器的原理及其结构特点。

【9-4】以压力微传感器为例说明微机械传感器在改善性能方面的优势。

【9-5】根据压阻式、电容式和谐振式微机械加速度传感器的结构特点，说明微机械加速度传感器的一般组成和基本原理，指出三维加速度微传感器的实现方法与一维传感器的异同。

【9-6】简述硅微框架式陀螺的工作原理。

【9-7】红外辐射微传感器测物体温度与接触式温度测量方式相比，各有何优缺点？举例说明。

【9-8】简介声表面波温度传感器的工作原理，说明利用声面表波温度传感器有何突出特点？

【9-9】说明离子敏场效应管的工作原理，以及它与一般场效应管的异同。

【9-10】以 SnO_2 氧化物薄膜气体微传感器为例，说明用 MEMS 工艺制作的可控温电导敏感元件的优势。

第 10 章 智能传感器技术与网络化及接口标准

10.1 智能传感器概述

10.1.1 智能传感器的定义与结构

智能传感器的概念最初是美国航空航天局在开发宇宙飞船的过程中形成的。为保证整个太空飞行过程的安全，要求传感器的精度高、响应快、稳定性好，同时具有一定的数据存储和处理能力，能实现自诊断、自校准、自补偿及远程通信等功能，传统传感器在功能、性能和工作容量方面不能满足这样的要求，于是智能传感器应运而生。

智能传感器是传感器、计算机和通信技术结合的产物。关于智能传感器目前尚无统一定义，早期人们简单地认为智能传感器就是将传统的传感器和微处理器集成在同一芯片上。随着智能传感器技术的发展，基于其构成特点和功能特征，普遍认为智能传感器是“将一个或多个敏感元件和信号处理器集成在同一芯片上的装置”和“是一种带微处理器并具有检测、判断、信息处理、信息记忆、逻辑思维等功能的传感器”。

对于智能传感器的中、英文称谓，目前也未统一。“intelligent sensor”是英国对智能传感器的称谓，而“smart sensor”是美国对智能传感器的俗称。

如图 10-1-1 所示，智能传感器主要由传感器、微处理器及相关电路组成。传感器将被测量转换成电信号，送到信号调理电路，经滤波、放大、A/D 转换送入微处理器。微处理器对接收信号进行计算、存储、分析处理后，一方面通过反馈回路调节传感器与信号调理电路，以实现对测量过程的调节和控制；另一方面将结果送输出接口，通过接口电路处理后按输出格式、界面定制输出数字化的测量结果。智能传感器的核心是微处理器，软件部分的运算和相关调节与控制必须通过微处理器实现。智能传感器的结构可以是分离式的，也可以是集成式的。

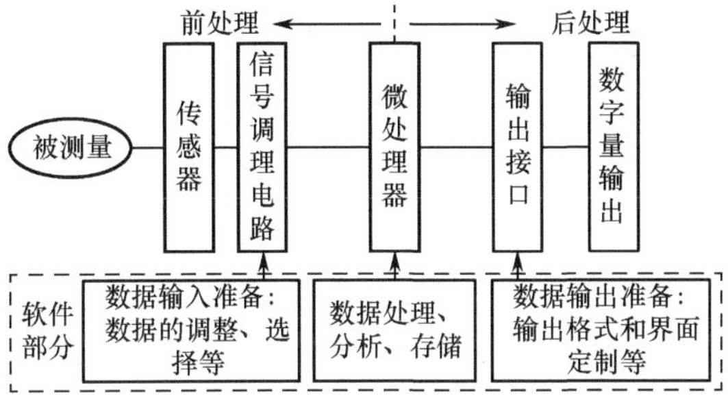

图 10-1-1　智能传感器原理框图

10.1.2　智能传感器的功能与性能特点

智能传感器相对传统传感器在功能上有很大的提高，几乎包括了仪器、仪表的全部功能，主要表现在以下方面。

（1）逻辑判断、统计处理功能。智能传感器能分析、统计和修正检测数据，能对非线性、温度、噪声、响应时间、交叉感应及缓慢漂移等误差补偿，还能根据系统的工作情况决策各部分的供电和向上位计算机传送数据的速率，使系统工作在最低功耗状态和效率优化状态。由于具有计算能力，智能传感器能方便地处理大规模数据，提高测量准确度。

（2）自检、自诊断和自校准功能。智能传感器可通过对环境的判断、自诊断进行零位和增益等参数的调整。当智能传感器由于某些内部故障而不能正常工作时，通过其故障诊断软件和自检软件，并借助内部检测线路可找出异常现象或出故障的部件。操作者输入零值或某一标准值后，自校准程序可自动进行在线校准。

（3）软件组态功能。智能传感器设置有多种模块化的硬件和软件，用户可通过操作指令，改变智能传感器的硬件模块和软件模块的组合状态，以达到不同应用目的，完成不同功能，实现多传感、多参数的复合测量，增加传感器的灵活性和可靠性。

（4）双向通信和标准化数字输出功能。智能传感器具有标准化数字通信接口，能与计算机直接相连或与接口总线相连，相互交换信息，这是智能传感器的关键标志之一。

（5）人机对话功能。智能传感器与仪表等组合，配备各种显示装置和输入键盘，使系统具有灵活的人机对话功能。

（6）信息存储与记忆功能。可存储各种信息，如装置历史信息、校正数据、测量参数、状态参数等。对检测数据的随时存取，可大大加快信息的处理速度。

根据应用场合的不同，目前推出的智能传感器可选择具有上述全部功能或部分功能。与传统传感器相比，智能传感器基于其具有的智能化功能，有如下性能特点：量程宽、准确性与灵活性高、可靠性与稳定性高、自适应能力强、性价比高。

10.1.3 传感器智能化的途径

目前传感器智能化的三种可能途径是：①利用计算机合成，即智能合成；②利用特殊功能材料，即智能材料；③利用功能化几何结构，即智能结构。智能合成表现为传感器装置与微处理器的结合，这是目前的主要途径。利用特殊功能材料和功能化几何结构是通过特殊功能材料或特殊结构，主要用来增强对信号的选择性的，即信号处理功能。智能材料方式实现的系统的特点是传感、信号处理、信号传输等功能重合。

按传感器与计算机的合成方式，目前的传感技术沿用以下三种具体方式实现智能传感器。

1．非集成化的模块方式

智能传感器由许多互相独立模块组成，它通常将微计算机、信号处理电路、输出电路、显示电路和传感器本体（采用非集成化工艺制作的传感器，仅有获取信号的功能）装配在同一壳体内，组合为一个整体，构成一个智能传感器系统。这种传感器的集成度不高、体积较大，是一种较实用的智能传感器。典型产品如电容式智能压力（差）变送器系列产品。

2．混合实现

根据需要与可能，将系统各集成化环节，如敏感单元、信号调理电路、微处理器、数字总线接口等各个部分，以不同组合方式集成在两块或三块芯片上，并装配在同一外壳里。目前，混合式智能传感器作为智能传感器的主要类型而被广泛应用。

3．集成化实现

采用 MEMS 技术和 IC 工艺技术，将传感器敏感元件与功能强大的电子线路集成在同一芯片（或二次集成在同一外壳内），通常具有信号提取、信号处理、逻辑判断、双向通信、决策、量程切换、自检、自校准、自补偿、自诊断、计算等功能，故又可称为集成智能传感器（integrated smart/intelligent sensor），国外称之为专用集成微型传感技术（ASIM）。

这种集成智能传感器具有体积小、成本低、功耗小、速度快、可靠性高、精度高及功能强、结构一体化、数字化、易操作等优点。集成智能传感器的优点使它成为目前传感器研究的热点和传感器发展的主要方向。

10.2 基本传感器的选用原则

按系统的组成划分，智能传感器包括基本传感器（传感器本体）、信号调理电路、接口（A/D、D/A 等）、微处理器系统和软件等。基本传感器是智能传感器的基础，在很大程度上决定着智能传感器的性能，因此其选用、设计至关重要。基本传感器的选用原则如下。

（1）采用微结构方式。目前的微结构传感器，特别是其中的硅传感器、光纤传感器，以及石英、陶瓷等材料制作的先进传感器，因其优良的物理性质，或与硅集成电路工艺良好的相容性，或易构成阵列式，这些都为设计智能传感器提供了基础。

（2）选用具有准数字或直接数字输出的传感器。为省去 A/D 和 D/A 变换，需要进一步提高智能化传感器的精度，发展直接输出数字或准数字信号的传感器，并与微处理器控制系统配套，例如无须 A/D 变换的硅谐振式传感器。

（3）优先考虑重复性和稳定性指标。以往传感器的设计和生产最希望传感器的输出-输入为线性。在智能化传感器的设计思想中，基本传感器并非一定要线性，只需要其重复性和稳定性好。基本传感器的非线性可用微处理器补偿，只要把表示传感器特性的数据及参数存入存储器中，就能用来补偿非线性。

然而，传感器的迟滞和重复性仍是相当棘手的问题，主要原因是引起迟滞和重复性误差的机理非常复杂，无规律可循，利用微处理器不能彻底消除它们的影响，只能有所改善。因此，在基本传感器的设计和生产阶段，应从材料选用、结构设计、热处理和稳定处理，以及生产检验上采取合理而有效的措施，力求减小传感器的迟滞误差和重复性误差。

（4）减小材料缺陷和内在特性对长期稳定性的影响。传感器的长期稳定性表现为传感器输出信号随时间的缓慢变化，即漂移，这是另一个难以校正和补偿的问题。必须在传感器生产阶段，设法消除或减小材料的物理缺陷和内在特性对传感器长期稳定性的影响。也可通过远程通信和控制功能，现场校验基本传感器。

（5）改善动态特性。传感器在实际测量背景下的动态响应改善，可在掌握其具体的应用背景的动态特性规律的基础上，考虑是从硬件途径还是软件途径进行。

总之，在智能化传感器中，对于基本传感器的某些不易在系统中进行补偿的固有缺陷，应考虑在传感器本体生产阶段实现补偿，然后在系统中再对其进行改善。

10.3 智能化的主要实现方法和技术

实现智能化和建立智能传感器系统，是传感器克服自身不足，获取高稳定性、高精度、高分辨率与自适应能力的必然。不论何种实现方式，传感器与计算机的结合所实现的智能传感器系统，都是在最少硬件的基础上用强大的软件来“赋予”其智能化功能。

线性度（非线性误差）是影响精度的重要指标之一。智能传感器具有非线性自校正功能，可消除传感器系统的非线性系统误差。与传统传感器不同，智能化的非线性校正通过软件实现。它不在乎测量系统中任一测量环节有多严重的非线性，也无须对改善测量系统中每一个测量环节的非线性而耗费精力，只要求它们的输入-输出特性具有重复性。

智能传感器有自校零与自校准功能。在智能化软件程序导引下进行实时自校零和自校准/标定，可排除系统的固定系统误差和温度、电源电压波动等引起的可变系统误差，从而提高系统精度与稳定性。采用自校准技术，可实现用低精度、低重复性、低稳定性的测量系统获得高精度的测量结果，其测量精度取决于作为标准量的基准。这使测量系统中的各测量环节不必都有高稳定性、高重复性，只需保证有高精度、高稳定性的参考基准即可。

在不能对传感器进行完善的实时自校准的情况下，可以采取补偿法消除因工作条件、环境参数变化引起的系统特性漂移，如零点漂移、灵敏度温度漂移等。环境温度变化是影响传感器工作特性的一个主要因素，智能传感器需要有效的温度补偿技术来改善性能。

智能传感器系统能够根据工作条件的变化，自动调整增益和选择改换量程，使测量系统处于最佳工作范围，以充分发挥系统的功能和性能优势。

被测信号在进入测量系统前受各种干扰与噪声侵扰。对于排除干扰与噪声影响，提取有用信息，智能传感器可通过软件进行数字滤波、相关分析、统计平均处理等方式来消减偶然误差、排除内部或外部干扰，从噪声中提取有用信号，从而使智能传感器系统具有高信噪比、高分辨率。这也冲破了“传感器”与“仪器”之间不可逾越的界线。

10.3.1 非线性自校正

理想的传感器的输入-输出特性成线性关系，传感器的线性度越高，则其精度越高。但实际上大多数传感器因其不同环节存在的非线性特性而都存在非线性误差。为提高传感器的测量准确度就必须对传感器系统进行线性化处理（非线性校正）。

智能传感器具有通过软件对基本传感器进行非线性自动校正的功能，因此，它不介意位于系统前端的传感器及其调理电路至 A/D 转换器的输入-输出特性的非线性程度，仅要求其具有重复性。如图 10-3-1 所示，智能传感器可自动选用图 10-3-1（c）所示的反非线性特性进行刻度转换，使输出 y 与被测的输入 x 为理想直线关系，如图 10-3-1（d）所示。

目前实现非线性自校正的主要方法有查表法、曲线拟合法和神经网络法三种。

1. 查表法

查表法是一种分段线性插值方法，它按准确度要求对反非线性曲线分段，用若干折线逼近非线性曲线。如图 10-3-2 所示，将折点坐标存入数据表，测量时先查出被测量 x_i 对应的输出量在哪一段，再根据斜率进行线性插值求得输出值 y_i=x_i。线性插值表达式为

$$y_i = x_i = x_k + \frac{x_{k+1} - x_k}{u_{k+1} - u_k}(u_i - u_k), \quad k = 1,2,3,\cdots,n \qquad (10\text{-}3\text{-}1)$$

式中，k 为折点的序数，折线条数为 $n-1$。

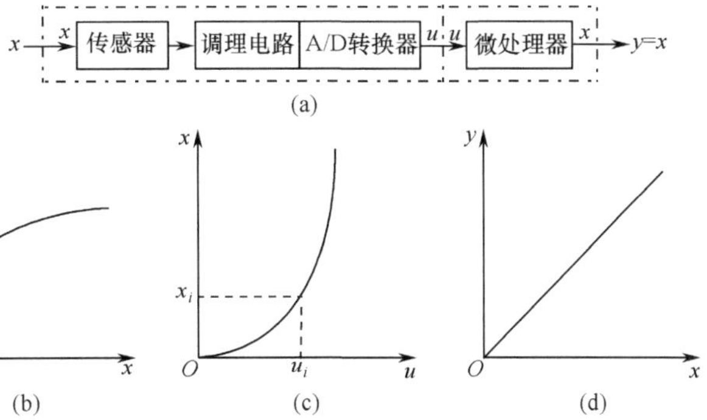

图 10-3-1　智能传感器的非线性自校正

线性插值法精度较低，为改善精度，可采用二次抛物线插值法。

2．曲线拟合法

曲线拟合法通常是采用 n 次多项式来逼近反非线性曲线的，多项式方程的各项系数一般由最小二乘法确定。其步骤如下：

（1）对传感器及其调理电路进行静态实验标定，得到校准曲线。设标定点的数据输入为 x_i，即 $x_1,x_2,x_3,\cdots,x_N$，输出为u_i，即 $u_1,u_2,u_3,\cdots,u_N$。其中，N 为标定点个数，i=1,2,3,…,N。

（2）设反非线性曲线拟合多项式方程为

$$x_i(u_i)=a_0+a_1u_i+a_2u_i^2+a_3u_i^3+\cdots+a_nu_i^n$$

式中，n 的值按准确度要求确定；$a_0,a_1,a_2,\cdots,a_n$ 为待定常数。

（3）根据最小二乘法求解待定系数 $a_0,a_1,a_2,\cdots,a_n$。

曲线拟合法的缺点是有噪声时，利用最小二乘法求解待定系数时可能会遇到病态情况而无法求解。

3．神经网络法

神经网络法是基于人工神经网络求解反非线性特性拟合多项式待定系数的方法，传感器中常用函数链神经网络方法。图 10-3-3 为函数链神经网络结构图，图中 $1,u_i,u_i^2,\cdots,u_i^n$ 为函数链神经网络的输入，u_i 为静态标定试验获得的标定点输出值；W_j（j=0,1,2,…,n）为网络的连接权值（对应反非线性拟合多项式 u_i^j 项的系数 a_j）；z_i 为函数链神经网络的输出估计值，

其第 k 步输出估计为

$$z_i(k)=\sum_{j=0}^{n}u_iW_j(k)$$

与标定点输入 x_i 比较的估计误差为

$$e_i(k)=x_i-z_i(k)$$

神经网络算法调节网络连接权的调节式为

$$W_j(k+1)=W_j(k)+\eta e_i(k)u_i^j$$

式中，$W_j(k)$为第 k 步第 j 个连接权值，η 为学习因子（直接影响迭代的稳定性和收敛速度）。神经网络算法不断调整连接权值，直至估计误差的均方差足够小。此时结束学习过程，得到最终的连接权值 $W_0,W_1,W_2,\cdots,W_n$。此时的权值为多项式的待定系数，即 $a_0=W_0,a_1=W_1,a_2=W_2,\cdots,a_n=W_n$。

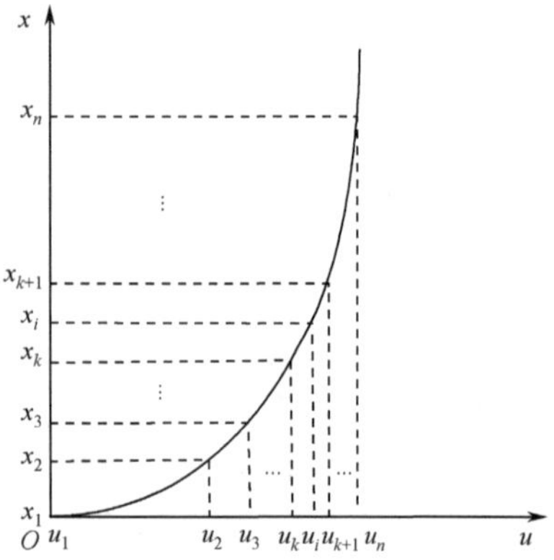

图 10-3-2　反非线性的折线逼近

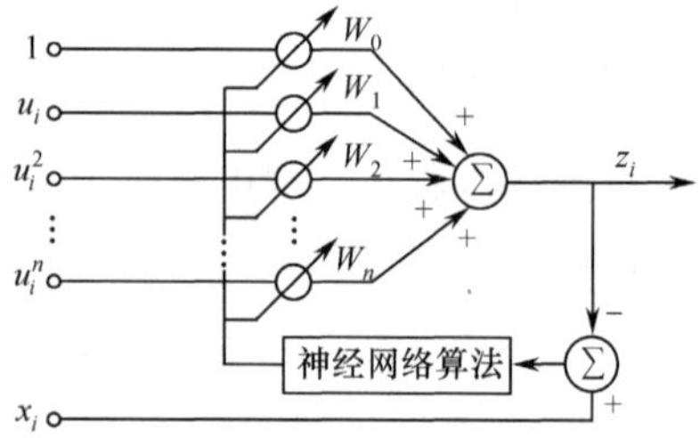

图 10-3-3　函数链神经网络结构图

10.3.2　温度误差补偿

在测量精度要求较高的情况下，采用基于监测法的软件自补偿技术可消除因工作条件、环境参数等变化而引起的系统漂移。

温度是传感器系统最主要的干扰量。在经典传感器中主要采用结构对称（包括机械、电路两方面）消除其影响；在智能传感器的初级形式中主要采用硬件电路实现的“拼凑”补偿技术，但效果仍不能满足实际测量要求；在智能传感器系统中，可通过监测干扰量，再由软件实现补偿。

压阻式压力传感器是目前广泛应用的，也是最早进行集成化与智能化的一种传感器，它由半导体材料制成，易受温度变化影响，下面以它为例介绍典型的自补偿方法。

为消除某个干扰量的影响，一般就放置敏感该干扰量的传感元件去监测它。为消除温度干扰量对压力传感器性能的影响，放置测温元件监测该传感器的工作温度。对压阻式压力传感器而言，可通过“一桥二测”技术，由它自身来提供温度信号。

基于压阻效应的压力传感器由 4 个压敏电阻组成全桥差动电路，如图 10-3-4 所示。采用恒流源供电时，电源端 A、C 点之间的电位差 U_{AC} 为温度输出信号；U_{BD} 为测压输出。当输出端 B、D 后接高阻放大器时，可视为开路，则 A、C 两端的等效电阻 R_{AC} 为

$$R_{AC}=(R_1+R_2)//(R_3+R_4) \tag{10-3-2}$$

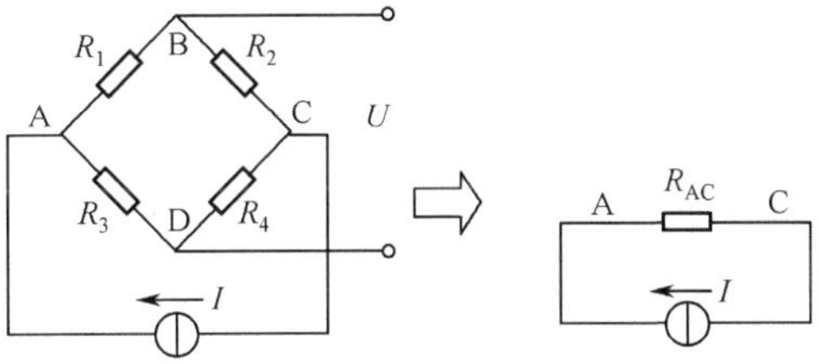

图 10-3-4　基于压阻效应的压力传感器电路原理图

理想条件下，四臂电阻初值相同（都是 R）；由被测压力 P 引起各臂电阻呈差动变化，由温度干扰量引起各臂电阻的改变量（ΔR_T）相同，符号相同，是共模干扰信号。这样，被测量压力 P 与干扰量温度 T 同时作用下，各桥臂的阻值表达式为

$$R_1=R_3=R+\Delta R+\Delta R_T; \qquad R_2=R_4=R-\Delta R+\Delta R_T$$

代入式（10-3-2）得等效电阻 R_{AC} 为

$$R_{AC}=R+\Delta R_T$$

$$U_{AC}=IR_{AC}=I（R+\Delta R_T）=IR+I\Delta R_T \tag{10-3-3}$$

式中，I 为恒流源的电流值，是常量；R 为压力传感器桥臂电阻初值，是常量；ΔR_T 为由温度改变引起桥臂电阻的改变量。

可见，U_{AC} 随 ΔR_T 改变，是温度的函数。因此只要进行了 U_{AC}-T 特性的标定，由监测电压 U_{AC} 和通过 U_{AC}-T 关系曲线就可知压力传感器的工作温 T。这样，由一个压力传感器可获得同一空间位置的两个参量的信号，且该温度信号能真实反映压力传感器所在处的温度，因二者是同一体。

有两种综合补偿方法，可在进行温度补偿的同时进行非线性校正。

1．多段折线逼近法

（1）零位温漂的补偿。输入量为零时传感器的输出值 U_0 随温度漂移，传感器的类型、型号、生产厂家不同，其零位温漂特性（U_o-T）各异。只要该传感器的 U_o-T 特性具有重复性就可补偿零位温漂。

补偿的基本思想与一般仪器消除零点的思想完全相同，只是传感器的工作温度若是 T，则应在传感器输出值 U 中减掉 T 温度时的零位值 $U_o(T)$。关键是要事先测出 U_o-T 特性并保存于内存中。

大多数传感器的 U_o-T 特性呈严重非线性，如图 10-3-5 所示，故由温度 T 求取该温度的零位值 $U_o(T)$，实际上相同于非线性校正的线性化处理问题。

（2）灵敏度温度漂移的补偿。

① 补偿原理。对于压阻式压力传感器，输入压力保持不变（P=常量）时，其输出值 $U(T)$随温度的升高而下降，如图 10-3-6 所示，温度 $T>T_1$时，$U(T)<U(T_1)$。如果 T_1 是传感器校准/标定时的工作温度，而实际工作温度却是 $T>T_1$，若仍按工作温度 T_1 时的输入（P）-输出（U）特性进行刻度转换，求取被测输入量的数值是 P'，而真正的被测输入量是 P，将会产生很大的测量误差。因为输入量 P 为常量时，传感器工作温度 T 升高，$T>T_1$，传感器的输出由 $U(T_1)$降至 $U(T)$，即工作点由 B 点降至 A 点，输出电压减少量 ΔU 为

$$\Delta U=U(T_1)-U(T) \quad 或 \quad \Delta U=U(P,T_1)-U(P,T)$$

故

$$U(T_1)=U(T)+\Delta U \quad 或 \quad U(P,T_1)=U(P,T)+\Delta U \tag{10-3-4}$$

可见，当在工作温度为 T 时测得的传感器输出量为 $U(T)$，给 $U(T)$值加一个补偿电压 ΔU 后，再按 $U(T_1)$-P 反非线性特性进行刻度变换求取输入量压力值即为 P。因而问题归结为如何在各种不同的工作温度 T 下获得所需要的补偿电压 ΔU。

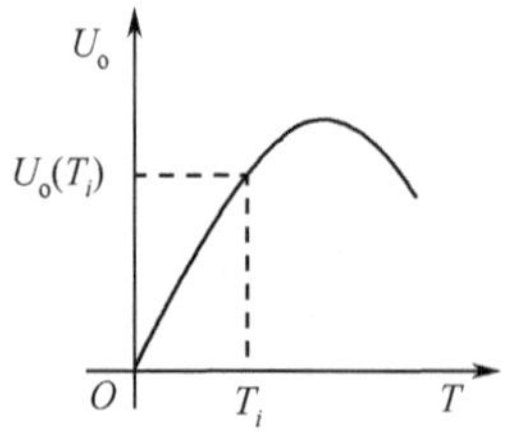

图 10-3-5　大多数传感器的 U_o-T 特性成严重非线性

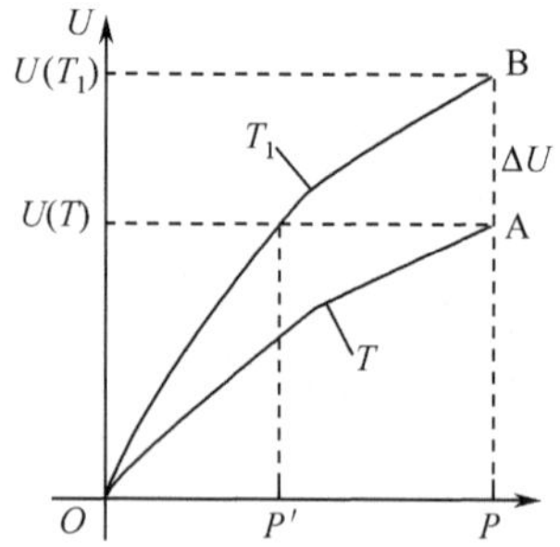

图 10-3-6　压阻式压力传感器的灵敏度温度漂移

② 补偿电压的分段获取。根据实验标定数据可知，温度 T 保持不变时，压力传感器输

入（P）-输出（U）呈非线性；在 P 恒定情况下，其输出电压 $U(T)$ -工作温度（T）特性也是非线性的。因此，可对非线性曲线进行分段，用多段折线逼近非线性曲线的方法求补偿电压 ΔU。求出补偿电压 $\Delta U=\Delta U(T,T_1)$后按式（10-3-4）计算出 $U(P,T_1)$，则 P 值由温度为 T_1 时的输入（P）-输出（U）特性的反非线性特性求出。

2. 曲线拟合法

（1）补偿原理。在不同工作温度下传感器有不同的输入（P）-输出（U）特性。若能确定工作温度为 T 时的 P-U 特性，并按其反非线性特性读取被测量 P，则原理上不存在温度引入误差，问题在于通过标定实验只能在有限的几个温度值下标定 P-U 特性。通过曲线拟合法，可找出在工作温度范围内非标定条件下的任一温度 T 状态的输入（P）-输出（U）特性。

（2）补偿步骤如下。

① 利用标定实验数据。将不同工作温度条件下获得的输入（P）-输出（U）特性用一维多项式方程表示为

$$\left.\begin{aligned} &T_1:U(T_1)=U_1'-U_0(T_1)=\beta_{11}P+\beta_{21}P^2+\beta_{31}P^3+\beta_{41}P^4+\beta_{51}P^5+\cdots \\ &T_2:U(T_2)=U_2'-U_0(T_2)=\beta_{12}P+\beta_{22}P^2+\beta_{32}P^3+\beta_{42}P^4+\beta_{52}P^5+\cdots \\ &\qquad\vdots \\ &T_i:U(T_i)=U_i'-U_0(T_i)=\beta_{1i}P+\beta_{2i}P^2+\beta_{3i}P^3+\beta_{4i}P^4+\beta_{5i}P^5+\cdots \end{aligned}\right\} \tag{10-3-5}$$

式中，$U_0(T_1)$，$U_0(T_2)$，…，$U_0(T_i)$分别是传感器在不同温度的零位值；$U(T_1)$，$U(T_2)$，…，$U(T_i)$分别是对应不同温度零位修正后的传感器的输出值。

利用标定实验数据求解各温度条件下多项式方程系数，则式（10-3-5）各方程式可确定。

② 建立系数 β 的曲线拟合方程。式（10-3-5）中各系数 β_i 随温度而变化的规律通常不是线性的，故也可用一维多项式方程表示为

$$\left.\begin{aligned} &\text{一次项系数} \quad \beta_1=A_1T+B_1T^2+C_1T^3+D_1T^4 \\ &\text{平方项系数} \quad \beta_2=A_2T+B_2T^2+C_2T^3+D_2T^4 \\ &\text{立方项系数} \quad \beta_3=A_3T+B_3T^2+C_3T^3+D_3T^4 \\ &\text{四次方项系数} \quad \beta_4=A_4T+B_4T^2+C_4T^3+D_4T^4 \\ &\text{五次方项系数} \quad \beta_5=A_5T+B_5T^2+C_5T^3+D_5T^4 \end{aligned}\right\} \tag{10-3-6}$$

利用实验标定数据可求解出式（10-3-6）中的各系数：A_1，…，A_5；B_1，…，B_5；C_1，…，C_5；D_1，…，D_5，从而式（10-3-6）被确定。

③ 确立工作温度 T 时的 P-U 特性的曲线拟合方程。读入 U_{AC} 与 $U(P,T)$。由 U_{AC} 求出工作温度 T 的数值后将该值代入方程式（10-3-6）中，可计算出该工作温度状态的各项系数：β_1，β_2，…，β_5，从而可确立工作温度 T 时的 P-U 特性的一维多项式方程式为

$$U(T)=\beta_1 P+\beta_2 P^2+\beta_3 P^3+\beta_4 P^4+\beta_5 P^5 \tag{10-3-7}$$

根据式（10-3-7）的反非线性特性，可由读入的传感器输出 $U(P,T)$解得被测输入量 P。此 P 值是由其工作温度 T 状态的输出-输入特性求解的，故原理上不存在温度误差。

10.3.3　自校准和自适应增益及量程调整

1. 自校准

智能传感器的自校准是在软件程序引导下实时进行自动校零和实时自动校准。

设一传感器系统经标定实验得到的静态输出（y）-输入（x）特性为

$$y=a_0+a_1x \tag{10-3-8}$$

式中，a_0 为零位值，即当输入 x=0 时的输出值；a_1 为灵敏度，又称传感器系统的转换增益。

理想传感器中的 a_0 与 a_1 应恒定，但实际因各种因素影响，a_0 与 a_1 都不可能保持恒定。例如，决定放大器增益的外接电阻的阻值因温度变化而变化，引起放大器增益改变，使传感器系统总增益改变，即系统总的灵敏度变化。

设 $a_1=S+\Delta a_1$，其中 S 为增益的恒定部分，Δa_1 为变化量；又设 $a_0=P+\Delta a_0$，P 为零位值的恒定部分，Δa_0 为变化量，则

$$y=(P+\Delta a_0)+(S+\Delta a_1)x \tag{10-3-9}$$

式中，Δa_0 为零位漂移；Δa_1 为灵敏度漂移。

由式（10-3-9）可见，零位漂移将引入零位误差，灵敏度漂移会引入测量误差（Δa_1x）。

传统传感器技术一直追求精心设计、精心制作，严格挑选高质量的材料及元器件，以期将 Δa_1 及 Δa_0，即灵敏度漂移及零漂控制在某一限度内，但这需要以高成本为代价。

智能传感器系统能自动校正因零位漂移、灵敏度漂移而引入的误差。通常采用以下两种方法实现自校准功能，它们能实现自校准的范围与自校准的完善程度不同，所采用的标准量也各不同，但基本思想相同，都是基于实时校准或称为实时标定。

（1）实现自校准功能的方法之一。如图 10-3-7 所示，该实时自校准环节不含传感器。标准发生器产生标准值 U_R、零点标准值与传感器输出参量 U_x 为同类（属性）量。多路转换器是可传输电压信号的多路开关。微处理器在每一特定的周期内发出指令，控制多路转换

器执行三步测量法，使自校环节接通不同的输入信号。

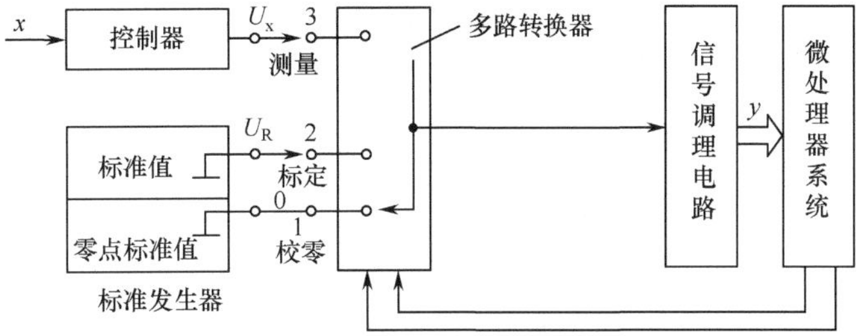

图 10-3-7　智能传感器系统实现自校准功能原理框图（不含传感器自校）

第一步，校零：输入信号为零点标准值，输出值为 $y_0=a_0$。

第二步，标定：输入信号为标准值 U_R，输出值为 y_R。

第三步，测量：输入信号为传感器的输出 U_x，输出值为 y_x。

于是被校环节的增益 a_1 可求出，即

$$a_1 = S + \Delta a_1 = \frac{y_R - y_0}{U_R}$$

被测信号 U_x 则为

$$U_x = \frac{y_x - y_0}{a_1} = \frac{y_x - y_0}{y_R - y_0} U_R$$

可见，这种方法是实时测量零点，实时标定灵敏度/增益 a_1。

（2）实现自校准功能的方法之二。图 10-3-8 所示的自校准功能方案能实时自校包含传感器在内的整个传感器系统，标准发生器产生的标准值 x_R，零点标准值 x_0 与传感器输入的被测参数 x 的属性相同。

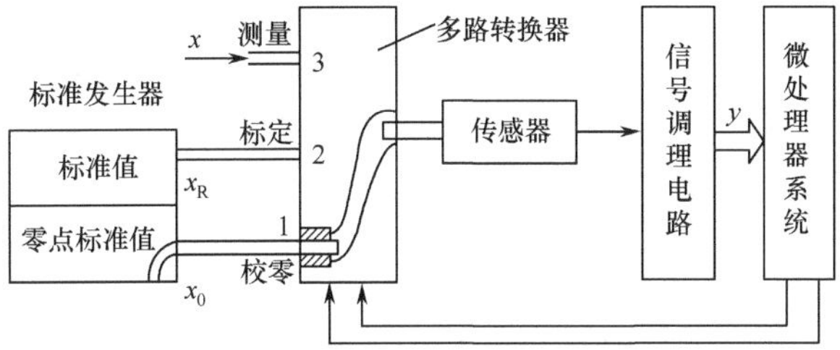

图 10-3-8　智能传感器系统实现自校准功能原理框图

例如，压力传感器的被测参量是压力 $P=x$，则由标准压力发生器产生的标准压力 $P_R=x_R$；

若传感器测量的是相对大气压 P_B 的压差（表压），那么零点标准值就是通大气 $x_0=P_B$。多路转换器则是非电型的可传输流体介质的气动多路开关——扫描阀。同样，微处理器在每一特定的周期内发出指令，控制多路转换器执行校零、标定、测量三步测量法，可得全传感器系统的增益/灵敏度 a_1 为

$$a_1 = S + \Delta a = \frac{y_R - y_0}{x_R}$$

被测目标参量 x 为

$$x = \frac{y_x - y_0}{a_1} = \frac{y_x - y_0}{y_R - y_0} x_R$$

式中，y_x 是被测目标参量 x 为输入量时的输出值；y_R 为标准值 x 为输入量时的输出值；y_0 为零点标准值 x_0 为输入量时的输出值。

整个传感器系统的精度由标准发生器产生的标准值的精度决定。只要求被校系统的各环节，如传感器、放大器、A/D 转换器等，在三步测量所需的时间内保持短暂稳定，此前和此后的误差因素都不会引入测量误差。这样就可以采用低精度的传感器、放大器、A/D 转换器获得高精度测量结果的目的。

2. 自适应增益控制和量程自动调整

（1）自动增益控制。由于在数据采集系统中各测量点的参数变化范围不同，传感器输出信号的幅值可能相差很大。为减少硬件设备，可用一个可编程增益放大器（PGA），在微处理器控制下，根据所连接的传感器输出幅值高低来改变 PGA 的增益，使每一路信号都能放大到合适幅度，从而提高测量精度。

目前，一些厂家已经推出了单片集成的 PGA，如美国 AD 公司的 LH0084，它是在测量放大器的基础上发展的，增加了少量的控制程序，这样就能很容易地实现量程的自动调整，其原理如图 10-3-9 所示。

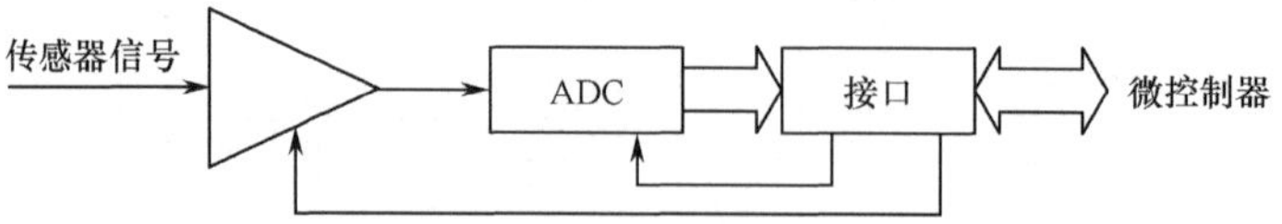

图 10-3-9　利用 PGA 实现量程自动调整

图 10-3-9 中，ADC 可采用双积分式转换器，具有溢出或过量标志信号。PGA 的增益可有 1、10、100 三挡变化，通过微处理器接口实现控制。传感器信号输入前，由初始化程序设定 PGA 的增益为 1，经采样与 A/D 转换后，判断转换结果是否溢出。若溢出，且 PGA 的增益已经降低到最低，说明被测传感器的信号已超过系统的最高测量范围，这时微处理

器进行超量程处理及显示。若没溢出，则再次判断最高位（其 BCD 码只可能是 0 或 1）是否为 0，此时如果 PGA 增益不是最高一挡，要将 PGA 增益升高一挡；否则，说明增益已切换到合适的一挡，微处理器可进一步对信号做预处理，如数字滤波、标度变换及其他运算、存储和显示等。利用此方案，最大被测电压与最小感量之比可达 2×10^5。如果要再扩大测量的动态范围，可增加 PGA 增益的挡位或改用分辨率更高的 ADC。

（2）量程自动调整。智能传感器的量程自动调整需要综合考虑系统自身的数据容量与被测量范围、系统精度与信噪比、系统的灵敏度与要求的分辨率等诸多因素来折中选择确定增益挡数和换挡准则。若增益太低、数据字的信息容量就会浪费，信噪比可能很低，测量误差大而不能满足要求；反之，若增益过大，信息也会因系统内的数据字信息容量不够而损失掉。所以增益设置必须仔细权衡，这些都依据具体问题而定，没有一个通用的规则。图 10-3-10 所示是一个改变采样电阻大小来调整量程的例子。被测电阻和参考电阻流过相同的恒定电流，当被测电阻与参考电阻 R_{N1} 上的电压差过小，使得差动放大后的电压所转换出的频率太低时，由微处理器控制切换开关 S 转接到 R_{N2} 上，以获得较大的被测电阻与参考电阻上的电压差，从而提高输出频率，以有利于提高测频精度。

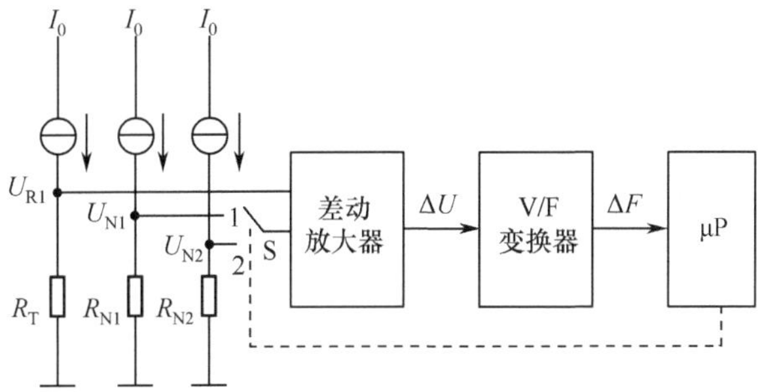

图 10-3-10　自适应量程电路

10.4　网络化智能传感器及接口标准

10.4.1　网络化智能传感器

网络传感器综合了传感器技术、嵌入式计算技术、现代网络通信技术及分布式信息处理技术等，能够通过多种集成化的微型传感器协作完成监测和采集各种环境或监测对象的信息，经嵌入式计算技术对信息进行处理，并由通信网络将所采集到的信息传送到用户终端。

1. 网络化传感器简介

计算机技术与通信技术的结合形成了计算机网络技术，计算机技术与现代传感器技术的结合形成了智能化传感器技术，而计算机技术、通信技术与现代传感器技术的结合形成了网络化传感器技术，网络化传感器技术的构成如图 10-4-1 所示。

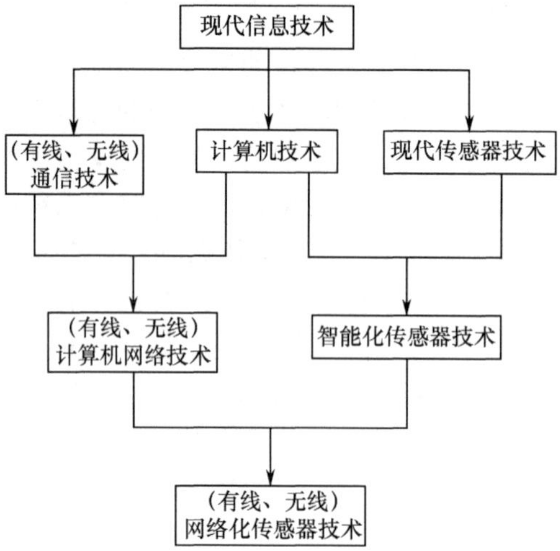

图 10-4-1　网络化传感器技术的构成

传统的传感器是模拟仪器仪表时代的产物，它主要将被测信息转换成模拟信号，只具有信号采集的功能，不具有计算能力且各传感器之间无法进行通信，因而被称为“聋哑传感器”。智能化传感器集成了传感器与微型计算机芯片，从而使传感器兼具信号检测、处理和编程的功能。网络化传感器将网络接口芯片与智能化传感器集成起来，并把通信协议固化到智能化传感器的 ROM 中，它不仅具有智能化传感器的全部功能，而且可以和计算机网络进行通信，从而实现信息的采集、传输、处理的协调统一。

网络化传感器以嵌入式微处理器为核心，是集成了传感单元、信号处理单元和网络接口单元的新一代传感器。与传统的传感器相比，网络化传感器具有以下优点。

（1）网络化传感器使传感器由单一功能、单一检测向多功能、多点检测方向发展，使信息处理由被动检测转向主动检测，由就地检测转向远距离实时在线检测。

（2）嵌入式技术和集成电路技术的引入，使传感器的功耗降低、体积减小、抗干扰性和可靠性提高，更能满足工程应用的需要。

（3）网络化传感器使传感器可就近接入网络，传感器可通过总线串在一起，从而减少现场线缆，方便布线，节省投资，易于系统维护和系统扩展。

（4）网络化传感器可实现资源共享，各传感器采集的数据可供多用户使用，从而降低测量系统的成本。

（5）网络化传感器的输出为数字信号，其传输过程无精度损失，可保证系统精度。

2. 网络化传感器的结构

网络化传感器是采用标准的网络协议并通过模块化的结构将智能化传感器与网络技术有机地结合起来的，其基本结构如图 10-4-2 所示。敏感元件输出的模拟信号经信号调理和 A/D 转换后，由微处理器根据程序的设定和网络协议将其封装成数据帧，并加上目的地址，然后通过网络接口传输到网络上；反之，微处理器还能接收网络上其他节点传送来的数据和命令，以实现对本节点的操作。

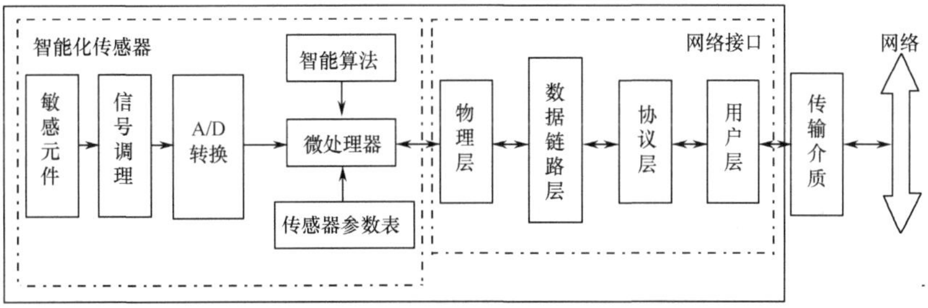

图 10-4-2　网络化传感器的基本结构

3. 网络化传感器的类别

（1）按照传输介质的不同分类。网络化传感器按照传输介质的不同可分为有线网络传感器和无线网络传感器。有线网络传感器采用固体介质来进行信息传输，如铜线或光纤等；无线网络传感器在自由空间中进行信息传输，其传输信道可以是光通信、红外通信或者无线电通信，其中应用较多的是基于无线电通信的射频模块或蓝牙模块。基于射频模块的无线网络传感器的结构如图 10-4-3 所示。

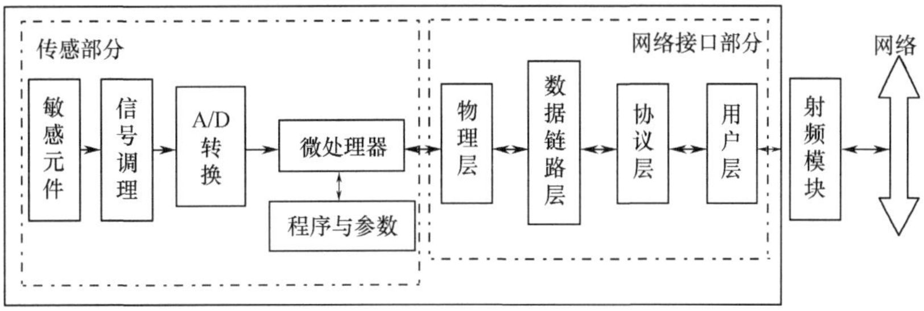

图 10-4-3　基于射频模块的无线网络传感器结构框图

利用网络化传感器进行网络化测控的基本系统结构如图 10-4-4 所示，其中测量服务器主要用于对各测量基本功能单元进行任务分配，并对基本功能单元采集来的数据进行计算、处理、综合、存储和打印等；测量浏览器主要作为 Web 浏览器或其他软件的接口，用于浏览现场海量节点测量、分析、处理的信息和测量服务器收集、产生的信息。系统中，传感器不仅可以和测量服务器进行信息交换，而且可以和执行器进行信息交换，以减少网络中传输的信息量，也有利于系统获得更好的实时性。

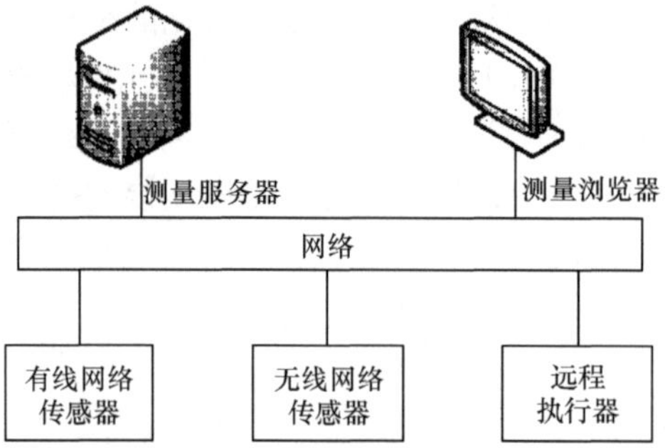

图 10-4-4　网络化测控的基本系统结构

（2）按照网络接口的不同分类。网络化传感器必须符合某种网络协议才能使现场监测的数据信息直接进入网络。目前工业现场存在许多网络标准，随之发展了多种网络化传感器，它们具有不同的网络接口单元类型。其中以下两类网络化传感器比较常用。

① 基于现场总线的网络化传感器。现场总线是指连接智能现场设备和自动化系统的数字式、双向传输及多分支结构的通信网，其关键标志是支持全数字通信，其主要特点是可靠性高。它可以把所有的智能现场设备（包括仪表、传感器和执行器）与控制器通过一根线缆相连，形成现场设备级的数字化通信网络，从而完成现场数据信息的监测、控制及远距离传输。

现场总线技术在国际上已成为热门研究开发技术，各大公司都开发出了自己的现场总结产品，并形成了各自的标准。目前常见的标准有数十种，它们各具特色。基于不同的现场总线标准可开发不同的网络传感器，以满足不同领域的应用需求。

② 基于以太网的网络化传感器。由于以太网具有通信速度高、技术开放性好和价格低廉等优点，人们已经开始研究基于以太网，即基于 TCP/IP 的网络化传感器。在传感器中嵌入 TCP/IP，从而使传感器具有 Internet/Intranet 功能，相当于 Internet 上的一个节点。这种网络化传感器不仅可以直接接入 Internet 或 Intranet，而且还可以做到即插即用。由于采用了统一的网络协议，因此不同厂家的网络化传感器可以直接互换与兼容。

10.4.2　智能传感器接口标准——IEEE 1451

继模拟仪表控制系统、集中式数字控制系统和分布式控制系统之后，目前基于各种现场总线标准的分布式测量和控制系统（distributed measurement and control system，DMCS）应用越来越广，其基本结构如图 10-4-5 所示。

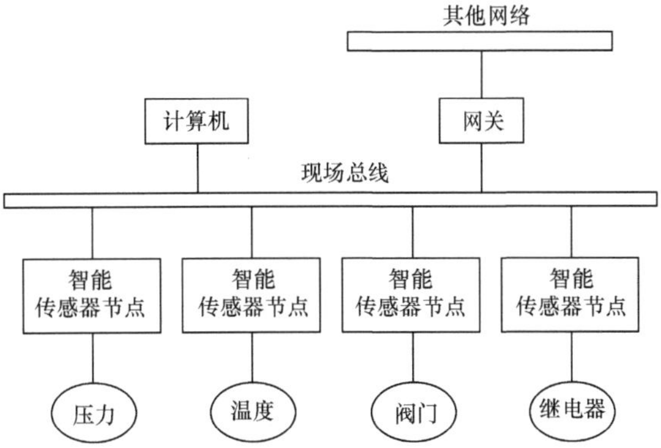

图 10-4-5　典型的分布式测量和控制系统结构图

在 DMCS 中所采用的控制总线网络千差万别，其在内部结构、通信方式和通信协议方面各不相同，其中较有影响的控制总线有 PROFIBUS、Foundation Fieldbus（FF）、HART、CAN、Dupline 等，每种控制总线的标准都有各自的协议格式，相互之间并不兼容，而不同的现场总线在各自领域均已取得成功，短期内无法统一，因此在某个现场总线中所使用的网络传感器必须符合该现场总线的规定，这给系统的进一步扩展和维护等带来极大的不利影响。

由于市场已存在大量的控制总线网络及通信协议，对传感器的生产商而言，要求它们开发出能被所有控制总线网络支持的传感器也不现实，因此现有的网络化传感器只能用于特定现场总线中。对广大用户来说，当选择传感器时，很多时候会面临这样的窘境：根据实际需要选择的网络化传感器不支持现有的现场总线，而更换现有的现场总线代价又太高。

智能传感器发展非常迅速，不同类型的智能传感器陆续推出，如果统一不同智能传感器接口与组网协议，实现与现有测量仪表、现场总线的即插即用连接，降低布线成本，为将来系统升级维护和扩展打下基础，这对传感器开发者和最终用户都大有裨益。为此，美国国家标准技术研究所和 IEEE 仪器与测量协会传感技术委员会联合组织制定了 IEEE 1451 传感器与执行器的智能变送器接口系列标准。

1. IEEE 1451 简介

制定 IEEE 1451 的目的是开发一种软/硬件的连接方案，使变送器（传感器/执行器）同微处理器、仪器系统或网络相连接，标准不仅允许各厂家生产的传感器支持多种网络，还允许用户根据实际情况选择传感器和（有线或无线）网络，并支持即插即用，最终实现各厂家产品的互换性与互操作性。IEEE 1451 的特点在于：传感器软件应用层的可移植性；传感器应用的网络独立性；传感器的互换性。

IEEE 1451 系列标准把数据获取、分布式传感与控制提升到了一个更高层面，并为建立开放式系统铺平了道路。它通过一系列技术手段把传感器节点设计与网络实现分隔开来，其中包括传感器自识别、自配置、远程自标定、长期自身文档维护、简化传感器升级维护，以及增加系统与数据的可靠性等。为了尽可能使智能功能接近实际测量和控制点，IEEE 1451 将功能划分成网络适配处理器模块（network capable application processor，NCAP）和变送器接口模块（transducer interface module，TIM）两个模块。图 10-4-6 和图 10-4-7 所示分别为 IEEE 1451 定义的智能传感器功能模型、TIM 与 NCAP 典型结构模型。

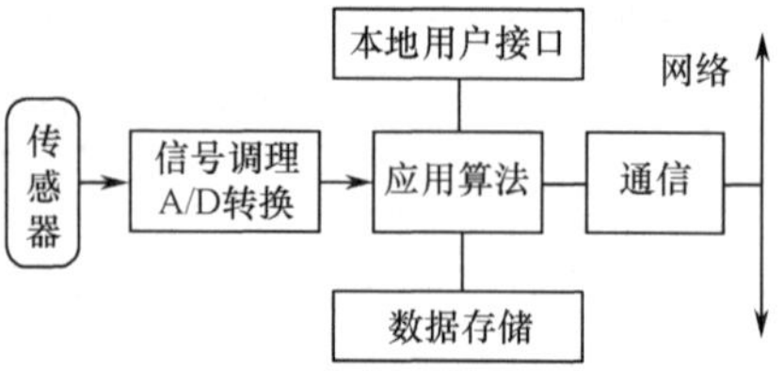

图 10-4-6　IEEE 1451 定义的智能传感器功能模型

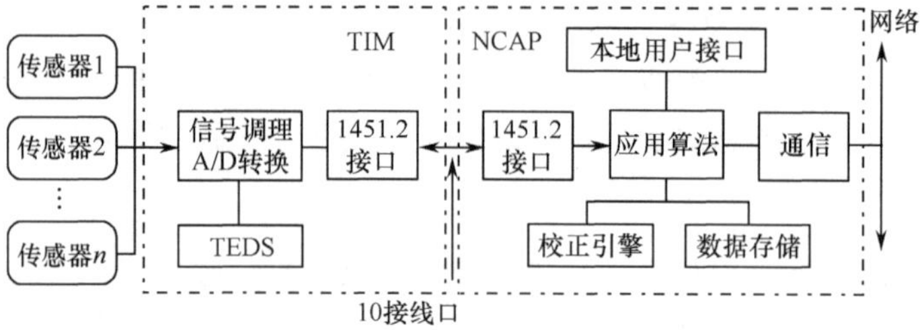

图 10-4-7　TIM 及 NCAP 典型结构模型

IEEE 1451 系列标准可分为软件接口和硬件接口两类。软件接口部分由 IEEE 1451.0 子标准、IEEE 1451.1 子标准组成；硬件接口部分由 IEEE 1451.X（X 代表 2～7）组成。软件接口部分借助面向对象模型描述网络智能传感器的行为，从而定义出一套使智能传感器接入不同网络的软件接口规范。通过定义通用功能、通信协议及电子数据表的格式，加强 IEEE 1451 系列标准之间的互操作性。硬件接口部分主要针对智能传感器的具体应用对象提出。

IEEE 1451 系列标准体系和特征如表 10-4-1 所示，图 10-4-8 为该系列标准的工作关系。目前 IEEE 1451 传感器接口包括点对点接口 UART/RS-232/ RS-422/RS-485/（IEEE 1451.2 子标准）、多点分布式接口（IEEE 1451.3 子标准，家庭电话线联盟通信协议）、数字和模拟信号混合模式接口（IEEE 1451.4 子标准，1-wire 通信协议）、蓝牙/802.11/802.15.4 无线接口（IEEE 1451.5 子标准），CAN 总线使用的接口（IEEEP 1451.6 子标准，用于本质安全系统 CANopen 协议）、RFID 接口（IEEE 1451.7 子标准，RFID 系统通信协议）。

表 10-4-1　IEEE 1451 系列标准体系和特征

标　准	名称与描述	状态	TIM 到 NCAP 通信	NCAP 与外网通信	使用 IEEE 1451.0 通用 TEDS 和命令	主要特点
IEEE 1451.0: 2007	智能传感器接口标准	颁布	所有	是, NCAP	是	定义了 1451 所有成员接口的通用特征
IEEE 1451.1: 1999	网络适配器信息模型	颁布			否	网络与 NCAP、NCAP 与 NCAP、NCAP 与 TIM 之间的通信：面向对象软件提纲
IEEE 1451.2: 1997	传感器与微处理器通信协议和 TEDS 格式	颁布	增强 SPI 接口和协议	是, NCAP	否	点对点，NCAP 与 TIM 通信采用增强的 SPI
IEEE 1451.2: 2009	传感器与微处理器通信协议和 TEDS 格式	修订	UART/RS-232，RS-422/RS-485	是, NCAP	是	点对点，NCAP 与 TIM 通信采用通用串行通信标准
IEEE 1451.3: 2003	分布式多点系统数字通信与 TEDS 格式	颁布	HPNA	是, NCAP	否	多点分布式，告诉内部总线
IEEE 1451.4: 2004	混合模式通信协议和 TEDS 格式	颁布	MAXIM/Dallas 单线通信协议	否	否	低成本小容量 TEDS，利用现有模拟传感器
IEEE 1451.5: 2007	无线通信协议和 TEDS 格式	颁布	蓝牙，802.11 和 802.15.4	是, NCAP	是	TIM 与 NCAP 采用无线通信协议
IEEE 1451.6: 2004	CANopen 协议和传感器网络接口	修订	CANopen 协议	是, NCAP	是	TIM 与 NCAP 采用 CANopen 通信协议，应用于本质与非本质安全系统
IEEE 1451.7: 2010	RFID 系统通信协议和 TEDS 格式	颁布	RFID 系统通信协议	是, NCAP	是	处理 RFID 基础结构中的传感器的整合问题

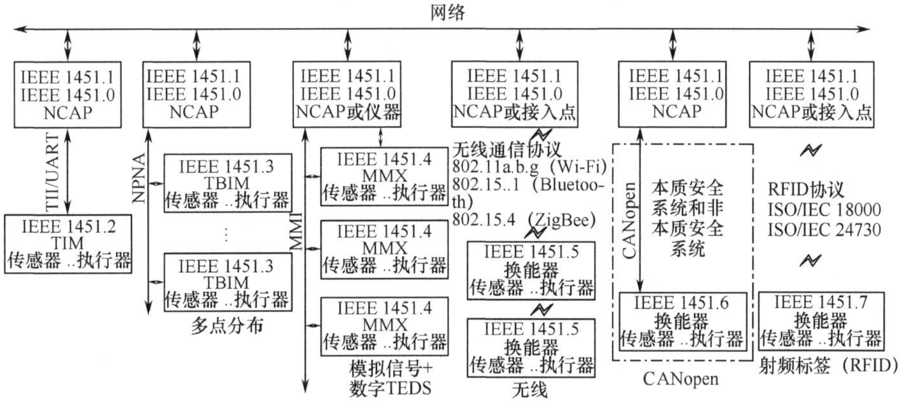

图 10-4-8　IEEE 1451 系列标准工作关系图

（1）IEEE 1451.0 标准。通过定义一个包含基本命令设置和通信协议中独立于 NCAP 到传感器模块接口的物理层，简化了不同物理层未来标准的制定程序，为不同物理接口提供了通用、简单的标准。

（2）IEEE 1451.1 标准。定义了网络独立的信息模型，使变送器接口与 NCAP 相连，它使用面向对象的模型定义提供给智能传感器及其组件。提供一个简单的应用框架，它可简化智能传感器或执行器与多种网络的连接，并可实现具有互换性的应用，同时还提出了传感器应用的可移植性（主要指软件的重复应用）、即插即用功能和网络的独立性。

（3）IEEE 1451.2 标准。定义了可将智能传感器直接连接到 NCAP 的标准数字接口和通信协议。它通过定义一个传感器电子数据表 TEDS，使传感器模块能即插即用，同时定义了一个连接 NCAP 与 TIM 的数字接口，并通过 NCAP 把传感器或执行器连接到网络。

（4）IEEE 1451.3 标准。即分布式多点系统数字通信和传感器电子数据表格式。定义了一个标准的物理接口（该接口以多点设置的方式连接多个物理上分散的传感器），同时还定义了 TEDS 数据格式、电子接口、信道区分协议、时序同步协议等，并且在物理上允许 TEDS 不被嵌入到传感器中。此标准定义以一种“小总线”（mini-bus）方式实现变送器总线接口模型（TBIM）。这种小总线因足够小且便宜，可轻易地嵌入到传感器中，从而允许通过一个简单的控制逻辑接口进行最大量的数据转换。

（5）IEEE 1451.4 标准。即混合模式通信协议和变送器电子数据表格式。该标准主要致力于基于传统的模拟传感器的连接方法，提出一个混合模式智能传感器通信协议，混合模式接口支持模拟接口对现场仪器的测量和数字接口对 TEDS 的读/写。使用紧凑的 TEDS 实现模拟传感器简单、低成本的连接，使传统型模拟传感器也能即插即用。

（6）IEEE 1451.5 标准。即无线通信协议与传感器电子数据表格式。该标准定义了无线传感器通信协议和相应 TEDS，旨在现有 IEEE 1451 框架下，构建一个开放的标准无线传感器接口，满足工业自动化等不同应用领域的需求。无线通信方式可采用 4 种标准：IEEE 802.11、Bluetooth、ZigBee 和 6LoWPAN。用户选择哪种无线通信技术，还要考虑耗电、传输距离、数据传输速率及收/发部件的成本等因素。

（7）IEEE P1451.6 标准。用于本质安全和非本质安全应用的高速、基于 CANopen 协议的传感器网络接口。主要致力建立在 CANopen 协议网络的多通道传感器模型。定义一个安全的 CAN 物理层，使 IEEE 1451 标准的电子数据表（TEDS）和 CANopen 对象字典（object dictionary）、通信消息、数据处理、参数配置和诊断信息一一对应，使 IEEE 1451 标准和 CANopen 协议相结合，在 CAN 总线上使用 IEEE 1451 标准传感器。

（8）IEEE 1451.7 标准。定义带射频标签（RFID）的传感器和系统的接口，用于制定 RFID 系统通信协议和 TEDS 格式，处理 RFID 基础结构中的传感器集成问题。在无线通信的空中接口（air interface）应用上，IEEE 1451.7 标准支持 ISO/IEC 18000 系列 RFID 标准，IEEE 1451.7 还特别强调在传感器认证和数据加密方面的传感器传输安全。

IEEE 1451.X 标准可一起使用，也可单独使用。IEEE 1451.1 可独立于其他 IEEE 1451.X 硬件接口标准而单独使用；而 IEEE 1451.X 也可不需 IEEE 1451.1 而单独使用，但必须有一个类似 IEEE 1451.1 功能的软件结构模块，它能提供物理参数数据、应用功能函数和通信功能来把 IEEE 1451.X 设备与网络连接，实现 IEEE 1451.1 的功能，如“虚拟 NCAP”。

2. IEEE 1451 标准的关键技术特征

（1）TIM 模块。TIM 主要是向 NCAP 传输数据和状态信息，TIM 借助 IEEE 1451.2 定义的 10 线数据接口 TII（Transducer Independent Interface）连接到 NCAP。符合标准的 TIM 其自带内部信息包括制造商、数字代码、序列号、使用极限、未定量及校准系数等。一个 TIM 能支持单个或多个通道，最多可与 255 个传感器通道相连。

从 NCAP 的角度来看，TIM 可看成一个存储设备，其中的数据和功能实现可通过功能地址获取，每一个功能地址包括了被访问通道和需要实现的功能。IEEE 1451 对信号调理和数据转换没有定义，由各传感器制造商自主实现。

TIM 的功能包括信号调理、数据转换、命令处理、TEDS 存储、数据传输、通信、寻址、全局状态、全局控制、热插拔、触发、中断等。TIM 软件包括通信、数据转换、信号处理算法、NCAP 查询响应和初始化某些服务查询信息。TIM 须响应的四个关键特征包括 TIM 探测响应、传感器/执行器访问的应答、传感器/执行器管理任务的响应和某些情况下对此任务的初始化，以及响应和支持 TEDS 管理的功能。TIM 内部软件有查询、转换和储存模拟传感器的数字化数据功能。

（2）NCAP 模块。NCAP 是介于 TIM 和数字网络之间的微处理器模块，用于从 TIM 模块获取数据，并将数据转发至不同的现场总线网络，同时实现对 TIM 模块的智能控制。因此，NCAP 需要嵌入网络通信协议、IEEE 1451 协议，以及具备一定的人工智能。NCAP 可对来自 TIM 的传感器的原始数据进行校正，还包括针对特定应用的数据处理和控制功能。

NCAP 的功能包括：通信、接口控制、路由、变送器探测、数据校正、TEDS 解析、消息编码和解码、参数映射、用户应用处理和 LAN 接口。通常，NCAP 提供了变送器应用的便携性（软件可复用）、即插即用软件性能、网络无关性（网络抽象层）。NCAP 应用功能与所连的网络和变送器接口无关。NCAP 有两类通信，一类与 TIM 通信，另一类与外部网络通信。NCAP 软件必须支持以下四种主要的 TIM 软件任务：启动 TIM 探测查询、请求访问传感器/执行器的数据和属性、初始化传感器/执行器管理任务的响应和在某些情况下响应 TIM 服务请求，以及查询 TIM 的 TEDS 和在某些情况下将这些 TEDS 信息缓存在 NCAP 中。

（3）数字接口。如图 10-4-9 所示，NCAP 与 TIM 通过 10 位数据接口 TII 连接。TII 是基于 SPI 接口协议的点对点、带同步时钟的短距离接口，表 10-4-2 列出了其引脚的分配、逻辑信号的定义和功能。NCAP 与 TIM 的基本通信协议如下：执行写命令时，NCAP 不停地向 DCLK 发脉冲，并将数据读到 DIN 线；执行读命令时，NCAP 不停地向 DCLK 发脉冲，并在 DOUT 口找数据。NIOE 是片选信号，告诉 TIM 数据传输功能已激活，NACK 用来确认数据位和触发信号。

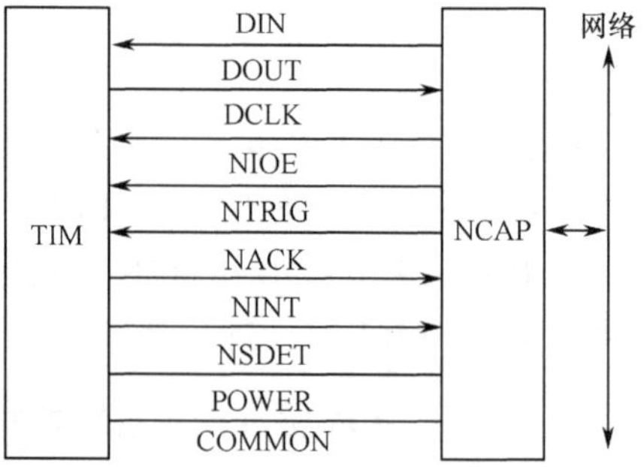

图 10-4-9　TII 接口示意图

TII 接口定义较复杂，增加了实用难度和开发成本，需要简化，如用 RS-232 接口代替 TII 接口。NCAP 和 TIM 的基本通信只需 DCLK、DOUT、DIN、NIOE 这 4 根线。

表 10-4-2　TII 接口引脚信号定义

引　脚　号	信 号 名 称	驱　动　者	功　　能
1	DCLK	NCAP	上升沿锁存数据
2	DIN	NCAP	寻址，NCAP 向 TIM 传输数据
3	DOUT	TIM	TIM 向 NCAP 传输数据
4	NACK	TIM	触发应答和数据传输应答
5	COMMON	NCAP	公共端信号或地
6	NIOE	NCAP	启动地址或数据传输
7	NINT	TIM	TIM 向 NCAP 请求服务信号
8	NTRIG	NCAP	实现 TIM 通道的硬件触发
9	POWER	NCAP	提供+5V 电压
10	NSDET	TIM	NCAP 检测 TIM 存在与否

该接口有硬件触发信号，允许 NCAP 发起传感器测量或执行器动作，允许 TIM 报告要求的动作执行情况。NCAP 可触发一个独立通道或一次触发所有通道，此时 TEDS 字段指定 TIM 通道间的时序偏差，确定每次测量或动作相对单次触发应答信号应在何时执行。标准提议以最慢的通道为参考，所有偏差都相对该通道。硬件数据时钟由 NCAP 驱动。TEDS 中有个字段指定 TIM 支持的最大数据传送率，为 NCAP 和 TIM 匹配提供了一种灵活机制。

（4）电子数据表格（TEDS）。TEDS 是 TIM 内部的一个特定电子格式的内存区，用于描述 TIM 自身及与之连接的传感器或执行器，提供对广大范围传感器或执行器的支持，并有自动识别这些传感器或执行器的能力。TEDS 完整详细描述了它支持的传感器和执行器的类型、操作和属性，包含的信息有厂商、模块编号、版本号、产品序列号、灵敏度、测量范围、物理单位、传输功能、输出范围、校准信息及用户数据。当新的变送器接入时，TIM 会利用 TEDS 中存储的这些信息对它们进行自动识别，不用再为它们开发新的驱动程序，实现真正的即插即用。

TEDS 一般储存在变送器内置电子储存器中，如 EEPROM。对于工作环境禁止或不便使用 EEPROM 器件的情况，可用虚拟 TEDS，TEDS 文件储存在远程计算机或网络上。变送器工作时，NCAP 把 TEDS 储存在 NCAP 中，以便远程网络和用户访问。终端用户可读取 TEDS 信息来探查变送器的功能、运行参数、位置、性能、高级命令和其他文本格式信息。

（5）物理单位表示。IEEE 1451.2 用 1 个 10 bit 二进制代码对物理单位编码，用 SI 规定的 7 个基本物理量表示所有被测物理量。7 个基本物理量是：长度（m）、质量（kg）、时间（s）、电流（A）、温度（K）、物质的量（mol）和光强（cd）。其他物理量由它们推导得到，7 个基本物理量在传感器网络中有具体表示方法。另有 2 个从基本国际单位中得到的导出单位：弧度（radians）与球面度（steradians）。实际还有一些量纲为 1（称无量纲），如应变，用国际单位表示为 m/m，这同样需要通过国际标准单位来描述。连同前述 7 个基本单位，在网络化传感器的 TEDS 中，所有物理量单位均用 10 字节（10 B）表示，每个单位的顺序如表 10-4-3 所示。

表 10-4-3　传感器物理量单位表示方法

物理量单位	cd	enmu	rad	sr	m	kg	s	A	K	mol
单位指数		1	1	1	1	1	1	1	1	1
TEDS 域	0～4	128	128	128	128	128	128	128	128	128

表 10-4-3 中的单位指数是使用上面 10 个单位表达被表示物理量单位时的对应指数。除第一个外，其他单位在 TEDS 域表示为 128+2x（单位指数）。如欧姆可用标准单位表示为 $m^2/(kg^3 \cdot A^2)$，其对应 TEDS 域表示为 0、128、128、128、132、122、128、124、128、128。

（6）校准数学模型。传感器存在非线性、温度、电源漂移、交叉敏感参量影响等问题，靠电路、材料和工艺改进无法完全解决，可以软件手段校正传感器。IEEE 1451 协议采用这种思想，在 TEDS 中定义校正 TEDS 并存储在 TIM 中，允许传感器制造商对各通道的多变量校准进行描述。

NCAP 获取校正 TEDS，通过校正引擎实现传感器校正。修正引擎从 TEDS 中读入校准参数（含各通道校准模型、被测物理量单位、校准系数等）和传感器的实际输出，并将其转换为实际的输入物理量值（其物理模型可用图 10-4-10 表示）。修正引擎功能强大，它在为大范围内的传感器提供标准方式描述校准常数和修正系数方面，具有很大潜力。

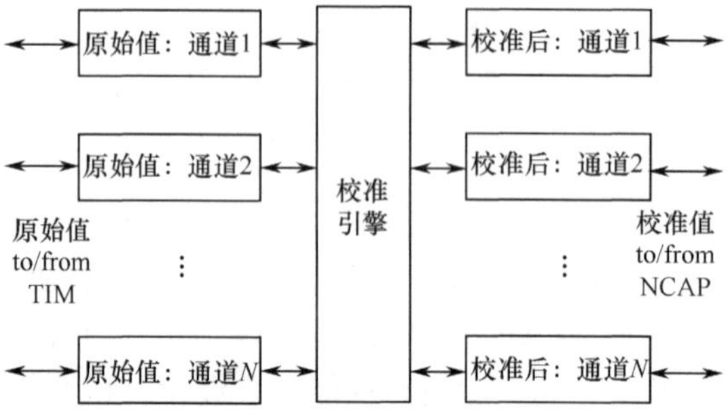

图 10-4-10　校准引擎的一般模型（多输入多输出）

IEEE 1451.2 规定的 TIM 中每个通道的校准函数可用下面的多项式函数式表示：

$$f(X_1,X_2,\cdots X_n)=\sum_{i=0}^{D(1)}\sum_{j=0}^{D(2)}\cdots\sum_{p=0}^{D(n)}C_{i,j,\cdots,p}[X_1-H_1]^i[X_2-H_2]^j\cdots[X_n-H_n]^p$$

式中，X_n 表示从传感器输出或向执行器输入的变量值；$C_{i,j,\ldots,p}$ 分别表示输入变量的偏移值、输入变量的阶数和多项式每一项的系数，这些参数都存储在 TIM 的 TEDS 中。

思考题与习题

【10-1】什么是智能传感器？简述智能传感器的主要功能和特点。

【10-2】传感器智能化的可能途径有哪些？

【10-3】说明智能传感器中基本传感器的重要性和其选用原则。

【10-4】简述传感器智能化的主要方法及技术。

【10-5】智能传感器的非线性校正常用哪些方法？

【10-6】相对传统传感器，智能传感器更注重哪些影响综合误差的误差指标或性能？

【10-7】智能传感器可以采用低精度的传感器、放大器、A/D 转换器达到高精度测量结果的目的，说明这种可能性存在的理由及其前提条件。

【10-8】简述智能传感器量程自动调整的一般方法。

【10-9】简述网络传感器的优点及其与一般传感器结构上的不同点。

【10-10】IEEE 1451 系列标准具体有哪些？有何意义？说明它们的各自作用及功能特征。

第11章 低功耗的传感器电路设计和数据获取及处理方法

11.1 信号调理电路及低功耗设计原则

低功耗和微型化是智能传感器技术发展的一个重要趋势。智能传感器采用电池供电时，其供电能力有限。当无线传感器需要延长工作时间和提高性能时，例如，加快计算速度将消耗更多能量。尽管目前从环境中采集能量的技术已有很大进步，但受技术水平和环境条件的限制，从现在到未来一段时间内从环境采集能量一般只宜用于补给，因此，对传感器的低功耗目标要求必须高。另外，微型化导致传感器的体积尺寸减小，在相同的电池能量密度下，无线传感器所能携带的电能数量也就减少，这也增加了实现无线传感器低功耗的难度。对于有线供电的网络化传感器，为了节能与降低成本，也要求进行低功耗设计。

从组成结构看，智能传感器的能耗包括敏感/转换部分的能耗和信号调理与接口电路的能耗，以及数据获取与处理的能耗。敏感/转换器件的能耗与其原理类型有关，自源型或有源型敏感/转换器件从被测对象获取能量，采用这类器件的传感器的能耗只在信号调理以后的环节中产生，因而在原理上具有低功耗优势，但这种优势受制于从被测对象获取能量的大小与影响被测对象的程度。对于无源型或外源型的敏感/转换器件，必须由传感器系统提供能源，其工作原理决定了需要消耗相应的能量。当传感器原理与器件选定后，降低能耗的途径主要在信号调理与接口环节的低功耗设计，以及数据获取与处理的方法、方式上，这些环节的低功耗对整个传感器系统的低功耗非常重要。

11.1.1 信号调理及低功耗的意义

信号调理（signal conditioning）是为了满足对信号的传输与处理要求，通过控制信号来提高测量精度、实现隔离和进行滤波及线性化的过程。由于传感器输出的信号一般属于微弱信号而且具有高输出阻抗等特点，这些信号因种类规格、信号强度等方面的原因，往往不能直接用于仪表显示、传输、数据处理和在线控制。因此，在利用这些传感信号前，需根据要求对其进行一定的调理。

信号调理的目的是使输入信号完好地进入电子信息系统，使其完好地到达执行机构，信号调理是传感器和 A/D 转换器、开关量输入器件和 CPU，以及 D/A 转换器和执行机构、开关量输出器件和开关执行机构之间的桥梁，是现代电子信息系统的重要组成部分。

微电子技术和计算机技术的发展带来了一系列新的器件和技术，信号调理电路开始集成化，出现了集成模拟信号调理电路，调理电路在所实现的功能上并没有变化，但实现的方式有所不同，这给模拟信号调理电路设计带来一系列变化，其中更多的是技术进步，使过去一些难以解决或复杂的调理问题变得简单和容易处理。

与此同时，电子电路的低功耗技术也越来越受到人们的重视。与过去相比，传感器系统越来越趋向集成化、小型化、便携化、智能化、低电压工作，在消费电子产品中，传感器往往由容量有限的电池供电，此时，调理电路的设计除了满足必要的功能与技术性能需求外，还必须考虑低功耗的设计问题。

实现低功耗设计的优越之处体现在以下几个方面。

（1）节约能源。能源问题越来越受到世界各国的重视，为了节能，各国采用了多种多样的节能措施，如美国政府提出了以节能为主题的“能源之星”计划，欧共体提出了“电源管理规范”等。节能已经成为世界性的不可逆转的潮流，低功耗是实现节能的基本途径。

（2）延长生命周期。对于使用电池供电的传感器系统，如便携式电子设备、无线传感器网络节点等，有限的电源容量限制了系统的续航能力或者生命周期，合理的低功耗设计可有效减少系统的能量消耗，延长设备的使用时间。

（3）解决电磁兼容问题。随着电子、电力、电气设备的广泛应用，它们在运行过程中产生的高密度、宽频带的电磁信号充满了整个空间，形成复杂恶劣的电磁环境。近年来，电磁兼容（EMC）标准在许多国家和地区逐渐成为电子产品的强制执行标准。实践经验告诉我们，若这些设备采用电池供电，电磁兼容带来的问题就可巧妙的回避过去，但前提是要降低系统功耗，也就是说低功耗设计可帮助解决 EMC 问题。

（4）减小体积，减轻质量。采用交流供电需要交流/直流变换电路，自然增加了产品的体积和质量，有些特殊场合还可能无法提供所需的交流电源，这些都为产品的使用带来不便。使用电池供电后，产品的体积、质量大大减小，使用范围更为广泛。

（5）降低成本，提高可靠性。采用电池供电和降低功耗有益于提高系统可靠性并延长寿命，也能节省定期检测、维修等费用，从而降低使用成本。对于电池供电系统，降低功耗可延长电池寿命，这对诸如野外、井下、空中和无线监控等一些特殊领域有重要意义。

11.1.2 常用信号调理电路功能类型

由于各种传感器的工作原理不同，其输出信号的形式也各不相同，因而必须采用不同的处理和转换方法对这些信号进行某些预处理，并将其转换为便于现代电子信息系统处理的数字信号。根据传感器输出的参量类型及其调理方式，传感器可分为电阻型、电容型、电感型、互感型、电压（电动势）型、电流型、电荷型、脉冲（数字）型等，不同类型的传感器将被测参量转换成电参量的类型不同，这使其信号调理电路的方式与作用不同。

（1）电阻型传感器。它将被测量变化转换为电阻变化，信号调理的作用是将电阻变化转换成易测电参数，如电桥将电阻变化转换成电压，振荡电路将电阻变化转换成频率等。

（2）电容型传感器。它被测量的变化转换为电容变化，信号调理的作用是将电容量变化转换为易处理的电压或电流信号，或者通过振荡电路转换为频率信号。

（3）电感型传感器。它将被测量的变化转换为电感量的变化，信号调理的作用是将被测量引起的电感量变化转换为易于处理的信号形式。例如，采用电感电桥将电感量变化变换成电流或电压的变化，用振荡电路将电感量变化转换成频率变化。

（4）互感型传感器。它将被测量的变化转换为互感的变化，信号调理的作用是将互感量或互感电动势的变化转换成为易处理的电压或电流变化，也可将互感变化引起的电感量变化转换为电压、电流或频率的变化。

（5）电压（电动势）型传感器。它将被测量的变化转换为电压或电动势的变化，信号调理电路的作用是将这种微弱的电动势或电压变化转换为较强的电压或电流变化。

（6）电流型传感器。它将被测量的变化转换为电流的变化，信号调理的作用是对传感器输出的微弱电流进行放大，将其变换成较强的电压或电流。

（7）电荷型传感器。它将被测量的变化转换为输出电荷的变化，信号调理的作用是将电荷的变化转换成较强的电压或电流输出，这种电路通常称为电荷放大器。

（8）脉冲（数字）型传感器。它将被测量的变化转换为脉冲序列或数字信号，信号调理的作用是对脉冲序列输出进行脉冲计数并转换所需的信号形式，对编码信号则将其输出转换成相应的数字信号。

传感器作为信号源向后接电路输出代表被测量变化的信号，从输出端看，信号源代表两个参数：一个是信号的强弱，另一个是信号源内部阻抗的大小。传感器输出阻抗的大小决定了传感器电路的结构形式。

① 高输出阻抗型传感器意味着它的输出阻抗高，这类传感器能吸收信号源的输出信号并进行一定变换和放大，将信号变换成易于处理的形式，而且还能将传感器的高输出阻抗变换成低输出阻抗。

② 低输出阻抗型传感器的输出阻抗较低，输出信号形式多种多样，这类传感器一般是将被测量不失真地变换成较强的电压或电流信号。

11.1.3 调理电路低功耗设计原则

在电路设计中，不同设计方法可带来电路功耗的巨大差异。在实现完全相同功能的情况下，不同设计者设计的电路虽功能相同，但电路功耗可相差甚大。低功耗设计不仅在电路设计中非常关键，也有技巧性。与设计者的知识、拥有的材料、设计经验有极大关系。

传感器信号调理的内容随输入传感器类型、测试系统要求等的不同而不同，常用的信号调理技术手段主要包括阻抗匹配、信号放大、信号隔离、信号滤波、传感器激励、信号线性化、信号变换、功率驱动等。除使用专用的传感器集成调理器件外，针对采用通用集成器件实现的信号调理电路设计，应在满足性能前提下优先考虑有利于实现低功耗的器件因素。以下是四种常见调理电路的实现途径与器件选择考虑。

1. 信号放大电路

经由传感器或敏感元件转换后输出的信号往往是微弱信号，如 mV 级、μV 级，甚至更弱。信号放大是一种最常用的信号调理方式。

在传感器信号放大电路的设计过程中，首先应考虑采用功耗低、集成度高的放大方案。针对传感器信号输出特点的常用放大器有仪用放大器、可编程增益放大器、隔离放大器。典型的仪用放大器有 AD620、AD627、AD522、INA101 等，典型的可编程增益放大器有 AD526、LH0084、PGA102 等，典型隔离放大器有变压器隔离放大器 AD202、AD203、AD204、ISO212P 等，光电隔离放大器有 ISO100，电容隔离放大器有 ISO106、ISO122 等。

隔离放大器中变压器隔离放大器与其他的相比功耗较大，而光电隔离放大器不仅使用时不需要外接任何器件，而且功耗相对较低，因此在低功耗的信号隔离放大电路设计中一般不宜选变压器隔离放大器，应尽量考虑选用光电隔离或电容隔离放大器。

2. 信号滤波电路

由于测试环境的电磁干扰，如电源线、机械设备的 50Hz 噪声干扰等，传感器和放大器的信号往往会含有多种频率成分的噪声信号，信号滤波就是从所测得的信号中去除或抑制不需要的杂散信号，使系统的信噪比增加。滤波器的主要类型有巴特沃斯（最大平直型）滤波器、切比雪夫（纹波型）滤波器、贝塞尔（线性相位型）滤波器。

信号的滤波可采用数字滤波的方式，也可采用模拟滤波的方式。与模拟滤波方式相比，数字滤波具有灵活性强、滤波效果好的特点，而且滤波操作由微处理器执行软件实现，不需要额外的硬件电路。与其他器件相比，由处理器进行数字滤波时功耗相对低而且参数调整容易。由于数字滤波具有分辨率有限、动态范围小、响应慢等缺点，因此在满足滤波性能要求的前提下应尽可能选用数字滤波方式。

在进行模拟滤波设计时，也应考虑尽可能使用集成解决方案。常用的集成滤波器有低通电源开关滤波器，如MAX7420、MAX7480、MAX7419、MAX7418等；可配置开关电容滤波器，如MAX260、MAX263等；连续时间低通滤波器，如LTC1563-2、LTC6605、LTC6604、LTC1563-3等；连续时间可配置滤波器，如MAX274、MAX275、LTC1562等。

3. 信号变换电路

传感器输出的信号大多不能直接用于仪表显示、传输，为使信号便于处理，对各种输出信号进行变换也是常用的信号调理手段。例如，采用电压/频率变换对电压信号进行频率调制以便电气隔离和数字化；采用交流/直流变换将输入信号的交流参数，如峰值、有效值、绝对平均值提取出来；采用电压/电流变换将电压信号变成抗干扰能力强的电流源信号。

在对信号变换电路进行低功耗设计时，同样应优先考虑选用要求外围元器件少的集成器件实现信号变换的方案。常用的集成电压/频率变换器有AD537、AD650、AD652、VFC32K、VFC100A、LM331、RC4151等，其中AD652相对AD650所需外围器件更少；常用的集成交流/直流变换器有AD536、AD636、AD637等。

4. 信号线性化电路

由于大多数传感器对于被测对象的变化具有非线性响应，必须附加线性调理电路来进行调整，因此信号的线性化也是一种通用的信号调理环节。

信号的线性化过程可通过硬件电路实现，也可采用软件处理形式实现。由于硬件线性化实现较困难，而且范围有限，同时硬件电路也给系统带来了一定的功耗负担，而与硬件电路相比，一般情况下由处理器实现线性化时所消耗的功率相对低，因此，应优先考虑以软件处理方式替代硬件进行线性化，这不仅容易实现，而且功耗也相应减少。但是，软件处理方式会带来一定的时延，所以，必须是在满足实时性要求的前提下优先考虑软件线性化。当不能采用软件线性化方式时，一般选用集成模拟运算器件的实现方式，这种方式的功耗比采用分立元器件方式的功耗要低。

除了上述采用通用集成器件和软件进行低功耗的信号调理设计原则外，在传感器信号调理电路设计，以及传感器系统低功耗设计过程中，一些在器件选取中需要考虑的因素，以及低功耗设计应遵循的基本原则如下。

（1）采用低功耗器件。采用低功耗器件是降低系统功耗最直接的方法。器件的工艺水平决定了器件运行的功耗，对于几乎所有的逻辑电路、单片机、存储器及外围电路，COMS工艺的器件通常比 TTL 工艺的器件功耗更低。不同器件的功耗水平不同，所以在满足调理功能及性能要求的条件下，选择功耗更低的器件是降低传感器调理电路功耗的首要途径。

（2）采用宽电源输入器件。对于电池供电的设备，在相同工作条件下，器件的正常工作电压范围决定了器件的使用时间，当电池电压跌至最低工作电压以下时，器件工作性能会下降甚至不能正常工作，选择宽输入电压范围的器件能有效延长工作时间，充分利用有限的能量，从某种程度上讲也是一种很好的节能途径。

（3）采用高集成度专用器件。与集成器件相比，分立器件除了会给系统引入不必要的噪声与干扰外，同时也会使系统功耗增加。集成器件不仅可靠性好、体积小、效率高、成本低，而且功耗一般都低，因此在调理电路设计过程中，在满足电路功能需要时应尽量采用集成度高的专用器件，外围的分立器件应越少越好。

（4）优先考虑单一规格的电源。在调理电路设计时，若器件之间存在不同的工作电压需求，则系统必须增加额外的电源转换电路，通过升高或降低电源电压来满足不同器件的的不同电源规格要求，电源电压的调整和稳压过程必然给系统带来额外的功耗，因此在选取器件时应尽量选相同电源规格的器件，使用单一规格的电源供电，避免电平的转换。

（5）自动休眠的工作方式。现在许多厂家生产的器件都有低功耗的休眠方式，如单片机的闲置、掉电等工作方式，芯片的节能工作方式、停机工作方式等，这些休眠模式与正常运行模式相比功率消耗极低，因此设计时应充分利用休眠方式达到显著的节电效果，在器件不工作时能自动进入休眠模式，尽可能降低系统功耗需求。

（6）采用“按需使用”的工作方式。不需器件工作时，一般使器件进入低功耗或休眠模式，但低功耗模式也还存在一定的能耗。为了减少器件在不工作时的能耗，器件的电源部分可采用关断控制。“按需使用”，可以在不需要时断开电源，需要时重新启动，能有效降低系统能耗，但器件每次重新启动都要对其进行初始化操作，也会增加一定的处理负担。

11.2 典型信号调理集成器件及应用

目前，传感器信号调理器正向单片集成化、高精度、多功能、自动补偿和自动校准的方向发展。应用集成的信号调理器既可增强传感器性能、简化设计和减小尺寸，也能明显降低传感器的功耗，是实现传感器节能的一条有效技术途径。

传感器集成信号调理器大致可分成两类：一类是传感器信号调理器，它包括专用于某类传感器的专用器件和可用于多种传感器的多功能器件；另一类为传感器信号处理系统（也称为传感器信号处理器）。前者大多内含 A/D 转换器、温度补偿及自动校准电路，输出为模拟量或数字量；后者集成了微处理器或数字信号处理器（DSP），并带串行总线接口，其性能比信号调理器更先进，使用更灵活。

11.2.1 专用集成调理器件

对于应用广泛的传感器的信号调理大多有专用集成器件，如常见的用于热电偶的 AD594/595、用于线性差动变压器的 AD598/AD698、用于桥式传感器的 1B31、1B32、用于角度传感器的 UZZ9000/9001 等。本节选择 CS2001、AD22055 作为代表进行介绍。

1．电容式传感器信号调理器 CS2001

CS2001 是德国 SENSE 公司生产的电容式传感器信号调理器，可作为包括电容性麦克风、湿敏电容等在内的电容式传感器的接口使用。

（1）CS2001 的性能特点如下。

① 能将传感的电容转换成直流电压信号，再用二次仪表显示出被测量的大小。它采用电荷补偿反馈环原理，利用两个标称值为 25 pF 的电容可获得 200 mV/pF 的最高灵敏度。对于只有一个可变电容的传感器，只需再加一个相同标称值的固定电容就可构成一个准差分输入式的传感器。

② 输出电压与传感器电容成线性关系。具有低噪声、低漂移的优点，能在 0～17 kHz 的带宽内进行高精度测量。模拟电压输出端的输出电阻为 10 kΩ，输出电容为 50 pF。

③ 增益和失调电压均可调整。通过改变增益可调整传感器的灵敏度，改变偏置电压则能调整传感器的失调电压。

④ 采用+2.5 V 双电源或+5 V 单电源供电，最大功耗为 17 mW。

（2）工作原理。SO-16 封装的 CS2001 的内部电路框图如图 11-2-1 所示，主要包括加法器、放大器 A_1、定时器、低通滤波器和放大器 A_2。外部的传感电容接在 C_1、C_2 和 CM 引脚之间。r_1、r_2 为内部集成电阻，r_1=14 kΩ，r_2=56 kΩ。各引脚的功能或连接方式如下：U_{DD}、U_{SSD} 分别接电源正、负极；U_{SSA} 为模拟电路负电源端，该端与 U_{SSD} 端可一同接到电源的负极 U_{ss} 上；AGND 为模拟地，其电位 $U_{AGND}=(U_{DD}-U_{SS})/2=2.5$ V；U_o 为模拟电压输出端；U_M 为充电补偿回路的输出端（未经过缓冲器）；CF 为带宽调节端，在 U_M、CF 端之间接电容 C_F 即可调节带宽；OFADJ 为失调电压调整端，不需要调整时接 AGND 端；C_1、C_2 分别接电容式传感器的高端、低端；CM 为 C_1、C_2 的公共端；NC 为空脚。

① 输出电压。CS2001 能把两个电容的容量差及容量和的关系转化为模拟电压输出。

$$U_o=-4U_1(C_1-C_2)/(C_1+C_2) \quad (11\text{-}2\text{-}1)$$

式中，$U_1=0.5(U_{DD}-U_{SS})$，典型值为 2.5 V；U_o 是以 AGND 为参考地的输出电压；C_1、C_2 分别为传感器的两个电容。

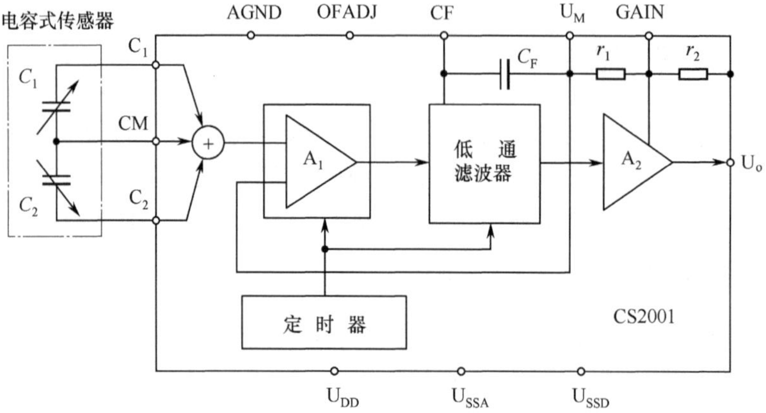

图 11-2-1　CS2001 的内部电路框图

② 带宽调整。CS2001 的电路可简化为一阶低通滤波器，滤波器带宽通过在 U_M 和 CF 端之间并联电容 C_F 设定。令带宽为 Δf_C（单位为 Hz），则

$$\Delta f_C=f_s/\{8.7\times[(37+C_F/C_0)-1]\} \quad (11\text{-}2\text{-}2)$$

式中，f_s 为内部环路的时钟频率。当 $U_{DD}-U_{SS}$=5 V、环境温度为+25 ℃时，f_s=57 kHz。C_0 是传感器的标称电容，通常可认为 $C_0=C_1=C_2$，C_0、C_F 的单位都是 pF。

Δf_C 与 C_F 的关系曲线如图 11-2-2 所示。

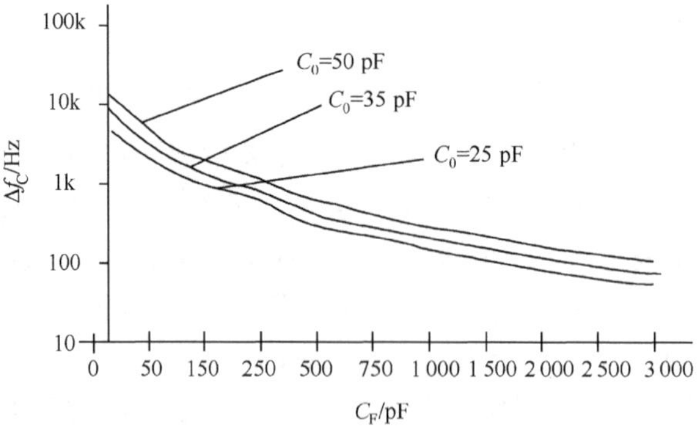

图 11-2-2　Δf_C 与 C_F 的关系曲线

③ 偏置调整。给 OFADJ 端加一偏置电压，即可调整输出端的失调电压。该电压范围

是 0～±1 V（以 AGND 为参考端）。产生偏置电压的简单方法是在 U_{DD} 和 U_{SS}（U_{SSA} 或 U_{SSD}）之间接一电位器。在调试过程中还可用一个以 AGND 为参考电位的可编程电压源。若不需调整，则必须将 OFADJ 端与 AGND 端相连。

④ 增益调整。引脚 U_M 给出了电荷补偿环未经缓冲的电压，该电压由下式确定：

$$U_M=0.5(U_{DD}-U_{SS})(C_1-C_2)/(C_1+C_2) \tag{11-2-3}$$

在 U_M、GAIN、U_o 各端之间分别并联电阻 R_1 和 R_2，即可改变增益。若不外接电阻电阻 R_1 和 R_2，CS2001 默认的增益为−4（负号代表反相放大），由内部电阻 r_1 和 r_2 决定。

（3）典型应用。CS2001 的典型应用电路如图 11-2-3 所示。图 11-2-3（a）为采用 2.5 V 双电源的接线图，图 11-2-3（b）为采用+5 V 单电源的接线图。C_3、C_4 均为退耦电容。图 11-2-3（c）中，C_F 为调整带宽的电容，R_p 为调整增益的电位器。CS2001 的输出电压从 U_o、AGND 端引出后接数字电压表。

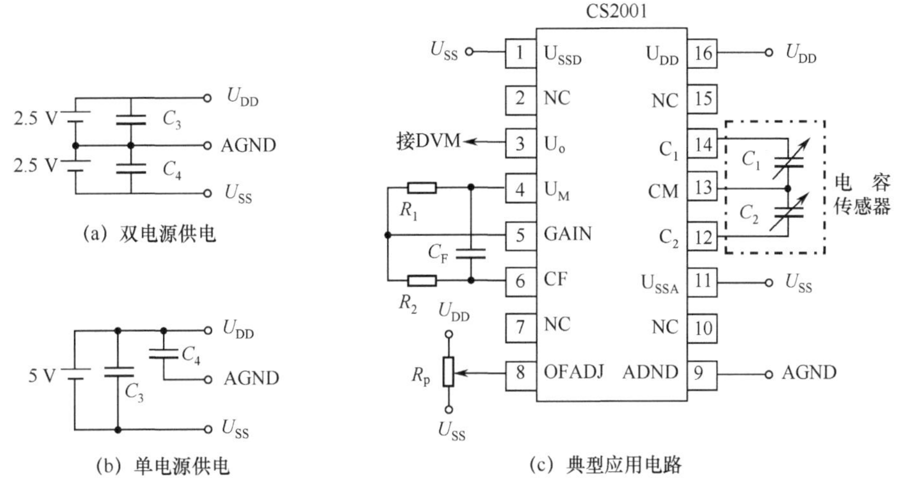

图 11-2-3　CS2001 的典型应用电路

2. AD22055 型桥式传感器信号放大器

AD22055 属单电源供电的桥式传感器的放大器，它能对桥式传感器的差模信号进行放大，并通过外部电阻补偿传感器的增益误差和温度漂移，适合作为压力传感器、压力变送器、应变等微弱信号源的信号调理器。

（1）AD22055 的性能特点。

① AD22055 内部可编程放大器的增益可通过外部电阻进行调整，范围为 40～1 000。其差分输入电阻为 230 kΩ。

② 采用单极型低通滤波器，经缓冲放大后的输出电压范围是 20 mV～（U_s−0.25 V），输出电阻为 2.0 Ω（典型值），输出短路电流的典型值为 12 mA，最大为 25 mA。

③ 具有增益误差和温度漂移补偿功能。内部有瞬变电压保护电路和射频干扰滤波器，能承受 60 V 的峰值输入电压（持续时间不超过 40 ms）。对于几赫兹到 10 kHz 的干扰频率，输入端的共模抑制比（CMR）高达 175～230 dB。

④ 采用单电源供电，电源电压范围是+3～+36 V，静态工作电流为 200 μA。具有防止电源电压极性接反的保护功能，可承受−34 V 的反向电源电压。其工作温度范围为−40～125℃。

（2）AD22055 的工作原理。AD22055 引脚排列如图 11-2-4 所示，IN_+、IN_-分别为输入高端和低端，$+U_s$为电源端，GND 为地，FILT 为外部滤波电容连接端，GAIN 为增益调节端，OFS 为失调电压调节端。

AD22055 的内部电路如图 11-2-5 所示，它可等效为一个单电源差分放大器，由两套严格对称的精密电阻（r_1和 r_2，r_3和 r_4）分压器、一个漂移极低的前置放大器 A_1和输出缓冲放大器 A_2组成。这种设计能确保微弱的差分信号在高共模电压干扰之下被准确放大和滤波，不必用其他有源器件。

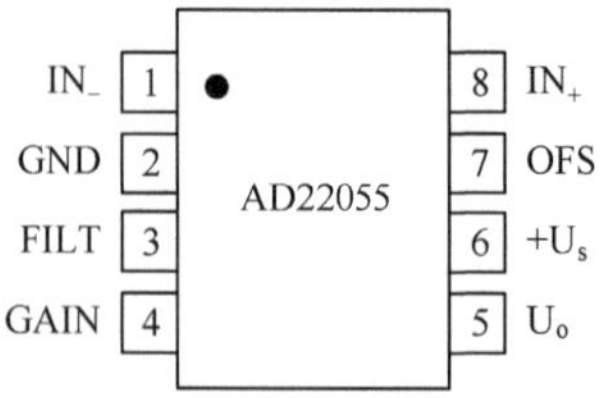

图 11-2-4　AD22055 的引脚排列图

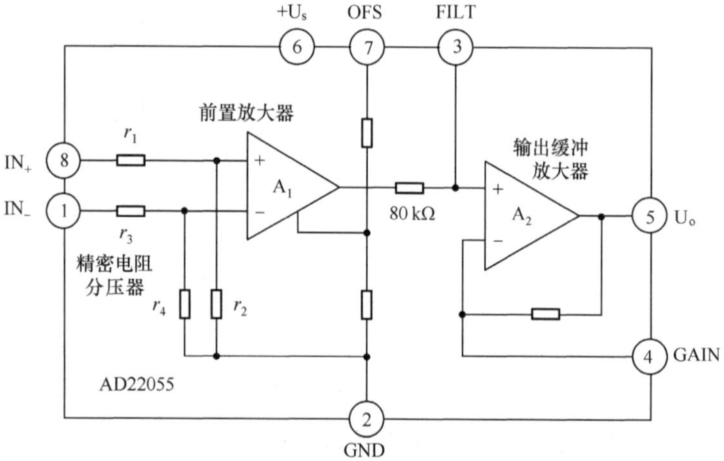

图 11-2-5　AD22055 的内部电路框图

精密电阻分压器靠近 AD22055 的输入端，可将引脚 1 和 8 处的共模电压衰减 1/2，再作为 A_1 的输入电压。另外，在 A_1 的输入处还集成了两只容量很小的滤波电容（图中未画），能将信号中射频干扰的影响减至最低。A_1 的内部反馈电路可将前置放大器的闭环增益设为 40 倍。A_1 的输出先通过由 80 kΩ 电阻和外部滤波电容构成的低通滤波器，然后接输出缓冲放大器 A_2。A_2 由连接引脚 4 到地的电阻 R_G 设置增益。AD22055 的总增益为

$$G=40[1+(9/R_G)] \quad (11\text{-}2\text{-}4)$$

式中，R_G 为引脚 4 到地之间的电阻（kΩ）。

（3）AD22055 的典型应用。AD22055 的典型应用电路如图 11-2-6 所示，当 R_G 采用 1 kΩ 精密电阻时，由式（11-2-4）可得 G=400。C 为低通滤波器中的滤波电容。由于 AD22055 内部没有激励源，因此桥式传感器的激励电压需从外部基准电压 U_{REF} 上获得。

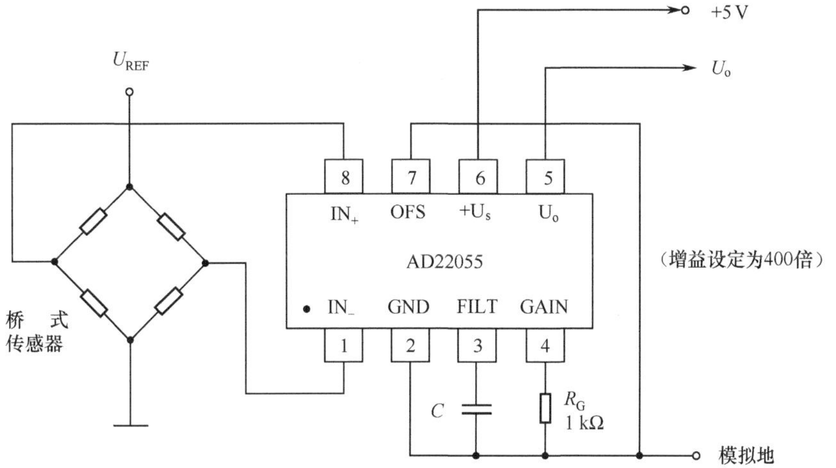

图 11-2-6　AD22055 的典型应用电路

11.2.2　多功能集成调理器件

1. AD693 型多功能传感信号调理器

AD693 是 ADI 公司的一种高精度、多功能单片信号调理器，其使用灵活，用途广泛，不仅可用于小信号 U/I 转换器，还可作为各种传感器（如铂热电阻、热电偶等）的信号调理器。它的同类产品为 AD694，它适合接收高电平输入信号，但芯片内部无备用放大器。

（1）性能特点。

① 内含可编程输入放大器、U/I 转换器和基准电压源。其+6.2 V 基准电压的电压温度系数为$\pm20\times10^{-6}$/℃，利用该电压和内部精密电阻分压器，可获得预校准的 0 mA、4 mA 和 12 mA 的调零电流，以及 30 mV、60 mV 的输入电压量程，能提供 75 mV、100 mV 的标准电压。

② 三种输出电流形式：单极性为 4～20 mA、0～20 mA，双极性为 12 mA±8 mA。

③ 输入电压范围和电流零点均可单独调节，二者互不影响，用户可根据需要灵活设计输入电压范围。

④ 高精度。电流调零前的总误差为±0.25%，非线性误差低于±0.05%，经过调零后的总转换误差小于±0.1%。

⑤ 利用芯片中的备用放大器，可对由铂热电阻（PRTD）、各种热电偶及电阻应变片桥路所产生的信号进行调理（包括缓冲、放大、与其他信号进行组合等）。备用放大器具有电流输出和电压输出两种能力，能为外部传感器提供激励。

⑥ 带 Pt100 型 PRTD 接口，配铂热电阻时的测温误差为±0.5℃。

⑦ 利用外部电阻可选配不同类型的热电偶并设定最高测量温度。

⑧ 具有过电流保护和反向过电压保护功能。当环路电流接近 25 mA 时能自动限流；当反向电压通过电流环施加到 AD693 的输出端时，内部二极管能起到钳位保护作用。

⑨ AD693 通常由环路电源供电，特殊情况下也可由本地电源单独供电，允许工作电压为+12～+36 V，静态工作电流为 500 μA。工作温度为−40～+85 ℃。

（2）工作原理。AD693 的引脚排列及内部电路框图如图 11-2-7 所示。ZERO 为 *U*/*I* 转换器的调零端；+6.2 V REF 为+6.2 V 基准电压输出端。4 mA、12 mA 端分别接分压器的两个抽头。将+6.2 V REF 端、4 mA 端、12 mA 端分别接 ZERO 端时，依次可产生 0 mA、4 mA、12 mA 的输出偏置电流。P1 和 P2 为编程端，改变它们的接线方式，能设定不同输入电压范围。U_{I+}和 U_{I-}分别接输入电压的正端和负端。OUT_+、OUT_-依次为输出电流正端和负端。BOOST 为升压端，该端接 U_{SREF}端时可为基准电压提供一个高于+6.2 V 的辅助电源。COM 为信号地。100 Ω 端为 Pt100 型铂热电阻的接口端。75 mV、150 mV 是分压器输出的两路标准电压。+AUX、−AUX 分别为备用放大器的同相输入端、反相输入端。I_X和 U_X为备用放大器输出级的引出端，从 I_X端可输出电流信号，将 U_X端接负载后可输出电压信号。

AD693 内部主要包括可编程输入放大器 A_1、*U*/*I* 转换器、输出级（晶体管 V_1），基准电压及精密分压器，保护二极管 VD，备用放大器 A_2和备用输出级（高增益达林顿管 V_2）。

① 可编程输入放大器。该放大器是一个仪表放大器，其作用一是进行缓冲放大，二是用来设定输入电压范围。输入电压 U_I接在 U_{I+}和 U_{I-}端之间，R_a、R_b是内部两只 800 Ω 的增益电阻。改变 P1、P2 的接线方式可调整 A_1的增益，进而设置输入电压范围。能设定不同输入电压范围的 4 种电路分别如图 11-2-8 所示，下面分别加以讨论。

如图 11-2-8（a）所示，当 P1、P2 端开路时，A_1的电压增益 K_V=2。这又可分为以下两种情况：对应于 4～20 mA 输出电流范围，输入电压范围 U_I=0～60 mV；对应于 0～20 mA

输出电流范围，U_I=0～75 mV。

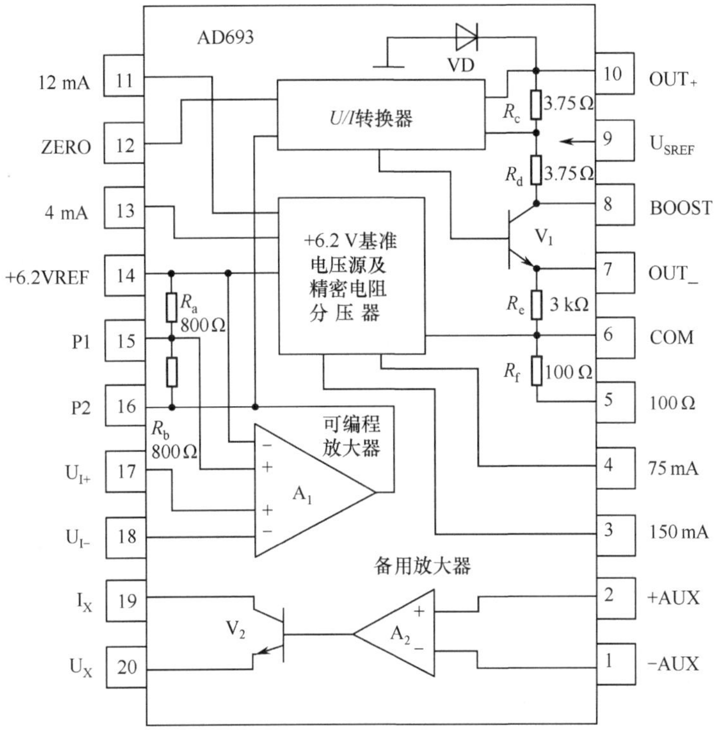

图 11-2-7　AD693 的引脚排列及内部电路框图

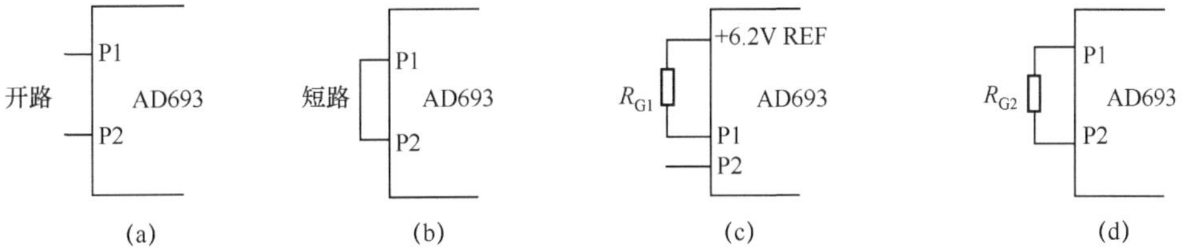

图 11-2-8　设定不同输入电压范围的 4 种电路

如图 11-2-8（b）所示，将 P1、P2 端短路时，K_V=1。当输入 60 mV 电压时，可得满度为 20 mA 的电流。

如图 11-2-8（c）所示，在 P1 与+6.2VREF 引脚之间接上外部增益电阻 R_{G1}，可设定小于 30 mV 的输入电压。设用户所期望的输入电压最大值为 S，利用下式可计算 R_{G1} 的阻值。

$$R_{G1}=\frac{400}{30/S-1} \tag{11-2-5}$$

式中，S 的单位是 mV；R_{G1} 的单位是 Ω。

如图 11-2-8（d）所示，在 P1、P2 之间接增益电阻 R_{G2}，可将输入电压最大值设定在 30～60 mV 之间。R_{G2} 的电阻值由下式确定，一般要求 $R_{G2} \geqslant 200\ \Omega$。

$$R_{G2} = \frac{400(1-60/S)}{30/S-1} \tag{11-2-6}$$

需指出，内部增益电阻 R_a 和 R_b 的允许误差均为±10%，为使输入电压范围严格符合指标，需仔细调整 R_{G1}、R_{G2} 的电阻值。R_a、R_b 的电阻值可从相应的引脚上测出。此外，R_a、R_b 的电阻温度系数为-17×10^{-6}/℃，这要求 R_{G1}、R_{G2} 必须选用低温度系数的精密金属膜电阻。

② U/I 转换器。它属于跨导放大器，其跨导标称值为 0.2666（西门子），当 U_I=75 mV 时，I_O=75×0.2666=20 mA。其内含一个限流比较器，能将环路电流限制在±25 mA 以内。

③ 基准电压及精密分压器。芯片内部有高稳定度的+6.200 V 带隙基准电压源和经过激光修正的精密电阻分压器。利用该电压源可为 U/I 转换器提供偏置电压，用来调节输出电流的零点，还可用于外部传感器激励。分压器由精密电阻网络构成，只需将分压器上某个抽头接至调零端 ZERO，即可获得相应的输出偏置电流。例如，将 4 mA 抽头接 ZERO 端，输出偏置电流就是 4 mA。4 mA、12 mA 偏置电流所对应的偏置电压分别为−15 mV、−45 mV。

校准偏置电流的电路如图 11-2-9 所示，R_{Z1} 和 R_{Z2} 为校准电阻。假定校准电流是 I_A，校准 4 mA 偏置电流时可分别用下式计算 R_{Z1}、R_{Z2} 值。

$$R_{Z1} = \frac{1.6}{I_A} - 400 \tag{11-2-7}$$

$$R_{Z2} = \frac{3.1R_{Z1}}{15\times10^{-3}+3.75I_A} \tag{11-2-8}$$

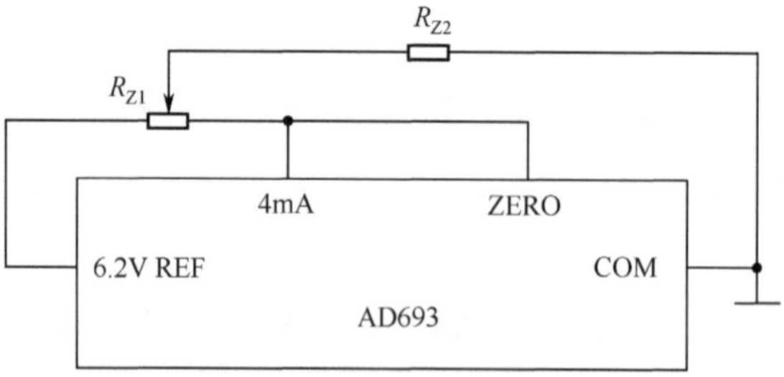

图 11-2-9　校准偏置电流的电路

校准 12 mA 偏置电流时，R_{Z1}、R_{Z2} 的计算公式分别为

$$R_{Z1}=\frac{4.8}{I_A}-400 \tag{11-2-9}$$

$$R_{Z2}=\frac{3.1R_{Z1}}{45\times10^{-3}+3.75I_A} \tag{11-2-10}$$

④ 备用放大器及输出级。备用放大器 A_2 是专为扩展 AD693 的功能而设置的一个辅助放大器，可对传感信号进行 *U*/*I* 转换或 *T*/*I* 转换，把被测量（电压、温度等）转换成 4～20 mA 电流信号，以便远距离传输。其输出级采用高增益达林顿管，I_X、U_X 端分别接集电极与发射极。I_X 可作为高阻抗电流源，给传感器提供 750 μA～1.5 mA 驱动电流，若在 U_X 端与地之间接负载 *R*，即可获得电压信号。不使用备用放大器时，应将+AUX 端接地。

（3）使用方法。

① 典型应用。由 AD693 构成 0～+30 mV 单极性输入、4～20 mA 输出的电路如图 11-2-10 所示。环路电源 U_s 的允许范围是+12～+36 V。R_L 为电流环中的负载电阻，I_{LOOP} 为环路电流。实际加到 AD693 上的电源电压（U_{OP}）为

$$U_{OP}=U_s-I_{LOOP}R_L \tag{11-2-11}$$

不使用本地电源时，+6.2 V 基准电压源与地之间需接 6.2 kΩ 电阻，将基准电压源的负载电流设定为 1 mA。*C* 为电源退耦电容。

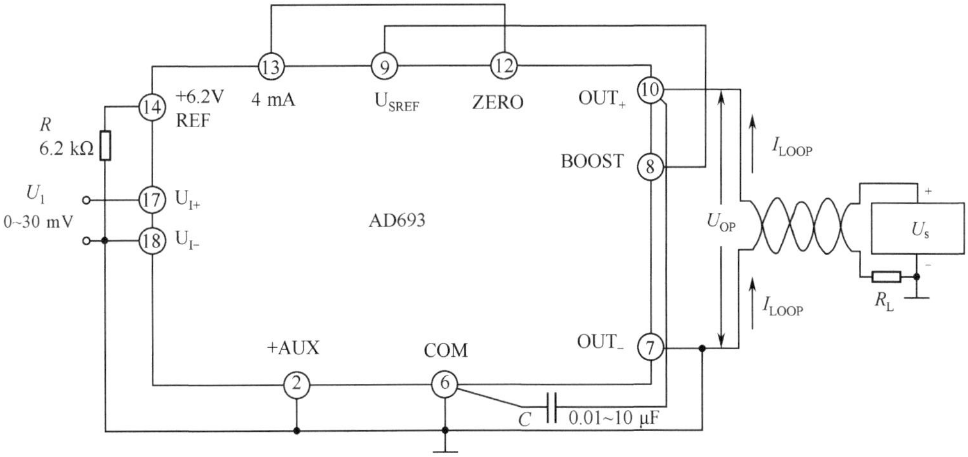

图 11-2-10　0～+30 mV 输入、4～20 mA 输出的电路

② 选择电源电压。采用环路电源供电时，最大负载电阻（R_{Lmax}）与环路电压（U_{LOOP}）的对应关系如图 11-2-11 所示。二者的数值关系式为

$$R_{\text{L max}} = \frac{U_{\text{LOOP}} - 2}{20 \times 10^{-3}} \tag{11-2-12}$$

所选择的电源电压值应当在图中的工作区域内。

特殊情况下 AD693 可由本地电源（U_{SB}，+12～+36 V）供电，如图 11-2-12 所示。

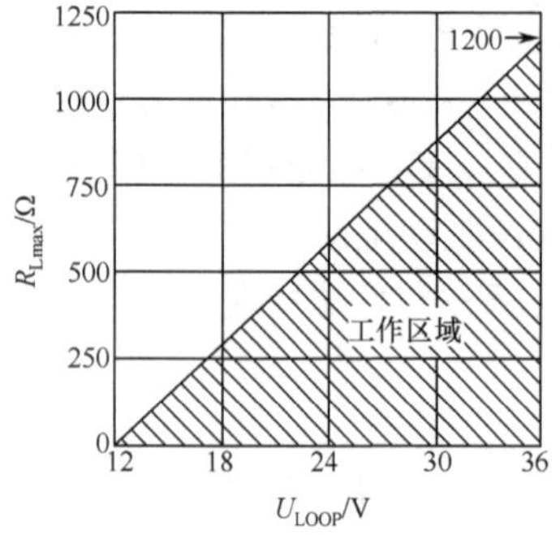

图 11-2-11　R_{Lmax} 与 U_{LOOP} 的对应关系

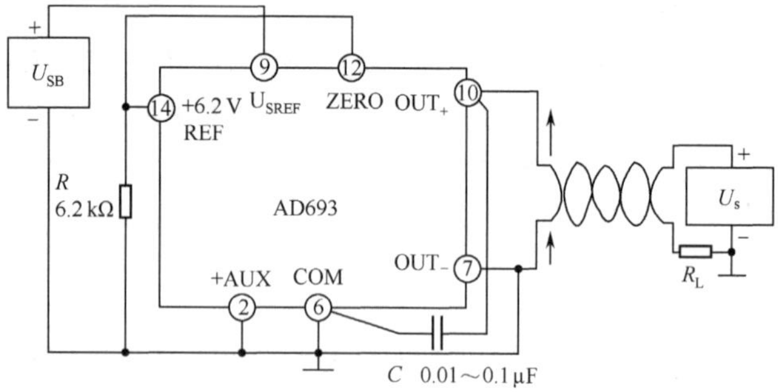

图 11-2-12　由本地电源供电的电路

③ 降低芯片功耗。AD693 内部的晶体管 V_1 的耗电量最大，必要时可并联外部功率管来降低其功耗，具体电路如图 11-2-13 所示。V_2 可选 2N1711 或 2N2219A 型 NPN 功率管，其基极接 OUT−端，集电极接 BOOST 端。要求功率管的截止频率 f_T=10～100 MHz，交流电流放大系数 β>10。2N1711 和 2N2219A 的主要参数为 U_{CEO}=75 V，I_{CM}=0.8 A，P_{CM}=0.8W

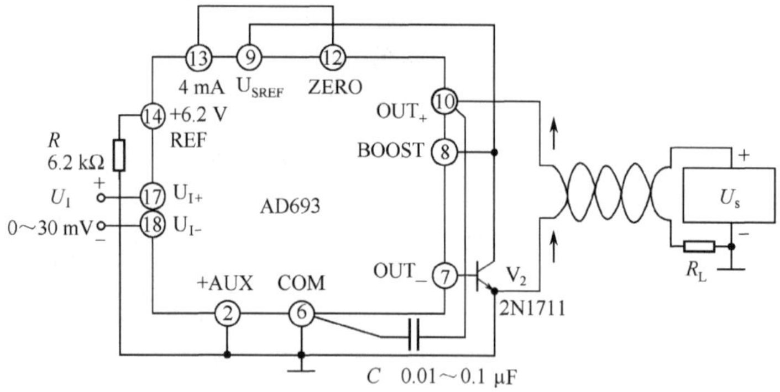

图 11-2-13　并联外部功率管的电路

（4）AD693 的实际应用举例。

① 铂热电阻信号调理器。如图 11-2-14 所示，AD693 带 Pt100 型铂热电阻接口，能直接配置成 PRTD 信号调理器。Pt100 在 0 ℃时的电阻值为 100 Ω，单位温度下的电阻变化率 T_{CR}=0.00385 Ω/℃。该电路能将 0～+104 ℃范围的温度转换成 4～20 mA 电流，完成温度/电流（T/I）转换。AD693 可设定 6 种不同的测温范围，以满足不同需要。

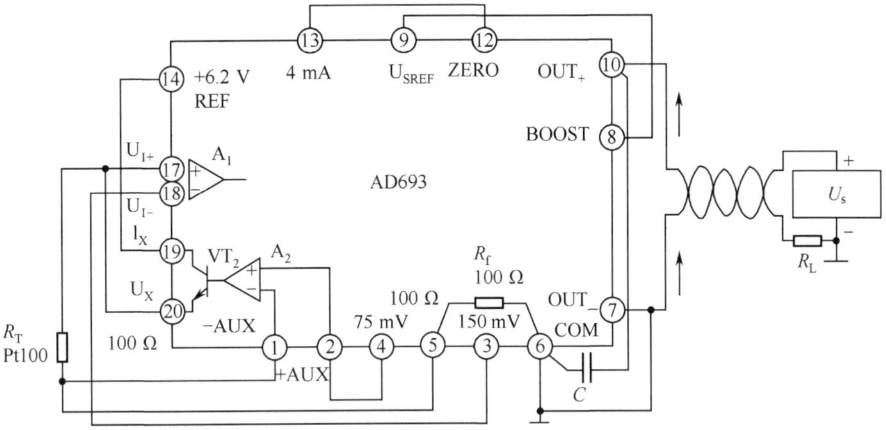

图 11-2-14　PRTD 信号调理器的电路

设 Pt100 的电阻值为 R_T，它与芯片中温度特性非常稳定的 100 Ω 电阻（R_f）构成 A_2 的反馈网络，A_2 的同相输入端（+AUX）接+75 mV 参考电压。因为 A_2 的电压增益 $K_V=1+(R_T/R_G)=2$，所以从 U_X 端可产生 150 mV 信号。该信号加至 A_1 的同相输入端，再与加至反相输入端的 150 mV 参考电压进行比较，输出差分信号，在 0℃时差分信号为零。

当温度升高时，R_T 的电阻值不断增大，U_x 随之升高，使差分信号不断增大，进而可调节环路电流实现 *T/I* 转换。将第 13 脚（4 mA 端）与第 12 脚（ZERO 端）短接时，0～+104 ℃的温度范围恰好对应于 4～12 mA 的输出电流。

② 带冷端温度补偿的热电偶测温电路。如图 11-2-15 所示，由 AD693 和 AD592 构成的带冷端温度补偿的热电偶测温电路可适配各种类型的热电偶；用一片集成温度传感器 AD592 进行冷端温度补偿；能将热力学温度转换成摄氏温度，再变换成标准电流信号。

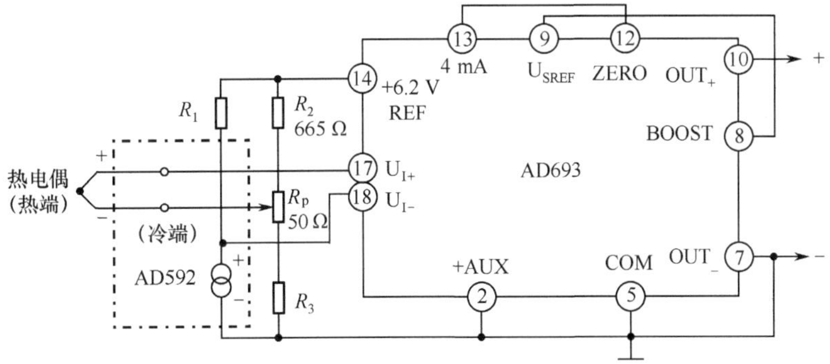

图 11-2-15　带冷端温度补偿的热电偶测温电路

③ AD693 在应变仪中的应用。AD693 可配电阻应变片构成应变仪测量应力，测量电路

如图 11-2-16 所示。测量电桥中含 4 个灵敏度为 2 mV/V 的 350 Ω 应变片，R_{p1} 和 R_{p2} 分别为零点调节电位器和满度调节电位器。若用 R_{RP1} 来表示 R_{p1} 的总电阻值，则供桥电压

$$E=U_{REF}R_{RP1}/(R_3+R_4)=+6.2\text{ V}\times10\text{k}\Omega/(52.3\text{ k}\Omega+10\text{ k}\Omega)=+0.995\text{ V}$$

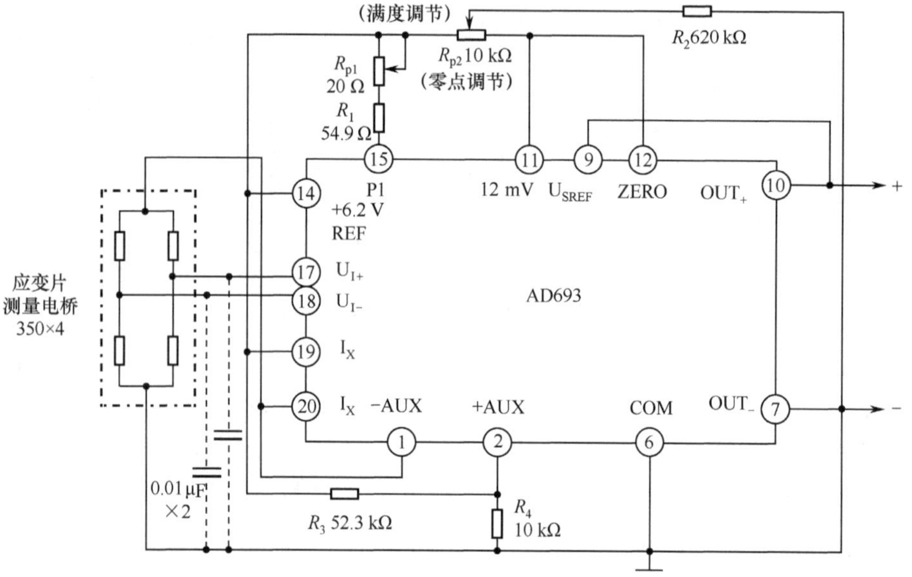

图 11-2-16　应变仪测量电路

2．MAX1450 型集成压力信号调理器

MAX1450 是美国 MAXIM 公司生产的中等精度的信号调理器，它能对压阻式压力传感器的信号进行压力校准和温度补偿，对其他类型的电阻传感器（如拉力传感器）也适用。MAX1450 可广泛用于压力传感系统、液压传动系统。

（1）性能特点。

① 内含可调电流源、3 位可编程增益放大器（PGA）和缓冲器，能对传感器桥路的失调量、满量程输出（FSO）、温度系数（TC）和非线性进行全补偿，其信号调理精度为±1%。

② 有可调电流源给传感器桥路提供激励，电流调节范围为 0.1～2.0 mA。PGA 的输入阻抗为 1 MΩ，增益范围为 39～221，有 8 种可选增益值，适配传感器的灵敏度范围是 10～30 mV/V。

③ 两路模拟电压输出，一个是 PGA 的“轨对轨”满电源幅度输出电压 U_o，另一路是经过缓冲的桥路输出电压 U_{BBUF}。U_o 可经外部 ADC 接微处理器，U_{BBUF} 用来调整失调电压。

④ 工作速度快，信号调理时间小于 1 ms。

⑤ 采用+5 V 电源供电，允许电源电压范围是+4.5～+5.5 V。电源电流为 2.8 mA（典型值）。MAX1450CAP/C/D、MAX1450EAP 的工作温度范围分别是 0～+70 ℃、−40～+85 ℃。

（2）工作原理。

① 引脚功能。MAX1450 的引脚排列如图 11-2-17 所示。U_{DD} 和 U_{SS} 分别接电源正、负端。BDRIVE 为传感器桥路激励电流（额定值 0.5 mA）输出端，桥路正、负输出端分别接 I_{N+}、I_{N-}端。PGA 输出端 OUT 输出电压为 U_o，桥路电压缓冲输出端 BBUF 外接可调电阻时补偿满量程温度误差。A2～A0 为 PGA 增益设置端。OFFTC 为温度补偿系数端，外接电阻分压器。温度补偿电压极性选择端 SOTC 接 U_{DD} 时在 U_o 上叠加 U_{OFFTC}，开路或接 Uss 则从 U_o 中减去 U_{OFFTC}。OFFSET 为 U_o 的输出偏置电压调节端，外接电阻分压器。输出偏置电压极性选择端 SOFF 接 U_{DD} 时将 U_{OFFSET} 叠加到 U_o 上，开路或接 Uss 时从 U_o 中减去 U_{OFFSET}。FSOTRIM 用来设定激励电流 I_{ISRC}。在基准电流源引出端 ISRC 与 Uss 之间需接 50 kΩ 电阻。改变 FSOTRIM 的电压或调节 ISRC 的外部电阻，均可改变 I_{BR} 值。NC 为空脚。

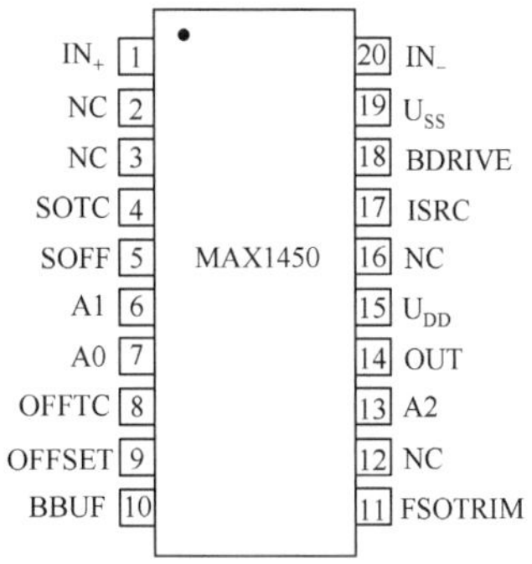

图 11-2-17　MAX1450 的引脚排列图

② 工作原理。MAX1450 的内部电路框图如图 11-2-18 所示，主要部分为可调电流源（内含基准电流源和镜像电流源）、PGA、加法器（∑）、PGA 输出缓冲器，以及桥路输出缓冲器。传感器信号首先送入 PGA 放大，然后根据失调电压的极性，令加法器做加法或减法运算（$U_o \pm U_{OFFTC}$，$U_o \pm U_{OFFSET}$），分别完成压力校准和温度补偿，最后经 PGA 输出缓冲器输出电压信号 U_o。3 位 PGA 的增益设置视所配传感器的灵敏度而定。

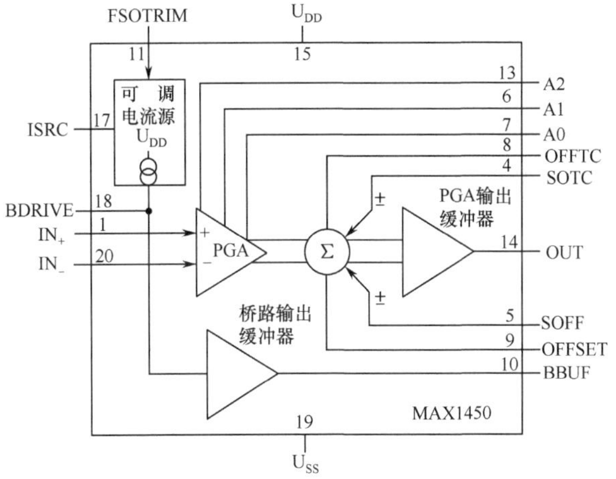

图 11-2-18　MAX1450 的内部电路框图

电桥驱动电路如图 11-2-19 所示。改变 FSOTRIM 端的电压或者调节外部电阻 R_{ISRC}，可设定 I_{ISRC}，进而改变 I_{BR} 值，确定满度输出（FSO）。可调电流源的增益为 13 倍，使 $I_{BR}=13I_{ISRC}$。可调电阻 R_{STC} 用来补偿 FSO 的温度系数误差。R^*_{LIN} 为可选件，用以校正 FSO 的非线性。

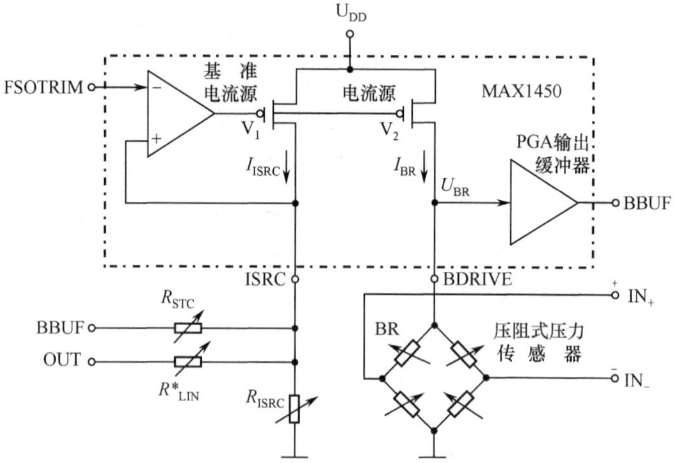

图 11-2-19 电桥驱动电路

③ 应用电路。由 MAX1450 构成的压力信号调理电路如图 11-2-20 所示，BR 代表传感器桥路。由 BDRIVE 端给传感器电桥提供 0.5 mA 激励电流，电桥输出送 IN_+、IN_-端。调节 R_2 和 R_5 可使激励电流达额定值。R_3、R^*_4 分别用来调节满度输出时的温度误差和非线性误差。R_7 用来调节温度补偿系数，R_9 用来调节偏置电压。S_1～S_3 为 PGA 增益设置开关。S_4～S_5 分别为温度补偿电压和输出偏置电压的极性选择端。C_1 用于电源退耦，C_2 和 C_3 用于消噪。

该电路采用+5 V 电源并且输出电压（U_o）与电源电压（U_{DD}）成比例关系。当被测压力为最小值时，初始输出电压（即偏置电压）为 0.5 V；当被测压力为最大值时，U_o=4.5 V。因此，满度输出（FS）为 4.5 V，满量程输出（FSO）为 4.5 V−0.5 V=4.0V。

MAX1450 进行压力校准和温度补偿的过程分 6 步进行：①初始化；②满量程输出（FSO）校准；③满量程输出温度系数（FSO TC）补偿；④温度系数（TC）补偿；⑤输出偏置电压校准；⑥非线性校准（可选）。在校准和补偿过程中至少要有两个温度值（T_1、T_2，通常 T_1 选+25 ℃室温）、两个压力值（p_{min}，p_{max}）。

3．AD7714 型 5 通道低功耗可编程传感器信号处理系统

AD7714 是美国 ADI 公司推出的 5 通道低功耗可编程传感器信号处理系统，广泛用于智能化压力检测系统、便携式工业仪表、便携式称重仪、电流环系统。

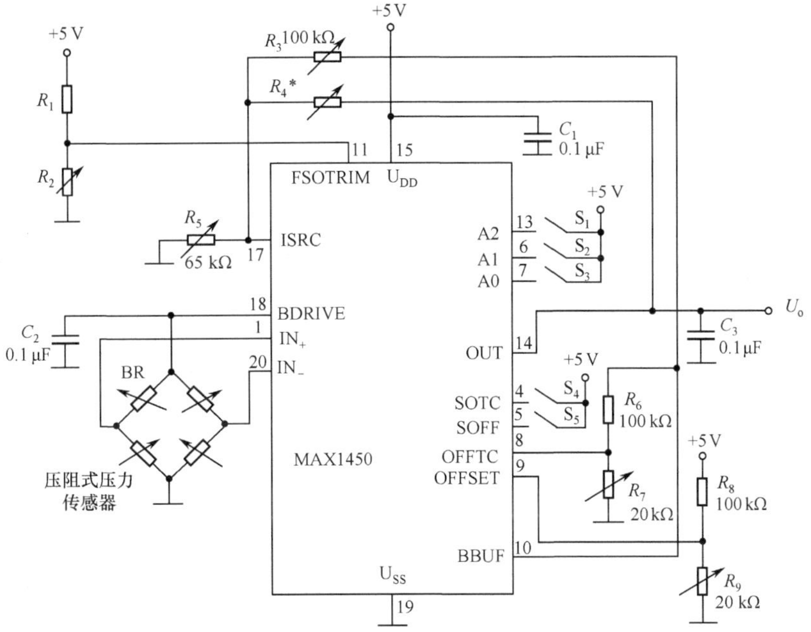

图 11-2-20　由 MAX1450 构成的压力信号调理电路

（1）性能特点。

① 采用电荷平衡式 A/D 转换技术实现 24 位无误码的高性能，非线性失真度仅 0.0015%。

② 内含 8 个寄存器，主机通过串行口可将 AD7714 配置成差分输入或单端输入方式，能构成 3 通道差分输入或 5 通道单端输入的检测系统并完成对所有输入信号的调理及转换。

③ 具有 3 线串行接口，能与 SPI、QSPI、MICRO WIRET 总线及 DSP 接口兼容。通过软件可设定输入通道的增益、信号极性、低通数字滤波器截止频率并选择输入通道，适合构成基于微处理器或 DSP 的智能检测系统。

④ 有多种校准功能（包括自校准、系统校准、系统失调校准及后台校准），通过自校准可消除零刻度误差、满刻度误差、系统失调及温漂，可对内部校准寄存器进行读/写。

⑤ 低噪声，噪声电压有效值小于 150 nV。

⑥ +3 V 或+5 V 单电源供电。典型工作电流仅 350 μA。在待机模式下电流降为 5 μA，功耗低至 15 mW（典型值），工作温度范围为−40～+85 ℃或−40～+105 ℃。

（2）引脚功能。AD7714 的引脚排列如图 11-2-21 所示，引脚功能如下：U_{DD}、U_{DDA} 分别接数字电源和模拟电源正极。AGND、DGND 分别为模拟地、数字地。SCLK 为串行时钟端，可以是连续或非连续时钟。MCLK IN、MCLK OUT 分别为主时钟频率的输入、输出端，接 2.4576 MHz 或 1 MHz 石英晶振。时钟极性输入端 POL 接低电平时，串行时钟的第 1 个跳变从低电平至高电平，接高电平则从高电平至低电平。$\overline{\text{SYNC}}$ 为同步输入端，当多片 AD7714 同用时用来实现数字滤波器与模拟调制器同步。$\overline{\text{R}}$ 为复位端。AINl～AIN6 为 6 个模拟输入端，并作为可编程增益输入端。当 AINl 与 AIN2 配对使用时，构成一个差分对输入端，其中 AINl 接差分模拟输入信号正端；在单端输入模式下，AIN6 用做 AINl～AIN5 的公共端。控制端 $\overline{\text{STANDBY}}$ 接低电平，则 AD7714 进入待机模式，将模拟和数字电路关断，电流降至 5 μA。内部缓冲器选择端 BUF 接低电平时内部缓冲器被短路，接高电平时内部缓冲器与模拟输入端相串联，使输入端具有较高的源阻抗。U_{REFIN+}、U_{REFIN-} 分别为基准电压的正、负输入端。$\overline{\text{CS}}$ 为片选端。读操作状态指示端 $\overline{\text{DRDY}}$ 为低电平，表示 AD7714 的数据寄存器有新的输出字可供使用，为高电平表示读操作完成。DIN、DOUT 分别为串行数据的输入、输出端。

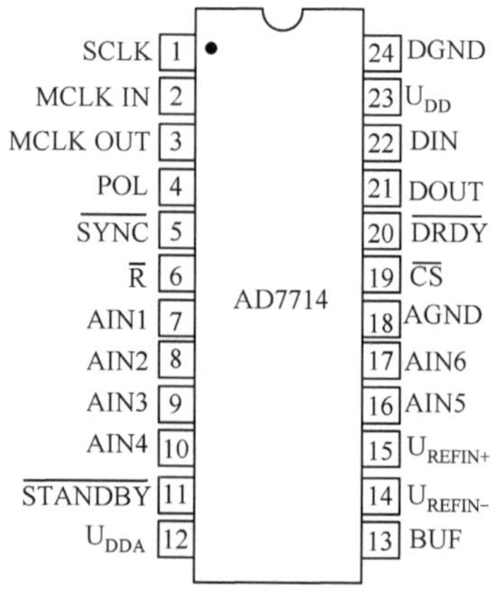

图 11-2-21　AD7714 的引脚排列图

（3）工作原理。AD7714 的内部框图如图 11-2-22 所示，主要包括开关矩阵、缓冲器、可编程增益放大器 PGA、电荷平衡式 A/D 转换器（内含∑-Δ式调节器和低通数字滤波器）、双向串行通信接口及寄存器组、时钟发生器，它适用于宽动态范围、低频信号测量领域。

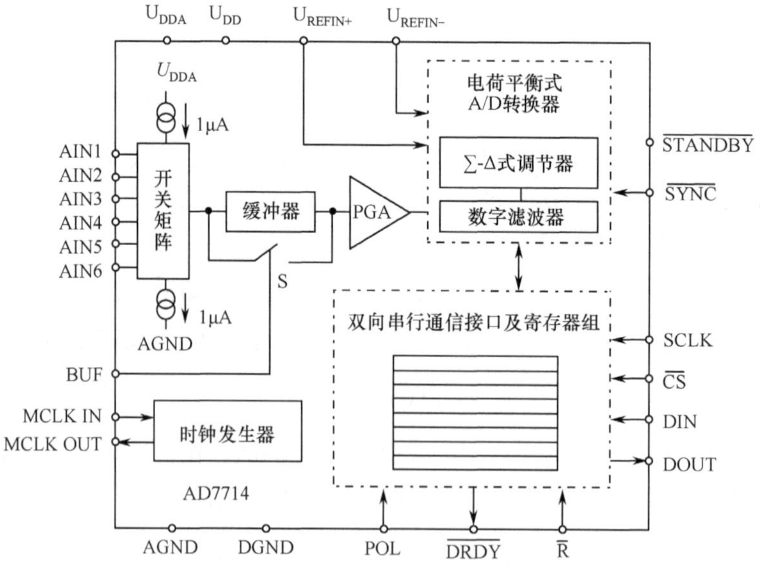

图 11-2-22　AD7714 型 5 通道传感器信号处理系统的内部框图

① 模拟输入通道。AD7714 的模拟输入端可接收单极性或双极性的输入电压。利用配置寄存器中的 CH2～CH0 位，可选不同的通道并设定输入类型（3 对差分输入或 4 个单端输入)。通过模式寄存器中的 G2～G0 位，可选择 PGA 的增益，增益设定范围是 1～128 倍。输入采样速率 f_s 与增益 A 的关系见表 11-2-1。

表 11-2-1　输入采样速率 f_s 与增益 A 的关系

A	1	2	4	8	16	32	64	128
f_s/kHz	38.4	76.8	153.6	307.2	307.2	307.2	307.2	307.2
f_s的表达式	$f_s=8f_{CLKIN}/64$	$f_s=2f_{CLKIN}/64$	$f_s=8f_{CLKIN}/64$					

② 寄存器组。AD7714 内的寄存器组含 8 个寄存器，通过串行口分别访问它们。其中的配置寄存器控制通道的选择，决定下一步操作是读/写操作，以及要对哪个寄存器进行读/写。所有与 AD7714 的通信必须从写配置寄存器开始。模式寄存器决定校准模式和增益的设置。滤波器高端寄存器决定字的长度、差分输入或单端输入，且包括滤波器选择字的高 4 位。滤波器低端寄存器，包含滤波器选择字的低 8 位。测试寄存器仅在测试器件时被访问。数据寄存器用来访问 AD7714 的输出数据。零刻度校准寄存器则允许访问所选输入通道的零刻度校准系数，它是满刻度校准寄存器，允许访问所选输入通道的满刻度校准系数。

配置寄存器是一个 8 位寄存器，该寄存器由以下 8 位组成。

$0/\overline{DRDY}$　　RS2　　RSl　　RS0　　$R/\overline{W}$　　CH2　　CH1　　CH0

利用该寄存器的 RS2～RS0 位，可选 8 个寄存器中的一个进行读/写操作。

③ 低通数字滤波器。利用低通数字滤波器，能滤除 Σ-Δ式调节器输出的噪声电压。用户可对低通数字滤波器的截止频率和输出刷新速率进行编程，低通数字滤波器的截止频率由滤波器高端寄存器和滤波器低端寄存器的 FS0～FS11 位的数值来决定。

④ 校准功能。AD7714 有多种校准功能，包括自校准、系统校准、系统失调校准及后台校准（亦称背景校准）等。用户只需将适当数值写入模式寄存器的相应位，即可对 AD7714 进行自校准。自校准包含零刻度和满刻度自校准，做零刻度自校准时，芯片先将差分对输入端短路，再检查零刻度转换读数是否为零。系统校准是为了克服 AD7714 补偿系统的增益误差和失调误差以及 AD7714 自身误差。系统失调校准则随系统校准和自校准二者变化。AD7714 内部的校准系数可读出，也能把预存于 EEPROM 的校准系数写入 AD7714。

⑤ 串行接口。AD7714 的串行接口含 5 个信号端：片选 $\overline{CS}$、串行时钟 SCLK、串行数据输入 DIN、串行数据输出 DOUT、读操作状态指示 $\overline{DRDY}$。当 $\overline{CS}$ 端接低电平时，该串行接口工作在 3 线模式下，主机经过 SCKL、DIN 和 DOUT 线与 AD7714 通信。

（4）AD7714 的应用。

① 典型应用。如图 11-2-23 所示，AD7714 的 U_{DD}、U_{DDA} 端可接+3 V 或+5 V 电源，模拟输入端配置成 3 个差分对输入端，AD780 提供+2.5 V 基准电压。$\overline{CS}$ 端接 DGND 时，AD7714 被配置成 3 线串行接口，由石英晶体提供主时钟。在某些特殊应用中，要求 U_{DD}、U_{DDA} 端分别由两个独立的电源来驱动。

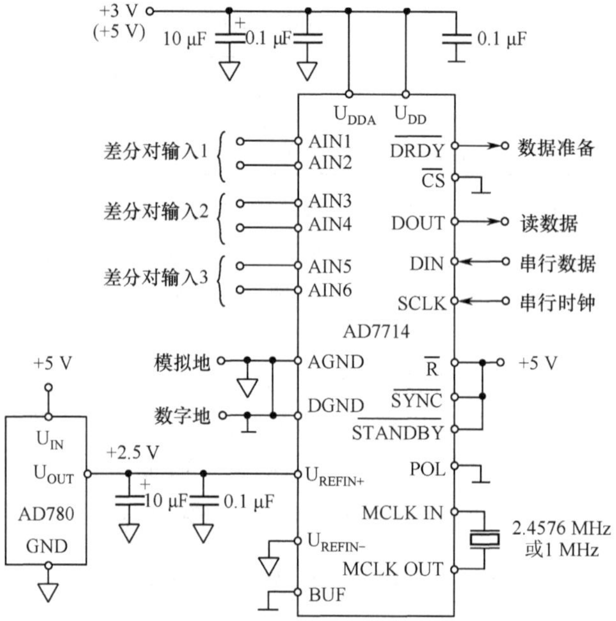

图 11-2-23　AD7714 的典型应用电路

② AD7714 与 MCS-51 系列单片机的接口电路，如图 11-2-24 所示，80C51 仅用两条口线（P3.0、P3.1）。此时，由监视配置寄存器的 $\overline{DRDY}$ 位确定数据寄存器何时被更新。80C51 工作在模式 0 方式，由于其串行接口包含了单根数据线，因此将 AD7714 的 DOUT 和 DIN 端短接。POL 端固定接高电平。在传送数据时 80C51 的串行时钟端置高电平。

③ 压力测量系统。由 AD7714 构成的压力测量系统如图 11-2-25 所示，压力传感器 BP01 接成桥式电路，从 OUT_+、OUT_- 输出差分电压。给压力传感器施加额定的满刻度压力（如 40 kPa）时，其差分输出电压的灵敏度为 3 mV/V。若用+5 V 激励电压，则传感器满刻度输出范围为±15 mV。该激励电压经过 24 kΩ 和 15 kΩ 电阻分压后，为 AD7714 提供 1.92 V 的基准电压，因此激励电压的波动不会引起系统的测量误差。

④ 配热电偶的测温电路。由 AD7714 和热电偶构成的测温电路如图 11-2-26 所示，其中，AD7714 工作在缓冲模式，允许在前端接退耦电容，以滤除热电偶引线上的噪声。在缓冲模式下 AD7714 的共模范围较窄，为使热电偶的差分电压处于合适的共模电压范围之内，AD7714 的 AIN2 输入端应被偏置到+2.5 V 基准电压上。

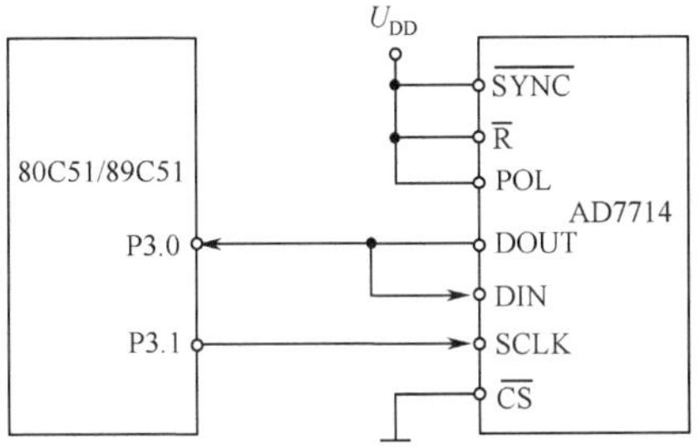

图 11-2-24　AD7714 与 MSC-51 系列单片机

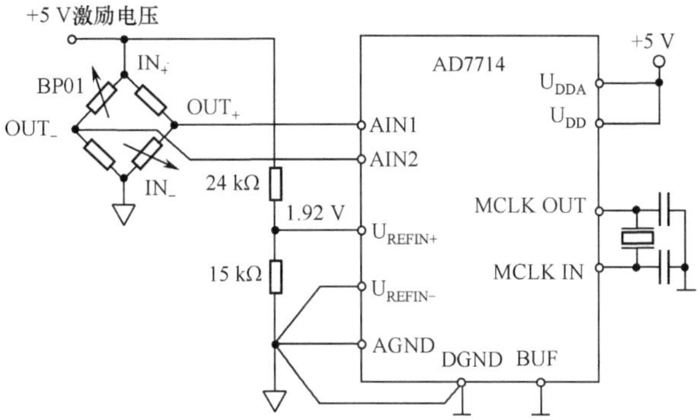

图 11-2-25　压力测量系统的接口电路

⑤ 配铂热电阻的测温电路。AD7714 与 Pt100 铂热电阻（PRTD）构成的测温电路如图 11-2-27 所示，Pt100 采用 4 线制接法以消除引线电阻 R_{L2} 和 R_{L3} 上的压降，外部 400 μA 电流源为 Pt100 的激励电流，并经过 6.25 kΩ 的电阻产生 AD7714 的基准电压。因为输入电压和基准电压的变化与激励电流的变化成比例关系，所以激励电流变化不影响测量精度。为了避免基准电压受温度变化的影响，6.25 kΩ 的电阻应采用低温度系数电阻。

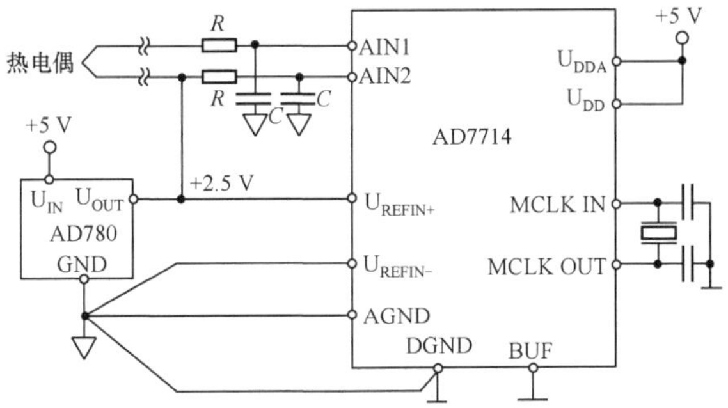

图 11-2-26　热电偶测温电路

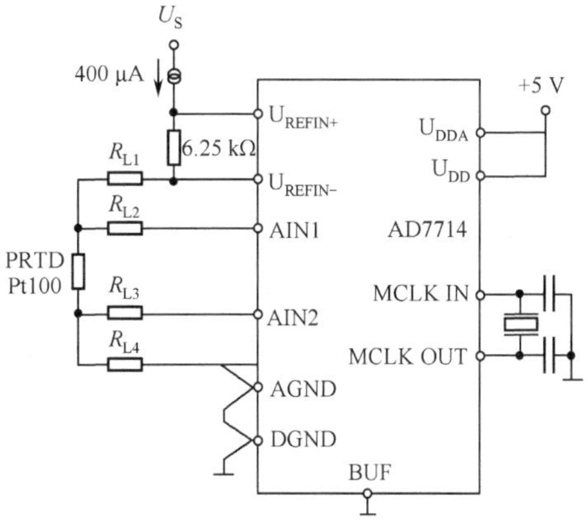

图 11-2-27　热电阻测温电路

11.3　低功耗电源管理技术

电源管理技术是按时间顺序控制系统的电流和电压供应的。任何电路系统都离不开电源，产品性能的提升也在很大程度上也依赖于电源管理。电源管理的目的是在不影响性能的基础上将电源有效地分配给系统的不同组件，尽量避免不必要的电能浪费，即当无系统请求或系统负载较低时将服务设备切换到低功耗状态，直到系统请求到来或者系统负载较高时再让服务设备恢复到运行状态，从而最大限度地降低电能损耗。电源管理是电路系统设计的重要环节，对于依赖电池供电的便携式设备至关重要。有研究表明，优秀的电源管理系统能将电池寿命延长2～3倍。

电源管理可以在不同的层面上实现，主要包含硬件方案和软件方案。硬件层面的电源管理技术是将电源管理策略直接实施到芯片电路中，典型的有处理器电源管理功能，这些功能包括如下三点。

① 将处理器划分成不同的性能状态，每个状态对应一定的功耗和性能参数，这样处理器可以根据系统的负载选择满足性能需求的最小功耗的性能状态。

② 通过时钟门控电路控制处理器各种端口的电源，防止能量的泄漏。

③ 内部集成温度传感器，根据运行时温度变化动态地调整处理器频率和电压。例如TI公司的OMAP处理器，不仅可以根据负载的情况在运行时调整CPU电压、CPU频率，同时还可以通过关闭CPU上一些部件，如高速缓存，可极大地降低系统的功耗。

硬件层面还将电源管理策略写入固件驱动中，如BIOS。硬件上的电源管理主要依靠硬件集成电路工艺的改进，其特点是效率高，但策略一般都比较简单。这些电源管理技术也随着芯片工艺的不断进步而快速发展。

另外，为便于软件层进行电源管理，各厂家在硬件系统设计时就将电源管理考虑在内，从硬件角度支持电源管理，最典型的为Intel Xsacel架构，其支持动态电压管理DVM、动态频率管理DFM，在硬件上还提供PMU（performance monitor unit）为判断系统当前负载服务，并针对Linux内核发布了其DPM补丁，提供一些接口控制系统的电源状态。

在软件层次上的电源管理技术主要由静态电源管理（static power management）和动态电源管理（dynamic power management）两部分组成。

静态电源管理将设备的工作模式和运行状态都设为已知的固定工作模式，并假设之后的运用过程将不再出现变化，是在仪器研发初期按照设备功能要求依次设定静态功耗管理策略。这种方式控制过程相对简单，稳定性高，但是管理模式固定，无动态性和实时性，导致功耗浪费，因此仅适合于对功耗要求不高和设备运行状态变化少的设备。

动态电源管理是根据系统运行时的负载情况对CPU及外围设备进行动态调整的，使之在不影响系统整体需求的情况下进一步节能。相对于静态电源管理，动态电源管理是对系统运行状态细化后实时调控，通过系统资源动态分配，达到对系统负载变化曲线的最优拟合，其本质是一个系统级的设计方法。动态电源管理能很好地自适应系统运行状态变化，可达到更好的低功耗控制效果，已成为降低功耗的重要途径。

11.3.1 动态电源管理设计

电子电路的总能耗是活动能耗与静态能耗之和，活动能耗是在电子电路工作或逻辑状态转换时产生的，而静态能耗是由晶体管漏电流产生的。电子电路的功率为

$$P = CU_{dd}{}^2 f_c + U_{dd} I_Q \tag{11-3-1}$$

式中，C 为电容；f_c 为时钟频率；U_{dd} 为电源电压；I_Q 为漏电流；$CU_{dd}^2 f_c$ 为活动能耗；$U_{dd}I_Q$ 为静态能耗。从软件角度看，晶体管漏电是不可控的，因此，动态电源管理设计以控制活动能耗为重点。

从式（11-3-1）中可得出以下两种管理活动能耗的方法。

（1）时钟选通与调节。当停止电路时钟，即 f_c=0 时，由式（11-3-1）可知活动能耗为 0，因此可将暂时不使用的电路模块的时钟关闭或降低能耗，以减少整个电子系统的活动能耗。当前，支持动态变频的设备开始出现，这种电源管理方法将会得到越来越多的使用。

（2）电压供应选通与调节。由式（11-3-1）可知，如果电路模块的电压为 0，则活动能耗与静态能耗都为 0，电路模块处于最低能耗状态。根据这个方法，可以将暂时不使用的电路模块的电压供应切断或降低工作电压，以达到节能目的。

相比于降低时钟频率，降低电压对降低活动能耗的效果更明显。电压下降为原来的 1/2，活动能耗降到原来的 1/4；同样将时钟频率降低 1/2，活动能耗只降低 1/2。在动态电源管理中，选定满足系统中所有电路模块最低要求的电压，对降低系统能耗有重要作用。

动态电源管理是在电路模块空闲时降低或关闭电路模块的电压或频率，但无论动态调节电压或者频率，都会引入额外的电能消耗，甚至比正常工作的电能消耗还高，这就对在何时正确地进行状态切换提出了要求。图 11-3-1 描述了电路模块在无动态电源管理、最优动态电源管理策略及不理想的动态电源管理策略下的电能消耗情况。

图 11-3-1（a）所示为不采用动态电源管理技术的电路模块的能耗情况，可以看出，无论其电路模块处于 Busy 或 Idle 状态，其能耗不变，保持较高的水平。

图 11-3-1（b）所示为采用了较理想的动态电源管理策略的电路模块的能耗情况，可以看出，其在两个较长的 Idle 区间内将电路模块置于节能状态下，而当较短的 Idle 区间到来时，并不进行电能状态切换，这是因为电能状态切换有一定的开销，如为了一个很短的节能区间而进行两次电能状态切换反而会浪费更多的电能，得不偿失。

图 11-3-1（c）所示为采用了不理想的动态电源管理策略的电路模块的能耗情况，可以发现，其在第 2 个较长的 Idle 区间到来时，并没有进行电能状态切换将电路模块至于节能状态，而在第 3 个较短的 Idle 区间到来时进行了电能状态切换，而且由于 Idle 区间过短，

在新任务到来时，从节能状态切换回原始状态时发生了延迟，影响了性能。

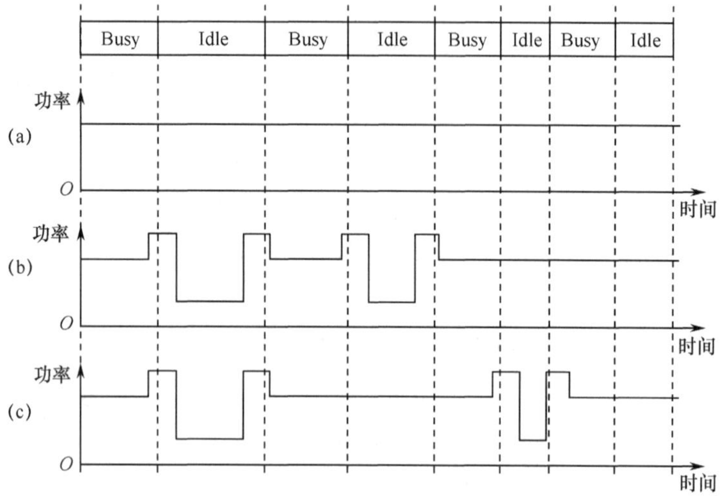

(a) 无动态电源管理策略 (b) 理想的动态电源管理策略 (c) 不理想的动态电源管理策略

图 11-3-1 动态电源管理策略对能耗的影响

综上可知，动态电源管理最为重要的组成部分就是选择一个合适的动态电源管理策略，适时进行电能状态切换，并在最小性能损失的前提下达到节能的效果。为了达到这个目的，动态电源管理架构必须掌握过去的、当前的，以及合适的动态电源管理策略。

目前，动态电源管理的方法有三种类型：超时策略（time-out policy）、预测策略（predictive policy）、随机策略 （stochastic policy）。

（1）超时策略（time-out policies）。出于其简单性，是所有算法中最为广泛使用的。timeout 值可以是固定的，也可以是动态变化的。算法的思路为：当 Idle 时段开始后，启动一个定时器，如果在 timeout 时间内有新任务到来，则不进行电能状态切换；否则 timeout 时间过后通过电能状态切换将其置为节能模式（sleep）。

（2）预测策略（predictive policy）。在现实设备上，将来到来的负载情况是未知的，固定阈值的算法是不合理且低效的，因此要通过预测将来负载的情况来做出是否进行电能切换的判断。预测算法的原理是通过学习过去负载的情况对未来负载情况进行预测，在输入数据的特性和当前系统性能的基础上动态地改变阈值，使系统性能得到优化。

（3）随机策略（stochastic policy）。是具有一定不确定性的优化算法，它将动态电源管理问题看成一个随机最优化问题，而不是通过预测来消除负载的不确定性。动态电源管理最优化问题可以利用受控的 Markov 过程来研究，它将系统负载和用户请求抽象为离散时间 Markov 决策过程模型，使得动态电源管理最优化问题可以在多项式时间内求解，而且提供了灵活的方法来处理降低能耗与性能损失的权衡问题。

11.3.2 电源调整和按负载多方式分时供电

1. 传感器的电源调整

传感器的工作电压或电源规格与电源电压之间往往存在差异。传感器使用的电源规格与传感器自身密切相关，不同类型、不同原理的传感器的电源要求相差甚远，并没有一定的标准化的规格，但提供电源的稳压源是有规格的。为了确保传感器正常工作，需要稳压电源在供给传感器电源之前进行电源电压调整。

对于电池供电的传感器系统，电池的供电电压随使用时间增加而降低，而器件的正常工作电压范围有限，虽然选择宽工作电压范围的器件可有效延长器件的使用寿命，但当电压超出器件正常工作电压范围时就不能正常工作。此时调整传感器的工作电压很有必要。

传感器电源调整包括升压、降压、升/降压，当前，主要是靠集成器件实现对电源的调整，主要有线性-LDO 和开关-DC-DC 两类。线性-LDO 即线性低压差稳压器，只能进行降压调整，由于压差的存在，当电源提供电压低于传感器最低工作电压时器件将不能工作。所以不适合电池供电的场合，而开关-DC-DC 可以实现升压、降压、升/降压的调整。

传感器电源调整首先必须满足传感器对工作电压与电流的要求，通常包括电源的稳压范围与质量（纹波大小等），以及负载能力等。除了要考虑上述要求外，电源调整过程中的节能也很重要。例如，DC-DC 升/降压过程中，不同负载电流下进行电源调整时的能量效率相差甚远，负载电流越小能量效率越低；利用线性-LDO 对电源降压时，由于负载电流流过产生的压降总是存在，负载电流越大能耗越大。因此电源调整的同时还需考虑能量效率。

TPS63030 是一种典型的高能效集成电源调整器，具有可调的输出及可选的自动节能功能，其输入范围宽，外接器件少，适用于低功耗系统。图 11-3-2 给出了它的能量效率与工作电流关系，其中图 11-3-2（a）所示为 TPS63030 未开启自动节能功能时，在相同的输入输出电压下，其能量效率随着负载电流减小而显著下降。当开启自动节能功能时，其高能效工作的范围被拓宽近 2 个数量级，见图 11-3-2（b），但是，当负载电流小到一定程度后，其能量效率也随着负载电流的减小而明显下降。因此，对于具有高能效和自动节能功能的电源调整器件，在工作负载偏离器件高效率工作范围较多的情况下，电源调整器并非可以保持高能效。

实际中，传感器节点的工作电流范围变化幅度相当大，一般的低功耗无线传感器节点，在休眠状态下的负载很小，其电流仅几十微安或更小，但当射频模块与处理器模块都工作时，节点的负载电流会上升到几十甚至近百毫安，这种负载电流变化跨度达 3 个数量级。为提高或保持节点的能效，即使对于 TPS63030 这类具有高能效的器件，除了在工作负载下应使用自动节能功能外，对于过小的负载应考虑改用其他供电方式或采用电池直接供电。

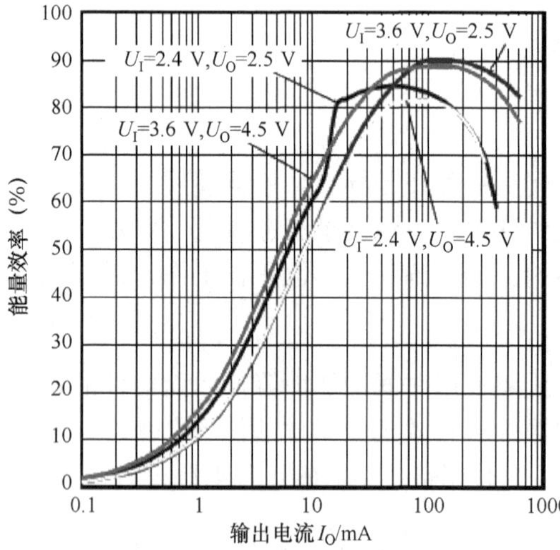

(a) 未开启自动节能功能

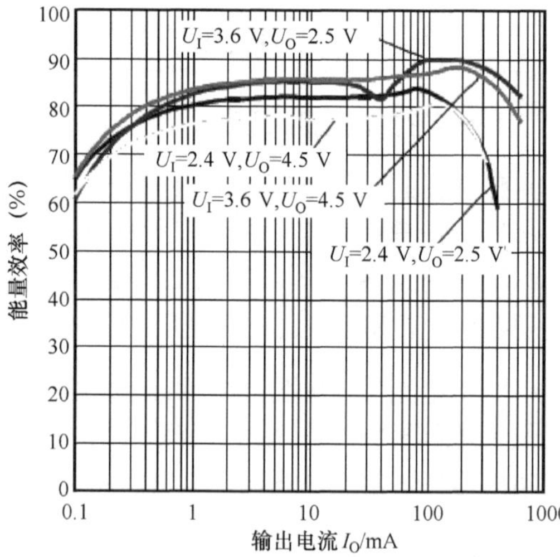

(b) 开启自动节能功能

图 11-3-2　TPS63030 在不同负载电流下的能量效率

2. 根据负载大小和特点采用多方式供电

传感器系统对电源的需求往往并不是一成不变的，而是会随着负载的改变而发生改变的，不仅不同模块的工作电流或电压不同，而且相同模块在不同工作状态下的电流也不尽相同。例如，无线传感器网络节点在射频模块工作时，功耗会明显增加，而在其他情况功耗水平很低；MSP430 微处理器的各个模块是可关断的，工作模块的多少或不同决定了 MCU 的功耗水平，从而不同的运算处理过程将形成多级负载。仅利用电源调整技术调整供电电压并不能满足所有情况，考虑到电源调整在小载荷情况下的供电能效问题及电源调整器的自身消耗，有时还不如直接供电。因此，根据负载情况进行多方式的、分时的供电也是必要的。

供电的多方式包括电池直接供电、经过电源调整后供电、处理器 I/O 口供电等不同供电方式的自动选择。供电的分时包括多电源分时供电和单电源错峰供电。

（1）多电源分时供电。是指在传感器系统有太阳能或其他能量补给电源途径时，可以采用分时供电的方式，断开原有的电池供电，充分利用这些辅助能量。因为这些能量形式的供应往往是非连续的、有时间性的，当这些能量不能进行存储时，不利用就将是能量的浪费。

（2）单电源错峰供电。是指在单电源情况下针对多个负载可以采用错峰供电的方式。例如，输入信号超阈值后才批量采样、成组传输数据；无线发射时 CPU 不做高强度的信号处理操作；A/D 转换时，负载后续操作的部件暂不工作等。

除此之外，分时还能与多方式结合，目的都是通过电源管理来减小电池的工作电流，因为小电流工作有利于延长电池寿命，从而提高电源部分的整体能量效率。以无线传感器网络节点为例，其多方式供电模块如图 11-3-3 所示，各模块分时供电时序如图 11-3-4 所示。

由图 11-3-3 可见，该供电模块有可充电锂电池和太阳能电池两种电源。刚上电时，锂电池的输出电压经二极管降压（约为 0.3 V）电路接入 MCU，以启动 MCU。随后，MCU 将其测得的电源电压值和设定的对应不同供电方式的阈值相比较，通过控制低功耗模拟开关（ADG821），在太阳能电池、锂电池、经电压调整器稳压输出这三种供电方式中选择一种方式供能，以充分利用电源，从而保持电源模块高能效。

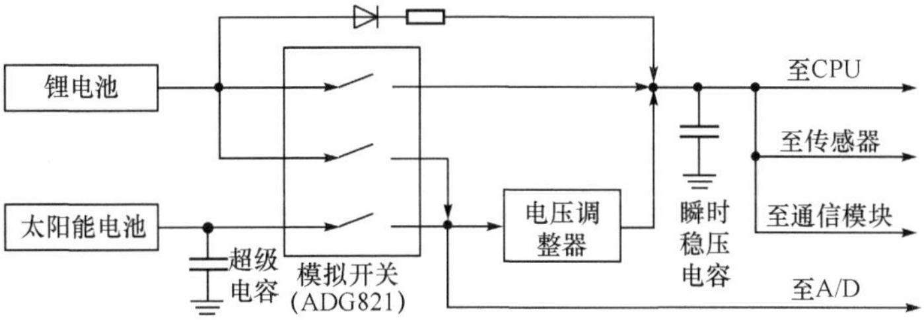

图 11-3-3　电源模块功能控制结构图

如图 11-3-4 所示，无外部事件时，节点按设定的工作/休眠方式和占空比于 T_1、T_2、T_3、T_4 时刻由内部时钟周期性唤醒。在每一个工作周期内，MCU 根据电池电压和设定的电压阈值确定是否启用电压调整器将电池直供方式切换为电压调整供电方式；之后启动外源型传感器，再启动 A/D 转换器；处理数据后，于 t_1 时刻关闭外源型传感器和 A/D 转换器，再启动无线通信模块和串口通信；完成通信后，于 t_2 时刻关闭通信模块，同时关闭电压调整器，回到电池直供方式。此刻，节点（外源型传感器除外）开始休眠，直到再次被唤醒。

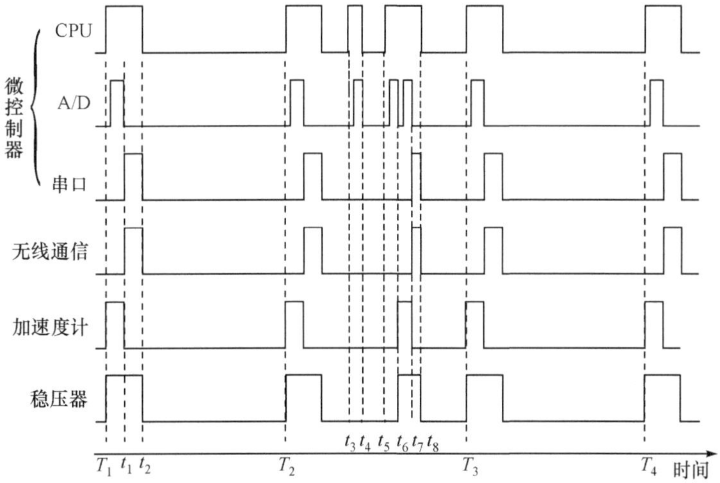

图 11-3-4　无线传感器网络节点模块顺序工作时序图

在 CPU 休眠期，若因外部干扰（假设在 t_3 时刻）使自源型传感器触发中断唤醒 CPU，此时 CPU 仅启动 A/D 转换器，经数据处理确认无效触发后，于 t_4 时刻关闭 A/D 转换器，重回休眠状态；若有外部事件使 CPU 于 t_5 时被唤醒，CPU 仅启动 A/D 转换器，经数据处理确认触发有效后，于 t_6 时刻启动电压调整器和外源型传感器进行测量。获得外部事件数据后，于 t_7 时刻关闭外源型传感器和 A/D 转换器，同时启动通信模块发送数据；完成通信后 CPU 于 t_8 时刻关闭其他模块，节点返回休眠状态，直到 CPU 被再次唤醒。

11.4 低功耗的数据获取方式——准数字传感器的数据转换与测量

数字式传感器是伴随计算机的出现，针对计算机对输入信号的特殊要求产生的。将模拟量转换为数字编码是数字式传感器的任务，常见的实现方式是利用 A/D 转换器。准数字传感器则是指输出为频率/周期、时间间隔、脉宽或相移等时间调制信号的传感器。由于对频率 f、周期（T=1/f）、时间、脉宽（t_p）、占空比、脉冲数（N）、相位角（φ）等参量进行数字化测量的简易性并且可以在低工作电压下实现，因此非常有利于降低功耗，从而使准数字传感器成为实现以低功耗获取数据的一条有效途径。

准数字传感器一般是基于谐振机理及参数可调的振荡器电路，其测量信息不是包含在输出信号的幅值中，而是在输出信号的频率或其他时间参量中。由于频率或时间信号检测简单，以频率或时间宽度为输出量的准数字传感器都有信号调理电路简单、被测参量与数字编码间转换方便、容易实现低功耗测量等优点。因此，以频率输出的传感器是目前准数字传感器中数量最多的类型。在信号调理电路的简单性及测量准确性方面，这种输出方式相对其他需要 A/D 转换的方式有优势。

频率信号输出方式的优点主要如下，它们使频率式传感器的设计与应用非常方便。

（1）抗噪能力强。频率信号的传输类似于串行数字信号，因此信号传输系统几乎具有数字系统的全部优点，且信号传输仅需两根线。与常见串行数字信号传输相比，其优势在于不需要同步。频率信号可以比模拟信号传输更远的距离，非常适合高噪声的工业环境。

（2）高输出信号功率。从功率角度考虑，传感器输出与放大器输入部分所组成的环节是测量通道中信号传输的最重要环节。这个环节中的信号能量很小，而且该环节中所损失的信息很难通过后续信号处理得到补偿。频率式传感器的输出电平较高，功率对频率稳定度的影响由振荡器闭环电路的振荡功率体现，采用高 Q 值的振荡器，可得到更高的输出信号功率。

（3）频率基准的精度高。参考频率可采用石英晶体振荡器得到比参考电压更稳定的参考基准，因此调频信号比调幅信号有优越性。

（4）信号传输接口简单。调频信号对寄生的电磁干扰、引线电阻，以及模拟多路开关中的交叉干扰等因素不敏感，因此接口构成简单。

（5）积分及编码简单。对频率信号进行时间积分容易。累加式脉冲计数器是一种理想的可实现无限长时间积分的积分器。频率信号可直接进入微处理器，不需任何接口电路。

11.4.1 频率式传感器的常见实现技术

频率式传感器是把被测量转换成与之相应的频率信号输出的传感器。目前构成频率式传感器的最简方法有两种：一种是利用电子振荡器原理，使振荡电路中某个部分因被测量的变化而改变，由此改变振荡器的振荡频率，如改变 LRC 振荡电路中的电容、电感或电阻；另一种是利用机械振动系统，通过其固有振动频率的变化来反映被测参数值。

1. 谐振式传感器技术

谐振是系统的一种特性，当系统工作于某一自然特征频率时，系统响应的增强完全由系统本身的参数决定。在谐振频率点上，系统以最低的损耗维持输入能量。谐振广泛存在，不仅在单纯的机械、化学、光、磁、电系统中存在，在各种涉及上述多个能量域之间相互能量转换过程的系统中也可观察到谐振现象。因此，谐振式传感器可利用各种物理或化学效应，将被测参数，如压力、湿度、温度、加速度、质量流量、气体成分等转换为谐振器的质量、弹性系数或其他参量的变化。

谐振式传感器以谐振器为敏感元件，以谐振器谐振参数（一般用谐振频率）的变化来测被测参量的大小，其构成如图 11-4-1 所示，激振器激励起谐振器的振动，拾振器将拾取的信号放大后再通过激振器转为激振力正反馈给谐振器，用以平衡阻尼力来维持谐振器在其谐振频率处作稳频振动。因此，被测参量利用某种机制，通过加载环节使被测参量对谐振器的谐振频率进行调节，将被测量转换为谐振器谐振参数的变化，通过对输出参数（频率）的测量得到被测参量的测量值。

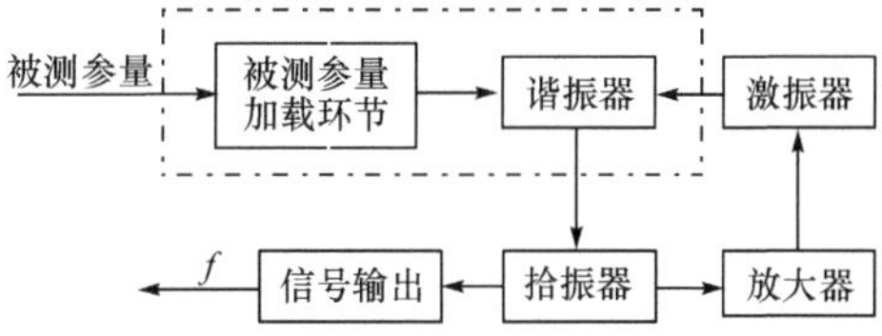

图 11-4-1　谐振式传感器的构成

谐振式传感器包括经典的宏观传感器，如弹性振体传感器和基于硅材料的谐振式微传感器，包括石英晶体微传感器。

（1）弹性振体传感器。弹性振体传感器是应用振弦、振筒、振梁和振膜等弹性振体的固有振动频率（自振谐振频率）来测量有关参数的。根据机械振动学，任何弹性振体可视为一个单自由度强迫振动的二阶系统，只要外力（激振力）克服阻力就可产生谐振。设弹性振体的质量为 m，材料的弹性模量为 E，刚度为 k，则其初始固有频率 f_0 为

$$f_0 = h\sqrt{Ek/m} \tag{11-4-1}$$

式中，h 是与量纲有关的常数。可见，弹性振体的固有频率是其物理特性参数的函数，只要被测量与其中某一参数有相应关系，就可通过测量振弦、振筒、振梁和振膜等弹性振体固有振动频率达到测量目的。

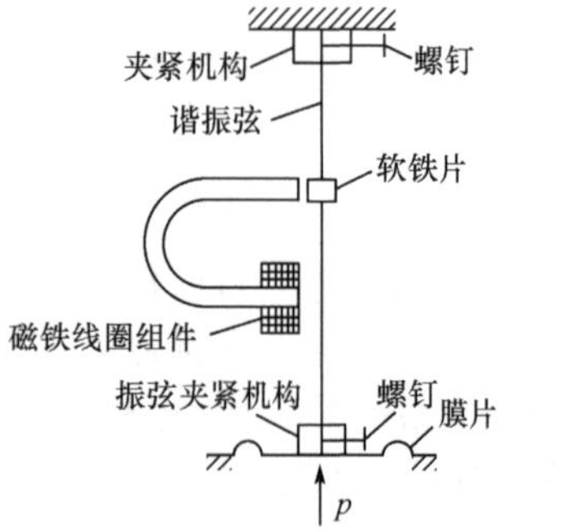

图 11-4-2　谐振弦式压力传感器原理图

图 11-4-2 所示为一种典型的谐振弦式压力传感器的结构，它由谐振弦、磁铁线圈组件和振弦夹紧机构等部件组成。

振弦是一根弦丝或弦带，其上端用夹紧机构夹紧，并与壳体固连；其下端用夹紧机构夹紧，并与膜片的硬中心固连。振弦夹紧时加一固定的预紧力。磁铁线圈组件产生激振力并检测振动频率，磁铁可以是永久磁铁或电磁铁。根据激振方式的不同，磁铁线圈组件可选一个或两个。采用一个磁铁线圈组件时，线圈既是激振器，又是拾振器。当线圈通以脉冲电流时，固定在振弦上的软铁片被磁铁吸住，对振弦施加激振力；无脉冲电流时，软铁片被释放，振弦以某一固有频率自由振动，从而在磁铁线圈组件中感应出与振弦频率相同的感应电势。由于空气阻尼影响，振弦的自由振动逐渐衰减，故需在激振线圈中加上与振弦固有频率相同的脉冲电流，以维持振弦振动。

被测压力不同，加在振弦上的张力不同，振弦的等效刚度不同，因此振弦的固有频率不同。通过测量振弦的固有频率，就可测出被测压力的大小。

图 11-4-3 所示为谐振弦式压力传感器的两种激励方式，其中，图 11-4-3（a）为间歇式；图 11-4-3（b）为连续式。在连续式激励中，有两个磁铁线圈组件，线圈 1 为激振线圈，线圈 2 为拾振线圈。线圈 2 的感应电势经放大后，一方面作为输出信号，另一方面又反馈到激振线圈 1。只要放大后的信号满足振弦系统振荡所需的幅值和相位，振弦就会维持振动。

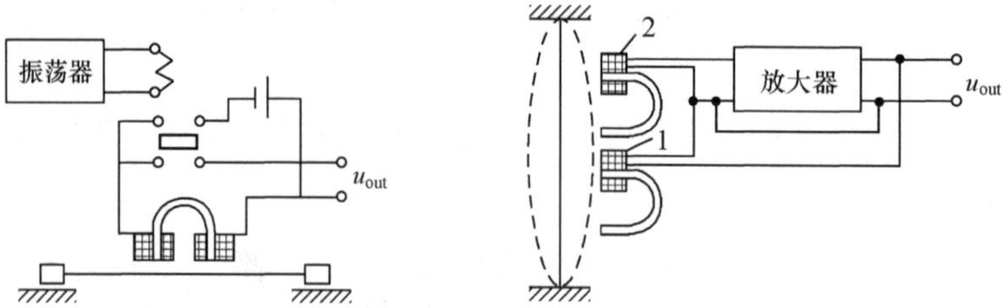

(a)　　(b)

图 11-4-3　振弦的激励方式

振弦式压力传感器的特点是灵敏度和精确度高、结构简单、功耗低、体积和惯性小。

（2）谐振式微传感器。机械振动也存在于微小尺度上，从微观尺度看，工作于谐振状态的系统增强了系统中参数的微量变化对系统外部特性的影响，从而增大了系统输出信号的信噪比。以微机械谐振器为敏感元件，可制作对各种物理、化学量敏感的微传感器，尤其适于机械量测量。

一般地，谐振式微传感器的被测参量所调制的是谐振器的谐振频率，而振荡器是维持谐振器振动在谐振状态的最简单电路之一。所以，一种最简单也最常见的构成方式是将谐振器接在振荡器电路的反馈环中，振荡器的振荡频率由谐振器的谐振频率确定，因此振荡器的输出信号频率即传感器的输出。

作为核心部分的微机械振荡器，是利用硅材料的各向异性刻蚀技术进行机械加工而制成的。硅微机械振荡器的结构形式多种多样，常见的为悬臂梁、两端固支梁、膜。对谐振状态的激励可以是电磁激励、静电激励、光激励、热激励和压电激励等。振动状态的检测可分为光学和电学两种方法，这两种方法与经典的光纤传感器的光信号检测方法基本相同。

利用微机械振荡器可组成如加速度、陀螺、压力等微传感器和原子力显微镜探针等，在这些应用中，谐振器本身的特性（如 Q 值）固然重要，而振荡器电路的性能也直接影响整个微传感器性能。振荡器的基本工作原理是参考一个时间基准，从稳定的能量输入（从电源得到）中产生周期信号。因此，振荡器电路至少包括两部分：时间基准单元和电路增益单元。振荡器的输出频率由时间基准单元确定，时间基准单元的特点是其特性具有频率选择性。典型的时间基准单元有 LC 无源电路网络、石英晶体谐振器及微机械谐振器，典型的电路增益单元是放大器。时间基准单元与电路增益单元之间的接口为能量转换元件。例如，在静电激励谐振式微传感器中，能量转换元件将电压信号转换为静电驱动力，又将谐振梁的位移转换为电流。时间基准单元与能量转换元件一起接入放大器的反馈环中，整个系统工作于正反馈状态，振荡器的输出频率可反映时间基准元件的特性。

2. 基于电子振荡器的频率式温度传感器

利用热敏电阻随温度变化来改变振荡器的振荡频率，从而将温度变换转换成频率信号是频率式传感器的一个典型示例。这种频率式传感器的基本电路如图 11-4-4 所示，其中热敏电阻 R_T 作为 RC 振荡器的一部分。RC 振荡器的振荡频率为

$$f=\frac{1}{2\pi}\left[\frac{R_2+R_3+R_T}{R_1R_2(R_3+R_T)C_1C_2}\right]^{1/2} \qquad (11\text{-}4\text{-}2)$$

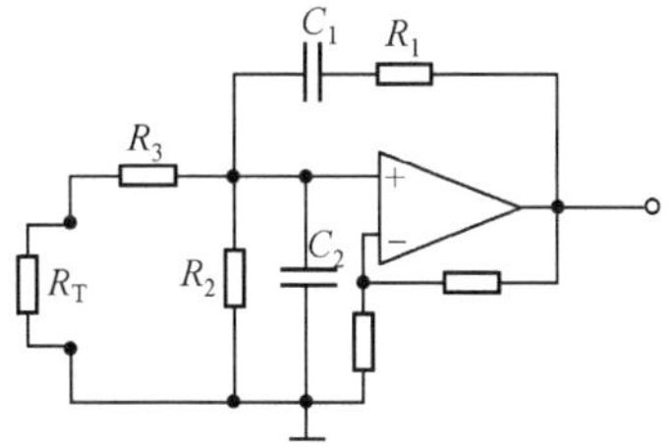

图 11-4-4　热敏电阻频率式传感器基本电路

引入电阻 R_2 和 R_3 是为了改善传感器的线性度。另外，为减少热敏电阻自热引起的误差，热敏电阻的电流应尽可能小。这种电路的温度测量范围有限。

作为数字电路时间基准的石英晶体振荡器是最常见的高稳定度振荡器，它具有 Q 值高（空气中的 Q 值在 10^4～10^7 量级）、温度系数低（主要指对温度不敏感的 AT 切型的石英晶体谐振器）的特点。因此，它作为一种低功耗、高频率稳定度的振荡器，在传感器中应用很广，包括惯性传感器、压力传感器、气体传感器、生物传感器等。

石英晶体可用于测温，此时是利用石英晶体振荡器的频率温度特性来实现频率式温度传感器的。与前述的要求相反，作为温度传感器的核心元件时，要求其频率温度系数大。因此其切割方向（切型）不同于前述作为时间基准的振荡器或滤波器中的石英晶体。

当温度在−80～+250 ℃范围时，石英晶体的温度与频率的关系可表示为

$$f_t = f_0(1 + at + bt^2 + ct^3) \tag{11-4-3}$$

式中，f_0 是 t=0 ℃时的固有频率；a、b、c 是三个频率温度系数。

选择一特定切型的石英晶体，使式（11-4-3）中的系数 b 和 c 趋于零。这种切型的晶体有良好的线性频温系数，其非线性仅相当于 10^{-3} 数量级的温度变化。根据温度每变化 1 ℃振荡频率变化若干赫兹的要求，以及晶体的频温系数，可确定振荡电路的基频。在这种以石英晶体构成的频率式温度传感器中通常有两个石英晶体探头：一个对温度不敏感的探头，处于给定恒温 t_2 下，用于基准频率信号源；另一个随被测温度 t_1 而变的探头，控制振荡器输出频率。两个频率经混频后所得差值反映了 t_1 与 t_2 之差。这种温度传感器的测量范围为−40～230 ℃。

11.4.2 准数字传感器的参数转换

有许多敏感元件不能直接将被测量转换成频率等准数字信号，需要借助其他转换环节，因此，准数字传感器的参数转换是一个关键环节。以频率式传感器为例，根据原始信息转换为频率的过程，可以将准数字传感器分为 3 种类型：被测量-频率转换传感器、被测量-电压-频率转换传感器、被测量-中间参量-频率转换传感器，如图 11-4-5 所示，其中 $x(t)$为被测量，$F(t)$为频率，$U(t)$为与被测量成正比的电压，$P(t)$为中间参量。

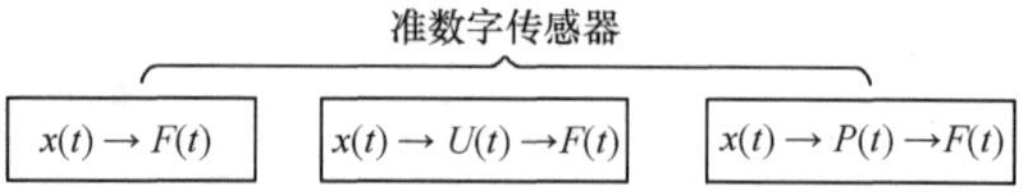

图 11-4-5　准数字传感器的分类

（1）被测量-频率转换传感器。这类传感器产生频率输出，传感器中有时需要放大电路，用于阻抗匹配，但转换为频率这一步骤本身不需其他电路。被测量的信息为频率或脉冲形式，大部分信号可简单通过电感、光脉冲、编码、超声等类型的传感器得到，因为这类传感器的工作原理允许实现被测量与频率量之间的直接转换。这类传感器中最常见的类型是

基于谐振结构的传感器。其他的大部分是基于周期性结构的传感器，如角度编码器等。

（2）被测量-电压-频率转换传感器。这类传感器的电路形式很多，如霍尔传感器、热电偶传感器，以及基于光电池效应的光探测器等。当需要频率输出时，需要采用简单的电压-频率或者电流-频率转换电路来得到所需的输出信号。

（3）被测量-中间参量-频率转换传感器。这类传感器的形式及数量相当多，常被称为基于电子振荡器的传感器，其工作原理是采用一个电子振荡器电路，敏感元件本身作为频率控制元件。这类传感器包括电感式、电容式，以及欧姆型参量调制式传感器。

参量调制式传感器的原始检测信息表现为电路中电参量的变化，如电感、电容、电阻等，这些参量需要外加电路提供辅助能源。例如，基于压阻效应的压力传感器、光探测器等。

与此相对照，自发电式传感器（self-generating sensor）除被测参量外，不需外加任何能源即可将被测量转换为电流或电压信号，典型实例如热电偶、基于光电池效应的光探测器等。由于不需外加能源，因此自发电式传感器常被称为有源或自源型传感器，而前述的参量调制式传感器则称为无源传感器。

参量调制式传感器输出信号的能量最大，因此从降低噪声影响角度考虑，这种传感器在应用上更方便。

图 11-4-5 所示的 3 种类型传感器的突出特点在于不需 A/D 转换器。其中，采用电压-频率转换器（voltage of frequency converter，VFC）是一种优于采用 A/D 转换器的信号转换方式，主要是因为它比 A/D 转换方式简单、成本低，通用性强，并且具有积分输入特性和出色的精度，以及非线性程度低，因而比其他类型的转换方式更适于工业测量环境。与双积分式 A/D 转换器类似，VFC 是对输入的真实积分，但转换性能好很多，且抗噪能力强，尤其是应用于工业测量及数据采集系统时。

当采用 VFC 实现数据采集时，必须同时采用满足测量速度要求的频率测量技术。在通常情况下，系统的总体转换速度不是很快。采用一些先进的方法可改进这一问题。

由于可直接设计成频率或者其他数字形式输出的传感器类型有限，大部分传感器的输出信号还是模拟量。这既是因为敏感原理所限，也是因为模拟量传感器以及相应的 A/D 转换技术发展较成熟。因此，在实际应用时，并不可忽视模拟传感器的重要性。

11.4.3 时间调制信号的测量法

在准数字传感器中，将频率或者其他时间调制信号转换为数字信号的频率-编码转换器直接影响系统的测量特性，如精度、转换时间及功耗等。尽管频率信号可精确地转换为数字编码，但实用时却远非一个简单的时间窗口计数器可解决问题。以下是几种常见的频率-编码转换方法，及其测量性能、适应频率范围的分析和实现技术。

1．频率测量法

频率测量法是最普通的频率-编码转换方法，图 11-4-6 给出了该方法的原理简化框图，其中省略了一些细节，如下一计数周期开始前复位的电路。其基本原理是测量参考时间间隔（门宽）T_0 内未知频率信号 f_x 的周期 T_x。T_0 通过对参考频率的适当分频得到。在门限信号为高电平时，对传感器输出信号脉冲累计计数，转换结果由下式计算得到。

$$N_x=T_0/T_x=T_0f_x \tag{11-4-4}$$

通常情况下，由累计计数值可算出传感器的频率为

$$f_x=N_xf_0=N_xT_0^{-1} \tag{11-4-5}$$

由于门限信号的起、终点与信号脉冲之间不能保证同步，因此会产生如图 11-4-7 所示的截断误差。截断误差的绝对值由 Δt_1 及 Δt_2 确定。显然，实际测量时间为

$$T'_0=N_xT_x=N_x/f_x=T_0+\Delta t_1-\Delta t_2 \tag{11-4-6}$$

因此，

$$T_0=N_xT_x-\Delta t_1+\Delta t_2=N_xT_x\pm\Delta t=N_xT_x\pm\varDelta_q \tag{11-4-7}$$

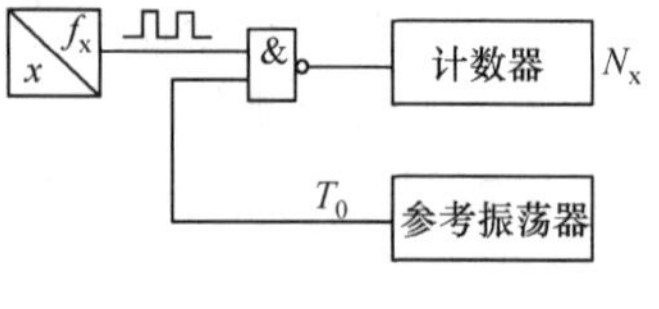

图 11-4-6　频率测量法原理简化框图

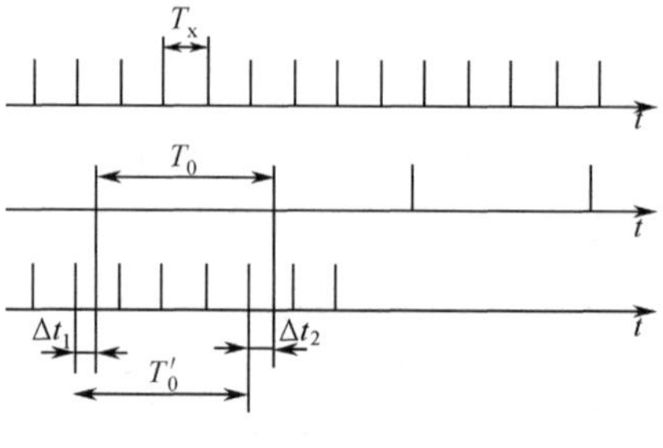

图 11-4-7　频率测量法的截断误差

时间间隔 Δt_1 及 Δt_2 彼此独立，其值在 0～T_x 间等概率分布；而 $\varDelta_q$ 的值介于±1 个计数脉冲之间，因此，信号不同步所造成的最大相对量化误差为

$$\delta_q=\pm 1/N_x=\pm\frac{1}{T_0f_x} \tag{11-4-8}$$

采用适当方法，可使测量起点时刻与被测脉冲的起点同步，但终点无法同步。这种情况下，利用式（11-4-8）可确定量化误差，即 $\Delta t_1=0$ 时的误差为

$$\delta_q=-\frac{1}{T_0f_x} \tag{11-4-9}$$

显然，门宽 T_0 的取值范围受参考频率取值范围的限制。在用微处理器实现测频时，必须注意其具体时钟频率。

采用频率测量法时，误差包括两个部分：一部分是参考频率的误差δ_{ref}，另一部分则是前面所分析的量化误差。δ_{ref} 是系统误差，由时钟频率的长期不稳定性引起的，而测量结果的随机误差部分则是由频率 f_0 的短期不稳定性引起的。

一般在−55～+125 ℃的温度范围内，无温度补偿的石英振荡器所产生的频率与名义频率值之间偏差的相对变动范围为（1～50）×10^{-6}。这部分误差是高频测量时的基本误差源，减小该项误差需采用高稳定性的石英振荡器，长时间内该项误差可控制在 10^{-6}～10^{-8}。

绝对量化误差可容忍的最大值为

$$\varDelta_q=\pm f_0=\pm T_0^{-1} \tag{11-4-10}$$

采用频率测量方法实现频率-编码转换的绝对误差上限为

$$\varDelta_{max}=\pm\left(\delta_{ref}f_x+\frac{1}{T_0}\right) \tag{11-4-11}$$

相对误差为

$$\delta_{max}=\pm\left(\delta_{ref}+\frac{1}{f_xT_0}\right) \tag{11-4-12}$$

量化误差δ_q与所测频率有关，当传感器频率高于 10 MHz 时，量化误差基本可忽略。而频率降低时，量化误差相应增加，频率过低时，量化误差的影响甚至会导致该方法无法应用。例如，当被测频率为 10 Hz、门宽 T_0=1 s 时，量化误差会高达 10%。采用这种方法进行频率-编码转换，如希望量化误差不超过 0.01%，则需以时间换精度，所需门宽 T_0=1 000 s；或者对频率 f_x 进行 k 倍频，可有效降低量化误差，但会增加软/硬件的复杂程度。

2．周期测量法

周期测量法是适合中、低频信号的频率-编码转换方法，其原理如图 11-4-8 所示。与频率测量法相反，它是通过累计一个或 n 个被测量周期 T_x 内的高频参考信号 f_0 的脉冲数来实现，因此，计数器的累计数字为

$$N_x=nT_x/T_0=nf_0/f_x \tag{11-4-13}$$

式中，n 为周期 T_x 的数目。通过 N_x 即可得到被测信号的周期。采用同样方法，还可将脉冲宽度 t_p 或脉冲之间的间隔转换为数字编码。

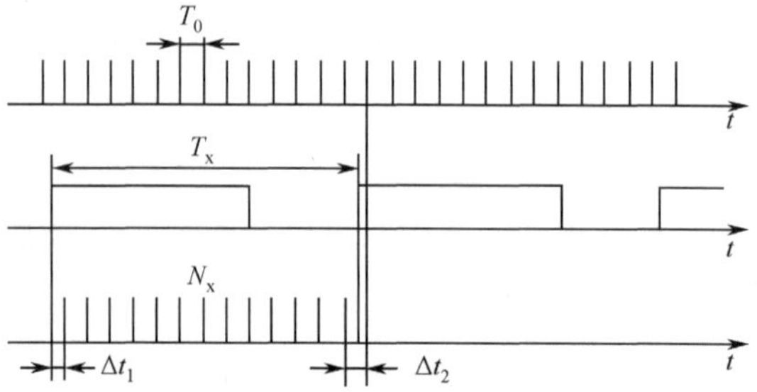

图 11-4-8　周期测量法原理

计数器所计脉冲数由周期 T_x 内的参考信号周期 $T_0=1/f_0$ 的数目决定，T_x 的平均值为

$$T_x=N_xT_0 \qquad (11\text{-}4\text{-}14)$$

从绝对量化误差的角度来看，存在不同步问题引起的误差，即

$$T_x=(N_x-1)T_0+\Delta t_1+(T_0-\Delta t_2)=N_xT_0+\Delta t_1-\Delta t_2=N_xT_0\pm\varDelta_q \qquad (11\text{-}4\text{-}15)$$

因此，误差 Δt_1 及 Δt_2 为等概率不对称分布，概率为 $1/T_0$，均值为

$$\begin{aligned}M(\Delta t_1)&=0.5T_0\\M(\Delta t_2)&=-0.5T_0\end{aligned} \qquad (11\text{-}4\text{-}16)$$

量化误差 $\varDelta_q$ 由随机误差 Δt_1、Δt_2 决定，最大值为 $\varDelta_{xqmax}=\pm T_0$。

如实现参考频率 f_0 与被转换周期 T_x 在起点同步，则可使 $\Delta t_1=0$。然而，终点的同步无法用简单方法实现。从原理上说，量化误差 $\varDelta_q$ 不可能消除。

为得到频率值，周期测量法要通过倒数计算，即频率的转换数值为

$$N_{fx}=1/N_x \qquad (11\text{-}4\text{-}17)$$

周期测量法的转换时间与 T_x 有关，而量化误差则随着被测频率的上升而增加，因此这种方法适合低频信号的转换。例如，当频率 f_x=10 kHz 时，如采用的参考频率 f_0=1 MHz，则量化误差为 1%。

3．混合测量方法

在实际中，由于被测量的变化范围及传感器的灵敏度一般是固定的，因此被测信号的频率变化范围波动不会很大，但传感器电路器件参数的不一致性往往导致实际输出信号的基础频率在很大范围内波动。前述两种测量方法的测量误差均与被测信号频率有关，使测量精度受到被测信号影响。

图 11-4-9 是一种基于单片机的测频-测周法程序流程图。它根据实际信号频率在两种

测量方式间自动切换，通过软件编程，控制单片机中定时/计数器的工作方式，实现测频和测周切换。这种测量系统可适应宽量程范围的频率测量。其中，根据实际应用对测量误差或测量速度的要求，选择合适的切换频率点 f_x' 是关键。另外，切换频点处频率测量的连续性也是重点考虑的问题。如图 11-4-9 所示，通过人为设定一个周期测量的上限频率 f_{x2}' 和一个测量的下限频率 f_{x1}'，使 f_{x1}'、f_{x2}' 在 f_x' 附近，并有

$$f_{x1}' < f_x' < f_{x2}' \qquad (11\text{-}4\text{-}18)$$

由于切换频率点附近存在一个切换范围，因此当被测信号频率在该频率点附近变动时，可保证两种测量方法的平滑切换。

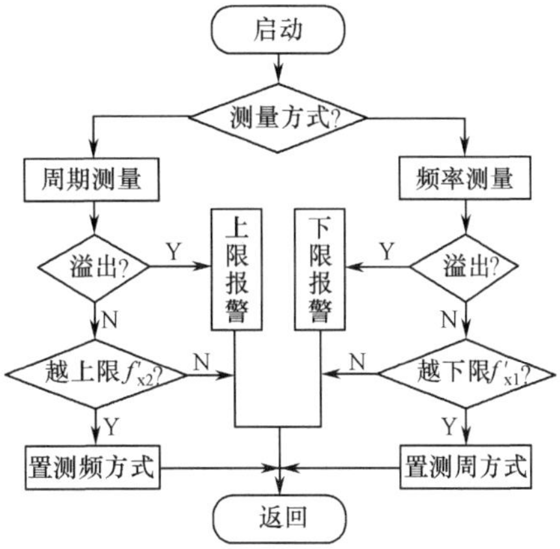

图 11-4-9　测频-测周法程序流程图

针对测频误差与被测信号频率相关的问题提出了等精度测频法，其实现方法可简化为图 11-4-10 所示的框图。CNTl 和 CNT2 是两个可控计数器，标准频率（f_s）信号从 CNTl 的时钟 CLK 端输入；被测信号（f_x）从 CNT2 的时钟 CLK 端输入。CEN 端为时钟使能端，控制时钟输入。当预置闸门为高电平（预置时间开始）时，被测信号上升沿通过 D 触发器的输出端，同时启动两个计数器计数；同样，预置门为低电平（预置时间结束）时，被测信号的上升沿通过 D 触发器的输出端，同时关闭两个计数器。该方法的时序如图 11-4-11 所示。

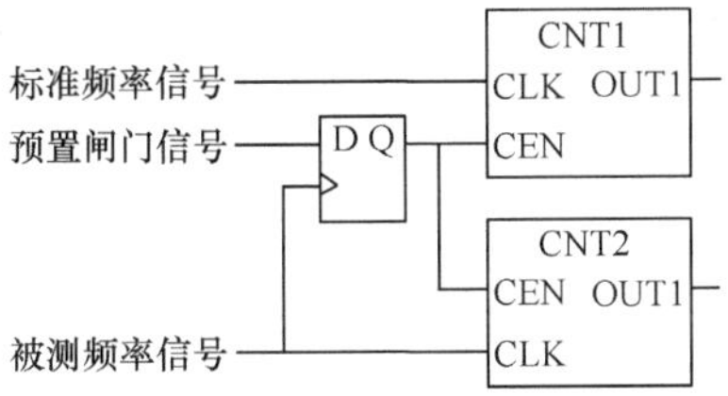

图 11-4-10　等精度测频法

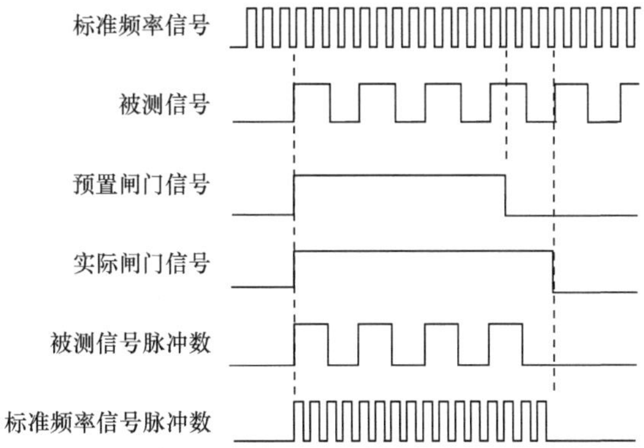

图 11-4-11　等精度测频法时序图

在测量过程中，CNTl 和 CNT2 两个可控计数器分别对标准信号和被测信号同时计数。

闸门开启（预置闸门上升沿到来）时，计数器并不开始计数，需等到被测信号上升沿到来才开始。预置闸门关闭（下降沿到来）时，计数器同样并不立即停止计数，而是等到

被测信号的上升沿到来时才结束计数，完成一次测量过程。由于计数器的开始与停止均由被测信号的上升沿控制，因此，实际闸门时间并不固定，而是被测信号周期的整数倍，即与被测信号同步，因此 CNT2 中所记录的被测信号脉冲数无截断误差，但 CNTl 中所记录的标准频率信号脉冲数则有截断误差±l。

设在一次实际闸门时间 τ 中计数器对被测信号的计数值为 N_x，对标准频率信号的计数值为 N_s，标准信号的频率为 f_s，则被测信号的频率为

$$f_x = \frac{N_x}{N_s} f_s \tag{11-4-19}$$

若忽略标准频率 f_s 的误差，由式（10-4-19）可得

$$\mathrm{d}f_x = -\frac{N_x}{N_s^2} f_s \mathrm{d}N_s \tag{11-4-20}$$

由于 $\mathrm{d}N_s=\pm1$，$\tau = N_x / f_x, N_s \approx \tau / f_s$，则等精度测频可能产生的相对误差为

$$\varepsilon = \left|\frac{\mathrm{d}f_x}{f_x}\right| \approx \frac{\dfrac{\tau f_x}{(\tau / f_s)^2} f_s \left|\mathrm{d}N_s\right|}{f_x} = \frac{1}{\tau f_s} \tag{11-4-21}$$

由于实际闸门时间 τ 与预置闸门时间的差不超过一个被测信号周期，基本可视为常数，因此，式（11-4-21）表示的相对误差仅与闸门时间和标准信号频率有关，与被测信号无关，即实现了等精度测量。闸门时间越长，标准频率越高，测频的相对误差越小。在保证测量精度不变的前提下，提高标准信号频率，可缩短闸门时间、提高测试速度。

4．相位-编码转换

相位到数字编码之间的转换可简化为两个周期为 T_x 的脉冲序列之间的时间间隔的转换。经典的相位-编码转换方法包括如下步骤：将需要测量相位差的两路正弦信号转换为图 11-4-12 所示的单极性电压脉冲信号，时间间隔 t_x 由脉冲 1 及脉冲 2 组成的第一个脉冲对形成。该时间间隔用参考频率 f_0 的脉冲填充。在时间间隔 t_x 间的脉冲数由计数器进行计数，即

$$n = f_0 t_x \tag{11-4-22}$$

与此同时，电路中生成与待测正弦信号周期相

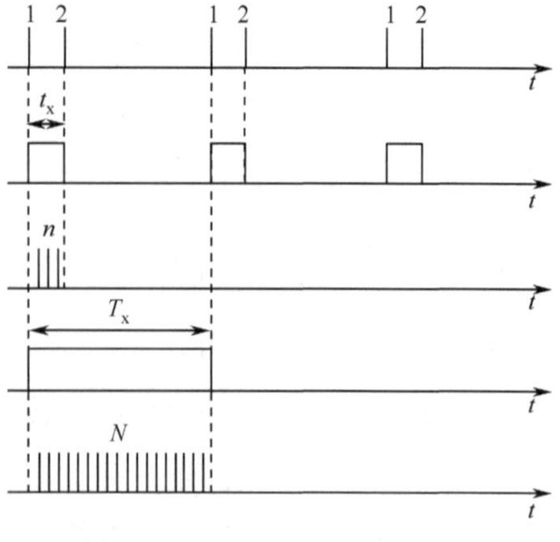

图 11-4-12　相位-编码转换原理

同的方波脉冲。这一脉冲同样用参考频率 f_0 的脉冲填充，对应于周期 T_x 的脉冲数为

$$N = f_0 T_x \tag{11-4-23}$$

因此，两正弦信号之间的相位差为

$$\varphi = \frac{360n}{N} \tag{11-4-24}$$

利用嵌入在智能传感器中的微处理器，即可实现上述的测量与计算过程。与周期测量方法类似，这种方法也可用于测量多个周内的平均相移值。

此方法存在与周期测量法类似的缺点，仅在中、低频范围内得到较高转换精度。要提高转换分辨率及精度，需要有助于增大计数值的方法。

相位-编码转换器的转换误差因素为量化误差和影响转换过程的噪声。若被转换信号不是标准矩形脉冲，而是正弦波等其他周期信号，还可能存在其他误差因素，如触发电平导致的误差、信号波形转换中的非线性误差。

此外，当采用多路开关进行多路信号测量时，还可能会因为多通道信号之间的交叉干扰导致误差。设计合理的电路以及充分考虑电路的容错、抗干扰性能，可以将这部分误差消除。

当参考频率 f_0 为常数时，量化误差会随着频率 f_x 的上升而增大。对于给定的绝对转换误差限 $\Delta\varphi_q$，频率 f_x 的上限为

$$f_{x\max} = \frac{\Delta\varphi_q}{360^\circ} f_0 \tag{11-4-25}$$

例如，当 $\Delta\varphi_q$=0.1°，f_0=1 MHz 时，被测信号频率最高应低于 277.77 Hz，最低无限制。

另一种经典的相位-编码转换方法是对恒定转换时间 T_{cycle} 中的多个信号周期的相移进行转换。这种方法可大大提高转换信号的频率范围，但转换时间会相应延长。

11.5 面向资源有限传感器节点的数字滤波与数据压缩方法

利用软件方式对传感数据进行处理，相比于硬件方式具有灵活、快速、高精度、抗干扰强、设备尺寸小的特点，并且还能完成一些硬件模拟信号处理不能完成的操作。然而，不同的应用场合以及不同的硬件，对数据处理算法的要求不同。根据平台资源受限情况和处理能力上的差别，可以将目前算法的应用平台分为以下三类，如表 11-5-1 所示。

成本受限的系统一般多采用资源有限的低端硬件平台，如无线传感器网络、便携式设备等。在这些场合，不仅电源供应是有限的，而且还受到存储空间和处理能力的限制。如

何利用这些有限的资源在完成特定任务的条件下，最大限度地节约能量，延长设备的工作时间或生命周期，成为这类系统设计面临的最大难题。这就对应用在该平台上的数据处理算法提出了一定的要求。因此，对于面向资源有限传感器系统的数据处理算法的要求如下。

表 11-5-1 不同硬件平台的资源受限情况

硬件平台	电源供应	存储空间	处理能力
个人计算机	无限	不受限	不受限
高端嵌入式	有限	相对受限	相对受限
低端嵌入式	极其有限	极其受限	极其受限

（1）高效节能。能量受限是低端平台面临的首要问题，这就要求算法本身具有高的能量效率，或算法的引入能为系统带来能量的节省。高能效不仅体现在时间上高效率，而且还体现在单位时间内功率的消耗上。

（2）低时空复杂度。低端平台对算法的限制主要在存储空间和计算能力两个方面，要求算法应具有较低的时空复杂度。低空间复杂度要求算法不能占用大量存储空间，这包括静态代码的长度及动态数据的长度；低时间复杂度要求算法不能具有很高的时间复杂度。

11.5.1 适应低端平台的数字滤波技术——中值滤波

数字滤波（digital filtering），即用数字设备通过一定的算法，对信号进行处理，将某些信号进行滤除，得到新的信号。数字滤波器可以分为两大部分：经典滤波器和现代滤波器。与模拟滤波器相比，数字滤波靠处理器软件完成对输入信号的处理，不需要增加额外的硬件设备，处理更加灵活，抗干扰能力更强，已被广泛应用于信号处理。

当低端嵌入式平台要应用数字滤波算法时，受处理能力、存储空间等的限制，滤波算法应简单高效，以符合系统高效实时处理数据的要求，特别是无线传感器的信号处理，必须考虑到其能量的限制。因此要求对采样信号的处理方法必需简单有效，且能有效抑制白噪声、脉动噪声，同时期望能获得其他方面的性能，如信号边缘保持、选频特性等。

传统的数字滤波除噪方法有滑动平均法、阻尼最小二乘估计法、傅里叶变换法，这些方法都以线性分析为基础。实践证明，在大多数应用领域中，线性处理技术是有效的，但在某些情况下，上述方法的去噪效果并不尽如人意。实际中，由于测量环境不同，许多信号中的噪声除了高斯白噪声之外，还含有其他分布的噪声，常见类型包括脉冲噪声和拖尾噪声等，如果不能采取针对性的方法加以滤除，将对信号分析结果的准确性产生极大影响。

中值滤波（median filter）是一种能有效抑制噪声的非线性信号处理技术，具有滤除随机噪声和脉冲噪声并保留局部特征的良好性质。

中值滤波与其他的非线性滤波方法相比，其算法实现起来比较简单，因此将它应用于无线传感器网络、手持式设备等低端硬件平台，可以减少系统在滤波处理时的运行时间，以增强实时性，更好地实现产品的低功耗。无线传感器网络的节点往往设置在户外，处于条件比较恶劣的环境下，因此容易受到比较大的干扰而产生一些如脉冲噪声等的强干扰。中值滤波对脉冲噪声具有良好的滤除能力，所以适合无线传感器网络的滤波处理。

中值滤波算法从提出至今已获得长足的发展，在标准中值滤波的基础上提出了一系列改进方法。以下仅分别介绍经典中值滤波算法、加权中值滤波算法和自适应中值滤波算法。

1．经典中值滤波算法

中值滤波算法的实质是中位数法，根据原始信号的分布情况设定一个固定的窗口长度$2N+1$，对窗口内数据进行排序，输出中值，并使窗口在原始信号上平滑移动，这样就可以得到一个中值输出序列，此序列就是原始信号滤波后的信号。假设有一窗口长度为$L=2N+1$的滤波器（N为正整数）。当窗口中心滑动到样本序列为k的位置时，输入到窗口内的样本序列点为$X(k-N)$，…，$X(k)$，…，$X(k+N)$。那么，此时中值滤波的输出被定义为

$$Y_{\mathrm{med}}(k)=\mathrm{med}[X(k-N), \cdots, X(k), \cdots, X(k+N)]$$

这里，med [ ]表示窗口内所有的数据排列后取其中值的运算，其算法伪代码如下。

```
WHILE input data number is less than the 2N+1 DO
 Store the input data to array INPUT_DATA
END of WHILE
WHILE there are still input characters DO
     Store the input data to array INPUT_DATA
     Move INPUT_DATA to DATA_WINDOW
     Sort the array DATA_WINDOW
     Get the Median value of DATA_WINDOW
   Output the Median value
END of WHILE
```

然而，经典的中值滤波算法对窗口内的数据采用的排序方法，其时间和空间复杂度都比较大，因而产生了一系列的改进过的方法。在时间复杂度方面，由最初的冒泡法到快速排序，后来又有学者提出利用相邻窗口数据的相关性来加快其排序速度。

2．加权中值滤波算法

加权中值滤波算法是一种经典中值滤波的改进方法。经典中值滤波窗口内各数据元素对输出的作用是相同的，但有时为了强调某个或某些数据元素的作用，可以根据窗口内数值的重要性赋予不同的权值来实现更好地保护细节的作用。

设在某一时刻，滤波窗口的宽度为 N（N=2m+1，m=0，1，…）的窗口样本数据序列为$x=\{x_1,x_2,\dots,x_N\}$，则加权中值滤波（WMF）的输出为

$$Y_{\text{WMF}}=\text{med}\{x_1\circ\omega_1,\ x_2\circ\omega_2,\ \cdots,\ x_N\circ\omega_N\}$$

其中，$\{\omega_1,\ \omega_2,\ \cdots,\ \omega_N\}$是此时滤波窗口内的样本数据对应的权值；$x\circ\omega$表示元素的复制，即$\overbrace{x,x,\cdots x}^{\omega个}$；med [ ]表示窗口内所有的数据按大小顺序排列后，取其中值的运算。

比较常见的有中心加权中值滤波算法，在中心区域无噪声点的前提下，对中心区域的数据赋较大权值，若中心区含噪声较多，则加大窗口边缘的信号比例，以保护细节信息。

经典中值滤波算法具有类低通特性，通过引入加权，它可以获得更好的选频能力。上述的加权中值滤波算法是采取先加权后排序的方法，可以减小运算量。为了减小加权中值滤波算法在低端平台上运行所消耗的时间，加权的方法还可以做如下简化：先对窗口内的数据从小到大进行排序，然后求出权值的总和 w_t，再对已排序数据序列按从小到大的顺序逐个将其所对应的权值进行累加求和，当累加到某一权值，其和值第一次等于或者超过 $w_t/2$ 时，该权值所对应的数值就是当前滤波窗口的中值。

3. 自适应中值滤波算法

对于经典中值滤波算法，给窗口中心领域赋予较重的权值降低了其消除噪声的能力；给窗口边缘领域赋予较重的权重则牺牲了保护信号细节的能力。针对上述加权中值滤波算法的缺陷，综合大窗口滤波和小窗口滤波的优点，产生了自适应中值滤波算法。

自适应中值滤波算法的思路是先用一个初始大小固定为 $2N+1$ 的窗口在信号数据上滑动，对数据进行噪声检测，将窗内数据分为噪声点和非噪声点两类，若窗内噪声数据个数大于 N，则当前窗口中心不变，增大 N 使噪声点个数不大于 N，然后按新的窗口宽度进行中值滤波。

通过自适应窗口宽度调整，采取窗口长度尽量小的原则，一方面可以更好地实现实时性，减少系统的开销；另一方面，可以具有更好的细节保持能力。噪声检测则是整个滤波算法中较关键的一步，它为信号中数据的正确分类提供依据。

除上述基于标准中值滤波的一些改进算法外，还出现了一些扩展功能的改进中值滤波算法，如非负权系数和实数权系数加权中值滤波、混合中值滤波、开关中值滤波算法等。

由于中值滤波本身的滞后，以及窗口长度对计算效率带来的影响，都使得以上这些中值滤波的算法不适合对非缓变信号进行滤波。

11.5.2 适应低端硬件平台的数据压缩方法

数据压缩（data compression）是在尽量不丢失信息的前提下，缩减数据量以提高传输、

存储和处理效率的一种技术方法；或按照一定的算法对数据进行重新组织，减少数据冗余和存储空间，包括无损和有损两种压缩类型。数据压缩在节能方面获得了有效应用。在无线通信系统中，因无线数据通信功耗很大，利用数据压缩减少通信数据量，可以节能。

算法不同、应用场合资源不同，对压缩算法的要求也将不同。标准的数据压缩算法以压缩率为衡量算法的标准，旨在减少对存储空间的需求。当数据压缩算法用于低端平台，尤其是无线设备时，必须根据设备资源受限特点进行改进，以降低系统能耗为首要目的。

LZW（lempel-ziv-welch）算法是一种典型的无损数据压缩算法。它通过建立字符串表，用短的字符串编码来表示长字符串，算法较简单，对于数据流中连续出现的字节和字符串有高压缩比，适合传感数据压缩，但应用于低端平台时存在不足。以下介绍改进算法。

1. 经典 LZW 压缩算法

经典 LZW 压缩算法的基本原理是提取原始文本文件数据中的不同字符，基于这些字符创建一个编译表，然后用编译表中的字符索引来替代原始文本文件数据中的相应字符，以减少原始数据。这里的编译表不是事先创建好的，而是根据原始文件数据动态创建的，解码时能够从已编码的数据中还原出原来的编译表。算法伪代码如下。

```
STRING = get input character
WHILE there are still input characters DO
  CHARACTER = get input character
  IF STRING + CHARACTER is in the string table then
     STRING = STRING + character
  ELSE
     Output the code for STRING
     Add STRING+CHARACTER to the string table
     STRING = CHARACTER
  END of IF
END of WHILE
Output the code for STRING
```

经典 LZW 压缩算法虽然算法简单，但在低端平台的应用过程中仍然存在一些问题，如字符串表（字典）的长度将受到存储空间的限制；字典的搜索效率将受到计算能力的限制；算法的压缩率取决于数据中字符串的重复率。

2. 引入 mini-Cache 的 LZW 算法

经典 LZW 压缩算法的难点在于字典的管理，字典的搜索效率制约了算法在实时传输系统中的应用，加之低端平台的计算处理能力相对较弱，因此，寻求快速的字典查询手段成为算法改进的突破口。字典查询过程引入 mini-Cache 技术能很好地解决这一问题。

Mini-Cache 是 Hash 为条目的字典，其条目大小为 N（N 为 2 的幂），存储最近使用过和创建的字典条目。用字典条目的后 4 位表示 Hash 目录，最近建立的条目分配连续的字典编号，因此，在互相覆盖之前，它们一直在 mini-Cache 中。与 LZW 相比，算法在编码阶段出现差异。一旦算法识别出字典目录，它将在 mini-Cache 中搜索条目。

3．引入数据预处理的 LZW 算法

LZW 压缩算法的核心思想是用已有字符串的编码号代替序号字符串，达到压缩的目的，因此，可以对输入数据引入一定的预处理操作，提高字符串的重复率，能很好地提高 LZW 算法的压缩率。预处理方法主要包括 BWT 变换和差值处理方法。

（1）引入 BWT 变换的 LZW 算法。BWT（burrows-wheeler transform）算法是一种以数据块为操作对象的可逆的数据变换方法，其核心思想是对字符串轮转后得到的字符矩阵进行重新排序和变换。BWT 变换的最大特点就是能够将数据块中相同的字符集中起来，它本身并不会减少数据块的数据量，但是改变了数据的分布特征，使变换后的数据更容易压缩。

（2）引入差值处理方法的 LZW 算法。数据分布范围大，则字符串重复的概率低，不利于压缩。有些监测数据具有连续缓慢变化的特点，相邻数据的差值近似服从 0 均值的正态分布，大部分差值集中在一定范围，利用前后数据的差替代原始数据，可提高字符串的重复率、缩小分布范围、提高压缩率。

利用相邻数据差来缩小值域空间的方法仅适于数据连续变化的情况，但当输入信号发生阶段性突变时，相邻差值很容易超出值域范围，不能正常压缩。此时，可采用取基准值的差值的方式进行差值处理，即当数据与基准值的差超出值域范围时，用新的采样值代替原有基准值，重新进行差值压缩。然而，对于非缓变信号，此方式难以获得好的压缩效果。

思考题与习题

【11-1】为什么传感器电路需要低功耗设计？

【11-2】常见的传感器信号调理功能有哪些？调理电路低功耗设计的原则有哪些？

【11-3】传感器的信号调理集成器件有哪些类型？

【11-4】传感器应用信号调理集成器件有何益处？以 AD693 或 MAX1450 为例说明。

【11-5】对于电池供电的传感器节点，电源管理技术有何重要意义？

【11-6】什么是动态电源管理？简介动态电源管理方法的三种典型策略。

【11-7】对传感器节点的进行电源调整和按负载多方式分时供电有何益处？

【11-8】采用数字和准数字传感器对传感器有何益处？

【11-9】准数字传感器以频率和时间宽度为输出量有何益处？

【11-10】对于不能直接将被测信号转换成准数字信号输出的敏感元件，可用哪几种变换方式实现准数字输出？

【11-11】简介时间调制信号常用的四种测量方法的特点，说明频率测量法、周期测量法和混合测量法的各自特点与使用场合。

【11-12】对于资源有限的传感器，其数据处理算法选择有何要求？应考虑哪些问题？

【11-13】相对其他非线性滤波方法，资源有限的传感器采用中值滤波方法有何优势？

【11-14】简介数据压缩对无线传感器节能的意义。

【11-15】为了提高电池使用效率以降低能耗，传感器节点应如何配置电源管理器？

第 12 章

物联网典型应用中的传感器和典型节点方案

12.1 物联网典型应用中的传感器及其应用概况

12.1.1 智能家居中的传感器

1．智能家居的功能

智能家居系统又称为智能住宅或电子家庭、数字家园等，它利用计算机技术、控制技术以及通信技术，将与家居生活有关的各种子系统通过网络连接到一起，从而满足整个系统的自动化要求，能提供更便捷的控制和管理。智能家居系统结构如图 12-1-1 所示。

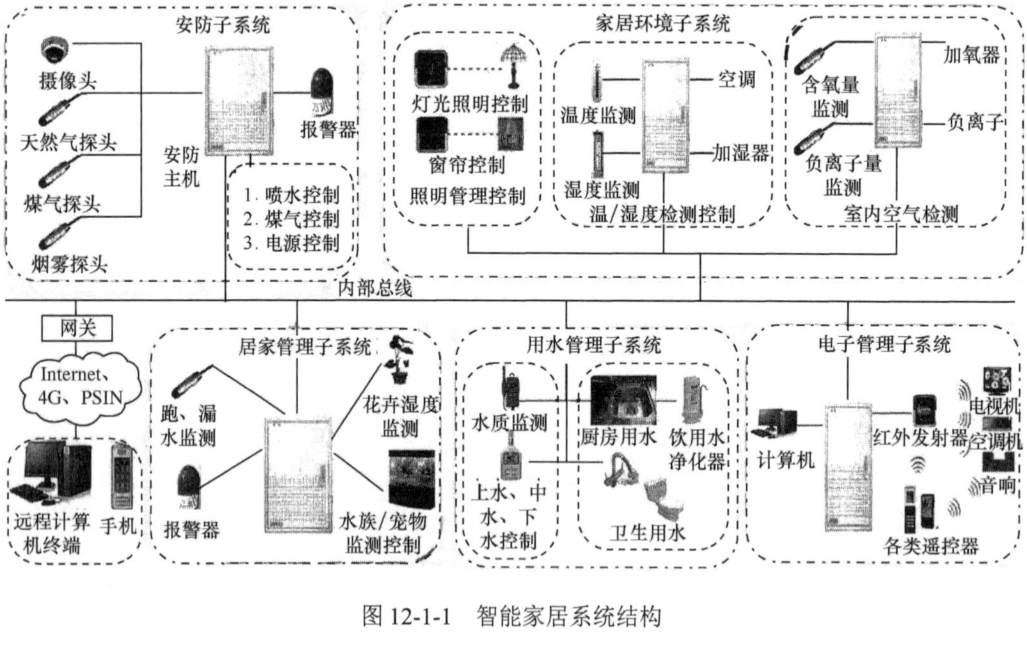

图 12-1-1　智能家居系统结构

与普通家居相比，智能家居不仅具有传统的居住功能，能提供舒适安全、宜人的家庭生活空间，还把原来被动静止的结构转变为具有能动智慧的工具，提供全方位的信息交换功能，帮助家庭与外部保持信息交流畅通，优化生活方式，帮助人们有效安排时间，增强家居生活的安全性，甚至节省能源消费。

传统的智能家居一般是通过有线方式对楼宇设施进行控制和通信的，很难脱离各种线缆的束缚，安装成本较高，系统的扩展性差。基于无线传感器网络技术的智能家居系统不仅可摆脱线缆的束缚、降低安装成本，而且能提高系统的扩展性。

智能家居应具有的系统智能控制功能主要有以下几项。

（1）防盗报警功能：通过智能家居控制器接入各种探头、门磁开关，并根据需要布防，可探知并警告闯入的不法分子，保护人们的生命和财产安全。安防是智能家居的首要功能，当处于监控状态的探测器探测到家中有人走动，会通过蜂鸣器和语音实现本地报警，同时将报警信息传到保安中心，并通过电话自动报告主人。

（2）防灾报警功能：通过烟雾、瓦斯和水浸等探测器 24 小时监控可能发生的火灾、燃气泄漏和溢水、漏水，并在报警时联动关闭气阀、水阀，为家庭构建坚实的安全屏障。

（3）求助报警功能：通过智能家居控制器接入各种求助按钮，使家中的老人、小孩在遇到紧急情况时通过启动求助按钮快速进行现场报警和远程报警，及时获得各种救助。

（4）远程控制功能：利用电话或网络远程控制家用电器、对安防系统布/撤防等；通过家居监控网络，监控家居安全，在外的家人通过网络查看家中场景并与在家人员对话。

（5）定时控制功能：通过无线遥控器或控制面板操作，预先设置家电的定时启停时刻，如实施热水器定时开启，达到节能目的。

（6）短消息收发功能：通过控制面板显示接收网络短消息，通过手机接收智能家居控制器发送的状态信息，并向其发回各种控制指令。

（7）联动控制功能：采用自动或面板操作启动，可使得对智能家居控制的联动，例如，遇盗警时，开启家中所有灯光；探测到燃气泄漏会自动打开排风扇并关闭燃气管道总闸。

（8）服务功能：智能家居通过与小区智能系统的连网，还可很容易地实现四表（水表、电表、气表、热表）数据远传、一卡通等智能化服务。

智能家居实现上述功能必须通过相应的传感器网络，传感器网络的作用主要有两方面。

（1）家庭自动化：传统家用电器，如吸尘器、微波炉、冰箱等中嵌入智能传感器和执行器而成为智能家电，成为传感器网络节点。这些节点之间可互相通信，并通过互联网与外部互连，使用户可方便地对家用电器进行远程监控。

（2）实现智能环境：使居住环境能够感知并满足用户需求。此处存在以人为中心和以技术为中心两种观点，前者强调智能环境在输入/输出能力上必须满足用户需求；后者主张通过开发新的硬件系统和网络解决方案以及中间件服务等方法来满足用户要求。

2．家用计量传感器

信息技术的发展使家居设施和工业自动化的技术水平越来越高，自动抄收室内家用计量仪表、工业自动化控制仪表中的数据已成为人们要求的操作方式。例如，采用 ZigBee 网络等无线通信技术，将住宅内各节点采集的数据汇集到网关，再将数据送远程服务器；同时，远程服务器可访问和控制任何一个在 ZigBee 网络中的设备。如图 12-1-2 所示为小区家居四表自动抄送系统的一种总体架构，四表所涉及的传感器及要求如下。

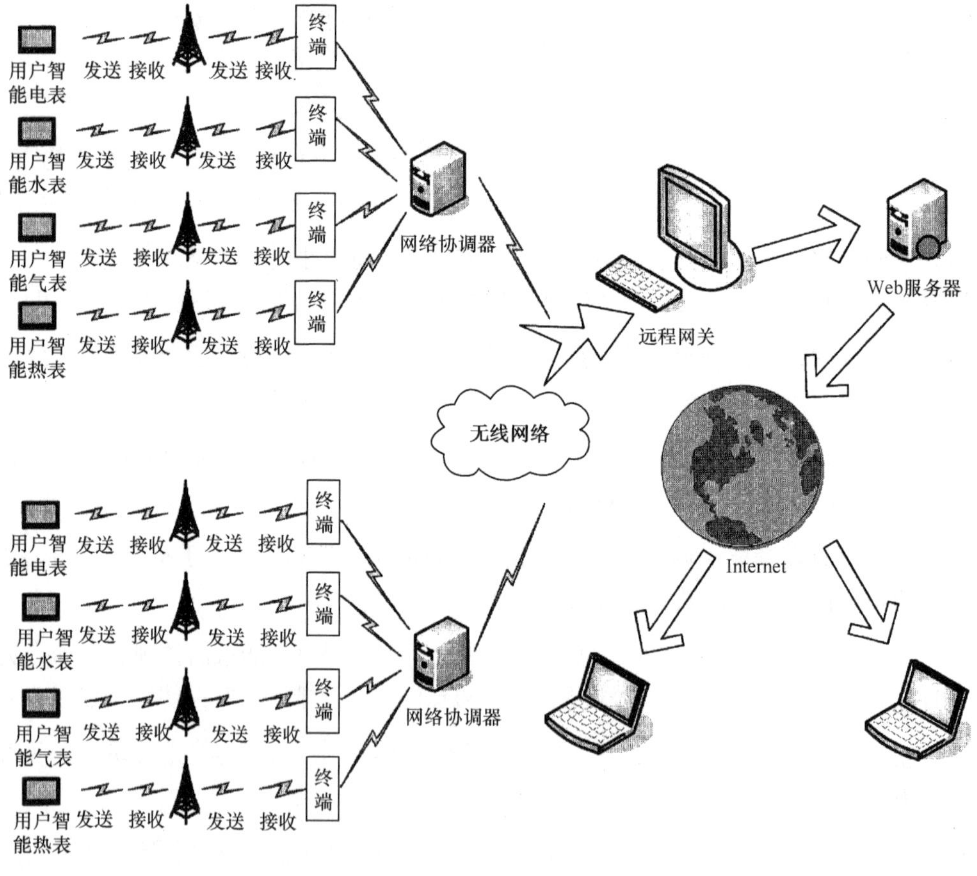

图 12-1-2　家居四表抄送系统的总体架构图

（1）智能水表。智能水表用于自来水、供热水的流量计量及数据远传，冷水基表应符合 GB/T 778—1996 国家标准，热水基表应符合 JB/T 8802—1998 行业标准。通常智能水表适宜采用涡轮流量传感器实现，其信号传输方式为两线制计数脉冲，并有线路开路、短路信息。智能水表包括水表脉冲信号采集、MCU、无线收/发射、按键显示等部分，其组成原理如图 12-1-3 所示。

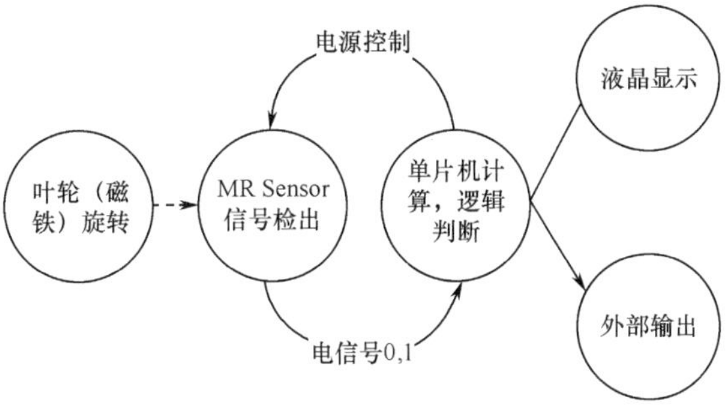

图 12-1-3　智能水表组成原理框图

智能水表应具有的功能一般包括：

① 脉冲信号采集。数字远传表将水流量转换成脉冲信号，通过信号采集处理来计量。

② 无线接口。智能水表需要无线接口来集中抄录用户水表的计量信息。

③ 监控器。用户的水表信息由抄表器传送到监控系统。无线水表抄表系统包括一个监控器和几个终端水表，可采用 ZigBee 网络通信。系统主板包括一个 ZigBee 无线通信模块和一个水表信息脉冲信号采集器，无线通信采用商用集成解决方案。

（2）智能电表。家用智能电表由两部分构成：电能计量部分和无线收发部分。智能电表电能数据采集模块的核心是高精度单相电能计量传感器芯片（如 ADI 公司的 AD7751、深圳国微电子的 SM9903 等），这类芯片大多集成了数字积分器、参考电压源和温度传感器，它提供与电能成比例的频率或脉冲输出，并具有校准电路，可测量单相有功、无功功率。

智能电表具有实时采集并存储电表信息、无线收发、防窃电及控制电表通断等功能。如图 12-1-4 所示，系统以微控制器为核心，主要由电表信息存储器、无线收发器、红外传感器、电源和供电开关等构成。微控制器控制整个电表的监控与接口装置运行；无线收发器与微控制器双向通信，并建立无线自主多跳网络，收发与微控制器通信的信息；电表信息存储器储存电表用户信息、用电或预付费信息、红外传感信息等；供电开关串接在用户电表电源进线前端，微控制器通过控制供电开关通断来控制对用户的供电；红外传感器监测用户电表及其无线监控接口装置的运行状况，并将监测信息返回微控制器，以防窃电。

（3）智能热表。按国家标准对智能网络热量表的定义，目前的智能网络热量表是组合式智能网络热量表，是“由流量传感器、微处理器、配对温度传感器所组合而成的智能网络热量表”。其中，流量传感器采集水流量并发出流量信号；计量特性一致或相近的配对温度传感器在同一个智能网络热量表上，分别测量热交换系统的入口和出口温度；微处理器负责接收来自流量传感器和配对温度传感器的信号，进行热量计算、存储和显示系统所交换的热量值。

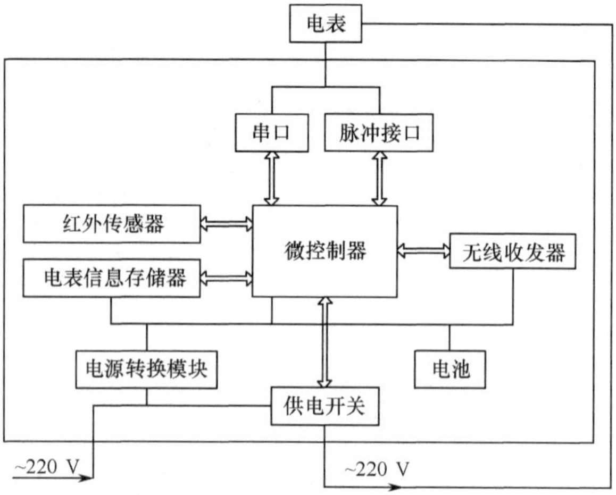

图 12-1-4　智能电表内部结构示意图

智能热量表工作原理是当传热介质流过热交换系统时，主控芯片接收来自流量传感器和配对的温度传感器的信号，进行热量累积计算、存储和显示，其组成如图 12-1-5 所示。

（4）智能气表。智能气表适用于人工燃气、天然气、液化气、液化石油气的流量计量及数据远传，其中家用智能气表可采用热流速气体流量传感器等。

如图 12-1-6 所示的热膜气体流量传感器是基于热传输原理和 MEMS 技术制成的微传感器，内含气流流速敏感结构，它包括两组制造在悬空的氮化硅结构上的加热和测量电阻。悬空的氮化硅结构将电阻与衬底绝热隔离，加热电阻产生的温度场在流量作用下改变，通过测电阻得到温度场的分布，利用流速与温度场分布的关系测量流速和流量。无气体流过传感器芯片时，传感器周围保持稳定的温度场（温度分布）；有气体流过，温度场因流体介质带走热量导致局部温度重新分布。局部温度场的变化取决于流体介质的质量与流速。

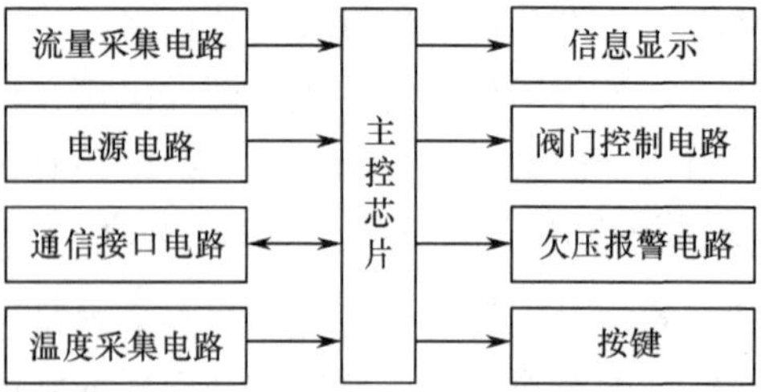

图 12-1-5　智能网络热量表组成原理框图

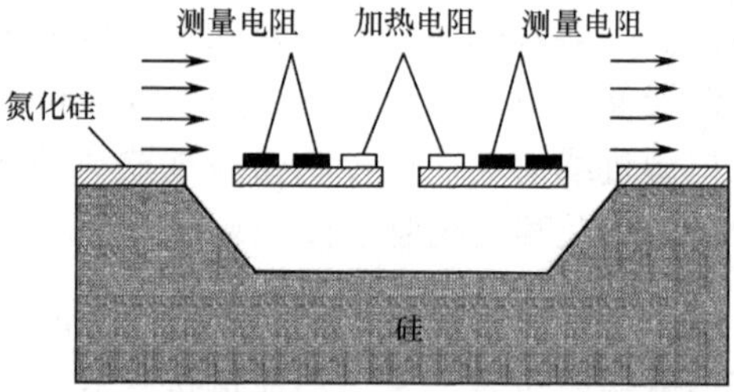

图 12-1-6　热流速微传感器原理结构图

3. 家用环境安全传感器

智能家居安防系统采用嵌入式技术、无线传输技术、传感器技术等，通过前端探头在家居内部采集各种现场信息，并实时处理、传输和记录，按系统预设的规则采取相应措施。它能实时、形象、真实地反映住宅内部的情况，延长人眼的观察距离，扩展人手的机能。通过无线网络化传感器对室内的温度、湿度、光照、空气成分进行监测，获得实时数据，在此基础上自动调控门窗、空调及其他家电设备，实现家居环境参数调节的自动化。

图 12-1-7 所示为智能家居环境安全系统的总体架构。按照家居环境和安防系统需求分析，可将智能家居系统安防所需传感器划分为温湿度传感器、烟雾报警传感器、燃气泄漏传感器、家庭防盗传感器四类。

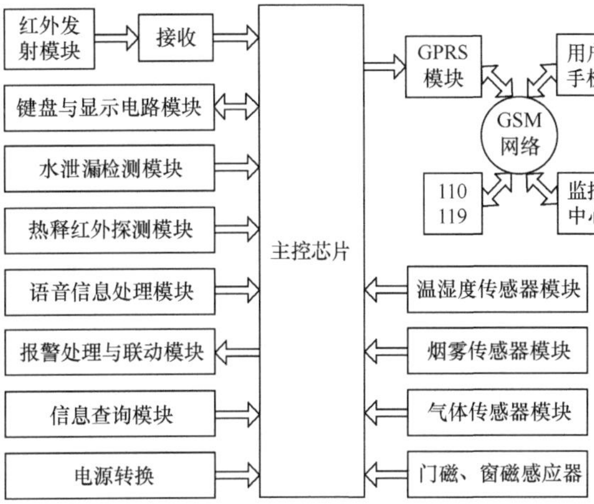

图 12-1-7　智能家居环境安全系统的总体架构

（1）温湿度传感器。家用温湿度传感器一般为电子式传感器，通常采用高分子薄膜制成的湿敏电容测湿度。若使用两个独立的传感器分别测量温度和湿度，既提高成本，又增加系统设计的复杂性。因此，家用温湿度传感器一般宜选集成温湿度传感器，如 SHT11 等。该类集成传感器可实现数字式输出、免调试、免标定、免外围电路及全互换功能，有效节省单片机的 I/O 资源，提高测量精度，确保产品的高可靠性与长期稳定性，其性能指标满足室内温湿度测量要求。

（2）烟雾报警传感器。火灾探测的工作实质是利用敏感元件探测火灾中出现的质量流（可燃气体、燃烧气体、烟颗粒、气溶胶）和能量流（火焰光、燃烧音）等物理现象的特征信号，并将其转换为另一种易于处理的物理量。根据对火灾不同的响应信号特征，这些火灾探测器可分为气敏型、感温型、感烟型、感光型和感声型五大类型，详细分类如表 12-1-1 所示。

表 12-1-1　火灾探测器分类

类型	质量流										能量流				
物理表现	可燃气、燃烧气体、烟颗粒、气熔胶										火焰光			燃烧音	
检测对象	气体浓度		气体及烟雾温度			电荷	光效应		离子效应		辐射光强	辐射光谱		声波	
探测原理	气电化学	红外吸收	热胀冷缩	相变效应	热电效应	电荷电流	减光效应	散射效应	离子电流		热电效应	光电效应		压电效应	电磁效应
技术分类	气敏型		感温型			感烟型					感光型			感声型	
探测器分类	可燃气体型	燃烧产物型	空气管、气膜型	双金属、熔丝型	热电偶、半导体	静电型	光电型	光束型	图像型	离子型	红外型	紫外型	图像型	次声型	超声型
探测对象	还原气体	CO CO_2	温度及其变化			电荷微粒	微粒				高温发光			压力波动	
误报因素举例	钢铁生产环境	—	环境温度变化			高湿度环境	灰尘、水蒸气				电焊、太阳光、高温体			电风扇 空调	

烟雾报警传感器在火灾探测中最常用，它能检测环境中的烟雾浓度，并有报警功能，一般安装在厨房。遇火灾产生的烟雾时，报警器可发出声光报警，或同时联动外部设备，如有的报警器可自动开启排风扇，把烟雾排出室外。烟雾报警传感器用于火灾初期（过热、阴燃或低热辐射和气溶胶生成阶段）探测与报警，其报警时间要比传统的火灾探测系统提前数小时以上，在火灾初期消除火灾隐患，使火灾的损失降到最小。

图 12-1-8　离子感烟传感器实物图

根据报警功能需要，选择合适的烟雾传感器至关重要。烟雾探测器中常见光电型和离子型的器件，图 12-1-8 所示为两种离子感烟传感器实物图。

常用的离子感烟传感器的单电离室结构如图 12-1-9 所示，P1 和 P2 是一对电极，在电极之间放有放射性物质，不断放出 α 射线，高速运动的 α 粒子撞击极板间的空气分子，将其电离为正、负离子，使电极之间原来不导电的空气有了导电性。如果在极板 P1 和 P2 之间加一个电压 E，使极板间原来杂乱无章的正、负离子在电场作用下有规则运动，在极板间形成电离电流。所加电压越高，电离电流越大，当电离电流增加到饱和电流值时，将不再增加，如图 12-1-10 所示。

当火灾发生时，烟雾进入电离室，烟雾的阻挡作用使电离后的正、负离子在电场中的运动速度降低，同时也使 α 射线的电离能力降低，从而使电离室的电离电流减小。烟雾浓度越大，阻挡作用越强。采用离子源做烟敏元件的突出特点是电流消耗极低，仅数百纳安。

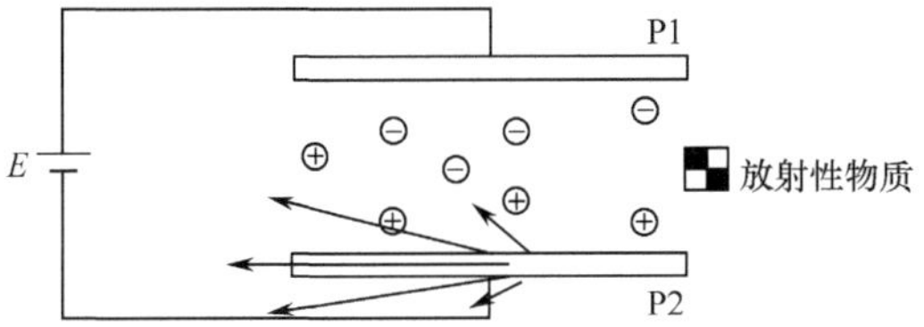

图 12-1-9 电离室结构示意图

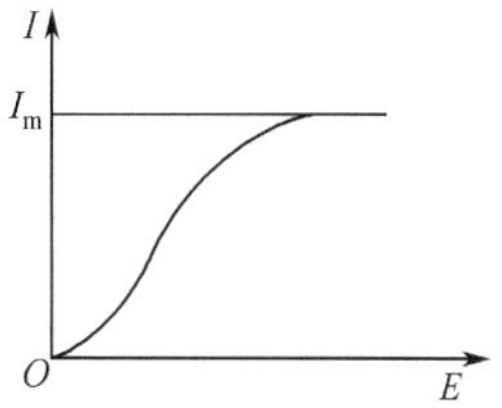

图 12-1-10 电离电压和电流的关系

（3）燃气泄漏传感器。燃气泄漏报警器是非常重要的燃气安全设备，它是安全使用城市燃气的最后一道保护。探测可燃气体的传感器主要有氧化物半导体型、催化燃烧型、热线型。这些传感器都是通过对周围环境中可燃气体的吸附，在传感器表面产生化学反应，从而使传感器的电特性改变的。

当布置在厨房的燃气泄漏传感器探测到厨房内燃气含量超标或浓度超过预先设定值时，会触发传感器节点执行燃气泄漏报警，随后通知排气扇节点打开排气扇以便及时通风，也可由控制器通过执行器或执行电路发出报警信号或执行关闭燃气阀门等动作。

燃气泄漏报警器的基本组成部分包括：燃气信号采集、A/D 转换、单片机控制等电路。燃气信号采集电路一般由燃气敏感元件和放大电路组成，将燃气信号转化为合适的模拟信号。A/D 转换器将燃气信号采集电路送出的模拟信号转换成适用数字信号后送入单片机。单片机对该数字信号经滤波和其他处理后的数据进行分析、判断，如果大于某个预设值（报警限）则启动报警电路发出声、光报警，反之则为正常状态。为方便检测与监控，使仪器测试人员及用户能直观地观察到环境中的可燃气体浓度值，可将浓度值显示。为便于调节报警限，可加入按键。图 12-1-11 为可燃性气体检测报警器结构框图。

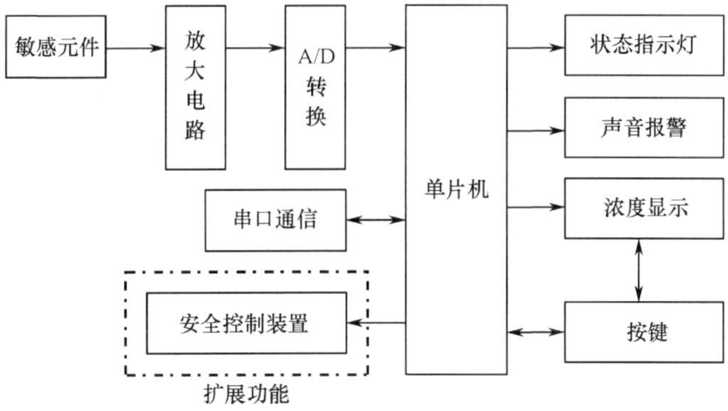

图 12-1-11 可燃性气体检测报警器结构框图

家庭中燃气中毒主要指一氧化碳中毒。现代生活中燃气中毒的事件时有发生，其中一氧化碳中毒最为严重，因为一氧化碳与血红蛋白的结合能力是氧的 200 倍，人一旦吸入一氧化碳就会致使呼吸困难，严重的导致窒息而亡。

例如，电化学一氧化碳（CO）气体传感器采用密闭结构设计，其结构是由电极、过滤器、透气膜、电解液、电极引出线（引脚）、壳体等部分组成的。

当 CO 气体通过外壳上的气孔经透气膜扩散到工作电极表面上时，在工作电极的催化作用下，CO 气体在工作电极上发生氧化。其化学反应式为

$$CO+H_2O \rightarrow CO_2+2H^++2e^-$$

在工作电极上发生氧化反应产生的 H^+离子和电子，通过电解液转移到与工作电极保持一定间隔的对电极上，与水中的氧发生还原反应。其化学反应式为

$$O_2+4H^++4e \rightarrow 2H_2O$$

因此，传感器内部就发生了氧化-还原的可逆反应。其化学反应式为

$$2CO+2O_2 \rightarrow 2CO_2$$

此氧化-还原的可逆反应在工作电极与对电极之间始终发生着，并在电极间产生电位差。但是，在两个电极上发生的反应都会使电极极化，这使得极间电位难以维持恒定，因而也限制了对 CO 浓度可检测的范围。

CO 气体传感器与报警器配套使用，传感器是报警器的核心元件。当 CO 扩散到气体传感器上时，产生相应输出，提供给报警器的采样电路。当气体浓度变化时，传感器的输出电流随之比例变化，并经放大输出，与相应的控制装置一同构成环境监测报警系统。

（4）家庭防盗传感器。防盗报警子系统主要用于发现非法侵入者（如盗窃、抢劫），并及时向住户和小区安全保卫部门发出报警信号，使住户免受侵害。典型产品有红外探测器和门窗传感器。

如图 12-1-12 所示为门窗磁式传感器和红外防盗传感器。门窗磁式传感器由磁场恒定的小块永磁铁和一个常开型干簧管组成，一般安装在门内侧上方。当永磁铁和干簧管间距很小时例如 5 mm 内，门窗传感器处于工作守候状态；当永磁铁距离干簧管较远时如大于 8 mm，它立即发射报警信号，其中包含地址编码和自身识别码的无线信号。主机识别该无线信号的地址码，并判断是否为同一报警系统，然后根据识别码确定是哪个传感器报警。

图 12-1-12　门窗磁式传感器和红外防盗传感器实物图

红外热释电传感器通过探测人体发射的红外线来识别是否有人在其监测区域内活动，当人体进入其探测区域时就产生电平触发信号报告节点处理器，然后节点进行报警等操作。

12.1.2 环境监测中的传感器

1. 环境监测

环境监测是一类典型的物联网应用。相对于传统的环境监测手段，传感器网络监测有三个优势：一是传感器节点体积小且整个网络只需部署一次，因此对所处环境的人为影响很小，这对非常敏感外来生物活动的环境尤其重要，二是传感器网络具有数据采集量大、精度高的特点，三是节点本身具有一定的计算和存储能力，可根据环境变化进行较为复杂的监控。节点具有无线通信能力，能协同监控。通过增大电池容量和提高使用效率，采用低功耗无线通信模块和通信协议可延长网络生命周期。节点的计算能力和无线通信能力使其对环境变化和自身及网络变化及时反应，因而适用于多种环境监测。

环境监测系统主要包括三部分：前端高精度环境监测传感器模块、无线通信网络和数据监测管理中心，如图 12-1-13 所示。

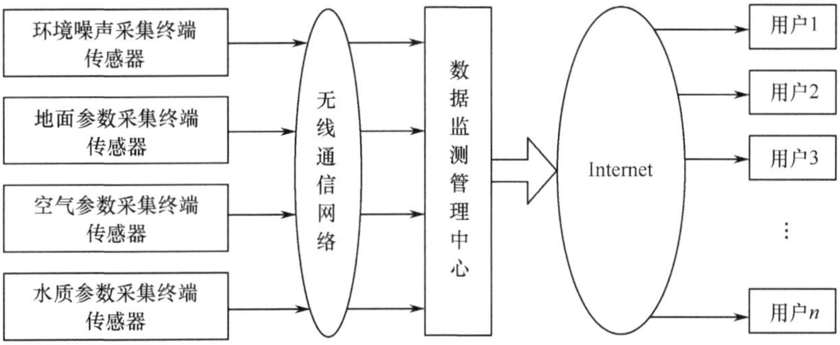

图 12-1-13 环境监测系统结构

环境适应性强的前端高精度环境监测传感器包括环境噪声、地面参数、空气参数、水质参数等传感器，负责各采样点参数的数据采集和传输，可满足城市环境测量的需要。

无线通信网络可以是基于 Modem 的无线因特网，也可以是基于移动通信技术的移动通信网或其他无线通信方式。

数据监测管理中心设有功能齐全的计算机系统和无线通信模块，负责接收各前端传感器发送的各种数据信息、管理各子系统的工作，并进行数据处理。同时为检索和调用数据，还能将各种数据存储在磁盘上，建立数据库。当发现环境参数超标时，立即发出相应指令。

一般环境监测所需测量的参数包括物理参数和化学参数。因此，环境检测所用传感器分为物理环境监测传感器和化学环境监测传感器。

2．物理环境监测传感器

物理环境指研究对象周围的设施、建筑物等物质系统。空气环境质量与人体健康和舒适程度密切相关，物理环境监测传感器主要是对包括环境噪声、温湿度、水位、土壤水分及电导率等物理量的监测。对于温湿度参数监测传感器，前面已有介绍。

（1）环境噪声监测。噪声是一种声音，是指任何令人不愉快或不希望有的声音。声音由物体机械振动产生，振动体是声源，它可以是固体、气体或液体。声音通过介质（空气、固体或液体）传播，传播过程中产生反射、绕射、折射和干涉等现象。噪声已成为现实生活中的一种严重公害。

监测环境噪声是要了解城市声环境质量，控制、减少公害。环境噪声体系是一个复杂的噪声污染系统，涉及大量环境信息，除了具有时间性和动态性的特点外，还具有明显的空间分布特点。需要有效的环境噪声监测系统，并具有全天候、无人值守、系统自动校准等特点，且可固定或移动。环境噪声监测还要符合国家有关环境监测技术的规范。

环境噪声监测系统的前端噪声传感器在嵌入式计算机的控制下自动工作。环境噪声状态通过数据采样装置传输到数据预处理机，经过数据处理后传送给无线通信模块，自动将数据传送给管理中心，形成噪声地图，以直观了解不同区域的噪声分布和噪声污染情况，及时发现超出环境指标要求和非法释放污染的场所，为管理人员提供证据和决策依据。

噪声传感器实际上就是传声器。通常，传声器用膜片作为接收器来感受声压，将声压变化变换成膜片振动。根据膜片感受声压的不同，传声器可分三类：①压强式传声器，其膜片的一面感受声压；②压差式传声器，其膜片的两面均感受声压，引起膜片振动的力取决于膜片两面压差大小；③压强和压差组合式传声器。在噪声测量中常用压强式传声器。

环境噪声监测系统的噪声传感器有四个主要模块：前端探头、信号调理模块、数据采集处理模块和远程无线通信模块。其结构和噪声传感器分别如图12-1-14和图12-1-15所示。

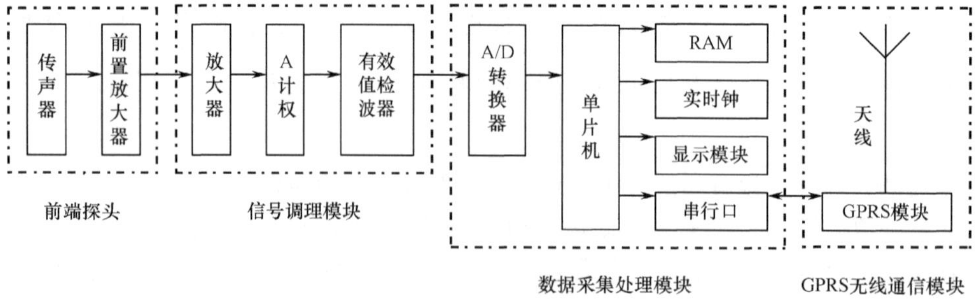

图 12-1-14　环境噪声监测系统前端噪声传感器结构

（2）水位/液位监测。水位传感器分为非接触型和接触型。非接触型的主要有微波雷达液位传感器、超声液位传感器和光纤液位传感器等；接触型的主要为电容式、浮体式和磁致伸缩式液位传感器以及电位计式液位传感器等。这些传感器的结构原理在前述章节有介绍。

水位监测系统以传感器技术为核心，通过相关接口技术和通信网络组成一个在线自动监测模块，实现水位测量功能，并反映出水质状态并实时上传监测数据。

环境检测中的液位测量要检测的物料对象种类多，使用环境较恶劣，除要求测量精度高、稳定性好之外，还要工作可靠、抗干扰能力强、适合传输距离、对温度及压力适应性强，连接方便，可远程控制。这些都是选择液位传感器时需要考虑的因素。

所测对象性质和具体测量要求不同，所用液位传感器类型和测量形式也就不同。不同原理的液位传感器其功能和性能特点不同，需要适当选择甚至进行应用方案设计，其中所选液位传感器的原理和性能特点是决定监测系统结构、性能的关键。例如，对液体分层分离、液渣沉淀分离多层液位的自动测量，像微波雷达、超声这类非接触式液位传感器就不合适，而电容式和磁致伸缩液位传感器则有可能满足测量要求。

图 12-1-16 所示是一类电容式液位传感器。它为一些常规及特殊液体位置测量及不同液体分界面测量提供了新方案。它可根据被测物的介电常数与空气，以及其他液体介质的介电常数不同来判断液位，也可判断不同介质分界面位置，可测水、汽油、柴油、防冻液、酒精、硫酸等的液位和液体分层、液渣沉淀分离多层液位。

图 12-1-15　环境噪声传感器

图 12-1-16　电容式液位传感器系列产品

（3）土壤水分监测。从电磁角度看，土壤是由土壤固体物质、空气、束缚水和自由水等介电物质组成的。大量实验研究表明，尽管土壤的构成成分和质地有差异，但土壤介电常数与土壤的容积含水量总是成非线性单指数函数关系。目前，基于土壤介电特性测量土壤水分的方法主要包括时域反射法（TDR）、时域传播法（TDT）、频域反射法（FDR）、驻波比法（SWR）、高频电容探头法、甚高频晶体传输线振荡器法、微波吸收法等，其中TDR 和 FDR，以及某些电容法都是基于被测介质中表观介电常数随土壤含水量变化而变化的原理。

介电法测土壤水分的基本原理是将土壤视为空气、土壤颗粒和水三种介质的混合物，因水的介电常数与土壤颗粒介电常数和空气介电常数差异较大，含水量增加使土壤介电常数显著变化，测出土壤介电常数可得土壤含水量。

基于 FDR 法的土壤水分传感器如图 12-1-17 所示，它通过测土壤的介电常数（电容）随土壤水分变化规律获得土壤体积含水量。它有多个探头，可在较深的地下进行测量。它属非接触测量型，测量对象及可测湿度范围广，是一种低功耗、高性能的固体物料水分测试系统。由该传感器组成的一种农田环境无线土壤水分监测系统如图 12-1-18 所示，能实时采集多路物料水分数据，具有方便、快速、不扰动土壤、工作频率和测量范围宽、不受滞后影响、准确度不易受影响等优势，可自动、连续地定点监测土壤的动态含水量。

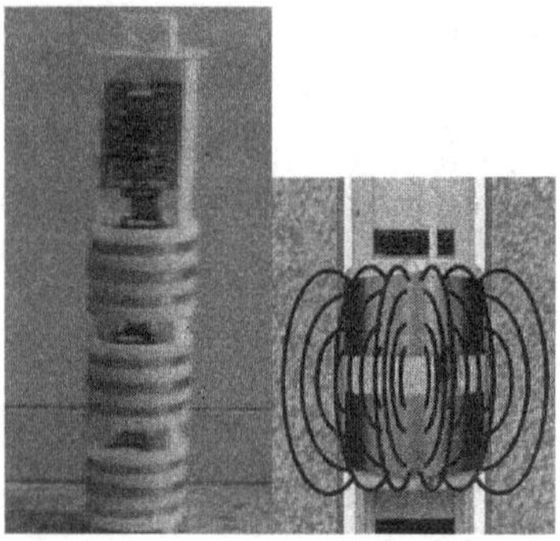

图 12-1-17　土壤水分传感器及其探头

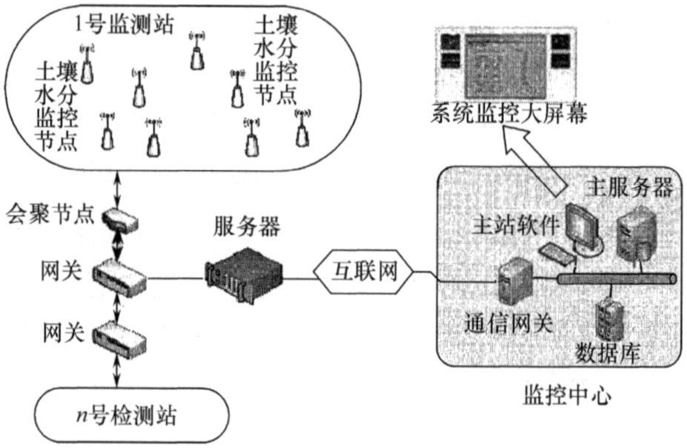

图 12-1-18　无线土壤水分监测系统结构

（4）电导率监测。电导率传感器用于液体的电导率测量，是电力、化工、环保、食品、半导体工业、海洋研究开发等工业生产与技术开发中必不可少的一种检测与监测装置，主要用于对工业生产用水、人类生活用水、海水特性、电池中电解液性质等的检测。

根据测量原理与方法不同，电导率传感器可分为电极型、电感型及超声波式。电极型传感器根据电解导电原理采用电阻测量法测电导率，其电导测量电极在测量过程中表现为一个复杂的电化学系统；电感型传感器依据电磁感应原理实现对液体电导率的测量；超声波式电导率传感器根据超声波在液体中的变化进行测量。前两种传感器应用最为广泛。图 12-1-19 所示为常用的电导率传感器。

利用电导率传感器结合单片机系统技术，可实现电导率自动测量。通过调控激励信号，可以提高测量精度、线性度。

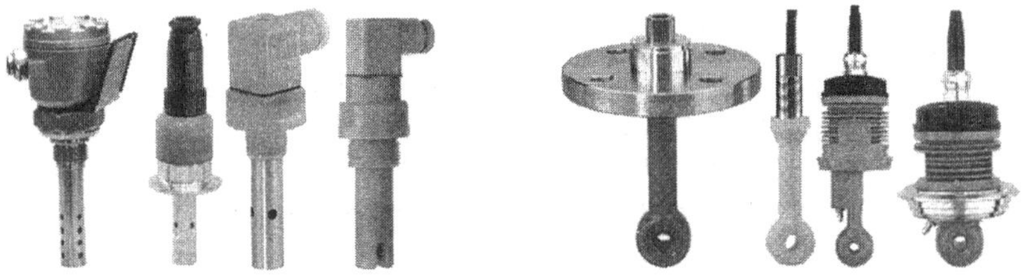

（a）电极型探头　　　　　　（b）电感型探头

图 12-1-19　电导率传感器探头

3．化学环境监测传感器

化学环境是指由土壤、水体、空气等的组成因素所产生的化学性质，给生物的生活以一定作用的环境。化学环境监测传感器是对环境中化学量的监测，主要包括有害气体浓度监测、pH 值监测、溶解氧监测、总有机碳（total organic carbon，TOC）监测等。

（1）有害气体浓度监测。有毒有害气体监测是通过可检测有害气体浓度的传感器来检测所处环境中的目标气体的成分和含量的。通过监测空气中的 SO_2、NO_2、CH_4、CO_2 等气体浓度来自动监测环境空气质量状况，自动监测系统需要实时连续采集、处理和存储监测数据，并定时或随时向中心传输监测数据和设备工作状态信息。实现对不同区域的污染源定位和治理。

由于气体成分复杂，用传统的化学传感器不仅数量多、功耗大、准确度也低，因此，要用气相色谱检测系统检测有害气体浓度。这种系统以智能仪器化的传感器组件替代传统单一的化学传感器，并提高灵敏度。这种可测量多种气体的色谱检测传感器组件可解决物联网用传感器体积小、质量轻、低功耗、分辨率高、易操作、可远程输出结果等要求。

（2）水质监测。水质监测是包括 pH 值、溶解氧量、电导率、总有机碳（TOC）、浊度等一系列参量的综合性检测，通常用水质监测系统来完成。水质监测系统以在线自动分析仪为核心，运用传感器、计算机自动测控技术及相关专用分析软件和通信网络组成一个综合性的在线自动监测系统，通过对上述参量的检测，连续、及时、准确地监测目标水域的水质及变化，通过统计处理反映水质状态并实时上传监测数据。水质监测所用传感器包括测量上述各参量的传感器。图 12-1-20 所示为常用的水质自动监测传感器及分析仪器。

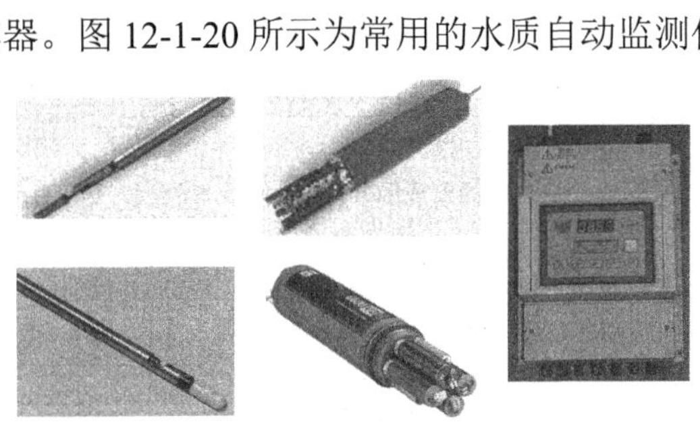

图 12-1-20　水质自动监测传感器及分析仪器

① pH 值监测。pH 值是水溶液最重要的物理化学参数之一，凡涉及水及溶液的自然现象、化学变化及生产过程都与 pH 值有关。工业、农业、医学、环境、化学、生命过程等许多领域均与 H^+活度（浓度）相关或受 H^+影响。广泛使用的 pH 传感器是玻璃电极，其次是金属/金属氧化物电极、醌/氢醌电极等。pH 玻璃电极仅限于水溶液介质的 pH 测量，其测量精度和准确度高，响应快，但内阻极高（一般为 10^8～10^9 Ω），并有机械强度差、易破损、存在酸误差和碱误差、无法测定含氟溶液 pH 值、难以微型化、使用前需活化等缺点

pH 化学传感器除了化学修饰 pH 传感器、酶 pH 传感器、金属/金属氧化物 pH 传感器等电位型传感器外，还有利用光学原理的光导纤维 pH 传感器，以及 ISFET 氢离子敏感效应晶体管 pH 传感器等。

② 溶解氧监测。溶解氧（dissolved oxygen，DO）是指溶解在水中分子状态的氧，水中 DO 的含量与空气中氧的分压、水温都有密切关系。自然情况下，空气的含氧量变动不大，水温是主要影响因素，水温越低，水中 DO 含量越高。在 0 ℃常压下氧的溶解度为 14.64 mg/L。水中 DO 含量虽很低，但它是维持水中好氧生物生存的基本条件。

DO 浓度测定在化工、污染治理、水产养殖、食品、临床医学领域都有重大意义。在水质监测和水处理中，DO 常用于评价水质及水体自净化能力，是必须监测的重要指标之一。水质检测的最常见指标中，DO 检测一般放在生化需氧量（biochemical oxygen demand，BOD）和化学需氧量（chemical oxygen demand，COD）的前端检测，且 DO 结果常起到预警作用，因有机化合物在好氧菌作用下发生生物降解，首先要消耗水中的 DO 而使其首先降低。水体受有机物污染时耗氧严重，DO 得不到及时补充，水中的厌氧菌会很快繁殖，有机物因腐败而使水体变黑、发臭。当水中的 DO 值降到 5 mg/L 时，一些鱼类就发生呼吸困难。DO 也是许多产品工艺过程的控制指标。例如，啤酒生产中的糖化过程和发酵过程必须严格控制 DO 含量，否则啤酒会出现不愉快的臭味或出现沉淀；DO 还是金属防腐蚀需要监测的重要参数，如高压锅炉的给水虽然经过预处理除去了溶解盐等物质，但锅炉水中还溶解有各种气体，其中氧气与铁可组成腐蚀电池，引起锅炉给水系统的腐蚀；在生命科学中，DO 是反映细胞新陈代谢等重要生命活动基本参数之一。准确测定 DO 具有重要意义。

目前，测定 DO 的常用方法有碘量法（Winkler 法）、荧光法、氧电极法，还有一些用于特殊场合的方法，如电导法、电位法、气相色谱法等。

DO 监测模块的基本原理是氧分子通过覆膜扩散，在阴极上被还原成氢氧根离子（OH^-），银阳极被氧化成银离子（Ag^+）（在阳极形成卤化银层）。阴极释放电子、阳极接收电子，产生电流。通常情况下，流过 DO 测量探头的电流大小与被测介质含氧浓度的高低成正比。变送器接收电流并进行处理，最后通过氧浓度（mg/L）、百分比饱和度（%SAT）或氧分压（hPa）表示被测介质的 DO 含量。测量电极与变送器组成一个特殊传感器检测系统（SCS）。

图 12-1-21 所示为覆膜式 DO 传感器及变送器，具有 O_2 选择性强、维护简单及成本低、空气标定简便、无零点标定要求、长期稳定性高等特点，测定范围为 0.00～20.00 mg/L，分辨率为 0.1 mg/L，反应时间（25℃）T_{90} 为 30 s（T_{99} 为 90 s），适用于污水处理、水文监测、水产养殖、化工行业、环保监测、污染治理、酿酒发酵、临床医学等领域。

③ TOC 监测。TOC（总有机碳）是水体中有机污染物总量的综合指标，能准确和直接地表示有机物总量，但不能反映水中所含有机物质的种类和组成，通常以 mg/L 或 μg/L 为单位。TOC 的测量方法有多种，具有灵敏、快速、低成本等优点，因此，在世界范围内 TOC 检测广泛应用于环境监测、水处理、石化、制药、微电子及半导体、电厂等行业。

目前，TOC 的分析多为仪器分析。测量方式有在线监测与离线检测（实验室检测）。TOC 分析的基本原理是将水中的有机物氧化为二氧化碳，再检测二氧化碳。根据不同应用，TOC 分析仪原理不同，主要体现在有机物氧化方式不同和二氧化碳检测方式不同两方面。

该类仪器的监测涵盖地表水和污水等领域。其测试采用 UV-VIS 法，不需任何试剂药品。采用蓝宝石透镜组，镜面经特殊镀层工艺处理，耐候性极好，光滑不沾染污物，可抗微生物繁殖。其测试快，每分钟完成一次，能有效反映水质的实时变化。内置测试光路和参考光路，实时修正测试偏移，其全光谱扫描法能有效抑制水质浊度、色度等干扰。其传感器直接浸没在待测水样中，避免了取样等原因造成的数据偏差，不需样品输送及预处理，可实时连续监测，测量范围为 0.1～4 000 mg/L，准确度为±3%。常见 TOC 分析仪系统如图 12-1-22 所示。

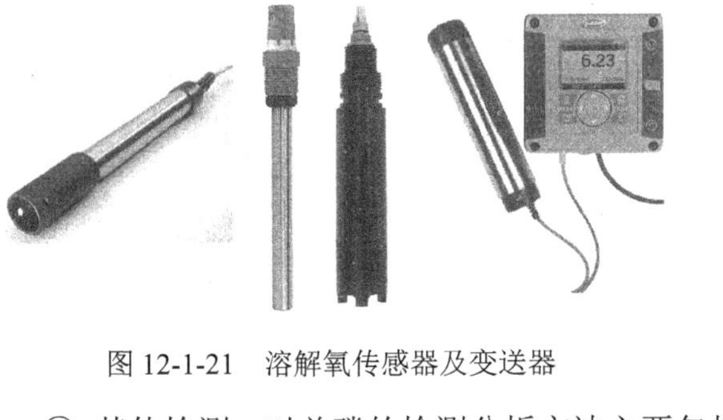

图 12-1-21　溶解氧传感器及变送器

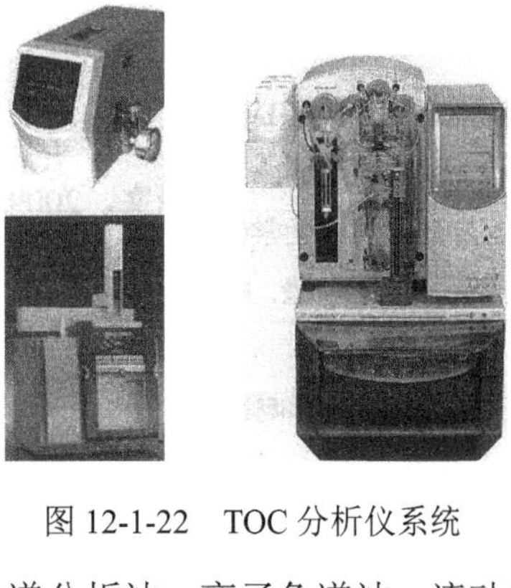

图 12-1-22　TOC 分析仪系统

④ 其他检测。对总磷的检测分析方法主要包括紫外光谱分析法、离子色谱法、流动注射法，实际应用最广泛的是紫外光谱分析法。在水质总磷检测方面，磷酸根离子选择性电极的研究受到越来越多研究人员的关注。在检测水体中磷酸盐的化学传感器技术中，液膜磷酸根离子选择电极和固体膜磷酸根离子选择电极的研究已经相继取得了一定的进展，在其他如生物领域内，磷酸根离子接收体方面的研究也取得了一些新的突破。

12.1.3 健康监护中的人体生理量传感器

1．常见生理参数的测量及其特殊性

生物医学测量的人体生理参数有心电、脑电、肌电等生物电参数，还有体温、血压、呼吸、血流量、脉搏、心音等非电量参数。测量这些参数，实质上是测两温度、压力、流量、频率、力、位移等非电类物理参数。测量人体生理量是为了诊断和治疗疾病，人的生理信号通过传感器变成电信号，经电路放大并转换为数字信号，由计算机处理得到可帮助医生对患者进行诊断和治疗疾病的信息。人体生理参量测量原理和手段虽然与普通物理量的基本相同，都可归结为电量和非电量的测量，但其目的和测量对象的特殊性决定了生命系统的被测信号特征与被测量与一般工程中的物理量的测量存在本质区别，需要关注生理量测量的特殊性对测量的影响与对系统的要求。

（1）人体生理信息测量条件。人体包括各种生物电和其他物理、化学信息，即所谓生理参数。人体生理参数本身具有显著的离散性，被测人体系统处在某种特定状态，某一生理参数可能有很大变化范围。此外，同一生理参数在用于不同目的时其测量也会有所不同。与工程上的大多数物理量相比，生理参数的特点是强度很微弱，如电压大多在微伏级，频率范围大都在变化缓慢的低频段，甚至是直流信号。表 12-1-2 给出了常见生理量参数及其测量范围。

表 12-1-2 常见生理参数及其测量范围

生理信号	常用传感器	典型幅值范围	典型频率范围/Hz	生理信号	常用传感器	典型幅值范围	典型频率范围/Hz
心电	体表电极	50 μV～5 mV	0.05～100	脉搏波	压力传感器	—	0.1～50
脑电	头皮电极	2～200 μV	0.5～100	血压间接	听诊法	3.33～53.33 kPa	0～50
肌电	针电极	20 μV～1 mV	10～2 000	血压直接	应变仪	1.33～53.33 kPa	0～60
胃电	表面电极	0～1 mV	0～1	血流量	超声流量计	1～300 ml/s	1～20
眼电	接触电极	10 μV～1 mV	0.1～100	心音	压电传感器	可变	2～2 000
皮肤反射	电极	1～500 kΩ	0.01～1	呼吸速率	热敏电阻	2～100 次/min	0.1～10
胃酸碱度	pH 电极	pH（3～13）	0～1	体温	热敏电阻	32～40 ℃	0～0.1
视网膜电	接触电极	10 μV～4 mV	0～50				

（2）生物医学测量的强噪声背景。生物医学测量最显著的特点是强噪声背景，噪声来自外部环境和人体自身。外部环境是主因，自身原因也十分明显。人体包括神经系统、循环系统、呼吸系统等子系统，各子系统有时外在表现互不相关、各自独立，但相互之间保持有机联系，以维持生命。从测量角度看，一种生理参数将受多种其他参数（如血压、呼

吸、体温等）影响，相对被测参数，它们可视为干扰或噪声，有时可将被测信号淹没。人体正常活动和肌体运动也无时不成为机械性外部干扰。各生理系统之间存在的许多反馈环路和内部关系都是未知影响因素。

完全消除别的系统对被测生理参数的影响很难。与工程系统不同，人体系统在测量过程中不能随意停止生命活动，也不能暂时拆除某些部分，这使得某些器官或组织的参数可能难以直接测量。此外，人的个体差异十分明显，每个个体的外部形态不同，其内部组织也有许多差别，生理参数值分布范围很广。

总之，人体生理参数测量要同时面对多方面复杂因素影响，需要正确的测量方案和有效的数据处理，以经验的或统计的分布函数为标准，然后把实际测量结果和标准进行比较。

（3）测量的安全性。用电子仪器获取人体信息或对人体施加某种物理作用，仪器与人体必须紧密连接，如把生物换能器贴紧到躯体上。再如检查心脏导管时，要在一定时间内把探头放入人体，甚至把仪器长期放置在人体内（植入型心脏起搏器）替代人体的器官，维持生命，这是与其他测量领域的明显差异。显然，测量的安全性必须最优先考虑，是生医测量的限制条件。

（4）测量中施加于人体的各种能量的限制。为获取与疾病诊断和治疗相关的生物体信息，要用各种能量施加于人体组织，如通过人体的电流、放射性射线、超声波、高频能量、加速粒子等。人体在测量中所受外力作用和声、光、射线的作用有一定限度，这不仅取决于生物组织本身的物理、化学性质，也受到由这些作用产生的心理学变化的限制，各种能量对人体的作用不同，人体对能量的种类、施加部位、强度、作用时间以及频率、波形等的承受能力也不同，需要明确的安全规定。

例如，超声波可对生物体产生加热、振荡、空化、氧化、还原等物理和化学作用。一般超声波能量对生物体的影响最小值约为100 mW/cm^2，目前临床用的超声波断层诊断和多普勒装置的输出强度应小于 10 mW/cm^2。低频电流对人体的作用呈现一定的阈值特性，低于阈值的电流对人体组织完全无影响；而放射性射线则不然，它对人体的作用有累积效应，并无确定阈值。考虑安全性需注意不同能量对人体的作用情况。

（5）测量的精确度和可靠性要求。生命体的测量，对精确度和可靠性的要求非常重要。例如，心电图波形用于疾病诊断，因此波形失真、测量精度不够或由于可靠性差而产生误差，将在诊疗上造成很大危害。又如，心脏手术中，人工心肺机停止工作、心脏起搏器无刺激脉冲输出等，可造成致命事故。体内测量或有创测量，比体外测量更需考虑安全性。例如，用于体内的医用遥测胶囊，各种体内电极、导管、探头等，一旦在测量过程中发生问题，其后果相当严重。因为它们能与生物组织产生反应，引起溶血、破坏组织，还容易造成细菌感染，造成出血等危险。

（6）测量中的电流防护。大部分的生物医学测量都与电有关，即仪器和人体之间存在电流通道，这是测量中要考虑的最主要的安全问题。尤其在多种装置同时测量时，必须充分注意如何防止发生电击，测量中的电流防护应放在优先考虑的位置，采取有效的方法解决。

一般健康监护中所需检测的生理参数虽然不及医疗诊断中的检测项目多或要求高，但所需检测的信号基本相同，安全性要求相同。由于要考虑便利性和电能供应限制（如在可穿戴式和便携式监测中），其对测量手段与方式的要求多样，条件限制更多，背景噪声也可能更复杂。因此，在实用中除了要充分了解人体生理参数测量的特殊性，并进行针对性考虑、设计外，还需考虑不同应用系统的不同功能需求与工作条件差异。

2. 生理压力测量

人体除器官和组织产生生理压力之外，还因重力和大气压产生非生理压力。大气压力在人体分布均匀，不会影响相对压力的测量结果，但大气压波动对绝对压力测量会造成影响；重力效应则使压力随体位变化而变化。图 12-1-23 给出了人体生理压力的变化范围。

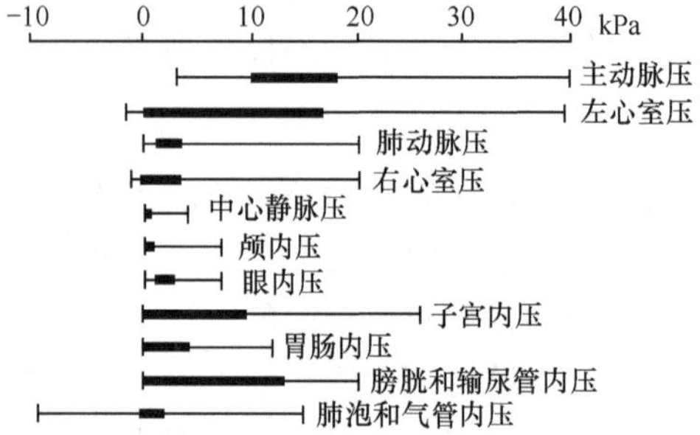

图 12-1-23 人体生理压力范围

心血液系统中，右心房压最稳定，几乎不受人体姿态变化影响。右心房可作为血压测量的参考点。临床大多在上臂进行血压检查，因该位置与右心房几乎在同一水平线上。

生理压力测量分直接测量和间接测量两种。直接测量多属有创测量。直接测量按传感器的位置又分两类：一类是将测量点的压力（一般通过充满液体的导管）引出体外，传感器在体外进行测量；另一类是将传感器置于导管的顶端，直接在测量点进行测量。

血压直接测量可提供血压波形的连续读数和记录，具有较高精度，但测量工作麻烦。间接测量（无创测量）简单易行、使用方便，但精度较差，只限于对动脉压测量，一般只能测量收缩压和舒张压，不能连续记录血压波形。

（1）血压测量。血压在生物医学测量中是一种常用而重要的指标，无论在临床检查、病人监护，还是在生理研究工作中，血压的测量都提供了一个极为重要的依据。心脏周期性收缩和舒张所产生的压差迫使血液在全身流通，血液由主动脉通过许多动脉叉之后到达各器官、脑和肢体，动脉系统的血管横截面积逐渐减小，动脉数逐渐增加，到小动脉为止，然后进入静脉系统而返回右心房。血压的脉动性也随血管的直径减小而降低，同时血压值也逐渐减小到接近零。这一过程如图 12-1-24 所示（1 mmHg=133.322 Pa）。

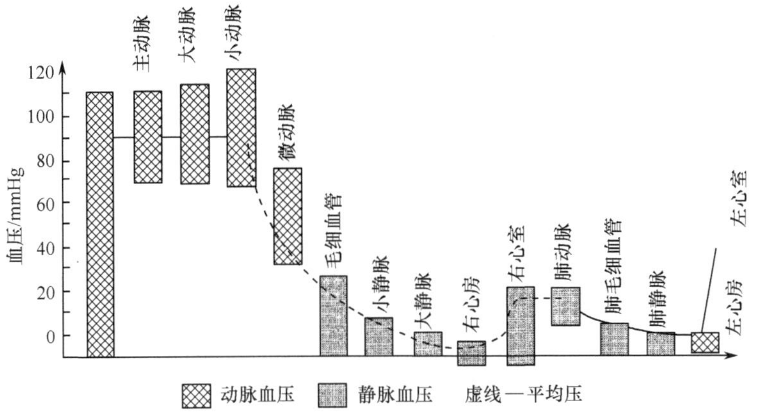

图 12-1-24 血压循环过程压力变化图

在物联网应用中，宜采用间接式血压测量。对低血压的病人，如危重病人和休克病人的血压很难检测。从临床角度看，更需无创伤的测量方法。目前有四种间接测量法，即柯氏音法、示波法、超声法和脉搏延时法，临床上使用的仅有柯氏音法。示波法是在柯氏音法基础上改进的，正在得到更多的认可。这两种方法是间接式血压测量的主要方法，都要利用袖带充气加压阻断动脉，随后缓慢放气，在袖带下或动脉的远端检测出脉搏的变化或血流的变化作为收缩压和舒张压的判据，也可把袖带内压力波动的形式作为判据。

示波法的原理是基于对手臂施压时会引起脉搏波振动幅度发生相应变化。据此依据脉搏振动幅度对血压进行测量的方法称为示波法。近年来，血压监护仪和电子血压计大都采用示波法间接测量血压。它通过建立收缩压、舒张压、平均压与袖套动脉压力波的关系来判别血压。因为脉动压力波与血压有较为稳定的相关性，因此利用示波原理测血压的结果较准确。示波法测量血压示意图如图 12-1-25 所示。其中的压力传感器可选精度高、体积小、信号易于处理的硅压阻式集成压力传感器，典型产品量程为 0～20 kPa，精度为 0.5%FS，如 GE 公司的 NPC、NPH 等产品。

（2）其他生理压力测量。其他生理压力测量可参照血压测量，在测量系统选择传感器时，选择硅压阻式压力传感器完成系统构建。

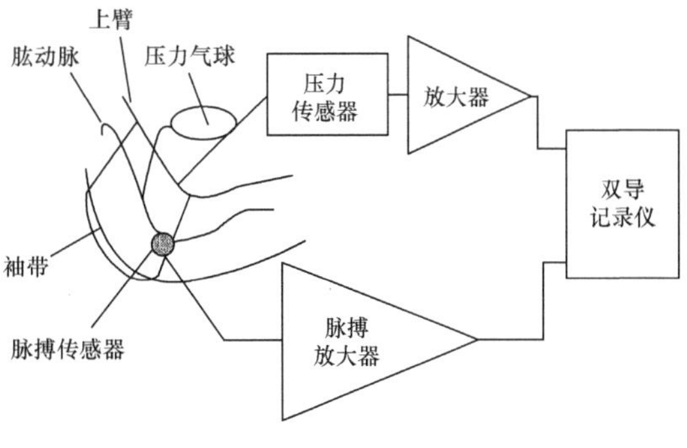

图 12-1-25 示波法测量血压示意图

3. 脑电测量

人的中枢神经系统主要由两种细胞构成，即神经细胞与神经胶质细胞。神经细胞具有接收刺激和传导兴奋的作用，胶质细胞对神经细胞有支持、营养和保护作用。神经细胞由细胞体和突起构成，突起分为树突和轴突。人的大脑皮层中存在着频繁的电活动，大脑皮层的神经元有自发生物电活动，因此大脑皮层经常具有持续的节律性电位改变，称为自发脑电活动。临床上用双极或单极记录方法在头皮上观察皮层电位变化，记录到的脑电波称为脑电图；记录到的直接在皮层表面引起的电位变化称为皮层电图。

生物医学电极按工作性质可分为检测电极和刺激电极两类。检测电极是敏感元件，专用于测定生物电位。由于生物体内物理、化学变化使生物体各部分的正、负电荷分布不均，从而造成生物体内不同部位或细胞内外的电位不等。测定不同部位的电位，需用电极把生物电位引导到测量仪器上测量，这种电极是检测电极。由于生物电信号很弱，信源阻抗高，以及生物体与电极接触界面现象复杂，所以对电极要求很高。刺激电极是对生物体施加电流的电极，是执行元件，主要用于研究可兴奋组织的传导和反应规律；向生物体内施加电流以达到治疗某种疾病的目的；控制或替代生物体的某些功能，如临床的除颤器和心脏起搏器上所用的电极。有时同一电极兼有检测和刺激的双重功能，如心脏起搏器的电极。

按照电极的使用条件，如尺寸大小和工作时的位置，可将电极分为宏电极和微电极。宏电极是外形较大的电极，主要用于测定生物体较大部位的电位或向生物体较大部位上施加电刺激。微电极是一种尖端细小、力学性能好、能检测细胞电活动的电极。

测量细胞内、外电位改变的微电极，其尖端直径在 0.05～10 μm 之间。宏电极又分为体表电极和体内电极，体表电极是放置在生物体皮肤表面的电极，体内电极是在使用时穿透皮肤的电极。体内电极还可细分为皮下电极和植入电极。穿透皮肤直接与细胞外液接触的电极称为皮下电极，它能形成良好的电极电解质溶液界面，这种电极在临床上常用于肌电的测量和外科手术时的患者心电监测。植入电极是长期埋植于体内的电极，用以替代生物体某些功能，长期植入体内的电极需具备的特性有极化阻抗低以减小刺激所需的能量、对生物体无毒无害和对生物组织相容性好。

医学仪器常用的 Ag/AgCl 电极采用烧结法制作，这种方法制作的 Ag/AgCl 电极不怕磨损、便于保存、成本低，常作为体表电极用于记录心电、脑电和肌电等，在临床和基础研究中应用较广。此外，在生物医学测量中所使用的电极，一般都应考虑到毒性、机械强度、化学稳定性等因素，对所用材料要加以选择，常用的电极材料有铂、金、银和不锈钢。

生物医学测量中，用于提取生物电信号的电极种类很多，用于电刺激的电极也很多。常用生物电测量电极包括体表体内组织深部电极等，具体可参考医学仪器的相关文献。

脑电图信号较复杂，需用多个电极检测。为消除其他生物电信号的干扰，必须将较多的电极集中放置在大脑表面一个较小区域内，因此脑电图的导联比心电图要复杂得多。

4. 肌电测量

肌电图是反映肌肉-神经系统生物电活动的波形图。从肌细胞外用电极导出肌肉运动单位的动作电位，并送入肌电图仪加以记录，便可获得肌电图。肌电振幅为20～50 μV，频率范围为20～5 000 Hz。肌电图不仅可以检测肌肉生物电活动，借以判断神经肌肉系统机能和形态变化，并有助于神经肌肉系统的研究或提供临床诊断。

5. 生理流体量测量

血管中的血流速度或平均速度可用血管大小粗略估计。实际血管中，血流速度并非各处相等，而是存在速度分布。同时，由于血流速度不稳定而呈脉动状，因此速度分布情况复杂，严格的速度动态分布较难确定。人体组织中的血流在不同组织和不同生理状况下也各不相同。组织中的血流量通常用单位质量组织中的流量来表示。

生理流体量测量通常采用超声流量传感器。超声流量传感器测生物流体量的方法一般分为两类：一是利用超声波在液体中传播时间随流速变化的时间差法、相位差法和频率差法；另一类是利用多普勒效应测速。

6. 人体温度测量

人类在生理热调节功能作用下，中央部位的温度稳定为 36.8±0.6 ℃。位于人体中央部位深部组织的温度称为中心体温或深部体温，即常说的体温。在中心体温测量中，温度的分辨率要求 0.1 ℃，在基础温度测量时，有时要求 0.05 ℃。临床诊断、监护和生理学研究中，常测量皮肤温度。为评估人体与周围环境的热交换，可采用平均体表温度。实际应用中，用 3～15 个位点的皮肤温度加权求和可近似表示平均体表温度。

测量体温可选择薄膜铂电阻做敏感元件，该元件具有线性度高、体积小（一般 $2\times4\ \text{mm}^2$）、响应快等优点，且信号易于处理，适合测量精度要求较高的应用需求。

在一些场合（如海关、码头、机场）需要采用非接触式温度测量，通常利用人体的热辐射来实现。红外辐射计和红外热像图主要用于皮肤温度测量，微波辐射计用于测量微波频段的热辐射，可用于人体深部组织的温度测量。

12.2 传感器节点典型解决方案举例

12.2.1 一种可持续监测振动的低功耗无线传感器节点方案

无线传感器网络一般是由大量传感器节点组成的自组织网络。节点具备无线通信能力，既要负责环境信息的采集、处理，也要收、发自身和网络的数据，除了成本、尺寸限制导致其处理和存储能力有限外，因采用电池供电，而电池不便更换，使节能成为其核心问题。

在组成节点的四个模块中，一般认为传感模块功耗低，现有研究基本上只考虑处理器和通信的节能。电能供给有限，使无线传感器网络只能适用于非实时性的环境监测。实际上，一般传感模块的功率虽然比通信模块低许多，但是，当需要传感器持续工作时，如在工业过程、设备或环境状态监测等需要检测动态信号的场合，传感模块的能耗并不比通信模块的低，因为实际通信的时间相对短得多。另外，对传感器性能要求越高其能耗也越大。现有无线传感器节点难以适应实时性要求高或持续工作场合。

本节以面向设备状态监测等要求实时性和长时间监测的振动检测节点装置的低功耗设计为例，说明在现有传感器网络所涉及的基础技术上，通过传感器件的组合与系统工作方式设计，实现在符合性能要求的基础上，达到长时间持续工作的目标。同时，借此例说明解决用于目标探测、状态监测等在线实时应用时节点节能的可能思路和途径。

1．传感模块的节能技术特点

在一般的节点低功耗设计中，传感模块以低占空比方式运行，因此，在无线传感器节点的低功耗技术研究中，大多忽略了传感模块，缺少针对该模块工作的低功耗设计。随着无线传感器技术的发展和面向实时应用的需求，实际中有许多场合需要对振动信号进行持续不间断地在线监测。对于持续监测信号，即使采用了低功耗集成传感器件，传感模块的能耗占节点总能耗的比例也很大，不可忽略，要根据任务需求和传感器特点做低功耗设计。

传感器种类繁多，工作原理与构成各异。按能量关系，传感器可分为自源型与外源型。自源型传感器的输出直接由被测量转换而得，不需激励电源，但是，一般因信号弱而测量精度不及外源型传感器。在目标探测、状态监测场合，尽管采用高精度外源型传感器能保证精度要求，但当目标的出现不可预见时，持续用该类传感器监测，将使得节点电池能量耗费过多，不能满足长时间工作的要求。采用自源型传感器，虽可显著降低节点能耗、延长节点寿命，但其测量精度、带宽等往往不够。现阶段还缺少具有高性能而又功耗很低的传感器件，一般只能从节点设计上寻找兼顾性能与节能的方法或方案。

无线传感器节点的不同模块有不同的工作电流或电压，同一模块在不同工作状态下的电流也不同。从节能考虑，节点各模块要有不同功耗的工作模式及工作电压，因而需要调整电源。另外，节点选用的电池种类不同，使电池的实际非线性特性和输出电压范围不同。为给各模块提供所需的稳定电压并充分利用电池电能，要进行高能效的升压、降压或升/降压稳压调整。负载变化和电池特性使节点电源调整器的输入、输出处于变化中，其中输出电流变化较大。这要求节点电源与管理既要满足节点运行与性能所需的电源规格和质量要求，又能适应节点其他模块的负载变化，及时提供所需的电压和电流，并降低从高负载到空载下的电源自耗，提高能效。目前，大多数节点由电池直接供电，有的典型节点平台仅配置了线性电压调整器以保持电池的稳定电压输出，未实现电源模块的节能。

2. 实现节能的节点构成设计

鉴于现有传感器技术实现低功耗的技术途径有限，一般的应用设计只能以现有低功耗元器件为基础，在应用层面进行低功耗设计。根据某设备运行安全状态信息监测项目对振动信号的检测要求，针对目前传感模块低功耗设计方面欠缺与不足，这里给出一种从节点的传感模块的组成结构和工作方式方面综合设计的能兼顾性能与节能的方法和方案。具体而言，是一种可持续监测振动的低功耗无线传感器网络节点装置方案，该方案使节点在满足对振动信号进行有效的实时监测，以及数据处理与传输要求的同时，还能通过高效的整体节能管理设计达到长时间持续工作的要求。

图 12-2-1 所示为可持续监测振动的低功耗无线传感器网络节点装置组成结构框图。该节点装置和一般的节点一样由微处理器模块、电源模块、通信模块和传感模块构成。微处理器是节点的核心，其他模块与微处理器相连并受微处理器控制。

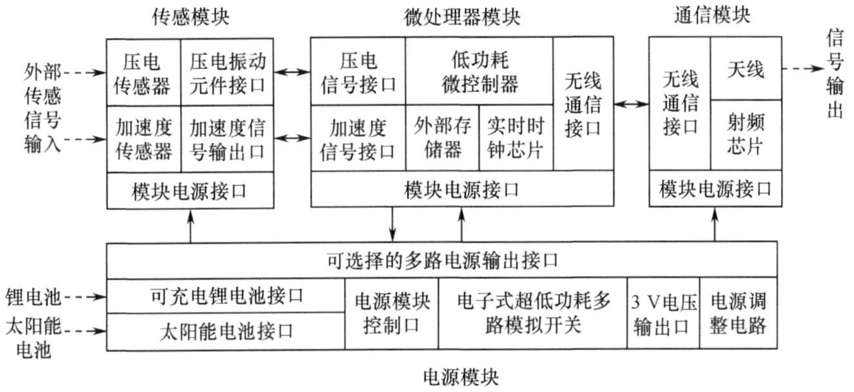

图 12-2-1　可持续监测振动的无线传感器网络节点装置组成结构框图

该节点各模块，以及各模块内关键器件的供电与信息流的控制功能结构设计方案如图 12-2-2 所示，其设计目的是使各模块中主要耗能的功能器件的工作与供电全部由处理器感知和控制，以实现高效节能管理。在图 12-2-2 中，节点电源以锂电池为主、太阳能电池为辅。两种电池的输出分别接受控于微处理器的第一模拟开关的 2 个输入端，第一模拟开关的输出端经稳压器接微处理器的电源接口；锂电池的输出接二极管正极，二极管负极接电源模块输出端。节点装置刚启动时，模拟开关还不起作用，此时，锂电池通过二极管为微处理器供电；当无线传感器网络节点装置稳定工作时，二极管支路就不再起作用。另外，还设有一个超级电容器与太阳能电池并联，以增强节点的储能能力。

节点的传感模块含两种器件：性能不高但功耗极低的自源型敏感器件，以及功耗相对大但性能高的外源型敏感器件。模块的结构为：自源型振动传感器的信号输出端经第一运算放大器与微处理器的信号输入端相接，自源型振动传感器的信号输出端接比较器的一个输入端，比较器的另一个输入端接可由数控电位器设定比较阈值的参考电压电阻分压电路输出端，比较器的输出端接微处理器的中断口。外源型加速度传感器的信号输出端经第二运算放大器与微处理器的另一个信号输入端相接；外源型加速度传感器的电源端经受控于微处理器的第二模拟开关的一个开关通道连接到电源模块的输出端口；第一运算放大器的电源端经受控于微处理器的第二模拟开关的另一个开关通道连接到电源模块的输出端口。

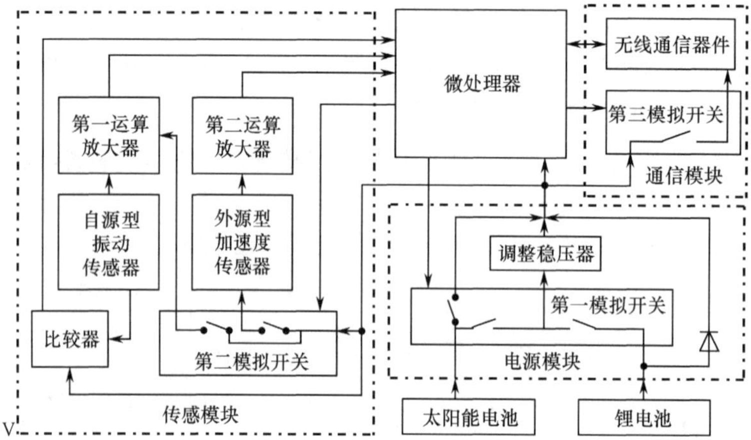

图 12-2-2　模块内关键器件的功能控制结构方案

节点采用具有超低功耗的微处理器 MSP430F1611，电压调整稳压器选用在小负载下能维持高能效的集成升/降压稳压器 TPS63030，自源型加速度传感器由压电振动元件 MiniSense 100 结合低功耗比较器 TLV3492 和运算放大器构成，外源型加速度传感器选用低功耗集成器件 ADXL202，第一模拟开关、第二模拟开关和第三模拟开关均选用超低功耗的集成电子模拟开关 ADG821，第一运算放大器和第二运算放大器均采用低功耗集成芯片 TLV2402，无线通信器件选用集成模块 CC2520，参考电压源采用 ref1112，节点的工作电压为 3 V，即电源模块输出端口的输出电压为 3 V。

节点的通信模块结构为：无线通信器件通过受控于微处理器的第三模拟开关连接到电源模块的输出端口，无线通信器件与微处理器相接。

3．模块电路设计

图 12-2-3 所示为节点传感模块的自源型传感器调理电路图。

压电振动传感器 MiniSense 100（以垂直方向为例）的调理电路包括整流电桥、低功耗比较器与低功耗集成运放。压电振动元件的电压输出先经过整流，再接入比较器 U13C 的负输入端和集成运放器 U7C 的正输入端，U7C 的输出端与微处理器的 A/D 转换器接口相连，实现对压电振动元件输出电压的采样；比较器的正输入端接参考电压，该受控的参考电压电路包括低功耗参考电压源 U10C 与数字电位器 U14C，通过微处理器的 27 脚、28 脚控制参考电压电路的输出电压值。当超阈值的振动信号出现时，比较器的输出端 1 脚和 7 脚分别接微处理器的中断口 17 脚、19 脚，通过中断模式唤醒微处理器，然后，微处理器通过低功耗模拟开关 U5C 的第 2 通道给与自源型压电振动传感器中的运算放大器供电，从而对自源型压电传感器的输出进行采样。若采样结果表明该信号强度大于阈值，就认为设定的目标信号出现，此时选通低功耗模拟开关 U5C 的第 1 通道，启动高精度外源型加速度传感器。

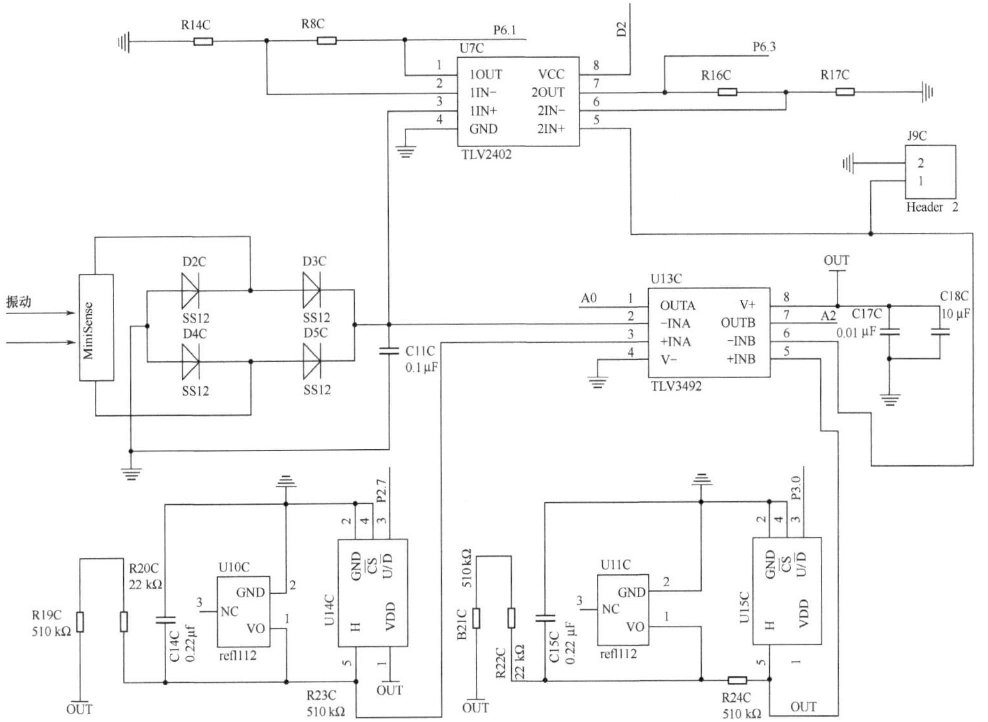

图 12-2-3　自源型传感器调理电路原理图

通过比较器的输出端唤醒处于休眠的微处理器，以及使得与自源型压电振动传感器中的运算放大器（即 TLV2402 中的第一运算放大器）通过模拟开关与电源输出端相接，一方面是为了避免误动作触发中断，微处理器进一步对自源型压电传感器的输出进行采样的目的之一就是检查是否有误动作发生；另一方面是为了节能，即第一运算放大器平常不供电，只是在需要采用的时候才供电启动，这就能显著地降低能耗。

图 12-2-4 为节点的自源型压电振动元件及整流电桥电路图，使用压电振动元件 MiniSense 100 探测某方向的振动信号，电压灵敏度为 1 V/g。压电传感器接口 J8C 与节点主板压电信号接口 J9C 相连，用于将输出电压送至主板上的低功耗比较器 U13C。根据实际需

求将本电路安装至不同位置及方向上，即可实现多维振动探测。例如，实际需求中需要探测垂直方向与水平方向的振动信号，即二维振动探测，则可使用两个该种电路，分别安置于垂直方向与水平方向。同理，若需要三维或更多维的振动探测，只需将 3 个或更多该电路分别安装于需要探测的位置及方向即可。

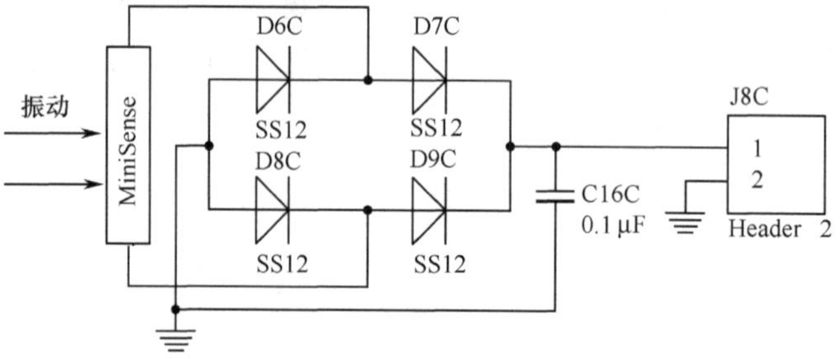

图 12-2-4　压电振动元件及整流电桥电路图

图 12-2-5 所示为节点装置的外源型振动传感器电路图，加速度传感器接口 J1C 与节点主板加速度信号接口 J3C 相连。本例中的多维加速度传感器为双轴加速度计 ADXL202E，工作电压为 3～5.25 V，工作电流为 0.6 mA，测量范围为±2*g*，灵敏度为 167 mV/*g*，功耗相对偏大，但测量精度高、频带宽，其输出接 RC 滤波电路，再经低功耗放大器 U2C 放大后送给加速度传感器接口 J1C。微处理器将 P1.3 对应的 I/O 口置高电平，从而选通了低功耗模拟开关 U5C 的第 1 通道，即 U5C 的第 2 引脚接通了提供给加速度传感器的 3 V 电源，由此启动了加速度传感器以便获得高精度测量数据；反之，若微处理器将 P1.3 对应的 I/O 口置低电平，则切断了加速度传感器的 3 V 电源，关闭了该传感器。

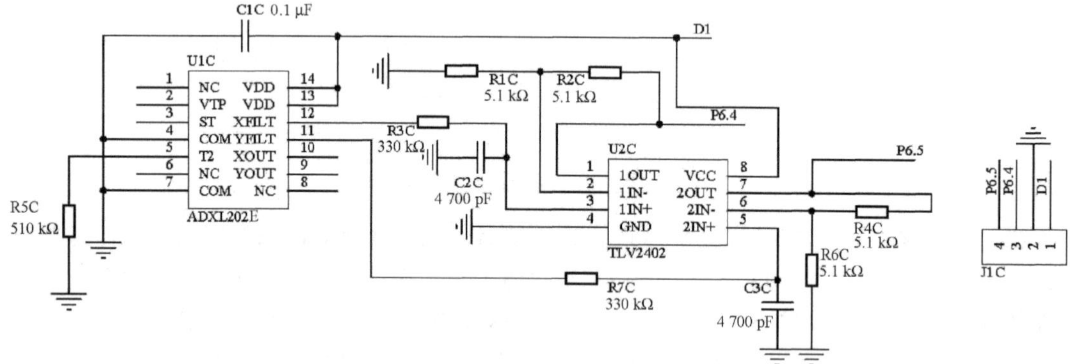

图 12-2-5　外源型振动传感器电路原理图

图 12-2-6 为节点的无线模块控制示意图，MSP430F1611 与无线模块通过电源控制线、数据线，以及控制线连接。无线模块周期性地监听信道，若无接收数据，则微处理器发出

休眠命令，使无线模块转入低功耗休眠方式；若有数据发送，则发送完毕时转入休眠方式；为进一步节能，可采用电源控制线，输出一低电平，即可断开低功耗模拟开关 ADG821 的选通通道，使无线模块处于断电状态中。

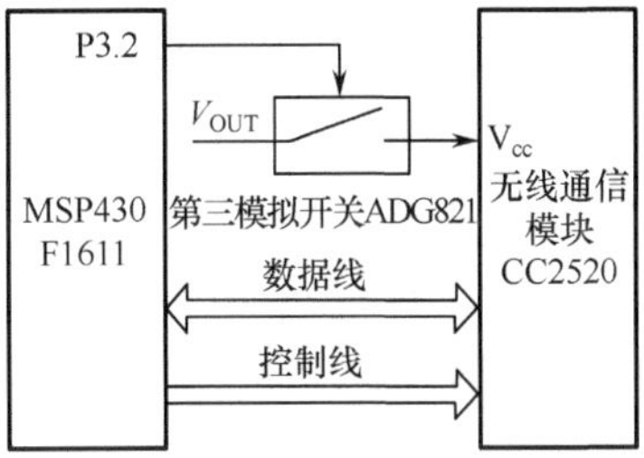

图 12-2-6　微处理器与无线模块通信控制接口电路

图 12-2-7 为节点的电源模块电路图，电源调整选用升/降压稳压器 TPS63030，其输入电压为 3V 时的输出电流达 500 mA，在节能模式下，输出电流减小到 1 mA 时，能效仍可保持在 85%以上。宽输入电压范围的太阳能电池接口 J13C、超级电容接口 J14C 和可充电锂电池接口 J15C 分别接太阳能电池、超级电容以及充电锂电池。3 V 电压输出口 J16C、电源模块控制口 J17C 分别接微处理器的 3 V 电压输入口 J2C、处理器模块电源控制口 J12C。节点装置刚上电时，锂电池输出电压直接经二极管和电阻降压（低于 3 V）后送微处理器以启动微处理器，随后，微处理器通过控制低功耗模拟开关 U17C，即 1 个加半个 ADG821 来实现供电管理，从而在太阳能电池、锂电池和直接输出与通过稳压器调整稳压输出等供电方式之间选择，实现电源供电控制，以最大限度提高电源能效，延长使用寿命。

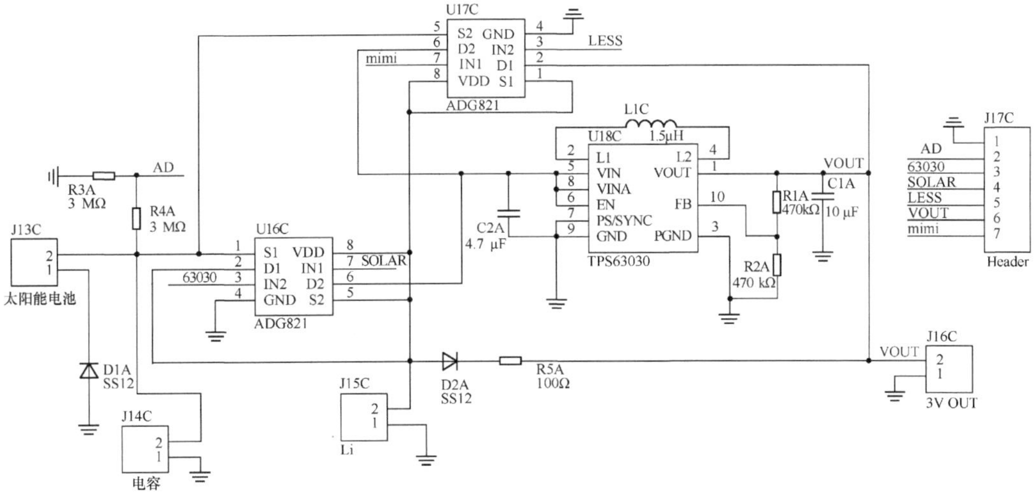

图 11-2-7　节点的电源模块电路图

以节能为主要目标的节点供电方式选择策略如下。

（1）太阳能电池电压大于 3 V 时，微处理器 31 脚置高电平，直接由太阳能电池供电；太阳能电池电压低于 3 V 但仍高于 TPS63030 的输入电压下限时，微处理器 30 脚、32 脚置高电平，使太阳能电池的电压输出经 TPS63030 调整为 3 V 稳定电源，为节点供电；若太阳能电池电压低于稳压器的输入电压下限值，则不使用太阳能电池。

（2）不使用太阳能电池时，当锂电池电压高于 3.3 V（3 V+0.3 V），或低于 3 V 但仍高于 TPS63030 的输入电压下限时，微处理器 32 脚置高电平，启动 TPS63030，将稳压器的输出作为节点当前电源；当锂电池电压低于 3.3 V 且不低于 3 V 时，直接使用锂电池作为供电源；若锂电池电压低于 TPS63030 的输入电压下限值，则表明节点的电能已经全部耗尽。

由于需要判断太阳能电池和锂电池的电压，因此必须有测量太阳能电池和锂电池电压的相关电路，且将测量的信号送入微处理器进行处理，这部分电路为现有成熟技术。

4．主要节能设计与效果分析

本节点方案是以保证性能为前提，以低功耗方式实现对振动信号的持续监测，延长节点使用寿命，主要节能设计及效果体现在以下几个方面。

（1）采用自源型与外源型传感器协同工作方式降低传感模块功耗。现有无线传感器节点采用的即便是低功耗的外源型集成传感器件，相同性能下其工作电流最低也在 0.3 mA 以上，属HA 级，采用 3.3 V 工作电压，则其功耗在 1～10 mW 之间。若传统节点应用在持续工作场合，当其工作时间提高 10 倍，如由 1 s 提高到 10 s，则传感模块能耗（按 1 mW 计）由 1 mJ 增至 10 mJ。本方案供电电压为 3 V，以自源型传感器探测目标信号，若无目标事件出现，外源型传感器保持休眠状态，仅有自源型传感器的比较电路耗能（<20 μW），其 10 s 能耗<200 μJ；若目标事件发生，则启动外源型传感器以获得高精度测量数据，若外源型传感器休眠时间与工作时间相同（50%占空比），则 10 s 内的传感器模块能耗仅增加至 4.7 mJ（4.5 mJ+0.2 mJ=4.7 mJ），不到传统节点传感模块能耗（10 mJ）的一半。因目标事件属低概率事件，需要高精度测量的情况很少，因此，若以事件发生概率为 1%计，则本节点的传感模块的能耗（平均功耗）可低达传统节点的 1/41（$0.45\times0.01+0.02\times1\approx1/41$）。

（2）采用低功耗模块开关切换节点电源的供电方式提高电源能效。传统节点大多使用电压调整器以固定方式为其他模块提供稳定电压，但电压调整器的能效随负载变化，小电流下一般电压调整器的平均能效大多不超过 75%。节点以锂电池和太阳能电池为主、辅电源，选小负载下能保持高效（85%以上）的电压调整器，根据节点负载及太阳能电池的电压动态选择电压调整供电方式，使电源模块平均能效高于 85%。

（3）无线通信模块动态管理。无线通信模块周期性地监听信道，无数据时由微处理器控制，转入低功耗休眠模式；有数据，则在发送完毕时转入休眠模式。为进一步节能，由微处理器的 I/O 口控制低功耗模拟开关，切断无线通信模块的电源供应。

5. 小结

本例说明，在现有技术条件下，充分利用不同类型工作原理的传感器是满足测量性能、兼顾节能的一条可选途径。利用不同传感器的性能优势，提高电源管理器件的自身效率，以及充分利用动态电源管理是从应用设计层实现传感器系统低功耗的主要方式。

12.2.2 一种灌区监测无线传感器网络节点方案

1. 灌区信息化概述

我国水资源短缺，随着人口增加、工业化和城镇化进程加快，水资源需求大幅上升，经济社会可持续发展面临的水资源和水环境压力进一步加大。为此，需要加强水资源管理、优化水资源配置、提高水资源利用效率和效益。目前已有灌区存在水资源浪费严重，灌溉水利用率低的问题，因此要利用现代信息技术提升管理水平和水资源利用效率。

灌区信息化是将计算机技术、自动控制技术、传感器技术、通信技术、系统工程技和地理信息系统等综合应用于水管理，实现集信息采集-处理-决策-信息反馈-监控为一体的调度系统，以实现水资源的合理配置和灌溉的优化调度。

总体上，我国现有灌区信息化系统大多采用有线方式采集水位、雨量、闸位、土壤含水量等参数和传输水情、雨情、墒情、旱情和气象等信息。这种方式存在布线复杂、受自然条件限制、线路易损坏、安装和维护成本高等缺陷。同时，需增加测量参数时，还需修改数据采集硬件和软件，系统可扩展性差，使用不便。无线传感器网络的工作方式和特点以及灌区信息化系统的应用环境使得无线传感器网络在灌区信息采集应用中有天然优势，具有安装、维护、使用方便和可扩展性强的特点。因而面向灌区信息化，进行无线传感器网络应用研发具有重要意义和应用价值。

2. 灌区监测无线传感器网络的结构和特点

灌区的管理主要是对闸门的控制和对各种传感器的管理。灌区一般都建有闸站站房，并使用交流电，因此，将会聚节点布置在闸站站房中。根据灌区有规模大小和地理环境的差异，传感器布设情况也有不同，结合无线传感器网络的结构，灌区监测的无线传感器网络可使用不同的网络结构，如适合微小型灌区的星形结构、适合中型灌区的链状结构和适应大型灌区的星链状混合结构，其结构分别如图 12-2-8～图 12-2-10 所示。

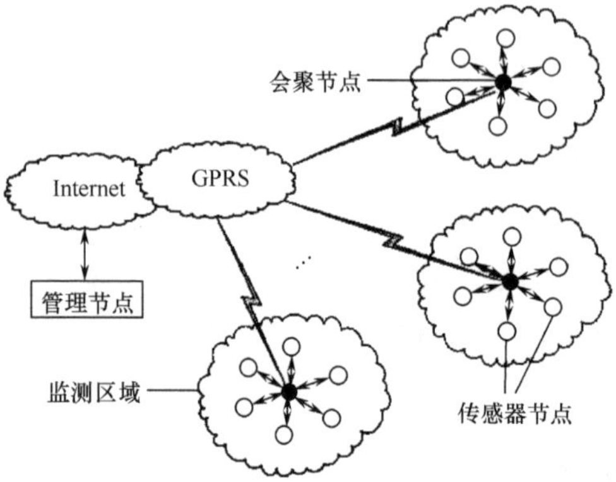

图 12-2-8　星状结构拓扑图

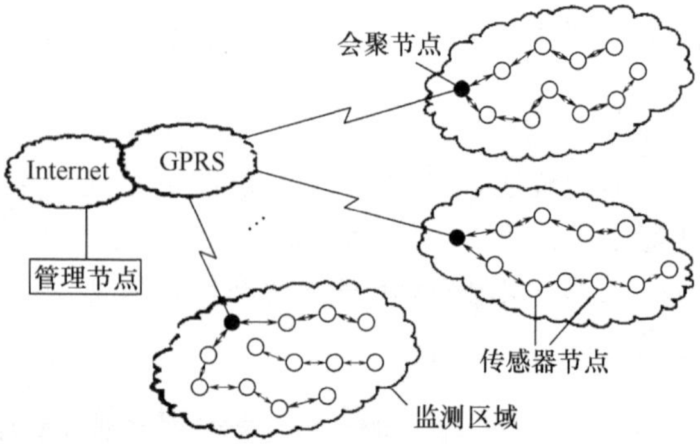

图 12-2-9　链状结构拓扑图

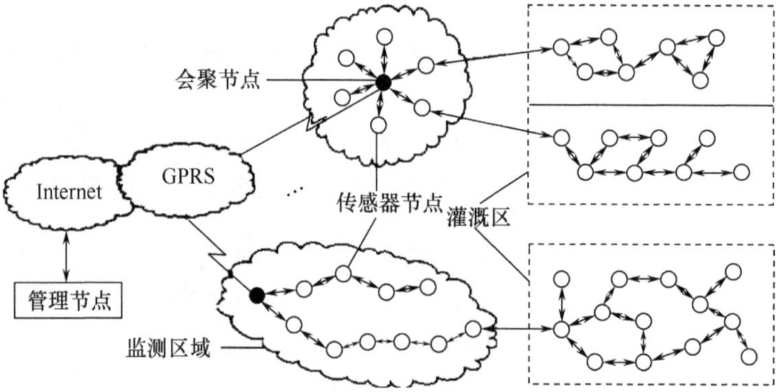

图 12-2-10　星链状结构拓扑图

无论是采用星状结构、链状结构还是星链状结构，这种应用系统都需要使用不同种类、不同数量的传感器来提供灌区中不同地点位置的与水相关的信息，主要是布设在农田中不同地点的土壤含水量、雨量信息和闸站的水位、闸位信息等。因而需要测量不同参量的传感器节点，并以无线方式经过多跳通信将信息传送、汇集到闸站。这些节点有的只需测量单一参数，有的需要观测多种参数，但都必须满足低功耗要求。对此，需要进行针对性研究设计符合灌区网络化信息采集要求的无线传感器网络系统与节点。

3．传感器网络系统设计

（1）系统结构。灌区监测系统是一个基于无线传感器网路的应用系统，由传统的传感器节点、会聚节点和管理节点三部分组成，结构如图 12-2-11 所示。现场传感器网络由雨量节点、水位节点、闸位节点等传感器节点构成，管理节点由位于信息中心的网络系统和信息移动终端构成，会聚节点、信息移动终端采用 GPRS 方式与信息中心进行信息交换。

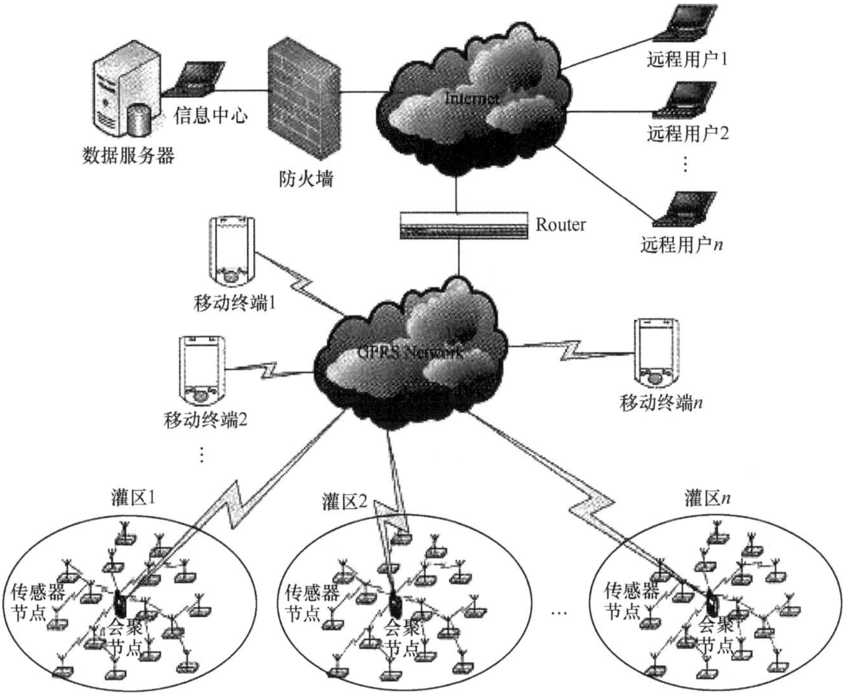

图 12-2-11　系统结构

（2）功能。

① 传感器节点是灌区信息的来源，负责水位、闸位、雨量和土壤含水量等现地信息的数据采集，并通过射频通信模块将数据发送给会聚节点。

② 会聚节点是 WSN 内部网络与管理节点的接口，可连接传感器网络与 Internet 等外部网络，能实现协议栈之间的通信协议转换，同时发布管理节点的监测任务，负责接收各传感器节点发送的数据，并通过 GPRS 网络实时上传至信息中心和转发到外部网络。

③ 管理节点负责实时数据收集、保存和处理，历史数据的查询和统计等，主要由位于信息中心的网络系统和信息移动终端构成，终端用户可通过 Internet 异地访问中心数据。

对于会聚节点和管理节点的设计，因为与传感器测量的关联性不大，这里不再介绍。

4．传感器节点设计

传感器节点由传感模块、微处理器模块、无线通信模块和电源模块四部分组成。传感模块负责采集水位、雨量、闸位、土壤含水量和温度等参量；微处理器模块负责控制整个节点的操作和处理、存储传感器获得的信息数据；无线通信模块负责收发数据和交换控制信息。传感器节点硬件结构如图 12-2-12 所示。

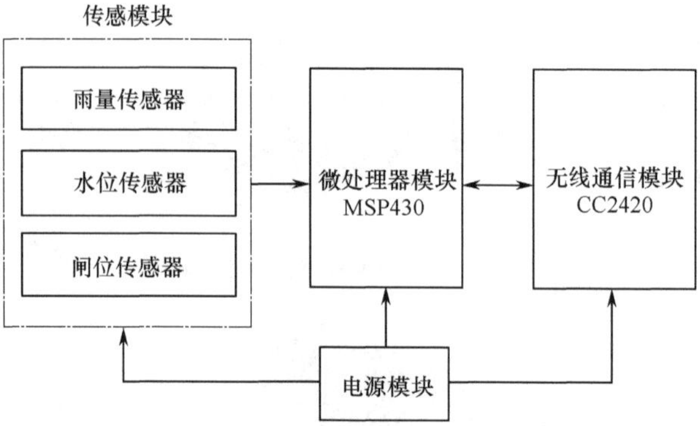

图 12-2-12 传感器节点硬件结构

（1）低功耗设计。无线传感器网络节点的能耗决定整个网络的生命周期，从硬件结构看，一般认为节点的能耗主要在微处理器模块和无线通信模块，选择高性能低功耗的微处理器和无线射频模块可大大降低节点的能耗，延长网络的生命周期。

① 微处理器：从实际工作时间长度和低功耗考虑，选择休眠时功耗低的微处理器有利于降低节点能耗。MSP430 系列单片机因其低功耗优势，被广泛应用于传感器节点中，因此，该系列的单片机被选为雨量等监测的传感器节点的处理控制机。

② 射频模块：由于 TI 公司的无线通信模块 CC2420 的功耗相对较低，且便于与单片机通过 SPI 接口连接，因此选用基于 CC2420 的无线收发模块作为节点的无线通信模块。

③ 传感器：传感器的功耗涉及多方面，需要在满足基本功能和性能要求的前提下，从测量原理、工作周期、器件选择和信号调理电路及数据处理等方面综合考虑低功耗与节能。传感器的低功耗设计是节点低功耗设计中不可轻视的环节，也是设计中存在更多选择与效果差异的环节，其中的低功耗效果差异与传感器的类型存在较大的关联关系。

（2）传感器选型与节点硬件设计。该系统主要涉及雨量、水位/闸位和土壤水分的监测，这三种参量的传感器存在不同的使用要求，可选范围不同。同时还需考虑实现测量的低功耗要求。在三种参量传感器中，雨量传感器的品种最多、测量方式差异最大，以下重点介绍雨量监测节点的传感器选型。

① 雨量监测节点。雨量传感器也称为雨量计，是获取降雨信息的传感仪器。从某种意义来说，雨量仪器技术的发展历程也是降雨信息获取技术发展历程。雨量仪器经历了传统观测、常规器测、自动化的发展历程，正向智能化、网络化方向发展。传统观测主要采用雨量器和虹吸式雨量计。雨量器一般包括雨量筒和量杯，通过量杯来测量降雨量。虹吸式雨量计是最古老的自动记录降雨量仪器，可测降雨总量，降雨起讫时间，以及降雨随时间的分布情况，从而换算成降雨强度。在小雨情况下，测量精度较高，性能较稳定。但两种仪器的

原理限制了将降雨量转换成电信号输出和做进一步的数据处理，也不可能远距离传输。

进入自动化阶段的雨量计具备了采集、传输、处理、存档、检索和服务等功能，具有向遥测化、系统化和网络化发展的潜在基础。除了在原有基础上不断完善外，还产生了一些新型雨量计，如浮子式雨量计、容栅式雨量计、超声波雨量计、光学雨量计等。

浮子式雨量计实质是一种浮子式水位测量仪器，浮子通过感应进入浮子室的雨量水位的变化得到降雨量，分辨力可达 0.1 mm，并能适应大范围的降雨强度。但它结构复杂、价格高、可靠性低、使用复杂，因此只能在一些特殊场合中使用，不能大范围推广应用。

容栅式雨量计的主要结构和浮子式雨量计类似，不同在于前者将感应尺安装在浮子上，由感应尺感应浮子室的雨量水位变化得到降雨量，降雨量的测量精度与感应尺精度相关。与浮子式相比较，容栅式克服了浮子的测量阻力，但其结构仍然复杂、价格高、可靠性低。

超声波雨量计基于超声波在不同介质中的传播特性差异。其优势在于精度高，适应降雨强度范围大，可克服前述雨量计的流失误差，但结构复杂、可靠性低、价格昂贵，难以普及。

光学雨量计是一种复杂的间接感测式雨量计，利用光源发射的红外光，经雨滴衍射、散射效应引起光闪烁，通过对闪烁光的光谱分析测得降雨强度及雨量。其测量精度受光源、闪烁光的接收和光谱分析算法影响，误差较大，但能适应大的降雨强度范围，价格昂贵。

表 12-2-1 是不同类型雨量计的分辨力、适用降雨强度范围、准确度的比较。

表 12-2-1　量计分辨力、适用降雨强度范围、准确度

雨量计类型	分辨力/mm	适用降雨强度范围/（mm/min）	准　确　度
翻斗式雨量计	0.1，0.2，0.5，1.00	0～4	±4%
浮子式雨量计	0.1	0.01～10	±0.5%（≤50mm） ±1%（>50mm）
容栅式雨量计	0.01	0～5	±0.2%（≤10mm） ±2%（>10mm）
超声波雨量计	0.04	0～10	±0.2%（≤10mm） ±2%（>10mm）
光学雨量计	0.001（OSI 公司产品 ORG-518）	0.016～8.3	±5%
国家标准	0.1	0～4	±0.4mm（≤10mm） ±（>10mm）

从表中可知，翻斗式雨量计虽比其他雨量计的分辨力低（大多为 1 mm），适用降雨强度范围小，准确度不高，但它其可靠性高，适合长期在野外恶劣环境下工作。其他雨量计的分辨力、降雨强度范围、准确度虽优于翻斗式雨量计，但结构复杂，可靠性低。光学雨量计在工作原理上有别于其他雨量计，误差较大，具有测雪功能，其主要应用场合为机场、港口、高速公路等特殊地点的全天候测雨、测雪。

鉴于翻斗式雨量计的性能优势和脉冲输出特点，从可靠性和接口方便及节能考虑，现地的雨量传感器节点宜选翻斗式雨量计。该节点由雨量传感模块、处理器模块、存储器模块、CC2420 射频模块和电源模块构成，节点硬件结构框图如图 12-2-13 所示。MSP430F149 负责节点的数据处理、设备控制、功耗以及任务管理等；CC2420 负责无线通信、交换控制信息和收发采集的数据；存储模块负责本身信息和采集数据的本地存储；电源模块用电池供电，并以太阳能电池作为辅助电源。当有降雨时，翻斗式雨量计内部两个轮流储雨的翻斗带动光电转换器，产生一个通断脉冲信号，即为一个雨量值。用 MSP430F149 对该脉冲计数、处理，可得到实时雨量值，然后通过射频模块 CC2420 发送。

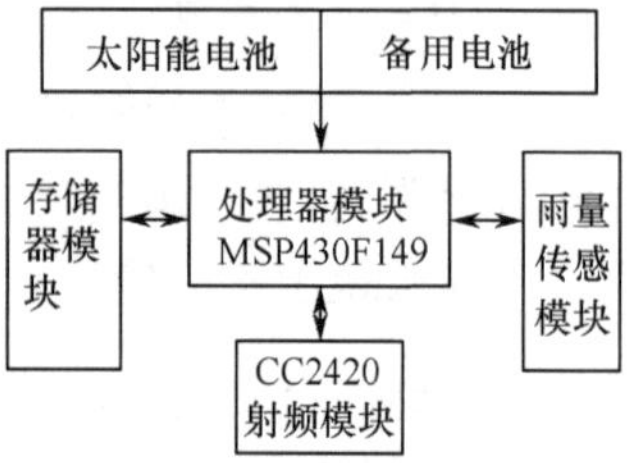

图 12-2-13 传感器节点的硬件结构框图

雨量采样电路有可能受到干扰，可根据当地的最大降雨强度用定时器来进行消除。电路中采用 RC 滤波器，并将雨量脉冲锁存到锁存器，用查询和中断方式采集雨量信号。如果发生降雨的总时间不长，节点大部分时间处于掉电工作方式，该方式工作电流仅 18 μA，用干电池可工作较长时间；当需要在野外连续长时间工作时，可选用太阳能电池作为辅助能源。

② 水位/闸位节点。水位传感器按测量方式可分为非接触型和接触型。非接触型液位传感器主要有微波雷达液位传感器、振动液位传感器、超声液位传感器和光电、光纤液位传感器等；接触型的主要有电容式、电位计式、浮体式等液位传感器和磁致伸缩液位传感器。

常用的水位/闸位传感器有光电式和机械式编码器等。从节能和方便接口考虑，水位/闸位节点选用光电式编码器。其编码方式采用格雷码、变形码等，大多以并行方式输出码值。MSP430F149 通过内部 I/O 口读入传感器数据，进行处理后，通过射频模块 CC2420 发送。

③ 土壤含水量节点。土壤含水量传感器有 FDR、TDR、驻波比法、高频电容探头法、甚高频晶体传输线振荡器法、微波吸收法等多种，都是采集土壤湿度获得其水分信息。

FDR 频域反射式是利用电磁脉冲原理、根据电磁波在介质中传播频率来测量土壤的表观介电常数，得到土壤容积含水量。FDR 具有方便、快速、不扰动土壤、工作频率和测量范围宽、不受滞后影响、精度高等优势，可自动、连续地定点监测土壤的动态含水量。

TDR 时域反射法的原理是在一条不匹配的传输线上的波形会发生反射。传输线上任何一点的波形都是原有波形和反射波形的叠加。TDR 的设备响应时间为 10～20s，适合移动测量和定点监测，测定结果受盐度影响很小，其缺点是电路比较复杂、设备较昂贵。

FDR 几乎具有 TDR 的所有优点，其探头形状非常灵活。相对于 TDR，FDR 需要的校正工作更少。鉴于 FDR 型土壤含水量测量的优点，土壤水分传感器节点选用 FDR 土壤含水量传感器，由 MSP430F149 采集和处理其输出的含水量测量数据，再通过 CC2420 发送。

5．现地信号处理

现地信号因随机干扰而导致随机测量误差，为消除干扰，可采用硬件滤波方法和软件方法，即数字滤波来抑制信号中的干扰成分，消除误差。因数字滤波法使用灵活，通过改变滤波程序参数就可实现不同的滤波效果，因此，选用数字滤波方式进行信号处理。

针对灌区采集数据具有信号变化缓慢、信号采集周期较长的特点，对常用数字滤波法进行综合分析，得出一种数据池滑动中值平均法，具体方法如下。

开辟 n 组存储单元的数据池，存放 n 个按先后次序不同时刻采集的数据，位于数据池最后的数据为最近采集的数据。设 T 时刻的数据池中有 n 个数据为

$$a_1, a_2, a_3, \cdots, a_i, \cdots\ a_j, \cdots, a_{n-1}, a_n$$

T 时刻采集到的一个数据 a，将原数据池中第一个数据 a_1 丢弃，$a_2,\cdots,a_n$ 向前滑动一位成为新的 $a_1,\cdots, a_{n-1}$，新数据 a 添加到此数据池中作为新的 a_n。

再将这个数据池的 n 个数进行排序，取其中 K 个数求算数平均所得为输出结果。设 b_i, $\cdots$, b_j 为数据池 n 个数据排序后中间的 K 个数据，则滤波输出结果为

$$b=K^{-1}\sum_{m=i}^{j} b_m \qquad (12\text{-}2\text{-}1)$$

可根据实时性要求决定数据采集时间间隔，同时，可根据实际效果调整数据池中数据的个数，由于数据池中几个大数和小数都去除，取中间数据均值可有效消除脉冲干扰。

12.2.3 一种穿戴式健康监护传感器节点方案

1．背景

随着生活质量的提高，人们对健康问题更加重视，传统的面对面的医疗诊断模式在时间和资源的利用上都不能满足健康保健方面迅速增长的巨大需求。传感器和计算机及无线网络通信技术的迅速发展，使穿戴式医疗/健康监护成为可能。

与传统的仅仅采集生理信号的便携式监护仪不同，穿戴式医疗/健康监护设备是将生理参数检测技术和人们日常穿戴的衣物相融合，使其在自然状态下实现基本生理参数的获取。可穿戴设备在实时获取生命参数并传送至远端医疗监测中心的同时，使受测对象感到方便与舒适。因此，早期用于航空等特殊领域的穿戴式检测技术已向临床监护、家庭保健方面推广。

利用穿戴式多参数健康监护系统建立无线医疗网络系统，可克服传统有线检测的局限，

为用户提供舒适、更大活动范围的持续生理参数监测，以及更灵活的通信方式和处理。穿戴式生理参数检测传感器节点作为社区医疗和家庭保健系统的监护终端，可通过不同网络连接到社区及医院监护中心的远端服务器，实现诊疗数据的快速传输及报警。

Intel 公司研发的 Self-managing 可穿戴生命信息健康监测系统，可实现同时多人多参数监测（包括 ECG、血氧饱和度、血压等），是一种无须人干预的监测系统，大大提高了医生对大范围病人监测的效率，也可应用于远程家庭监护、产科病房胎儿监护，以及 ICU 重症监护等。为兼容各大医疗设备制造厂商生产的前端检测模块，Intel 公司为该系统提供标准的软/硬件接口。该系统结构如图 12-2-14 所示，由可穿戴的生命信息检测模块、低功耗的数据采集和处理模块，以及无线收发模块组成，多个采集模块构成一个无线躯干网。

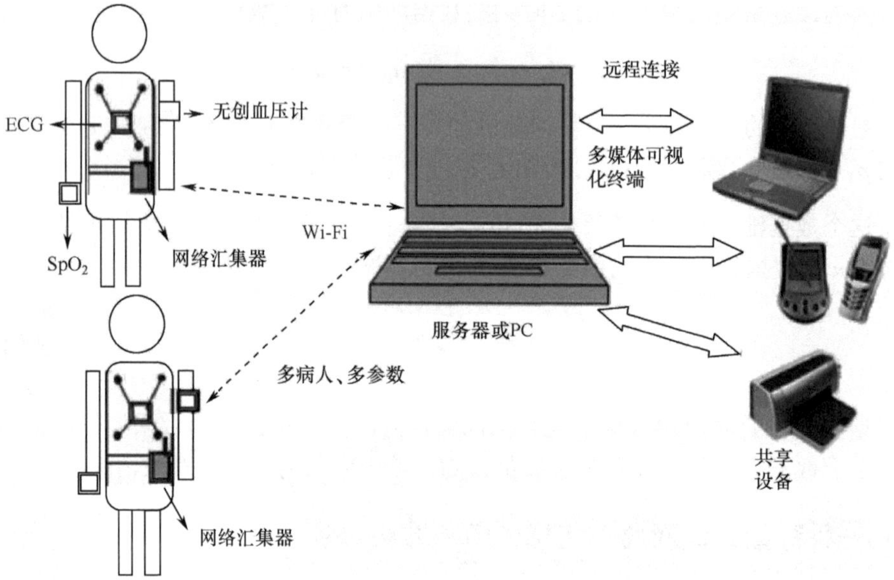

图 12-2-14　Self-managing 可穿戴生命信息健康监测系统示意图

目前，各种穿戴式的检测设备正不断地涌现，如耳挂式血氧饱和度检测装置、手表式检测设备、戒指式检测设备、手套式检测设备、腕带式检测设备及智能衫等。

本节内容取材于国内针对社区和家庭服务的某穿戴式监护系统项目，该项目利用 ZigBee 技术构建人体生理信息检测的智能躯干网，通过穿戴式生理参数无线传感器，为一些慢性病患者、高危人群，以及独居老人和儿童提供实时的生命体征信号监测。该系统以 CC2430 为核心，由穿戴式生理参数检测传感器节点和协调器节点构成。通过针对性设计的穿戴式生理参数检测模块及其低功耗与微型化，能实现多生理信号检测、信号采集和数据无线传送。这里仅介绍可穿戴心电和血氧检测模块及节点低功耗与微型化设计。通过本例可看出，面向具体应用的物联网用传感器系统方案需求针对性设计（本例体现在检测电路）。

2. 穿戴式生理参数的检测及要求

生理参数反映人体各组织和器官的运作情况，是判断人体状态是否正常的关键依据和标准。医疗监护检测的生命体征参数有心电、血氧饱和度（SpO_2）、呼吸、脉搏、血压、体温等。

心电监护是监测心脏电活动，通过连续观察人体心脏电活动适时观察病情，以提供可靠的有价值的心电活动指标。检测心电信号一般采用多导联电极测量方法，对所测信号需要进行信号前置放大，然后多种滤波和电平偏移、放大倍数调整才能得到稳定的心电信号波形。

SpO_2 直接反映机体组织供氧状况的好坏，目前广泛采用透射法测量 SpO_2，它基于动脉血液对光的吸收量随动脉搏动而变化的原理。血液中氧合血红蛋白和还原血红蛋白对波长为 660 nm 的红光和 905 nm 的红外光的吸收率相差很大，通过测量两种波长的光线透过手指动脉血管得到的电信号的强弱得到 SpO_2。

机体通过呼吸不断从外界摄取氧并向体外排除二氧化碳，维持机体新陈代谢和功能活动。阻抗法测呼吸是目前人体呼吸监测中最常用的一种无创、简单、安全、廉价的技术，通过检测胸部电压的变化来反映阻抗变化，从而间接反映人体的呼吸活动。

测量血压的主要方法是利用袖带加压阻断动脉后，随后缓慢放气，在袖带下或动脉的远端检测脉搏的变换或血流的变化作为收缩压和舒张压的数据。

体温监测一般采用专门的接触式体温传感器，要求传感器的温度测量范围为20～45 ℃，且测量精度一般需达到 0.1 ℃。

脉搏是人体生命存在的一个重要体征，脉搏波含有丰富的心血管循环系统的生理病理信息。脉搏波的测量方法较多，可用压力传感器、光电传感器直接测量，也可通过其他生理信号获得。直接测量除得到脉搏率外，还能从波形中得到其他信息，但不适于移动测量。

不同生理参数的特点和测量方法及测量部位各不相同，而且有些参量如血压、脉搏并不适合可移动的穿戴式测量方式直接测量。但要实现穿戴式监护，就必须有可穿戴式传感器来实现这些或其中部分参量的检测，并达到规定的准确性和可靠性等检测质量要求。

除了满足检测质量要求外，穿戴式检测还需做到穿戴舒适、携带方便、自然美观。相对其他便携式设备，穿戴式设备还应体积小、质量轻、功耗低。由于生理信号一般较微弱且随机性强，检测环境的背景噪声大。对传感器的信号调理，除了恰当选择或设计符合测量性能与工作方式要求的传感器件外，所用器件还应满足低功耗要求，传感器和数据采集电路应有足够的抗干扰能力。因此，对心电、血氧和呼吸等生理信号的穿戴式检测，需针对性设计，以保证采集信号的准确性，并兼顾对节点尺寸和功耗的限制要求。

此外，微型化与低功耗也是实现可穿戴监护设备实用性而必须的基本设计任务。

3．系统结构与方案

如图 12-2-15 所示，监护终端分为生理量传感器节点（下位机部分）与终端监护软件（上位机部分），生理量传感器节点主要负责采集被监护者的生理信号，再通过 ZigBee 无线网络传送到监护中心。

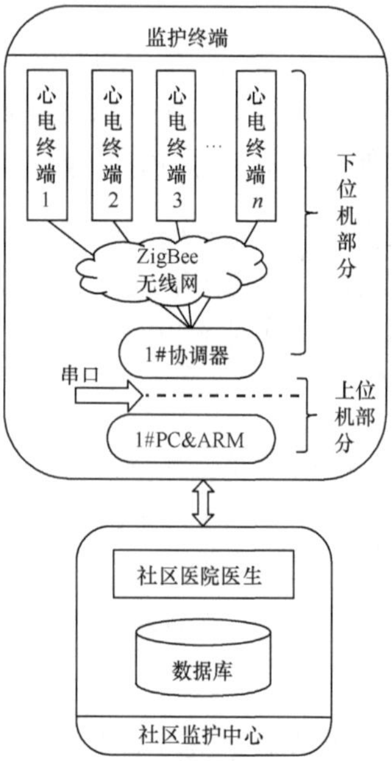

图 12-2-15　监护系统功能结构划分

4．传感节点硬件总体构成

穿戴式监护系统根据其应用环境的不用，网络规模、结构以及管理等都会有所不同。对于面向家庭健康监护的系统，硬件构成主要包括网络协调器和可穿戴的生理量检测传感器节点（以下简称传感器节点）两部分。网络协调器作为无线网络的组建和管理者需长时间控制网络系统，一方面与传感器节点实现数据传送；另一方面与智能监护端通信。因此，协调器对微处理器的性能和能量供应要求较高。

传感器节点是系统的中心。因直接穿戴在被监测者身上，节点的大小、结构、质量及供电等都会在不同程度上对被监测者构成直接影响。节点结构如图 12-2-16 所示。生理参数检测部分与 CC2430 无线模块分开设计，由通用接口实现连接，以抗干扰和方便扩展。

在系统中，选择 TI 公司的 CC2430 芯片来实现基于 ZigBee 技术的星状无线网络，能够提高性能并满足以 ZigBee 为基础的 2.4 GHz 的 ISM 波段应用对低成本和低功耗的要求。

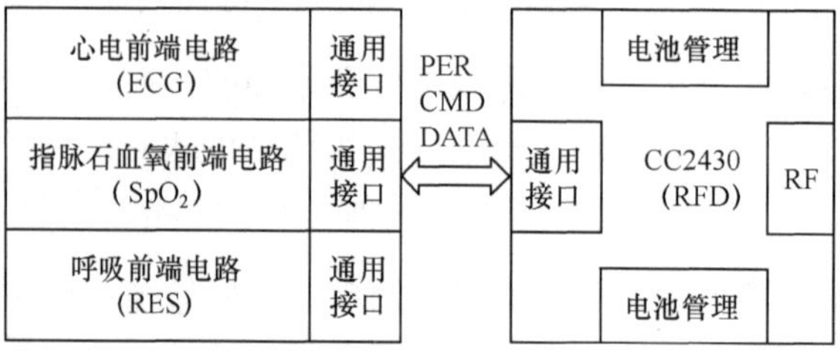

图 12-2-16　生理参数传感器节点结构

5．电源与低功耗设计

可穿戴式无线网络中的设备采用电池供电，电池一个周期的平均工作时间既取决于电池容量，也与设备的能耗和电源使用效率有关。在穿戴式监护设备只能以电池供电的情况下，除要求使用者操作应适当外，主要从硬件和软件方面来降低能耗和延长电池工作时间。在硬件方面尽可能提高其集成度，利用新型器件进行节能设计以降低能耗；在软件方面，需要设计合理的设备工作模式和节能模式，同时开发相应算法使节点的工作时间和信号的发射功率具有自适应特性。

为了提高可穿戴性和减少节点体积重量，节点采用 3.7 V 150 mA·h 聚合物锂电池供电。因大部分生理信号为双极性，为使进入运放的信号的正、负半波对称以降低误差，绝大多数监护设备都用双电源供电。为使系统功耗低和统一 CC2430 与检测模块的工作电压，本例以单电源实现生理信号提取。选用单电源工作的仪表放大器 INA321 及单电源、零漂移、微功耗运放 OPA333 等实现部分生理信号提取。同时为扩展预留电源接口并考虑部分生理信号提取需双极性电源，设计了单-双电源转换方案。它通过一个 LDO 或 DC/DC 器件得到 3.3 V 电压，再用负电压转换器得到对应负电压。实测表明，节点工作电流小于 100 mA。为保持电池工作效率，所选稳压器的输出电流为 100 mA。本例选用待机模式仅 1 μA 和低漏电流的 LDO 转换器 TPS76933 和转换效率 91%的（I=40 mA）的负电压转换器 LM3226，得到 ±3.3 V。正、负电源电路分别如图 12-2-17 和图 12-2-18 所示。

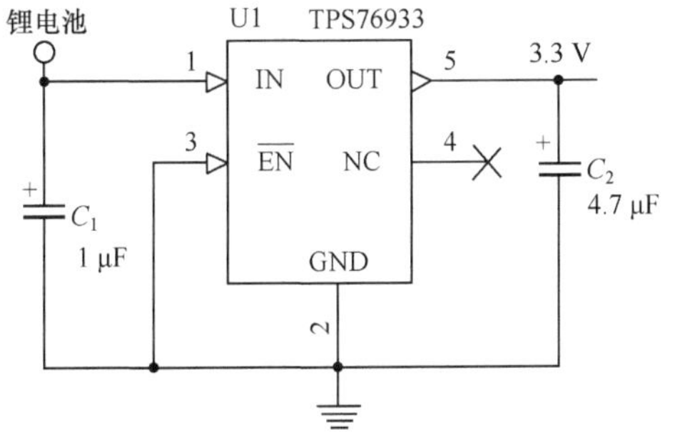

图 12-2-17　3.3 V 电源电路

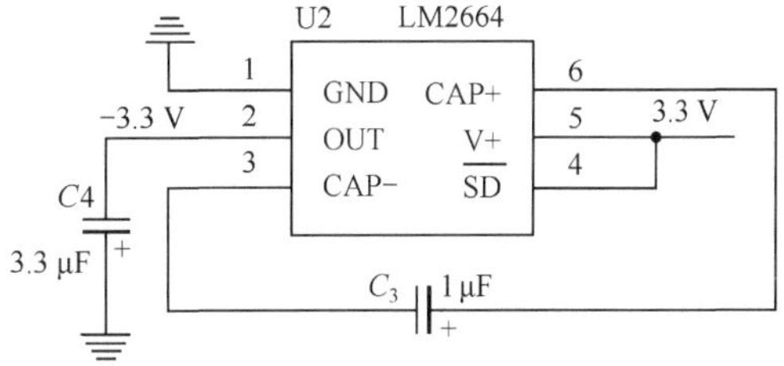

图 12-2-18　−3.3 V 电源电路

终端节点功耗虽很低，更换电池的周期很长，但使用可充电锂离子电池必须配备充电管理器。本例采用电池充电管理器 BQ24002，它是针对便携式设备的 3.7 V 锂离子电池的智能线性充电管理芯片，通常用于高度集成和有限空间场合。

6．生理参数采集模块设计

数据采集模块直接和生理量传感器连接，执行数据采集、放大、滤波、电平转换和某些信号预处理任务，该模块如图 12-2-19 所示。

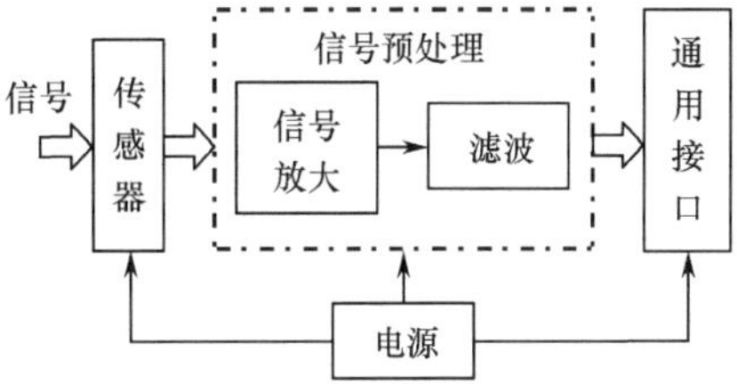

图 12-2-19　采集模块原理框图

（1）心电检测。

① 信号特点与测量技术要求。

心电信号：由心脏内部产生的一系列非常协调的电刺激脉冲，分别使心房、心室的肌肉细胞兴奋，使之有节律的舒张和收缩。这些运动在体表的不同部位形成不同的电位差，通常从体表检测到的电位差就是心电信号。

典型心电图和主要参数：把测量电极放在人体表面一定部位，记录的心电变化曲线为临床常规心电图（electrocardiogram，ECG）。心电图反映心脏兴奋的产生、传导和恢复过程中的生物电变化。正常人一般心率为 60～100 次/min，心电图的频率为 0.05～100 Hz，幅度为 0.05～5 mV。各导联记录出的心电图波形虽不同，但都包括一个 P 波、一个 QRS 波和一个 T 波，典型心电图波形如图 12-2-20 所示，其中各波的时空特征及表征信息参见相关文献。

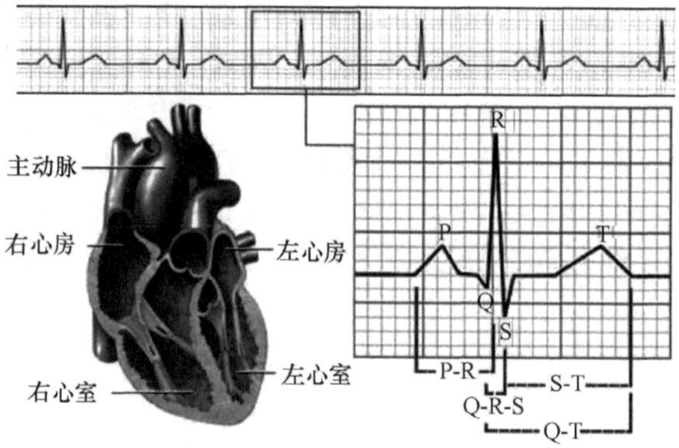

图 12-2-20　心电图波形特征

心电信号特征：通过人体体表电位提取的心电信号属强噪声背景下的生物电信号，其信号微弱，一般在 0.05～5 mV，典型值 1 mV，此信号检测需要有效的信号放大和滤波设计；信号频率范围为 0.05～100 Hz，主要能量集中在 0.5～20 Hz；信号稳定性差，人体与外界有密切联系，内部各器官之间相互影响，任何来自外部或内部的刺激，都使心电信号发生变化；人体的不均匀性以及易受外来信号影响，使心电信号易受外界影响，有随机性。

信号受到的干扰：心电信号检测中的干扰主要来自生理上的和技术上的。来自生理的干扰为呼吸引起的基线漂移与信号幅度改变（可达 ECG 信号幅度的 15%）和肌肉收缩产生的微伏级电压信号（该信号幅值约为 ECG 峰-峰值的 10%）。来自技术的干扰有：50 Hz 交流电对测量系统的干扰（最大可达 ECG 幅度峰-峰值的 50%）；电极和皮肤接触不良或被测对象和测量系统脱离引起的电极接触噪声（瞬态干扰）；电极与皮肤间的阻抗随电极移动发生改变形成的信号源阻抗变化；环境中的电子设备高频扶辐射，此噪声能完全淹没信号。

心电采集电路要求：人体心电信号微弱、低频等特点决定了对心电放大的要求苛刻，一般要求：高共模抑止比；高输入阻抗；低噪声、低漂移；固定通带频率响应。为得到完整心电信息，传统的多参数监护心电电路复杂，一般由 5～12 导联的导联系统、前置差动放大、右腿驱动、定标、导联脱落报警、屏蔽驱动、滤波及陷波等电路组成，如图 12-2-21 所示，该方案可得到高保真的信号，但结构过于复杂、能耗较大，不适于移动监护。

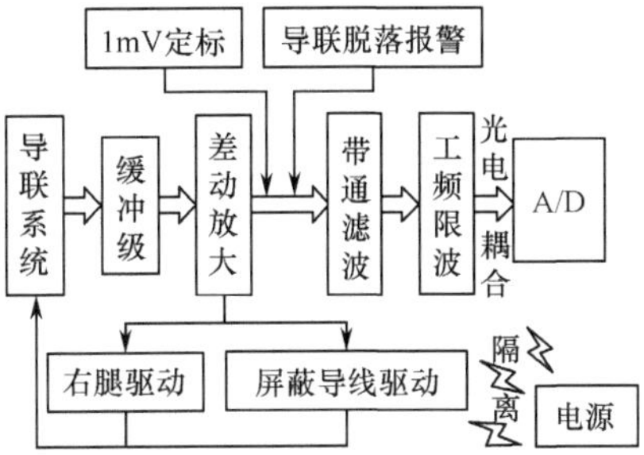

图 12-2-21　多导联心电采集系统方案框图

② 穿戴式心电采集模块设计。穿戴式心电检测只需监护病人心电的基本情况，不需要分析、诊断，因此可裁剪传统心电模块。由于很多情况下只关心心电信号中 R 波的完整性，其能量主要集中在 0.5～30 Hz，所以采用截止频率为 35 Hz 的三导联穿戴式心电模块，在抑制工频干扰的同时，最大程度地保留心电信号的主要能量信息，缩小模块的体积。

为减小心电检测模块的体积，满足穿戴要求，本例采用 TI 公司的单电源心电解决方案来实现穿戴式心电检测模块，既减小功耗也减小体积，其结构如图 12-2-22 所示。

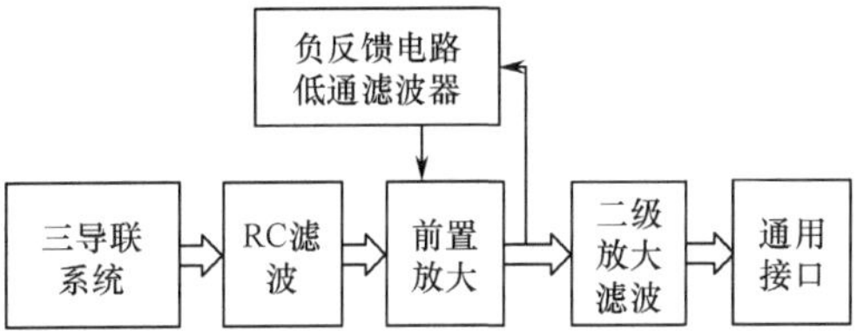

图 12-2-22　穿戴式三导联心电检测模块结构图

改良的三导联心电采集方案如图 12-2-23 所示，实际上是为了满足监护的方便性及舒适性将左、右上肢导联 LA、RA 由手臂腕部改为身体的左、右肩锁骨的正下方，而 LL 则由下肢的部分改为左腹部胸骨的第 5、6 根肋骨之间的位置。因而可以由 RA 至 LA 的向量推导出Ⅰ导联，由 RA 至 LL 推导出Ⅱ导联，由 LA 至 LL 的向量推导出Ⅲ导联。

前置放大是心电信号采集的关键环节。人体心电信号十分微弱、噪声背景强、信号源阻抗较大，加之电极引入的极化电压差值大，使得前置放大器应具有高输入阻抗、高共模抑制比、低噪声、低漂移、非线性度小、合适的频带和动态范围等特性。本例选用 TI 公司超低功耗，单电源仪表放大器 INA321 实现前置放大，其电路如图 12-2-24 所示。

从电极获得的心电信号峰峰值约为 1 mV，需放大 1 000 倍才能用于心电诊断分析。考虑到要克服各种噪声影响和工频干扰，采用集成差分放大器方案。差分放大器 INA321 精度高、稳定性好、封装小，而且其低功耗设计很好地解决了带宽和转换速率问题，可直接驱动 A/D 转换器，因此选其作为提取生理信号的放大器。

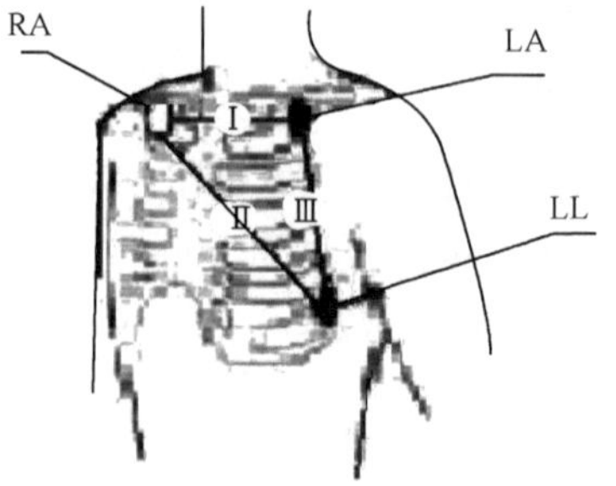

图 12-2-23　改良的三导联图

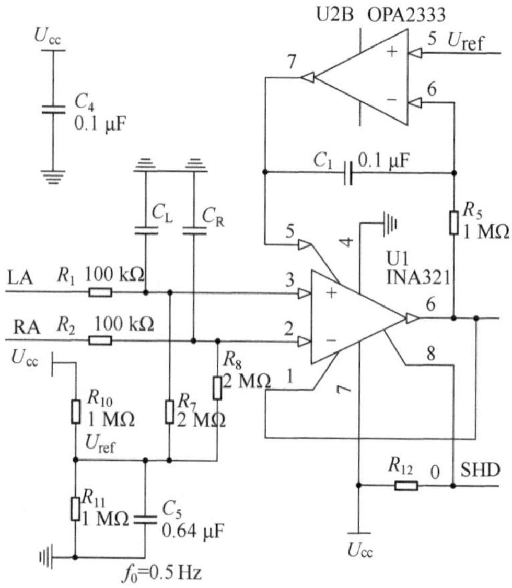

图 12-2-24　心电前置放大电路

心电信号先经 RC 低通滤波除去高频分量，低通滤波器（由图 12-2-24 中的 R_1、R_2、C_L 和 C_R 组成）的截止频率为 300 Hz，以保证微弱的心电信号进入差分放大器之前不会被衰减。因为是单电源供电，不同导联的心电信号有正有负，所以要提供一个合适的钳位电压（R_{10} 和 R_{11} 组成），根据 CC2430 的 ADC 输入电压范围为 0～3.3 V，钳位电压设为中间值。

由于要保持一个大增益，这使输出信号对皮肤接触阻抗的瞬时变化非常敏感，从而导致差分输出直流分量变化，产生基线漂移。为此本例设计了一个模拟积分器（C_1、R_5 和 U2B 组成）来滤除直流分量（截止频率 0.5 Hz）。积分器对被放大 5 倍的直流电流积分，然后反馈给 INA321。不管皮肤接触阻抗如何变化，此反馈使 INA321 的直流输出可维持恒定值。

INA321 输出信号幅值非常小，还混有干扰，无法进行数据处理。因此需要如图 12-2-26 所示的有源低通滤波器实现二级放大和滤波。图 12-2-25 中 U2A、R_6 和 C_2 组成截止频率为 150 Hz 的低通滤波器，增益为 100。图 12-2-26 为滤波后的心电信号测试结果。

（2）SpO_2 检测。

① 检测原理。SpO_2 用以表示血液中血氧的浓度，它是被氧结合的氧合血红蛋白（HbO_2）的容量占全部血红蛋白的容量的百分比，即

$$SpO_2=\frac{HbO_2}{HbO_2+Hb}\times 100\% \qquad (12\text{-}2\text{-}2)$$

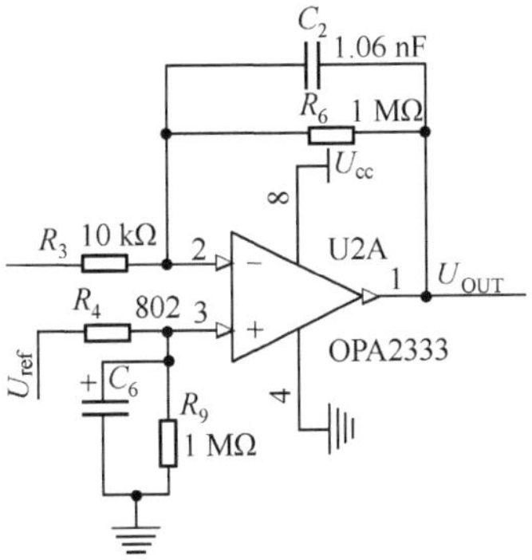

图 12-2-25　二级放大、滤波电路

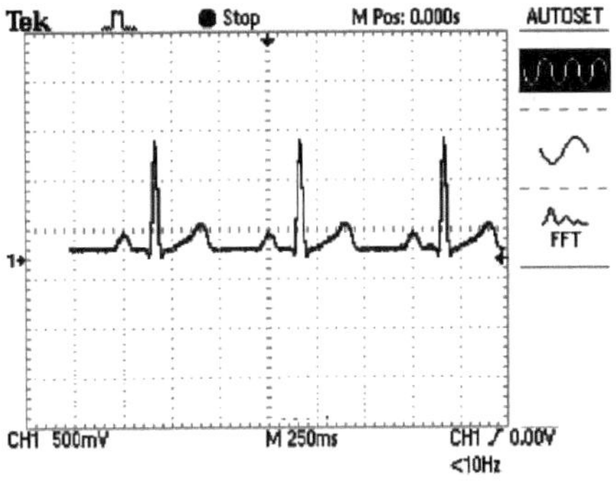

图 12-2-26　心电信号测试结果

式中，HbO_2 表示氧合血红蛋白含量；Hb 表示还原血红蛋白含量。计算血氧饱和度只需要考虑 HbO_2 和 Hb 两者吸收光谱特性的差异。

SpO_2 的检测法分为有创和无创两类。有创检测是抽取动脉血液，用血气分析仪进行电化学分析，测得动脉氧分压后计算出 SpO_2。该方法不能连续检测，只在特定情况下使用。

无创 SpO_2 检测以 Lambert-Beer 定律为基础，利用近红外吸光光度法测定原理实现。Lambert-Beer 描述了单色光透过某物质均匀溶液后的透射光强与溶液诸参数的关系。若用 I_0 表示透射光强度，则透射光强度 I 可表示为

$$I=I_0 e^{-\alpha cl} \tag{12-2-3}$$

式中，α为物质吸光系数；c 为溶液的浓度；l 为光透过溶液所经路径长度。

无创 SpO_2 检测基于动脉血液对光的吸收量随动脉波动而变化的原理。人体血液是含多种物质的溶液，溶液中不同成分对光的吸收率不同，人体动脉的搏动能引起测试部位血液流量变化，从而引起光吸收量变化（AC）；而非血液组织（皮肤、肌肉、骨骼等）的光吸收量通常可认为是恒定不变（DC）。忽略散射、反射等因素造成的衰减，按 Lambert-Beer 定律，设波长 λ、光强为 I_0 的单色光垂直照射人体，通过人体的透射光强度为

$$I = I_0 e^{-\alpha_0 c_0 l} e^{-\alpha_{HbO_2} c_{HbO_2} l} e^{-\alpha_{Hb} c_{Hb} l} \tag{12-2-4}$$

式中，α_0、c_0 和 l 分别为组织内的非脉动成分及静脉血的总吸光系数、光吸收物质浓度、光路径长度；经过这部分吸收后得到的透射光强记为 I_{DC}；α_{HbO_2}、c_{HbO_2} 分别为动脉血液中 HbO_2 的吸光系数和浓度；α_{Hb}、c_{Hb} 分别为动脉血液中 Hb 的吸光系数和浓度。

考虑当动脉搏动血管舒张，可假定动脉血液光路长度由 l 增加到 Δl，相应的透射光强由 I_{DC} 变化到 $I_{DC}-I_{AC}$，则式（12-2-4）可写为

$$I_{DC} - I_{AC} = I_{DC} e^{-(\alpha_{HbO_2} c_{HbO_2} + \alpha_{Hb} c_{Hb})\Delta l} \tag{12-2-5}$$

考虑透射光中交流成分占直流量的百分比为远小于 1 的数值，可近似变成

$$I_{AC} / I_{DC} = -(\alpha_{HbO_2} c_{HbO_2} + \alpha_{Hb} c_{Hb})\Delta l \tag{12-2-6}$$

由于光路径长度变化未知，因此采用两束不同波长的光作为入射光，可分别得到两种波长下的 I_{AC}/I_{DC}，通过标定，从而按式（12-2-2）求得 SpO_2。

② 电路设计。如图 12-2-27 所示，SpO_2 检测模块主要包括光源驱动、信号预处理、LED 亮度增益控制、DC 校正及接口。其中，血氧探头负责获取血氧信号，其内部 LED 光源的选通与亮度增益控制由 CC2430 通过算法实现。光电探测器将透过机体组织的光信号转化为电信号；信号预处理部分主要用于血氧信号的检出及放大增益控制；接口部分主要实现血氧模块与 CC2430 模块的信号连接。

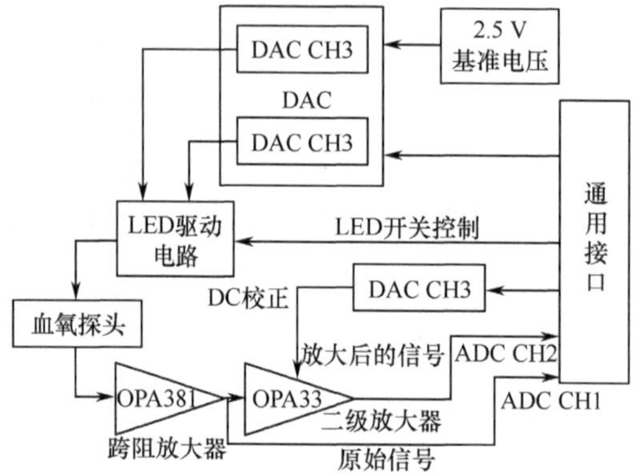

图 12-2-27　血氧饱和度模块结构框图

光源驱动电路：光源可用直流或脉冲驱动。直流驱动方式要求检测电路有对应两个光源的两个光敏元件及两路性能匹配的处理电路，该方式易受背景光或工频干扰影响。

采用脉冲信号驱动，两路光源交替发光，使发光二极管处于瞬时发光状态，可提高发光管的瞬时光强并降低功耗，共用一个光敏元件接收。本例采用这种方法。

图 12-2-28 为血氧探头内部 LED 驱动与亮度增益控制电路图，驱动波长分别为 660 nm 和 895 nm 的两个背对背并联 LED。LED 驱动采用时分复用控制方式，以实现血氧信号的光调制处理。同时优化对 LED 的通断控制，降低系统功耗，延长光源使用寿命。

本例采用与 Nellcor DS-100A 接口兼容的血氧探头，其接口定义如图 12-2-29 所示。

信号调理电路：如图 12-2-30 所示，穿过机体组织的混合光信号经光敏二极管转换为电流信号，它含红光和红外光及暗电流信号，较微弱，先要把它转换为电压信号，并

保持电压与电流呈线性关系和低噪声。电流信号通过 I/U 转换后，再做二级放大。

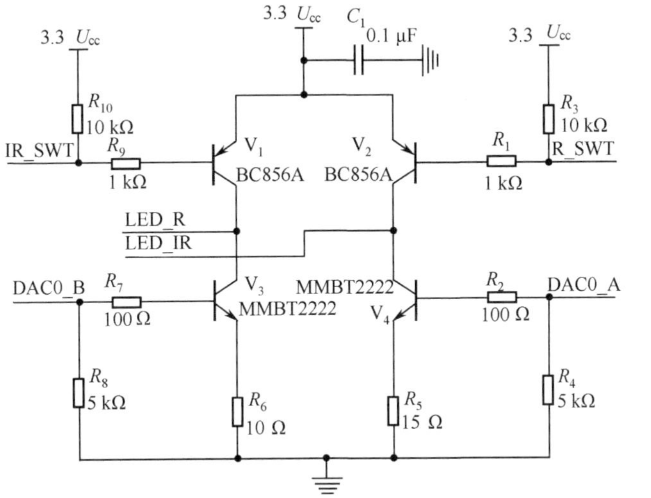

图 12-2-28　LED 光源驱动与亮度增益控制电路

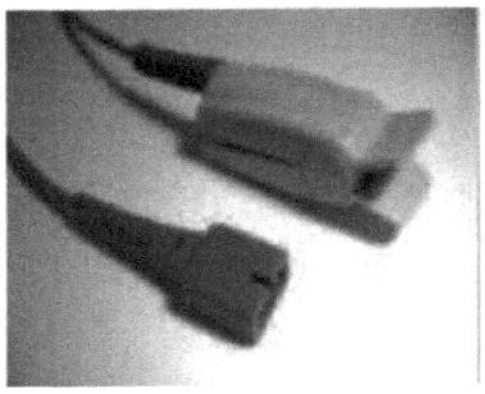

引脚号	信号定义	描述
1、6、7	传感器屏蔽	GND接地
2	LED-AIR	红外LED正极
3	LED-ART	红光LED正极
5	IN_A	PIN-二极管正
9	IN_K	PIN-二极管负

图 12-2-29　血氧探头与接口定义

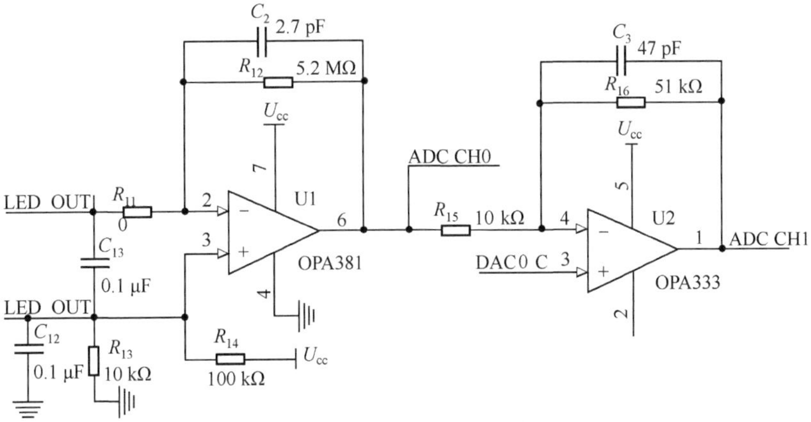

图 12-2-30　信号采集与处理电路

为放大光敏二极管的微弱输出，选用了低漂移的互阻抗放大器 OPA381。为使 OPA381

在单电源下更好地实现跨阻放大，其输入正端加正偏压（约为 0.3V）。跨阻放大器的输出是混合信号，需分离出有用交流信号用于后续 SpO_2 的计算。因此，用数字 IIR 滤波器从采样信号中提取直流分量（用于血氧定标）；直流分量由 DAC0_B 输出作为 OPA333 的输入偏移量。这样 OPA333 放大的信号仅含血氧信号的交流分量。输入 OPA333 的偏移 DC 可动态调整，使输出信号控制在 ADC 的工作幅度内。实测 SpO_2 波形如图 12-2-31 所示。

亮度增益控制及 DC 校正：如图 12-2-32 所示，两路 LED 的光强控制及交流分量提取都用到 DAC。本例用低功耗、四通道电压输出的 DAC7573 产生三路模拟输出。

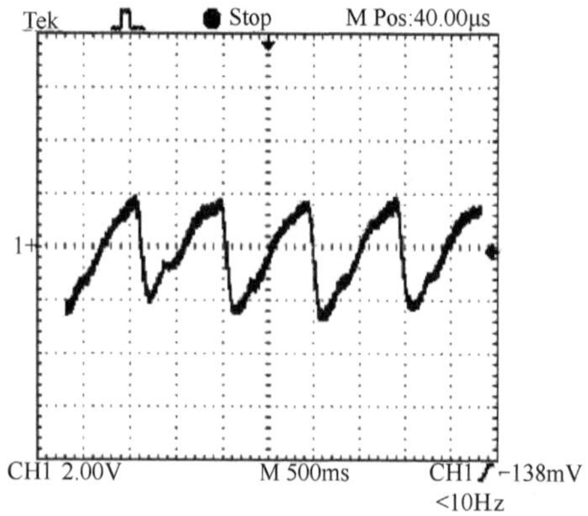

图 12-2-31　实测的红外光 SpO_2 波形

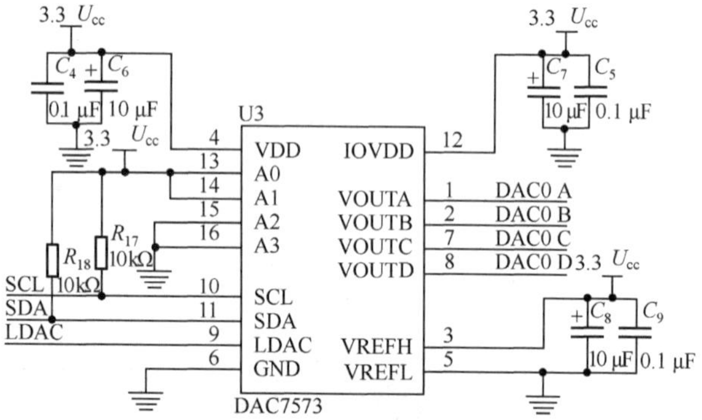

图 12-2-32　DAC7573 应用电路

（3）呼吸检测。

① 呼吸信号检测原理。由临床实验可知，呼吸信号的频率范围为 0.1～10 Hz。常用的呼吸信号检测方式有压力传感器测量方式、温度传感器测量方式、阻抗法测量方式、体积描记法方式。本例选用目前呼吸监测中最为常用的阻抗法测量，适合穿戴式检测。

② 阻抗法检测呼吸。人体呼吸时，随着胸壁肌肉张弛，胸廓交替形变，机体组织的电阻抗将产生交替变化。实验证明，呼吸阻抗与肺容积之间存在一定的正比关系。阻抗法测呼吸频率有两电极法和四电极法。两电极法中电极既作为电流激励源，又用来检测胸部阻抗变化。四电极法中，两个电极作电流激励源，另两个检测胸部阻抗变化。四电极法安置电极数多，使用不便，临床呼吸监护中普遍采用两电极法，并共用测心电图的导联电极。

③ 电路设计。从模块独立性考虑，呼吸与心电模块无共用电极，其电源系统不同，为减少彼此耦合，采取分开设计。呼吸检测模块用阻抗法、双电源供电，其原理框图如图 12-2-33 所示。图中 LL 和 RA 分别代表左腹部电极和右上胸电极。由 CC2430 集成的 Timer 产生两路相差半个周期的 62.5 kHz 高频激励信号通过 LL 和 RA 加在人体上，注入安全电流，两电极之间由于呼吸产生的阻抗变化所引起的电信号调制在高频激励脉冲上，该调制信号经过后续解调、滤波和放大后得到呼吸信号，最后由 CC2430 内置 ADC 模块采样。

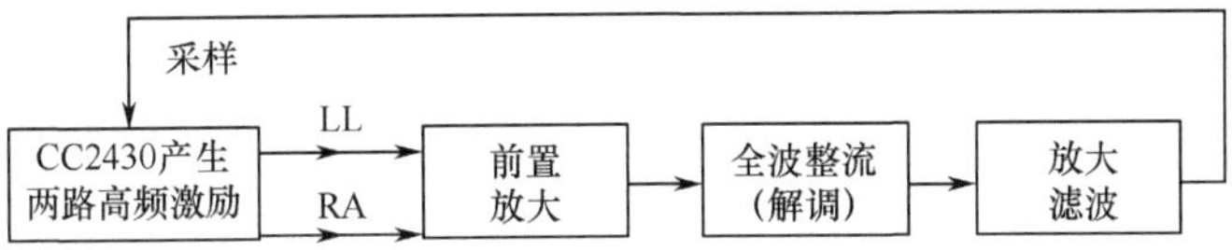

图 12-2-33　呼吸检测模块原理框图

前置放大电路：从电极 LL 和 RA 上提取的高频脉冲信号上的呼吸信号非常微小，需要在解调和滤波前放大。如图 12-2-34 所示，本前置放大电路选用了仪表放大器 AD620。

解调电路：为获得人体呼吸阻抗信息，要将经过前置放大的调制信号解调，本例的解调采用二极管检波电路。图 12-2-35 是所用的半波整流和加法电路构成的全波整流电路。

滤波放大电路：含人体呼吸阻抗信息的信号解调后还含大量直流分量和高频噪声，需高通和低通滤波处理。解调后的信号为毫安级，要进一步放大，电路如图 12-2-36 所示。

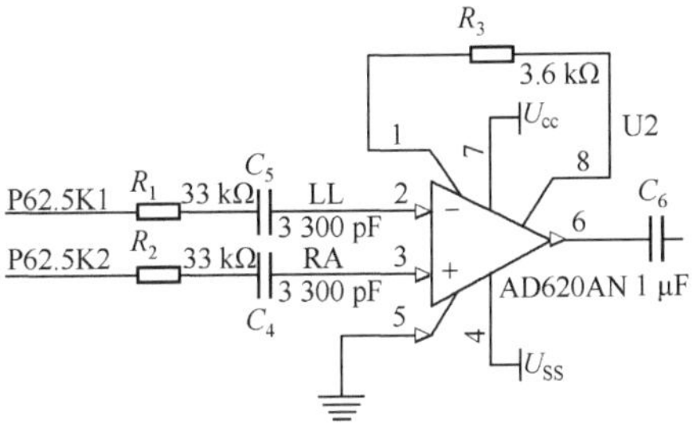

图 12-2-34　前置放大电路

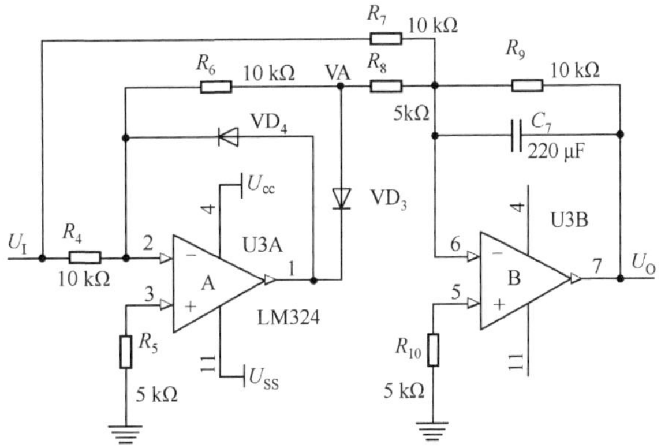

图 12-2-35　全波整流电路

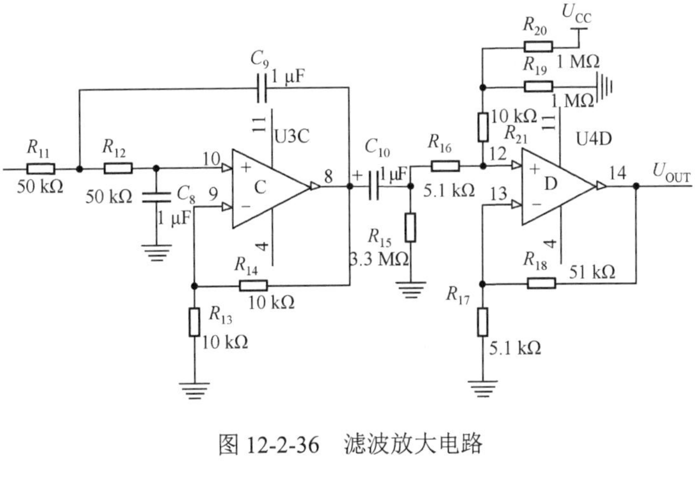

图 12-2-36　滤波放大电路

7．节点微型化与低功耗设计

微型化、低功耗、安全性是穿戴式医疗监护设备的基本要求。穿戴式检测模块的微型化设计采用了选择低功耗器件、硬件时分复用技术和硬件软件化的思想。

（1）低功耗设计。最大限度地降低系统功耗、减少不必要的能源损失、延长电池使用时间是便携式设备研究设计的主要目标。系统的低功耗要从整体考虑，需要硬件设计与软件控制配合和协调。

功耗是穿戴式产品的一个重要指标。传感器节点一般由电池供电，减少功耗不仅能延长电池寿命，缩短用户更换电池的周期，提高系统性能与减小系统开销。本例从硬件、软件和电源管理策略方面进行了低功耗设计。

① 硬件低功耗设计。低功耗处理器和外围器件可大大降低系统功耗，本例选择微处理器时主要考虑多功能与低功耗。外设中接口控制器功耗较大，易被忽略，对此选择有低功耗模式和软关断功能的 CMOS 器件。另外，在能正常驱动后级的情况下，选更大阻值的上/下拉电阻并将悬空引脚接电源或地，防止高压击穿。表 12-2-2 为本例的主要芯片功耗参数。

表 12-2-2　本例中的主要芯片典型功耗参数

芯片类别	供电电压	工作频率	电流值	描述
CC2430	3.3 V	32 MHz	Tx: 27 mA；Rx: 25 mA	掉电模式 0.09 μA
INA321	3.3 V	—	静态电流 40 μA/通道	掉电模式<1 μA
OPA333	3.3 V		静态电流 17 μA	供电电压低至 1.8 V
OPA381	3.3 V		静态电流 800 μA	供电电压低至 2.7 V
DAC7573	3.3 V		600 μA（5 V）	掉电模式<200 μA

② 软件低功耗设计。软件低功耗设计通常在编译器、操作系统和应用程序三个层次上实现。操作系统功耗主要集中在 CPU 内核、通用 I/O、无线网络、各类总线、存储器等硬件部件的驱动和上层软件的运行上；应用软件功耗是各应用软件和应用程序运行的功耗。

③ 系统动态电源管理。为了在保障系统性能的前提下，根据电池当前状态做出负载分布或其他减少电池用量的决策，使程序运行情况与电池的当前可用量相适应，延长电池寿命。

动态功耗管理是实现处理器低功耗的方法。通过控制系统或单元在不工作时进入睡眠状态使处理器功耗降到最低。但只有进入睡眠的时间足够长时才能弥补状态切换所需的额外时间和能耗。动态功耗管理的核心是根据系统运行情况决定其何时进入低功耗睡眠状态。

电路功耗测试得到三种工作状态下的节点电流消耗如下。发送时，理论为 27 mA，实测为 32.7～37.8 mA；接收时，理论为 25 mA，实测为 30.2～32.0 mA；等待入网时，实测为 50.8 mA。各模块中，SpO_2 检测模块功耗最大，总电流为 53.3 mA。节点总电流小于 100 mA，符合设计要求。

（2）微型化设计。微型化是对消费类电子产品的要求，也是穿戴式产品要解决的重要问题。监护终端更轻、更薄、更小巧，才能满足被监护者的要求。本例主要从以下三点进行了微型化设计。

① 硬件软件化。在不影响信号特征检测效果的前提下，最大化精简模拟电路，以软件代硬件，把效果不明显的模拟滤波改用数字滤波，从而减少硬件、降低功耗。

② 元器件微型化。正在发展的微小封装电子器件使产品微型化成为可能。采用数字接口通信，通过寄存器配置芯片、选择量程、通道等，实现传感与测量电路融合，从而实现微型化和低功耗。本例尽选一体化器件，其中 CC2430 集处理器内核与 RF 射频于一体。

③ 接口微型化。本例采用子母板方式分别设计 CC2430 模块与生理参数检测模块，子母板之间、传感器与数据采集模块之间以及扩展接口都采用通用接口。通过大量采用 FFC（柔性扁平线）以及 FFC 连接器，减小接口器件尺寸。

本例中 CC2430 模块的尺寸为 $37.8\times34.2\ mm^2$，如果去掉天线和周围按键、LED 指示部分，可进一步减小 PCB 的面积。与此同时，本例所述生理参数检测模块与未进行微型化设计的 ECG 模块和 SpO_2 模块比较，尺寸明显减小，其中，ECG 模块从 $30.5\times62.3\ mm^2$ 减至 $21.6\times19.4\ mm^2$；SpO_2 模块从 $96.8\times70.1\ mm^2$ 减至 $23.5\times24.0\ mm^2$。

8．小结

本例根据穿戴式生理参数检测的特点和应用需求，通过对传统生理参数检测技术的性能分析和比较，以硬件软件化的思想设计适于穿戴的微型化和低功耗模块。除了设计生理参数监测传感器和信号调理电路外，还重点研究了单电池供电及通用接口技术等方面的低功耗和微型化设计。在符合穿戴式生理参数检测性能要求的同时满足微型化和低功耗要求。

思考题与习题

【12-1】智能家居一般包括哪些功能？实现这些功能通常涉及哪些种类的传感器？

【12-2】如果需要设计一个可靠性高的室内火灾探测报警器，一般需要使用哪些相关的传感器？若希望能探测到早期火灾信号，应选择何种参量传感器及其类型？

【12-3】水质测量需要用到哪些化学参量的传感器？

【12-4】分析血压、体温或 SpO_2 所用的传感器，它们与一般传感器存在原理差别吗？

【12-5】测量土壤湿度有哪些测量原理的传感器？

【12-6】传感器网络节点一般可采用哪些节能措施？降低节点功耗需要做哪些设计考虑？

【12-7】节点的微型化有哪些可能的方法？

【12-8】与一般无线传感器节点相比较，对穿戴式生理参数测量传感器有何特殊要求？

【12-9】对健康监护中的人体生理量测量传感器需要考虑哪些问题?

【12-10】当一种传感器件的性能不能兼顾测量与节能要求时，有何解决方法？举例说明。

参 考 文 献

[1] 董永贵．微型传感器[M]．北京：清华大学出版社，2007．

[2] 赵学增．现代传感器基础及应用[M]．北京：清华大学出版社，2010．

[3] 陈裕泉，葛文勋．现代传感器原理及应用[M]．北京：科学出版社，2007．

[4] 吴亚林．物联网用传感器[M]．北京：电子工业出版社，2012．

[5] 贾伯年，俞朴，宋爱国．传感器技术[M]．南京：东南大学出版社，2007．

[6] 中华人民共和国国家标准 GB 7665—2005 传感器通用术语[S]．北京：中国标准出版社，2005．

[7] 李科杰．现代传感器技术[M]．北京：电子工业出版社，2005．

[8] 刘少强，张靖．传感器设计与应用实例[M]．北京：中国电力出版社，2008．

[9] 施文康，余晓芬．检测技术[M]．北京：机械工业出版社，2010．

[10] 樊尚春．传感器技术及应用（第 2 版）[M]．北京：北京航空航天大学出版社，2010．

[11] 董永贵．传感技术系统[M]．北京：清华大学出版社，2006．

[12] 陶红艳，余成波．传感器与现代检测技术[M]．北京：清华大学出版社，2009．

[13] 刘君华，郝慧敏，林继鹏，等．传感器技术及应用实例[M]．北京：电子工业出版社，2008．

[14] 何金田，刘晓浸．智能传感器原理、设计与应用[M]．北京：电子工业出版社，2012．

[15] 刘桂雄．基于 IEEE1451 的智能传感器技术与应用[M]．北京：清华大学出版社，2012．

[16] 王慧斌，肖贤建，严锡君．无线传感器监测网络信息处理技术[M]．北京：国防工业出版社，2010．

[17] 彭军．传感器与检测技术．西安：西安电子科技大学出版社，2003．

[18] 朱勇，张海霞．微纳传感器及其应用[M]．北京：北京大学出版社，2010．

[19] 张金．模拟信号调理技术[M]．北京：电子工业出版社，2012．

[20] 王化祥，张淑英．传感器原理及应用[M]．天津：天津大学出版社，2007．

[21] 杨刚，沈沛意，郑春红，等．物联网理论与技术[M]．北京：科学出版社，2010．

[22] 樊尚春，乔少杰．检测技术与系统[M]．北京：北京航空航天大学出版社，2005．

[23] 赵凯崎，吴红星，倪风雷．传感器技术及工程应用[M]．北京：中国电力出版社，2012．

[24] 周浩敏，钱政．智能传感器技术与系统[M]．北京：北京航空航天大学出版社，2008．

[25] 张伦,译．传感器和信号调节[M]．北京：清华大学出版社，2003．

[26] 沙占友．智能传感器系统设计与应用[M]．北京：电子工业出版社，2004．

[27] 孙宝元，杨宝清．传感器及其应用手册．北京：机械工业出版社，2004．

[28] 程德福，王君，凌振宝，等．传感器原理及应用[M]．北京：机械工业出版社，2008.

[29] 孙利民，李建中，陈渝，等．无线传感器网络[M]．北京：清华大学出版社，2005.

[30] 陈岭丽，冯志华．检测技术和系统[M]．北京：清华大学出版社，2005.

[31] 吴少军，刘光斌．实用低功耗设计——原理、器件与应用[M]．北京：人民邮电出版社，2003.

[32] 杨易华．穿戴式生理参数检测模块设计及低功耗与微型化研究[D]．华南理工大学硕士学位论文，2010.

[33] 张振涛．无线可穿戴式人体多参数监测系统的研制[D]．长春工业大学硕士学位论文，2011.

[34] 孙其博，刘杰，黎羴，等．物联网：概念、架构与关键技术研究综述[J]．北京邮电大学学报，2010，33(3)：1-9.

[35] 胡永利，孙艳丰，尹宝才．物联网信息感知与交互技术[J]．计算机学报，2012，35(6)：1147-1163.

[36] 刘少强，洪丹龙，樊晓平，等．无线传感器网络节点超低功耗设计方法[P]．中国发明专利：ZL201010509623.3.

[37] 刘少强，洪丹龙，樊晓平，等．可持续监测振动的低功耗无线传感器网络节点装置[P]．中国发明专利：ZL201010249837.1.

[38] Liu Shao qiang, Hong Dan long, Lei Chen, Fan Xiao ping. Scheme for high power supply efficiency of WSN node[C]. 9th International Conference on Electronic Measurement and Instruments, 2009：2633-2636.

[39] Liu Shao qiang, Hong Dan long, Chen Lei, Fan Xiao ping. Energy saving scheme for data acquisition of WSN node[C]. 2010 3rd IEEE International Conference on Computer Science and Information Technology, 2010：518-522.

[40] Liu Shao qiang, Chen Lei, Fan Xiao ping,et al.. Combining pseudo-median filter and median filter to improve performance[C]. 2010 3rd IEEE International Conference on Computer Science and Information Technology, 2010：513-517.

[41] Liu Shao qiang, Chen Lei, Hong Dan long, Fan Xiao ping, Liao Zhi fang[C]. 2010 8th World Congress on Intelligent Control and Automation, 2010：6740-6743.

[42] Zhou Yan li, Fan Xiao ping, Liu Shao qiang, Xiong Zhe yuan. Improved LZW algorithm of lossless data compression for WSN[C]. 2010 3rd IEEE International Conference on Computer Science and Information Technology, 2010：523-527.

[43] Zhang Huan, Fan Xiao ping, Liu Shao qiang, Zhong Zhi. Design and realization of improved LZW algorithm for wireless sensor networks[C]. 2011 International Conference on Information Science and Technology,2011：671-675.

[44] Sadler, C M and Martonosi, M Data compression algorithms for energy-constrained devices in delay tolerant networks[C]. Proc. 4th ACM Int. Conf. on Embedded Networked Sensor Systems, 2006, Boulder, Colorado, USA, 2006:265-278.

[45] 刘少强，汪立林．一种面向 WSN 节点的数据压缩简化算法[J]．传感技术学报，2009,22(9):1333-1336.

[46] 林蔚，韩丽红．无线传感器网络的数据压缩算法综述[J]．小型微型计算机系统，2012,33(9):2043-2048．

[47] 廖海艳，范明明．源码级和算法级的功耗测试与优化[J]．单片机与嵌入式系统应用，2010(1):11-14．

[48] Measurement Specialties, Inc. Magnetic Length Sensor MLS[R]. http：//www.meas-spec.com．

[49] Micro-Epsilon. Laser Triangulation Displacement Sensors. http：//www.micro-epsilon.com．

[50] 成小玲，黄大华．LEM 公司磁平衡式霍尔检零电流传感器[J]．电子元器件应用，2006,8(10):58-60．

[51] 王廷云，罗承沐，申烛. 半导体吸收式光纤温度传感器[J]. 清华大学学报（自然科学版），2001,41(3):59-61.